토목기사 / 산업기사 시리즈 5

토질 및 기초

예문사

머리말

'토질 및 기초'는 흙을 다루는 분야로서 토질역학에서는 흙의 공학적 성질과 역학적 거동을 연구하며, 기초공학은 구조물의 설계와 시공에 토질역학의 원리를 응용하는 학문이다. 흙은 인간이 보편적으로 접하는 물질이지만 지표면 아래의 흙은 눈으로 직접 확인할 수 없다. 이처럼 가장 복잡한 건설재료로서의 흙을 이해하고 연구하는 일은 결코 만만한 일이 아니다.

본서는 이처럼 쉽지만은 않은 토질 및 기초 과목의 수험자를 위한 교재로서 토질 및 기초에 대한 핵심이론을 정리하고 그동안 출제되었던 문제들을 분석하여 풀이함으로써 실전에 가장 효과적으로 대비할 수 있도록 다음과 같이 구성하였다.

본서의 특징

1. 그동안 출제되었던 문제들을 분석하여 꼭 필요한 이론과 문제들을 엄선하였다.
2. 최근 출제경향을 반영하여 각 단원별론 핵심이론과 문제 순으로 정리하였다.
3. 내용 전개에 있어 최대한 수험생의 입장에서 서술하고 풀이하였다.
4. 부록으로 과년도 출제문제와 해설을 수록하여 최종 정리를 할 수 있도록 하였다.

본서가 수험생들의 자격취득에 요긴하게 활용되기를 바라며, 많은 도움을 주신 이상도 교수님, 채수하 교수님, 김영주 부원장님, 그리고 사랑하는 부모님과 소중한 나의 가족 경진이와 기주, 우주에게 감사의 뜻을 전한다.

박 관 수

목차

C·O·N·T·E·N·T·S

c·o·n·t·e·n·t·s

목차

부록 과년도 출제문제 및 해설

※ 토목산업기사는 2020년 4회 시험부터 CBT(Computer–Based Test)로 전면 시행됩니다.

Chapter

01

흙의 물리적 성질과 분류

Contents

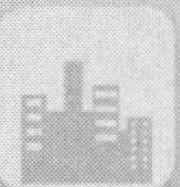

Section 01 흙의 구성과 상태정수

1. 흙의 구성

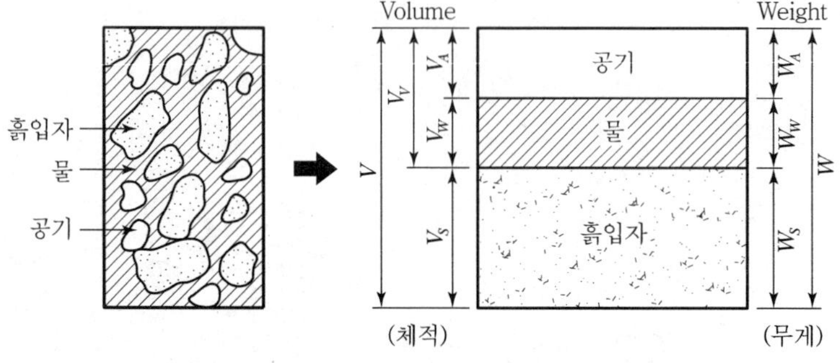

[흙의 3상도]

(1) 흙의 요소 : 흙입자 + 물 + 공기 = 흙입자 + 간극

① 흙의 체적

$$V = V_S + V_W + V_A = V_S + V_V$$

여기서, V : 흙의 전체 체적
V_S : 흙입자만의 체적
V_W : 물만의 체적
V_A : 공기만의 체적
V_V : 간극의 체적($V_V = V_W + V_A$)

② 흙의 무게

$$W = W_S + W_W + W_A = W_S + W_W$$

여기서, W : 흙의 전체 무게
W_S : 흙입자만의 무게
W_W : 물만의 무게
W_A : 공기의 무게($W_A = 0$)

2. 상태정수

(1) 간극비와 간극률

① 간극비(공극비, Void Ratio, e)

흙입자만의 체적에 대한 간극의 체적 비(%)

$$e = \frac{V_V}{V_S}$$

② 간극률(공극률, Porosity, n)

흙의 전체 체적에 대한 간극의 체적 비(%)

$$n = \frac{V_V}{V} \times 100(\%)$$

③ 간극비와 간극률의 관계식

$$e = \frac{V_V}{V_S} = \frac{V_V}{V - V_V} = \frac{\frac{V_V}{V}}{1 - \frac{V_V}{V}} = \frac{n}{1-n}$$

$$n = \frac{V_V}{V} = \frac{V_V}{V_S + V_V} = \frac{\frac{V_V}{V_S}}{\frac{V_S}{V_S} + \frac{V_V}{V_S}} = \frac{e}{1+e}$$

(2) 포화도(Degree of Saturation, S_r)

간극의 체적에 대한 물만의 체적 비(%)

$$S_r = \frac{V_W}{V_V} \times 100(\%)$$

$S_r = 100\%$	간극에 물이 가득 차 있다.	포화상태(포화토)
$S_r = 0\%$	간극에 물이 전혀 없다.	건조상태(건조토)
$S_r = 0 \sim 100\%$	간극에 물이 어느 정도 있다.	습윤상태(습윤토)

(3) 함수비(Moisture Content, ω)

흙입자만의 무게에 대한 물만의 무게 비(%)

$$\omega = \frac{W_W}{W_S} \times 100(\%)$$

① 흙입자만의 무게

$$W_S = \frac{W}{1+\omega}$$

② 물만의 무게

$$W_W = \frac{W \cdot \omega}{1+\omega}$$

(4) 비중(Specific Gravity, G_S)

흙입자의 실질부분 중량과 같은 체적의 15℃ 증류수의 중량의 비

$$G_S = \frac{\gamma_S}{\gamma_W} = \frac{W_S}{V_S \cdot \gamma_W}$$

여기서, γ_S : 흙입자만의 단위중량

γ_W : 물의 단위중량($1g/cm^3 = 1t/m^3$)

(5) 상관식

$$S_r \cdot e = G_S \cdot \omega$$

Section 02 흙의 단위중량

어떤 상태에 있는 흙의 전체 무게를 이에 대응하는 체적으로 나눈 값으로 밀도라고도 한다.

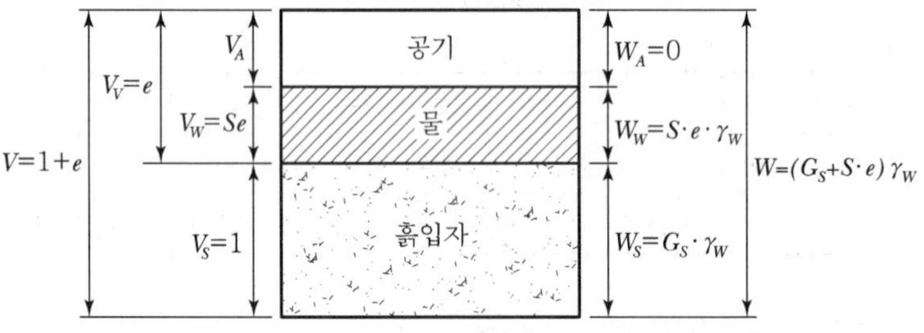

[$V_S=1$인 경우 3상도]

(1) 습윤 단위중량(습윤밀도, Wet Unit Weight, γ_t)

$$\gamma_t = \frac{W}{V} = \frac{W_S + W_W}{V_S + V_V} = \frac{G_S + S \cdot e}{1+e}\gamma_W$$

(2) 건조 단위중량(건조밀도, Dry Unit Weight, γ_d)

$$\gamma_d = \frac{W_S}{V} = \frac{W_S}{V_S + V_V} = \frac{G_S}{1+e}\gamma_W$$

(3) 포화 단위중량(포화밀도, Saturated Unit Weight, γ_{sat})

$$\gamma_{sat} = \frac{W_{sat}}{V} = \frac{W_{sat}}{V_S + V_V} = \frac{G_S + e}{1+e}\gamma_W$$

(4) 수중 단위중량(수중밀도, Submerged Unit Weight, γ_{sub})

$$\gamma_{sub} = \frac{W_{sub}}{V} = \frac{G_s + e}{1+e}\gamma_W - \gamma_W = \frac{G_S - 1}{1+e}\gamma_W$$

(5) 습윤 단위중량과 건조 단위중량의 관계식

$$\gamma_d = \frac{\gamma_t}{1+\omega}$$

(6) 포화 단위중량과 수중 단위중량의 관계식

$$\gamma_{sub} = \gamma_{sat} - \gamma_W$$

(7) 단위중량의 대소관계

$$\gamma_{sat} > \gamma_t > \gamma_d > \gamma_{sub}$$

상대밀도

(1) 모래와 같은 조립토의 다짐 정도(조밀, 느슨)를 나타내는 값

① $D_r = \dfrac{e_{\max} - e}{e_{\max} - e_{\min}} \times 100(\%)$

② $D_r = \dfrac{\gamma_d - \gamma_{d\min}}{\gamma_{d\max} - \gamma_{d\min}} \times \dfrac{\gamma_{d\max}}{\gamma_d} \times 100(\%)$

여기서, $e_{\max}$: 가장 느슨한 상태의 간극비
$e_{\min}$: 가장 조밀한 상태의 간극비
e : 자연상태 흙의 간극비
$\gamma_{d\max}$: 가장 조밀한 상태의 건조단위중량
$\gamma_{d\min}$: 가장 느슨한 상태의 건조단위중량
γ_d : 자연상태 흙의 건조단위중량

(2) 모래지반의 상대밀도를 추정하는 데 표준관입시험(N치)이 주로 이용된다.

D_r(%)	상대밀도	N치
0~15	대단히 느슨	0~4
15~35	느슨	4~10
35~65	보통	10~30
65~85	조밀	30~50
85~100	대단히 조밀	50 이상

Section 04 흙의 연경도

점토와 같은 세립토의 함수비 변화에 따른 흙의 체적 및 상태, 공학적 특성 등이 변화하는 성질(Consistency)

1. 애터버그(Atterberg) 한계

점착성이 있는 흙은 함수비에 따라 고체, 반고체, 소성, 액성의 상태로 변화하는 흙의 성질을 연경도(Consistency)라 하며, 각각의 변화단계의 경계가 되는 함수비를 애터버그(Atterberg) 한계라 한다. 이때, 애터버그 한계는 함수비와 체적으로 나타낸다.

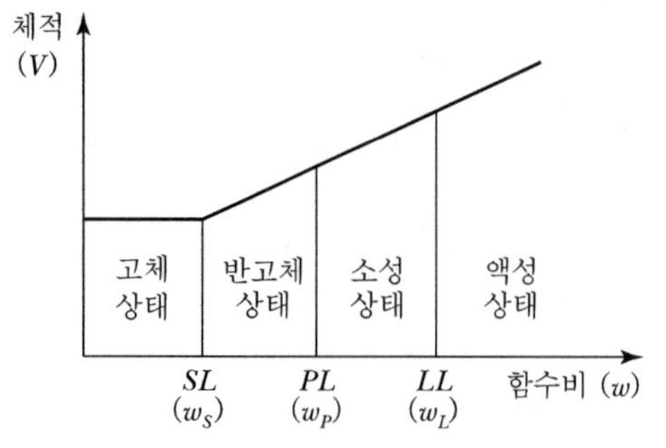

여기서, $SL(\omega_S)$: 수축한계
$PL(\omega_P)$: 소성한계
$LL(\omega_L)$: 액성한계

[애터버그 한계]

(1) 액성한계(Liquid Limit, LL, ω_L)

① 흙이 액성상태에서 함수비의 감소에 따라 소성상태로 옮겨지는 한계의 함수비

② 액성상태와 소성상태의 경계가 되는 함수비

③ 액성상태의 최소 함수비

(2) 소성한계(Plastic Limit, PL, ω_P)

① 흙이 소성상태에서 함수비의 감소에 따라 반고체상태로 옮겨지는 한계의 함수비

② 소성상태와 반고체상태의 경계가 되는 함수비

③ 소성상태의 최소 함수비

(3) 수축한계(Shrinkage Limit, SL, ω_S)

① 흙이 반고체상태에서 함수비의 감소에 따라 고체상태로 옮겨지는 한계의 함수비

② 반고체상태와 고체상태의 경계가 되는 함수비

③ 반고체상태의 최소 함수비

④ 함수량을 어떤 양 이하로 감소시켜도 흙의 체적이 감소하지 않고 일정하며, 함수량을 그 양 이상으로 증가시키면 흙의 체적이 증가하는 한계의 함수비를 수축한계라 한다.

⑤ 수축한계 실험시 수은이 사용되는 목적은 노건조시료의 체적을 알기 위함이다.

$$SL = \omega - \left\{ \frac{(V - V_o) \cdot \gamma_w}{W_o} \times 100 \right\} = \left(\frac{1}{R} - \frac{1}{G_S} \right) \times 100(\%)$$

여기서, R : 수축비$\left(\dfrac{W_o}{V_o \cdot \gamma_W} \right)$

ω : 함수비

G_S : 비중

V : 습윤시료의 체적

V_o : 노건조시료의 체적

W_o : 노건조시료의 중량

3. 연경도에서 얻어지는 지수

(1) 소성지수(Plastic Index, PI, I_P)

① 액성한계와 소성한계의 차

$$I_P = \omega_L - \omega_P (\%)$$

② 소성상태 함수비의 범위

③ 점토함유율이 많을수록 소성지수는 증가한다.

(2) 액성지수(Liquid Index, LI, I_L)

① 자연상태 함수비와 소성한계의 차를 소성지수로 나눈 값

$$I_L = \frac{\omega_n - \omega_P}{I_P} = \frac{\omega_n - \omega_P}{\omega_L - \omega_P}$$

② 자연함수비(ω_n)를 기준으로 하여 세립토의 공학적 안정성과 이력상태를 판단하는 데 사용된다.

$I_L > 1$	초예민점토
$I_L \fallingdotseq 1$	정규압밀점토
$I_L \leq 0$	과압밀점토

③ 액성지수값이 1보다 큰 흙은 액성상태에 있는 흙이다.

(3) 연경도지수(Consistency Index, CI, I_C)

① 액성한계와 자연상태 함수비의 차를 소성지수로 나눈 값

$$I_C = \frac{\omega_L - \omega_n}{I_P} = \frac{\omega_L - \omega_n}{\omega_L - \omega_P}$$

$I_C \geq 1$	안정
$I_C \leq 0$	불안정

② 액성지수와 연경도지수의 관계

$$I_L + I_C = 1$$

(4) 수축지수(Shrinkage Limit, SL, I_S)

① 소성한계와 수축한계의 차

$$I_S = \omega_P - \omega_S$$

(5) 유동지수(Flow Index, FI, I_f)

① 액성한계 시험으로 얻어진 유동곡선의 기울기

$$I_f = \frac{\omega_1 - \omega_2}{\log N_2 - \log N_1} = \frac{\omega_1 - \omega_2}{\log \dfrac{N_2}{N_1}}$$

$$\omega = I_f \cdot \log_{10} N + C$$

여기서, ω_1 : 타격횟수 N_1일 때의 함수비
ω_2 : 타격횟수 N_2일 때의 함수비
C : 상수

② 유동지수는 함수비 변화에 따른 전단강도의 변화상태 및 안정성 파악에 쓰인다.

(6) 터프니스 지수(Toughness Index, TI, I_t)

① 소성지수와 유동지수의 비

$$I_t = \frac{I_P}{I_f}$$

② Montmorillonite계 혹은 활성이 큰 Colloid를 많이 함유한 점토는 터프니스 지수가 크다.

4. 활성도(Activity, A)

(1) 소성지수와 점토함유율의 비

$$A = \frac{I_P(\%)}{2\mu(0.002\text{mm})\ \text{이하의 점토 함유율}(\%)}$$

활성도는 점토의 작용을 나타내기 위하여 쓰이며, 미세한 점토분이 많으면 활성도는 커지고 활성도가 크면 공학적으로 불안정한 상태가 되어 팽창, 수축이 커진다.

(2) 점토광물의 공학적 특징

점토광물	활성도	안정성	점토
Kaolinite	$A < 0.75$	안정	비활성점토
Illite	$0.75 \leq A \leq 1.25$	중간	보통점토
Montmorillonite	$A > 1.25$	불안정	활성점토

Section 05 흙의 분류

1. 일반적인 흙의 분류

(1) 조립토

① 자갈(Gravel), 모래(Sand)

② 입도분포가 흙의 공학적 성질을 지배함

(2) 세립토

① 점토(Clay), 실트(Silt)

② 연경도(Consistency)가 흙의 공학적 성질을 지배함

(3) 유기질토

① 이탄(Peat), 흑니(Muck), 산호토

② 자연함수비가 높다.(ω_n =200~300%)

③ 압축성이 크고 2차 압밀에 의한 침하량이 크다.

(4) 조립토와 세립토의 특성 비교

공학적 성질	조립토	세립토
간극비	크다.	작다.
투수성	크다.	작다.
소성	비소성	소성
점착성	거의 없다.	크다.
마찰력	크다.	작다.
압밀침하량	작다.	크다.
압밀속도	순간침하	장기침하

2. 흙의 입도분석

입도란 흙입자의 크고 작은 분포상태를 나타낸 것으로 입도분포를 결정하는 방법으로는 체분석시험과 비중계 분석이 있다. 흙의 입도분석 결과는 입경가적곡선을 작도하여 나타낸다.

(1) 체분석 시험

① NO.200체(0.075mm)에 잔류한 흙에 대하여 체분석시험을 실시한다.

② 노건조시료에 대하여 표준체를 사용해 각 체의 잔류량을 구한다.

표준체	체번호	NO.4	NO.10	NO.20	NO.40	NO.60	NO.140	NO.200
	눈금(mm)	4.75	2.00	0.85	0.42	0.25	0.105	0.075

잔류율 : $P_{rn} = \dfrac{W_{sr}}{W_s} \times 100\%$

가적잔류율 : $P_r = \Sigma P_{rn}$

가적통과율 : $P = 100 - P_r$

여기서, W_s : 전체 시료의 노건조 중량

W_{sr} : 각 체에 남은 시료의 노건조 중량

(2) 비중계 분석

① NO.200체(0.075mm)를 통과한 흙에 대하여 비중계 분석을 실시한다.

② Stokes법칙을 적용한다. 흙입자가 정수 중에 침강할 때 입경의 크기에 따라 침강속도가 다르다는 원리에 근거를 둔 것이다.

$$V = \frac{(\gamma_s - \gamma_w) \cdot g}{18\eta} \times d^2$$

여기서, V : 토립자의 침강속도

γ_s : 토립자의 단위중량

γ_w : 물의 단위중량

g : 중력가속도

d : 토립자의 직경

η : 물의 점성계수

③ 토립자의 침강속도는 중력가속도에 비례하고 입경의 제곱에 비례하며 물의 점성계수에 반비례한다.

④ 입경의 적용범위는 0.2~0.0002mm 정도이며, 0.2mm 이상이면 침강시 교란되고 0.0002mm 이하이면 Brown현상이 생긴다.

3. 입경가적곡선

흙의 입도분석 결과를 이용하여 각 입경에 대한 통과백분율을 나타내는 입경가적곡선(입도분포곡선)을 작도하여 흙의 입도분포 판정 및 흙의 분류에 이용한다.

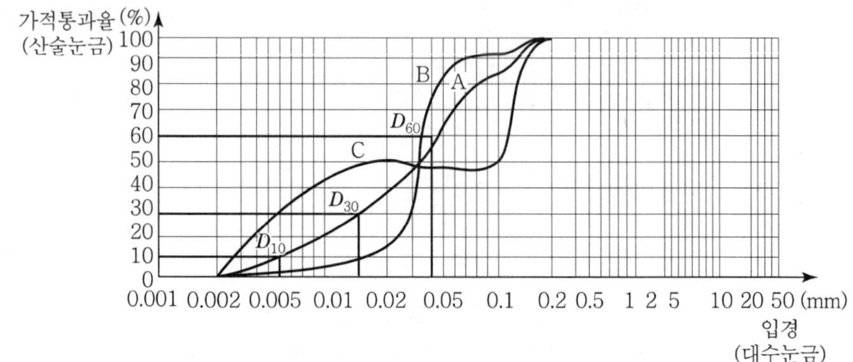

[입경가적곡선]

여기서, D_{10} : 유효경, 통과중량 백분율 10%에 대응하는 입경
D_{30} : 통과중량 백분율 30%에 대응하는 입경
D_{60} : 통과중량 백분율 60%에 대응하는 입경

(1) 균등계수(Coefficient of Uniformity, C_u)

$$C_u = \frac{D_{60}}{D_{10}}$$

① 균등계수가 클수록 입도분포가 양호하고 작을수록 불량하다.

② 균등계수가 클수록 입경가적곡선의 기울기가 완만하고 작을수록 급하다.

(2) 곡률계수(Coefficient of Grading, C_g)

$$C_g = \frac{D^2_{3D_{10}\times D_{60}0}}{\quad}$$

(3) 입도분포의 판정

① 균등계수와 곡률계수의 양입도 조건을 모두 만족할 때 입도 양호(양입도, Well Graded)로 판정한다.

② 균등계수와 곡률계수 두 가지 중 어느 하나라도 양입도 조건을 만족하지 못하면 입도불량(빈입도, Poor Graded)으로 판정한다.

③ 입도양호(양입도) 판정기준

	균등계수	곡률계수
일반 흙	$C_u > 10$	$C_g = 1 \sim 3$
자갈	$C_u > 4$	$C_g = 1 \sim 3$
모래	$C_u > 6$	$C_g = 1 \sim 3$

(4) 입경가적곡선의 특성

양입도(경사가 완만한 경우)	빈입도(경사가 급한 경우)
• 입도분포가 양호하다. • 균등계수가 크다. • 공학적 성질이 우수하다.	• 입도분포가 불량하다. • 균등계수가 작다. • 공학적 성질이 불량하다. • 간극비가 커서 투수계수와 함수량이 크다.

4. 흙의 공학적 분류

(1) 통일분류법(Unified Soil Classification System, USCS)

① Casagrande가 고안한 흙을 공학적으로 분류하는 방법으로 실용적으로 가장 많이 이용된다.

② 조립토와 세립토의 분류기준

조립토	NO.200체(0.075mm) 통과량이 50% 이하
세립토	NO.200체(0.075mm) 통과량이 50% 초과

③ 자갈과 모래의 분류기준

자갈	NO.4체(4.75mm) 통과량이 50% 이하
모래	NO.4체(4.75mm) 통과량이 50% 초과

④ 소성도표(Plastic Chart)는 세립토와 유기질토의 분류에 이용되며 액성한계, 소성한계, 소성지수 등으로 표시한다.

⑤ 소성도표의 A선은 위, 아래로 점토와 실트를 구분하고 B선은 좌, 우로 고압축성과 저압축성을 구분한다.

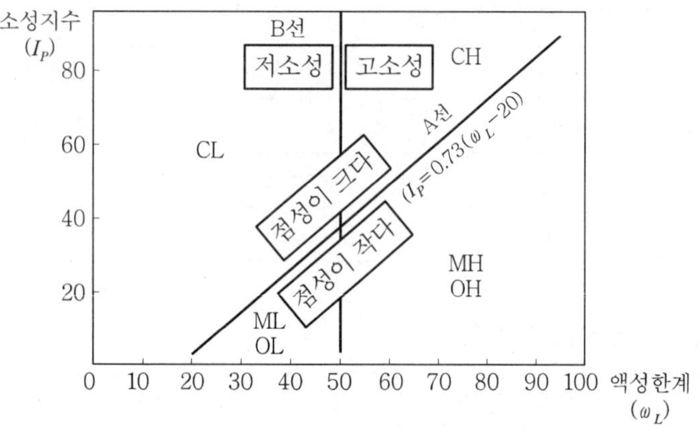

[소성도표]

⑥ 통일분류법에 사용되는 기호

흙의 분류		제1문자	흙의 성질	제2문자
조립토	자갈	G	입도분포 양호, 세립분 5% 이하	W
	모래	S	입도분포 불량, 세립분 5% 이하	P
세립토	실트	M	A선 하방, 세립분 12% 이상, 소성지수 4 이하	M
	점토	C	A선 상방, 세립분 12% 이상, 소성지수 7 이상	C
	유기질 실트, 점토	O	B선 좌측, 액성한계 50% 이하, 저소성	L
유기질토	이탄	Pt	B선 우측, 액성한계 50% 이상, 고소성	H

(2) AASHTO 분류법(개정 PRA)

① 입도, 액성한계, 소성지수, 군지수를 종합하여 흙의 성질을 나타내며 도로 노상토 재료의 양·부를 판단하는 데 이용된다.

② 조립토와 세립토의 분류기준

조립토	NO.200체(0.075mm) 통과량이 35% 이하
세립토	NO.200체(0.075mm) 통과량이 35% 초과

③ 자갈과 모래의 분류기준
NO.10체(2mm) 통과량을 기준으로 하지만 자갈질 흙과 모래질 흙의 구분이 명확하지 않다.

④ 군지수(Group Index, GI)

군지수는 0~20 사이의 정수로 나타내며 클수록 공학적 성질이 불량하고 도로 노상토 재료로 부적합하다.

$$GI = 0.2a + 0.005ac + 0.01bd$$

여기서, a : NO.200체 통과량−35(통과량 최대치 75%, 0~40의 상수)

b : NO.200체 통과량−15(통과량 최대치 55%, 0~40의 상수)

c : 액성한계−40(액성한계 최대치 60%, 0~20의 상수)

d : 소성지수−10(소성지수 최대치 30%, 0~20의 상수)

Item pool
예상문제 및 기출문제

1. 흙의 구성과 상태정수

01. 흙의 삼상(三相)에서 흙입자인 고체부분만의 체적을 "1"로 가정한다면 공기부분만이 차지하는 체적은 다음 중 어느 것인가?(단, 포화도 S 및 간극률 n은 %이다.) [산 10]

㉮ $e \cdot (1-\frac{S}{100})$　　㉯ $\frac{S \cdot e}{100}$

㉰ $\frac{n}{100} \cdot (1-\frac{S}{100})$　　㉱ $\frac{S \cdot e}{10,000}$

해설
- 흙의 체적 $V=1+e$
- 간극비 $e=\frac{V_v}{V_s}$
- 간극의 체적 $V_v = V_A + V_W$
- 물만의 체적 $V_W = \frac{s \cdot e}{100}$

  여기서, 흙만의 체적 $V_s=1$로 가정한다면
- 간극비 $e = \frac{V_A + \frac{s \cdot e}{100}}{1}$

∴ 공기만의 체적 $V_A = e \cdot \left(1-\frac{S}{100}\right)$

02. 아래 그림과 같은 흙의 구성도에서 체적 V를 1로 했을 때의 간극의 체적은?(단, 간극률 n, 함수비 w, 흙입자의 비중 G_s, 물의 단위무게 γ_w) [기 14]

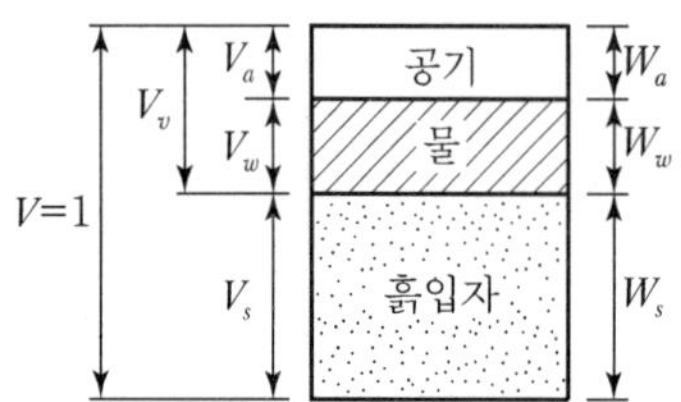

㉮ n　　㉯ wG_s

㉰ $\gamma_w(1-n)$　　㉱ $[G_s-n(G_s-1)]\gamma_w$

해설 $V=1$인 경우 3상도

간극률 $n=\frac{V_V}{V}=\frac{V_V}{1}$

∴ 간극의 체적 $V_V=n$

03. 그림과 같이 흙입자가 크기가 균일한 구(직경 : d)로 배열되어 있을 때 간극비는? [기 16]

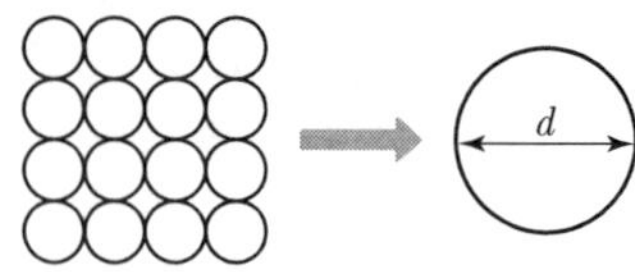

㉮ 0.91　　㉯ 0.71

㉰ 0.51　　㉱ 0.35

해설 간극비

$$e=\frac{V_v}{V_s}=\frac{V-V_s}{V_s}$$

$$=\frac{\text{정육면체의 체적}-\text{구의 체적}}{\text{구의 체적}}$$

$$=\frac{d^3-\frac{\pi d^3}{6}}{\frac{\pi d^3}{6}}=0.91$$

04. 흙의 비중 2.60, 함수비 30%, 간극비는 0.80일 때 포화도는? [기 09,16]

㉮ 24.0%　　㉯ 62.4%

㉰ 78.0%　　㉱ 97.5%

해설 상관식 $S \cdot e = G_s \cdot w$

$S \times 0.8 = 2.6 \times 0.3$

∴ 포화도 $S=97.5\%$

|해답| 01. ㉮ 02. ㉮ 03. ㉮ 04. ㉱

05. 흙의 비중 2.70, 함수비 30%, 간극비 0.90일 때 포화도는? [기 08]

㉮ 100% ㉯ 90%
㉰ 80% ㉱ 70%

■ 해설 상관식 $S \cdot e = G_s \cdot w$
$S \times 0.9 = 2.7 \times 0.3$
∴ 포화도 $S = 90\%$

06. 포화도 75%, 함수비 25%, 비중 2.70일 때 간극비는 얼마인가? [산 11,16]

㉮ 0.9 ㉯ 8.1
㉰ 0.08 ㉱ 1.8

■ 해설 상관식 $S \cdot e = G_s \cdot w$
$0.75 \times e = 2.7 \times 0.25$
∴ 간극비 $e = 0.9$

07. 어느 포화된 점토의 자연함수비는 45%이었고, 비중은 2.70이었다. 이 점토의 간극비 e는 얼마인가? [기 11]

㉮ 1.22 ㉯ 1.32
㉰ 1.42 ㉱ 1.52

■ 해설 상관식 $S \cdot e = G_s \cdot w$
$1 \times e = 2.7 \times 0.45$
∴ 간극비 $e = 1.22$

08. 포화도가 75%이고, 비중이 2.60인 흙에 대한 함수비는 15%였다. 이 흙의 공극률은? [산 09/기 15]

㉮ 74.3% ㉯ 68.2%
㉰ 50.5% ㉱ 34.2%

■ 해설 상관식 $S \cdot e = G_s \cdot w$
$0.75 \times e = 2.60 \times 0.15$
∴ $e = 0.52$
• 공극비와 공극률과의 관계
$n = \frac{e}{1+e} \times 100 = \frac{0.52}{1+0.52} \times 100 = 34.2\%$

09. 흙의 함수비 측정 시험을 하였다. 먼저 용기의 무게를 잰 결과 10g이었다. 시료를 용기에 넣은 무게를 재니 35g, 그대로 건조시킨 무게는 25g이었다. 함수비는 얼마인가? [산 09]

㉮ 35% ㉯ 55%
㉰ 67% ㉱ 80%

■ 해설 함수비 $\omega = \frac{W_w}{W_s} \times 100$
$= \frac{35-25}{25-10} \times 100 = 67\%$

10. 직경 60mm, 높이 20mm인 점토시료의 습윤중량이 250g, 건조로에서 건조시킨 후의 중량이 200g이었다. 함수비는? [산 14]

㉮ 20% ㉯ 25%
㉰ 30% ㉱ 40%

■ 해설 함수비
$w = \frac{W_w}{W_s} \times 100 = \frac{250-200}{200} \times 100 = 25\%$

11. 어떤 흙의 중량이 450g이고 함수비가 20%인 경우 이 흙을 완전히 건조시켰을 때의 중량은 얼마인가? [산 15]

㉮ 360g ㉯ 425g
㉰ 400g ㉱ 375g

■ 해설 • 물만의 무게
$W_w = \frac{W \cdot w}{1+w} = \frac{450 \times 0.2}{1+0.2} = 75\text{g}$
• 흙만의 무게 $W_s = W - W_w = 450 - 75 = 375\text{g}$

12. 함수비 18%의 흙 500kg을 함수비 24%로 만들려고 한다. 추가해야 하는 물의 양은 약 얼마인가? [산 08,11/기 10,13,15]

㉮ 80kg ㉯ 54kg
㉰ 39kg ㉱ 26kg

|해답| 05. ㉯ 06. ㉮ 07. ㉮ 08. ㉱ 09. ㉰ 10. ㉯ 11. ㉱ 12. ㉱

■해설 • 함수비 18%일 때의 물의 양

$$W_w = \frac{W \cdot w}{1+w} = \frac{500 \times 0.18}{1+0.18} = 76.27\text{kg}$$

• 함수비 24%일 때의 물의 양

$18 : 76.27 = 24 : W_w$

$\therefore W_w = 101.69\text{kg}$

• 추가해야 할 물의 양

$101.69 - 76.27 \fallingdotseq 26\text{kg}$

13. 함수비 20%의 자연상태의 흙 2,400g을 함수비 25%로 하고자 한다면 추가해야 할 물의 양은? [산 11,15]

㉮ 500g ㉯ 400g
㉰ 120g ㉱ 100g

■해설 • 함수비 20%일 때의 물의 양

$$W_w = \frac{W \cdot w}{1+w} = \frac{2,400 \times 0.2}{1+0.2} = 400\text{g}$$

• 함수비 25%일 때의 물의 양

$20 : 400 = 25 : W_w$

$\therefore W_w = 500\text{g}$

• 추가해야 할 물의 양

$500 - 400 = 100\text{g}$

14. 함수비 14%의 흙 2,218g이 있다. 이 흙의 함수비를 23%로 하려면 몇 g의 물이 필요한가? [기 12]

㉮ 199.6g ㉯ 187.3g
㉰ 175.1g ㉱ 251.2g

■해설 • 함수비 14%일 때의 물의 양

$$W_w = \frac{W \cdot \omega}{1+\omega} = \frac{2,218 \times 0.14}{1+0.14} = 272.4\text{g}$$

• 함수비 23%일 때의 물의 양

$14 : 272.4 = 23 : W_w$

$\therefore W_w = 447.5\text{g}$

• 추가해야 할 물의 양

$447.5 - 272.4 = 175.1\text{g}$

15. 함수비 18%인 흙 2,000g이 있다. 이 흙의 함수비를 25%로 만들려면 물을 얼마나 가하여야 하는가? [산 12]

㉮ 96.4g ㉯ 102.6g
㉰ 113.1g ㉱ 118.6g

■해설 • 함수비 18%일 때의 물의 양

$$W_w = \frac{W \cdot w}{1+w} = \frac{2,000 \times 0.18}{1+0.18} = 305\text{g}$$

• 함수비 25%일 때의 물의 양

$18 : 305 = 25 : W_w$

$\therefore W_w = 423.6\text{g}$

• 추가해야 할 물의 양

$423.6 - 305 = 118.6\text{g}$

16. 함수비 15%인 흙 2,300g이 있다. 이 흙의 함수비를 25%로 증가시키려면 얼마의 물을 가해야 하는가? [기 13]

㉮ 200g ㉯ 230g
㉰ 345g ㉱ 575g

■해설 • 함수비 15%일 때의 물의 양

$$W_w = \frac{W \cdot w}{1+w} = \frac{2,300 \times 0.15}{1+0.15} = 300\text{g}$$

• 함수비 25%일 때의 물의 양

$15 : 300 = 25 : W_w$

$\therefore W_w = 500\text{g}$

• 추가해야 할 물의 양

$500 - 300 = 200\text{g}$

17. 함수비 6%, 습윤단위중량(r_t)이 1.6t/m³의 흙이 있다. 함수비를 18%로 증가시키는 데 흙 1m³당 몇 kg의 물이 필요한가?(단, 간극비는 일정) [산 08]

㉮ 181.1kg ㉯ 175.4kg
㉰ 170.1kg ㉱ 165.3kg

■해설 습윤단위중량 $r_t = 1.6\text{t/m}^2$에서 흙의 부피가 1m³일 때 흙의 중량은 1.6t=1,600kg

• 함수비 6%일 때의 물의 양

$$W_w = \frac{W \cdot w}{1+w} = \frac{1,600 \times 0.06}{1+0.06} = 90.57\text{kg}$$

|해답| 13. ㉱ 14. ㉰ 15. ㉱ 16. ㉮ 17. ㉮

• 함수비 18%일 때의 물의 양
$6 : 90.57 = 18 : W_w$
$\therefore W_w = 271.71\text{kg}$
• 추가해야 하는 물의 양
$271.71 - 90.57 = 181.14\text{kg}$

18. 도로를 축조하기 위하여 토취장에서 시료를 채취하여 함수비를 측정하였더니 10%밖에 안 되어 다짐이 잘 되지 않았다. 이 흙을 최적함수비인 22% 정도로 올리려면 1m³당 몇 kg의 물을 가야 해 하는가?(단, 이 흙의 습윤밀도는 2.50t/m³이라고 하고 공극비는 일정하다고 본다.) [산 10]

㉮ 168.2kg ㉯ 204.6kg
㉰ 272.8kg ㉱ 290.7kg

■ 해설 습윤단위중량 $r_t = 2.50\text{t/m}^3$에서 흙의 부피가 1m^3일 때 흙의 중량은 2.5t=2,500kg
• 함수비 10%일 때의 물의 양
$$W_w = \frac{W \cdot w}{1+w} = \frac{2,500 \times 0.1}{1+0.1} = 227.27\text{kg}$$
• 함수비 22%일 때의 물의 양
$10 : 227.27 = 22 : W_w$
$\therefore W_w = 500\text{kg}$
• 추가해야 하는 물의 양
$500 - 227.27 = 272.73\text{kg}$

19. 어떤 흙 1,200g(함수비 20%)과 흙 2,600g(함수비 30%)을 섞으면 그 흙의 함수비는 약 얼마인가? [기 09,13]

㉮ 21.1% ㉯ 25.0%
㉰ 26.7% ㉱ 29.5%

■ 해설 $W = 1,200\text{g}$ $\omega = 20\%$인 흙
• 물만의 무게 $W_w = \frac{W \cdot w}{1+w} = \frac{1,200 \times 0.2}{1+0.2} = 200\text{g}$
• 흙만의 무게 $W_s = W - W_w = 1,200 - 200 = 1,000\text{g}$
$W = 2,600\text{g}$ $\omega = 30\%$인 흙
• 물만의 무게 $W_w = \frac{2,600 \times 0.3}{1+0.3} = 600\text{g}$
• 흙만의 무게 $W_s = 2,600 - 600 = 2,000\text{g}$
∴ 함수비
$$w = \frac{W_w}{W_s} \times 100 = \frac{200+600}{1,000+2,000} \times 100 = 26.7\%$$

20. 어떤 젖은 시료의 무게가 207g, 건조 전 시료의 부피가 110cm³이고, 노건조한 시료의 무게가 163g이였다. 이때 비중이 2.68이라면 노건조상태의 시료부피(V_s)와 간극비(e)는? [산 12]

㉮ $V_s = 80.8\text{cm}^3$, $e = 1.01$
㉯ $V_s = 70.8\text{cm}^3$, $e = 0.91$
㉰ $V_s = 60.8\text{cm}^3$, $e = 0.81$
㉱ $V_s = 50.8\text{cm}^3$, $e = 0.71$

■ 해설 • 노건조 상태의 시료부피(V_s)
$$G_s = \frac{W_s}{V_s \cdot r_w},\ 2.68 = \frac{163}{V_s \times 1}$$
$\therefore V_s = 60.8\text{cm}^3$
• 간극비(e)
$$r_d = \frac{W}{V} = \frac{G_s}{1+e} \cdot r_w,\ \frac{163}{110} = \frac{2.68}{1+e} \times 1$$
$\therefore e = 0.81$

2. 흙의 단위중량

21. 아래 그림과 같은 흙의 3상도에서 흙입자만의 부피(V_s)는 얼마나 되겠는가?(단, 이 흙의 비중은 2.65이고, 함수비는 25%이다.) [기 08]

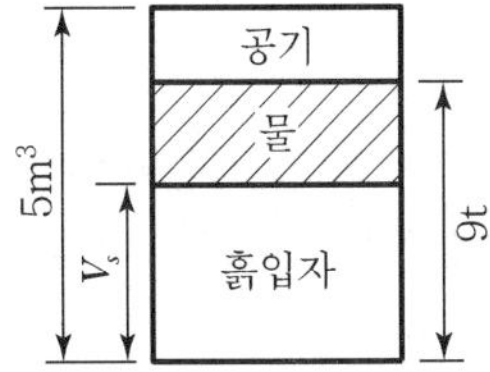

㉮ 2.40m^3 ㉯ 2.72m^3
㉰ 3.12m^3 ㉱ 3.40m^3

■ 해설 • 습윤단위중량 $r_t = \frac{W}{V} = \frac{G_s + s \cdot e}{1+e} r_w$
(상관식 $S \cdot e = G_s \cdot w$이므로)
$$r_t = \frac{W}{V} = \frac{G_s + G_s \cdot w}{1+e} r_w$$
$$= \frac{2.65 + 2.65 \times 0.25}{1+e} \times 1$$
즉, $r_t = \frac{9}{5} = \frac{3.3125}{1+e}$

$\therefore$ 간극비 $e=0.84$

• 간극비 $e=\dfrac{V_v}{V_s}=\dfrac{V-V_s}{V_s}=\dfrac{5-V_s}{V_s}=0.84$

$\therefore$ 흙입자만의 부피 $V_s=2.72\text{m}^3$

22. 포화도가 100%인 시료의 체적이 1,000cm³이었다. 노건조 후에 무게를 측정한 결과 물의 무게(W_w)가 400g이었다면 이 시료의 간극률(n)은 얼마인가? [산 14]

㉮ 15% ㉯ 20%
㉰ 40% ㉱ 60%

해설 • 포화도

$S_r=\dfrac{V_w}{V_v}\times100=100\%$이므로,

$V_w=V_v$

• 물의 단위중량

$\gamma_w=\dfrac{W_w}{V_w}=1\text{g/cm}^3$이므로,

$W_w=V_w$

$\therefore V_w=400\text{cm}^3$

• 간극률

$n=\dfrac{V_v}{V}\times100$이므로,

$n=\dfrac{V_w}{V}\times100=\dfrac{400}{1,000}\times100=40\%$

23. 공극비 $e=0.65$, 함수비 $w=20.5\%$, 비중 $G_s=2.69$인 사질점토가 있다. 이 흙의 습윤밀도는? [산 09]

㉮ 1.63g/cm³ ㉯ 1.96g/cm³
㉰ 1.02g/cm³ ㉱ 1.35g/cm³

해설 • 상관식 $S\cdot e=G_s\cdot\omega$

$S\times0.65=2.69\times0.205$

$\therefore S=0.848$

• 습윤단위 중량 $r_t=\dfrac{G_s+S\cdot e}{1+e}r_w$

$=\dfrac{2.69+0.848\times0.65}{1+0.65}\times1$

$=1.96\text{g/cm}^3$

24. 습윤단위 중량이 2.0t/m², 함수비 20%, 흙의 비중 $G_s=2.7$인 경우 포화도는? [기 11,12]

㉮ 86.1% ㉯ 87.1%
㉰ 95.6% ㉱ 100%

해설 • 습윤단위중량 $r_t=\dfrac{G_s+S\cdot e}{1+e}\cdot r_w$

• 상관식 $S\cdot e=G_s\cdot\omega$에서

$\therefore r_t=\dfrac{G_s+G_s\cdot\omega}{1+e}\cdot r_w$

$2.0=\dfrac{2.7+2.7\times0.2}{1+e}\times1$

$\therefore$ 간극비 $e=0.62$

• 상관식 $S\times0.62=2.7\times0.2$

$\therefore$ 포화도 $S=87.1\%$

25. 포화된 흙의 건조단위중량이 1.70t/m³이고, 함수비가 20%일 때 비중은 얼마인가? [기 14]

㉮ 2.58 ㉯ 2.68
㉰ 2.78 ㉱ 2.88

해설 • 상관식

$S_r\cdot e=G_s\cdot w$

$1\times e=G_s\cdot0.2$

$\therefore e=0.2G_s$

• 건조단위중량

$\gamma_d=\dfrac{G_s}{1+e}\gamma_w$

$1.7=\dfrac{G_s}{1+0.2G_s}$

$G_s=1.7+0.34G_s$

$0.66G_s=1.7$

$G_s=\dfrac{1.7}{0.66}=2.58$

26. 1m³의 포화점토를 채취하여 습윤단위무게와 함수비를 측정한 결과 각각 1.68t/m³와 60%였다. 이 포화점토의 비중은 얼마인가? [산 09]

㉮ 2.14 ㉯ 2.84
㉰ 1.58 ㉱ 1.31

|해답| 22. ㉰ 23. ㉯ 24. ㉯ 25. ㉮ 26. ㉯

■해설 • 습윤단위중량 $r_t = \frac{G_s + S \cdot e}{1+e} r_w$ 에서

• 상관식 $S \cdot e = G_s \cdot w$

$1 \times e = G_s \times 0.6$

$e = 0.6 G_s$

$1.68 = \frac{G_s + 1 \times 0.6\ GS}{1 + 0.6\ G_s} \times 1$

$1.68 = \frac{1.6\ G_s}{1 + 0.6\ G_s}$

$1.6 G_s = 1.68(1 + 0.6 G_s)$

$1.6 G_s = 1.68 + G_s$

$0.6 G_s = 1.68$

$\therefore\ G_s = \frac{1.68}{0.6} = 2.8$

27. 건조밀도가 1.55g/cm^3, 비중이 2.65인 흙의 간극비는? [산 16]

㉮ 0.59　㉯ 0.64
㉰ 0.71　㉱ 0.78

■해설 건조단위중량

$\gamma_d = \frac{G_s}{1+e} \gamma_w$ 에서 $1.55 = \frac{2.65}{1+e} \times 1$

$e = \frac{2.65}{1.55} \times 1 - 1 = 0.71$

28. 노건조한 흙 시료의 부피가 1,000cm^3, 무게가 1,700g, 비중이 2.65이었다. 간극비는? [기 09]

㉮ 0.71　㉯ 0.43
㉰ 0.65　㉱ 0.56

■해설 건조단위중량 $r_d = \frac{W}{V} = \frac{G_s}{1+e} r_w$ 에서

$r_d = \frac{1,700}{1,000} = \frac{2.65}{1+e} \times 1 = 1.7 \mathrm{g/cm^3}$

$\therefore$ 간극비 $e = \frac{G_s \cdot r_w}{r_d} - 1 = \frac{2.65 \times 1}{1.7} - 1$

$= 0.56$

29. 흙의 건조단위중량이 1.60g/cm^{3}이고 비중이 2.64인 흙의 간극비는? [산 15]

㉮ 0.42　㉯ 0.60
㉰ 0.65　㉱ 0.64

■해설 건조단위중량

$r_d = \frac{G_s}{1+e} r_w$ 에서, $1.60 = \frac{2.64}{1+e} \times 1$

$\therefore\ e = \frac{2.64}{1.60} \times 1 - 1 = 0.65$

30. 부피 100cm^{3}의 시료가 있다. 젖은 흙의 무게가 180g인데 노 건조 후 무게를 측정하니 140g이었다. 이 흙의 간극비는?(단, 이 흙의 비중은 2.65이다.) [산 14]

㉮ 1.472　㉯ 0.893
㉰ 0.627　㉱ 0.470

■해설 건조단위중량

$\gamma_d = \frac{W}{V} = \frac{G_s}{1+e} r_w$ 에서,

$\gamma_d = \frac{140}{100} = \frac{2.65}{1+e} \times 1 = 1.4 \mathrm{g/cm^3}$

$\therefore$ 간극비 $e = \frac{G_s \cdot \gamma_w}{\gamma_d} - 1$

$= \frac{2.65 \times 1}{1.4} - 1 = 0.893$

31. 어떤 흙의 건조단위중량이 1.64t/m^{3}이었다. 이 흙의 입자의 비중이 2.69일 때 간극률은? [산 08,16]

㉮ 36%　㉯ 39%
㉰ 42%　㉱ 45%

■해설 • 건조단위중량

$r_d = \frac{G_s}{1+e} r_w$ 에서 $1.64 = \frac{2.69}{1+e} \times 1$

$e = \frac{2.69}{1.64} \times 1 - 1 = 0.64$

• 간극비와 간극률과의 관계

$n = \frac{e}{1+e} \times 100 = \frac{0.64}{1+0.64} \times 100 = 39\%$

|해답| 27. ㉰ 28. ㉱ 29. ㉰ 30. ㉯ 31. ㉯

32. 함수비가 18%, 습윤단위중량이 1.72g/cm³인 현장토의 건조 단위중량은 얼마인가? [산 10]

㉮ 1.46g/cm³　　㉯ 1.75g/cm³
㉰ 1.94g/cm³　　㉱ 2.06g/cm³

해설 건조단위중량

$$r_d = \frac{r_t}{1+w} = \frac{1.72}{1+0.18} = 1.46\text{g/cm}^3$$

33. 흙입자의 비중은 2.56, 함수비는 35%, 습윤단위 중량은 1.75g/cm³일 때 간극률은? [기 11]

㉮ 32.63%　　㉯ 37.36%
㉰ 43.56%　　㉱ 49.37%

해설 • 건조단위중량

$$r_d = \frac{r_t}{1+w} = \frac{1.75}{1+0.35} = 1.3\text{g/cm}^3$$

• 건조단위중량 $r_d = \frac{G_s}{1+e} r_w$ 에서

간극비 $e = \frac{G_s \cdot r_w}{r_d} - 1 = \frac{2.56 \times 1}{1.3} - 1 = 0.97$

∴ 간극률 $n = \frac{e}{1+e} = \frac{0.97}{1+0.97} = 0.4924$

$n = 49.24\%$

34. 어떤 흙의 건조단위중량이 1.724g/cm²이고, 비중이 2.65일 때 다음 설명 중 틀린 것은? [산 10]

㉮ 간극비는 0.537이다.
㉯ 간극률은 34.94%이다.
㉰ 포화상태의 함수비는 20.26%이다.
㉱ 포화단위중량은 2.223g/cm³이다.

해설 • 건조단위중량 $r_d = \frac{G_s}{1+e} r_w$ 에서

$$1.724 = \frac{2.65}{1+e} \times 1$$

∴ 간극비 $e = 0.537$

• 간극비와 간극률과의 관계에서

간극률 $n = \frac{e}{1+e} \times 100 = \frac{0.537}{1+0.537} \times 100$

$= 34.94\%$

• 상관식 $Se = G_s \cdot w$에서

$1 \times 0.537 = 2.65 \times w$

∴ 함수비 $w = 20.26\%$

• 포화단위중량 $r_{sat} = \frac{G_s + e}{1+e} r_w$ 에서

$$= \frac{2.65 + 0.537}{1+0.537} \times 1$$

$$= 2.07\text{g/cm}^3$$

35. 100% 포화된 흐트러지지 않은 시료의 부피가 20cm³이고 무게는 36g이었다. 이 시료를 건조로에서 건조시킨 후의 무게가 24g일 때 간극비는 얼마인가? [기 13]

㉮ 1.36　　㉯ 1.50
㉰ 1.62　　㉱ 1.70

해설 함수비 $\omega = \frac{W_w}{W_s} \times 100 = \frac{36-24}{24} \times 100 = 50\%$

• 상관식

$S \cdot e = G_s \cdot w$

$1 \times e = G_s \times 0.5$

$e = 0.5 G_s$

• 건조단위중량

$$\gamma_d = \frac{W_s}{V} = \frac{G_s}{1+e} \gamma_w$$

$$= \frac{24}{20} = \frac{G_s}{1+0.5G_s} \gamma_w$$

$$1.2 = \frac{G_s}{1+0.5G_s}$$

$G_s = 1.2 + 0.6G_s = 0.4G_s = 1.2$

$G_s = 3$

∴ 간극비 $e = 0.5G_s = 0.5 \times 3 = 1.5$

36. 다음 중 흙의 포화단위중량을 나타낸 식은?(단, e : 공극비, S : 포화도, G_s : 비중, γ_w : 물의 단위중량) [산 13]

㉮ $\frac{G_s + e}{1+e} \gamma_w$　　㉯ $\frac{G_s + Se}{1+e} \gamma_w$

㉰ $\frac{G_s}{1+e} \gamma_w$　　㉱ $\frac{G_s - e}{1+e} \gamma_w$

|해답| 32. ㉮ 33. ㉱ 34. ㉱ 35. ㉯ 36. ㉮

■ 해설 포화단위중량

$$\gamma_{sat} = \frac{G_s + e}{1+e}\gamma_w$$

3. 상대밀도

37. 어떤 시료가 조밀한 상태에 있는가, 느슨한 상태에 있는가를 나타내는 데 쓰이며, 주로 모래와 같은 조립토에서 사용되는 것은? [산 16]

㉮ 상대밀도 ㉯ 건조밀도
㉰ 포화밀도 ㉱ 수중밀도

■ 해설 상대밀도
모래와 같은 조립토의 다짐 정도(조밀, 느슨)를 나타내는 값

38. 모래의 현장 간극비가 0.641, 이 모래를 채취하여 실험실에서 가장 조밀한 상태 및 가장 느슨한 상태에서 측정한 간극비가 각각 0.595, 0.685를 얻었다. 이 모래의 상대밀도는? [산 12]

㉮ 58.9% ㉯ 48.9%
㉰ 41.1% ㉱ 51.1%

■ 해설 상대밀도

$$D_r = \frac{e_{\max} - e}{e_{\max} - e_{\min}} \times 100 = \frac{0.685 - 0.641}{0.685 - 0.595} \times 100 = 48.9\%$$

39. 자연상태의 모래지반을 다져 $e_{\min}$에 이르도록 했다면 이 지반의 상대밀도는? [기 08]

㉮ 0% ㉯ 50%
㉰ 75% ㉱ 100%

■ 해설
상대밀도 $D_r = \frac{e_{\max} - e}{e_{\max} - e_{\min}} \times 100$에서 자연상태 간극비 e를 다져서 $e_{\min}$에 이르렀으므로

$$D_r = \frac{e_{\max} - e_{\min}}{e_{\max} - e_{\min}} \times 100 = 100\%$$

40. 어떤 모래의 건조단위중량이 1.7t/m³이고, 이 모래의 $\gamma_{d\max}$ =1.8t/m³, $\gamma_{d\min}$ =1.6/m³이라면, 상대밀도는? [기 12,14]

㉮ 47% ㉯ 49%
㉰ 51% ㉱ 53%

■ 해설 상대밀도

$$D_\gamma = \frac{\gamma_d - \gamma_{d\min}}{\gamma_{d\max} - \gamma_{d\min}} \times \frac{\gamma_{d\max}}{\gamma_d} \times 100 = \frac{1.7 - 1.6}{1.8 - 1.6} \times \frac{1.8}{1.7} \times 100 = 53\%$$

41. 현장에서 모래의 건조밀도를 측정한 결과 1.52g/cm³이고 실험실에서 이 모래의 최대 및 최소건조단위중량을 구하면 각각 1.68g/cm³ 및 1.47g/cm³이었다고 하면 이 모래의 상대밀도는? [산 08]

㉮ 58.2% ㉯ 31.7%
㉰ 26.3% ㉱ 13.5%

■ 해설 상대밀도

$$D_\gamma = \frac{\gamma_d - \gamma_{d\min}}{\gamma_{d\max} - \gamma_{d\min}} \times \frac{\gamma_{d\max}}{\gamma_d} \times 100 = \frac{1.52 - 1.47}{1.68 - 1.47} \times \frac{1.68}{1.52} \times 100 = 26.3\%$$

42. 현장에서 모래의 건조단위중량을 측정하니 1.56g/cm²이 모래를 채취하여 시험실에서 가장 조밀한 상태 및 가장 느슨한 상태에서 건조단위중량을 측정한 결과 각각 1.68g/cm³, 1.46g/cm³를 얻었다. 현장에서 이 모래의 상대밀도는? [기 09]

㉮ 49% ㉯ 45%
㉰ 39% ㉱ 35%

■ 해설 상대밀도

$$D_\gamma = \frac{\gamma_d - \gamma_{d\min}}{\gamma_{d\max} - \gamma_{d\min}} \times \frac{\gamma_{d\max}}{\gamma_d} \times 100 = \frac{1.56 - 1.46}{1.68 - 1.46} \times \frac{1.68}{1.56} \times 100 = 49\%$$

|해답| 37. ㉮ 38. ㉯ 39. ㉱ 40. ㉱ 41. ㉰ 42. ㉮

43. 현장 흙의 단위중량을 구하기 위해 부피 500cm³의 구멍에서 파낸 젖은 흙의 무게가 900g이고, 건조시킨 후의 무게가 800g이다. 건조한 흙 400g을 몰드에 가장 느슨한 상태로 채운 부피가 280cm³이고, 진동을 가하여 조밀하게 다진 후의 부피는 210cm³이다. 흙의 비중이 2.7일 때 이 흙의 상대밀도는? [기 15]

㉮ 33%　　㉯ 38%
㉰ 43%　　㉱ 48%

■ 해설 상대밀도

$$\gamma_d = \frac{800}{500} = 1.6$$

$$\gamma_{d\min} = \frac{400}{280} = 1.43$$

$$\gamma_{d\max} = \frac{400}{210} = 1.9$$

$$D_r = \frac{r_d - r_{d\min}}{r_{d\max} - r_{d\min}} \times \frac{r_{d\max}}{r_d} \times 100$$
$$= \frac{1.6 - 1.43}{1.9 - 1.43} \times \frac{1.9}{1.6} \times 100 = 43\%$$

44. 모래지반의 현장상태 습윤단위중량을 측정한 결과 1.8t/m³으로 얻어졌으며 동일한 모래를 채취하여 실내에서 가장 조밀한 상태의 간극비를 구한 결과 $e_{\min}$ =0.45, 가장 느슨한 상태의 간극비를 구한 결과 $e_{\max}$ =0.92를 얻었다. 현장상태의 상대밀도는 약 몇 %인가?(단, 모래의 비중 G_s =2.7이고, 현장상태의 함수비 ω =10%이다.) [기 10,16]

㉮ 44%　　㉯ 57%
㉰ 64%　　㉱ 80%

■ 해설
- 현장 흙의 건조단위중량

$$r_d = \frac{r_t}{1+w} = \frac{1.8}{1+0.1} = 1.64\text{t/m}^3$$

- 건조단위중량 $r_d = \frac{G_s}{1+e} r_w$ 에서

간극비 $e = \frac{G_s \cdot r_w}{r_d} - 1 = \frac{2.7 \times 1}{1.64} - 1 = 0.65$

- 상대밀도

$$D_r = \frac{e_{\max} - e}{e_{\max} - e_{\min}} \times 100 = \frac{0.92 - 0.65}{0.92 - 0.45} \times 100$$
$$= 57\%$$

4. 흙의 연경도

45. 흙의 애터버그(Atterberg)한계는 어느 것으로 나타내는가? [산 08,12]

㉮ 공극비　　㉯ 상대밀도
㉰ 포화도　　㉱ 함수비

■ 해설 애터버그 한계는 함수비와 체적으로 표시된다.

46. 어느 흙의 자연함수비가 그 흙의 액성한계보다 높다면 그 흙은 어떤 상태인가? [산 11,14]

㉮ 소성상태에 있다.　　㉯ 액체상태에 있다.
㉰ 반고체상태에 있다.　　㉱ 고체상태에 있다.

■ 해설 애터버그 한계

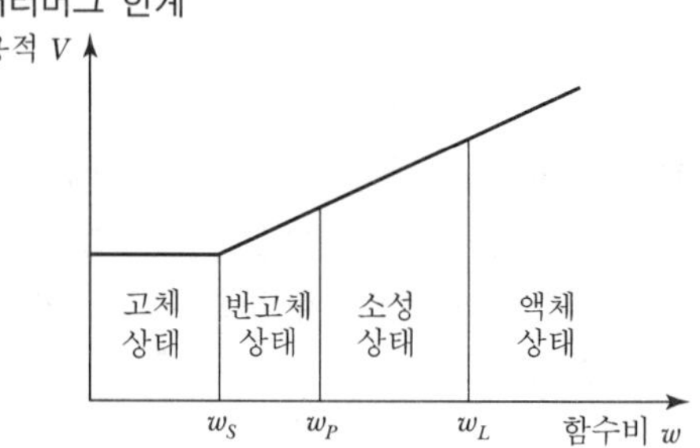

∴ 자연함수비 w_n가 액성한계 w_L보다 높다면 그 흙은 액체상태에 있다.

47. 체적이 V_o =5.83cm³인 점토를 건조로에서 건조시킨 결과 무게는 W_s =11.26g이었다. 이 점토의 비중이 G_s =2.67이라고 하면 이 점토의 수축한계값은 약 얼마인가? [기 13]

㉮ 28%　　㉯ 24%
㉰ 14%　　㉱ 8%

■ 해설
- 수축비 $R = \frac{W_o}{V_o \cdot \gamma_w} = \frac{11.26}{5.83 \times 1} = 1.93$
- 수축한계 $SL = \left(\frac{1}{R} - \frac{1}{G_s}\right) \times 100$
$= \left(\frac{1}{1.93} - \frac{1}{2.67}\right) \times 100 = 14\%$

 |해답| 43. ㉰ 44. ㉯ 45. ㉱ 46. ㉯ 47. ㉰

48. 체적이 19.65cm³인 포화토의 무게가 36g이다. 이 흙이 건조되었을 때 체적과 무게는 각각 13.50cm³과 25g이었다. 이 흙의 수축한계는 얼마인가? [산 15]

㉮ 7.4%　　㉯ 13.4%
㉰ 19.4%　　㉱ 25.4%

해설 수축한계

$$SL = \omega - \left\{ \frac{(V - V_o) \cdot \gamma_w}{W_o} \times 100 \right\}$$
$$= 44 - \left\{ \frac{(19.65 - 13.50) \times 1}{25} \times 100 \right\}$$
$$= 19.4\%$$

여기서, 함수비

$$w = \frac{W_w}{W_s} \times 100 = \frac{36 - 25}{25} \times 100 = 44\%$$

49. 다음 중 흙의 연경도(Consistency)에 대한 설명 중 옳지 않은 것은? [기 14]

㉮ 액성한계가 큰 흙은 점토분을 많이 포함하고 있다는 것을 의미한다.
㉯ 소성한계가 큰 흙은 점토분을 많이 포함하고 있다는 것을 의미한다.
㉰ 액성한계나 소성지수가 큰 흙은 연약 점토지반이라고 볼 수 있다.
㉱ 액성한계와 소성한계가 가깝다는 것은 소성이 크다는 것을 의미한다.

해설 소성지수

액성한계와 소성한계의 차

$I_P = LL - PL(\%)$

∴ 액성한계(LL)와 소성한계(PL)가 가깝다는 것은 소성이 작다는 것을 의미한다.

50. 연경도 지수에 대한 설명으로 잘못된 것은? [산 12,13]

㉮ 소성지수는 흙이 소성상태로 존재할 수 있는 함수비의 범위를 나타낸다.
㉯ 액성지수는 자연상태인 흙의 함수비에서 소성한계를 뺀 값을 소성지수로 나눈 값이다.
㉰ 액성지수 값이 1보다 크면 단단하고 압축성이 작다.
㉱ 컨시스턴시지수는 흙의 안정성 판단에 이용하며, 지수 값이 클수록 고체상태에 가깝다.

해설 액성지수 값이 1보다 크면 액체상태이므로 흙은 연약하고 압축성이 크다.

51. 흙의 연경도(Consistency)에 관한 설명으로 틀린 것은? [기 16]

㉮ 소성지수는 점성이 클수록 크다.
㉯ 터프니스 지수는 Colloid가 많은 흙일수록 값이 작다.
㉰ 액성한계시험에서 얻어지는 유동곡선의 기울기를 유동지수라 한다.
㉱ 액성지수와 컨시스턴시 지수는 흙지반의 무르고 단단한 상태를 판정하는 데 이용된다.

해설 터프니스 지수(Toughness Index, TI, I_t)

- 소성지수와 유동지수의 비

$$I_t = \frac{I_P}{I_f}$$

- Montmorillonite계 혹은 활성이 큰 Colloid를 많이 함유한 점토는 터프니스 지수가 크다.

52. 다음 그림에서 액성지수(LI)가 $0 < LI < 1$인 구간은?(단, V : 흙의 부피, W : 함수비(%)) [기 13]

㉮ a
㉯ b
㉰ c
㉱ d

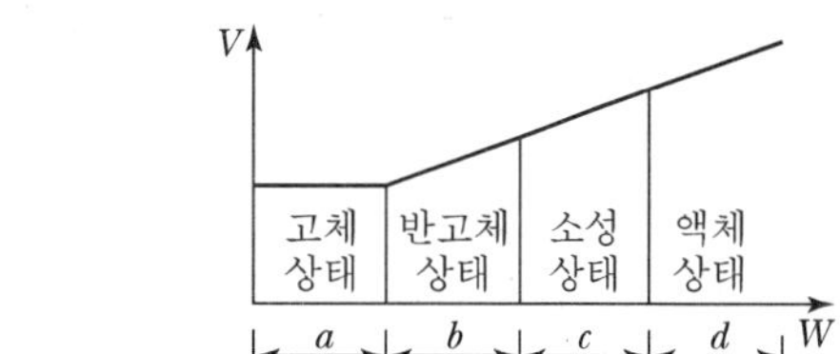

해설

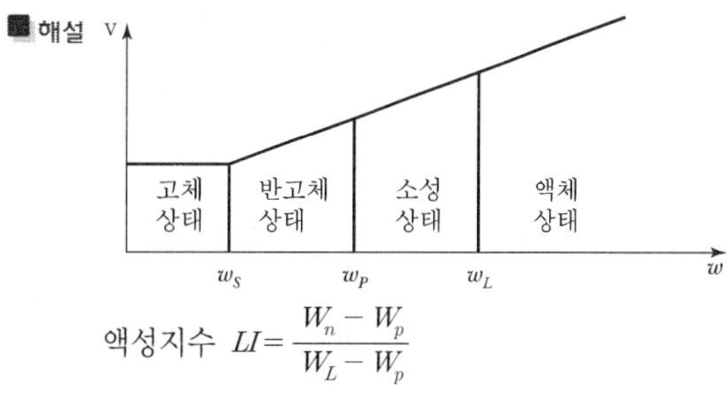

액성지수 $LI = \dfrac{W_n - W_p}{W_L - W_p}$

$LI > 1$인 경우
$W_n - W_p < W_L - W_p$
$\therefore\ W_n < W_L$
$LI < 0$인 경우
$W_n - W_p > W_L - W_p$
$\therefore\ W_n > W_p$
현장 흙의 함수비(W_n)는
$W_p < W_n < W_L$이므로
소성상태는 C 구간에 있다.

53. 흙의 물리적 성질 중 잘못된 것은? [기 09]

㉮ 점성토는 흙 구조 배열에 따라 면모구조와 이산구조로 대별하는데, 면모구조가 전단강도가 크고 투수성이 크다.
㉯ 점토는 확산이중층까지 흡착되는 흡착수에 의해 점성을 띤다.
㉰ 소성지수가 클수록 비배수성이 된다.
㉱ 활성도가 클수록 안정해지며 소성지수가 작아진다.

■해설 활성도는 점토의 작용을 나타내기 위해 쓰이는 지수로 크면 공학적으로 불안정함

$$\text{활성도 } A = \frac{\text{소성지수}(PI)}{2\mu \text{ 이하의 점토함유율}}$$

54. 흙의 활성(活性)도에 대한 설명으로 틀린 것은? [기 10]

㉮ 활성도는 (액성지수/점토함유율)로 정의된다.
㉯ 활성도는 점토광물의 종류에 따라 다르므로 활성도로부터 점토를 구성하는 점토광물을 추정할 수 있다.
㉰ 점토의 활성도가 클수록 물을 많이 흡수하여 팽창이 많이 일어난다.
㉱ 흙입자의 크기가 작을수록 비표면적이 커져 물을 많이 흡수하므로, 흙의 활성은 점토에서 뚜렷이 나타난다.

■해설

$$\text{활성도 } A = \frac{\text{소성지수}(PI)}{2\mu \text{ 이하의 점토함유율}(\%)}$$

∴ 활성도는 (소성지수/점토함유율)로 정의된다.

55. 수소결합의 2층 구조로 공학적으로 대단히 안정하고 활성이 작은 점토광물은? [산 08]

㉮ Kaolinite ㉯ Illite
㉰ Montmorillonite ㉱ Vermiculite

■해설 흙 중에 발견되는 점토광물
- Kaolinite : 2층 구조로 수소결합, 결합력이 크며, 공학적으로 가장 안정적 구조이며 활성이 작음
- Illite : 3층 구조, 결합력이 중간 정도이며 활성도 중간
- Montmorillonite : 팽창, 수축이 크며, 공학적 안정성이 제일 약하며 활성이 큼

56. 두 개의 규소판 사이에 한 개의 알루미늄판이 결합된 3층구조가 무수히 많이 연결되어 형성된 점토광물로서 각 3층 구조 사이에는 칼륨이온(K^+)으로 결합되어 있는 것은? [기 11]

㉮ 고령토(Kaolinite)
㉯ 일라이트(Illite)
㉰ 몬모릴로나이트(Montmorillonite)
㉱ 할로이사이트(Halloysite)

■해설 일라이트(Illite)
3층 구조, 칼륨이온으로 결합되어 있어서 결합력이 중간 정도이다.

57. 점토광물 중에서 3층 구조로 구조결합 사이에 치환성 양이온이 있어서 활성이 크고, Sheet 사이에 물이 들어가 팽창·수축이 크고 공학적 안정성은 제일 약한 점토광물은? [산 14/기 16]

㉮ Kaolinite ㉯ Illite
㉰ Montmorillonite ㉱ Vermiculite

■해설 흙 중에 발견되는 점토광물
- Kaolinite : 2층 구조로 수소결합, 결합력이 크며, 공학적으로 가장 안정적인 구조이며 활성이 작음
- Illite : 3층 구조, 결합력이 중간 정도이며 활성도 중간
- Montmorillonite : 팽창·수축이 크며, 공학적 안정성이 제일 약하고 활성이 큼

|해답| 53. ㉱ 54. ㉮ 55. ㉮ 56. ㉯ 57. ㉰

58. 어느 점토의 체가름 시험과 액 · 소성시험 결과 0.002mm(2μm) 이하의 입경이 전시료 중량의 90%, 액성한계 60%, 소성한계 20%이었다. 이 점토 광물의 주성분은 어느 것으로 추정되는가? [기 12,15]

㉮ Kaolinite ㉯ Illite
㉰ Halloysite ㉱ Montmorillonite

해설 활성도

$$A = \frac{\text{소성지수 } I_p}{2\mu \text{ 이하의점토함유율}} = \frac{60-20}{90} = 0.44$$

(여기서, 소성지수 I_p = 액성한계 ω_L − 소성한계ω_p)

활성도	점토광물
A < 0.75	Kaolinite
0.75 < A < 1.25	Illite
1.25 < A	Montmorillonite

∴ 0.44 < 0.75이므로 Kaolinite

59. 점토광물에서 점토입자의 동형치환(同形置換)의 결과로 나타나는 현상은? [기 08,14]

㉮ 점토입자의 모양이 변화되면서 특성도 변하게 된다.
㉯ 점토입자가 음(−)으로 대전된다.
㉰ 점토입자의 풍화가 빨리 진행된다.
㉱ 점토입자의 화학성분이 변화되었으므로 다른 물질로 변한다.

해설 동형치환
어떤 한 종류의 원자가 같은 형태를 갖는 다른 원자로 치환되는 것으로 치환됨으로 인해 −1가 음이온이 남게 되어 점토입자가 음(−)으로 대전된다.

60. 흙 시료의 소성한계 측정은 몇 번 체를 통과한 것을 사용하는가? [산 13]

㉮ 40번 체 ㉯ 80번 체
㉰ 100번 체 ㉱ 200번 체

해설 NO.40번 체(0.42mm) 통과분의 특성
액성한계, 소성한계, 소성지수

61. 봉소(蜂巢)구조나 면모구조를 가장 형성하기 쉬운 흙은? [산 13]

㉮ 모래질 흙 ㉯ 실트질 모래흙
㉰ 점토질 흙 ㉱ 점토질 모래흙

해설
- 봉소구조 : 실트나 점토와 같은 세립토가 물속으로 침강하여 생긴 구조
- 면모구조 : 점토입자로서 간극과 투수성이 크고 압축성이 크다.

∴ 점토질 흙

5. 흙의 분류

62. 다음은 시험종류와 시험으로부터 얻을 수 있는 값을 연결한 것이다. 틀린 것은? [기 11,16]

㉮ 비중계분석시험 − 흙의 비중(G_S)
㉯ 삼축압축시험 − 강도정수(c, ϕ)
㉰ 일축압축시험 − 흙의 예민비(S_t)
㉱ 평판재하시험 − 지반반력계수(K_s)

해설 비중계 분석시험 − 세립토의 흙의 입도

63. 조립토와 세립토의 비교 설명으로 틀린 것은? [산 10]

㉮ 간극률은 조립토가 적고 세립토는 크다.
㉯ 마찰력은 조립토가 적고 세립토는 크다.
㉰ 압축성은 조립토가 적고 세립토는 크다.
㉱ 투수성은 조립토가 크고 세립토는 적다.

해설 조립토와 세립토의 특성

토질특성	조립토	세립토
점착성	거의 없다.	있다.
압밀침하량	적다.	크다.
압밀속도	순간침하	장기침하
소성	비소성	소성토
투수성	크다.	적당함
마찰력	크다.	적다.
공극비	크다.	적다.
공극률	적다.	크다.

|해답| 58. ㉮ 59. ㉯ 60. ㉮ 61. ㉰ 62. ㉮ 63. ㉯

64. 통일분류법에 의한 흙의 분류에서 조립토와 세립토를 구분할 때 기준이 되는 체의 호칭번호와 통과율로 옳은 것은? [산 15]

㉮ No.4(4.75mm)체, 35%
㉯ No.10(2mm)체, 50%
㉰ No.200(0.075mm)체, 35%
㉱ No.200(0.075mm)체, 50%

해설 조립토와 세립토의 분류기준

조립토	No.200체(0.075mm) 통과량이 50% 이하
세립토	No.200체(0.075mm) 통과량이 50% 초과

65. 아래와 같은 흙의 입도분포곡선에 관한 설명으로 옳은 것은? [기 08,12,15]

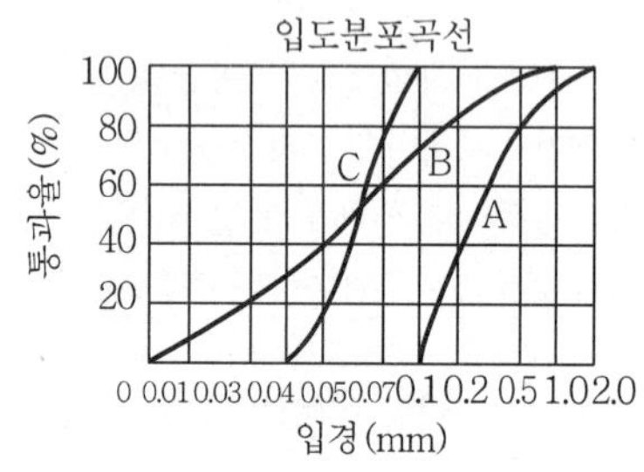

㉮ A는 B보다 유효경이 작다.
㉯ A는 B보다 균등계수가 작다.
㉰ C는 B보다 균등계수가 크다.
㉱ B는 C보다 유효경이 크다.

해설
• 경사가 급한 경우(A곡선)
① 입자가 균질하다.
② 공극비가 크다.
③ 투수계수가 크다.
④ 함수량이 크다.
⑤ 입도분포가 불량하다.
• 경사가 완만한 경우(B곡선)
① 균등계수가 크다.
② 공학적 성질이 양호하다.
③ 입도분포가 양호하다.

66. 어떤 흙의 입도분석 결과 입경 가적 곡선의 기울기가 급경사를 이룬 빈입도일 때 예측할 수 있는 사항으로 틀린 것은? [기 15]

㉮ 균등계수는 작다.
㉯ 간극비는 크다.
㉰ 흙을 다지기가 힘들 것이다.
㉱ 투수계수는 작다.

해설 빈입도(경사가 급한 경우)
• 입도분포가 불량하다.
• 균등계수가 작다.
• 공학적 성질이 불량하다.
• 간극비가 커서 투수계수와 함수량이 크다.
∴ 투수계수는 크다.

67. 흙의 입도시험에서 얻어지는 유효입경(有效粒經 : D_{10})이란? [산 16]

㉮ 10mm체 통과분을 말한다.
㉯ 입도분포곡선에서 10% 통과 백분율을 말한다.
㉰ 입도분포곡선에서 10% 통과 백분율에 대응하는 입경을 말한다.
㉱ 10번체 통과 백분율을 말한다.

해설 D_{10} : 유효경, 통과중량 백분율 10%에 대응하는 입경

68. 흙의 입경가적곡선에 대한 설명으로 틀린 것은? [산 13]

㉮ 입경가적곡선에서 균등한 입경의 흙은 완만한 구배를 나타낸다.
㉯ 균등계수가 증가되면 입도분포도 넓어진다.
㉰ 입경가적곡선에서 통과백분율 10%에 대응하는 입경을 유효입경이라 한다.
㉱ 입도가 양호한 흙의 곡률계수는 1~3 사이에 있다.

해설 입경가적곡선에서 균등한 입경의 흙은 입자의 크기가 비슷하므로 좁은 범위 내에 내부분이 몰려 있는 입도분포가 나쁜 빈입도이다. 그러므로 입경가적곡선의 경사가 급하다.

|해답| 64. ㉱ 65. ㉯ 66. ㉱ 67. ㉰ 68. ㉮

69. 입경가적곡선에서 가적통과율 30%에 해당하는 입경이 D_{30}=1.2mm일 때, 다음 설명 중 옳은 것은? [기 15]

㉮ 균등계수를 계산하는 데 사용된다.
㉯ 이 흙의 유효입경은 1.2mm이다.
㉰ 시료의 전체 무게 중에서 30%가 1.2mm보다 작은 입자이다.
㉱ 시료의 전체 무게 중에서 30%가 1.2mm보다 큰 입자이다.

해설 시료의 전체 무게 중에서 30%가 1.2mm보다 작은 입자이다.

70. 어떤 흙의 입경가적곡선에서 D_{10}=0.05mm, D_{30}=0.09mm, D_{60}=0.15mm이었다. 균등계수 C_u와 곡률계수 C_g의 값은? [산 11]

㉮ $C_u=3.0$, $C_g=1.08$ ㉯ $C_u=3.5$, $C_g=2.08$
㉰ $C_u=3.0$, $C_g=2.45$ ㉱ $C_u=3.5$, $C_g=1.82$

해설
- 균등계수 $C_u=\dfrac{D_{60}}{D_{10}}=\dfrac{0.15}{0.05}=3$
- 곡률계수 $C_g=\dfrac{{D_{30}}^2}{D_{10}\times D_{60}}=\dfrac{0.09^2}{0.05\times 0.15}=1.08$

71. 유효입경이 0.1mm이고, 통과 백분율 80%에 대응하는 입경이 0.5mm, 60%에 대응하는 입경이 0.4mm, 40%에 대응하는 입경이 0.3mm, 20%에 대응하는 입경이 0.2mm일 때 이 흙의 균등계수는? [산 15]

㉮ 2 ㉯ 3
㉰ 4 ㉱ 5

해설 균등계수

$$C_u=\frac{D_{60}}{D_{10}}=\frac{0.4}{0.1}=4$$

여기서, D_{10} : 유효입경, 통과중량 백분율 10%에 대응하는 입경
D_{60} : 통과중량 백분율 60%에 대응하는 입경

72. 여러 종류의 흙을 같은 조건으로 다짐 시험을 하였다. 일반적으로 최적함수비가 가장 작은 흙은? [산 09,16]

㉮ GW ㉯ ML
㉰ SW ㉱ CH

해설 GW : 입도분포가 좋은 자갈

73. 다음 통일분류법에 의한 흙의 분류 중 압축성이 가장 큰 것은? [산 13]

㉮ SP ㉯ SW
㉰ CL ㉱ CH

해설 CH : 고압축성의 점토

74. 통일분류법(統一分類法)에 의해 SP로 분류된 흙의 설명으로 옳은 것은? [기 08,14]

㉮ 모래질 실트를 말한다.
㉯ 모래질 점토를 말한다.
㉰ 압축성이 큰 모래를 말한다.
㉱ 입도분포가 나쁜 모래를 말한다.

해설 제1문자 S : 모래(Sand)
제2문자 P : 입도분포 불량, 세립분 거의 없음 (Poor-Graded)
∴ SP : 입도분포가 불량한 모래

75. 통일분류법에 의한 분류기호와 흙의 성질을 표현한 것으로 틀린 것은? [기 14]

㉮ GP－입도분포가 불량한 자갈
㉯ GC－점토 섞인 자갈
㉰ CL－소성이 큰 무기질 점토
㉱ SM－실트 섞인 모래

해설 통일분류법
- 제1문자 C : 무기질 점토(Clay)
- 제2문자 L : 저소성, 액성한계 50% 이하(Low)

∴ CL : 저소성의 점토

|해답| 69. ㉰ 70. ㉮ 71. ㉰ 72. ㉮ 73. ㉱ 74. ㉱ 75. ㉰

76. 흙의 분류 중에서 유기질이 가장 많은 흙은? [산 16]

㉮ CH ㉯ CL
㉰ MH ㉱ Pt

해설 유기질토 : 이탄(Pt)

77. 통일분류법에 의한 흙의 분류에서 입도분포가 나쁘고, No.4체 통과율이 50% 이상인 조립토를 옳게 분류한 것은? [산 08]

㉮ SP ㉯ SM
㉰ SW ㉱ SC

해설
- 조립토 : 200번체 통과량이 50% 이하
- 세립토 : 200번체 통과량이 50% 초과

- 자갈 : 4번체 통과량이 50% 이하
- 모래 : 4번체 통과량이 50% 초과

∴ 제1문자는 S(모래)

- 입도분포 양호 : W(Well)
- 입도분포 불량 : P(Poor)

∴ 제2문자는 P
∴ 입도분포가 불량한 모래 SP

78. 어떤 흙의 체분석 시험결과가 #4체 통과율이 37.5%, #200체 통과율이 2.3%였으며, 균등계수는 7.9, 곡률계수는 1.4이었다. 통일분류법에 따라 이 흙을 분류하면? [기 10]

㉮ GW ㉯ GP
㉰ SW ㉱ SP

해설
- 조립토 : #200체(0.075mm) 통과량이 50% 이하
- 세립토 : #200체 통과량이 50% 초과
- 자갈 : #4체(4.75mm) 통과량이 50% 이하
- 모래 : #4체 통과량이 50% 초과
- 입도양호자갈 : 균등계수 $C_u > 4$
  곡률계수 $C_g = 1 \sim 3$
- 입도양호모래 : 균등계수 $C_u > 6$
  곡률계수 $C_g = 1 \sim 3$

즉, #200체 통과율 2.3% → 조립토
#4체 통과율 37.5% → 자갈(G)

- 균등계수 $C_u = 7.9$
- 곡률계수 $C_g = 1.4$ → 입도분포 양호(W)

∴ GW(입도분포가 양호한 자갈)

79. 입도분석 시험결과가 아래 표와 같다. 이 흙을 통일분류법에 의해 분류하면? [기 10]

0.074mm체 통과율=3%, 2mm체 통과율=40%, 4.75mm 통과율=65%
$D_{10} = 0.10\text{mm}$, $D_{30} = 0.13\text{mm}$, $D_{60} = 3.2\text{mm}$

㉮ GW ㉯ GP
㉰ SW ㉱ SP

해설
- 조립토 : #200체(0.075mm) 통과량이 50% 이하
- 세립토 : #200체 통과량이 50% 초과
- 자갈 : #4체(4.75mm) 통과량이 50% 이하
- 모래 : #4체 통과량이 50% 초과
- 입도양호자갈 : 균등계수 $C_u > 4$
  곡률계수 $C_g = 1 \sim 3$
- 입도양호모래 : 균등계수 $C_u > 6$
  곡률계수 $C_g = 1 \sim 3$

즉, #200체 통과율 3% → 조립토
#4체 통과율 65% → 모래(S)

- 균등계수 $C_u = \dfrac{D_{60}}{D_{10}} = \dfrac{3.2}{0.1} = 32$
- 곡률계수 $C_g = \dfrac{{D_{30}}^2}{D_{10} \times D_{60}} = \dfrac{0.13^2}{0.1 \times 3.2} = 0.0528$

$C_u = 32 > 6$, $C_g = 0.0528 \neq 1 \sim 3$
→ 입도분포 불량(P)
∴ SP(입도분포가 불량한 모래)

80. 흙의 분류방법 중 통일분류법에 대한 설명으로 틀린 것은? [산 11]

㉮ #200(0.075mm)체 통과율이 50%보다 작으면 조립토이다.
㉯ 조립토 중 #4(4.75mm)체 통과율이 50%보다 작으면 자갈이다.
㉰ 세립토에서 압축성의 높고 낮음을 분류할 때 사용하는 기준은 액성한계 35%이다.
㉱ 세립토를 여러 가지로 세분하는 데는 액성한계와 소성지수의 관계 및 방위를 나타내는 소성도표가 사용된다.

|해답| 76. ㉱ 77. ㉮ 78. ㉮ 79. ㉱ 80. ㉰

해설 흙의 분류

- 조립토 : 200번체 통과량이 50% 이하
- 세립토 : 200번체 통과량이 50% 초과

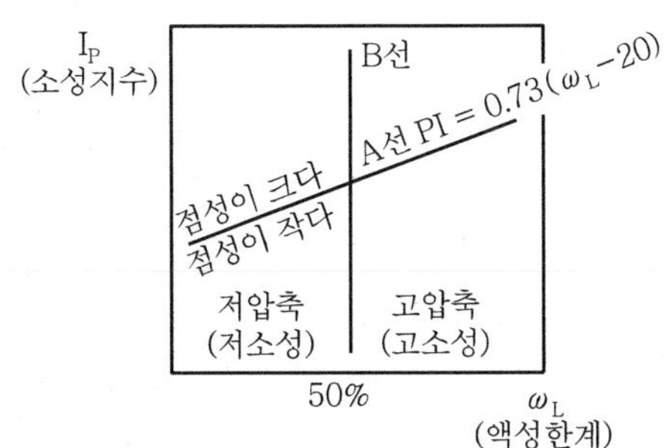

∴ 세립토에서 압축성의 높고 낮음을 분류할 때 사용하는 기준은 액성한계 ω_L 50%이다.

81. 흙의 분류에 사용되는 Cassagrande 소성도에 대한 설명으로 틀린 것은? [기 11,16]

㉮ 세립토를 분류하는 데 이용된다.
㉯ U선은 액성한계와 소성지수의 상한선으로 U선 위쪽으로는 측점이 있을 수 없다.
㉰ 액성한계 50%를 기준으로 저소성(L) 흙과 고소성(H) 흙으로 분류한다.
㉱ A선 위의 흙은 실트(M) 또는 유기질토(O)이며, A선 아래의 흙은 점토(C)이다.

해설 A선 위 : 점성이 크다(C),
아래 : 점성이 작다(M)
B선 왼쪽 : 압축성이 작다(L),
오른쪽 : 압축성이 크다(H)
∴ A선 위의 흙은 점토(C)이며, A선 아래의 흙은 실트(M) 또는 유기질토(O)이다.

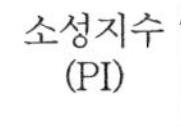

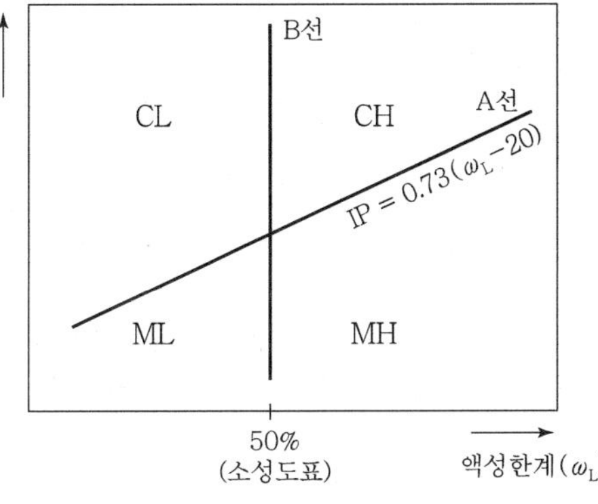

82. 어떤 시료를 입도분석한 결과, 0.075mm(No.200)체 통과량이 65%이었고, 애터버그한계 시험결과 액성한계가 40%이었으며 소성도표(Plasticity Chare)에서 A선 위의 구역에 위치한다면 이 시료의 통일분류법(USCS)상 기호로서 옳은 것은? [기 10,13]

㉮ CL　　㉯ SC
㉰ MH　　㉱ SM

해설
- 조립토 : #200체(0.075mm) 통과량이 50% 이하
- 세립토 : #200체(0.075mm) 통과량이 50% 초과

∴ #200체 통과량 65% → 세립토

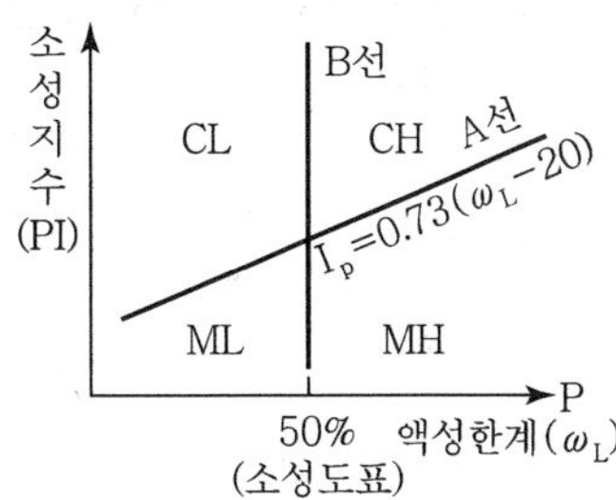

A선 위 : 점성이 크다(C),
아래 : 점성이 작다(M)
B선 왼쪽 : 압축성이 작다(L),
오른쪽 : 압축성이 크다(H)
∴ A선 위의 구역 → C
액성한계 40% → L
CL : 저압축성(저소성)의 점토

83. 흙을 공학적 분류방법으로 분류할 때 필요한 요소가 아닌 것은? [산 13]

㉮ 입도분포
㉯ 액성한계
㉰ 소성지수
㉱ 수축한계

해설 통일분류법은 입도분포, 액성한계, 소성지수 등을 주요 인자로 한 분류법이다.

|해답| 81. ㉱ 82. ㉮ 83. ㉱

84. 시료가 점토인지 아닌지를 알아보고자 할 때 다음 중 가장 거리가 먼 사항은? [기 16]

㉮ 소성지수
㉯ 소성도 A선
㉰ 포화도
㉱ 200번(0.075mm)체 통과량

해설 포화도와는 무관하다.

85. AASHTO 분류 및 통일분류법은 No.200(0.075mm)체 통과율을 기준으로 하여 흙을 조립토와 세립토로 구분한다. AASHTO 방법에서는 NO.200체 통과량이 (①) 이상인 흙을 세립토로, 통일분류법에서는 (②) 이상을 세립토로 한다. ( )에 맞는 수치는? [산 09]

㉮ ① 50%, ② 35%
㉯ ① 40%, ② 40%
㉰ ① 35%, ② 50%
㉱ ① 45%, ② 45%

해설 세립토
- AASHTO 분류법 : NO.200체 통과량 35% 초과
- 통일분류법 : NO.200체 통과량 50% 초과

86. 흙의 분류법인 AASHTO분류법과 통일분류법을 비교 · 분석한 내용으로 틀린 것은? [기 10,12]

㉮ AASHTO분류법은 입도분포, 군지수 등을 주요 분류인자로 한 분류법이다.
㉯ 통일분류법은 입도분포, 액성한계, 소성지수 등을 주요 분류인자로 한 분류법이다.
㉰ 통일분류법은 0.075mm체 통과율을 35%를 기준으로 조립토와 세립토로 분류하는데 이것은 AASHTO분류법보다 적절하다.
㉱ 통일분류법은 유기질토 분류방법이 있으나 AASHTO분류법은 없다.

해설 통일분류법에서는 0.075mm체(#200체) 통과율을 50%를 기준으로 조립토와 세립토를 분류하고 AASHTO분류법은 35%를 기준으로 분류한다.

87. 통일분류법으로 흙을 분류할 때 사용하는 인자가 아닌 것은? [기 15]

㉮ 입도 분포 ㉯ 애터버그 한계
㉰ 색, 냄새 ㉱ 군지수

해설 군지수는 AASHTO 분류법으로 흙을 분류할 때 사용하는 인자이다.

88. 군지수(Group Index)를 구하는 아래 표와 같은 공식에서 a, b, c, d에 대한 설명으로 틀린 것은? [산 12]

$$GI = 0.2a + 0.005ac + 0.01bd$$

㉮ a : No.200체 통과율에서 35%를 뺀 값으로 0~40의 정수만 취한다.
㉯ b : No.200체 통과율에서 15%를 뺀 값으로 0~40의 정수만 취한다.
㉰ c : 액성한계에서 40%를 뺀 값으로 0~20의 정수만 취한다.
㉱ d : 소성한계에서 10%를 뺀 값으로 0~20의 정수만 취한다.

해설 d : 소성지수(IP)에서 10%를 뺀 값으로 0~20의 정수만 취한다.

89. 어떤 흙의 No.200체(0.074mm) 통과율 60%, 액성한계가 40%, 소성지수가 10%일 때 군지수는? [산 09]

㉮ 3 ㉯ 4
㉰ 5 ㉱ 6

해설 군지수

$$GI = 0.2a + 0.005ac + 0.01bd$$
$$= 0.2 \times 25 + 0.005 \times 25 \times 0 + 0.01 \times 45 \times 0 = 5$$

여기서, a = NO.200체 통과량 − 35 = 25%
b = NO.200체 통과량 − 15 = 45%
c = 액성한계 $\omega_L - 40 = 0\%$
d = 소성지수 $I_p - 10 = 0\%$

|해답| 84. ㉰ 85. ㉰ 86. ㉰ 87. ㉱ 88. ㉱ 89. ㉰

Chapter

02 흙 속에서의 물의 흐름

Contents

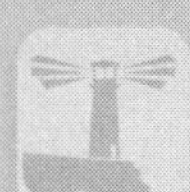

Section 01 투수성

1. Darcy 법칙

(1) Bernoulli의 정리

① 전수두 = 압력수두 + 위치수두 + 속도수두

$$h = \frac{P}{\gamma_W} + Z + \frac{V^2}{2g}$$

여기서, P : 간극수압
γ_W : 물의 단위중량
Z : 위치수두
V : 유속
g : 중력가속도

② 흙 속에서의 유속은 매우 느리므로 $\left(\frac{V^2}{2g} \fallingdotseq 0\right)$ 무시할 수 있다.

흙 속의 전수두 = 압력수두 + 위치수두

(2) 동수경사(동수구배)

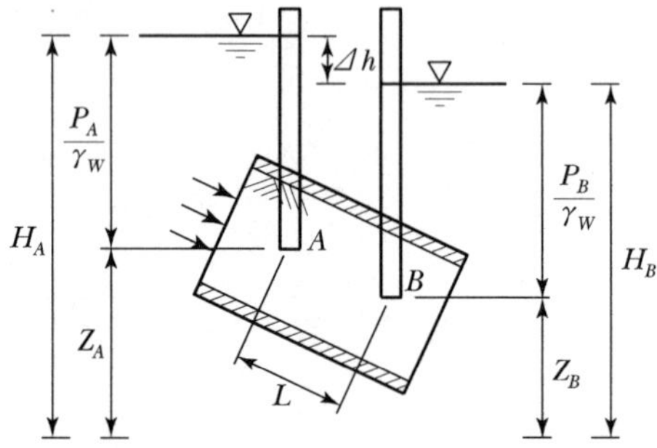

[베르누이 정리와 흙 속에서 물의 흐름]

① 수두차

$$\Delta h = H_A - H_B = \left(\frac{P_A}{\gamma_W} + Z_A\right) - \left(\frac{P_B}{\gamma_W} + Z_B\right)$$

② 동수경사(i)

물이 흙속을 투과할 때 손실된 수두차

$$i = \frac{\Delta h}{L}$$

여기서, L : 물이 흙 속을 투과한 거리
Δh : 수두차

(3) Darcy 법칙

① 흙 속에서 물의 유출속도

$$V = K \cdot i$$

여기서, K : 투수계수
V : 평균유출속도
i : 동수경사

② 단위시간당 침투유량

$$Q = A \cdot V = A \cdot K \cdot i = A \cdot K \cdot \frac{\Delta h}{L}$$

여기서, Q : 단위시간당 흙 속을 흐르는 유량
A : 시료의 전단면적

(4) 실제 침투속도

① 평균유출속도(V)는 흙의 전단면적에 대한 유출속도이지만 실제 침투속도(V_S)는 흙의 간극을 통과하는 유출속도이기 때문에 다르다.

$$V_S = \frac{V}{n}$$

여기서, V_S : 실제 침투속도
V : 평균 유출속도
n : 간극률

2. 투수계수

(1) 투수계수에 영향을 주는 인자

① Taylor공식

$$K = {D_S}^2 \cdot \frac{\gamma_w}{\eta} \cdot \frac{e^3}{1+e} \cdot C$$

여기서, K : 투수계수(cm/sec)
D_S : 흙의 입경
γ_W : 물의 단위중량
η : 물의 점성계수
e : 간극비
C : 합성형상계수

㉠ 흙입자의 크기가 클수록 투수계수가 증가한다.
㉡ 물의 밀도와 농도가 클수록 투수계수가 증가한다.
㉢ 물의 점성계수가 클수록 투수계수가 감소한다.
㉣ 간극비가 클수록 투수계수가 증가한다.
㉤ 포화도가 클수록 투수계수가 증가한다.
㉥ 점토의 면모구조가 이산구조보다 투수계수가 크다.
㉦ 흙의 비중은 투수계수와 관계가 없다.

② 간극비와 투수계수

$$K_1 : K_2 = \frac{{e_1}^3}{1+e_1} : \frac{{e_2}^3}{1+e_2}$$

③ Hazen의 경험식(조립토)

$$K = C \cdot D_{10}^2$$

여기서, C : 100~150 범위의 상수
D_{10} : 유효경

(2) 투수계수의 측정

침투유량을 알기 위하여 흙의 투수계수를 측정해야 한다.

① 실내투수시험

㉠ 정수위 투수시험

$K = 10^{-2} \sim 10^{-3}$cm/sec인 투수성이 큰 사질토

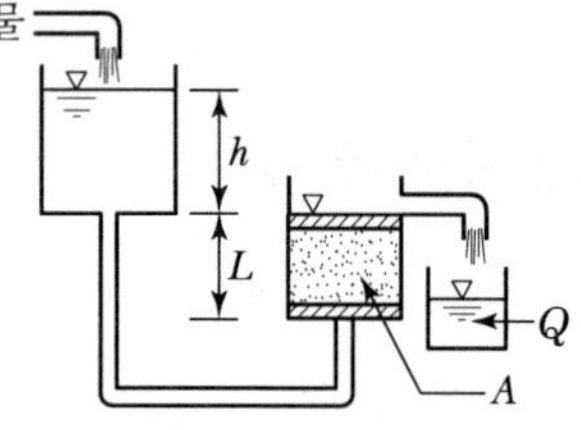

[정수위 투수시험]

$$Q = A \cdot K \cdot \frac{h}{L} \cdot t$$

$$\therefore K = \frac{Q \cdot L}{A \cdot h \cdot t} \text{(cm/sec)}$$

여기서, Q : 침투유량
A : 시료의 단면적
L : 시료의 길이
h : 수위차
t : 측정시간

㉡ 변수위 투수시험

$K = 10^{-3} \sim 10^{-6}$cm/sec인 투수성이 작은 흙

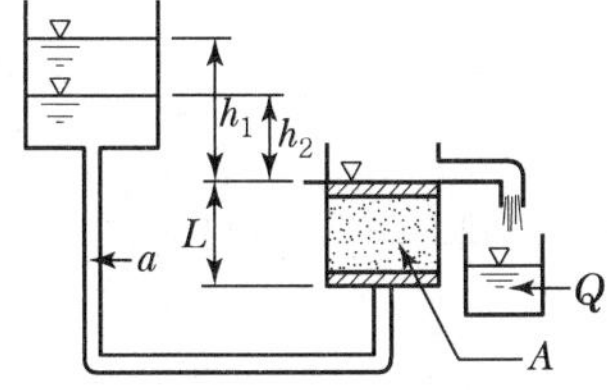

[변수위 투수시험]

$$K = 2.3\frac{aL}{A_t}\log\frac{h_1}{h_2} \text{(cm/sec)}$$

여기서, Q : 침투유량
A : 시료의 단면적
a : 스탠드파이프의 단면적
L : 시료의 길이
h_1 : 초기수두
h_2 : 측정 완료 후 수두
t_1 : 측정 개시시간
t_2 : 측정 완료시간

㉢ 압밀시험

$K = 10^{-7}$cm/sec 이하의 불투수성 흙

$$K = C_V \cdot m_V \cdot \gamma_W \text{(cm/sec)}$$

여기서, C_V : 압밀계수(cm^2/sec)
m_V : 체적변화계수(cm^2/kg)

② 현장투수시험

㉠ 우물과 보링에 의한 양수시험

$$K = 2.3\frac{Q}{\pi({h_2}^2 - {h_1}^2)}\log_{10}\frac{r_2}{r_1}$$

㉡ 단일 보링공에 의한 투수시험

(3) 성층토의 평균투수계수

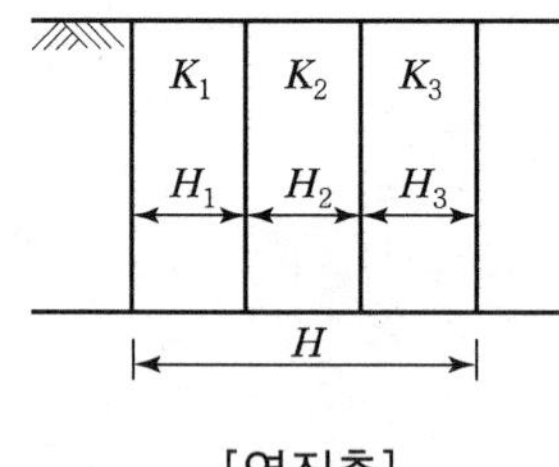

[연직층]

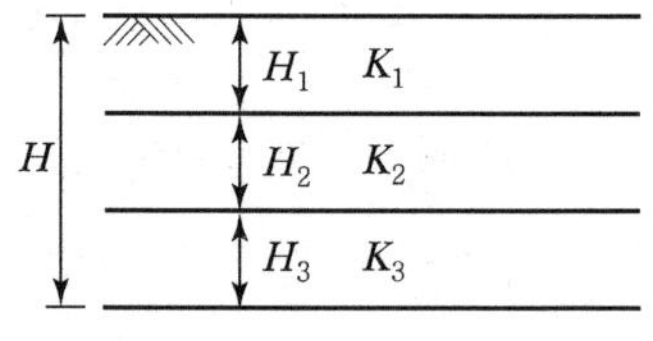

[수평층]

① 수평방향 평균투수계수(동수경사 일정)

$$K_h = \frac{1}{H}(K_1 \cdot H_1 + K_2 \cdot H_2 + K_3 \cdot H_3)$$

② 수직방향 평균투수계수(동수경사 다름)

$$K_V = \frac{H}{\dfrac{H_1}{K_1} + \dfrac{H_2}{K_2} + \dfrac{H_3}{K_3}}$$

③ 이방성인 경우 등가등방성 투수계수($K_h \neq K_V$)

$$K' = \sqrt{K_h \times K_V}$$

Section 02

모관성

모세관 현상이란 물의 부착력과 표면장력에 의해 물이 표면을 따라 상승하는 현상을 말한다.

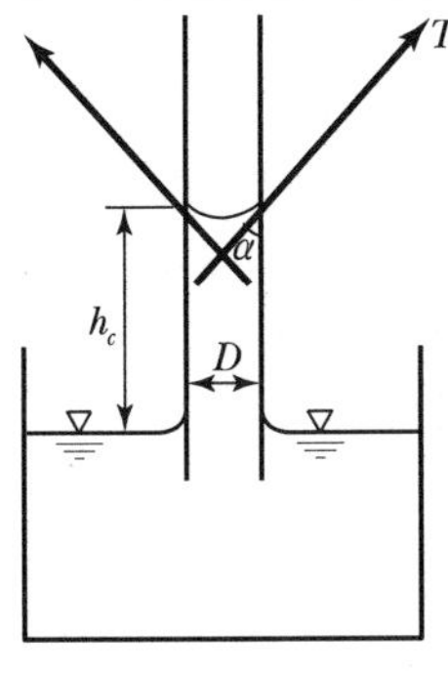

여기서, T : 표면장력
α : 접촉각
D : 안지름
h_c : 모관상승고

[모관현상]

1. 모관상승고

물의 중량=표면장력

$$\frac{\pi \cdot D^2}{4} \cdot h_c \cdot \gamma_W = T\cos\alpha \cdot \pi D$$

$$\therefore h_c = \frac{4T\cos\alpha}{D \cdot \gamma_W}$$

2. 표준온도에서 모관상승고

표준온도(15℃)에서 표면장력 T=0.075g/cm이고 접촉각 α=0°이면

$$h_c = \frac{0.3}{D}$$

3. 흙 속의 모관상승고

토립자의 크기를 유효입경(D_{10})으로 나타내면 입자의 크기가 작아질수록 간극이 작아져서 모관상승고는 증가한다.

$$h_c = \frac{C}{e \times D_{10}}$$

여기서, C : 입자의 모양과 상태에 따라 정해지는 상수 ($0.1 \sim 0.5\text{cm}^2$)

e : 간극비

D_{10} : 유효경

① 조립토일수록 간극이 커서 모관상승속도는 빠르지만 모관상승고는 낮다.
② 세립토일수록 간극이 작아서 모관상승속도는 느리지만 모관상승고는 높다.
③ 모관영역에서는 부(−)의 간극수압이 생기므로 유효응력은 증가한다.

Section 03 유선망(Flow Net)

제체 및 투수성 지반 내에서 침투수의 방향과 등위선을 그림으로 나타내 지하수의 흐름을 계산하기 위하여 작도한 것으로 침투유량과 간극수압, 분사현상 및 파이핑 추정에 이용된다.

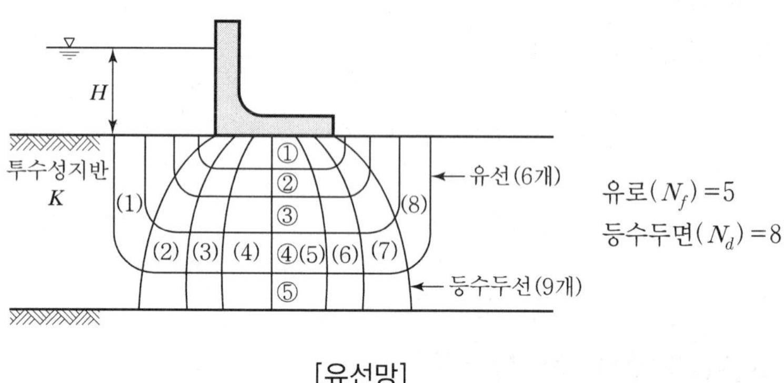

[유선망]

1. 유선망의 특성

① 유선 : 흙 속을 침투한 물이 흐르는 경로를 연결한 선
② 등수두선 : 전수두가 같은 점을 연결한 선
③ 유로(N_f) : 인접한 2개의 유선 사이에 통로로서 각 유로의 침투유량은 같다.
④ 등수두면(N_d) : 인접한 2개의 등수두선 사이 공간으로 각 등수두면의 수두손실은 같다.

⑤ 유선과 등수두선은 직교하고 유선망은 이론상 정사각형이다.(내접원 형성)

⑥ 침투속도 및 동수경사는 유선망의 폭에 반비례한다.

2. Laplace 방정식의 기본가정

① Darcy의 법칙은 정당하다.

② 흙은 등방성($K_h = K_V$)이고 균질하다.

③ 흙은 포화상태이며 모관현상은 무시한다.

④ 흙이나 물은 비압축성으로 본다.

3. 침투유량

(1) 단일토층(등방성)인 경우

$$Q = K \cdot H \cdot \frac{N_f}{N_d}$$

(2) 다층토(이방성)인 경우

$$Q = \sqrt{K_h \times K_V} \cdot H \cdot \frac{N_f}{N_d}$$

여기서, Q : 단위폭당 침투유량
K : 투수계수
H : 수두차
N_d : 등수두면수
N_f : 유로수

4. 간극수압

(1) 임의의 점에서의 전수두

$$h = \frac{n_d \cdot H}{N_d}$$

여기서, n_d : 하류로부터 임의의 점까지의 등수두면 수

(2) **전수두 = 압력수두 + 위치수두**

$$\frac{n_d \cdot H}{N_d} = \frac{P}{\gamma_W} + Z$$

∴ 압력수두 = 전수두 − 위치수두

$$\frac{P}{\gamma_w} = \frac{n_d \cdot H}{N_d} - Z$$

(3) **간극수압**

간극수압 = 압력수두 × γ_W

5. 침윤선

제체에서 침투수의 최상부 표면유선을 침윤선(Seepage Line)이라 하며 포물선으로 나타낸다.

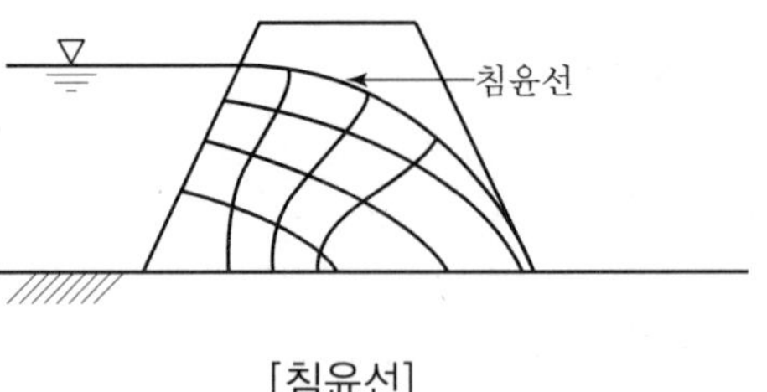

[침윤선]

Section 04 분사현상

사질토 지반에서 상향 침투시 동수경사가 점점 증가하게 되어 한계동수경사에 이르게 되면 유효응력이 0이 되므로 전단강도를 가질 수 없게 되어 수압에 의해서 흙이 위로 분출하게 되는 현상을 말한다.

1. 침투수압이 커지면 지하수와 함께 토사가 분출되는 현상을 분사현상(Quick Sand)이라 하고, 토사 분출시 지면이 마치 물이 끓는 상태와 같이 되는데

이런 현상을 보일링(Boiling)이라 한다. 이러한 현상들이 지속되면 지반 내에 파이프 모양의 수로가 생기게 되는데, 이를 파이핑(Piping)이라 한다.

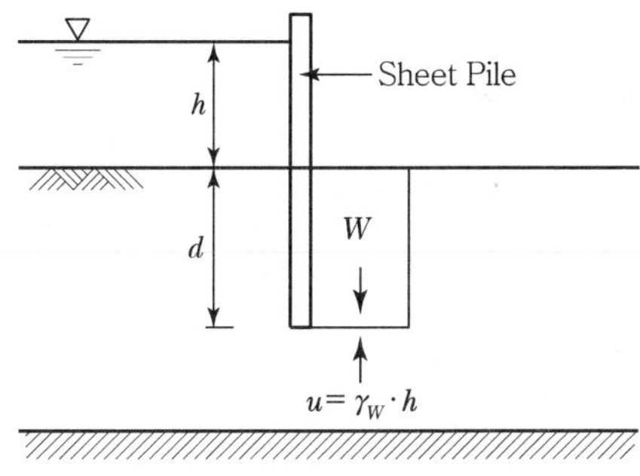

[분사현상]

2. 한계동수경사

사질토 지반에서 상향 침투시 유효응력이 0이 될 때의 동수경사

$$i_C = \frac{h}{L} = \frac{\gamma_{sub}}{\gamma_w} = \frac{G_S - 1}{1 + e}$$

3. 안전율

$$F_s = \frac{i_C}{i} = \frac{\frac{G_S - 1}{1 + e}}{\frac{h}{L}}$$

(1) 분사현상이 일어날 조건

$$F_s < 1 = i_C < i$$

(2) 분사현상이 일어나지 않을 조건

$$F_s \geqq 1 = i_C \geqq i$$

Section 05 흙의 동해

1. 동상현상(Frost Heave)

흙 속의 간극수가 얼면 물의 체적이 약 9% 팽창하기 때문에 지표면이 부풀어 오르게 되는 현상

(1) 동상의 조건

① 물의 공급이 충분
② 0℃ 이하 온도 지속
③ 동상을 받기 쉬운 흙(실트) 존재

(2) 동상방지대책

① 배수구 설치 등으로 지하수위를 저하시킨다.
② 지하수위 상부에 조립토층을 설치하여 모관상승을 차단한다.
③ 지표면 부근에 단열재료(석탄재, 코르크)를 매입한다.
④ 화학약액 처리로 흙의 동결온도를 낮춘다.
⑤ 치환공법으로 실트질 흙을 조립토로 바꾼다.

(3) 동결깊이(데라다 공식)

$$Z = C\sqrt{F}$$

여기서, Z : 동결깊이(cm)
C : 지역에 따른 상수(3~5)
F : 동결지수(0℃ 이하의 지속시간)

2. 연화현상(Frost Boil)

동결된 지반이 융해하면 흙 속에 과잉수분으로 인해 함수비가 증가하여 지반이 연약해지고 전단강도가 떨어지는 현상

Item pool
예상문제 및 기출문제

1. 투수성

01. 다음 중 교란 시료를 이용하여 수행하는 토질 시험이 아닌 것은? [산 10]

㉮ 투수시험 ㉯ 입도분석시험
㉰ 유기물 함량시험 ㉱ 액 · 소성한계시험

■해설 투수시험은 불교란 시료를 이용하여 수행한다.

02. 흙 속에서의 물의 흐름에 대한 설명으로 틀린 것은? [기 10,11,13]

㉮ 흙의 간극은 서로 연결되어 있어 간극을 통해 물이 흐를 수 있다.
㉯ 특히 사질토의 경우에는 실험실에서 현장 흙의 상태를 재현하기 곤란하기 때문에 현장에서 투수시험을 실시하여 투수계수를 결정하는 것이 좋다.
㉰ 점토가 이산구조로 퇴적되었다면 면모구조인 경우보다 더 큰 투수계수를 갖는 것이 보통이다.
㉱ 흙이 포화되지 않았다면 포화된 경우보다 투수계수는 낮게 측정된다.

■해설 • 분산구조(이산구조)
① 면대 면의 구조
② 면모구조보다 투수성과 강도가 작다.
• 면모구조
① 점토입자, 투수성이 크며 공극이 크고 압축성이 크다.
② 기초지반 흙으로 부적당하다.
③ 면대 단의 구조
∴ 점토가 이산구조(분산구조)로 퇴적되었다면 면모구조인 경우보다 더 작은 투수계수를 갖는 것이 보통이다.

03. 흙 속에서 물의 흐름을 설명한 것으로 틀린 것은? [기 12,16]

㉮ 투수계수는 온도에 비례하고 점성에 반비례한다.
㉯ 불포화토는 포화토에 비해 유효응력이 작고, 투수계수가 크다.
㉰ 흙 속의 침투수량은 Darcy 법칙, 유선망, 침투해석 프로그램 등에 의해 구할 수 있다.
㉱ 흙 속에서 물이 흐를 때 수두차가 커져 한계동수구배에 이르면 분사현상이 발생한다.

■해설 • 유효응력 : 흙입자로 전달되는 압력으로 전응력에서 간극수압을 뺀 값
흙입자만이 받는 응력으로 포화도와 무관하다.
• 투수계수에 영향을 주는 인자 중 포화도가 클수록 투수계수는 증가한다.

04. 흙의 투수계수에 영향을 미치는 인자가 아닌 것은? [산 11/기 15]

㉮ 흙의 입경 ㉯ 흙의 비중
㉰ 물의 점성 ㉱ 흙의 간극비

■해설 투수계수에 영향을 주는 인자

$$K = D_s^{\,2} \cdot \frac{r}{\eta} \cdot \frac{e^3}{1+e} \cdot C$$

① 입자의 모양 ② 간극비
③ 포화도 ④ 점토의 구조
⑤ 유체의 점성계수 ⑥ 유체의 밀도 및 농도
∴ 흙입자의 비중은 투수계수와 관계가 없다.

05. 다음 중 흙의 투수계수에 영향을 미치는 요소가 아닌 것은? [산 12]

㉮ 흙의 입경 ㉯ 침투액의 점성
㉰ 흙의 포화도 ㉱ 흙의 비중

|해답| 01. ㉮ 02. ㉰ 03. ㉯ 04. ㉯ 05. ㉱

■ 해설 투수계수에 영향을 주는 인자

$K=D_s{}^2 \cdot \frac{r}{\eta} \cdot \frac{e^3}{1+e} \cdot c$

① 입자의 모양 ② 간극비
③ 포화도 ④ 점토의 구조
⑤ 유체의 점성계수 ⑥ 유체의 밀도 및 농도
∴ 흙의 비중은 투수계수와 관계가 없다.

06. 흙의 투수계수 K에 관한 설명으로 옳은 것은? [기 09,14]

㉮ K는 간극비에 반비례한다.
㉯ K는 형상계수에 반비례한다.
㉰ K는 점성계수에 반비례한다.
㉱ K는 입경의 제곱에 반비례한다.

■ 해설 투수계수에 영향을 주는 인자

$K=D_s{}^2 \cdot \frac{r}{\eta} \cdot \frac{e^3}{1+e} \cdot C$

∴ 투수계수 K는 점성계수(η)에 반비례한다.

07. 흙의 투수계수에 관한 설명으로 틀린 것은? [산 11,15]

㉮ 흙의 투수계수는 흙 유효입경의 제곱에 비례한다.
㉯ 흙의 투수계수는 물의 점성계수에 비례한다.
㉰ 흙의 투수계수는 물의 단위중량에 비례한다.
㉱ 흙의 투수계수는 형상계수에 따라 변화한다.

■ 해설 투수계수에 영향을 주는 인자

$K=D_s{}^2 \cdot \frac{r}{\eta} \cdot \frac{e^3}{1+e} \cdot C$

① 입자의 모양
② 간극비 : 간극비가 클수록 투수계수는 증가한다.
③ 포화도 : 포화도가 클수록 투수계수는 증가한다.
④ 점토의 구조 : 면모구조가 이산구조보다 투수계수가 크다.
⑤ 유체의 점성계수 : 점성계수가 클수록 투수계수는 작아진다.
⑥ 유체의 밀도 및 농도 : 밀도가 클수록 투수계수는 증가한다.
∴ 흙의 투수계수는 물의 점성계수 η에 반비례한다.

08. 투수계수에 관한 설명으로 잘못된 것은? [산 08]

㉮ 투수계수는 일반적으로 흙의 입자가 작을수록 작은 값을 나타낸다.
㉯ 수온이 상승하면 투수계수는 증가한다.
㉰ 같은 종류의 흙에서 간극비가 증가하면 투수계수는 작아진다.
㉱ 투수계수는 수두차에 반비례한다.

■ 해설 투수계수에 영향을 주는 인자

$K=D_s{}^2 \cdot \frac{r}{\eta} \cdot \frac{e^3}{1+e} \cdot C$

① 입자의 모양
② 간극비 : 간극비가 클수록 투수계수는 증가한다.
③ 포화도 : 포화도가 클수록 투수계수는 증가한다.
④ 점토의 구조 : 면모구조가 이산구조보다 투수계수가 크다.
⑤ 유체의 점성계수 : 점성계수가 클수록 투수계수는 작아진다.
⑥ 유체의 밀도 및 농도 : 밀도가 클수록 투수계수는 증가한다.

09. 조립토의 투수계수는 일반적으로 그 흙의 유효입경과 어떠한 관계가 있는가? [산 14]

㉮ 제곱에 비례한다.
㉯ 제곱에 반비례한다.
㉰ 3제곱에 비례한다.
㉱ 3제곱에 반비례한다.

■ 해설 투수계수에 영향을 주는 인자

$K=D_s{}^2 \cdot \frac{\gamma_w}{\eta} \cdot \frac{e^3}{1+e} \cdot C$

∴ 투수계수는 유효입경 제곱에 비례한다.

10. 투수계수에 대한 설명으로 틀린 것은? [산 13]

㉮ 투수계수는 속도와 같은 단위를 갖는다.
㉯ 불포화된 흙의 투수계수는 높으며, 포화도가 증가함에 따라 급속히 낮아진다.
㉰ 점성토에서 확산이중층의 두께는 투수계수에 영향을 미친다.
㉱ 점토질 흙에서는 흙의 구조가 투수계수에 중대한 역할을 한다.

|해답| 06. ㉰ 07. ㉯ 08. ㉰ 09. ㉮ 10. ㉯

■ 해설 투수계수에 영향을 주는 인자

$K = D_s^{\,2} \cdot \frac{r}{\eta} \cdot \frac{e^3}{1+e} \cdot C$

① 입자의 모양
② 간극비 : 간극비가 클수록 투수계수는 증가한다.
③ 포화도 : 포화도가 클수록 투수계수는 증가한다.
④ 점토의 구조 : 면모구조가 이산구조보다 투수계수가 크다.
⑤ 유체의 점성계수 : 점성계수가 클수록 투수계수는 작아진다.
⑥ 유체의 밀도 및 농도 : 밀도가 클수록 투수계수는 증가한다.

∴ 포화도가 클수록 투수계수는 증가한다.

11. 투수계수에 영향을 미치는 요소들로만 구성된 것은? [기 11]

① 흙입자의 크기	② 간극비
③ 간극의 모양과 배열	④ 활성도
⑤ 물의 점성계수	⑥ 포화도
⑦ 흙의 비중	

㉮ ①, ②, ④, ⑥ ㉯ ①, ②, ③, ⑤, ⑥
㉰ ①, ②, ④, ⑤, ⑦ ㉱ ②, ③, ⑤, ⑦

■ 해설 투수계수에 영향을 주는 인자

$K = D_s^{\,2} \cdot \frac{r}{\eta} \cdot \frac{e^3}{1+e} \cdot C$

① 입자의 모양 ② 간극비
③ 포화도 ④ 점토의 구조
⑤ 유체의 점성계수 ⑥ 유체의 밀도 및 농도

12. 그림에서 흙의 단면적이 40cm²이고 투수계수가 0.1cm/sec일 때 흙속을 통과하는 유량은? [기 13]

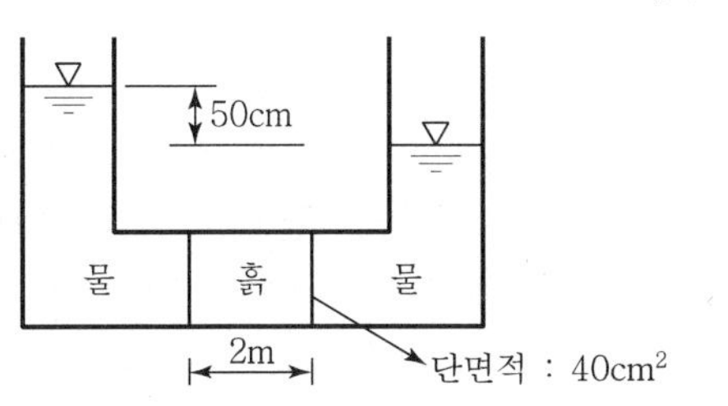

㉮ $1m^3/hr$ ㉯ $1cm^3/sec$
㉰ $100m^3/hr$ ㉱ $100cm^3/sec$

■ 해설 Darcy 법칙 침투유량

$Q = A \cdot V \cdot K \cdot i = A \cdot K \cdot \frac{\Delta h}{L}$

$= 40 \times 0.1 \times \frac{50}{200} = 1cm^3/sec$

13. Darcy의 법칙 $q = kiA$에 대한 설명으로 틀린 것은? [산 11]

㉮ k는 투수계수로서 조립토는 크고, 세립토는 작다.
㉯ i는 동수경사로 수두차를 물이 흙 속으로 흘러간 거리로 나눈 값이다.
㉰ Darcy의 평균유속은 실제유속보다 크다.
㉱ Darcy의 법칙은 층류일 때만 성립한다.

■ 해설 Darcy의 평균유속은 실제 유속보다 작다.

- 평균유속 $V = K \cdot i$
- 실제유속 $V_s = \frac{V}{n} = \frac{K \cdot i}{n}$

$V < V_s$ (여기서, 간극률 n은 1보다 작다.)

14. 다음 투수층에서 피에조미터를 꽂은 두 지점 사이의 동수경사(i)는 얼마인가?(단, 두 지점 간의 수평거리는 50m이다.) [산 12,15]

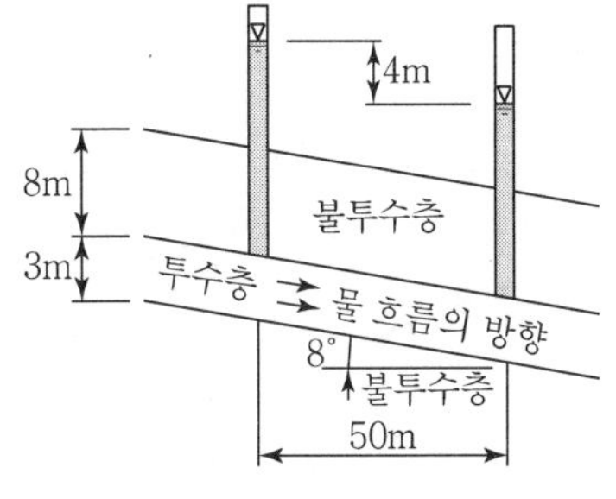

㉮ 0.060 ㉯ 0.079
㉰ 0.080 ㉱ 0.160

■ 해설 동수경사

$i = \frac{\Delta h}{L} = \frac{4}{50.5} = 0.079$

(여기서, L은 $50\tan 8° = 7m$, $\sqrt{50^2 + 7^2} = 50.5m$이다.)

|해답| 11. ㉯ 12. ㉯ 13. ㉰ 14. ㉯

15. 어떤 모래지반에서 단위시간에 흙속을 통과하는 물의 부피를 구하는 공식 $q=kiA=vA$에 의해 물의 유출속도 v=2cm/sec를 얻었다. 이 흙에서의 실제 침투속도 v_s는?(단, 간극률이 40%인 모래지반이다.) [산 13]

㉮ 0.8cm/sec ㉯ 3.2cm/sec
㉰ 5.0cm/sec ㉱ 7.6cm/sec

해설 실제 침투유속

$$V_s=\frac{V}{n}=\frac{2}{0.4}=5\text{cm/sec}$$

16. 어떤 흙의 간극비(e)가 0.52이고, 흙 속에 흐르는 물의 이론 침투속도(v)가 0.214cm/sec일 때 실제의 침투유속(V_s)은? [산 10]

㉮ 0.424 ㉯ 0.525
㉰ 0.626 ㉱ 0.727

해설 실제 침투유속

$$V_s=\frac{V}{n}=\frac{0.214}{0.342}=0.626$$

(여기서, 간극률 $n=\frac{e}{1+e}=\frac{0.52}{1+0.52}=0.342$)

17. 아래 그림에서 투수계수 K=4.8×10^{-3}cm/sec일 때 Darcy 유출속도 v와 실제 물의 속도(침투속도) v_s는? [기 12,14]

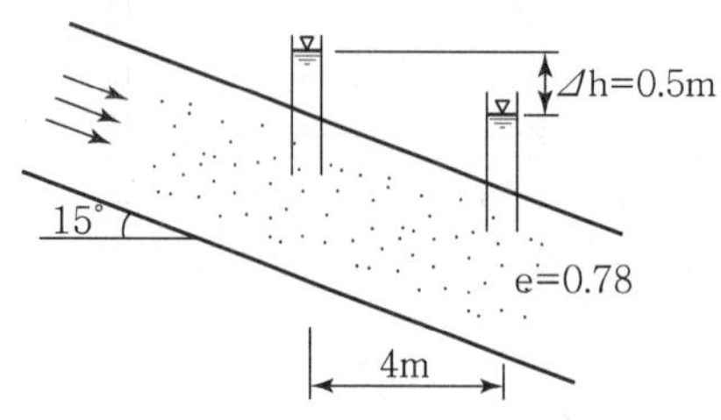

㉮ $v=3.4\times10^{-4}$cm/sec, $v_s=5.6\times10^{-4}$cm/sec
㉯ $v=3.4\times10^{-4}$cm/sec, $v_s=9.4\times10^{-4}$cm/sec
㉰ $v=5.8\times10^{-4}$cm/sec, $v_s=10.8\times10^{-4}$cm/sec
㉱ $v=5.8\times10^{-4}$cm/sec, $v_s=13.2\times10^{-4}$cm/sec

해설
- 유출속도 $V=K\cdot i=K\cdot\frac{\Delta h}{L}$

$$=4.8\times10^{-3}\times\frac{0.5}{4.14}=0.00058\text{cm/sec}$$
$$=5.8\times10^{-4}\text{cm/sec}$$

(여기서, $L=\frac{4}{\cos 15°}=4.14\text{m}$)

- 침투속도 $V_s=\frac{V}{n}=\frac{0.00058}{0.438}=0.00132\text{cm/sec}$

$$=13.2\times10^{-4}\text{cm/sec}$$

(여기서, 간극률 $n=\frac{e}{1+e}=\frac{0.78}{1+0.78}=0.438$)

18. 쓰레기매립장에서 누출되어 나온 침출수가 지하수를 통하여 100미터 떨어진 하천으로 이동한다. 매립장 내부와 하천의 수위차가 1m이고 포화된 중간지반은 평균 투수계수 1×10^{-3}cm/sec의 자유면 대수층으로 구성되어 있다고 할 때 매립장으로부터 침출수가 하천에 처음 도착하는 데 걸리는 시간은 약 몇 년인가?(이때, 대수층의 간극비(e)는 0.25이었다.) [기 11]

㉮ 3.45년 ㉯ 6.34년
㉰ 10.56년 ㉱ 17.23년

해설 Darcy의 법칙 평균유속

$$V=K\cdot i=K\cdot\frac{\Delta h}{L}$$
$$=1\times10^{-3}\times\frac{100}{10{,}000}=1\times10^{-5}\text{cm/sec}$$

- 실제유속

$$V_s=\frac{V}{n}=\frac{1\times10^{-5}}{0.2}=5\times10^{-5}\text{cm/sec}$$

(여기서, 공극률 $n=\frac{e}{1+e}=\frac{0.25}{1+0.25}=0.2$)

- 도착시간 $t=\frac{L}{V_s}=\frac{10{,}000}{5\times10^{-5}}=2\times10^{8}\text{sec}$

$$\therefore\ 200{,}000{,}000\times\frac{1}{60\times60\times24\times365}=6.34\text{년}$$

19. 간극비가 e_1=0.80인 어떤 모래의 투수계수가 K_1=8.5×10^{-2}cm/sec일 때 이 모래를 다져서 간극비를 e_2=0.57로 하면 투수계수 K_2는? [기 11]

㉮ 8.5×10^{-3}cm/sec ㉯ 3.5×10^{-2}cm/sec
㉰ 8.1×10^{-2}cm/sec ㉱ 4.1×10^{-1}cm/sec

 |해답| 15. ㉰ 16. ㉰ 17. ㉱ 18. ㉯ 19. ㉯

■해설 공극비와 투수계수

$$K_1 : K_2 = \frac{{e_1}^3}{1+e_1} : \frac{{e_2}^3}{1+e_2}$$

$$8.5\times10^{-2} : K_2 = \frac{0.80^3}{1+0.80} : \frac{0.57^3}{1+0.57}$$

$$\therefore\ K_2 = 3.5\times10^{-2}\text{cm/sec}$$

20. 어떤 모래의 입경가적곡선에서 유효입경 D_{10} = 0.01m이었다. Hazen 공식에 의한 투수계수는? (단, 상수(C)는 100을 적용한다.) [산 11]

㉮ 1×10^{-4}cm/sec ㉯ 1×10^{-6}cm/sec
㉰ 5×10^{-4}cm/sec ㉱ 5×10^{-6}cm/sec

■해설 Hazen의 경험식(모래의 경우)

$K = 100\cdot {D_{10}}^2 = 100\times0.01^2 = 1\times10^{-4}$cm/sec

21. 조립토의 투수계수를 측정하는 데 적합한 실험방법은? [기 11]

㉮ 압밀시험 ㉯ 정수위투수시험
㉰ 변수위투수시험 ㉱ 수평모관시험

■해설
- 조립토의 투수계수 측정시험 : 정수위투수시험
- 세립토의 투수계수 측정시험 : 변수위투수시험
- 불투수성 흙의 투수계수 측정시험 : 압밀시험

22. 실내에서 투수성이 매우 낮은 점성토의 투수계수를 알 수 있는 실험방법은? [산 12]

㉮ 정수위 투수실험법
㉯ 변수위 투수실험법
㉰ 일축 압축 실험
㉱ 압밀실험

■해설 실내 투수시험

① 정수위 투수시험 : 조립토(투수계수가 큰 모래질 흙)
② 변수위 투수시험 : 세립토(투수계수가 좀 작은 흙)
③ 압밀시험 : 불투수성 흙(투수계수가 매우 작은 흙)

23. 정수위 투수시험에 있어서 투수계수(K)에 관한 설명 중 옳지 못한 것은? [산 09]

㉮ K는 유출수량에 비례
㉯ K는 시료 길이에 반비례
㉰ K는 수두에 반비례
㉱ K는 유출 소요시간에 반비례

■해설 정수위 투수시험

투수계수 $K = \frac{Q\cdot L}{A\cdot h\cdot t}$

∴ 투수계수 K는 시료길이 L에 비례

24. 높이 15cm, 지름 10cm인 모래시료에 정수위 투수 시험한 결과 정수두 30cm로 하여 10초간의 유출량이 62.8cm³이었다. 이 시료의 투수계수는? [기 12]

㉮ 8×10^{-2}cm/sec ㉯ 8×10^{-3}cm/sec
㉰ 4×10^{-2}cm/sec ㉱ 4×10^{-3}cm/sec

■해설 정수위 투수시험 투수계수

$$K = \frac{Q\cdot L}{A\cdot h\cdot t} = \frac{62.8\times15}{\frac{\pi\times10^2}{4}\times30\times10} = 0.04\text{cm/sec}$$

$$= 4\times10-{}^2\text{cm/sec}$$

25. 사질토의 정수위 투수시험을 하여 다음의 결과를 얻었다. 이 흙의 투수계수는?(단, 시료의 단면적은 78.54cm², 수두차는 15cm, 투수량은 400cm³, 투수시간은 3분, 시료의 길이는 12cm 이다.) [산 13]

㉮ 3.15×10^{-3}cm/sec
㉯ 2.26×10^{-2}cm/sec
㉰ 1.78×10^{-2}cm/sec
㉱ 1.36×10^{-1}cm/sec

■해설 정수위 투수시험 투수계수

$$K = \frac{Q\cdot L}{A\cdot h\cdot t} = \frac{400\times12}{78.54\times15\times(3\times60)}$$

$$= 2.26\times10^{-2}\text{cm/sec}$$

|해답| 20. ㉮ 21. ㉯ 22. ㉱ 23. ㉯ 24. ㉰ 25. ㉯

26. 단면적 100cm², 길이 30cm인 모래 시료에 대한 정수위 투수시험결과가 다음과 같을 때 이 흙의 투수계수는? [산 12]

- 수위차(Δh)=50cm
- 물 받는 시간=5분
- 모은 물의 부피=500cm³

㉮ 0.001cm/sec ㉯ 0.005cm/sec
㉰ 0.01cm/sec ㉱ 0.05cm/sec

해설 정수위 투수시험 투수계수

$$K=\frac{Q\cdot L}{A\cdot h\cdot t}=\frac{500\times 30}{100\times 50\times 5\times 60}=0.01\text{cm/sec}$$

27. 단면적 100cm², 길이 30cm인 모래 시료에 대한 정수두 투수시험결과가 아래의 표와 같을 때 이 흙의 투수계수는? [기 13]

- 수두차 : 500cm
- 물을 모은 시간 : 5분
- 모은 물의 부피 : 500cm³

㉮ 0.001cm/sec ㉯ 0.005cm/sec
㉰ 0.01cm/sec ㉱ 0.05cm/sec

해설

$$K=\frac{Q\cdot L}{A\cdot h\cdot t}=\frac{500\times 30}{100\times 500\times 5\times 60}=0.001\text{cm/sec}$$

28. 아래 그림과 같이 정수두 투수시험을 실시하였다. 30분 동안 침투한 유량이 500cm³일 때 투수계수는? [산 14]

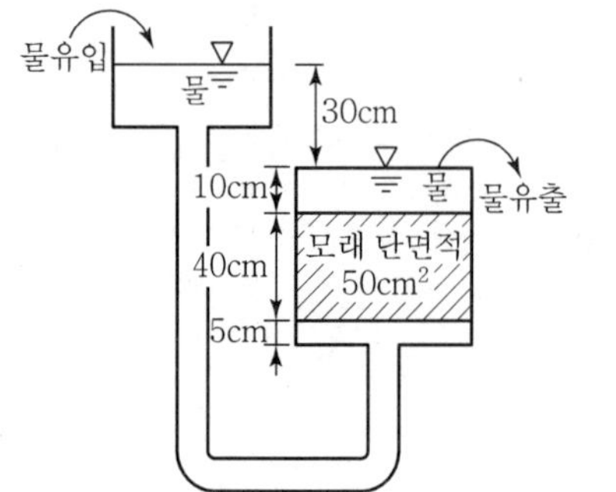

㉮ 6.13×10^{-3}cm/sec
㉯ 7.41×10^{-3}cm/sec
㉰ 9.26×10^{-3}cm/sec
㉱ 10.02×10^{-3}cm/sec

해설 정수위 투수시험 투수계수

$$K=\frac{Q\cdot L}{A\cdot h\cdot t}=\frac{500\times 40}{50\times 30\times (30\times 60)}=7.41\times 10^{-3}\text{cm/sec}$$

29. 그림과 같이 정수위 투수시험을 한 결과 10분 동안에 40.5cm³ 물이 유출되었다. 이 흙의 투수계수는? [산 10]

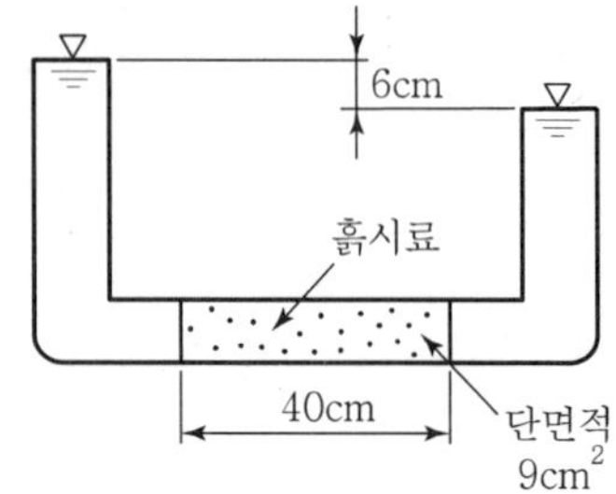

㉮ 2.5×10^{-1}cm/sec
㉯ 5.0×10^{-2}cm/sec
㉰ 2.5×10^{-3}cm/sec
㉱ 5.0×10^{-4}cm/sec

해설 정수위 투수시험 투수계수

$$K=\frac{Q\cdot L}{A\cdot h\cdot t}=\frac{40.5\times 40}{9\times 6\times (10\times 60)}=0.05\text{cm/sec}=5.0\times 10^{-2}\text{cm/sec}$$

30. 단면적 20cm², 길이 10cm의 시료를 15cm의 수두차로 정수위 투수시험을 한 결과 2분 동안 150cm³의 물이 유출되었다. 이 흙의 $G_s=2.67$이고, 건조중량 420g이었다. 공극을 통하여 침투하는 실제 침투유속 v_s는? [기 10]

㉮ 0.180cm/sec
㉯ 0.296cm/sec
㉰ 0.376cm/sec
㉱ 0.434cm/sec

 |해답| 26. ㉰ 27. ㉮ 28. ㉯ 29. ㉯ 30. ㉯

해설 정수위 투수시험 투수계수

$$K=\frac{Q\cdot L}{A\cdot h\cdot t}=\frac{150\times 10}{20\times 15\times 2\times 60}=0.042\text{cm/sec}$$

- Darcy 법칙 평균유속

$$V=k\cdot i=k\cdot\frac{\Delta h}{L}=0.042\times\frac{15}{10}=0.063\text{cm/sec}$$

- 건조단위중량 $r_d=\frac{W}{V}=\frac{G_s}{1+e}r_w$ 에서

$$r_d=\frac{420}{20\times 10}=\frac{2.67}{1+e}\times 1=2.1\text{g/cm}^3$$

∴ 간극비

$$e=\frac{G_s\cdot r_w}{r_d}-1=\frac{2.67\times 1}{2.1}-1=0.271$$

- 간극률 $n=\frac{e}{1+e}=\frac{0.271}{1+0.271}=0.213$
- 실제침투유속

$$V_s=\frac{V}{n}=\frac{0.063}{0.213}=0.296\text{cm/sec}$$

31. 어떤 흙의 변수위 투수시험을 한 결과 시료의 직경과 길이가 각각 5.0cm, 2.0cm이었으며, 유리관의 내경이 4.5mm, 1분 10초 동안에 수두가 40cm에서 20cm로 내렸다. 이 시료의 투수계수는? [기 15]

㉮ 4.95×10^{-4}cm/s

㉯ 5.45×10^{-4}cm/s

㉰ 1.60×10^{-4}cm/s

㉱ 7.39×10^{-4}cm/s

해설 변수위 투수시험

$$K=2.3\frac{aL}{At}\log\frac{h_1}{h_2}$$

$$=2.3\times\frac{\frac{\pi\times 0.45^2}{4}\times 2}{\frac{\pi\times 5^2}{4}\times 70}\log\frac{40}{20}$$

$$=1.6\times 10^{-4}\text{cm/s}$$

32. 그림과 같이 2개층으로 구성된 지반에 대해 수평방향 등가투수계수는? [산 12,15]

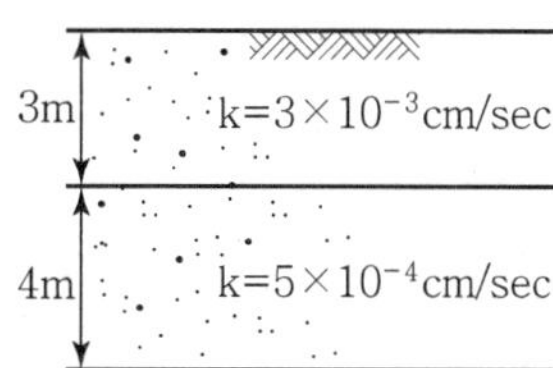

㉮ 3.89×10^{-4}cm/sec

㉯ 7.78×10^{-4}cm/sec

㉰ 1.57×10^{-3}cm/sec

㉱ 3.14×10^{-3}cm/sec

해설 수평 방향 등가투수계수

$$K_h=\frac{1}{H}\cdot(K_1\cdot H_1+K_2\cdot H_2)$$

$$=\frac{1}{700}\times(3\times 10^{-3}\times 300+5\times 10^{-4}\times 400)$$

$$=1.57\times 10^{-3}\text{cm/sec}$$

33. 그림과 같이 3층으로 되어 있는 성층토의 수평방향의 평균투수계수는? [기 09,15]

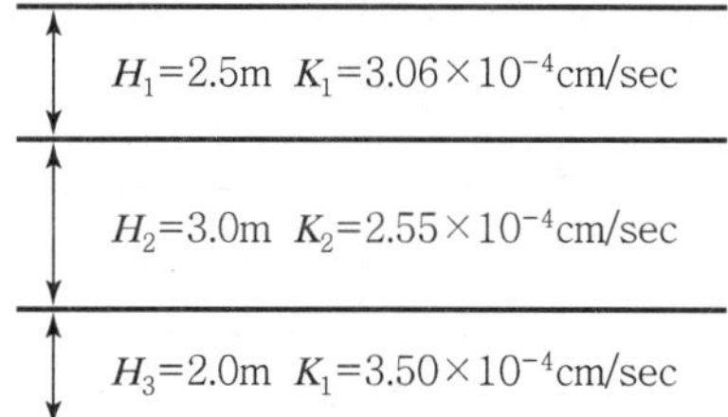

㉮ 2.97×10^{-4}cm/sec

㉯ 3.04×10^{-4}cm/sec

㉰ 6.04×10^{-4}cm/sec

㉱ 4.04×10^{-4}cm/sec

해설 수평방향 평균투수계수

$$K_h=\frac{1}{H}(K_1\cdot h_1+K_2\cdot h_2+K_3\cdot h_3)$$

$$=\frac{1}{250+300+200}\times(3.06\times 10^{-4}\times 250+2.55\times 10^{-4}\times 300+3.50\times 10^{-4}\times 200)$$

$$=2.97\times 10^{-4}\text{cm/sec}$$

34. 그림과 같은 지반에 대해 수직방향 등가투수계수를 구하면? [기 11,14]

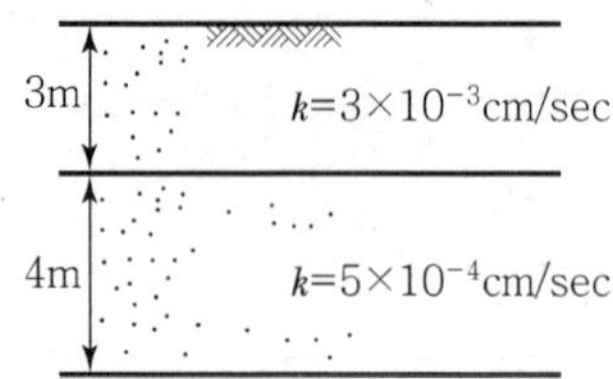

㉮ 3.89×10^{-4}cm/sec

㉯ 7.78×10^{-4}cm/sec

㉰ 1.57×10^{-3}cm/sec

㉱ 3.14×10^{-3}cm/sec

해설 수직방향 투수계수

$$K_V=\frac{H}{\frac{H_1}{K_1}+\frac{H_2}{K_2}}$$

$$=\frac{300+400}{\frac{300}{3\times10^{-3}}+\frac{400}{5\times10^{-4}}}=7.78\times10^{-4}\text{cm/sec}$$

35. 다음 그림과 같은 다층지반에서 연직방향의 등가투수계수를 계산하면 몇 cm/sec인가? [산 09]

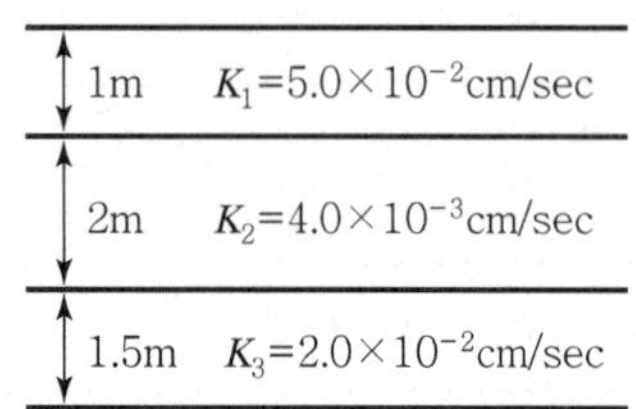

㉮ 5.8×10^{-3} ㉯ 6.4×10^{-3}

㉰ 7.6×10^{-3} ㉱ 1.4×10^{-3}

해설 수직방향 등가투수계수

$$K_v=\frac{H}{\frac{H_1}{K_1}+\frac{H_2}{K_2}+\frac{H_3}{K_3}}$$

$$=\frac{450}{\frac{100}{5.0\times10^{-2}}+\frac{200}{4.0\times10^{-3}}+\frac{150}{2.0\times10^{-2}}}$$

$$=7.6\times10^{-3}\text{cm/sec}$$

36. 그림과 같이 같은 두께의 3층으로 된 수평 모래층이 있을 때 모래층 전체의 연직방향 평균투수계수는?(단, K_1, K_2, K_3는 각 층의 투수계수임) [기 10,14]

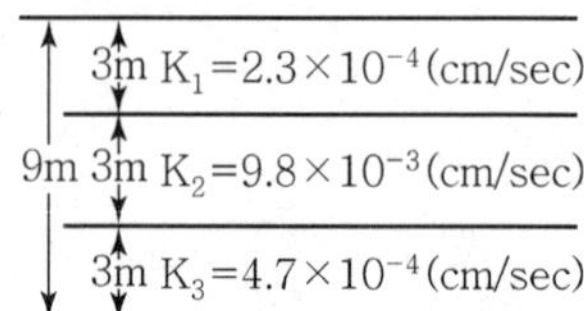

㉮ 2.38×10^{-3}cm/s ㉯ 4.56×10^{-4}cm/s

㉰ 3.01×10^{-4}cm/s ㉱ 3.36×10^{-5}cm/s

해설 수직방향 투수계수

$$K_v=\frac{H}{\frac{H_1}{K_1}+\frac{H_2}{K_2}+\frac{H_3}{K_3}}$$

$$=\frac{900}{\frac{300}{2.3\times10^{-4}}+\frac{300}{9.8\times10^{-3}}+\frac{300}{4.7\times10^{-4}}}$$

$$=4.56\times10^{-4}\text{cm/sec}$$

37. 수평방향의 투수계수(K_h)가 0.4cm/sec이고 연직방향의 투수계수(K_v)가 0.1cm/sec일 때 등가투수계수를 구하면? [기 09]

㉮ 0.20cm/sec ㉯ 0.25cm/sec

㉰ 0.30cm/sec ㉱ 0.35cm/sec

해설 이방성인 경우 평균투수계수

$$K'=\sqrt{K_h\times K_v}=\sqrt{0.4\times0.1}=0.2\text{cm/sec}$$

38. 어떤 퇴적층에서 수평방향의 투수계수는 4.0×10^{-3} cm/s이고, 수직방향의 투수계수는 3.0×10^{-3}cm/s이다. 이 흙을 등방성으로 생각할 때 등가의 평균투수계수는 얼마인가? [산 08,13,15/기 16]

㉮ 3.46×10^{-3}cm/s ㉯ 5.0×10^{-3}cm/s

㉰ 6.0×10^{-3}cm/s ㉱ 6.93×10^{-3}cm/s

해설 이방성인 경우 평균투수계수

$$K'=\sqrt{K_h\times K_v}=\sqrt{(4.0\times10^{-3})\times(3\times10^{-3})}$$

$$=3.46\times10^{-3}\text{cm/sec}$$

|해답| 34. ㉯ 35. ㉰ 36. ㉯ 37. ㉮ 38. ㉮

39. 아래의 그림에서 각층의 손실수두 Δh_1, Δh_2, Δh_3를 각각 구한 값으로 옳은 것은? [기 14]

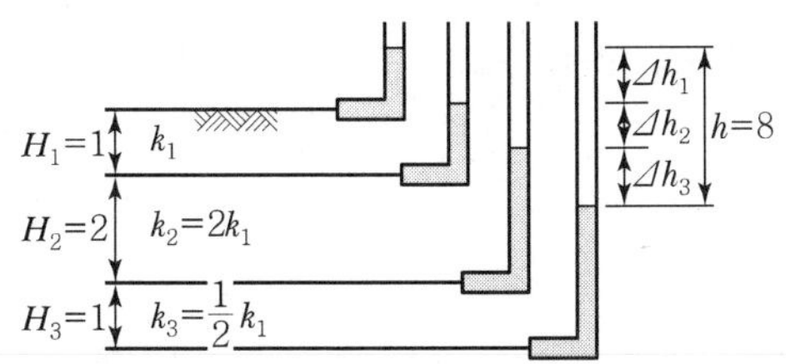

㉮ $\Delta h_1=2, \Delta h_2=2, \Delta h_3=4$
㉯ $\Delta h_1=2, \Delta h_2=3, \Delta h_3=3$
㉰ $\Delta h_1=2, \Delta h_2=4, \Delta h_3=2$
㉱ $\Delta h_1=2, \Delta h_2=5, \Delta h_3=1$

해설 수직방향 평균투수계수(동수경사 다름, 유량 일정)

$$Q_1=A\cdot K\cdot i=K_1\times\frac{\Delta h_1}{H_1}=K_1\times\frac{\Delta h_1}{1}=\Delta h_1$$

$$Q_2=A\cdot K\cdot i=K_2\times\frac{\Delta h_2}{H_2}=2K_1\times\frac{\Delta h_2}{2}=\Delta h_2$$

$$Q_3=A\cdot K\cdot i=K_3\times\frac{\Delta h_3}{H_3}=\frac{1}{2}K_1\times\frac{\Delta h_3}{1}=\frac{\Delta h_3}{2}$$

$Q_1=Q_2=Q_3$이므로

$\therefore\ \Delta h_1 : \Delta h_2 : \Delta h_3 = 1:1:2$

전체 손실수두가 8이므로,

$\Delta h_1=2,\ \Delta h_2=2,\ \Delta h_3=4$

40. $\Delta h_1=5$이고, $K_{V2}=10K_{V1}$일 때, K_{V3}의 크기는? [기 15]

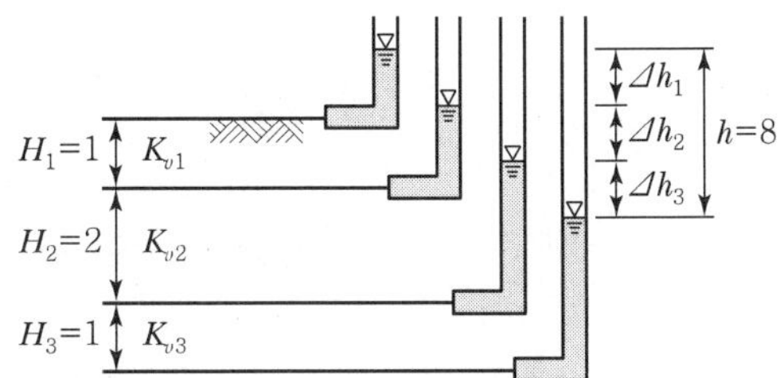

㉮ $1.0K_{V1}$　㉯ $1.5K_{V1}$
㉰ $2.0K_{V1}$　㉱ $2.5K_{V1}$

해설 수직방향 평균투수계수(동수경사 다름, 유량 일정)

$$Q_1=A\cdot K\cdot i=K_1\times\frac{\Delta h_1}{H_1}=K_1\times\frac{5}{1}=5K_1$$

$$Q_2=A\cdot K\cdot i=K_2\times\frac{\Delta h_2}{H_2}$$

$$=10K_1\times\frac{\Delta h_2}{2}=5K_1\times\Delta h_2=5K_1$$

전체 손실수두 $h=8$, $\Delta h_1=5$이므로,

$\therefore\ \Delta h_2=1,\ \Delta h_3=2$

$$Q_3=A\cdot K\cdot i=K_3\times\frac{\Delta h_3}{H_3}$$

$$=K_3\times\frac{2}{1}=2K_3=5K_1$$

$\therefore\ K_3=2.5K_1$

2. 모관성

41. 흙의 모관상승에 대한 설명 중 잘못된 것은? [기 08,10]

㉮ 흙의 모관상승고는 간극비에 반비례하고, 유효입경에 반비례한다.
㉯ 모관상승고는 점토, 실트, 모래, 자갈의 순으로 점점 작아진다.
㉰ 모관상승이 있는 부분은 (−)의 간극수압이 발생하여 유효응력이 증가한다.
㉱ Stokes법칙은 모관상승에 중요한 영향을 미친다.

해설 흙속의 모관수 $h_c=\dfrac{c}{e\times D_{10}}$

조립토는 모관상승속도가 빠르고 모관상승고는 낮으며 세립토는 모관상승속도가 느리고 모관상승고는 높다.
또한, 모관영역에서는 부(−)로의 간극수압이 생기므로 유효응력이 증가한다.
(Stokes법칙은 비중계실험에서 입자의 침강속도 예측시 사용)

42. 흙의 모세관 현상에 대한 설명으로 옳지 않은 것은? [기 12]

㉮ 모세관 현상은 물의 표면장력 때문에 발생된다.
㉯ 흙의 유효입경이 크면 모관상승고는 커진다.
㉰ 모관상승 영역에서 간극수압은 부압, 즉 (−)압력이 발생된다.
㉱ 간극비가 크면 모관상승고는 작아진다.

|해답| 39. ㉮ 40. ㉱ 41. ㉱ 42. ㉯

■ 해설 $h_c = \dfrac{c}{e \times D_{10}}$

토립자의 크기를 유효입경으로 나타내면 유효입경이 감소함에 따라 공극이 작아져서 모관상승고는 증가한다.

43. 모관 상승속도가 가장 느리고, 상승고는 가장 높은 흙은 다음 중 어느 것인가? [산 14]

㉮ 점토　　㉯ 실트
㉰ 모래　　㉱ 자갈

■ 해설 흙 속의 모관성

조립토일수록 간극이 커서 모관상승속도는 빠르지만 모관상승고는 낮다.

세립토일수록 간극이 작아서 모관상승속도는 느리지만 모관상승고는 높다.

∴ 모관상승속도가 느리고, 모관상승고는 높은 흙의 순서는 점토>실트>모래>자갈

44. 흙의 모세관 현상에 대한 설명으로 옳은 것은? [기 11]

㉮ 모관상승고가 가장 높게 발생되는 흙은 실트이다.
㉯ 모관상승고는 흙입자의 직경과 관계없다.
㉰ 모관상승 영역에서는 음의 간극수압이 발생되어 유효응력이 증가한다.
㉱ 모관현상으로 지표면까지 포화되면 지표면 바로 아래에서의 간극수압은 "0"이다.

■ 해설 흙속의 모관수 $h_c = \dfrac{c}{e \times D_{10}}$

조립토는 모관상승속도가 빠르고 모관상승고는 낮으며 세립토는 모관상승속도가 느리고 모관상승고는 높다. 또한, 모관영역에서는 부(−)의 간극수압이 생기므로 유효응력이 증가한다.

45. 지름 2mm의 유리관을 15℃의 정수 중에 세웠을 때 모관상승고는 얼마인가?(단, 물과 유리관의 접촉각은 9°, 표면장력은 0.075g/cm이다.) [산 09,12]

㉮ 0.15cm　　㉯ 1.48cm
㉰ 1.58cm　　㉱ 1.68cm

■ 해설 모관상승고

$$h_c = \frac{4 \cdot T \cdot \cos\alpha}{D \cdot r_w} = \frac{4 \times 0.075 \times \cos 9°}{0.2 \times 1} = 1.48\text{cm}$$

46. 간극률 50%이고, 투수계수가 9×10^{-2}cm/sec인 지반의 모관 상승고는 대략 어느 값에 가장 가까운가?(단, 흙입자의 형상에 관련된 상수 $C = 0.3\text{cm}^2$, Hazen 공식 : $k = c_1 \times D_{10}^2$에서 $c_1 = 100$으로 가정) [기 16]

㉮ 1.0cm　　㉯ 5.0cm
㉰ 10.0cm　　㉱ 15.0cm

■ 해설 흙 속의 모관수

$$h_c = \frac{c}{e \times D_{10}} = \frac{0.3}{1 \times 0.03} = 10\text{cm}$$

여기서, Hazen의 경험식(모래의 경우)

$K = 100 \cdot D_{10}^2$

$9 \times 10^{-2} = 100 \times D_{10}^2$

$\therefore D_{10} = 0.03\text{cm}$

여기서, 간극비

$$e = \frac{n}{1-n} = \frac{0.5}{1-0.5} = 1$$

3. 유선망

47. 유선망(Flow Net)을 이용하여 구할 수 있는 것이 아닌 것은? [산 10,11,13]

㉮ 투수계수　　㉯ 간극수압
㉰ 동수경사　　㉱ 침투수량

■ 해설 유선망

제체 및 투수성 지반 내에서의 침투수류의 방향과 제체에서의 수류의 등위선을 그림으로 나타낸 것으로 분사현상 및 파이핑 추정, 침투속도, 침투유량, 간극수압 추정 등에 쓰인다.

|해답| 43. ㉮ 44. ㉰ 45. ㉯ 46. ㉰ 47. ㉮

48. 유선망(流線網)에서 사용되는 용어를 설명한 것으로 틀린 것은? [산 14]

㉮ 유선 : 흙 속에서 물입자가 움직이는 경로
㉯ 등수두선 : 유선에서 전수두가 같은 점을 연결한 선
㉰ 유선망 : 유선과 등수두선의 조합으로 이루어지는 그림
㉱ 유로 : 유선과 등수두선이 이루는 통로

해설 유선망의 특성
① 유선 : 흙 속을 침투한 물이 흐르는 경로를 연결한 선
② 등수두선 : 전수두가 같은 점을 연결한 선
③ 유로(N_f) : 인접한 2개의 유선 사이에 통로로서 각 유로의 침투유량은 같다.
④ 등수두면(N_d) : 인접한 2개의 등수두선 사이 공간으로 각 등수두면의 수두손실은 같다.
∴ 유로 : 유선과 유선이 이루는 통로

49. 유선망의 특징에 대한 설명으로 틀린 것은? [기 15]

㉮ 균질한 흙에서 유선과 등수두선은 상호 직교한다.
㉯ 유선 사이에서 수두감소량(Head Loss)은 동일하다.
㉰ 유선은 다른 유선과 교차하지 않는다.
㉱ 유선망은 경계조건을 만족하여야 한다.

해설 유선망의 특성
① 인접한 2개의 유선 사이, 즉 각 유로의 침투유량은 같다.
② 인접한 2개의 등수두선 사이의 수두손실은 서로 동일하다.
③ 유선과 등수수선은 직교한다.
④ 유선망, 즉 2개의 유선과 2개의 등수두선으로 이루어진 사각형은 이론상 정사각형이다.(내접원 형성)
⑤ 침투속도 및 동수구배는 유선망의 폭에 반비례한다.
∴ 등수두선 사이에서 수두감소량(Head Loss)은 동일하다.

50. 유선망의 특징을 설명한 것으로 옳지 않은 것은? [산 12,13,16/기 09,11,15]

㉮ 각 유로의 침투량은 같다.
㉯ 유선은 등수두선과 직교한다.
㉰ 유선망으로 이루어지는 사각형은 정사각형이다.
㉱ 침투속도 및 동수구배는 유선망의 폭에 비례한다.

해설 Darcy법칙
침투속도 $V = Ki = K \cdot \dfrac{\Delta h}{L}$
∴ 침투속도 및 동수경사는 유선망의 폭에 반비례한다.

51. 유선망(Flow Net)의 특징에 대한 설명 중 옳지 않은 것은? [산 10]

㉮ 인접한 두 등수두선 사이의 손실수두는 같다.
㉯ 유선과 등수두선은 서로 직교한다.
㉰ 유선망의 4각형은 이론상 정사각형이다.
㉱ 침투유속과 동수경사는 유선망의 폭에 비례한다.

해설 유선망의 특성
① 인접한 2개의 유선 사이, 즉 각 유로의 침투유량은 같다.
② 인접한 2개의 등수두선 사이의 수두손실은 서로 동일하다.
③ 유선과 등수수선은 직교한다.
④ 유선망, 즉 2개의 유선과 2개의 등수두선으로 이루어진 사각형은 이론상 정사각형이다.(내접원 형성)
⑤ 침투속도 및 동수구배는 유선망의 폭에 반비례한다.
($V = K \cdot i = K \cdot \dfrac{\Delta h}{L}$)

52. 유선망을 작성하여 침투수량을 결정할 때 유선망의 정밀도가 침투수량에 큰 영향을 끼치지 않는 이유는? [기 13]

㉮ 유선망은 유로의 수와 등수두면의 수의 비에 좌우되기 때문이다.
㉯ 유선망은 등수두선의 수에 좌우되기 때문이다.
㉰ 유선망은 유선의 수에 좌우되기 때문이다.
㉱ 유선망은 투수계수에 좌우되기 때문이다.

|해답| 48. ㉱ 49. ㉯ 50. ㉱ 51. ㉱ 52. ㉮

■ 해설 침투유량

$Q=K\cdot H\cdot \frac{N_f}{N_d}$

∴ 유선망은 유로의 수(N_f)와 등수두면의 수(N_d)의 비에 좌우되기 때문이다.

53. 다음은 지하수 흐름의 기본 방정식인 Laplace 방정식을 유도하기 위한 기본 가정이다. 틀린 것은? [산 15]

㉮ 물의 흐름은 Darcy의 법칙을 따른다.
㉯ 흙과 물은 압축성이다.
㉰ 흙은 포화되어 있고 모세관 현상은 무시한다.
㉱ 흙은 등방성이고 균질하다.

■ 해설 Laplace 방정식의 기본 가정

- Darcy의 법칙은 정당하다.
- 흙은 등방성($K_h=K_V$)이고 균질하다.
- 흙은 포화상태이며 모관현상은 무시한다.
- 흙이나 물은 비압축성으로 본다.

54. 그림의 유선망에 대한 설명 중 틀린 것은?(단, 흙의 투수계수는 2.5×10^{-3}cm/sec) [기 10,15]

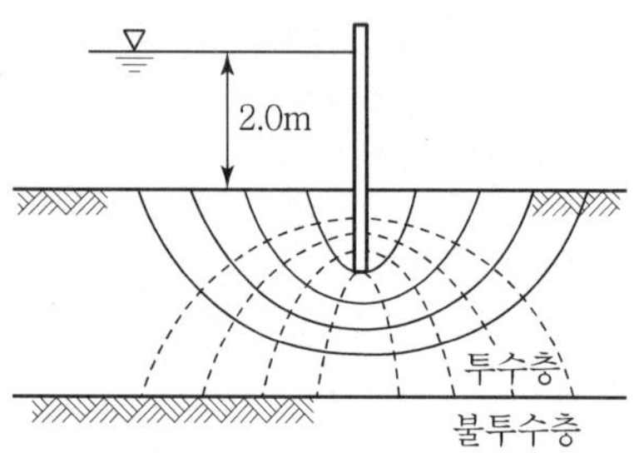

㉮ 유선의 수=6
㉯ 등수두선의 수=6
㉰ 유로의 수=5
㉱ 전침투유량 $Q=0.278\text{cm}^3/\text{s}$

■ 해설 유선의 수=6, 등수두선의 수=10
유로의 수=5, 등수두선면의 수=9

- 전침투유량

$Q=K\cdot H\cdot \frac{N_f}{N_d}=2.5\times10^{-3}\times200\times\frac{5}{9}$
$=0.278\text{cm}^3/\text{s}$

55. 어떤 유선망도에서 상하류면의 수두차가 4m, 등수두면의 수가 13개, 유로의 수가 7개일 때 단위폭 1m당 1일 침투수량은 얼마인가?(단, 투수층의 투수계수 $K=2.0\times10^{-4}$cm/sec) [산 08,09]

㉮ $8.0\times10^{-1}\text{m}^3/\text{day}$
㉯ $9.62\times10^{-1}\text{m}^3/\text{day}$
㉰ $3.72\times10^{-1}\text{m}^3/\text{day}$
㉱ $1.83\times10^{-1}\text{m}^3/\text{day}$

■ 해설 침투유량

$Q=K\cdot H\cdot \frac{N_f}{N_d}$
$=2.0\times10^{-4}\times10^{-2}\times60\times60\times24\times4\times\frac{7}{13}$
$=3.72\times10^{-1}\text{m}^3/\text{day}$

(여기서, 투수계수 K를 cm/sec에서 m/day로 단위환산)

56. 어떤 유선망도에서 상하류의 수두차가 3m, 투수계수가 2.0×10^{-3}cm/sec, 등수두면의 수가 9개, 유로의 수가 6개일 때 단위폭 1m당 침투량은? [산 14]

㉮ $0.0288\text{m}^3/\text{hr}$ ㉯ $0.1440\text{m}^3/\text{hr}$
㉰ $0.3240\text{m}^3/\text{hr}$ ㉱ $0.3436\text{m}^3/\text{hr}$

■ 해설 침투유량

$Q=K\cdot H\cdot \frac{N_f}{N_d}$
$=2.0\times10^{-3}\times(10^{-2}\times60\times60)\times3\times\frac{6}{9}$
$=0.1440\text{m}^3/\text{hr}$

(여기서, 투수계수 K를 cm/sec에서 m/hr로 단위환산)

57. 투수계수가 2×10^{-5}cm/sec, 수위차 15m인 필댐의 단위폭 1cm에 대한 1일 침투 유량은?(단, 등수두선으로 싸인 간격수=15, 유선으로 싸인 간격수=5) [기 10]

㉮ $1\times10^{-2}\text{cm}^3/\text{day}$ ㉯ $864\text{cm}^3/\text{day}$
㉰ $36\text{cm}^3/\text{day}$ ㉱ $14.4\text{cm}^3/\text{day}$

|해답| 53. ㉯ 54. ㉯ 55. ㉰ 56. ㉯ 57. ㉯

■ 해설 침투유량

$Q = K \cdot H \cdot \dfrac{N_f}{N_d} = 2 \times 10^{-5} \times 1{,}500 \times \dfrac{5}{15}$

$= 1 \times 10^{-2} \text{cm}^3/\text{sec}$

$\therefore\ 1 \times 10^{-2} \times 60 \times 60 \times 24 = 864 \text{cm}^3/\text{day}$

58. 그림과 같은 경우의 투수량은?(단, 투수지반의 투수계수는 2.4×10^{-3}cm/sec이다.) [기 09]

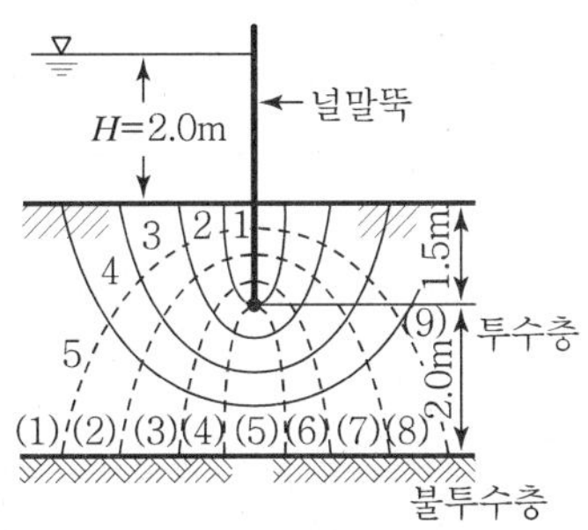

㉮ 0.0267cm³/sec ㉯ 0.267cm³/sec
㉰ 0.864cm³/sec ㉱ 0.0864cm³/sec

■ 해설 침투유량

$Q = K \cdot H \cdot \dfrac{N_f}{N_d} = 2.4 \times 10^{-3} \times 200 \times \dfrac{5}{9}$

$= 0.267 \text{cm}^3/\text{sec}$

(여기서, N_f는 유로의 칸수, N_d는 등수두선면의 수 혹은 포텐셜면의 수)

59. 그림과 같은 지반 내의 유선망이 주어졌을 때 댐의 폭 1m에 대한 침투유출량은?(단, h =20m 지반의 0.001cm/min 투수계수이다.) [산 08]

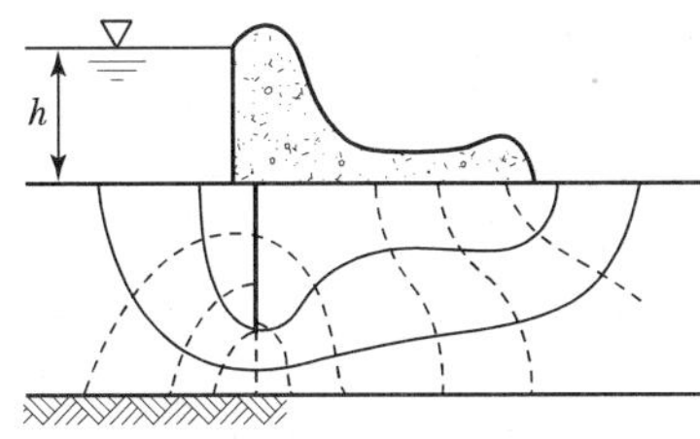

㉮ 0.864m³/day ㉯ 0.0864m³/day
㉰ 9.6m³/day ㉱ 0.96m³/day

■ 해설 침투유량

$Q = K \cdot H \cdot \dfrac{N_f}{N_d}$

$= 0.001 \times 10^{-2} \times 60 \times 24 \times 20 \times \dfrac{3}{10}$

$= 0.0864 \text{m}^3/\text{day}$

(여기서, 투수계수 K를 cm/min에서 m/day로 단위환산)

60. 수직방향의 투수계수가 4.5×10^{-8}m/sec이고, 수평방향의 투수계수가 1.6×10^{-8}m/sec 인 균질하고 비등방(非等方)인 흙댐의 유선망을 그린 결과 유로(流路)수가 4개이고 등수두선의 간격 수가 18개이었다. 단위길이(m)당 침투수량은? (단, 댐의 상하류의 수면의 차는 18m이다.) [기 08,11]

㉮ 1.1×10^{-7}m³/sec ㉯ 2.3×10^{-7}m³/sec
㉰ 2.3×10^{-8}m³/sec ㉱ 1.5×10^{-8}m³/sec

■ 해설 침투수량

$Q = K \cdot H \cdot \dfrac{N_f}{N_d}$

(여기서, 이방성인 경우 평균투수 계수 $K = \sqrt{K_h \times K_v}$)

$\therefore\ Q = \sqrt{K_h \times K_v} \times H \times \dfrac{N_f}{N_d}$

$= \sqrt{(1.6 \times 10^{-8}) \times (4.5 \times 10^{-8})} \times 18 \times \dfrac{4}{18}$

$= 1.1 \times 10^{-7} \text{m}^3/\text{sec}$

61. 수평방향투수계수가 0.12cm/sec이고, 연직방향 투수계수가 0.03cm/sec일 때 1일 침투유량은? [기 12,16]

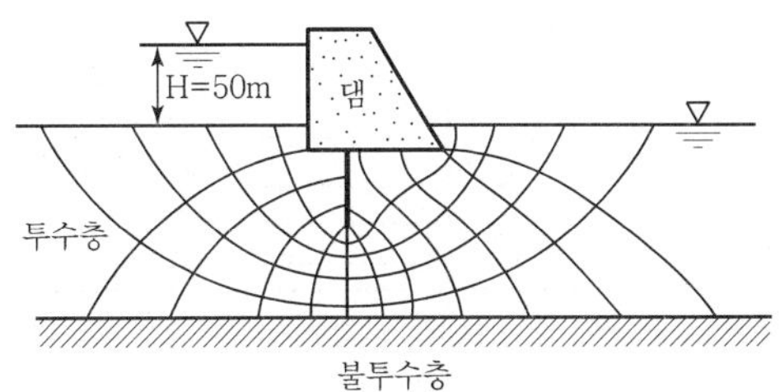

㉮ 870m³/day/m ㉯ 1,080m³/day/m
㉰ 1,220m³/day/m ㉱ 1,410m³/day/m

|해답| 58. ㉯ 59. ㉯ 60. ㉮ 61. ㉯

■해설 침투유량(다층토인 경우)

$$Q = \sqrt{K_h \cdot K_v} \cdot H \cdot \frac{N_f}{N_d}$$

$$= \sqrt{0.12 \times 0.03} \times 10^{-2} \times 60 \times 60 \times 24 \times 50 \times \frac{5}{12}$$

$$= 1{,}080\text{m}^3/\text{day/m}$$

(여기서, 투수계수 K를 cm/sec에서 m/day로 단위환산)

62. 다음 그림에서 A점의 간극 수압은? [기 08]

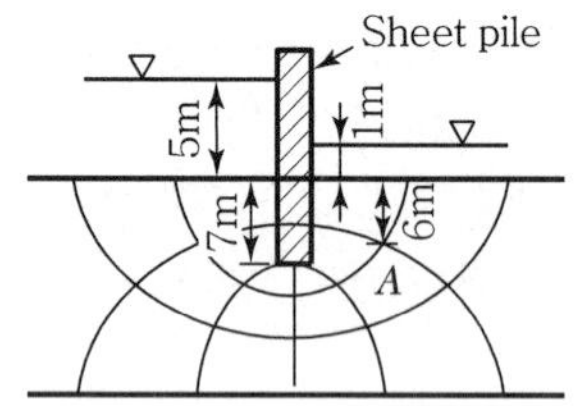

㉮ 4.87t/m² ㉯ 6.67t/m²
㉰ 12.31t/m² ㉱ 4.65t/m²

■해설
- 전수두 $= \frac{n \cdot H}{N_d} = \frac{1 \times 4}{6} = 0.67\text{m}$
  (여기서, n은 뒤로부터 A점까지 등수두선칸수)
- 위치수두 $= -6\text{m}$
- 압력수두 = 전수두 − 위치수두 $= 0.67 - (-6) = 6.67\text{m}$

∴ 간극수압

$u = r_w \times$ 압력수두 $= 1 \times 6.67 = 6.67\text{t/m}^2$

63. 침투유량(q) 및 B점에서의 간극수압(u_B)을 구한 값으로 옳은 것은?(단, 투수층의 투수계수는 3×10^{-1}cm/sec이다.) [기 13]

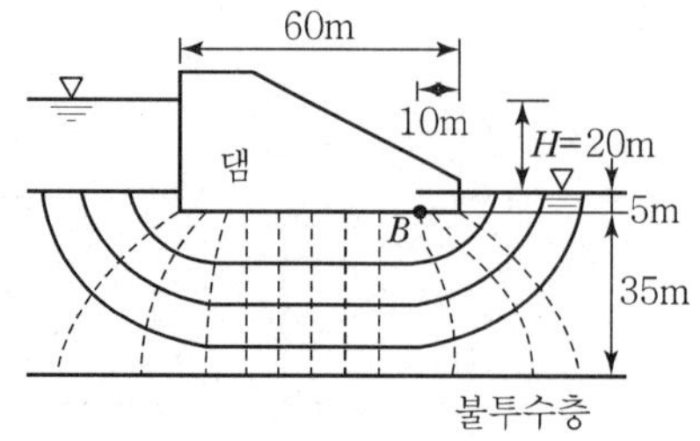

㉮ $q = 100\text{cm}^3/\text{sec/cm},\ u_B = 0.5\text{kg/cm}^2$
㉯ $q = 100\text{cm}^3/\text{sec/cm},\ u_B = 1.0\text{kg/cm}^2$
㉰ $q = 200\text{cm}^3/\text{sec/cm},\ u_B = 0.5\text{kg/cm}^2$
㉱ $q = 200\text{cm}^3/\text{sec/cm},\ u_B = 1.0\text{kg/cm}^2$

■해설
- 침투유량

$$Q = K \cdot H \cdot \frac{N_f}{N_d} = 3 \times 10^{-1} \times 2{,}000 \times \frac{4}{12}$$

$$= 200\text{cm}^3/\text{sec/cm}$$

- 간극수압

전수두 $= \frac{n \cdot H}{N_d} = \frac{3 \times 2{,}000}{12} = 500\text{cm}$

(여기서, n은 뒤로부터 B점까지 등수두선칸수)

- 위치수두 $= -500\text{cm}$
- 압력수두 = 전수두 − 위치수두
  $= 500 - (-500) = 1{,}000\text{cm}$

∴ 간극수압

$u_B = \gamma_w \times$ 압력수두 $= 0.01 \times 1{,}000 = 1\text{kg/cm}^2$

(여기서, 물의 단위중량 $\gamma_w = 0.01\text{kg/m}^2$)

64. 다음의 흙 댐에서 유선망을 작도하는 데 있어 경계 조건이 틀린 것은? [산 08,14]

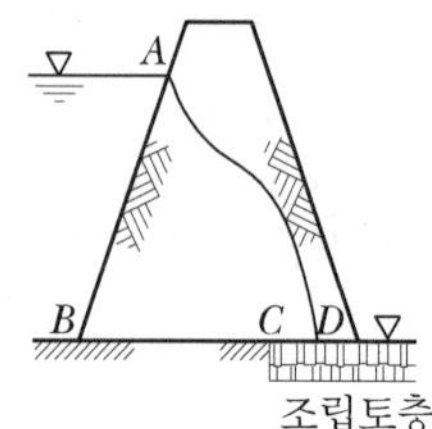

㉮ $\overline{AB}$는 등수두선이다.
㉯ $\overline{BC}$는 유선이다.
㉰ $\overline{CD}$는 침윤선이다.
㉱ $\overline{AC}$는 유선이다.

■해설 침윤선

제체 내에서 침투수의 표면유선을 침윤선이라 하고, 일반적으로 포물선으로 나타낸다.

∴ 경계조건 중 $\overline{CD}$는 최하부 유선이고 침윤선은 표면유선인 $\overline{AC}$이다.

 |해답| 62. ㉯ 63. ㉱ 64. ㉰

4. 분사현상

65. Boiling 현상은 주로 어떤 지반에 많이 생기는가? [산 09]

㉮ 모래 지반
㉯ 사질점토 지반
㉰ 보통토
㉱ 점토질 지반

■ 해설 분사현상
지하수위 아래 모래 지반을 흙막이공을 하여 굴착할 때 흙막이공 내외의 수위차 때문에 침투수압이 생긴다. 침투수압이 커지면 지하수와 함께 토사가 분출하여 굴착 저면이 마치 물이 끓는 상태와 같이 되는데 이런 현상을 분사현상(Quick Sand) 또는 보일링현상(Boiling)이라 하고 이 현상이 계속되면 물의 흐르는 통로게 생겨 파괴에 이르게 되는데 이렇게 모래를 유출시키는 현상을 파이핑(Piping)이라 한다.

• 방지대책
① 흙막이의 근입 깊이를 깊게 한다.
② 배수 공법에 의한 수위 저하
③ 약액 주입에 의한 저부 지반의 개량
④ 자갈 등에 의한 저부의 중량을 증가시킨다.
∴ 모래 지반

66. 비중 $G_s = 2.35$, 간극비 $e = 0.35$인 모래지반의 한계동수경사는? [기 12]

㉮ 1.0 ㉯ 1.5
㉰ 2.0 ㉱ 2.5

■ 해설 한계동수경사

$$i_c = \frac{\Delta h}{L} = \frac{r_{sub}}{r_w} = \frac{G_s - 1}{1+e}$$
$$= \frac{2.35-1}{1+0.35} = 1.0$$

67. 어떤 모래의 비중이 2.64이고, 간극비가 0.75일 때 이 모래의 한계동수경사는? [기 13]

㉮ 0.45 ㉯ 0.64
㉰ 0.94 ㉱ 1.52

■ 해설 한계 동수 경사

$$i_c = \frac{\gamma_{sub}}{\gamma_w} = \frac{G_s - 1}{1+e} = \frac{2.64-1}{1+0.75} = 0.94$$

68. 비중 2.65, 간극률 50%인 경우에 Quick Sand 현상을 일으키는 한계동수경사는? [산 10,12,16]

㉮ 0.325 ㉯ 0.825
㉰ 0.512 ㉱ 1.013

■ 해설 한계동수경사

$$i_c = \frac{G_s - 1}{1+e} = \frac{2.65-1}{1+1} = 0.825$$

(여기서, 간극비 $e = \frac{n}{1-n} = \frac{0.5}{1-0.5} = 1$)

69. 간극률 50%, 비중이 2.50인 흙에 있어서 한계동수경사는? [산 14]

㉮ 1.25 ㉯ 1.50
㉰ 0.50 ㉱ 0.75

■ 해설 한계동수경사

$$i_c = \frac{G_s - 1}{1+e} = \frac{2.5-1}{1+1} = 0.75$$

(여기서, 간극비 $e = \frac{n}{1-n} = \frac{0.5}{1-0.5} = 1$)

70. 어느 모래층의 간극률이 30%, 비중이 2.70이다. 이 모래의 한계동수경사는? [산 10,15]

㉮ 0.75 ㉯ 0.99
㉰ 1.19 ㉱ 1.29

■ 해설 한계동수경사

$$i_c = \frac{G_s - 1}{1+e} = \frac{2.7-1}{1+0.43} = 1.19$$

(여기서, 간극비 $e = \frac{n}{1-n} = \frac{0.3}{1-0.3} = 0.43$)

|해답| 65. ㉮ 66. ㉮ 67. ㉰ 68. ㉯ 69. ㉱ 70. ㉰

71. 어느 모래층의 간극률이 35%, 비중이 2.66이다. 이 모래의 Quick Sand에 대한 한계동수구배는 얼마인가? [기 12]

㉮ 1.14　　㉯ 1.08
㉰ 1.0　　㉱ 0.99

해설 한계동수구배

$$i_c=\frac{\Delta h}{L}=\frac{\gamma_{sub}}{\gamma_w}=\frac{G_s-1}{1+e}=\frac{2.66-1}{1+0.538}=1.08$$

(여기서, 간극비 $e=\frac{n}{1-n}=\frac{0.35}{1-0.35}=0.538$)

72. 어떤 흙의 비중이 2.65, 간극률이 36%일 때 다음 중 분사현상이 일어나지 않을 동수경사는? [산 15]

㉮ 1.9　　㉯ 1.2
㉰ 1.1　　㉱ 0.9

해설 한계동수경사

$$i_c=\frac{G_s-1}{1+e}=\frac{2.65-1}{1+0.56}=1.05$$

(여기서, 간극비
$e=\frac{n}{1-n}=\frac{0.36}{1-0.36}=0.56$)

분사현상이 일어나지 않을 조건
$F_s\geq 1=i_C\geq i$
∴ 한계동수경사(i_c)=1.05보다 동수경사 (i)가 작아야 한다.

73. 비중이 2.50, 함수비 40%인 어떤 포화토의 한계동수 경사를 구하면? [산 08,12,16]

㉮ 0.75　　㉯ 0.55
㉰ 0.50　　㉱ 0.10

해설 한계동수경사

$$i_c=\frac{r_{sub}}{r_w}=\frac{G_s-1}{1+e}=\frac{2.5-1}{1+1}=0.75$$

(여기서, 간극비 e는 상관식 $S\cdot e=G_s\cdot w$에서
$1\times e=2.5\times 0.4$, ∴ $e=1$)

74. 포화단위중량이 1.8t/m³인 흙에서의 한계동수경사는 얼마인가? [기 08]

㉮ 0.8　　㉯ 1.0
㉰ 1.8　　㉱ 2.0

해설 한계동수경사

$$i_c=\frac{h}{L}=\frac{r_{sub}}{r_w}=\frac{r_{sat}-r_w}{r_w}=\frac{1.8-1}{1}=0.8$$

75. 포화단위중량이 1.8t/m³인 모래지반이 있다. 이 포화모래지반에 침투수압의 작용으로 모래가 분출하고 있다면 한계동수경사는 얼마인가? [산 11]

㉮ 0.8　　㉯ 1.0
㉰ 1.8　　㉱ 2.0

해설 한계동수경사

$$i_c=\frac{\Delta h}{L}=\frac{r_{sub}}{r_w}=\frac{r_{sat}-r_w}{r_w}=\frac{1.8-1}{1}=0.8$$

76. 포화된 지반의 간극비를 e, 함수비를 w, 간극률을 n, 비중을 G_s라 할 때 다음 중 한계 동수경사를 나타내는 식으로 적절한 것은? [기 13]

㉮ $\frac{G_s+1}{1+e}$　　㉯ $(1+n)(G_s-1)$
㉰ $\frac{e-w}{w(1+e)}$　　㉱ $\frac{G_s(1-w+e)}{(1+G_s)(1+e)}$

해설 • 상관식
$s\cdot e=G_s\cdot w$
∴ $G_s=\frac{s\cdot e}{w}$

• 한계 동수경사

$$i_c=\frac{G_s-1}{1+e}=\frac{\frac{s\cdot e}{w}-1}{1+e}$$

• 여기서, $S=100\%$이므로

$$i_c=\frac{\frac{s\cdot e}{w}-1}{1+e}=\frac{\frac{e}{w}-1}{1+e}=\frac{e-1}{w(1+e)}$$

|해답| 71. ㉯ 72. ㉱ 73. ㉮ 74. ㉮ 75. ㉮ 76. ㉰

77. 어느 흙 댐의 동수경사 1.0, 흙의 비중이 2.65, 함수비 40%인 포화토에 있어서 분사현상에 대한 안전율을 구하면? [기 09,15]

㉮ 0.8　　㉯ 1.0
㉰ 1.2　　㉱ 1.4

해설 분사현상 안전율

$$F_s = \frac{i_c}{i} = \frac{\frac{G_s - 1}{1+e}}{\frac{\Delta h}{L}} = \frac{\frac{2.65-1}{1+1.06}}{1.0} = 0.8$$

(여기서, 간극비 e는 상관식 $s \cdot e = G_s \cdot w$에서
$1 \times e = 2.65 \times 0.4$　$\therefore\ e = 1.06$)

78. 어느 흙댐의 동수구배가 0.8, 흙의 비중이 2.65, 함수비 40%인 포화토인 경우 분사현상에 대한 안전율은? [산 15]

㉮ 0.8　　㉯ 1.0
㉰ 1.2　　㉱ 1.4

해설 분사현상 안전율

$$F_s = \frac{i_c}{i} = \frac{\frac{G_s - 1}{1+e}}{\frac{\Delta h}{L}} = \frac{\frac{2.65-1}{1+1.06}}{0.8} = 1.0$$

(여기서, 간극비 e는 상관식 $s \cdot e = G_s \cdot w$에서
$1 \times e = 2.65 \times 0.4$　$\therefore\ e = 1.06$)

79. 널말뚝을 모래지반에 5m 깊이로 박았을 때 상류와 하류의 수두차가 4m였다. 이때 모래지반의 포화단위중량이 2.0t/m³이다. 현재 이 지반의 분사현상에 대한 안전율은? [기 11,14]

㉮ 0.85　　㉯ 1.25
㉰ 2.0　　㉱ 2.5

해설 분사현상 안전율

$$F_s = \frac{i_c}{i} = \frac{\frac{r_{sat} - r_w}{r_w}}{\frac{\Delta h}{L}} = \frac{\frac{2.0-1}{1}}{\frac{4}{5}} = 1.25$$

80. 다음 그림에서 분사현상에 대한 안전율은 얼마인가?(단, 모래의 비중은 2.65, 간극비는 0.6이다.) [산 08]

㉮ 1.01
㉯ 2.44
㉰ 1.54
㉱ 1.86

20cm
30cm

해설 분사현상 안전율

$$F_s = \frac{i_c}{i} = \frac{\frac{G_s - 1}{1+e}}{\frac{\Delta h}{L}} = \frac{\frac{2.65-1}{1+0.6}}{\frac{20}{30}} = 1.54$$

81. 다음 그림에서 한계동수경사를 구하여 분사현상에 대한 안전율을 구하면?(단, 모래의 G_s = 2.65, e = 0.65이다.) [기 08,10,14]

㉮ 1.01
㉯ 1.33
㉰ 1.66
㉱ 2.01

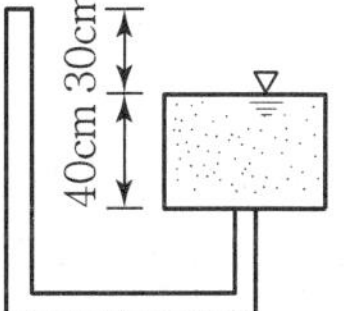

해설 분사현상 안전율

$$F_s = \frac{i_c}{i} = \frac{\frac{G_s - 1}{1+e}}{\frac{\Delta h}{L}} = \frac{\frac{2.65-1}{1+0.65}}{\frac{30}{40}} = 1.33$$

82. 그림과 같은 조건에서 분사현상에 대한 안전율을 구하면?(단, 모래의 r_{sat} =2.0tf/m³이다.) [기 10,16]

㉮ 1.0
㉯ 2.0
㉰ 2.5
㉱ 3.0

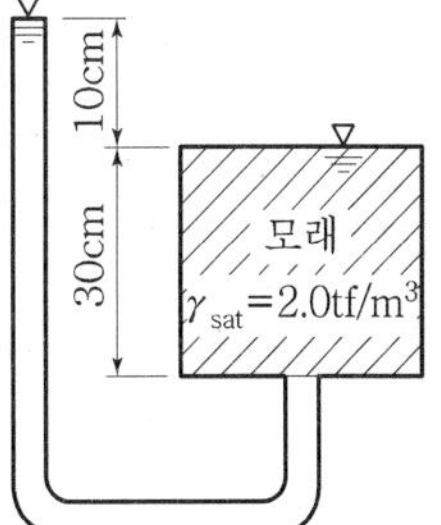

■ 해설 분사현상 안전율

$$F_s = \frac{i_c}{i} = \frac{\frac{G_s - 1}{1+e}}{\frac{\Delta h}{L}} = \frac{\frac{r_{sub}}{r_w}}{\frac{\Delta h}{L}} = \frac{\frac{2.0-1}{1}}{\frac{10}{30}} = 3$$

83. 어떤 모래층에서 수두가 3m일 때 한계동수경사가 1.0이었다. 모래층의 두께가 최소 얼마를 초과하면 분사 현상이 일어나지 않겠는가? [산 11,13,16]

㉮ 1.5m ㉯ 3.0m
㉰ 4.5m ㉱ 6.0m

■ 해설 분사현상 안전율

$$F_s = \frac{i_c}{i} = \frac{\frac{G_s - 1}{1+e}}{\frac{\Delta h}{L}} \text{에서 } 1 = \frac{1.0}{\frac{3}{L}}$$

∴ 시료의 길이(모래층의 두께) $L = 3\text{m}$

84. 그림에서 수두차 h를 최소 얼마 이상으로 하면 모래시료에 분사현상이 발생하겠는가? [산 09]

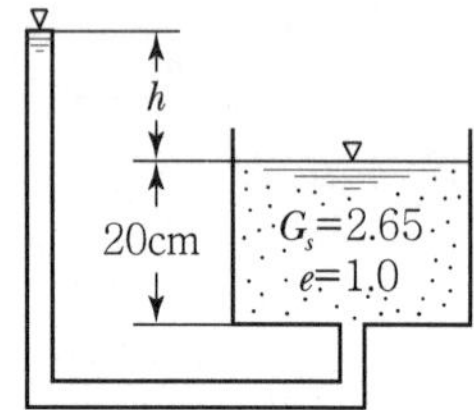

㉮ 16.5cm ㉯ 17.0cm
㉰ 17.4cm ㉱ 18.0cm

■ 해설 분사현상 안전율

$$F_s = \frac{i_c}{i} = \frac{\frac{G_s - 1}{1+e}}{\frac{\Delta h}{L}} = \frac{\frac{2.65-1}{1+1}}{\frac{h}{20}} = \frac{0.825}{\frac{h}{20}} = 1$$

∴ $h = 16.5\text{cm}$

85. 다음 그림과 같이 물이 흙 속으로 아래에서 침투할 때 분사현상이 생기는 수두차(Δh)는 얼마인가? [기 09]

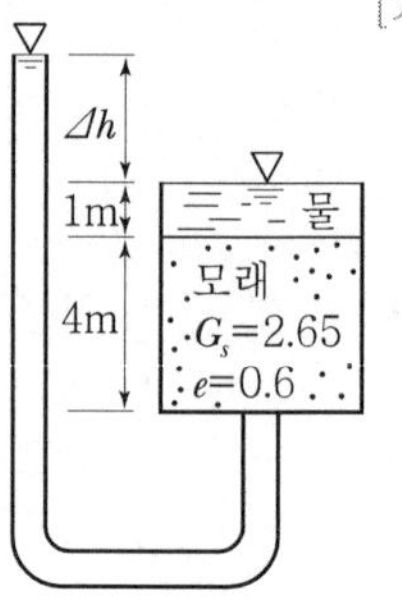

㉮ 1.16m
㉯ 2.27m
㉰ 3.58m
㉱ 4.13m

■ 해설 분사현상 안전율

$$F_s = \frac{i_c}{i} = \frac{\frac{G_s - 1}{1+e}}{\frac{\Delta h}{L}} = \frac{\frac{2.65-1}{1+0.6}}{\frac{\Delta h}{4}} = \frac{1.03}{\frac{\Delta h}{4}}$$

안전율이 1보다 작은 경우 즉, $i > i_c$인 경우 분사현상이 발생한다.

∴ $\frac{\Delta h}{4} > 1.03$이므로 $\Delta h > 4.125\text{m}$인 경우 분사현상 발생

86. 그림에서 수두차 h가 최소 얼마 이상일 때 모래시료에 분사현상이 발생하겠는가?(단, 모래의 비중 $G_s = 2.7$, 공극률 $n = 50\%$, 모래시료 높이 15cm로 가정) [산 10,14]

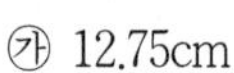

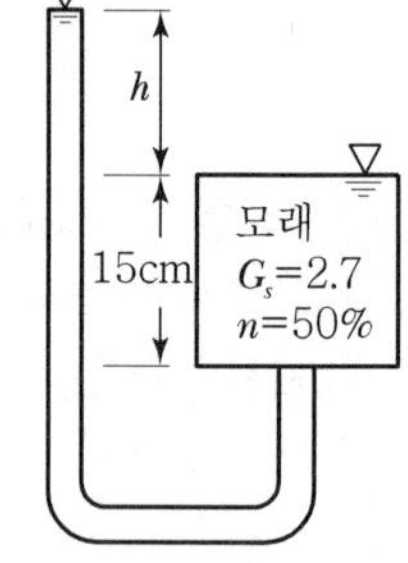

㉮ 12.75cm
㉯ 13.45cm
㉰ 14.30cm
㉱ 15.40cm

■ 해설 분사현상 안전율

$$F_s = \frac{i_c}{i} = \frac{\frac{G_s - 1}{1+e}}{\frac{\Delta h}{L}} = \frac{\frac{2.7-1}{1+1}}{\frac{\Delta h}{15}} = \frac{0.85}{\frac{\Delta h}{15}} = 1$$

∴ $\Delta h = 0.85 \times 15 = 12.75\text{cm}$

(여기서, 간극비 $e = \frac{n}{1-n} = \frac{0.5}{1-0.5} = 1$)

 |해답| 83. ㉯ 84. ㉮ 85. ㉱ 86. ㉮

87. 분사현상(Quick Sand Action)에 관한 그림이 아래와 같을 때 수두차 h를 최소 얼마 이상으로 하면 모래시료에 분사현상이 발생하겠는가? (단, 모래의 비중 2.60, 공극률 50%) [산 09,16]

㉮ 6cm
㉯ 12cm
㉰ 24cm
㉱ 30cm

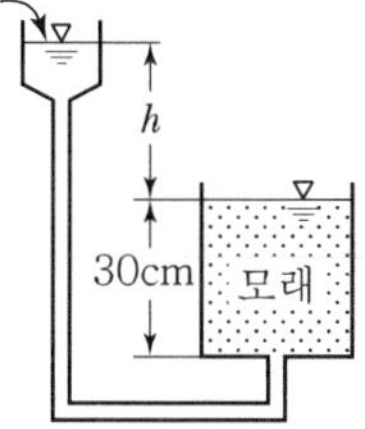

■해설 분사현상 안전율

$$F_s = \frac{i_c}{i} = \frac{\frac{G_s - 1}{1+e}}{\frac{\Delta h}{L}} = \frac{\frac{2.6-1}{1+1}}{\frac{\Delta h}{30}} = \frac{0.8}{\frac{\Delta h}{30}} = 1$$

$\therefore \ \Delta h = 0.8 \times 30 = 24\text{cm}$

(여기서, 간극비 $e = \frac{n}{1-n} = \frac{0.5}{1-0.5} = 1$)

88. 그림에서 모래층에 분사현상이 발생되는 경우는 수두 h가 몇 cm 이상일 때 일어나는가?(단, $G_s = 2.68$, $n = 60\%$) [산 14]

㉮ 20.16cm
㉯ 10.52cm
㉰ 13.73cm
㉱ 18.05cm

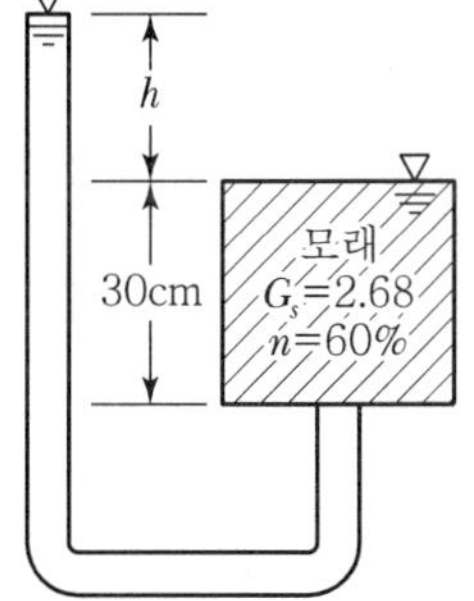

■해설 분사현상 안전율

$$F_s = \frac{i_c}{i} = \frac{\frac{G_s - 1}{1+e}}{\frac{\Delta h}{L}} = \frac{\frac{2.68-1}{1+1.5}}{\frac{\Delta h}{30}} = \frac{0.672}{\frac{\Delta h}{30}} = 1$$

$\therefore \Delta h = 0.672 \times 30 = 20.16\text{cm}$

(여기서, 간극비 $e = \frac{n}{1-n} = \frac{0.6}{1-0.6} = 1.5$)

89. 그림에서 안전율 3을 고려하는 경우, 수두차 h를 최소 얼마로 높일 때 모래시료에 분사현상이 발생하겠는가? [기 09,16]

㉮ 12.75cm
㉯ 9.75cm
㉰ 4.25cm
㉱ 3.25cm

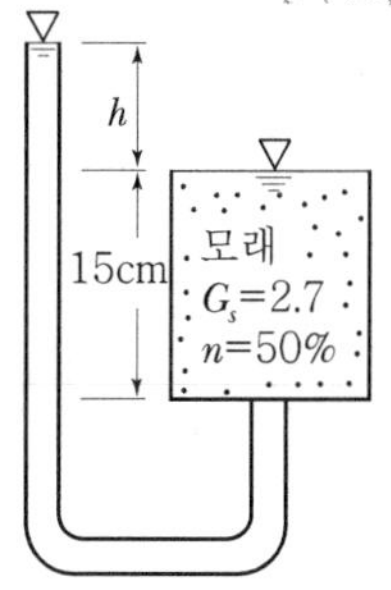

■해설 분사현상 안전율

$$F_s = \frac{i_c}{i} = \frac{\frac{G_s - 1}{1+e}}{\frac{\Delta h}{L}}$$ 에서 안전율 $F_s = 3$을 고려

$$\therefore \ 3 = \frac{\frac{2.7-1}{1+1}}{\frac{\Delta h}{15}} \qquad \therefore \ h = 4.25\text{cm}$$

(여기서, 간극비 $e = \frac{n}{1-n} = \frac{0.5}{1-0.5} = 1$)

90. 다음 그림과 같이 피압수압을 받고 있는 2m 두께의 모래층이 있다. 그 위의 포화된 점토층을 5m 깊이로 굴착하는 경우 분사현상이 발생하지 않기 위한 수심(h)은 최소 얼마를 초과하도록 하여야 하는가? [기 12,13]

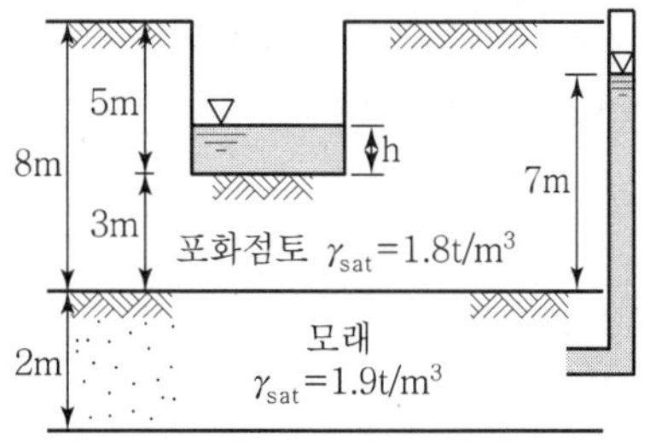

㉮ 0.9m　　㉯ 1.6m
㉰ 1.9m　　㉱ 2.4m

■해설 한계심도(피압대수층)

$r_{sat} \cdot H + r_w \cdot h = r_w \cdot h_w$

$1.8 \times 3 + 1 \times h = 1 \times 7$

$\therefore \ h = 7 - 5.4 = 1.6\text{m}$

|해답| 87. ㉰ 88. ㉮ 89. ㉰ 90. ㉯

91. 그림과 같은 모래층에 널말뚝을 설치하여 물막이공 내의 물을 배수하였을 때, 분사현상이 일어나지 않게 하려면 얼마의 압력을 가하여야 하는가?(단, 모래의 비중은 2.65, 간극비는 0.65, 안전율은 3) [기 08,14]

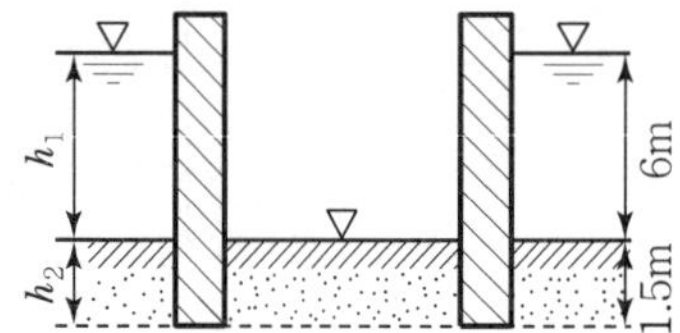

㉮ 6.5t/m²
㉯ 13t/m²
㉰ 33t/m²
㉱ 16.5t/m²

■해설 물막이공 내부의 압력=물막이공 외부의 압력

$(r_{sub} \cdot h_2) + P = (r_w \cdot \Delta h) \times F$

$\left(\frac{G_s - 1}{1+e} r_w \times h_2\right) + P = (r_w \times h_1) \times F$

$\left(\frac{2.65 - 1}{1+0.65} \times 1 \times 1.5\right) + P = (1 \times 6) \times 3$

$1.5 + P = 18$

∴ 가하여야 할 압력 $P = 16.5\text{t/m}^2$

5. 흙의 동해

92. 흙 속의 물이 얼어서 빙층(ice lens)이 형성되기 때문에 지표면이 떠오르는 현상은? [산 16]

㉮ 연화현상
㉯ 동상현상
㉰ 분사현상
㉱ 다이러턴시(Dilatancy)

■해설 동상현상(Frost Heave)
흙 속의 간극수가 얼면 물의 체적이 약 9% 팽창하기 때문에 지표면이 부풀어 오르게 되는 현상

93. 흙의 동상에 영향을 미치는 요소가 아닌 것은? [기 12]

㉮ 모관 상승고
㉯ 흙의 투수계수
㉰ 흙의 전단강도
㉱ 동결온도의 계속시간

■해설 동상의 조건
① 동상을 받기 쉬운 흙 존재(실트질 흙)
② 0℃ 이하가 오래 지속
③ 물의 공급이 충분해야 한다.

94. 동해(凍害)의 정도는 흙의 종류에 따라 다르다. 다음 중 우리나라에서 가장 동해가 심한 것은? [산 09,14,16]

㉮ Silt
㉯ Colloid
㉰ 점토
㉱ 굵은모래

■해설 동상의 조건
① 동상을 받기 쉬운 흙 존재(실트질 흙)
② 0℃ 이하가 오래 지속되어야 한다.
③ 물의 공급이 충분해야 한다.

95. 흙의 동해(凍害)에 관한 다음 설명 중 옳지 않은 것은? [산 10,14]

㉮ 동상현상은 빙층(Ice Lens)의 생장이 주된 원인이다.
㉯ 사질토는 모관상승높이가 작아서 동상이 잘 일어나지 않는다.
㉰ 실트는 모관상승높이가 작아서 동상이 잘 일어나지 않는다.
㉱ 점토는 모관상승높이는 크지만 동상이 잘 일어나는 편은 아니다.

■해설 동상의 조건
① 동상을 받기 쉬운 흙 존재(실트질 흙)
② 0℃ 이하가 오래 지속되어야 한다.
③ 물의 공급이 충분해야 한다.

 |해답| 91. ㉱ 92. ㉯ 93. ㉰ 94. ㉮ 95. ㉰

96. 다음 설명 중에서 동상(凍上)에 대한 대책 방법이 될 수 없는 것은? [산 08,16]

㉮ 지하수위와 동결 심도사이에 모래, 자갈층을 형성하여 모세관 현상으로 인한 물의 상승을 막는다.
㉯ 동결 심도 내의 Silt질 흙을 모래나 자갈로 치환한다.
㉰ 동결 심도 내의 흙에 염화칼슘이나 염화나트륨 등을 섞어 빙점을 낮춘다.
㉱ 아이스 렌스(Ice Lense) 형성이 될 수 있도록 충분한 물을 공급한다.

해설 동상 방지대책
① 치환공법으로 동결심도 상부의 흙을 동결되지 않는 흙으로 바꾸는 방법
② 지하수위 상층에 조립토층을 설치하는 방법
③ 배수구 설치로 지하수위를 저하시키는 방법
④ 흙속에 단열재료를 매입하는 방법
⑤ 화학약액으로 처리하는 방법
∴ 충분한 물을 공급하는 경우 동상을 가중시킨다.

97. 다음 중 동상의 방지대책으로 옳지 않은 것은? [산 09,11]

㉮ 모관수의 상승을 차단한다.
㉯ 도로포장의 경우 보조기층 아래 동결작용에 민감하지 않은 모래 또는 자갈층을 둔다.
㉰ 동결심도 대상 깊이의 재료를 모관 상승고가 큰 재료로 치환한다.
㉱ 구조물 기초는 동결피해가 없도록 동결깊이 아래에 설치한다.

해설 동상 방지대책
① 치환공법으로 동결심도 상부의 흙을 동결되지 않는 흙으로 바꾸는 방법
② 지하수위 상층에 조립토층을 설치하는 방법
③ 배수구 설치로 지하수위를 저하시키는 방법
④ 흙속에 단열재료를 매입하는 방법
⑤ 화학약액으로 처리하는 방법
∴ 동결심도 대상 깊이의 재료를 모관상승고가 낮은 재료로 치환하여 물(모관수)의 공급을 차단한다.

98. 동상에 대한 방지대책으로 적당하지 못한 것은? [산 12]

㉮ 지표의 흙을 화학약액으로 처리하는 방법
㉯ 흙 속에 단열재료를 매입하는 방법
㉰ 배수구 등의 설치로 지하수위를 저하시키는 방법
㉱ 동결깊이 하부에 있는 흙을 동결되지 않는 재료로 치환하는 방법

해설 동상방지대책
① 치환공법으로 동결되지 않는 흙으로 바꾸는 방법
② 지하수위 상층에 조립토층을 설치하는 방법
③ 배수구 설치로 지하수위를 저하시키는 방법
④ 흙속에 단열재료를 매입하는 방법
⑤ 화학약액으로 처리하는 방법

99. 동상방지대책에 대한 설명 중 옳지 않은 것은? [기 10]

㉮ 배수구 등을 설치해서 지하수위를 저하시킨다.
㉯ 모관수의 상승을 차단하기 위해 조립의 차단층을 지하수위보다 높은 위치에 설치한다.
㉰ 동결 깊이보다 낮게 있는 흙을 동결하지 않는 흙으로 치환한다.
㉱ 지표의 흙을 화학약품으로 처리하여 동결온도를 내린다.

해설 동상방지대책
① 치환공법으로 동결되지 않는 흙으로 바꾸는 방법
② 지하수위 상층에 조립토층을 설치하는 방법
③ 배수구 설치로 지하수위를 저하시키는 방법
④ 흙 속에 단열재료를 매입하는 방법
⑤ 화학약액으로 처리하는 방법

100. 다음 중 흙의 동상 피해를 막기 위한 대책으로 가장 적합한 것은? [기 08]

㉮ 동결심도 하부의 흙을 비동결성 흙(자갈, 쇄석)으로 치환한다.
㉯ 구조물을 축조할 때 기초를 동결심도보다 얕게 설치한다.
㉰ 흙속에 단열재료(석탄재, 코크스 등)를 넣는다.
㉱ 하부로부터 물의 공급이 충분하도록 한다.

|해답| 96. ㉱ 97. ㉰ 98. ㉱ 99. ㉰ 100. ㉰

■해설 동상 방지 대책
① 치환공법으로 동결되지 않는 흙으로 바꾸는 방법
② 지하수위 상층에 조립토층을 설치하는 방법
③ 배수구 설치로 지하수위를 저하시키는 방법
④ 흙속에 단열재료를 매입하는 방법
⑤ 화학약액으로 처리하는 방법

101. 평균 기온에 따른 동결지수가 520℃ Days였다. 이 지반의 정수 C=4일 때 동결 깊이는?(단, 테라다 공식을 이용) [산 10,16]

㉮ 130cm ㉯ 91.2cm
㉰ 45.6cm ㉱ 22.8cm

■해설 동결깊이(테라다 공식)
$Z = C \cdot \sqrt{F} = 4 \times \sqrt{520} = 91.2\text{cm}$

102. 동결 깊이를 구하는 데라다(寺田)의 공식에서 정수의 값을 4, 동결지수를 540℃ Days라 하면 동결깊이는? [산 11]

㉮ 94.0cm ㉯ 91.2cm
㉰ 93.0cm ㉱ 100.8cm

■해설 동결깊이(데라다 공식)
$Z = C \cdot \sqrt{F} = 4 \times \sqrt{540} = 93\text{cm}$

103. 동결된 지반이 해빙기에 융해되면서 얼음 렌즈가 녹은 물이 빨리 배수되지 않으면 흙의 함수비는 원래보다 훨씬 큰 값이 되어 지반의 강도가 감소하게 되는데 이러한 현상을 무엇이라 하는가? [기 13]

㉮ 동상현상 ㉯ 연화현상
㉰ 분사현상 ㉱ 모세관현상

■해설 연화현상
동결된 지반이 융해하면 흙속에 과잉수분으로 인해 함수비가 증가하여 지반이 연약해지고 전단강도가 떨어지는 현상

104. 흙이 동상작용을 받았다면 이 흙은 동상작용을 받기 전에 비해 함수비는? [산 15]

㉮ 증가한다.
㉯ 감소한다.
㉰ 동일하다.
㉱ 증가할 때도 있고, 감소할 때도 있다.

■해설 흙의 동해
- 동상현상(Frost Heave) : 흙 속의 간극수가 얼면 물의 체적이 약 9% 팽창하기 때문에 지표면이 부풀어 오르게 되는 현상
- 연화현상(Frost Boil) : 동결된 지반이 융해하면 흙 속에 과잉수분으로 인해 함수비가 증가하여 지반이 연약해지고 전단강도가 떨어지는 현상

|해답| 101. ㉯ 102. ㉰ 103. ㉯ 104. ㉮

Chapter 03

지반 내의 응력분포

Contents

Section 01 자중으로 인한 응력

1. 정수압 상태의 유효응력

(1) 전응력(Total Stress)

전체 흙에 작용하는 단위면적당 법선응력

$$\sigma = \gamma_t \cdot H_1 + \gamma_{sat} \cdot H_2$$

(2) 간극수압(Pore Water Pressure)

간극에 있는 물이 외력에 의하여 받는 응력

$$u = \gamma_W \cdot H_2$$

(3) 유효응력(Effect Stress)

흙입자의 접촉면에서 발생하는 단위면적당 작용하는 응력

$$\begin{aligned} \sigma' &= \sigma - u \\ &= (\gamma_t \cdot H_1 + \gamma_{sat} \cdot H_2) - (\gamma_W \cdot H_2) \\ &= \gamma_t \cdot H_1 + (\gamma_{sat} - \gamma_W) \cdot H_2 \\ &= \gamma_t \cdot H_1 + \gamma \end{aligned}$$

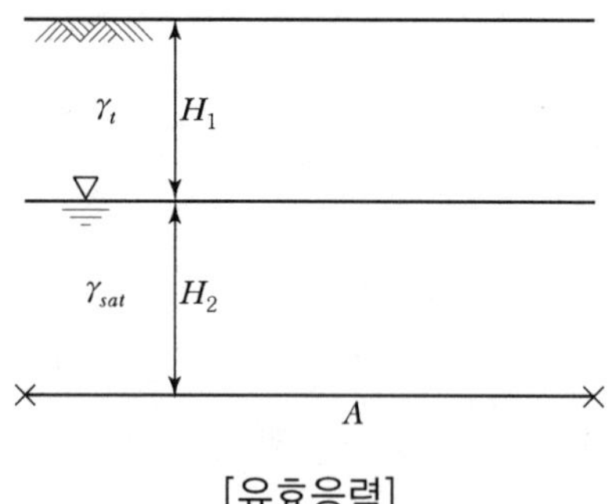

[유효응력]

2. 침투압 상태의 유효응력

(1) 침투수압

지반 내 침투수의 침투방향으로 $\gamma_W \cdot \Delta h$만큼 작용한다.

① 전 침투수압

$$J = i \cdot \gamma_W \cdot h \cdot A$$

② 단위 면적당 침투수압

$$F = i \cdot \gamma_W \cdot Z$$

③ 단위 체적당 침투수압

$$j = i \cdot \gamma_W$$

(2) 상방향 침투의 경우 유효응력

$$\begin{aligned}\sigma' &= \sigma - u \\ &= (\gamma_t \cdot H_1 + \gamma_{sat} \cdot H_2) - (\gamma_w \cdot H_2 + \gamma_w \cdot \Delta h) \\ &= \gamma_t \cdot H_1 + \gamma_{sub} \cdot H_2 - \gamma_w \cdot \Delta h\end{aligned}$$

(3) 하방향 침투의 경우 유효응력

$$\begin{aligned}\sigma' &= \sigma - u \\ &= (\gamma_t \cdot H_1 + \gamma_{sat} \cdot H_2) - (\gamma_w \cdot H_2 - \gamma_w \cdot \Delta h) \\ &= \gamma_t \cdot H_1 + \gamma_{sub} \cdot H_2 + \gamma_w \cdot \Delta h\end{aligned}$$

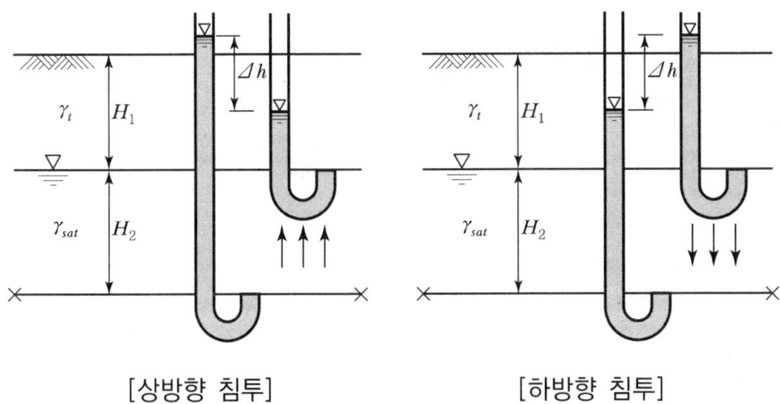

[상방향 침투] [하방향 침투]

Section 02 외력에 의한 지중응력

지표면에 작용하는 하중으로 인하여 지반 내 임의의 깊이에 생기는 응력

1. 집중하중에 의한 지중응력(Boussinesq 이론)

(1) 가정조건

① 지반은 자중이 없는 균질한 흙이다.

② 지반은 등방성이고 반무한의 탄성체이다.

(2) 영향계수(Influence Value)

하중작용점 연직 아래에서 수평방향 거리를 고려한 Boussinesq지수

$$I=\frac{3}{2\pi}\cdot\frac{1}{\left\{1+\left(\frac{r}{Z}\right)^2\right\}^{\frac{5}{2}}}=\frac{3Z^5}{2\pi R^5}$$

여기서, Z : 임의의 깊이
r : 수평방향거리
R : 임의 지점까지의 거리($\sqrt{Z^2+r^2}$)

단, 하중 직하점에서는 $R=Z$이므로

$$I=\frac{3}{2\pi}=0.4775$$

(3) 연직응력 증가량

$$\Delta\sigma=I\cdot\frac{P}{Z^2}$$

여기서, I : 영향계수
P : 지표면에 작용한 집중하중
Z : 임의의 깊이

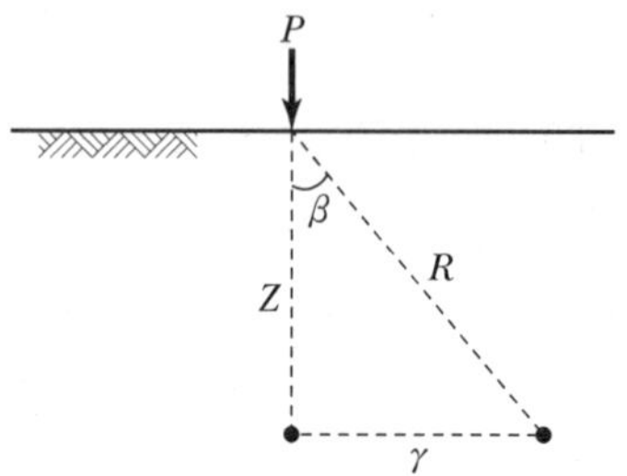

[집중하중에 의한 지중응력]

2. 등분포하중에 의한 지중응력(Kögler이론, 2 : 1 분포법)

지표면에 등분포하중이 재하될 때 하중에 의한 지중응력이 2 : 1의 기울기로 분포된다고 가정($\tan\theta = \frac{1}{2}$)

$$\Delta\sigma = \frac{q \cdot B \cdot L}{(B+Z) \cdot (L+Z)}$$

여기서, q : 기초에 작용한 등분포하중
B : 기초의 폭
L : 기초의 길이
Z : 임의의 깊이

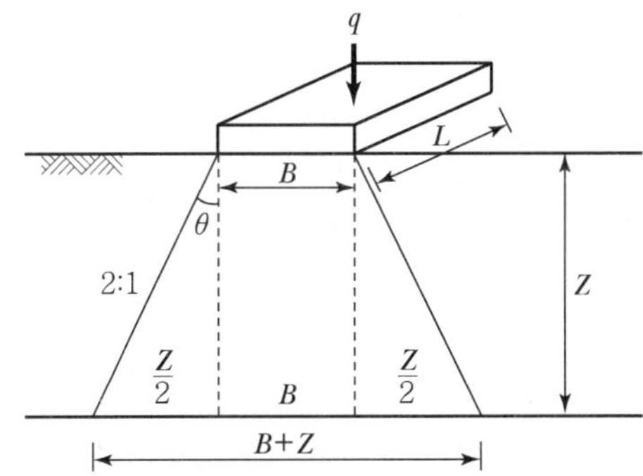

[2 : 1 분포법]

3. 접지압 분포(Contact Pressure)

상재하중에 의하여 기초저면에 접하는 지반에 발생하는 지반반력으로 토질의 종류와 기초의 강성, 연성에 따라 다르다.

(1) 강성기초

① 모래지반 : 기초 중앙에서 최대응력이 발생한다.
② 점토지반 : 기초 모서리에서 최대응력이 발생한다.

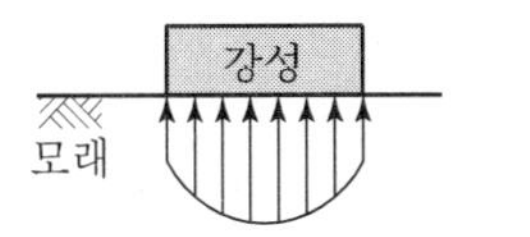

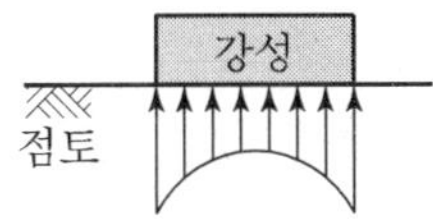

[강성기초지반 접지압 분포]

(2) 연성기초(휨성기초)

① 모래지반 : 등분포　　② 점토지반 : 등분포

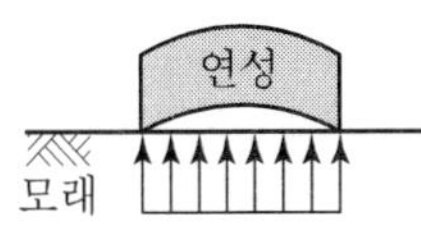

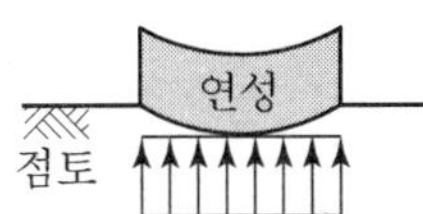

[연성기초지반 접지압 분포]

Item pool

예상문제 및 기출문제

1. 자중으로 인한 응력

01. 유효응력에 대한 설명으로 옳은 것은? [기 12]

㉮ 지하수면에서 모관상승고까지의 영역에서는 유효응력은 감소한다.
㉯ 유효응력은 흙덩이만의 변형과 전단에 관계된다.
㉰ 유효응력은 대부분 물이 받는 응력을 말한다.
㉱ 유효응력은 전응력에 간극수압을 더한 값이다.

■ 해설
- 전응력 $\sigma = \sigma'$(흙입자) $+ u$(물입자)
- 간극수압 $u =$ (물입자가 받는 응력)
- 유효응력 $\sigma' = \sigma - u$ (흙입자가 받는 응력)

02. 다음의 유효응력에 관한 설명 중 옳은 것은? [산 13]

㉮ 전응력은 일정하고 간극수압이 증가된다면, 흙의 체적은 감소하고 강도는 증가된다.
㉯ 유효응력은 전응력에 간극수압을 더한 값이다.
㉰ 토립자의 접촉면을 통해 전달되는 응력을 유효응력이라 한다.
㉱ 공학적 성질이 동일한 2종류 흙의 유효응력이 동일하면 공학적 거동이 다르다.

■ 해설 유효응력이란 토립자의 전단면에 작용하는 유효수직응력을 말한다.

03. 다음 그림에서 x－x단면에 작용하는 유효응력은? [산 08]

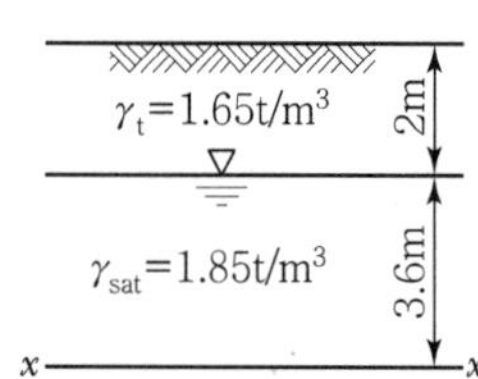

㉮ 4.26t/m^2 ㉯ 5.24t/m^2
㉰ 6.36t/m^2 ㉱ 7.21t/m^2

■ 해설
- 전응력 $\sigma = r_t \cdot H_1 + r_{sat} \cdot H_2$
  $= 1.65 \times 2 + 1.85 \times 3.6 = 9.96\text{t/m}^2$
- 간극수압 $u = r_w \cdot h_w = 1 \times 3.6 = 3.6\text{t/m}^2$
- 유효응력 $\sigma' = \sigma - u = 9.96 - 3.6 = 6.36\text{t/m}^2$
  또는
- 유효응력 $\sigma' = -u$
  $= r_t \cdot H_1 + r_{sub} \cdot H_2$
  $= \sigma - u$
  $= r_t \cdot H_1 + r_{sub} \cdot H_2$
  $= 1.65 \times 2 + 0.85 \times 3.6$
  $= 6.36\text{t/m}^2$

04. 다음 그림에서 x－x 단면에 작용하는 유효응력은? [산 10,11]

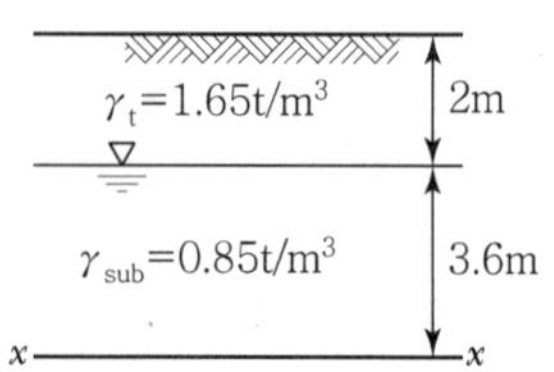

㉮ 4.26tf/m^2 ㉯ 5.24tf/m^2
㉰ 6.36tf/m^2 ㉱ 7.21tf/m^2

■ 해설
- 전응력 $\sigma = r_t \cdot H_1 + r_{sat} \cdot H_2$
  $= 1.65 \times 2 + 1.85 \times 3.6 = 9.96\text{t/m}^2$
- 간극수압 $u = r_w \cdot h_w = 1 \times 3.6 = 3.6\text{t/m}^2$
- 유효응력 $\sigma' = \sigma - u = 9.96 - 3.6 = 6.36\text{t/m}^2$
  또는, 유효응력 $\sigma' = \sigma - u$
  $= r_t \cdot H_1 + r_{sub} \cdot H_2$
  $= 1.65 \times 2 + 0.85 \times 3.6$
  $= 6.36\text{t/m}^2$

|해답| 01. ㉯ 02. ㉰ 03. ㉰ 04. ㉰

05. 아래 그림과 같은 지반의 A점에서 전응력 σ, 간극수압 u, 유효응력 σ'을 구하면? [기 14]

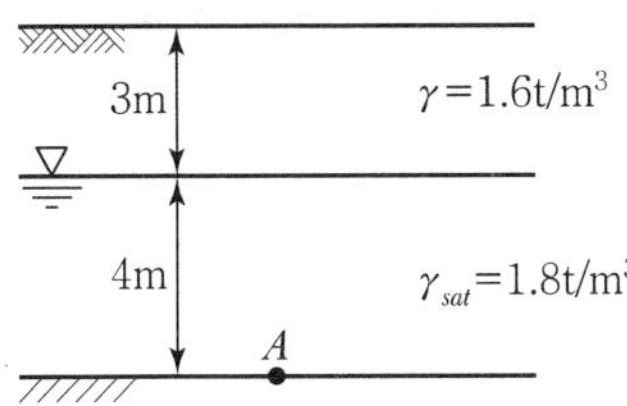

㉮ $\sigma = 10.2\text{t/m}^2$, $u = 4\text{t/m}^2$, $\sigma' = 6.2\text{t/m}^2$
㉯ $\sigma = 10.2\text{t/m}^2$, $u = 3\text{t/m}^2$, $\sigma' = 7.2\text{t/m}^2$
㉰ $\sigma = 12\text{t/m}^2$, $u = 4\text{t/m}^2$, $\sigma' = 8\text{t/m}^2$
㉱ $\sigma = 12\text{t/m}^2$, $u = 3\text{t/m}^2$, $\sigma' = 9\text{t/m}^2$

■해설
- 전응력 $\sigma = \gamma \cdot H_1 + \gamma_{sat} \cdot H_2$
  $= 1.6 \times 3 + 1.8 \times 4 = 12\text{t/m}^2$
- 간극수압 $u = \gamma_w \cdot h_w = 1 \times 4 = 4\text{t/m}^2$
- 유효응력 $\sigma' = \sigma - u = 12 - 4 = 8\text{t/m}^2$

06. 다음 그림에 보인 바와 같이 지하수위면은 지표면 아래 2.0m의 깊이에 있고 흙의 단위중량은 지하수위면 위에서 1.9t/m³, 지하수위면 아래에서 2.0t/m³이다. 요소 A가 받는 연직 유효응력은? [산 14]

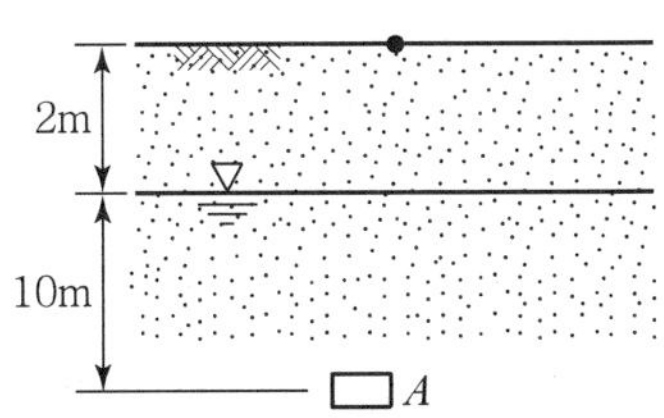

㉮ 19.8t/m^2 ㉯ 19.0t/m^2
㉰ 13.8t/m^2 ㉱ 13.0t/m^2

■해설
- 전응력 $\sigma = r_t \cdot H_1 + r_{sat} \cdot H_2$
  $= 1.9 \times 2 + 2.0 \times 10 = 23.8\text{t/m}^2$
- 간극수압 $u = r_w \cdot h_w = 1 \times 10 = 10\text{t/m}^2$
- 유효응력 $\sigma' = \sigma - u = 23.8 - 10 = 13.8\text{t/m}^2$

  또는
- 유효응력 $\sigma' = \sigma - u = r_t \cdot H_1 + r$
  $= 1.9 \times 2 + (2.0 - 1) \times 10 = 13.8\text{t/m}^2$

07. 아래 그림과 같은 수중지반에서 Z지점의 유효연직응력은? [산 10,16]

㉮ 2t/m^2
㉯ 4t/m^2
㉰ 9t/m^2
㉱ 14t/m^2

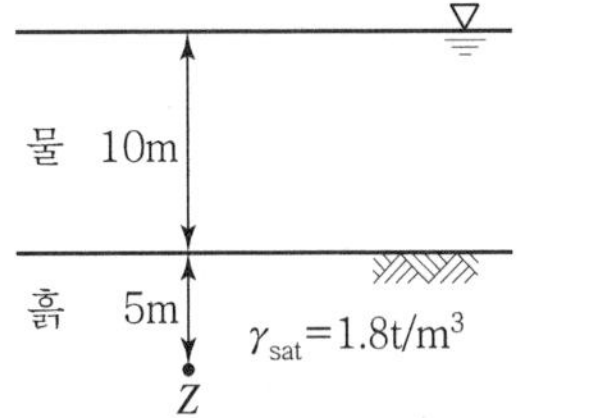

■해설
- 전응력 $\sigma = r_w \cdot H_1 + r_{sat} \cdot H_2$
  $= 1 \times 10 + 1.8 \times 5 = 19\text{t/m}^2$
- 간극수압 $u = r_w \cdot h_w = 1 \times 15 = 15\text{t/m}^2$
- 유효응력 $\sigma' = \sigma - u = 19 - 15 = 4\text{t/m}^2$

08. 다음 그림에서 흙 속 6cm 깊이에서의 유효응력은?(단, 포화된 흙의 단위체적중량은 1.9g/cm³이다.) [산 08,13]

㉮ 10.4g/cm^2
㉯ 15.8g/cm^2
㉰ 11.0g/cm^2
㉱ 5.4g/cm^2

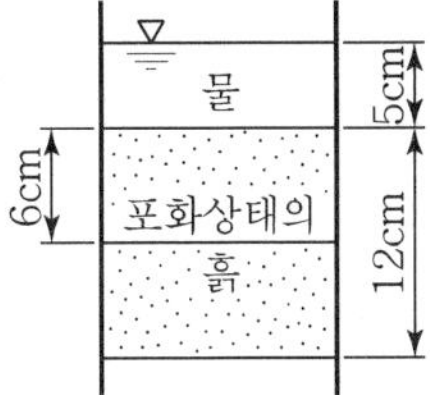

■해설
- 전응력 $\sigma = r_w \cdot H_1 + r_{sat} \cdot H_2$
  $= 1 \times 5 + 1.9 \times 6 = 16.4\text{g/cm}^2$
- 간극수압 $u = r_w \cdot h_w = 1 \times 11 = 11\text{g/cm}^2$
- 유효응력 $\sigma' = \sigma - u = 16.4 - 11 = 5.4\text{g/cm}^2$

09. 아래 조건에서 점토층 중간면에 작용하는 유효응력과 간극수압은? [기 09]

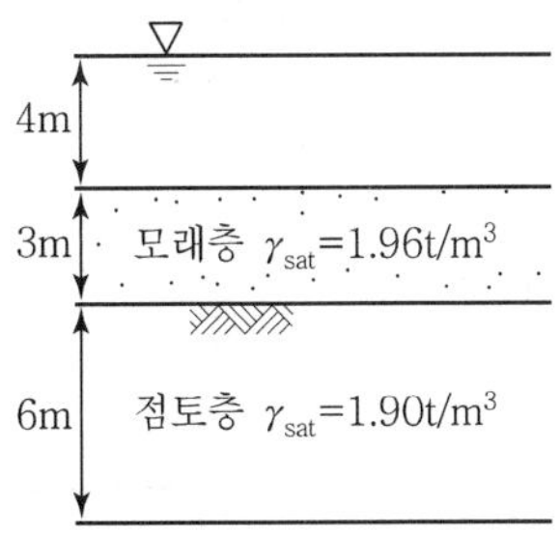

㉮ 유효응력 : $5.58(\text{t/m}^2)$, 간극수압 : $10(\text{t/m}^2)$
㉯ 유효응력 : $9.58(\text{t/m}^2)$, 간극수압 : $0.8(\text{t/m}^2)$

㉰ 유효응력 : 5.58(t/m^2), 간극수압 : 8(t/m^2)
㉱ 유효응력 : 9.58(t/m^2), 간극수압 : 10(t/m^2)

■ 해설
• 전응력 $\sigma = r_1 \cdot H_1 + r_2 \cdot H_2 + r_3 \cdot H_3$
$= 1 \times 4 + 1.96 \times 3 + 1.90 \times \dfrac{6}{2}$
$= 15.58 t/m^2$
• 간극수압 $u = r_w \cdot h_w = 1 \times \left(4 + 3 + \dfrac{6}{2}\right) = 10 t/m^2$
• 유효응력 $\sigma' = \sigma - u = 15.58 - 10 = 5.58 t/m^2$

10. 그림과 같이 지표면에서 2m 부분이 지하수위이고, $e = 0.6$, $G_s = 2.68$이고 지표면가지 모관현상에 의하여 100% 포화되었다고 가정하였을 때 A점에 작용하는 유효응력의 크기는 얼마인가?

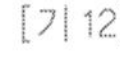
[기 12]

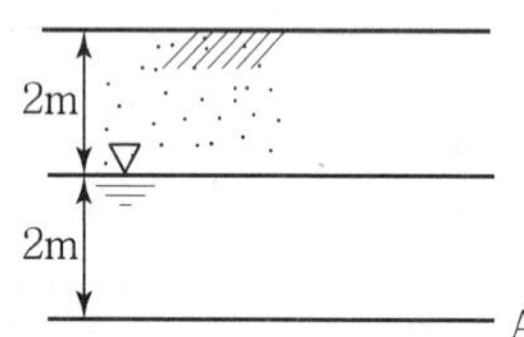

㉮ 7.2t/m^2 ㉯ 6.7t/m^2
㉰ 6.2t/m^2 ㉱ 5.7t/m^2

■ 해설
• 전응력 $\sigma = r_{sat} \cdot H = \dfrac{G_s + e}{1+e} \cdot r_w \cdot H$
$= \dfrac{2.68 + 0.6}{1 + 0.6} \times 1 \times 4 = 8.2 t/m^2$
• 간극수압 $u = r_w \cdot h_w = 1 \times 2 = 2 t/m^2$
• 유효응력 $\sigma' = \sigma - u = 8.2 - 2 = 6.2 t/m^2$

11. 3m 두께의 모래층이 포화된 점토층 위에 놓여 있다. 그림과 같이 지하수위는 1m 깊이에 있고 모관수는 없다고 할 때 3m 깊이의 A점의 유효응력은? [기 08]

㉮ 5.31t/m^2
㉯ 4.64t/m^2
㉰ 3.97t/m^2
㉱ 3.31t/m^2

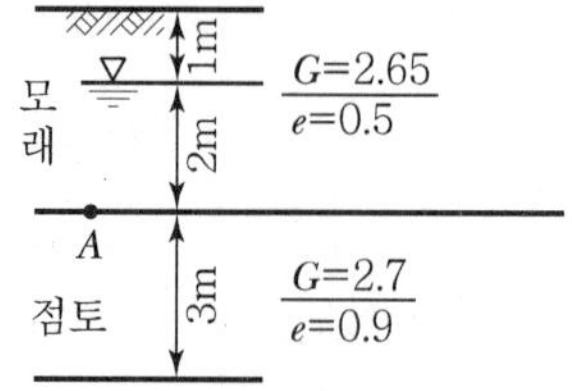

■ 해설
• 전응력 $\sigma = \gamma_d \cdot H_1 + \gamma_{sat} \cdot H_2$
$= \dfrac{G_s}{1+e} r_w \times H_1 + \dfrac{G_s + e}{1+e} r_w \times H_2$
$= \dfrac{2.65}{1+0.5} \times 1 \times 1 + \dfrac{2.65 + 0.5}{1 + 0.5} \times 1 \times 2$
$= 5.97 t/m^2$
(∵ 모관수가 없다고 가정하였으므로)
• 간극수압 $u = r_w \cdot h = 1 \times 2 = 2 t/m^2$
• 유효응력 $\sigma' = \sigma - u = 5.97 - 2 = 3.97 t/m^2$

12. 그림에서 모관수에 의해 A－A면까지 완전히 포화되었다고 가정하면 B－B에서의 유효응력은 얼마인가? [산 11,13]

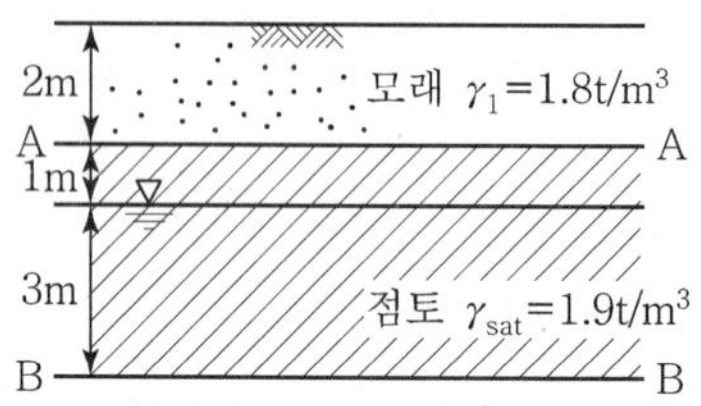

㉮ 6.3t/m^2 ㉯ 7.2t/m^2
㉰ 8.2t/m^2 ㉱ 12.2t/m^2

■ 해설
• 전응력 $\sigma = r_t \cdot H_1 + r_{sat} \cdot H_2$
$= 1.8 \times 2 + 1.9 \times 4 = 11.2 t/m^2$
• 간극수압 $u = r_w \cdot h_w = 1 \times 3 = 3 t/m^2$
• 유효응력 $\sigma' = \sigma - u = 11.2 - 3 = 8.2 t/m^2$

13. 그림에서 5m 깊이에 지하수가 있고 지하수면에서 2m 높이까지 모관수가 포화되어 있다. 10m 깊이에 있는 x－x면상의 유효연직응력은?(단, $\gamma_d = 1.6 t/m^3$, $\gamma_{sat} = 1.8 t/m^3$) [산 08]

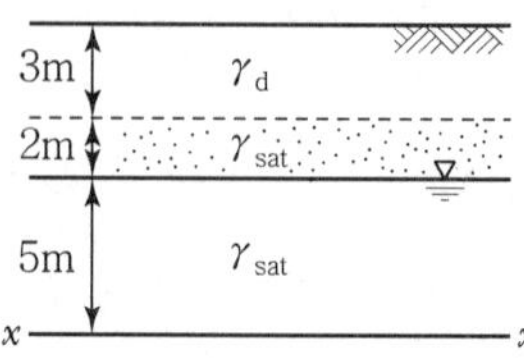

㉮ 10.6t/m^2 ㉯ 12.4t/m^2
㉰ 17.4t/m^2 ㉱ 18.6t/m^2

|해답| 10. ㉰ 11. ㉰ 12. ㉰ 13. ㉯

해설
- 전응력 $\sigma = r_d \cdot H_1 + r_{sat} \cdot H_2$
  $= 1.6 \times 3 + 1.8 \times 7 = 17.4\text{t/m}^2$
- 간극수압 $u = r_w \cdot h_w = 1 \times 5 = 5\text{t/m}^2$
- 유효응력 $\sigma' = \sigma - u = 17.4 - 5 = 12.4\text{t/m}^2$

14. 그림과 같은 지반에 널말뚝을 박고 기초굴착을 할 때 A점의 압력수두가 3m라면 A점의 유효응력은? [기 16]

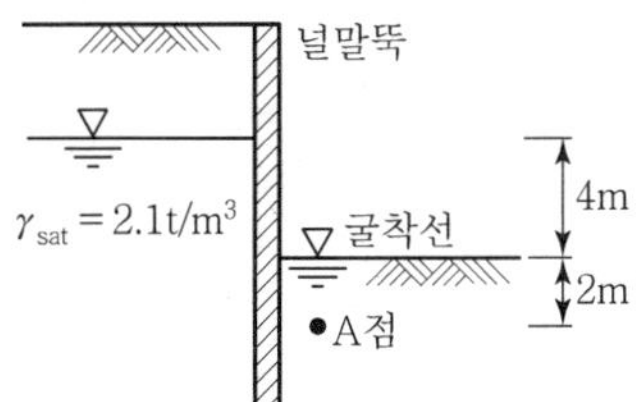

㉮ 0.1t/m^2 ㉯ 1.2t/m^2
㉰ 4.2t/m^2 ㉱ 7.2t/m^2

해설
- 전응력 $\sigma = \gamma_{sat} \cdot H = 2.1 \times 2 = 4.2\text{t/m}^2$
- 간극수압 $u = \gamma_w \cdot h_w = 1 \times 3 = 3\text{t/m}^2$
- 유효응력 $\sigma' = \sigma - u = 4.2 - 3 = 1.2\text{t/m}^2$

15. 아래 그림과 같은 지반의 점토 중앙 단면에 작용하는 유효응력은? [산 16]

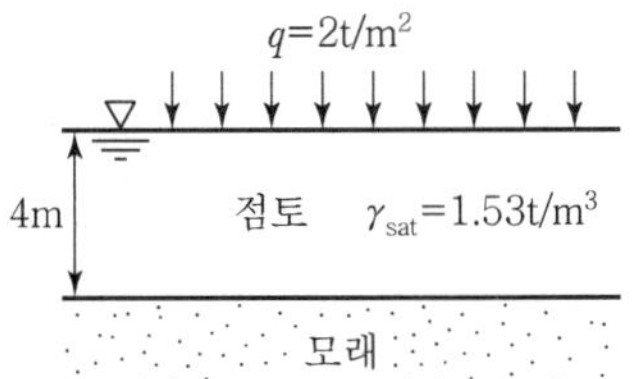

㉮ 3.06t/m^2 ㉯ 3.27t/m^2
㉰ 3.53t/m^2 ㉱ 3.71t/m^2

해설
- 점토층 중앙 단면에 작용하는 유효응력
  $\sigma' = \gamma_{sub} \cdot \frac{H}{2} = (1.53 - 1) \times \frac{4}{2} = 1.06\text{t/m}^2$
- 유효 상재하중
  $q = 2\text{t/m}^2$
  $\therefore \sigma' + q = 1.06 + 2 = 3.06\text{t/m}^2$

16. 아래 그림에서 점토 중앙 단면에 작용하는 유효응력은 얼마인가? [산 11,14]

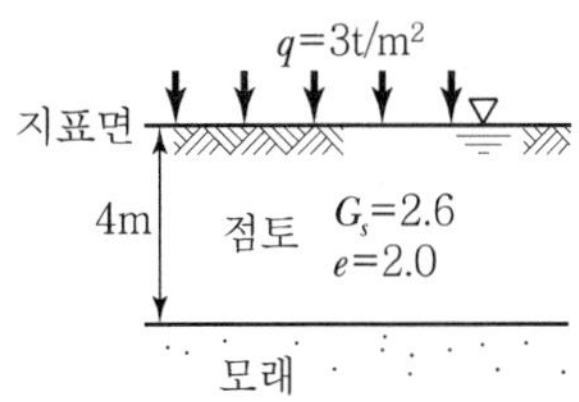

㉮ 1.25t/m^2 ㉯ 2.37t/m^2
㉰ 3.25t/m^2 ㉱ 4.07t/m^2

해설
- 점토의 수중단위중량
  $\gamma_{sub} = \frac{G_s - 1}{1+e} r_w = \frac{2.6 - 1}{1 + 2.0} \times 1 = 0.533\text{t/m}^2$
- 점토층 중앙단면에 작용하는 유효응력
  $\sigma' = \gamma_{sub} \cdot H = 0.533 \times 2 = 1.07\text{t/m}^2$
- 유효 상재하중
  $q = 3\text{t/m}^2$
  $\therefore\ 1.07 + 3 = 4.07\text{t/m}^2$

17. 다음 그림에서 점토 중앙 단면에 작용하는 유효압력은? [산 14]

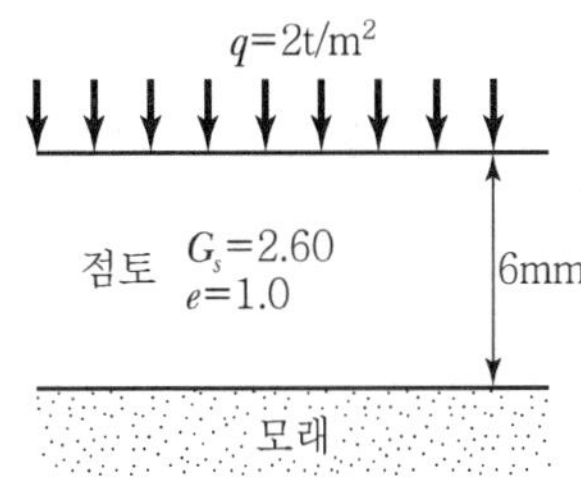

㉮ 1.2t/m^2 ㉯ 2.5t/m^2
㉰ 2.8t/m^2 ㉱ 4.4t/m^2

해설
- 점토의 수중단위중량
  $\gamma_{sub} = \frac{G_s - 1}{1+e} r_w = \frac{2.60 - 1}{1 + 1.0} \times 1 = 0.8\text{t/m}^3$
- 점토층 중앙 단면에 작용하는 유효응력
  $\sigma' = \gamma_{sub} \cdot \frac{H}{2} = 0.8 \times \frac{6}{2} = 2.4\text{t/m}^2$
- 유효 상재하중
  $q = 2\text{t/m}^2$
  $\therefore \sigma' + q = 2.4 + 2 = 4.4\text{t/m}^2$

18. 그림에서 A점의 유효응력 σ'을 구하면? [기 08]

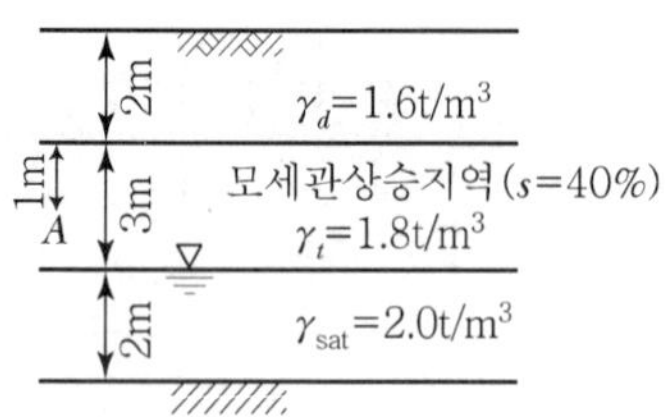

㉮ $\sigma'=4.0\text{t/m}^2$　　㉯ $\sigma'=4.5\text{t/m}^2$
㉰ $\sigma'=5.4\text{t/m}^2$　　㉱ $\sigma'=5.8\text{t/m}^2$

해설
- 전응력 $\sigma=r_1 \cdot H_1+r_2 \cdot H_2$
  $=1.6\times2+1.8\times1=5\text{t/m}^2$
- 간극수압
  $u=r_w \cdot h$(상방향 모세관 상승지역 $S=40\%$ 이므로)
  $=-1\times2\times0.4-0.8\text{t/m}^2$
- 유효응력 $\sigma'=\sigma-u=5-(-0.8)=5.8\text{t/m}^2$

19. 아래 그림과 같이 지표까지가 모관상승지역이라 할 때 지표면 바로 아래에서의 유효응력은? (단, 모관상승지역의 포화도는 90%이다.) [기 10]

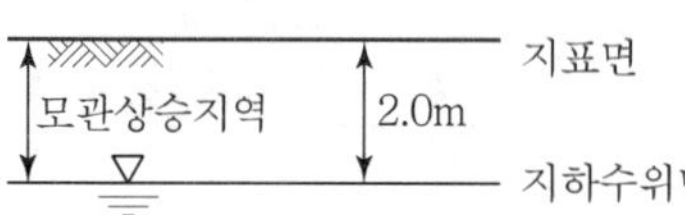

㉮ 0.9tf/m^2　　㉯ 1.0tf/m^2
㉰ 1.8tf/m^2　　㉱ 2.0tf/m^2

해설
- 전응력 $\sigma=0$(지표면)
- 간극수압
  $u=r_w \cdot h$(상방향 모세관 상승영역 $S=90\%$)
  $=-1\times2.0\times0.9=-1.8\text{t/m}^2$
- 유효응력 $\sigma'=\sigma-u=0-(-1.8)=1.8\text{t/m}^2$

20. 그림과 같은 실트질 모래층에서 A점의 유효응력은?(단, 간극비 e=0.5, 흙의 비중 G_s=2.65, 모세관상승 영역의 포화도 S=50%) [기 11]

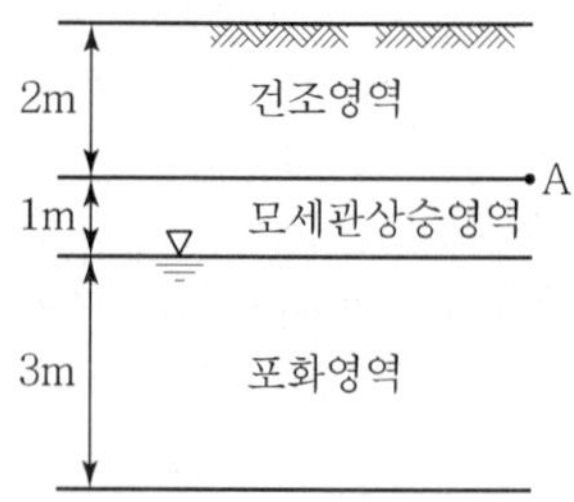

㉮ 3.04t/m^2　　㉯ 3.54t/m^2
㉰ 4.04t/m^2　　㉱ 4.54t/m^2

해설 건조영역 단위중량

$$r_d=\frac{G_s}{1+e}r_w=\frac{2.65}{1+0.5}\times1=1.77\text{t/m}^3$$

- 전응력 $\sigma=r_d \cdot H=1.77\times2=3.54\text{t/m}^2\text{t/m}^2$
- 간극수압 $u=r_d \cdot h$(상방향 모세관 상승영역 $S=50\%=-1\times1\times0.5=-0.5\text{t/m}^2$)
- 유효응력 $\sigma'=\sigma-u=3.54-(-0.5)=4.04\text{t/m}^2$

21. 그림과 같은 실트질 모래층에 지하수면 위 2.0m까지 모세관영역이 존재한다. 이때 모세관영역(높이 B의 바로 아래)의 유효응력은?(단, 실트질 모래층의 간극비는 0.5, 비중은 2.67, 모세관영역의 포화도는 60%이다.) [기 08]

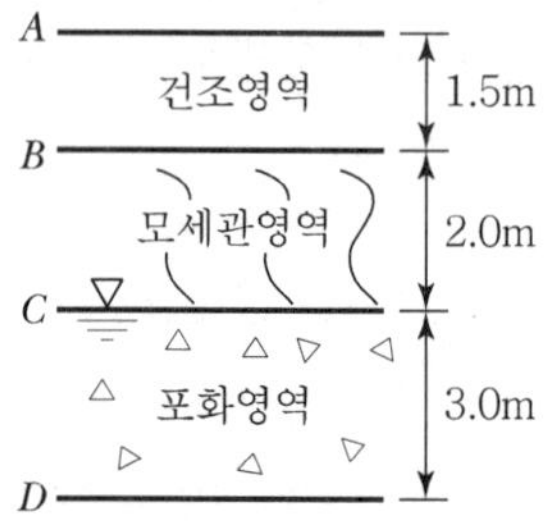

㉮ 2.67t/m　　㉯ 3.67t/m
㉰ 3.87t/m　　㉱ 4.67t/m

해설
- 전응력 $\sigma_B=r_d \cdot H=\frac{G_s}{1+e}r_w \cdot H$
  $$=\frac{2.67}{1+0.5}\times1\times1.5=2.67\text{t/m}^2$$
- 간극수압
  $u_B=r_w \cdot h$(상방향 모세관 상승영역 $S=60\%$)
  $=-1\times2.0\times0.6=-1.2\text{t/m}^2$
- 유효응력
  $\sigma'_B=\sigma_B-u_B=2.67-(-1.2)=3.87\text{t/m}^2$

|해답| 18. ㉱ 19. ㉰ 20. ㉰ 21. ㉰

22. 그림에서 A−A면에 작용하는 유효수직응력은? (단, 흙의 포화단위중량은 1.8g/cm³이다.) [기 09]

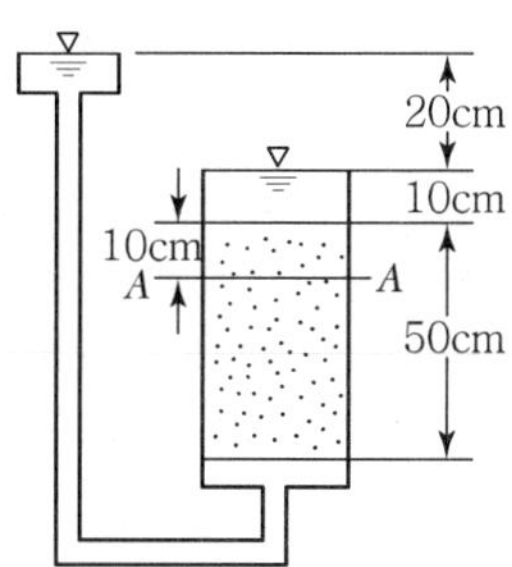

㉮ 2.0g/cm² ㉯ 4.0g/cm²
㉰ 8.0g/cm² ㉱ 28.0g/cm²

해설
- 전응력 $\sigma = r_1 \cdot H_1 + r_2 \cdot H_2$
$= 1 \times 10 + 1.8 \times 10 = 28\text{g/cm}^2$
- 간극수압 $u = r_w \cdot h = 1 \times 20 = 20\text{g/cm}^2$
- 유효응력 $\sigma' = \sigma - u = 28 - 20 = 8\text{g/cm}^2$
- 상방향 침투압$= r_w \cdot i \cdot Z = 1 \times \frac{20}{50} \times 10 = 4\text{g/cm}^2$

∴ 유효응력 $\sigma' = 8 - 4 = 4\text{g/cm}^2$

23. 다음 그림에서 C점의 압력수두 및 전수두 값은 얼마인가? [기 13,16]

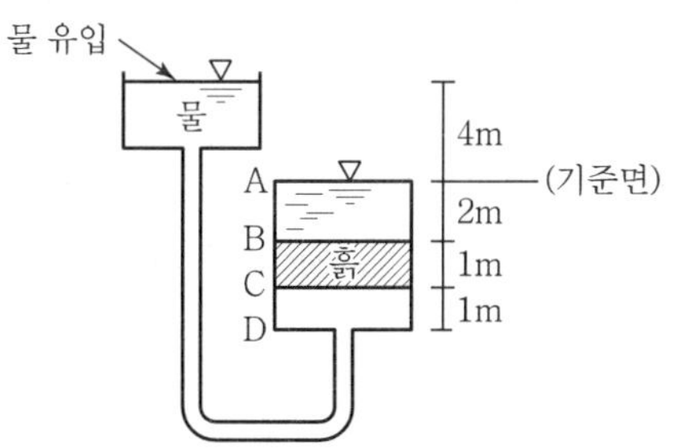

㉮ 압력수두 3m, 전수두 2m
㉯ 압력수두 7m, 전수두 0m
㉰ 압력수두 3m, 전수두 3m
㉱ 압력수두 7m, 전수두 4m

해설
- 압력수두$=4+2+1=7\text{m}$
- 위치수두$=-(2+1)=-3\text{m}$
- 전수두 = 압력수두+위치수두$=7+(-3)=4\text{m}$

24. 다음 그림에서 A점의 전수두는? [산 13]

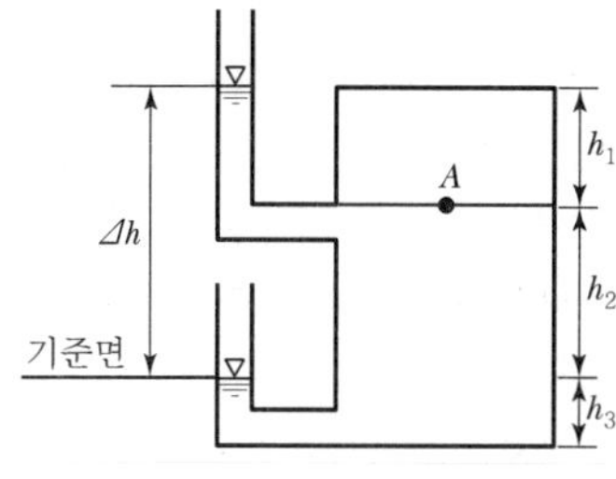

㉮ h_1 ㉯ $\Delta h + h_3$
㉰ $h_2 + h_3$ ㉱ $h_1 + h_2$

해설 전수두＝위치수두＋압력수두
위치수두$= h_2$
압력수두$= h_1$
∴ 전수두$= h_1 + h_2$

25. 다음 그림에서 흙의 저면에 작용하는 단위면적당 침투수압은? [기 16]

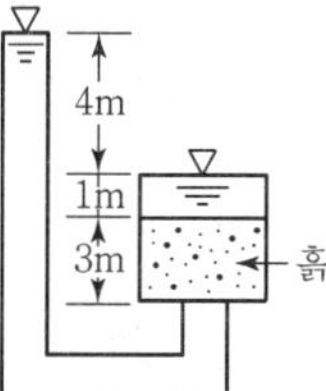

㉮ 8t/m²
㉯ 5t/m²
㉰ 4t/m²
㉱ 3t/m²

해설 단위면적당 침투수압
$$F = i \cdot \gamma_w \cdot z = \frac{4}{3} \times 1 \times 3 = 4\text{t/m}^2$$

26. 아래의 경우 중 유효응력이 증가하는 것은? [기 14]

㉮ 땅속의 물이 정지해 있는 경우
㉯ 땅속의 물이 아래로 흐르는 경우
㉰ 땅속의 물이 위로 흐르는 경우
㉱ 분사현상이 일어나는 경우

해설 하방향 침투의 경우 유효응력
$$\sigma' = \sigma - u$$
$$= (\gamma_t \cdot H_1 + \gamma_{sat} \cdot H_2) - (\gamma_w \cdot H_2 - \gamma_w \cdot \Delta h)$$
$$= \gamma_t \cdot H_1 + \gamma_{sub} \cdot H_2 + \gamma_w \cdot \Delta h$$
∴ 땅속의 물이 아래로 흐르는 경우 유효응력이 증가한다.

|해답| 22. ㉯ 23. ㉱ 24. ㉰ 25. ㉰ 26. ㉯

27. 단위중량(γ_t)=1.9t/m³, 내부마찰각(ϕ)=30°, 정지토압계수(K_o)=0.5인 균질한 사질토 지반이 있다. 지하수위면이 지표면 아래 2m 지점에 있고 지하수위면 아래의 단위중량(γ_{sat})=2.0t/m³이다. 지표면 아래 4m 지점에서 지반 내 응력에 대한 다음 설명 중 틀린 것은? [기 14]

㉮ 간극수압(u)은 2.0t/m³이다.
㉯ 연직응력(σ_v)은 8.0t/m³이다.
㉰ 유효연직응력(σ_v')은 5.8t/m³이다.
㉱ 유효수평응력(σ_h')은 2.9t/m³이다.

해설
- 연직응력 $\sigma_v = \gamma_t \cdot H_1 + \gamma_{sat} \cdot H_2$
  $= 1.9 \times 2 + 2 \times 2 = 7.8\text{t/m}^2$
- 간극수압 $u = \gamma_w \cdot h_w = 1 \times 2 = 2\text{t/m}^2$
- 유효연직응력
  $\sigma_v' = \gamma_t \cdot H_1 + \gamma_{sub} \cdot H_2$
  $= 1.9 \times 2 + (2-1) \times 2 = 5.8\text{t/m}^2$
- 유효수평응력
  $\sigma_h' = K_o \cdot \sigma_v' = 0.5 \times 5.8 = 2.9\text{t/m}^2$

∴ 연직응력 $\sigma_v = 7.8\text{t/m}^2$

2. 외력에 의한 지중응력

28. 10t의 집중하중이 지표면에 작용하고 있다. 이때 하중점 직하 6m 깊이에서 연직응력의 증가량은 얼마인가?(단, 영향계수 (I_z)=0.4775) [산 09,10]

㉮ 0.133t/m²　　㉯ 0.224t/m²
㉰ 0.324t/m²　　㉱ 0.424t/m²

해설 집중하중에 의한 지중응력 증가량

$$\Delta\sigma = I \cdot \frac{P}{Z^2} = 0.4775 \times \frac{10}{6^2} = 0.133\text{t/m}^2$$

29. 100t의 집중하중이 작용할 때 작용점의 직하 5m 지점의 연직 응력은?(단, 영향계수는 0.4775이다.) [산 11]

㉮ 0.38t/m²　　㉯ 1.91t/m²
㉰ 9.55t/m²　　㉱ 238.75t/m²

해설 집중하중에 의한 지중응력 증가량

$$\Delta\sigma = I \cdot \frac{P}{Z^2} = 0.4775 \times \frac{100}{5^2} = 1.91\text{t/m}^2$$

30. 지표면에 25t의 집중하중이 작용하는 경우, 깊이 5m, 하중작용위치에서 2.5m 떨어진 점의 연직응력을 Bonssinesq의 식으로 구한 값은?(단, 영양계수(I)는 0.273을 적용한다.) [산 12]

㉮ 1.092t/m²　　㉯ 0.876t/m²
㉰ 0.546t/m²　　㉱ 0.273t/m²

해설 집중하중에 의한 지중응력 증가량

$$\Delta\sigma = I \cdot \frac{P}{Z^2} = 0.273 \times \frac{25}{5^2} = 0.273\text{t/m}^2$$

31. 지표에서 100t의 집중하중이 작용할 때 재하점에서 깊이 5m, 수평으로 3m 지점에서 생기는 연직응력의 증가량 σ_z을 구하면?(단, 응력 영향계수 I=0.2214임) [산 12]

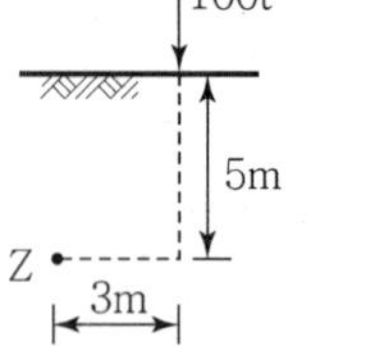

㉮ 0.89t/m²
㉯ 1.48t/m²
㉰ 6.7t/m²
㉱ 7.6t/m²

해설 집중하중에 의한 지중응력 증가량

$$\Delta\sigma = I \cdot \frac{P}{Z^2} = 0.2214 \times \frac{100}{5^2} = 0.8856\text{t/m}^2$$

32. 그림과 같은 지표면에 10t의 집중하중이 작용했을 때 작용점의 직하 3m 지점에서 이 하중에 의한 연직응력은? [산 09,15]

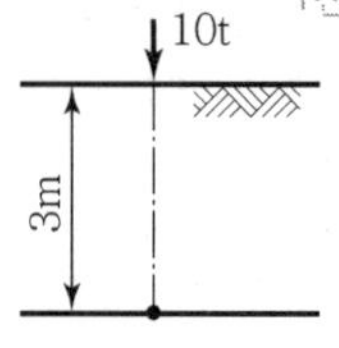

㉮ 0.422t/m²
㉯ 0.531t/m²
㉰ 0.641t/m²
㉱ 0.708t/m²

|해답| 27. ㉯ 28. ㉮ 29. ㉯ 30. ㉱ 31. ㉮ 32. ㉯

■해설 집중하중에 의한 지중응력 증가량

$\Delta\sigma = I \cdot \dfrac{P}{Z^2} = 0.4775 \times \dfrac{10}{3^2} = 0.531\text{t/m}^2$

(여기서, 하중직하점에서 영향치 $I = 0.4775$)

33. 아래 그림과 같이 지표면에 집중하중이 작용할 때 A점에서 발생하는 연직응력의 증가량은? [기 11]

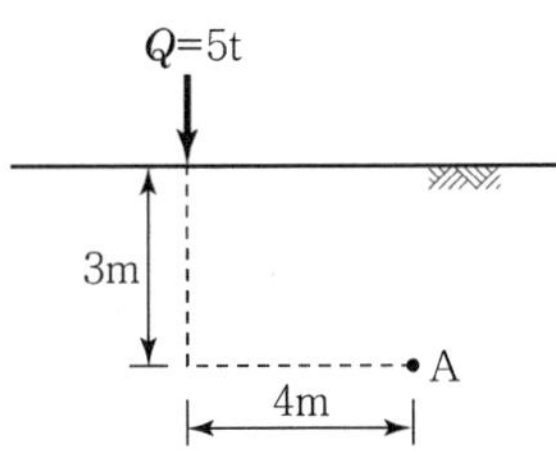

㉮ 20.6kg/m^2 ㉯ 24.4kg/m^2
㉰ 27.2kg/m^2 ㉱ 30.3kg/m^2

■해설 집중하중에 의한 지중응력 증가량

$\Delta\sigma = I \cdot \dfrac{P}{Z^2} = \dfrac{3 \cdot Z^5}{2 \cdot \pi \cdot R^5} \cdot \dfrac{P}{Z^2}$

$= \dfrac{3 \times 3^5}{2 \times \pi \times 5^5} \times \dfrac{5{,}000}{3^2} = 20.6\text{kg/m}^2$

(여기서, $R = \sqrt{3^2 + 4^2} = 5$)

34. 아래 그림과 같은 지표면에 2개의 집중하중이 작용하고 있다. 3t의 집중하중 작용점 하부 2m 지점 A에서의 연직하중의 증가량은 약 얼마인가?(단, 영향계수는 소수점 이하 넷째 자리까지 구하여 계산하시오.) [기 15]

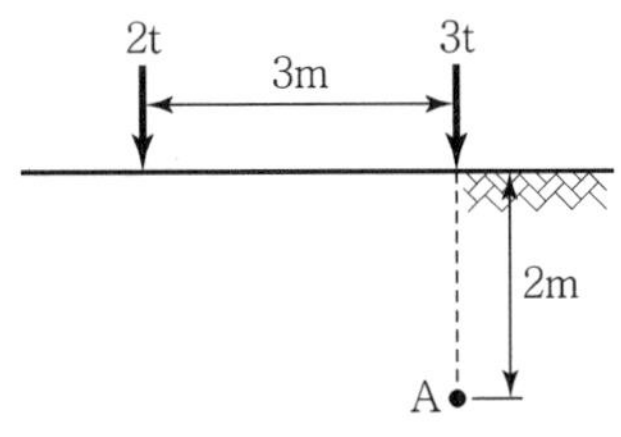

㉮ 0.37t/m^2 ㉯ 0.89t/m^2
㉰ 1.42t/m^2 ㉱ 1.94t/m^2

■해설 집중하중에 의한 지중응력 증가량

$\Delta\sigma = I \cdot \dfrac{P}{Z^2} + I \cdot \dfrac{P}{Z^2}$

$= \dfrac{3 \cdot Z^5}{2 \cdot \pi \cdot R^5} \cdot \dfrac{P}{Z^2} + \dfrac{3}{2\pi} \cdot \dfrac{P}{Z^2}$

$= \dfrac{3 \times 2^5}{2 \times \pi \times 3.6^5} \times \dfrac{2}{2^2} + \dfrac{3}{2 \times \pi} \times \dfrac{3}{2^2} = 0.37\text{t/m}^2$

(여기서, $R = \sqrt{3^2 + 2^2} = 3.6\text{m}$)

35. 그림과 같은 지반에 100t의 집중하중이 지표면에 작용하고 있다. 하중 작용점 바로 아래 5m 깊이에서의 유효연직응력은 얼마인가? [산 10]

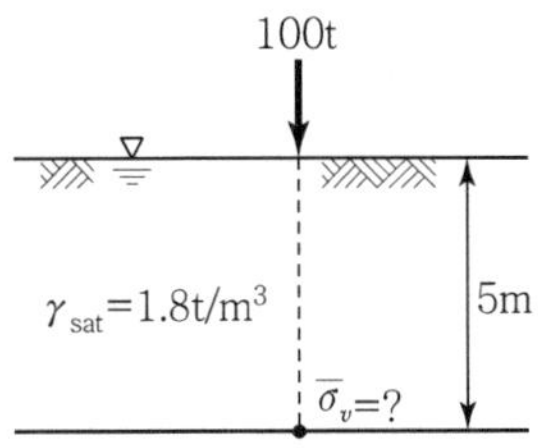

㉮ 1.91t/m^2 ㉯ 7.91t/m^2
㉰ 10.91t/m^2 ㉱ 5.91t/m^2

■해설
- 전응력 $\sigma = r_{sat} \cdot H = 1.8 \times 5 = 9\text{t/m}^2$
- 간극수압 $u = r_w \cdot h_w = 1 \times 5 = 5\text{t/m}^2$
- 유효응력 $\sigma' = \sigma - u = 9 - 5 = 4\text{t/m}^2$

  또는

  유효응력 $\sigma' = (r_{sat} - r_w) \cdot H = r_{sub} \cdot H$

  $= 0.8 \times 5 = 4\text{t/m}^2$
- 집중하중에 의한 지중응력 증가량

  $\Delta\sigma = I \cdot \dfrac{P}{Z^2} = 0.4775 \times \dfrac{100}{5^2} = 1.91\text{t/m}^2$

  (여기서, 하중 직하점에서 영향치 $I = 0.4775$)

∴ 유효응력 + 지중응력 $= 4 + 1.91 = 5.91\text{t/m}^2$

36. 지표면에 집중하중이 작용할 때, 연직응력 증가량에 관한 설명으로 옳은 것은?(단, Boussinesq 이론을 사용, E는 Young 계수이다.) [산 15]

㉮ E에 무관하다.
㉯ E에 정비례한다.
㉰ E의 제곱에 정비례한다.
㉱ E의 제곱에 반비례한다.

|해답| 33. ㉮ 34. ㉮ 35. ㉱ 36. ㉮

■해설 집중하중에 의한 지중응력 증가량

$\Delta\sigma = I \cdot \dfrac{P}{Z^2}$

여기서, 영향계수(Influence Value) I는 하중작용점 연직 아래에서 수평방향 거리를 고려한 Boussinesq 지수로서, 지반을 자중이 없는 균질하고 등방성인 무한 탄성체로 가정하였다.

∴ E(Young 계수, 탄성계수)와는 무관하다.

37. 2m×3m 크기의 직사각형 기초에 6t/m²의 등분포 하중이 작용할 때 기초 아래 10m 되는 깊이에서의 응력 증가량을 2 : 1 분포법으로 구한 값은? [기 08,09,15]

㉮ 0.23t/m² ㉯ 0.54t/m²
㉰ 1.33t/m² ㉱ 1.83t/m²

■해설 2 : 1 분포법에 의한 지중응력 증가량

$\Delta\sigma = \dfrac{q \cdot B \cdot L}{(B+Z)(L+Z)} = \dfrac{6\times2\times3}{(2+10)(3+10)}$
$= 0.23\text{t/m}^2$

38. 5m×10m의 장방형 기초 위에 q=6t/m²의 등분포하중이 작용할 때 지표면 아래 5m에서의 증가 유효수직응력을 2 : 1 분포법으로 구한 값은? [산 09,15/기 08]

㉮ 1t/m² ㉯ 2t/m²
㉰ 3t/m² ㉱ 4t/m²

■해설 2 : 1 분포법에 의한 지중응력 증가량

$\Delta\sigma = \dfrac{q \cdot B \cdot L}{(B+Z)(L+Z)} = \dfrac{6\times5\times10}{(5+5)\cdot(10+5)}$
$= 2\text{t/m}^2$

39. 10m×15m의 직사각형 기초에 q=6t/m²의 등분포 하중이 작용할 때 지표면 아래 10m에서의 연직응력을 2 : 1 분포법으로 구한 값은? [산 09]

㉮ 1.8t/m² ㉯ 2.1t/m²
㉰ 2.4t/m² ㉱ 3.0t/m²

■해설 2 : 1 분포법에 의한 지중응력 증가량

$\Delta\sigma = \dfrac{q \cdot B \cdot L}{(B+Z)(L+Z)} = \dfrac{6\times10\times15}{(10+10)\times(15+10)}$
$= 1.8\text{t/m}^2$

40. 5m×10m의 장방형 기초 위에 q=6t/m²의 등분포하중이 작용할 때, 지표면 아래 10m에서의 수직응력을 2 : 1법으로 구한 값은? [기 13,16]

㉮ 1.0t/m² ㉯ 2.0t/m²
㉰ 3.0t/m² ㉱ 4.0t/m²

■해설 2 : 1 분포법에 의한 지중응력 증가량

$\Delta\sigma = \dfrac{P \cdot B \cdot L}{(B+Z)(L+Z)} = \dfrac{6\times5\times10}{(5+10)(10+10)}$
$= 1\text{t/m}^2$

41. 동일한 등분포 하중이 작용하는 그림과 같은 (A)와 (B) 두 개의 구형기초판에서 A와 B점의 수직 Z되는 깊이에서 증가되는 지중응력을 각각 σ_A, σ_B라 할 때 다음 중 옳은 것은?(단, 지반 흙의 성질은 동일함) [기 16]

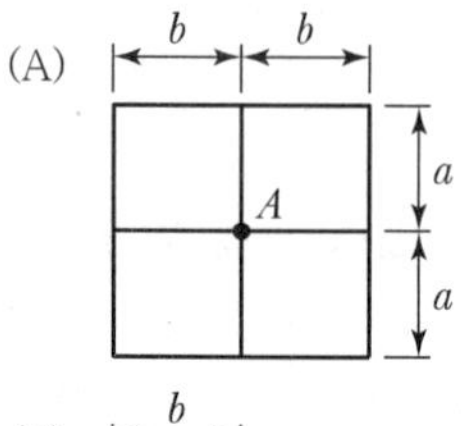

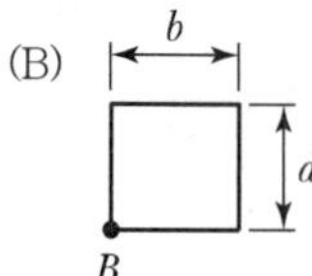

㉮ $\sigma_A = \dfrac{1}{2}\sigma_B$ ㉯ $\sigma_A = \dfrac{1}{4}\sigma_B$
㉰ $\sigma_A = 2\sigma_B$ ㉱ $\sigma_A = 4\sigma_B$

■해설 지중응력 증가량

$\sigma_A = 4 \cdot I \cdot q$
$\sigma_B = I \cdot q$
$\therefore \sigma_A = 4\sigma_B$

 |해답| 37. ㉮ 38. ㉯ 39. ㉮ 40. ㉮ 41. ㉱

42. 다음 그림과 같이 2m×3m 크기의 기초에 10t/m² 의 등분포하중이 작용할 때 A점 아래 4m 깊이에서의 연직응력 증가량은?(단, 아래 표의 영향계수 값을 활용하여 구하며, $m=\frac{B}{z}$, $n=\frac{L}{z}$ 이고 B는 직사각형 단면의 폭, L은 직사각형 단면의 길이, z는 토층의 깊이이다.) [기 11]

〈영향계수(I) 값〉

m	0.25	0.5	0.5	0.5
n	0.5	0.25	0.75	1.0
I	0.048	0.048	0.115	0.122

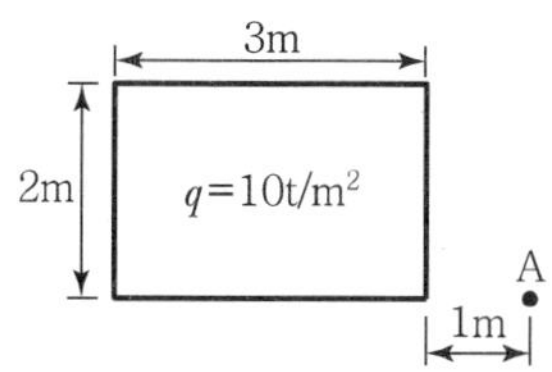

㉮ 0.67t/m² ㉯ 0.74t/m²
㉰ 1.22t/m² ㉱ 1.70t/m²

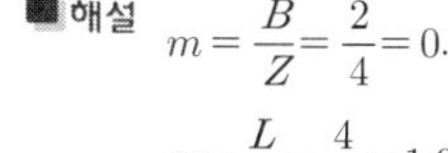

해설

$m=\frac{B}{Z}=\frac{2}{4}=0.5$

$n=\frac{L}{Z}=\frac{4}{4}=1.0$

$\therefore\ I_1=0.122$

4m, 2m, $q=10t/m^2$, 3m, 1m, A

$m=\frac{B}{Z}=\frac{1}{4}=0.25$

$n=\frac{L}{Z}=\frac{2}{4}=0.5$

$\therefore\ I_2=0.048$

2m, A, 1m

• 연직응력 증가량

$\Delta\sigma_Z=q\cdot I_1-q\cdot I_2$
$=10\times0.122-10\times0.048=0.74t/m^2$

43. 접지압의 분포가 기초의 중앙부분에 최대응력이 발생하는 기초형식과 지반은 어느 것인가? [산 09,10]

㉮ 연성기초이고 점성지반
㉯ 연성기초이고 사질지반
㉰ 강성기초이고 점성지반
㉱ 강성기초이고 사질지반

해설

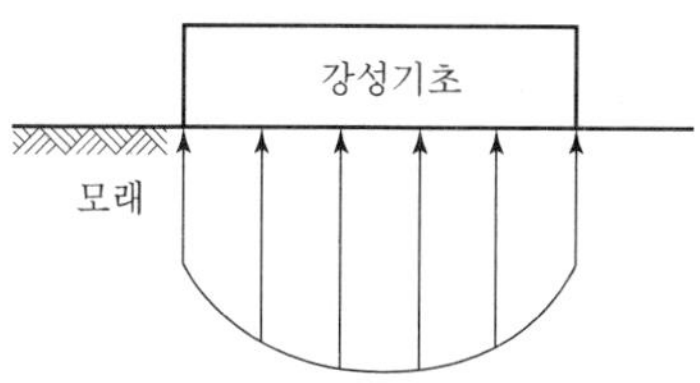

• 모래지반 접지압 분포 : 기초 중앙에서 최대응력 발생

44. 점토의 지반에 있어서 강성기초의 접지압 분포에 관한 다음의 설명 중 옳은 것은? [산 09,11,13,14/기 10,11]

㉮ 기초 모서리 부분에서 최대응력이 발생한다.
㉯ 기초 중앙 부분에서 최대응력이 발생한다.
㉰ 기초 밑면의 응력은 어느 부분이나 동일하다.
㉱ 기초의 모서리 및 중앙부에서 최대 응력이 발생한다.

해설

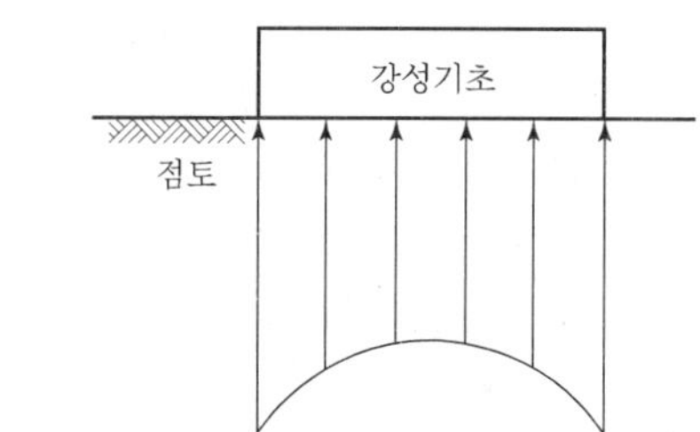

• 점토지반 접지압분포 : 기초 모서리에서 최대응력 발생

45. 점착력이 큰 지반에 강성의 기초가 놓여 있을 때 기초바닥의 응력상태를 설명한 것 중 옳은 것은? [산 08,15]

㉮ 기초 밑 전체가 일정하다.
㉯ 기초 중앙에서 최대응력이 발생한다.
㉰ 기초 모서리 부분에서 최대응력이 발생한다.
㉱ 점착력으로 인해 기초바닥에 응력이 발생하지 않는다.

|해답| 42. ㉯ 43. ㉱ 44. ㉮ 45. ㉰

■ 해설

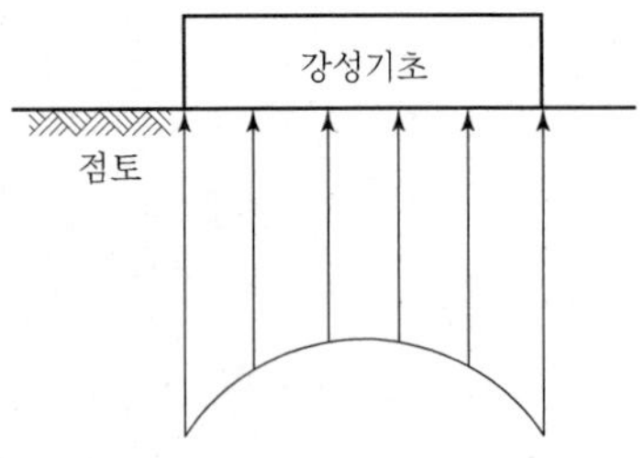

• 점토지반 접지압분포 : 기초 모서리에서 최대응력이 발생한다.

46. 접지압(또는 지반응력)이 그림과 같이 되는 경우는? [기 08,09,12,15]

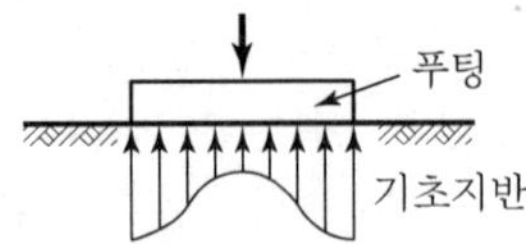

㉮ 후팅 : 강성, 기초지반 : 점토
㉯ 후팅 : 강성, 기초지반 : 모래
㉰ 후팅 : 연성, 기초지반 : 점토
㉱ 후팅 : 연성, 기초지반 : 모래

■ 해설

• 점토지반 접지압 분포 : 기초 모서리에서 최대 응력 발생
• 모래지반 접지압 분포 : 기초 중앙부에서 최대 응력 발생

47. 기초에 작용하는 접지압 분포가 그림과 같이 되는 것은? [산 12]

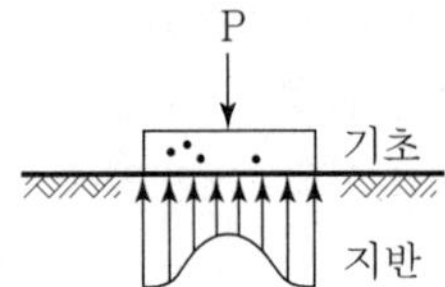

㉮ 점토지반, 강성기초
㉯ 점토지반, 연성기초
㉰ 모래지반, 강성기초
㉱ 모래지반, 연성기초

■ 해설

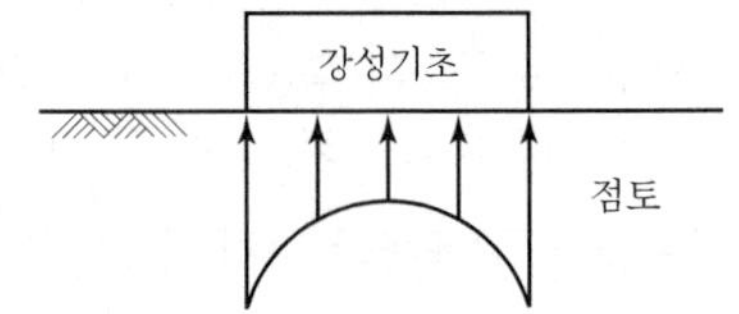

• 점토지반 접지압 분포 : 기초 모서리에서 최대 응력 발생

 |해답| 46. ㉮ 47. ㉮

Chapter

04

흙의 다짐

Contents

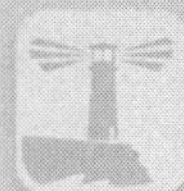

Section 01 다짐시험

1. 다짐효과

흙에 인위적인 압력이나 충격을 가하여 흙의 밀도를 높이는 것을 다짐(Compaction)이라 한다. 흙을 다지면 다음과 같은 공학적 성질이 개선된다.

① 전단강도 증가
② 투수성 감소
③ 압축성 감소
④ 지반 지지력 증대
⑤ 사면의 안정성 개선
⑥ 불필요한 체적변화나 동상현상 감소

2. 다짐시험

흙의 최적함수비(OMC)와 최대건조단위중량($\gamma_{d\max}$)을 구하기 위해 행한다.

(1) 다짐시험의 종류

다짐방법	래머 중량 (kg)	낙하 높이 (cm)	다짐 층수	층당 다짐 횟수	몰드 체적 (cm^3)	몰드 안지름 (cm)	허용최대입경 (mm)
A	2.5	30	3	25	1,000	10	19
B	2.5	30	3	55	2,209	15	37.5
C	2.5	45	5	25	1,000	10	19
D	4.5	45	5	55	2,209	15	19
E	4.5	45	3	92	2,209	15	37.5

① A다짐
2.5kg 래머로 30cm 높이에서 3층으로 나누어 각 층을 25회 다진다.

② 다짐에너지
단위체적당 흙에 전해지는 에너지

$$E = \frac{W_R \cdot H \cdot N_L \cdot N_B}{V} \ (\text{kg} \cdot \text{cm/cm}^3)$$

여기서, V : 시료의 체적
W_R : 래머 중량
H : 낙하높이
N_L : 다짐층수
N_B : 층당 다짐횟수

3. 다짐곡선

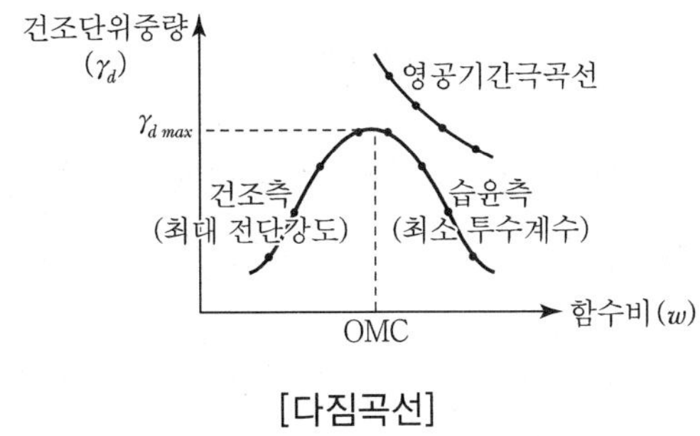

[다짐곡선]

(1) 최대건조단위중량($\gamma_{d\max}$)과 최적함수비(OMC)

다짐곡선의 최고점을 나타내는 건조단위중량과 이때의 함수비

$$\gamma_d = \frac{\gamma_t}{1+\omega}$$

(2) 영공기간극곡선

포화도 $S_r = 100\%$인 공기함유율 $A = 0\%$일 때의 곡선으로 영공극곡선, 또는 포화곡선이라고도 하며 다짐곡선의 오른쪽에 평행에 가깝게 위치한다.

(3) 함수비 변화에 따른 흙의 상태변화

수화단계(반고체영역) → 윤활단계(탄성영역) → 팽창단계(소성영역) → 포화단계(반점성영역)

4. 다짐특성

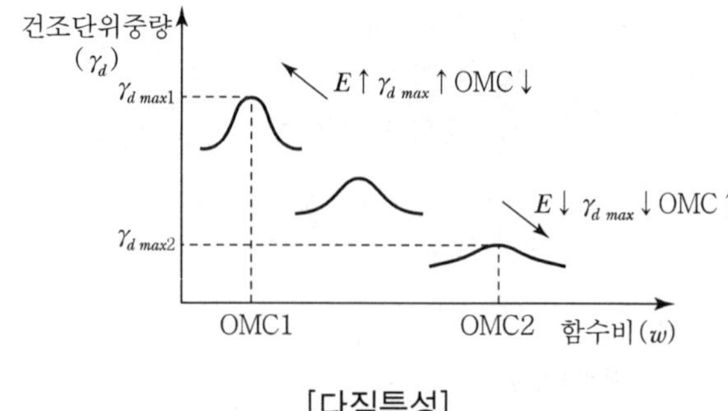

[다짐특성]

(1) 토질의 종류와 다짐에너지에 따른 다짐곡선의 특성

① 다짐에너지가 커질수록 최대건조단위중량은 커지고 최적함수비는 작아진다.

② 다짐에너지가 작아질수록 최대건조단위중량은 작아지고 최적함수비는 커진다.

③ 조립토일수록 다짐에너지는 커지고 세립토일수록 다짐에너지는 작아진다.

④ 양입토일수록 다짐에너지는 커지고 빈입토일수록 다짐에너지는 작아진다.

⑤ 조립토일수록 다짐곡선의 기울기가 급하고 세립토일수록 다짐곡선의 기울기가 완만해진다.

⑥ 점성토에서 흙은 최적함수비보다 큰 함수비로 다지면 이산구조를 보이고 작은 함수비로 다지면 면모구조를 보인다.

Section 02 현장다짐

1. 현장 다짐도 측정방법

① 건조단위중량으로 규정하는 방법

② 포화도와 간극률로 규정하는 방법

③ 강도특성으로 규정하는 방법

④ 다짐기계와 다짐횟수로 규정하는 방법

⑤ 변형특성으로 규정하는 방법

2. 들밀도 시험

현장 흙의 체적과 단위중량, 함수비를 측정하는 시험

① 모래치환법

② 고무막법

③ 절삭법

④ 방사선 밀도계에 의한 방법

3. 모래치환법

① 시험시 모래를 사용하는 이유는 현장에서 파낸 구멍의 체적을 알기 위함이다.

② 시험구멍의 체적

$$V=\frac{W_{표준사}}{\gamma_{표준사}}$$

여기서, V : 시험구멍의 체적(현장에서 파낸 흙의 체적)
$W_{표준사}$: 시험구멍에 채워 넣은 표준사의 무게
$\gamma_{표준사}$: 시험구멍에 채워 넣은 표준사의 단위중량

③ 현장 흙의 습윤단위중량

$$\gamma_t=\frac{W}{V}$$

여기서, W : 현장에서 파낸 흙의 무게
V : 시험구멍의 체적(현장에서 파낸 흙의 체적)

④ 현장 흙의 건조단위중량

$$\gamma_d=\frac{\gamma_t}{1+\omega}$$

여기서, γ_t : 현장 흙의 습윤단위중량
ω : 현장에서 파낸 흙의 함수비

4. 상대다짐도(Relative Compaction)

실내다짐시험에 의한 최대건조단위중량과 현장다짐시험에 의한 건조단위중량과의 비로서, 일반적으로 도로교 시방서에서는 90~95% 정도 요구된다.

$$R\cdot C=\frac{\gamma_d}{\gamma_{d\max}}\times 100(\%)$$

5. 현장 다짐기계의 종류

① 사질지반 : 진동 또는 충격에 의한 다짐. 진동롤러

② 점성지반 : 압력 또는 전압력에 의한 다짐. 탬핑롤러

노상토 지지력비 시험(C.B.R시험)

1. 시험목적 및 방법

① 아스팔트의 연성포장두께 산정에 이용된다.

② 현장 흙의 최대건조단위중량과 최적함수비를 측정하여 다짐시험을 통해 3개의 공시체를 만든다. 제작된 공시체를 약 4일간 수침을 실시하여 팽창비를 측정한다. 흡수팽창시험이 끝난 공시체를 지름 5cm인 관입피스톤으로 1mm/min의 속도로 관입시험을 실시하여 관입저항치를 잰다.

2. C.B.R치

$$\text{C.B.R} = \frac{\text{시험하중}}{\text{표준하중}} \times 100 = \frac{\text{시험단위하중}}{\text{표준단위하중}} \times 100$$

관입깊이(mm)	표준하중(kg/cm^2)	표준단위하중(kg)
2.5	1,370	70
5.0	2,030	105

3. 노상토 지지력비의 결정

C.B.R 2.5 > C.B.R 5.0 : C.B.R 2.5 이용

C.B.R 2.5 < C.B.R 5.0 : 재시험

재시험 이후

C.B.R 2.5 > C.B.R 5.0 : C.B.R 2.5 이용

C.B.R 2.5 < C.B.R 5.0 : C.B.R 5.0 이용

Item pool
예상문제 및 기출문제

1. 다짐 시험

01. 흙의 다짐효과에 대한 설명으로 옳은 것은? [산 10,16]

㉮ 부착성이 양호해지고 흡수성이 증가한다.
㉯ 투수성이 증가한다.
㉰ 압축성이 커진다.
㉱ 밀도가 커진다.

■해설 다짐효과(흙의 밀도를 높이는 것)
① 전단강도가 증가되고 사면의 안정성이 개선된다.
② 투수성이 감소된다.
③ 지반의 지지력이 증대된다.
④ 지반의 압축성이 감소되어 지반의 침하를 방지하거나 감소시킬 수 있다.
⑤ 물의 흡수력이 감소하고 불필요한 체적변화, 즉 동상현상이나 팽창작용 또는 수축작용 등을 감소시킬 수 있다.

02. 흙을 다지면 기대되는 효과로 거리가 먼 것은? [산 12]

㉮ 강도 증가
㉯ 투수성 감소
㉰ 과도한 침하 방지
㉱ 함수비 감소

■해설 다짐효과(흙의 밀도를 높이는 것)
① 전단강도가 증가되고 사면의 안정성이 개선된다.
② 투수성이 감소된다.
③ 지반의 지지력이 증대된다.
④ 지반의 압축성이 감소되어 지반의 침하를 방지하거나 감소시킬 수 있다.
⑤ 물의 흡수력이 감소하고 불필요한 체적변화, 즉 동상현상이나 팽창작용 또는 수축작용 등을 감소시킬 수 있다.

03. 다짐효과에 대한 다음 설명 중 옳지 않은 것은? [기 08]

㉮ 부착력이 증대하고 투수성이 감소한다.
㉯ 전단강도가 증가한다.
㉰ 상호간의 간격이 좁아져 밀도가 증가한다.
㉱ 압축성이 커진다.

■해설 다짐효과(흙의 밀도가 커진다.)
① 전단강도가 증가되고 사면의 안전성이 개선된다.
② 투수성이 감소된다.
③ 지반의 지지력이 증대된다.
④ 지반의 압축성이 감소되어 지반의 침하를 방지하거나 감소시킬 수 있다.
⑤ 물의 흡수력이 감소하고 불필요한 체적변화, 즉 동상현상이나 팽창작용 또는 수축작용 등을 감소시킬 수 있다.

04. 흙을 다지면 흙의 성질이 개선되는데 다음 설명 중 옳지 않은 것은? [기 14]

㉮ 투수성이 감소한다.
㉯ 흡수성이 감소한다.
㉰ 부착성이 감소한다.
㉱ 압축성이 작아진다.

■해설 다짐효과(흙의 밀도를 높이는 것)
① 전단강도가 증가되고 사면의 안정성이 개선된다.
② 투수성이 감소된다.
③ 지반의 지지력이 증대된다.
④ 지반의 압축성이 감소되어 지반의 침하를 방지하거나 감소시킬 수 있다.
⑤ 물의 흡수력이 감소하고 불필요한 체적변화, 즉 동상현상이나 팽창작용 또는 수축작용 등을 감소시킬 수 있다.

|해답| 01. ㉱ 02. ㉱ 03. ㉱ 04. ㉰

05. 흙을 다질 때 그 효과에 대한 설명으로 틀린 것은? [산 16]

㉮ 흙의 역학적 강도와 지지력이 증가한다.
㉯ 압축성이 작아진다.
㉰ 흡수성이 증가한다.
㉱ 투수성이 감소한다.

해설 다짐효과(흙의 밀도를 높이는 것)
① 전단강도가 증가되고 사면의 안정성이 개선된다.
② 투수성이 감소된다.
③ 지반의 지지력이 증대된다.
④ 지반의 압축성이 감소되어 지반의 침하를 방지하거나 감소시킬 수 있다.
⑤ 물의 흡수력이 감소하고 불필요한 체적 변화, 즉 동상현상이나 팽창작용 또는 수축작용 등을 감소시킬 수 있다.

06. 영공기간극곡선(Zero Air Void Curve)은 다음 중 어떤 토질시험 결과를 얻어지는가? [산 08,11,14]

㉮ 액성한계시험 ㉯ 다짐시험
㉰ 직접전단시험 ㉱ 압밀시험

해설 영공극곡선(비중선)
포화도 $S_r=100\%$, 공기함유율 $A=0\%$일 때의 다짐곡선을 영공기 간극곡선 또는 포화곡선이라 한다.

07. 흙의 다짐에 있어 래머의 중량이 2.5kg, 낙하고 30cm, 3층으로 각층 다짐횟수가 25회일 때 다짐에너지는?(단, 몰드의 체적은 1,000cm³이다.) [기 11,16]

㉮ $5.63\text{kg}\cdot\text{cm/cm}^3$
㉯ $5.96\text{kg}\cdot\text{cm/cm}^3$
㉰ $10.45\text{kg}\cdot\text{cm/cm}^3$
㉱ $0.66\text{kg}\cdot\text{cm/cm}^3$

해설 다짐에너지

$$E=\frac{W_r\cdot H\cdot N_b\cdot N_r}{V}$$

$$=\frac{2.5\times30\times25\times3}{1,000}=5.63\text{kg}\cdot\text{cm/cm}^3$$

08. 다짐시험의 조건이 아래의 표와 같을 때 다짐에너지(E_c)를 구하면? [산 13]

- 몰드의 부피(V) : 1,000cm³
- 래머의 무게(W) : 2.5kg
- 래머의 낙하높이(h) : 30cm
- 다짐 층수(N_l) : 3층
- 각 층당 다짐횟수(N_b) : 25회

㉮ $5.625\text{kg}\cdot\text{cm/cm}^3$ ㉯ $6.273\text{kg}\cdot\text{cm/cm}^3$
㉰ $7.021\text{kg}\cdot\text{cm/cm}^3$ ㉱ $7.835\text{kg}\cdot\text{cm/cm}^3$

해설 다짐에너지

$$E_c=\frac{W_\gamma\cdot H\cdot N_b\cdot N_L}{V}$$

$$=\frac{2.5\times30\times25\times3}{1,000}$$

$$=5.625\text{kg}\cdot\text{cm/cm}^3$$

09. 흙의 다짐 에너지에 관한 설명 중 틀린 것은? [산 12]

㉮ 다짐 에너지는 래머(Rammer)의 중량에 비례한다.
㉯ 다짐 에너지는 래머(Rammer)의 낙하고에 비례한다.
㉰ 다짐 에너지는 시료의 체적에 비례한다.
㉱ 다짐 에너지는 타격 수에 비례한다.

해설

$$E=\frac{W_r\cdot H\cdot N_b\cdot N_L}{V}$$

∴ 다짐에너지는 시료의 체적 V에 반비례한다.

10. 흙의 다짐에서 다짐에너지를 증가시키면 어떤 변화가 생기는가? [산 08]

㉮ 최적함수비는 증가하고, 최대건조단위중량은 감소한다.
㉯ 최적함수비와 최대건조단위중량은 증가한다.
㉰ 최적함수비는 감소하고, 최대건조단위중량은 증가한다.
㉱ 최적함수비와 최대건조단위중량은 감소한다.

|해답| 05. ㉰ 06. ㉯ 07. ㉮ 08. ㉮ 09. ㉰ 10. ㉰

■ 해설 • 다짐E ↑ $r_{d\max}$ ↑ OMC ↓ 양입도, 조립토, 급경사
• 다짐E ↓ $r_{d\max}$ ↓ OMC ↑ 빈입도, 세립토, 완경사
∴ 다짐에너지를 증가시키면 최대 건조단위중량($r_{d\max}$)은 증가하고 최적함수비(OMC)는 감소한다.

11. 흙의 다짐 시험에서 다짐에너지를 증가시킬 때 일어나는 결과는? [산 09,15]

㉮ 최적함수비와 최대건조밀도가 모두 증가한다.
㉯ 최적함수비와 최대건조밀도가 모두 감소한다.
㉰ 최적함수비는 증가하고 최대건조밀도는 감소한다.
㉱ 최적함수비는 감소하고 최대건조밀도는 증가한다.

■ 해설 • 다짐E ↑ $r_{d\max}$ ↑ OMC ↓ 양입도, 조립토, 급경사
• 다짐E ↓ $r_{d\max}$ ↓ OMC ↑ 빈입도, 세립토, 완경사
∴ 다짐에너지를 증가시키면 최적함수비(OMC) 감소하고 최대건조밀도($r_{d\max}$)는 증가한다.

12. 다짐에 대한 설명으로 틀린 것은? [산 12,15]

㉮ 조립토는 세립토보다 최적함수비가 작다.
㉯ 조립토는 세립토보다 최대 건조밀도가 높다.
㉰ 조립토는 세립토보다 다짐곡선의 기울기가 급하다.
㉱ 다짐 에너지가 클수록 최대 건조밀도는 낮아진다.

■ 해설 • 다짐E ↑ $r_{d\max}$ ↑ OMC ↓ 양입도, 조립토, 급한 경사
• 다짐E ↓ $r_{d\max}$ ↓ OMC ↑ 빈입도, 세립토, 완경사
∴ 다짐에너지가 클수록 최대건조밀도($r_{d\max}$)는 커진다.

13. 다짐에 관한 다음 사항 중 옳지 않은 것은? [산 11,14]

㉮ 최대 건조단위 중량은 사질토에서 크고 점성토일수록 작다.
㉯ 다짐 에너지가 클수록 최적 함수비는 커진다.
㉰ 양입도에서는 빈입도보다 최대 건조단위중량이 크다.
㉱ 다짐에 영향을 주는 것은 토질, 함수비, 다짐방법 및 에너지 등이다.

■ 해설 • 다짐E ↑ $r_{d\max}$ ↑ OMC ↓ 양입도, 조립토, 급경사
• 다짐E ↓ $r_{d\max}$ ↓ OMC ↑ 빈입도, 세립토, 완경사
∴ 다짐에너지가 클수록 최대건조단위중량($r_{d\max}$)은 커지고 최적함수비(OMC)는 작아진다.

14. 흙의 다짐에 대한 다음 사항 중 옳지 않은 것은? [산 09]

㉮ 최적함수비로 다질 때에 건조밀도는 최대가 된다.
㉯ 세립토의 함유율이 증가할수록 최적함수비는 증대된다.
㉰ 다짐에너지가 클수록 최적함수비는 커진다.
㉱ 점성토는 조립토에 비하여 다짐 곡선의 모양이 완만하다.

■ 해설 • 다짐E ↑ $r_{d\max}$ ↑ OMC ↓ 양입도, 조립토, 급경사
• 다짐E ↓ $r_{d\max}$ ↓ OMC ↑ 빈입도, 세립토, 완경사
∴ 다짐에너지가 클수록 최적함수비 (OMC)는 감소한다.

15. 흙의 다짐에서 최적 함수비는? [산 14]

㉮ 다짐에너지가 커질수록 커진다.
㉯ 다짐에너지가 커질수록 작아진다.
㉰ 다짐에너지에 상관없이 일정하다.
㉱ 다짐에너지와 상관없이 클 때도 있고 작을 때도 있다.

■ 해설 다짐 특성
다짐E ↑ $r_{d\max}$ ↑ OMC ↓ 양입도, 조립토, 급경사
다짐E ↓ $r_{d\max}$ ↓ OMC ↑ 빈입도, 세립토, 완경사
∴ 다짐에너지가 클수록 최적함수비(OMC)는 감소한다.

16. 흙의 다짐에 관한 설명으로 틀린 것은? [기 10,14]

㉮ 다짐에너지가 클수록 최대건조단위중량은 커진다.
㉯ 다짐에너지가 클수록 최적함수비는 커진다.
㉰ 점토를 최적함수비 보다 작은 함수비로 다지면

|해답| 11. ㉱ 12. ㉱ 13. ㉯ 14. ㉰ 15. ㉯ 16. ㉯

면모구조를 갖는다.

㉱ 투수계수는 최적함수비 근처에서 거의 최소값을 나타낸다.

해설
- 다짐E ↑ $r_{d\max}$ ↑ OMC ↓ 양입도, 조립토, 급경사
- 다짐E ↓ $r_{d\max}$ ↓ OMC ↑ 빈입도, 세립토, 완경사

∴ 다짐에너지가 클수록 최적함수비(OMC)는 작아진다.

17. 다음은 다짐시험에서 건조밀도와 함수비와의 관계를 설명한 것이다. 잘못된 것은? [산 10]

㉮ 건조밀도-함수비 곡선에서 건조밀도가 최대가 되는 밀도를 최대건조밀도라 한다.

㉯ 최대 건조밀도를 나타내는 함수비를 최적함수비라고 한다.

㉰ 흙이 조립토(粗粒土)에 가까울수록 최적함수비의 값은 크다.

㉱ 최적함수비는 흙의 종류에 따라 다른 값이 나온다.

해설

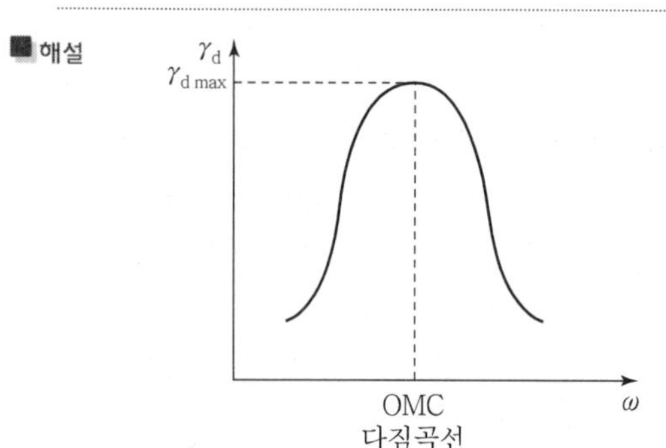

- 다짐E ↑ $r_{d\max}$ ↑ OMC ↓ 양입도, 조립토, 급경사
- 다짐E ↓ $r_{d\max}$ ↓ OMC ↑ 빈입도, 세립토, 완경사

∴ 흙이 조립토에 가까울수록 최적함수비(OMC)는 작다.

18. 다짐에 대한 설명으로 옳지 않은 것은? [기 08,12]

㉮ 점토분이 많은 흙은 일반적으로 최적함수비가 낮다.

㉯ 사질토는 일반적으로 건조밀도가 높다.

㉰ 입도배합이 양호한 흙은 일반적으로 최적함수비가 낮다.

㉱ 점토분이 많은 흙은 일반적으로 다짐곡선의 기울기가 완만하다.

해설
- 다짐E ↑ $r_{d\max}$ ↑ OMC ↓ 양입도, 조립토, 급경사
- 다짐E ↓ $r_{d\max}$ ↓ OMC ↑ 빈입도, 세립토, 완경사

∴ 점토분(세립토)이 많은 흙은 일반적으로 최적함수비(OMC)가 크다.

19. 다짐에 대한 다음 설명 중 옳지 않은 것은? [기 09,13,16]

㉮ 세립토의 비율이 클수록 최적함수비는 증가한다.

㉯ 세립토의 비율이 클수록 최대건조단위중량은 증가한다.

㉰ 다짐에너지가 클수록 최적함수비는 감소한다.

㉱ 최대건조단위중량은 사질토에서 크고 점성토에서 작다.

해설
- 다짐E ↑ $r_{d\max}$ ↑ OMC ↓ 양입도, 조립토, 급한 경사
- 다짐E ↓ $r_{d\max}$ ↓ OMC ↑ 빈입도, 세립토, 완경사

∴ 세립토의 비율이 클수록 최대건조단위중량($r_{d\max}$)는 감소한다.

20. 흙의 다짐에 대한 설명으로 틀린 것은? [산 11]

㉮ 사질토의 최대 건조단위중량은 점성토의 최대 건조단위중량 보다 크다.

㉯ 점성토의 최적함수비는 사질토의 최적함수비보다 크다.

㉰ 영공기 간극곡선은 다짐곡선과 교차할 수 없고, 항상 다짐곡선이 우측에만 위치한다.

㉱ 유기질 성분을 많이 포함할수록 흙의 최대 건조단위중량과 최적함수비는 감소한다.

해설
- 다짐E ↑ $r_{d\max}$ ↑ OMC ↓ 양입도, 조립토, 급경사
- 다짐E ↓ $r_{d\max}$ ↓ OMC ↑ 빈입도, 세립토, 완경사

∴ 유기질(세립분) 성분을 많이 포함할수록 흙의 최대 건조단위중량($r_{d\max}$)은 작아지고 최적함수비(OMC)는 커진다.

|해답| 17. ㉰ 18. ㉮ 19. ㉯ 20. ㉱

21. 흙의 다짐 시험에 대한 설명으로 옳은 것은? [산 15]

㉮ 다짐 에너지가 크면 최적 함수비가 크다.
㉯ 다짐 에너지와 관계없이 최대 건조단위중량은 일정하다.
㉰ 다짐 에너지와 관계없이 최적 함수비는 일정하다.
㉱ 몰드 속에 있는 흙의 함수비는 다짐 에너지에 거의 영향을 받지 않는다.

해설
• 다짐 E ↑ $r_{d\max}$ ↑OMC↓양입도, 조립토, 급경사
• 다짐 E ↓ $r_{d\max}$ ↓OMC↑빈입도, 세립토, 완만한 경사
∴ 다짐 에너지에 따라 최대 건조단위중량과 최적 함수비는 변화하지만, 몰드 속에 있는 흙의 함수비는 다짐 에너지에 거의 영향을 받지 않는다.

22. 다짐시험에서 동일한 다짐에너지(Compative Effort)를 가했을 때 건조밀도가 큰 것에서 작아지는 순서로 되어있는 것은? [기 08,11]

㉮ SW > ML > CH
㉯ SW > CH > ML
㉰ CH > ML > SW
㉱ ML > CH > SW

해설
• 다짐E ↑ $r_{d\max}$ ↑OMC↓양입도, 조립토, 급한 경사
• 다짐E ↓ $r_{d\max}$ ↓OMC↑빈입도, 세립토, 완경사
∴ 자갈G > 모래S > 실트M > 점토C

23. 토질 종류에 따른 다짐 곡선을 설명한 것 중 옳지 않은 것은? [기 08,09]

㉮ 조립토가 세립토에 비하여 최대건조단위중량이 크게 나타나고 최적함수비는 작게 나타난다.
㉯ 조립토에서는 입도분포가 양호할수록 최대건조단위중량은 크고 최적함수비는 작다.
㉰ 조립토일수록 다짐 곡선은 완만하고 세립토일수록 다짐 곡선은 급하게 나타난다.
㉱ 점성토에서는 소성이 클수록 최대건조단위중량은 감소하고 최적함수비는 증가한다.

해설
• 다짐E ↑ $r_{d\max}$ ↑OMC↓양입도, 조립토, 급경사
• 다짐E ↓ $r_{d\max}$ ↓OMC↑빈입도, 세립토, 완경사
∴ 조립토일수록 다짐곡선은 급하게 나타내고 세립토일수록 다짐곡선은 완만하게 나타난다.

24. 흙의 다짐에 관한 설명 중 옳지 않은 것은? [기 10,12]

㉮ 일반적으로 흙의 건조밀도는 가하는 다짐 Energy가 클수록 크다.
㉯ 모래질 흙은 진동 또는 진동을 동반하는 다짐 방법이 유효하다.
㉰ 건조밀도－함수비 곡선에서 최적 함수비와 최대 건조 밀도를 구할 수 있다.
㉱ 모래질을 많이 포함한 흙의 건조밀도－함수비 곡선의 경사는 완만하다.

해설
• 다짐E ↑ $r_{d\max}$ ↑OMC↓양입도, 조립토, 급한 경사
• 다짐E ↓ $r_{d\max}$ ↓OMC↑빈입도, 세립토, 완경사
∴ 모래질(조립토)를 많이 포함한 흙의 건조밀도-함수비 곡선의 경사는 급하다.

25. 흙의 다짐에 관한 설명 중 틀린 것은? [산 13]

㉮ 사질토는 흙의 건조밀도－함수비 곡선의 경사가 완만하다.
㉯ 최대 건조밀도는 사질토가 크고, 점성토가 작다.
㉰ 모래질 흙은 진동 또는 진동을 동반하는 다짐방법이 유효하다.
㉱ 건조밀도－함수비곡선에서 최적함수비와 최대 건조밀도를 구할 수 있다.

해설
• 다짐E ↑ $r_{d\max}$ ↑OMC↓양입도, 조립토, 급경사
• 다짐E ↓ $r_{d\max}$ ↓OMC↑빈입도, 세립토, 완경사
∴ 사질토(조립토)는 흙의 건조밀도－함수비 곡선의 경사가 급하다.

|해답| 21. ㉱ 22. ㉮ 23. ㉰ 24. ㉱ 25. ㉮

26. 다짐곡선에 대한 설명으로 틀린 것은? [산 11]

㉮ 다짐에 영향을 미치는 인자는 다짐에너지, 입자의 구성, 함수비 등이다.

㉯ 사질성분이 많은 시료일수록 다짐곡선은 오른쪽 위로 이동하게 된다.

㉰ 점성분이 많은 흙일수록 다짐곡선은 넓게 퍼지는 형태를 가지게 된다.

㉱ 점성분이 많은 흙일수록 다짐곡선은 오른쪽 아래에 위치하게 된다.

■ 해설

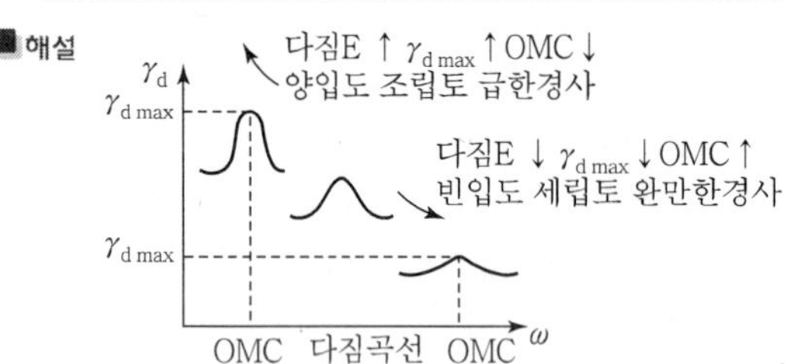

∴ 사질성분이 (조립토) 많은 시료일수록 다짐곡선은 왼쪽 위로 이동하게 된다.

27. 흙의 종류에 따른 아래 그림과 같은 다짐곡선에서 해당하는 흙의 종류로 옳은 것은? [기 12]

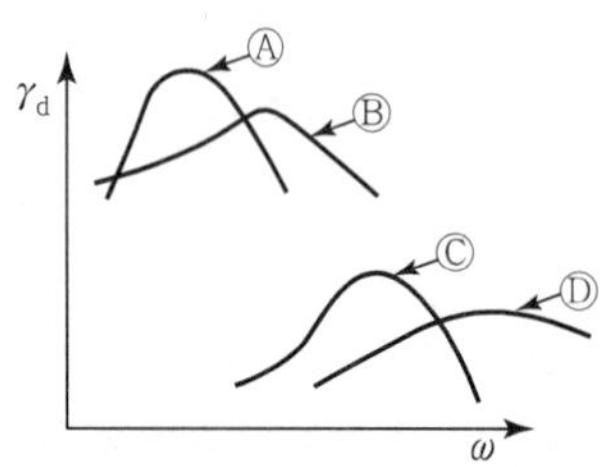

㉮ Ⓐ : ML, Ⓒ : SM

㉯ Ⓐ : SW, Ⓓ : CL

㉰ Ⓑ : MH, Ⓓ : GM

㉱ Ⓑ : GC, Ⓒ : CH

■ 해설 사질성분이 (조립토) 많은 시료일수록 다짐곡선은 왼쪽 위로 이동하게 된다.

- SW : 입도분포가 양호한 모래
- CL : 저압축성(저소성) 점토

28. 점토의 다짐에서 최적함수비보다 함수비가 적은 건조측 및 함수비가 많은 습윤측에 대한 설명으로 옳지 않은 것은? [기 11]

㉮ 다짐의 목적에 따라 습윤 및 건조측으로 구분하여 다짐계획을 세우는 것이 효과적이다.

㉯ 흙의 강도 증가가 목적인 경우, 건조측에서 다지는 것이 유리하다.

㉰ 습윤측에서 다지는 경우, 투수계수 증가 효과가 크다.

㉱ 다짐의 목적이 차수를 목적으로 하는 경우, 습윤측에서 다지는 것이 유리하다.

■ 해설 최적함수비(OMC)보다 건조 측에서 최대강도, 최적함수비(OMC)보다 습윤 측에서 최소투수계수가 나온다.

29. 흙의 다짐에 대한 설명으로 틀린 것은? [기 16]

㉮ 다짐에너지가 증가할수록 최대 건조단위중량은 증가한다.

㉯ 최적함수비는 최대 건조단위중량을 나타낼 때의 함수비이며, 이때 포화도는 100%이다.

㉰ 흙의 투수성 감소가 요구될 때에는 최적함수비의 습윤 측에서 다짐을 실시한다.

㉱ 다짐에너지가 증가할수록 최적함수비는 감소한다.

■ 해설

- 다짐E ↑ $\gamma_{d\max}$ ↑ OMC ↓ 양입도, 조립토, 급경사
- 다짐E ↓ $\gamma_{d\max}$ ↓ OMC ↑ 빈입도, 세립토, 완만한 경사

최적함수비(OMC)보다 건조 측에서 최대강도, 최적함수비(OMC)보다 습윤 측에서 최소투수계수가 나온다.

영공극곡선(비중선)

포화도 S_r =100%, 공기함유율 A =0%일 때의 다짐곡선을 영공기 간극곡선 또는 포화곡선이라 한다.

|해답| 26. ㉯ 27. ㉯ 28. ㉰ 29. ㉯

30. 흙의 다짐에 관한 사항 중 옳지 않은 것은? [기 11,13]

㉮ 최적 함수비로 다질 때 최대 건조 단위중량이 된다.
㉯ 조립토는 세립토보다 최대 건조 단위중량이 커진다.
㉰ 점토를 최적함수비보다 작은 건조 측 다짐을 하면 흙구조가 면모구조로, 습윤 측 다짐을 하면 이산구조가 된다.
㉱ 강도증진을 목적으로 하는 도로 토공의 경우 습윤측 다짐을, 차수를 목적으로 하는 심벽재의 경우 건조측 다짐이 바람직하다.

해설 • 다짐E ↑ $r_{d\max}$ ↑ OMC ↓ 양입도, 조립토, 급경사
• 다짐E ↓ $r_{d\max}$ ↓ OMC ↑ 빈입도, 세립토, 완경사
∴ 최적함수비(OMC)보다 건조 측에서 최대강도, 최적함수비 (OMC)보다 습윤 측에서 최소투수계수가 나온다.

31. 다짐에 대한 설명으로 틀린 것은? [산 12]

㉮ 점토를 최적함수비(W_{opt})보다 작은 함수비로 다지면 분산구조를 갖는다.
㉯ 투수계수는 최적함수비(W_{opt}) 근처에서 거의 최소값을 나타낸다.
㉰ 다짐에너지가 클수록 최대건조단위중량($r_{d\max}$)은 커진다.
㉱ 다짐에너지가 클수록 최적함수비(W_{opt})는 작아진다.

해설 • 다짐E ↑ $r_{d\max}$ ↑ OMC ↓ 양입도, 조립토, 급경사
• 다짐E ↓ $r_{d\max}$ ↓ OMC ↑ 반입도, 세립토, 완경사
∴ 점성토에서 최적함수비(OMC)보다 큰 함수비로 다지면 분산(이산)구조를 보이고, 최적함수비보다 작은 함수비로 다지면 면모구조를 보인다.

32. 다음 표는 흙의 다짐에 대해 설명한 것이다. 옳게 설명한 것을 모두 고른 것은? [기 09,15]

(1) 사질토에서 다짐에너지가 클수록 최대건조단위 중량은 커지고 최적함수비는 줄어든다.
(2) 입도분포가 좋은 사질토가 입도분포가 균등한 사질토보다 더 잘 다져진다.
(3) 다짐 곡선은 반드시 영공기간극 곡선의 왼쪽에 그려진다.
(4) 양족 롤러는 점성토를 다지는데 적합하다.
(5) 점성토에서 흙은 최적함수비보다 큰 함수비로 다지면 면모구조를 보이고 작은 함수비로 다지면 이산구조를 보인다.

㉮ (1), (2), (3), (4) ㉯ (1), (2), (3), (5)
㉰ (1), (4), (5) ㉱ (2), (4), (5)

해설 • 다짐E ↑ $r_{d\max}$ ↑ OMC ↓ 양입도, 조립토, 급경사
• 다짐E ↓ $r_{d\max}$ ↓ OMC ↑ 빈입도, 세립토, 완경사
① 점성토 : 탬핑롤러(양족롤러)에 의한 전압식 다짐
② 점성토에서 OMC보다 큰 함수비로 다지면 이산구조(분산구조), OMC보다 작은 함수비로 다지면 면모구조를 보인다.

33. 그림과 같은 다짐곡선을 보고 설명한 것으로 틀린 것은? [산 15]

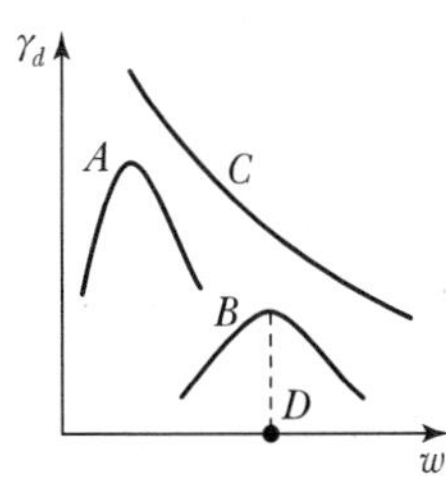

㉮ A는 일반적으로 사질토이다.
㉯ B는 일반적으로 점성토이다.
㉰ C는 과잉 간극 수압곡선이다.
㉱ D는 최적 함수비를 나타낸다.

해설 영공기 간극곡선
포화도 S_r =100%인 공기함유율 A =0%일 때의 곡선으로 영공극곡선, 또는 포화곡선이라고도 하며 다짐곡선의 오른쪽에 평행에 가깝게 위치한다.

|해답| 30. ㉱ 31. ㉮ 32. ㉮ 33. ㉰

34. 다져진 흙의 역학적 특성에 대한 설명으로 틀린 것은? [기 13,16]

㉮ 다짐에 의하여 간극이 작아지고 부착력이 커져서 역학적 강도 및 지지력은 증대하고, 압축성, 흡수성 및 투수성은 감소한다.
㉯ 점토를 최적함수비보다 약간 건조 측의 함수비로 다지면 면모구조를 가지게 된다.
㉰ 점토를 최적함수비보다 약간 습윤 측에서 다지면 투수계수가 감소하게 된다.
㉱ 면모구조를 파괴시키지 못할 정도의 작은 압력으로 점토시료를 압밀할 경우 건조측 다짐을 한 시료가 습윤 측 다짐을 한 시료보다 압축성이 크게 된다.

해설 면모구조를 파괴시키지 못할 정도의 작은 압력으로 점토시료를 압밀할 경우 건조 측 다짐을 한 시료가 습윤 측 다짐을 한 시료보다 압축성이 작게 된다.

2. 현장 다짐

35. 모래치환법에 의한 흙의 밀도시험에서 모래를 사용하는 이유는? [산 08]

㉮ 시료의 함수비를 알기 위해서
㉯ 시료의 무게를 알기 위해서
㉰ 시료의 부피를 알기 위해서
㉱ 시료의 입경을 알기 위해서

해설 모래는 현장에서 파낸 구멍의 체적(부피)을 알기 위하여 쓰인다.

36. 모래 치환법에 의한 흙의 밀도 측정법에서 모래(표준사)는 무엇을 구하기 위해 사용되는가? [산 10]

㉮ 흙의 중량　　㉯ 시험구멍의 부피
㉰ 흙의 함수비　　㉱ 지반의 지지력

해설 들밀도 시험방법인 모래치환방법에서 모래는 현장에서 파낸 구멍의 체적을 알기 위하여 쓰인다.

37. 모래치환법에 의한 현장 흙의 밀도 시험 결과 흙을 파낸 부분의 체적이 1,800cm³이고 질량이 3.87kg이었다. 함수비가 10.8%일 때 건조단위 밀도는? [산 09,13]

㉮ 1.94g/cm^3　　㉯ 2.94g/cm^3
㉰ 1.84g/cm^3　　㉱ 2.84g/cm^3

해설 • 현장 흙의 습윤단위중량

$$\gamma_t = \frac{W}{V} = \frac{3,870}{1,800} = 2.15\text{g/cm}^3$$

• 현장 흙의 건조단위중량

$$\gamma_d = \frac{r_t}{1+w} = \frac{2.15}{1+0.108} = 1.94\text{g/cm}^3$$

38. 부피가 2,208cm³이고 무게가 4,000g인 몰드 속에 흙을 다져 넣어 무게를 측정하였더니 8,294g이었다. 이 몰드 속에 있는 흙을 시료 추출기를 사용하여 추출한 후 함수비를 측정하였더니 12.3%이었다. 이 흙의 건조단위중량은 얼마인가? [산 10,12]

㉮ 1.942g/cm^3　　㉯ 1.732g/cm^3
㉰ 1.812g/cm^3　　㉱ 1.614g/cm^3

해설 • 현장 흙의 습윤단위중량

$$\gamma_t = \frac{W}{V} = \frac{8,294-4,000}{2,208} = 1.945\text{g/cm}^3$$

• 현장 흙의 건조단위중량

$$\gamma_d = \frac{\gamma_t}{1+w} = \frac{1.945}{1+0.123} = 1.732\text{g/cm}^3$$

39. 현장 흙의 모래치환법에 의한 밀도시험을 한 결과 파낸 구멍의 부피는 2,000cm³이고 파낸 흙의 중량이 3,240g이며 함수비는 8%였다. 이 흙의 간극비는 얼마인가?(단, 이 흙의 비중은 2.70이다.) [기 08]

㉮ 0.80　　㉯ 0.76
㉰ 0.70　　㉱ 0.66

해설 • 현장 흙의 습윤단위중량

$$\gamma_t = \frac{W}{V} = \frac{3,240}{2,000} = 1.62\text{g/cm}^3$$

 |해답| 34. ㉱ 35. ㉰ 36. ㉯ 37. ㉮ 38. ㉯ 39. ㉮

• 현장 흙의 건조단위중량

$\gamma_d = \frac{\gamma_t}{1+w} = \frac{1.62}{1+0.08} = 1.5\text{g/cm}^3$

• 건조단위중량 $\gamma_d = \frac{G_s}{1+e}\gamma_w$ 에서

$1.5 = \frac{2.7}{1+e} \times 1$

$\therefore\ e = 0.8$

40. 현장에서 습윤단위중량을 측정하기 위해 표면을 평활하게 한 후 시료를 굴착하여 무게를 측정하니 1,230g이었다. 이 구멍의 부피를 측정하기 위해 표준사로 채우는 데 1,037g이 필요하였다. 표준사의 단위중량이 1.45g/cm³이면 이 현장 흙의 습윤단위중량은? [산 14]

㉮ 1.72g/cm³ ㉯ 1.61g/cm³
㉰ 1.48g/cm³ ㉱ 1.29g/cm³

■해설 • 표준모래의 단위중량

$\gamma = \frac{W}{V}$ 에서,

$1.45 = \frac{1,037}{V}$

$\therefore V = 715.17\text{cm}^3$

• 현장 흙의 습윤단위중량

$\gamma_t = \frac{W}{V} = \frac{1,230}{715.17} = 1.72\text{g/cm}^3$

41. 모래치환법에 의한 흙의 들밀도 시험결과, 시험구멍에서 파낸 흙의 중량 및 함수비는 각각 1,800g, 30%이고, 이 시험 구멍에 단위중량이 1.35g/cm³인 표준모래를 채우는 데 1,350g이 소요되었다. 현장 흙의 건조단위중량은? [기 12]

㉮ 0.93g/cm³ ㉯ 1.03g/cm³
㉰ 1.38g/cm³ ㉱ 1.53g/cm³

■해설 • 표준모래의 단위중량 $\gamma = \frac{W}{V}$

$1.35 = \frac{1,350}{V}$ 에서

$\therefore$ 실험구멍의 체적 $V = 1,000\text{cm}^3$

• 현장 흙의 습윤단위중량

$\gamma_t = \frac{W}{V} = \frac{1,800}{1,000} = 1.8\text{g/cm}^3$

• 현장 흙의 건조단위중량

$\gamma_d = \frac{\gamma_t}{1+\omega} = \frac{1.8}{1+0.3} = 1.38\text{g/cm}^3$

42. 모래 치환법에 의한 흙의 들밀도 실험결과가 아래와 같다 현장 흙의 건조단위중량은? [산 09,11,14]

• 실험구멍에서 파낸 흙의 중량 1,600g
• 실험구멍에서 파낸 흙의 함수비 20%
• 실험구멍에 채워진 표준모래의 중량 1,350g
• 실험구멍에 채워진 표준모래의 단위중량 1.35g/cm³

㉮ 0.93 ㉯ 1.13
㉰ 1.33 ㉱ 1.53

■해설 • 표준모래의 단위중량 $\gamma = \frac{W}{V}$

$1.35 = \frac{1,350}{V}$ 에서

$\therefore$ 실험구멍의 체적 $V = 1,000\text{cm}^3$

• 현장 흙의 습윤단위중량

$\gamma_t = \frac{W}{V} = \frac{1,600}{1,000} = 1.6\text{g/cm}^3$

• 현장 흙의 건조단위중량

$\gamma_d = \frac{\gamma_t}{1+w} = \frac{1.6}{1+0.2} = 1.33\text{g/cm}^3$

43. 실내다짐시험 결과 최대건조 단위무게가 1.56 t/m³이고, 다짐도가 95%일 때 현장건조 단위무게는 얼마인가? [산 14]

㉮ 1.64t/m³ ㉯ 1.60t/m³
㉰ 1.48t/m³ ㉱ 1.36t/m³

■해설 상대다짐도

$RC = \frac{r_d}{r_{d\max}} \times 100(\%)$ 에서

$95 = \frac{r_d}{1.56} \times 100$

$\therefore r_d = 1.48\text{t/m}^3$

44. 현장에서 다짐된 사질토의 상대다짐도가 95%이고, 최대 및 최소건조단위중량이 각각 1.76t/m³, 1.5t/m³이라고 할 때 현장 시료의 건조단위중량과 상대밀도를 구하면? [기 09,15]

	건조단위중량	상대밀도
㉮	1.67t/m³	71%
㉯	1.67t/m³	69%
㉰	1.63t/m³	69%
㉱	1.63t/m³	71%

■ 해설

• 상대다짐도 $R \cdot C = \dfrac{r_d}{r_{d\max}} \times 100$에서

$$95 = \frac{r_d}{1.76} \times 100$$

$$\therefore\ r_d = 1.67\text{t/m}^3$$

• 상대밀도 $D_r = \dfrac{r_d - r_{d\min}}{r_{d\max} - r_{d\min}} \times \dfrac{r_{d\max}}{r_d} \times 100$

$$= \frac{1.67 - 1.5}{1.76 - 1.5} \times \frac{1.76}{1.67} \times 100 = 69\%$$

45. 어떤 흙의 최대 및 최소 건조단위중량이 1.8t/m³과 1.6t/m³이다. 현장에서 이 흙의 상대밀도(Relative Density)가 60%라면 이 시료의 현장 상대다짐도(Relative Compaction)는? [산 13,15]

㉮ 82%　　㉯ 87%

㉰ 91%　　㉱ 95%

■ 해설 상대밀도

$$D_r = \frac{r_d - r_{d\min}}{r_{d\max} - r_{d\min}} \times \frac{r_{d\max}}{r_d} \times 100\text{에서,}$$

$$60 = \frac{\gamma_d - 1.6}{1.8 - 1.6} \times \frac{1.8}{\gamma_d} \times 100$$

$$0.6 = \frac{1.8\gamma_d - 2.88}{0.2\gamma_d}$$

$$1.8\gamma_d - 2.88 = 0.12\gamma_d$$

$$1.8\gamma_d - 0.12\gamma_d = 2.88$$

$$1.68\gamma_d = 2.88$$

$$\therefore\ \gamma_d = 1.71\text{t/m}^3$$

상대다짐도

$$R \cdot C = \frac{\gamma_d}{\gamma_{d\max}} \times 100 = \frac{1.71}{1.8} \times 100 = 95\%$$

46. 현장 도로 토공에서 들밀도 시험을 실시한 결과 파낸 구멍의 체적이 1,980cm³이었고, 이 구멍에서 파낸 흙무게가 3,420g이었다. 이 흙의 토질실험 결과 함수비가 10%, 비중이 2.7, 최대건조 단위무게가 1.65g/cm³이었을 때 현장의 다짐도는? [산 08,14/기 09,12]

㉮ 80%　　㉯ 85%

㉰ 91%　　㉱ 95%

■ 해설

• 현장 흙의 습윤단위중량

$$r_t = \frac{W}{V} = \frac{3,420}{1,980} = 1.73\text{g/cm}^3$$

• 현장 흙의 건조단위중량

$$r_d = \frac{r_t}{1+w} = \frac{1.73}{1+0.1} = 1.57\text{g/cm}^3$$

• 상대다짐도

$$R \cdot C = \frac{r_d}{r_{d\max}} \times 100 = \frac{1.57}{1.65} \times 100 = 95\%$$

47. 현장 도로 공사에서 모래치환법에 의한 흙의 밀도 시험을 하였다. 파낸 구멍의 체적이 V=1,960m³, 흙의 질량이 3,390g이고, 이 흙의 함수비는 10%이었다. 실험실에서 구한 최대 건조밀도 $r_{d\max}$ = 1.65g/cm³일 때 다짐도는 얼마인가? [기 10,16]

㉮ 85.6%　　㉯ 91.0%

㉰ 95.2%　　㉱ 98.7%

■ 해설

• 현장흙의 습윤단위중량

$$r_t = \frac{W}{V} = \frac{3,390}{1,960} = 1.730\text{g/cm}$$

• 현장흙의 건조단위중량

$$r_d = \frac{r_t}{1+w} = \frac{1.730}{1+0.1} = 1.573\text{g/cm}$$

• 상대다짐도

$$R \cdot C = \frac{r_d}{r_{d\max}} \times 100 = \frac{1.573}{1.65} \times 100 = 95.15\%$$

48. 모래치환법에 의한 현장 흙의 단위무게 시험결과 흙을 파낸 구덩이의 체적 V=1,650cm³, 흙무게 W=2,850g, 흙의 함수비 ω=15%이고, 실험실에서 구한 흙의 최대건조밀도 $r_{d\max}$ =1.60g/cm³일 때 다짐도는? [기 11]

|해답| 44. ㉯ 45. ㉱ 46. ㉱ 47. ㉰ 48. ㉯

㉮ 92.49%　　㉯ 93.75%
㉰ 95.85%　　㉱ 97.85%

해설 • 현장 흙의 습윤단위중량

$$r_t = \frac{W}{V} = \frac{2,850}{1,650} = 1.73\text{g/cm}^3$$

• 현장 흙의 건조단위중량

$$r_d = \frac{r_t}{1+w} = \frac{1.73}{1+0.15} = 1.50\text{g/cm}^3$$

• 상대다짐도

$$R \cdot C = \frac{r_d}{r_{d\max}} \times 100 = \frac{1.50}{1.60} \times 100 = 93.75\%$$

49. 현장 흙의 들밀도시험 결과 흙을 파낸 부분의 체적과 파낸 흙의 무게는 각각 1,800cm³, 3.95kg이었다. 함수비는 11.2%이고, 흙의 비중 2.65이다. 최대건조단위중량이 2.05g/cm³일 때 상대다짐도는? [기 10,14]

㉮ 95.1%　　㉯ 96.1%
㉰ 97.1%　　㉱ 98.1%

해설 • 현장 흙의 습윤단위중량

$$r_t = \frac{W}{V} = \frac{3,950}{1,800} = 2.19\text{g/cm}^3$$

• 현장 흙의 건조단위중량

$$r_d = \frac{r_t}{1+w} = \frac{2.19}{1+0.112} = 1.97\text{g/cm}^3$$

• 상대다짐도

$$R \cdot C = \frac{r_d}{r_{d\max}} \times 100 = \frac{1.97}{2.05} \times 100 = 96.1\%$$

50. 현장다짐을 실시한 후 들밀도시험을 수행하였다. 파낸 흙의 체적과 무게가 각각 365.0cm³, 745g이었으며, 함수비는 12.5%였다. 흙의 비중이 2.65이며 실내표준다짐시 최대 건조단위 중량이 $r_{d\max}$ =1.90t/m³일 때 상대다짐도는? [기 09,11,13]

㉮ 88.7%　　㉯ 93.1%
㉰ 95.3%　　㉱ 97.8%

해설 • 현장 흙의 습윤단위중량

$$r_t = \frac{W}{V} = \frac{745}{365} = 2.04\text{g/cm}^3$$

• 현장 흙의 건조단위중량

$$r_d = \frac{r_t}{1+w} = \frac{2.04}{1+0.125} = 1.81\text{g/cm}^3$$

• 상대다짐도

$$R \cdot C = \frac{r_d}{r_{d\max}} \times 100 = \frac{1.81}{1.90} \times 100 = 95.3\%$$

51. 실내다짐시험 결과 최대건조단위무게가 1.56t/m³이고, 다짐도가 95%일 때 현장건조단위무게는 얼마인가? [산 10]

㉮ 1.64t/m³　　㉯ 1.60t/m³
㉰ 1.48t/m³　　㉱ 1.36t/m³

해설 상대다짐도 $R \cdot C = \frac{r_d}{r_{d\max}} \times 100$에서

$$95 = \frac{r_d}{1.56} \times 100$$

∴ 현장 흙의 건조단위중량 $r_d = 1.48\text{t/m}^3$

52. 충분히 다진 현장에서 모래 치환법에 의해 현장밀도 실험을 한 결과 구멍에서 파낸 흙의 무게가 1,536g, 함수비가 15%이었고 구멍에 채워진 단위중량이 1.70g/cm³인 표준모래의 무게가 1,411g이었다. 이 현장이 95% 다짐도가 된 상태가 되려면 이 흙의 실내실험실에서 구한 최대건조단위량($r_{d\max}$)은 얼마인가? [산 08,11,16]

㉮ 1.69g/cm³　　㉯ 1.79g/cm³
㉰ 1.85g/cm³　　㉱ 1.93g/cm³

해설 • 현장 흙의 습윤단위중량

$$r_t = \frac{W}{V} = \frac{1,536}{830} = 1.85\text{g/cm}^3$$

(여기서, 구멍의 체적 $V = 830\text{cm}^3$은 $r_d = \frac{W}{V}$에서 $1.70 = \frac{1,411}{V}$)

• 현장 흙의 건조단위중량

$$r_d = \frac{r_t}{1+w} = \frac{1.85}{1+0.15} = 1.61\text{g/cm}^3$$

• 상대다짐도

$$R \cdot C = \frac{r_d}{r_{d\max}} \times 100 \text{에서 } 95 = \frac{1.61}{r_{d\max}} \times 100$$

∴ $r_{d\max} = 1.69\text{g/cm}^3$

53. 현장 다짐도 90%란 무엇을 의미하는가? [산 13]

㉮ 실내다짐 최대건조 밀도에 대한 90% 밀도를 말한다.
㉯ 롤러로 다진 최대밀도에 대한 90% 밀도를 말한다.
㉰ 현장함수비의 90% 함수비에 대한 다짐밀도를 말한다.
㉱ 포화도가 90%인 때의 다짐밀도를 말한다.

해설 상대다짐도

$$R \cdot C = \frac{r_d}{r_{d\max}} \times 100(\%)$$

$$= \frac{\text{현장 흙의 다짐에 도달되는 건조단위중량(밀도)}}{\text{실험실에서 도달되는 최대건조단위중량(밀도)}} \text{의 백분율(비)}$$

3. 노상토 지지력비 시험

54. 다음 토질 시험 중 도로의 포장 두께를 정하는데 많이 사용되는 것은? [산 09,12,16]

㉮ 표준관입 시험
㉯ C.B.R 시험
㉰ 삼축압축 시험
㉱ 다짐 시험

해설 C.B.R(노상토 지지력비 시험)
아스팔트 연성포장 두께 산정에 이용

55. 도로포장 두께 설계 시 필요한 시험은? [산 11,16]

㉮ 표준관입시험
㉯ CBR 시험
㉰ 콘 관입시험
㉱ 현장베인시험

해설 C.B.R(노상토 지지력비 시험)
아스팔트 연성포장 두께 산정에 이용

56. 노상토의 지지력의 크기를 나타내는 CBR 값의 단위는 무엇인가? [산 08]

㉮ kg/cm^2 ㉯ kg · cm
㉰ % ㉱ kg/cm^3

해설 $$\text{C.B.R}(\%) = \frac{\text{시험단위하중}}{\text{표준단위하중}} \times 100 = \frac{\text{시험하중}}{\text{표준하중}} \times 100$$

57. 도로 연장 3km 건설 구간에서 7개 지점의 시료를 채취하여 다음과 같은 CBR을 구하였다. 이때의 설계CBR은 얼마인가? [기 11]

• 7개 지점의 CBR : 5.3, 5.7, 7.6, 8.7, 7.4, 8.6, 7.2

〈설계CBR 계산용 계수〉

개수(n)	2	3	4	5	6	7	8	9	10 이상
d_2	1.41	1.91	2.24	2.48	2.67	2.83	2.96	3.08	3.18

㉮ 4 ㉯ 5
㉰ 6 ㉱ 7

해설 설계 CBR

$$= \text{평균 CBR} - \frac{\text{최대 CBR} - \text{최소 CBR}}{d_2}$$

$$= \frac{5.3+5.7+7.6+8.7+7.4+8.6+7.2}{7} - \frac{8.7-5.3}{2.83} = 6.04 \fallingdotseq 6 (\text{소수점 절사})$$

|해답| 53. ㉮ 54. ㉯ 55. ㉯ 56. ㉰ 57. ㉰

Chapter 05

흙의 압밀

Contents

Section 01 압밀이론

흙의 자중이나 지반 위의 유효상재하중에 의해 흙 속의 간극수들이 배출되면서 압축되는 현상을 압밀(Consolidation)이라 한다.

1. 침하의 종류

① 즉시침하(탄성침하)
투수성이 큰 모래지반에서 간극수와 관계없이 탄성변형에 의해 일어나는 침하

② 압밀침하(1차압밀)
투수성이 작은 점토지반에서 하중에 의해 흙 속의 간극수들이 배출되면서 생기는 체적 변화에 의한 침하

③ 2차 압밀침하
과잉간극수압이 0이 된 후에도 계속되는 압밀(지속하중에 의한 Creep 변형)로서, 유기질토, 해성점토, 점토층 두께가 클수록 크다.

2. Terzaghi의 1차원 압밀이론(1-D Consolidation)

① 간극수압 : 물입자가 받는 응력으로 중립응력이라고도 한다.
② 유효응력 : 흙입자가 받는 응력
③ 과잉간극수압 : 외부하중으로 인해 발생하는 간극수압

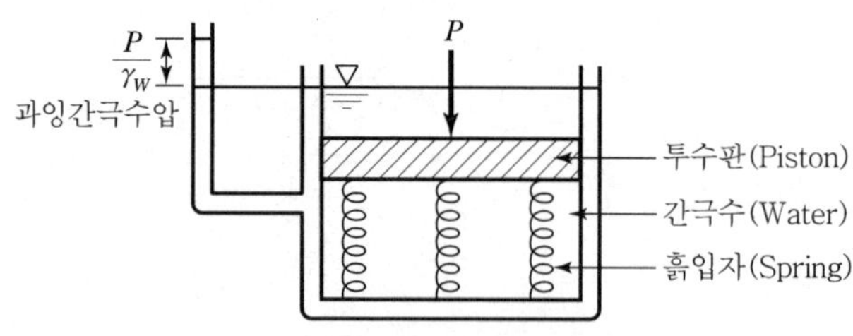

[테르자기 압밀시험]

시간	간극수압	유효응력	피스톤에 가해진 힘	압밀단계
$t=0$	$u \neq 0$	$\sigma'=0$	$\sigma=u$	압밀 초기
$0<t<\infty$	$u \neq 0$	$\sigma' \neq 0$	$\sigma=\sigma'+u$	압밀 진행 중
$t=\infty$	$u=0$	$\sigma' \neq 0$	$\sigma=\sigma'$	압밀 완료

3. Terzaghi의 1차원 압밀이론에 대한 가정

① 균질하고 완전 포화된 지반
② Darcy 법칙은 정당하다.
③ 흙 속의 물의 흐름과 흙의 압축은 1차원이다.
④ 투수계수와 흙의 성질은 압밀 진행에 관계없이 일정하다.
⑤ 흙과 물은 비압축성이다.
⑥ 압력-간극비 관계는 직선적 변화를 한다.

압밀시험

1. 압밀시험의 목적

① 최종침하량 산정
② 침하속도 산정
③ 흙의 이력상태 분석
④ 투수계수 산정

2. 압밀시험에 관련된 계수

(1) 압축계수(Coefficient of Compressibility, a_v)

하중의 증가량에 대한 간극의 감소량

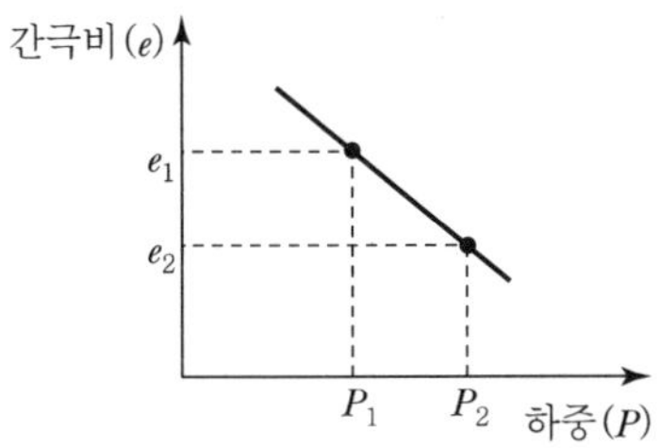

[하중과 간극비]

$$a_v = \frac{e_1 - e_2}{P_2 - P_1} = \frac{\Delta e}{\Delta P}\,(\mathrm{cm^2/kg})$$

(2) 체적변화계수(Coefficient of Volume Change, m_v)

하중의 증가량에 대한 체적 감소의 비율

$$m_v = \frac{\frac{\Delta V}{V}}{\Delta P} = \frac{\Delta V}{\Delta P \cdot V} = \frac{e_1 - e_2}{P_2 - P_1} \cdot \frac{1}{1+e_1} = \frac{a_v}{1+e_1} \,(\text{cm}^2/\text{kg})$$

(3) 압축지수(Compression Index, C_C)

하중과 간극비곡선($e - \log P$ 곡선)에서 직선부분의 기울기

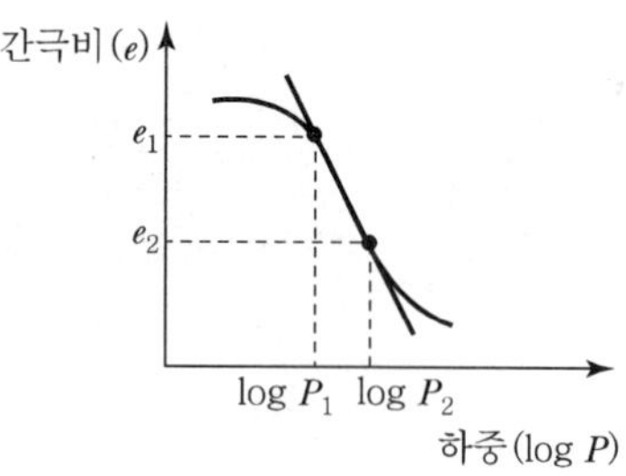

[하중과 간극비곡선($e - \log P$)]

$$C_C = \frac{e_1 - e_2}{\log P_2 - \log P_1} = \frac{\Delta e}{\Delta \log P} = \frac{\Delta e}{\log \frac{P_2}{P_1}} = \frac{\Delta e}{\log \frac{P_1 + \Delta P}{P_1}}$$

① 압축지수는 연약한 점성토일수록 값이 크다.

② Terzaghi & Peck의 경험식(Skempton의 식)

불교란시료 : $C_C = 0.009(\omega_L - 10)$

교란시료 : $C_C = 0.007(\omega_L - 10)$

Section 03 압밀침하량

1. 최종 압밀침하량(ΔH)

(1) $\Delta H = m_v \cdot \Delta P \cdot H$

$$m_v = \frac{\frac{\Delta V}{V}}{\Delta P} = \frac{\frac{\Delta H}{H}}{\Delta P} = \frac{\Delta H}{\Delta P \cdot H}$$

(∵ 압밀은 1차원으로 가정하였으므로 체적의 변화는 높이의 변화로 표시할 수 있다.)

(2) $\Delta H = \dfrac{a_v}{1+e} \cdot \Delta P \cdot H$

(∵ $\Delta H = m_v \cdot \Delta P \cdot H$에서, $m_v = \dfrac{a_v}{1+e}$이므로)

(3) $\Delta H = \dfrac{\Delta e}{1+e} \cdot H$

$$\Delta H = \frac{a_v}{1+e} \cdot \Delta P \cdot H = \frac{\dfrac{\Delta e}{\Delta P}}{1+e} \cdot \Delta P \cdot H = \frac{\Delta e}{1+e} \cdot H$$

(∵ $a_v = \dfrac{\Delta e}{\Delta P}$이므로)

(4) $\Delta H = \dfrac{C_C}{1+e} \cdot \log\dfrac{P_2}{P_1} \cdot H$

$$\Delta H = \frac{a_v}{1+e} \cdot \Delta P \cdot H = \frac{\dfrac{\Delta e}{\Delta P}}{1+e} \cdot \Delta P \cdot H$$

$$= \frac{C_C}{(1+e) \cdot \Delta P} \cdot \log\frac{P_2}{P_1} \cdot \Delta P \cdot H = \frac{C_C}{1+e} \cdot \log\frac{P_2}{P_1} \cdot H$$

(∵ $m_v = \dfrac{a_v}{1+e} = \dfrac{C_C}{(P_2 - P_1) \cdot (1+e)} \cdot \log\dfrac{P_2}{P_1}$이므로)

2. 압밀도(Degree of Consolidation, U)

(1) 압밀침하량으로 산정하는 방법

$$U = \frac{\Delta H}{S} \times 100(\%)$$

여기서, S : 최종 압밀침하량
ΔH : 현재 압밀침하량

(2) 과잉간극수압으로 산정하는 방법

$$U = \frac{u_1 - u_2}{u_1} \times 100(\%) = \left(1 - \frac{u_2}{u_1}\right) \times 100(\%)$$

여기서, u_1 : 초기 과잉간극수압
u_2 : 소산된 과잉간극수압

(3) 평균압밀도

수평방향 압밀계수 C_h는 수직방향 압밀계수 C_v보다 일반적으로 크고, 수평방향과 연직방향을 모두 고려한 전체의 평균압밀도는 다음과 같다.

$$U = 1 - (1 - U_h) \cdot (1 - U_v)$$

여기서, U_h : 수평방향 평균압밀도
U_v : 수직방향 평균압밀도

Section 04 압밀시간

1. 시간 - 침하 곡선(t - d 곡선)

하중단계마다 시간-침하 곡선을 작도하여 t를 구한 후 압밀계수 C_v를 결정한다.

(1) $\sqrt{t}$ 방법(Tayler) : $\sqrt{\text{시간}}$과 압밀 시의 침하곡선

$$C_v = \frac{T_v \cdot H^2}{t_{90}} = \frac{0.848 \cdot H^2}{t_{90}} \, (\text{cm}^2/\text{sec})$$

∴ 압밀도 90%일 때의 압밀 소요시간

$$t_{90} = \frac{T_v \cdot H^2}{C_v} = \frac{0.848 \cdot H^2}{C_v}$$

여기서, C_v : 압밀계수
T_v : 시간계수, 압밀도 90%일 때 0.848
H : 배수거리, 양면배수일 때 $\frac{H}{2}$
t_{90} : 압밀도 90%일 때 압밀소요시간

(2) $\log t$ 방법(Casagrande) : log 시간과 압밀 시의 침하곡선

$$C_v = \frac{T_v \cdot H^2}{t_{50}} = \frac{0.197 \cdot H^2}{t_{50}} \, (\text{cm}^2/\text{sec})$$

∴ 압밀도 50%일 때의 압밀소요시간

$$t_{50} = \frac{T_v \cdot H^2}{C_v} = \frac{0.197 \cdot H^2}{C_v}$$

여기서, C_v : 압밀계수

T_v : 시간계수, 압밀도 50%일 때 0.197

H : 배수거리, 양면배수일 때 $\frac{H}{2}$

t_{50} : 압밀도 50%일 때 압밀소요시간

2. 배수거리

(1) 일면(단면) 배수 조건

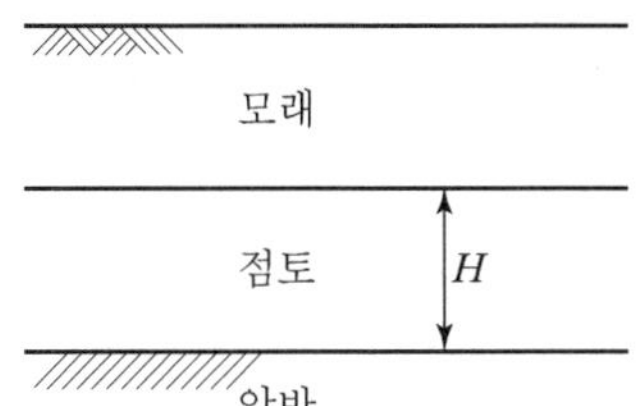

점토층의 두께가 H일 때 배수거리는 H이다.

[일면배수]

(2) 양면 배수 조건

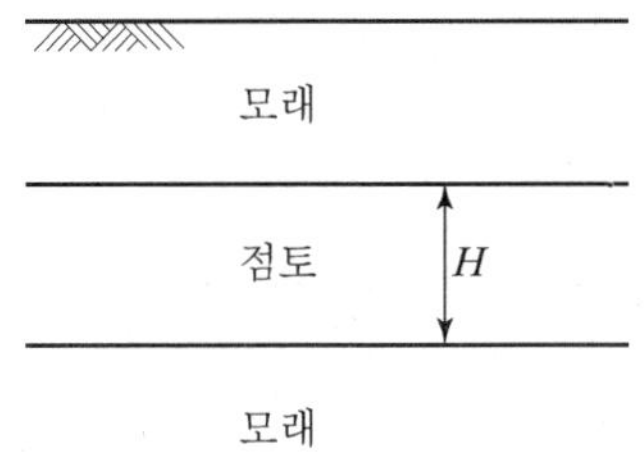

점토층의 두께가 H일 때 배수거리는 $\frac{H}{2}$이다.

[양면배수]

3. 압밀도와 시간계수

압밀도(%)	10	20	30	40	50	60	70	80	90
시간계수(T_v)	0.008	0.031	0.071	0.126	0.197	0.287	0.403	0.567	0.848

(1) $T_v = \dfrac{C_v \cdot t}{H^2} \rightarrow t_v = \dfrac{T_v \cdot H^2}{C_v}$

∴ 침하시간은 배수거리 제곱에 비례한다.

$t \propto H^2$

4. 압밀계수(Coefficient of Consolidation, C_v)

$$C_v = \frac{K}{m_v \cdot \gamma_w} = \frac{K \cdot (1+e)}{a_v \cdot \gamma_w}$$

∴ 투수계수 $K = C_v \cdot m_v \cdot \gamma_w = C_v \cdot \dfrac{a_v}{1+e} \cdot \gamma_w$

Section 05 선행압밀하중

현재 지반이 과거에 받았던 최대의 압밀하중을 선행압밀하중(Preconsolidation Load, P_c)이라 하며, 흙의 이력상태를 파악할 수 있다.

1. 과압밀비(Over Consolidation Ratio, OCR)

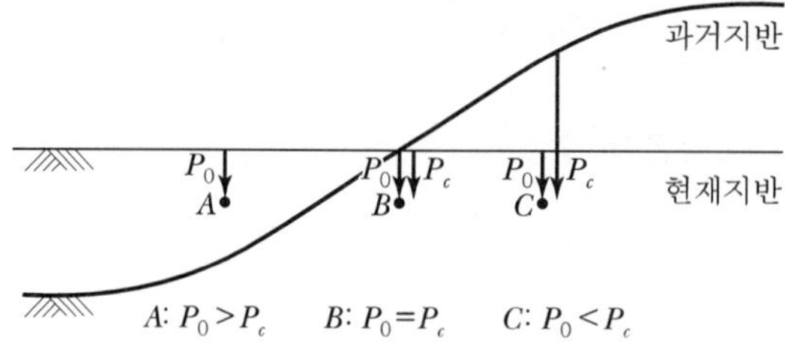

여기서 P_o : 현재 압밀하중
P_c : 선행 압밀하중

[지반의 이력 상태]

(1) 압밀 진행 중인 점토(A, Underconsolidation Clay)

유효 상재 하중을 가하지 않아도 현재 지반의 자중에 의한 압축력으로 인해 압밀이 진행중인 점토

$$OCR = \frac{P_c}{P_o} < 1, \text{ 즉 } P_o > P_c$$

(2) 정규압밀 점토(B, Normally consolidation Clay)

현재 지반의 압밀하중과 과거의 선행압밀하중이 일치하는 점토

$$OCR = \frac{P_c}{P_o} = 1, \text{ 즉 } P_o = P_c$$

(3) 과압밀 점토(C, Overconsolidation Clay)

현재 지반의 압밀하중보다 과거에 받았던 선행압밀하중이 더 큰 점토

$$OCR = \frac{P_c}{P_o} > 1, \text{ 즉 } P_o < P_c$$

Item pool
예상문제 및 기출문제

1. 압밀 이론

01. Terzaghi의 압밀이론에 대한 기본 가정으로 옳은 것은? [산 09]

㉮ 흙은 모든 불균질이다.
㉯ 흙 속의 간극은 공기로만 가득 차 있다.
㉰ 토립자와 물의 압축량은 같은 양으로 고려한다.
㉱ 압력-간극비의 관계는 이상적으로 직선화된다.

해설 테르자기의 압밀이론 기본가정
① 균질한 지층이다.
② 완전포화된 지반이다.
③ 흙속의 물 흐름은 1-D이고 Darcy의 법칙이 적용된다.
④ 흙의 압축도 1-D이다.
⑤ 투수계수와 흙의 성질은 압밀압력의 크기에 관계없이 일정하다.
⑥ 압밀시 압력-간극비 관계는 이상적으로 직선적 변화를 한다.
⑦ 물과 흙은 비압축성이다.

02. Terzaghi는 포화점토에 대한 1차 압밀이론에서 수학적 해를 구하기 위하여 다음과 같은 가정을 하였다. 이 중 옳지 않은 것은? [기 10]

㉮ 흙은 균질하다.
㉯ 흙입자와 물의 압축성은 무시한다.
㉰ 흙 속에서의 물의 이동은 Darcy 법칙을 따른다.
㉱ 투수계수는 압력의 크기에 비례한다.

해설 Terzaghi의 1-D Consolidation에 대한 가정
① 균질한 지층
② 완전포화된 지반
③ 흙 속의 물 흐름은 1-D이고 Darcy의 법칙이 적용됨
④ 흙의 압축도 1-D이다.
⑤ 투수계수와 흙의 성질은 압밀압력의 크기에 관계없이 일정하다.
⑥ 압밀시 압력-간극비 관계는 이상적으로 직선적 변화를 한다.
⑦ 물과 흙은 비압축성이다.

03. 테르자기(Terzaghi) 압밀이론에서 설정한 가정으로 틀린 것은? [산 16]

㉮ 흙은 균질하고 완전히 포화되어 있다.
㉯ 흙입자와 물의 압축성은 무시한다.
㉰ 흙 속의 물의 이동은 Darcy의 법칙을 따르며 투수계수는 일정하다.
㉱ 흙의 간극비는 유효응력에 비례한다.

해설 테르자기의 압밀이론 기본가정
① 균질한 지층이다.
② 완전포화된 지반이다.
③ 흙 속의 물 흐름은 1-D이고 Darcy의 법칙이 적용된다.
④ 흙의 압축도 1-D이다.
⑤ 투수계수와 흙의 성질은 압밀압력의 크기에 관계없이 일정하다.
⑥ 압밀 시 압력-간극비 관계는 이상적으로 직선적 변화를 한다.
⑦ 물과 흙은 비압축성이다.

04. Terzaghi의 압밀 이론에서 2차 압밀이란 어느 것인가? [기 11]

㉮ 과대하중에 의해 생기는 압밀
㉯ 과잉간극수압이 "0"이 되기 전의 압밀
㉰ 횡방향의 변형으로 인한 압밀
㉱ 과잉간극수압이 "0"이 된 후에도 계속되는 압밀

해설 2차압밀
과잉 간극수압이 완전히 배제된 후에도 계속 진행되는 압밀(Creep 변형)을 말하며, 유기질토, 해성점토, 점토 층의 두께가 두꺼울수록 크다.

|해답| 01. ㉱ 02. ㉱ 03. ㉱ 04. ㉱

05. 다음의 흙 중에서 2차 압밀량이 가장 큰 흙은? [산 15]

㉮ 모래 ㉯ 점토
㉰ Silt ㉱ 유기질토

■ 해설 2차압밀
과잉 간극수압이 완전히 배제된 후에도 계속 진행되는 압밀(Creep 변형)을 말하며, 유기질토, 해성점토, 점토층의 두께가 두꺼울수록 크다.

2. 압밀 시험

06. 정규압밀점토의 압밀시험에서 하중강도를 0.4 kgf/cm²에서 0.8kgf/cm²로 증가시킴에 따라 간극비가 0.83에서 0.65로 감소하였다. 압축지수는 얼마인가? [기 10]

㉮ 0.3 ㉯ 0.45
㉰ 0.6 ㉱ 0.75

■ 해설 압축지수

$$C_c=\frac{\Delta e}{\Delta \log P}=\frac{0.83-0.65}{\log 0.8-\log 0.4}=0.6$$

07. 어떤 점토의 액성한계 값이 40%이다. 이 점토의 불교란 상태의 압축지수 C_c를 Skempton 공식으로 구하면 얼마인가? [산 11,15]

㉮ 0.27 ㉯ 0.29
㉰ 0.36 ㉱ 0.40

■ 해설 액성한계 ω_L에 의한 C_c 값의 추정
Skempton의 경험공식(불교란 시료)
압축지수 $C_c=0.009(\omega_L-10)-10)$
$=0.009\times(40-10)=0.27$

08. 흐트러지지 않은 시료의 정규압밀점토의 압축지수(C_c) 값은?(단, 액성한계는 45%이다.) [산 14]

㉮ 0.25 ㉯ 0.27
㉰ 0.30 ㉱ 0.315

■ 해설 액성한계 LL에 의한 C_c 값의 추정
압축지수(불교란 시료)
$C_c=0.009(LL-10)=0.009\times(45-10)=0.315$

3. 압밀 침하량

09. 다음 중 압밀침하량 산정 시 관련이 없는 것은? [산 09]

㉮ 체적변화계수 ㉯ 압축지수
㉰ 압축계수 ㉱ 압밀계수

■ 해설 압밀시험 결과에 의한 계수값, 지수값(압밀침하량 산정)
압축계수 a_v, 체적변화계수 m_v, 압축지수 C_c
• 압밀계수 C_v는 시간－침하 곡선에 의하여 구하는 압밀속도 예측시 활용

10. 압밀시험에서 압축지수를 구하는 가장 중요한 목적은? [산 08]

㉮ 압밀침하량을 결정하기 위함이다.
㉯ 압밀속도를 결정하기 위함이다.
㉰ 투수량을 결정하기 위함이다.
㉱ 시간계수를 결정하기 위함이다.

■ 해설 압밀침하량

$$\Delta H=\frac{C_c}{1+e}log\frac{P_2}{P_1}H$$

(여기서, C_c는 압축지수)
∴ 압밀침하량을 결정하기 위함이다.

11. 압밀곡선($e-\log P$)에서 처녀압축곡선의 기울기는 무엇을 의미하는가? [산 13]

㉮ 압축계수 ㉯ 용적변화율
㉰ 압밀계수 ㉱ 압축지수

■ 해설 압축지수 C_c
압밀곡선($e-\log P$)에서 직선부분의 기울기를 말하여 무차원 값이다.

12. Terzaghi의 1차 압밀에 대한 설명으로 틀린 것은? [기 14]

㉮ 압밀방정식은 점토 내에 발생하는 과잉간극수압의 변화를 시간과 배수거리에 따라 나타낸 것이다.
㉯ 압밀방정식을 풀면 압밀도를 시간계수의 함수로 나타낼 수 있다.
㉰ 평균압밀도는 시간에 따른 압밀침하량을 최종 압밀침하량으로 나누면 구할 수 있다.
㉱ 하중이 증가하면 압밀침하량이 증가하고 압밀도도 증가한다.

해설 하중이 증가하면 압밀침하량은 증가하지만 압밀도와는 무관하다.

13. 흙에 대한 일반적인 설명으로 틀린 것은? [산 16]

㉮ 점성토가 교란되면 전단강도가 작아진다.
㉯ 점성토가 교란되면 투수성이 커진다.
㉰ 불교란시료의 일축압축강도와 교란시료의 일축압축강도와의 비를 예민비라 한다.
㉱ 교란된 흙이 시간경과에 따라 강도가 회복되는 현상을 딕소트로피(Thixotropy)현상이라 한다.

해설 점성토가 교란되면 면모구조에서 이산구조로 되기 때문에 투수성이 작아진다.

14. 압밀에 대한 설명으로 잘못된 것은? [기 08]

㉮ 압밀계수를 구하는 방법에는 $\sqrt{t}$ 방법과 $\log t$ 방법이 있다.
㉯ 2차 압밀량은 보통 흙보다 유기질토에서 더 크다.
㉰ 교란된 시료로 압밀시험을 하면 실제보다 큰 침하량이 계산된다.
㉱ $\log p - e$ 곡선에서 선행하중(先行荷重)을 구할 수 있다.

해설 시료가 교란될수록 압밀곡선의 기울기가 완만해지므로 압축지수 C_c는 작아지며 압밀계산시 침하량이 작게 계산된다.

15. 압밀에 관련된 설명으로 잘못된 것은? [기 12]

㉮ $e-\log P$ 곡선은 압밀침하량을 구하는 데 사용된다.
㉯ 압밀이 진행됨에 따라 전단강도가 증가한다.
㉰ 교란된 지반이 교란되지 않은 지반보다 더 빠른 속도로 압밀이 진행된다.
㉱ 압밀도가 증가해감에 따라 과잉간극수가 소산된다.

해설 시료가 교란될수록 압밀곡선의 기울기가 완만하므로 압축지수 C_c는 작아지며 압밀계산시 침하량이 작게 계산됨

16. 다음 점성토의 교란에 관련된 사항 중 잘못된 것은? [기 12]

㉮ 교란 정도가 클수록 $e-\log P$ 곡선의 기울기가 급해진다.
㉯ 교란될수록 압밀계수는 작게 나타낸다.
㉰ 교란을 최소화하려면 면적비가 작은 샘플러를 사용한다.
㉱ 교란의 영향을 제거한 SHANSEP방법을 적용하면 효과적이다.

해설 압축지수 $C_c = e-\log P$ 곡선의 기울기
시료의 교란정도가 클수록 $e-\log P$ 곡선의 기울기가 완만해진다.

17. 다음의 토질시험 중 불교란시료를 사용해야 하는 시험은? [산 13]

㉮ 입도분석시험
㉯ 압밀시험
㉰ 액성 · 소성한계시험
㉱ 흙입자의 비중시험

해설 시료가 교란될수록 압밀곡선의 기울기가 완만해지므로 압축지수 C_c는 작아지며 압밀계산 시 침하량이 작게 계산된다. 그러므로 압밀시험은 불교란시료를 이용하여 수행한다.

|해답| 12. ㉱ 13. ㉯ 14. ㉰ 15. ㉰ 16. ㉮ 17. ㉯

18. 토층 두께 20m의 견고한 점토지반 위에 설치된 건축물의 침하량을 관측한 결과 완성 후 어떤 기간이 경과하여 그 침하량은 5.5cm에 달한 후 침하는 정지되었다. 이 점토 지반 내에서 건축물에 의해 증가되는 평균압력이 0.6kg/cm²이라면 이 점토층의 체적압축계수(m_v)는? [산 15]

㉮ $4.58 \times 10^{-3}\text{cm}^2/\text{kg}$

㉯ $3.25 \times 10^{-3}\text{cm}^2/\text{kg}$

㉰ $2.15 \times 10^{-2}\text{cm}^2/\text{kg}$

㉱ $1.15 \times 10^{-2}\text{cm}^2/\text{kg}$

해설 압밀침하량

$\Delta H = m_v \cdot \Delta P \cdot H$에서,

$5.5 = m_v \times 0.6 \times 2{,}000$

$\therefore\ m_v = 4.58 \times 10^{-3}\text{cm}^2/\text{kg}$

19. 두께 5m의 점토층이 있다. 압축 전의 간극비가 1.32, 압축 후의 간극비가 1.10으로 되었다면 이 토층의 압밀침하량은 약 얼마인가? [산 08,11]

㉮ 68cm ㉯ 58cm

㉰ 52cm ㉱ 47cm

해설 압밀침하량

$$\Delta H = \frac{\Delta e}{1+e} \cdot H = \frac{1.32 - 1.1}{1+1.32} \times 500 = 47\text{cm}$$

20. 두께 5m인 점토층에서 시료를 채취하여 압밀시험을 실시한 결과, 하중강도를 3kg/cm²에서 4kg/cm²으로 증가시켰을 때 간극비는 1.9에서 1.6을 감소하였다. 이 점토층의 압밀침하량은? [산 11]

㉮ 51.7cm ㉯ 42.5cm

㉰ 43.8cm ㉱ 57.2cm

해설 압밀침하량

$$\Delta H = \frac{\Delta e}{1+e} \cdot H = \frac{1.9 - 1.6}{1+1.9} \times 500 = 51.7\text{cm}$$

21. 다짐되지 않은 두께 2m, 상대밀도 45%의 느슨한 사질토 지반이 있다. 실내시험결과 최대 및 최소 간극비가 0.85, 0.40으로 각각 산출되었다. 이 사질토를 상대 밀도 70%까지 다짐할 때 두께의 감소는 약 얼마나 되겠는가? [기 08,10,11]

㉮ 13.7cm ㉯ 17.2cm

㉰ 21.0cm ㉱ 25.5cm

해설
- 상대밀도 45%일 때 자연간극비 e_1

$$D_r = \frac{e_{max} - e_1}{e_{max} - e_{min}} \times 100 = \frac{0.85 - e_1}{0.85 - 0.40} \times 100 = 45\%$$

$\therefore\ e_1 = 0.6475$

- 상대밀도 70%일 때 자연간극비 e_2

$$D_r = \frac{e_{max} - e_2}{e_{max} - e_{min}} \times 100 = \frac{0.85 - e_2}{0.85 - 0.40} \times 100 = 70\%$$

$\therefore\ e_2 = 0.535$

- 침하량

$$\Delta H = \frac{\Delta e}{1+e} \cdot H = \frac{0.6475 - 0.535}{1 + 0.6475} \times 200 = 13.7\text{cm}$$

22. 현장에서 채취한 흙시료에 대해 압밀시험을 실시하였다. 압밀링에 담겨진 시료의 단면적은 30cm², 시료의 초기높이는 2.6cm, 시료의 비중은 2.50이며 시료의 건조중량은 120g이었다. 이 시료에 3.2kg/cm²의 압밀압력을 가했을 때, 0.2cm의 최종 압밀침하가 발생되었다면 압밀이 완료된 후 시료의 간극비는? [기 12]

㉮ 0.125 ㉯ 0.385

㉰ 0.500 ㉱ 0.625

해설
- 초기 간극비 e_1

$V = A \cdot H = 30 \times 2.6 = 78\text{cm}^3$

$$r_d = \frac{W}{V} = \frac{120}{78} = 1.54\text{g/cm}^3$$

$r_d = \dfrac{G_s}{1+e} r_w$ 에서 $1.54 = \dfrac{2.5}{1+e} \times 1$

$\therefore\ e = 0.62$

- 압밀침하량 $\Delta H = \dfrac{e_1 - e_2}{1 + e_1} \cdot H$에서

$$0.2 = \frac{0.62 - e_2}{1 + 0.62} \times 2.6$$

$\therefore$ 압밀이 완료된 후 시료의 간극비 $e_2 = 0.5$

|해답| 18. ㉮ 19. ㉱ 20. ㉮ 21. ㉮ 22. ㉰

23. 두께 10m의 점토층에서 시료를 채취하여 압밀시험한 결과 압축지수가 0.37, 간극비는 1.24이었다. 이 점토층 위에 구조물을 축조하는 경우, 축조 이전의 유효압력은 10t/m²이고 구조물에 의한 증가응력은 5t/m²이다. 이 점토층이 구조물 축조로 인하여 생기는 압밀침하량은 얼마인가? [기 11]

㉮ 8.7cm ㉯ 29.1cm
㉰ 38.2cm ㉱ 52.7cm

해설 압밀침하량

$$\Delta H = \frac{C_c}{1+e}\log\frac{P_2}{P_1}H$$

$$= \frac{0.37}{1+1.24}\log\frac{10+5}{10}\times 1{,}000 = 29.1\text{cm}$$

24. 두께 6m의 점토층이 있다. 이 점토의 간극비는 $e=2.0$이고 액성한계는 $\omega_L=70\%$이다. 지금 압밀하중을 2kg/cm²에서 4kg/cm²로 증가시키려고 한다. 예상되는 압밀침하량은?(단, 압축지수 C_c는 Skempton의 식 $C_c=0.009(\omega_L-10)$을 이용할 것) [산 09]

㉮ 0.27m ㉯ 0.33m
㉰ 0.49m ㉱ 0.65m

해설 압밀침하량

$$\Delta H = \frac{C_c}{1+e}\log\frac{P_2}{P_1}H$$

$$= \frac{0.54}{1+2}\log\frac{40}{20}\times 6 = 0.33\text{m}$$

(여기서, 압축지수 $C_c=0.009(\omega_L-10)=0.009(70-10)=0.54$)

25. 점토층의 두께 5m, 간극비 1.4, 액성한계 50%이고 점토층위의 유효상재 압력이 10t/m²에서 14t/m²으로 증가할 때의 침하량은?(단, 압축지수는 흐트러지지 않은 시료에 대한 Terzaghi & Peck의 경험식을 사용하여 구한다.) [기 12]

㉮ 8cm ㉯ 11cm
㉰ 24cm ㉱ 36cm

해설
- 압축지수 $C_c = 0.009(\omega_L - 10)$
$$= 0.009\times(50-10) = 0.36$$
- 압밀침하량 $\Delta H = \frac{C_c}{1+e}\log\frac{P_2}{P_1}H$
$$= \frac{0.36}{1+1.4}\log\frac{14}{10}\times 500$$
$$= 11\text{cm}$$

26. 연약지반에 구조물을 축조할 때 피에조미터를 설치하여 과잉간극수압의 변화를 측정했더니 어떤 점에서 구조물 축조 직후 10t/m²이었지만, 4년 후는 2t/m²이었다. 이때의 압밀도는? [기 12,13]

㉮ 20% ㉯ 40%
㉰ 60% ㉱ 80%

해설 압밀도

$$U = \frac{ui-u}{ui}\times 100 = \frac{10-2}{10}\times 100 = 80\%$$

27. 그림과 같이 6m 두께의 모래층 밑에 2m 두께의 점토층이 존재한다. 지하수면은 지표 아래 2m 지점에 존재한다. 이때, 지표면에 $\Delta P=5.0$t/m²의 등분포하중이 작용하여 상당한 시간이 경과한 후, 점토층의 중간높이 A점에 피에조미터를 세워 수두를 측정한 결과, $h=4.0$m로 나타났다면 A점의 압밀도는? [기 14,16]

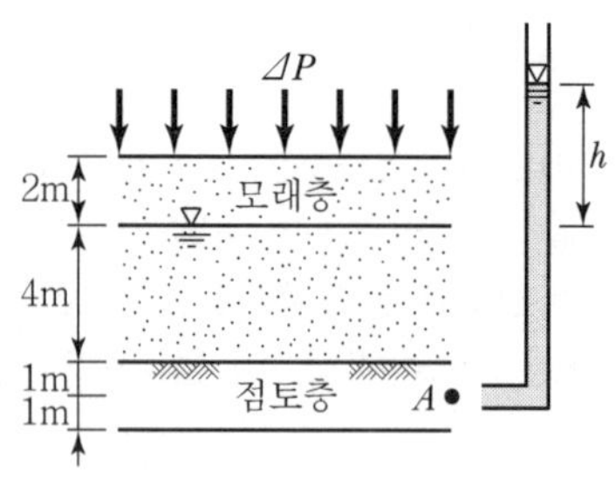

㉮ 20% ㉯ 30%
㉰ 50% ㉱ 80%

해설 압밀도

$$U = \frac{u_1-u_2}{u_1}\times 100 = \frac{5-4}{5}\times 100 = 20\%$$

 |해답| 23. ㉯ 24. ㉯ 25. ㉯ 26. ㉱ 27. ㉮

28. 그림과 같은 지반에 피에조미터를 설치하고 성토한 순간에 수주(水柱)가 지표면에서부터 4m이었다. 4개월 후에 수주가 3m가 되었다면 지하 6m 되는 곳의 압밀도와 과잉간극수압은? [산 09]

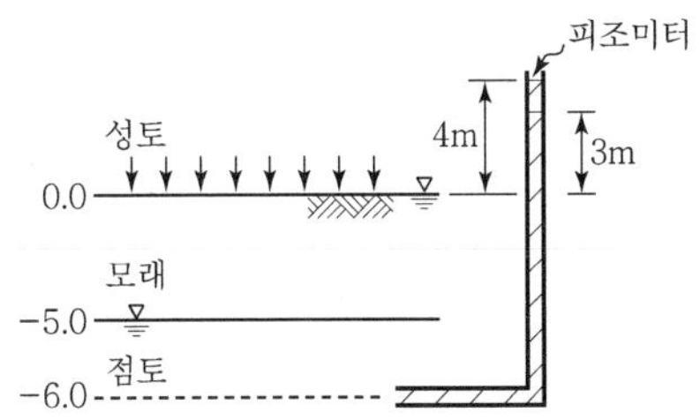

	압밀도	과잉간극수압
㉮	10%	$9t/m^2$
㉯	25%	$3t/m^2$
㉰	75%	$6t/m^2$
㉱	90%	$5t/m^2$

해설 압밀도

$$U_z = \frac{ui-u}{ui} \times 100 = \frac{4-3}{4} \times 100 = 25\%$$

과잉간극수압 : 외부하중으로 인해 발생하는 수압

$\therefore 3t/m^2$

29. 그림과 같이 피에조미터를 설치하고 성토 직후에 수주가 지표면에서 3m이었다. 6개월 후의 수주가 2.4m이면 지하 5m 되는 곳의 압밀도와 과잉간극수압의 소산량은 얼마인가? [기 11]

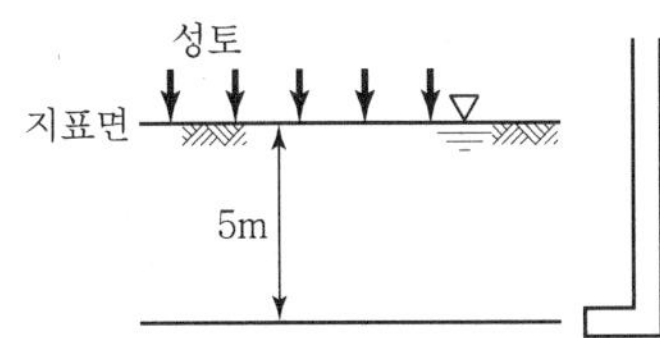

㉮ 압밀도 : 20%, 과잉간극수압 소산량 : $0.6t/m^2$
㉯ 압밀도 : 20%, 과잉간극수압 소산량 : $2.4t/m^2$
㉰ 압밀도 : 80%, 과잉간극수압 소산량 : $2.4t/m^2$
㉱ 압밀도 : 80%, 과잉간극수압 소산량 : $0.6t/m^2$

해설 • 압밀도

$$U = \frac{ui-u}{ui} \times 100 = \frac{3-2.4}{3} \times 100 = 20\%$$

• 과잉간극수압의 소산량

$$\Delta r_w \cdot H = (1\times3) - (1\times2.4) = 0.6t/m^2$$

30. 다음과 같은 지반에서 재하 순간 수주(水柱)가 지표면(지하수위)으로부터 5m였다. 40% 압밀이 일어난 후 A점에서의 전체 간극수압은 얼마인가? [기 11]

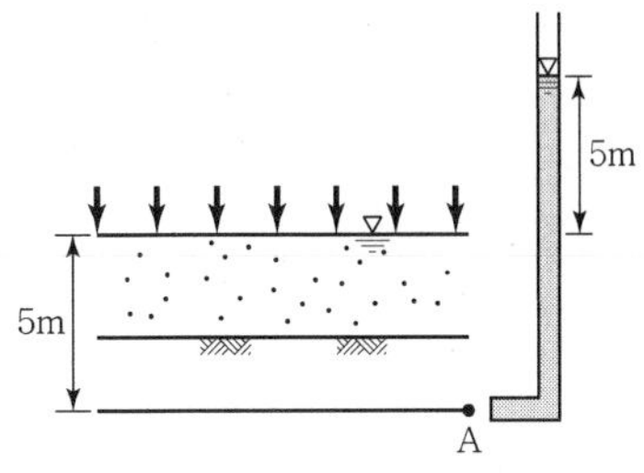

㉮ $6t/m^2$　　㉯ $7t/m^2$
㉰ $8t/m^2$　　㉱ $9t/m^2$

해설 • 정수압 $u_1 = r_w \cdot h_1 = 1\times5 = 5t/m^2$

• 압밀도

$$U = \frac{u_1 - u_2}{u_1} \times 100 = \frac{5-u_2}{5} \times 100 = 40\%$$

$\therefore$ 과잉간극수압 $u_2 = 3t/m^2$

• A지점 간극수압

$u =$ 정수압(u_1) + 과잉간극수압(u_2)

$= 5+3 = 8t/m^2$

31. 그림과 같은 지반에 재하순간 수주(水柱)가 지표면으로부터 5m이었다. 20% 압밀이 일어난 후 지표면으로부터 수주의 높이는? [기 13]

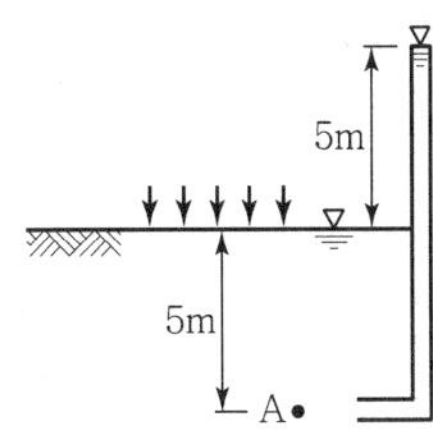

㉮ 1m　　㉯ 2m
㉰ 3m　　㉱ 4m

해설 압밀도

$$U = \frac{u_1 - u_2}{u_1} \times 100 \text{에서}$$

$$20 = \frac{5-u_2}{5} \times 100$$

$\therefore u_2 = 4m$

32. 지표면에 4t/m²의 성토를 시행하였다. 압밀이 70% 진행되었다고 할 때 현재의 과잉 간극수압은? [기 15]

㉮ 0.8t/m²　　㉯ 1.2t/m²
㉰ 2.2t/m²　　㉱ 2.8t/m²

해설 압밀도

$U=\dfrac{u_i-u}{u_i}\times 100$에서,

$70=\dfrac{4-u}{4}\times 100$

∴ 현재의 과잉간극수압 $u=1.2\text{t/m}^2$

33. 그림과 같은 지층단면에서 지표면에 가해진 5t/m²의 상재하중으로 인한 점토층(정규압밀점토)의 1차 압밀최종침하량을 구하고, 침하량이 5cm일 때 평균압밀도를 구하면? [기 09,16]

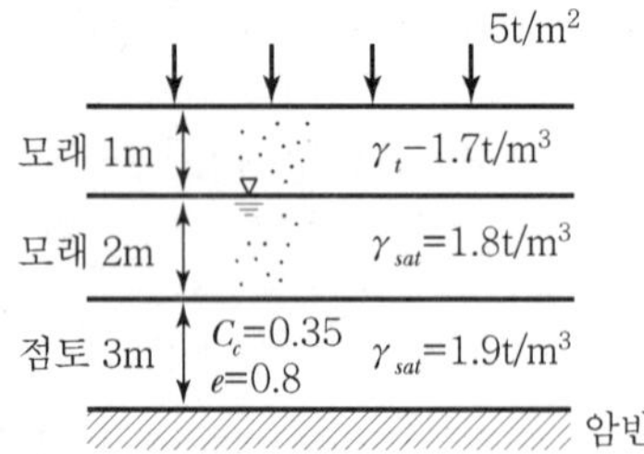

㉮ S=18.5cm, U=27%
㉯ S=14.7cm, U=22%
㉰ S=18.5cm, U=22%
㉱ S=14.7cm, U=27%

해설 압밀최종침하량

$\Delta H=\dfrac{C_c}{1+e}\log\dfrac{P_2}{P_1}\cdot H$

$=\dfrac{0.35}{1+0.8}\times\log\dfrac{9.65}{4.65}\times 300=18.5\text{cm}$

(여기서, P_1 =점토층 중앙단면의 유효응력)

즉, 전응력 $\sigma=r_1\cdot H_1+r_2\cdot H_2+r_3\cdot H_3$

$=1.7\times 1+1.8\times 2+1.9\times\dfrac{3}{2}$

$=8.15\text{t/m}^2$

- 간극수압 $u=r_w\cdot h=1\times\left(2+\dfrac{3}{2}\right)=3.5\text{t/m}^2$
- 유효응력 $\sigma'=\sigma-u=8.15-3.5=4.65\text{t/m}^2$

  또는 유효응력

  $\sigma'=r\cdot H_1+r_{sub}\cdot H_2+r_{sub}\cdot H_3$

  $=1.7\times 1+(1.8-1)\times 2+(1.9-1)\times\dfrac{3}{2}$

  $=4.65\text{t/m}^2$

  ∴ $P_1=4.65\text{t/m}^2$

  (여기서, $P_2=P_1+P=4.65+5=9.65\text{t/m}^2$)
- 평균압밀도 $U=\dfrac{5}{18.5}\times 100=27\%$

34. 그림과 같은 하중을 받는 과압밀 점토의 1차 압밀침하량은 얼마인가?(단, 점토 중 중앙에서의 초기응력은 0.6kg/cm², 선행압밀하중 1.0kg/cm², 압축지수(C_c) 0.1, 팽창지수(C_s) 0.01, 초기간극비 1.15) [기 09]

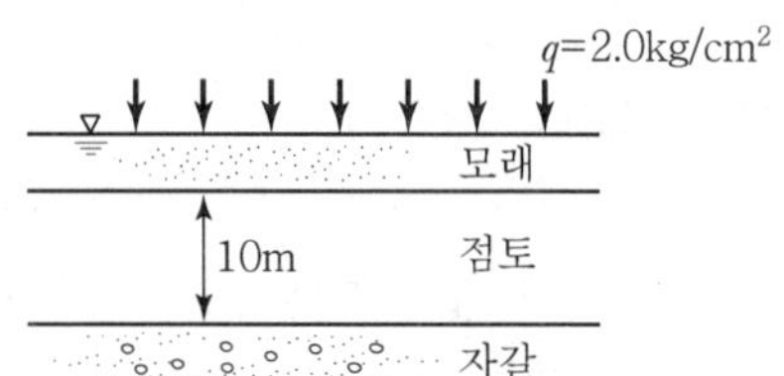

㉮ 11.3cm　　㉯ 15.2cm
㉰ 20.3cm　　㉱ 29.6cm

해설 과압밀 점토의 압밀침하량

$\Delta H=\dfrac{C_s}{1+e}\log\dfrac{P_c}{P_1}H+\dfrac{C_c}{1+e}\log\dfrac{P_2}{P_c}H$

$=\dfrac{0.01}{1+1.15}\log\dfrac{1.0}{0.6}\times 1{,}000+\dfrac{0.1}{1+1.15}\log$

$\dfrac{2.6}{1.0}\times 1{,}000=20.3\text{cm}$

(여기서, $P_2=P_1+\Delta P=0.6+2.0=2.6\text{kg/cm}^2$)

4. 압밀 시간

35. 압밀시험에서 시간-침하곡선으로부터 직접 구할 수 있는 사항은? [산 08]

㉮ 압밀계수　　㉯ 선행압밀압력
㉰ 점성보정계수　　㉱ 압축지수

 |해답| 32. ㉯ 33. ㉮ 34. ㉰ 35. ㉮

■해설 시간－침하$(t-d)$곡선

$$C_v = \frac{T_v \cdot H^2}{t} \,(\mathrm{cm^2/sec})$$

(여기서, C_v(압밀계수)는 시간과 압밀시의 침하곡선에 의하여 구한다.)

36. 압밀 시험 결과의 정리에서 $\sqrt{t}$ 방법, $\log t$ 방법의 곡선으로부터 직접 구할 수 있는 것은? [산 12]

㉮ 압밀계수
㉯ 압축지수
㉰ 압축계수
㉱ 체적변화계수

■해설 시간－침하$(t-d)$ 곡선

압밀계수 $C_v = \dfrac{T_v \cdot H^2}{t}$

37. 압밀시험에서 시간-압축량 곡선으로부터 구할 수 없는 것은? [기 14]

㉮ 압밀계수(C_v)
㉯ 압축지수(C_c)
㉰ 체적변화계수(m_v)
㉱ 투수계수(k)

■해설 시간－침하 곡선

하중단계마다 시간－침하 곡선을 작도하여 t를 구한 후 압밀계수 C_v를 결정한다.

$$C_v = \frac{K}{m_v \cdot \gamma_w}$$

∴ 압축지수 C_c는 하중－간극비 곡선에서 구한다.

38. 압밀시험결과 시간-침하량 곡선에서 구할 수 없는 값은? [기 13]

㉮ 1차 압밀비(γ_p)
㉯ 초기 압축비
㉰ 선행 압밀 압력(P_0)
㉱ 압밀계수(C_v)

■해설 선행 압밀 하중

시료가 과거에 받았던 최대의 압밀하중을 말하며, 하중과 간극비 곡선으로 구하며 과압밀비(OCR) 산정에 이용된다.

39. 압밀계수를 구하는 목적은? [산 14]

㉮ 압밀침하량을 구하기 위하여
㉯ 압축지수를 구하기 위하여
㉰ 선행압밀하중을 구하기 위하여
㉱ 압밀침하속도를 구하기 위하여

■해설 시간－침하$(t-d)$ 곡선

압밀계수 $C_v = \dfrac{T_v \cdot H^2}{t}$

∴ 압밀침하속도를 구하기 위하여 압밀계수를 구한다.

40. 압밀계수(c_v)의 단위로서 옳은 것은? [산 16]

㉮ cm/sec　　㉯ $\mathrm{cm^2/kg}$
㉰ kg/cm　　㉱ $\mathrm{cm^2/sec}$

■해설 하중단계마다 시간－침하 곡선을 작도하여 t를 구한 후 압밀계수 C_v를 결정한다.

C_V : 압밀계수$(\mathrm{cm^2/sec})$

41. 압밀에 필요한 시간을 구할 때 이론상 필요하지 않는 항은 어느 것인가? [기 08]

㉮ 압밀층의 배수거리
㉯ 유효응력의 크기
㉰ 압밀계수
㉱ 시간계수

■해설 침하시간

$$t = \frac{T_v \cdot H^2}{C_v}$$

(여기서, T_v : 시간계수, H : 배수거리
C_v : 압밀계수)

42. 압밀계수가 0.5×10^{-2}cm²/sec이고, 일면배수 상태의 5m 두께 점토층에서 90% 압밀이 일어나는 데 소요되는 시간은?(단, 90% 압밀도에서의 시간계수(T)는 0.848이다.) [산 14]

㉮ 2.12×10^7sec　㉯ 4.24×10^7sec
㉰ 6.36×10^7sec　㉱ 8.48×10^7sec

■ 해설 압밀 소요시간(양면배수)

$$t_{90} = \frac{T_v \cdot H^2}{C_v} = \frac{0.848 \times (500)^2}{0.5 \times 10^{-2}}$$

$= 42,400,000$초$= 4.24 \times 10^7$ 초

43. 두께가 4미터인 점토층이 모래층 사이에 끼어 있다. 점토층에 3t/m²의 유효응력이 작용하여 최종침하량이 10cm가 발생하였다. 실내압밀시험결과 측정된 압밀계수(C_v)$=2 \times 10^{-4}$cm²/sec 라고 할 때 평균압밀도 50%가 될 때까지 소요일수는? [기 16]

㉮ 288일　㉯ 312일
㉰ 388일　㉱ 456일

■ 해설 압밀소요시간

$$t_{50} = \frac{T_v \cdot H^2}{C_v} = \frac{0.197 \times \left(\frac{400}{2}\right)^2}{2 \times 10^{-4}}$$

$= 39,400,000$초 $= 456$일

(여기서, 50% 압밀도일 때 시간계수 $T_v = 0.197$ 양면배수 조건일 때 배수거리 $\frac{H}{2}$)

44. 두께 8m의 포화 점토층의 상하가 모래층으로 되어 있다. 이 점토층이 최종 침하량의 1/2의 침하를 일으킬 때까지 걸리는 시간은?(단, 압밀계수 $C_v = 6.4 \times 10^{-4}$cm²/sec이다.) [산 10]

㉮ 570일　㉯ 730일
㉰ 365일　㉱ 964일

■ 해설 압밀 소요시간

$$t_{50} = \frac{T_v \cdot H^2}{C_v} = \frac{0.197 \times \left(\frac{800}{2}\right)^2}{6.4 \times 10^{-4}}$$

$= 49,250,000$초 $= 570$일

(여기서, 50% 압밀도일 때 시간계수 $T_v = 0.197$ 양면배수 조건일 때 배수거리 $\frac{H}{2}$)

45. 두께 10m의 점토층 상·하에 모래층이 있다. 점토층의 평균압밀계수가 0.11cm²/min일 때 최종침하량의 50%의 침하가 일어나는 데 며칠이 걸리겠는가?(단, 시간계수는 0.197을 적용한다.) [산 13]

㉮ 996일　㉯ 448일
㉰ 311일　㉱ 224일

■ 해설

침하시간(양면배수조건)

$$t_{50} = \frac{T_v \cdot H^2}{C_v} = \frac{0.197 \times \left(\frac{1,000}{2}\right)^2}{0.11}$$

$= 447,727.27$일분

$\therefore 447,727.27 \times \frac{1}{60 \times 24} = 311$일

46. 투수성 토층 사이에 두께 7m의 점토층이 끼어 있다. 이와 같은 지반 위에 구조물을 축조하니 압밀현상이 일어났으며 이때의 압밀계수는 6.4×10^{-4}cm²/sec이었다. 이 구조물의 침하량이 최종침하량의 50%에 달하는 데 요하는 시간은? [기 08]

㉮ 365일　㉯ 437일
㉰ 550일　㉱ 613일

■ 해설

$$t_{50} = \frac{T_v \cdot H^2}{C_v} = \frac{0.197 \times \left(\frac{700}{2}\right)^2}{6.4 \times 10^{-4}}$$

$= 37,707,031.25$초

$= 37,707,031.25 \times \frac{1}{60 \times 60 \times 24} = 437$일

(여기서, 시간계수 T_v는 압밀도 50%이므로 0.197이다.)

(여기서, 배수거리 H는 투수성 토층 사이 즉, 양면배수 조건이므로 $\frac{H}{2}$이다.)

|해답| 42. ㉯ 43. ㉱ 44. ㉮ 45. ㉰ 46. ㉯

47. 어떤 점토시료의 압밀시험에서 시료의 두께가 20cm라고 할 때, 압밀도 50%에 도달할 때까지의 시간을 구하면?(단, 시료의 압밀계수는 $C_v=2.3\times10^{-3}\text{cm}^2/\text{sec}$이고 양면배수조건이다.) [산 10,16]

㉮ 10.24시간 ㉯ 5.12시간
㉰ 2.38시간 ㉱ 1.19시간

해설 압밀소요시간

$$t_{50}=\frac{T_v\cdot H^2}{C_v}=\frac{0.197\times\left(\frac{20}{2}\right)^2}{2.3\times10^{-3}}$$

$=8,565.22$초 $=2.38$시간

(여기서, 50% 압밀도일 때 시간계수 $T_v=0.197$
양면배수 조건일 때 배수거리 $\frac{H}{2}$)

48. 두께 2m의 포화 점토층의 상하가 모래층으로 되어 있을 때 이 점토층이 최종 침하량의 90%의 침하를 일으킬 때까지 걸리는 시간은?(단, 압밀계수(c_v)는 $1.0\times10^{-5}\text{cm}^2/\text{sec}$, 시간계수($T_{90}$)는 0.848이다.) [산 14]

㉮ 0.788×10^9sec ㉯ 0.197×10^9sec
㉰ 3.392×10^9sec ㉱ 0.848×10^9sec

해설 압밀 소요시간(양면배수)

$$t_{90}=\frac{T_v\cdot H^2}{C_v}=\frac{0.848\times\left(\frac{200}{2}\right)^2}{1.0\times10^{-5}}$$

$=0.848\times10^9$sec

49. 모래지층 사이에 두께 6m의 점토층이 있다. 이 점토의 토질 실험결과가 아래 표와 같을 때, 이 점토층의 90% 압밀을 요하는 시간은 약 얼마인가?(단, 1년은 365일로 계산) [기 10,14]

- 간극비 : 1.5
- 압축계수(a_v) : 4×10^{-4}(cm²/g)
- 투수계수 $k=3\times10^{-7}$(cm/sec)

㉮ 12.9년 ㉯ 5.22년
㉰ 1.29년 ㉱ 52.2년

해설 • 압밀시험에 의한 투수계수

$$K=C_v\cdot m_v\cdot r_w=C_v\cdot\frac{a_v}{1+e}\cdot r_w\text{에서}$$

$$3\times10^{-7}=C_v\times\frac{4\times10^{-4}}{1+1.5}\times1$$

∴ 압밀계수 $C_v=1.875\times10^{-3}\text{cm}^2/\text{sec}$

• 침하시간(양면배수조건)

$$t_{90}=\frac{T_v\cdot H^2}{C_v}=\frac{0.848\times\left(\frac{600}{2}\right)^2}{1.875\times10^{-3}}$$

$=40,704,000$초

$$\therefore\ 40,704,000\times\frac{1}{60\times60\times24\times365}=1.29\text{년}$$

50. 어떤 점토시료의 압밀시험 결과, 1차 압밀 침하량은 20cm가 발생되었다. 이 점토시료가 70% 압밀일 때의 침하량은? [산 12]

㉮ 6cm ㉯ 14cm
㉰ 0.6cm ㉱ 1.4cm

해설 $20\times0.7=14$cm (압밀도와 침하량은 비례하므로)

51. 일면배수 상태인 10m 두께의 점토층이 있다. 지표면에 무한히 넓게 등분포압력이 작용하여 1년 동안 40cm의 침하가 발생되었다. 점토층이 90% 압밀에 도달할 때 발생되는 1차 압밀침하량은?(단, 점토층의 압밀계수는 $C_V=19.7\text{m}^2/\text{yr}$이다.) [기 11]

㉮ 40cm ㉯ 48cm
㉰ 72cm ㉱ 80cm

해설 시간계수 $T_V=\frac{C_V\cdot t}{H^2}=\frac{19.7\times1}{10^2}=0.197$

(∵ 일면배수 조건)

∵ 시간계수 $T_V=0.197$인 경우는 압밀도 50%이다.

압밀도는 침하량과 비례하므로
50% : 40cm = 90% : ΔH
∴ 90% 압밀시 침하량 $\Delta H=72$cm

|해답| 47. ㉰ 48. ㉱ 49. ㉰ 50. ㉯ 51. ㉰

52. 두께 5m 되는 점토층 아래 위에 모래층이 있을 때 최종 1차 압밀침하량이 0.6m로 산정되었다. 아래의 압밀도(U)와 시간계수(T_v)의 관계 표를 이용하여 0.36m가 침하될 때 걸리는 총소요시간을 구하면?(단, 압밀계수 $C_v=3.6\times10^{-4}$cm²/sec이고, 1년은 365일) [기 10]

U%	T_v
40	0.126
50	0.197
60	0.287
70	0.403

㉮ 약 1.2년 ㉯ 약 1.6년
㉰ 약 2.2년 ㉱ 약 3.6년

해설
- 압밀도 $U=\dfrac{0.36}{0.6}\times100=60\%$
- 침하시간(양면배수조건)

$$t_{60}=\frac{T_v\cdot H^2}{C_v}=\frac{0.287\times\left(\frac{500}{2}\right)^2}{3.6\times10^{-4}}$$
$=49,826,388.89$초

$\therefore\ 49,826,388.89\times\dfrac{1}{60\times60\times24\times365}=1.6$년

53. 그림과 같은 5m 두께의 포화점토층이 10t/m²의 상재하중에 의하여 30cm의 침하가 발생하는 경우에 압밀도는 약 U=60%에 해당하는 것으로 추정되었다. 향후 몇 년이면 이 압밀도에 도달하겠는가?(단, 압밀계수(C_v)=3.6×10⁻⁴cm²/sec) [기 15]

모래 / 5m 점토층 / 모래

U(%)	T_v
40	0.126
50	0.197
60	0.287
70	0.403

㉮ 약 1.3년 ㉯ 약 1.6년
㉰ 약 2.2년 ㉱ 약 2.4년

해설 압밀소요시간(양면배수조건)

$$t_{60}=\frac{T_v\cdot H^2}{C_v}=\frac{0.287\times\left(\frac{500}{2}\right)^2}{3.6\times10^{-4}}=49,826,388.89\text{초}$$

$\therefore\ 49,826,388.89\times\dfrac{1}{60\times60\times24\times365}=1.6$년

54. 그림과 같은 점토지반에 재하순간 A점에서의 물의 높이가 그림에서와 같이 점토층의 윗면으로부터 5m였다. 이러한 물의 높이가 4m까지 내려오는 데 50일이 걸렸다면, 50% 압밀이 일어나는 데는 며칠이 더 걸리겠는가?(단, 10% 압밀 시 압밀계수 $T_v=0.008$, 20% 압밀 시 $T_v=0.031$, 50% 압밀 시 $T_v=0.197$이다.) [기 16]

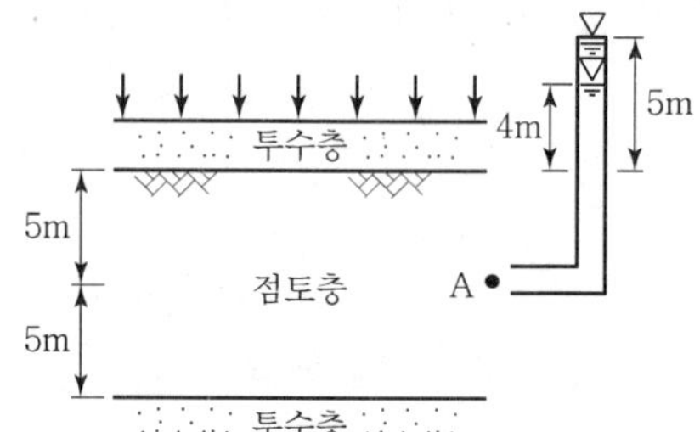

㉮ 268일 ㉯ 618일
㉰ 1,181일 ㉱ 1,231일

해설
- 압밀도 $U=\dfrac{u_1-u_2}{u_1}\times100(\%)=\dfrac{5-4}{5}\times100$
$=20\%$
- 압밀계수 $C_v=\dfrac{T_v\cdot H^2}{t_{20}}=\dfrac{0.031\times5^2}{50}$
$=0.0155\text{m}^2/\text{day}$
- 압밀소요시간 $t_{50}=\dfrac{T_v\cdot H^2}{C_v}=\dfrac{0.197\times5^2}{0.0155}$
$=318$일

∴ 318일 − 50일 = 268일

55. 두께 5m의 점토층을 90% 압밀하는 데 50일이 걸렸다. 같은 조건하에서 10m의 점토층을 90% 압밀하는 데 걸리는 시간은? [기 09,16]

㉮ 100일 ㉯ 160일
㉰ 200일 ㉱ 240일

해설
침하시간 $t_{90}=\dfrac{T_v\cdot H^2}{C_v}$에서

$\therefore\ t_{90}\propto H^2$ 관계

$t_1:H_1^{\ 2}=t_2:H^2\qquad 50:5^2=t_2:10^2$

$\therefore\ t_2=200$일

 |해답| 52. ㉯ 53. ㉯ 54. ㉮ 55. ㉰

56. 두께 2cm인 점토시료의 압밀시험결과 전 압밀량의 90%에 도달하는 데 1시간이 걸렸다. 만일 같은 조건에서 같은 점토로 이루어진 2m의 토층 위에 구조물을 축조한 경우 최종침하량의 90%에 도달하는 데 걸리는 시간은? [기 15]

㉮ 약 250일　　㉯ 약 368일
㉰ 약 417일　　㉱ 약 525일

해설 압밀 소요시간

$t_{90} = \dfrac{T_v \cdot H^2}{C_v}$ 에서

$t_{90} \propto H^2$ 관계

$t_1 \ : \ H_1{}^2 = t_2 \ : \ H^2 \qquad 1 \ : \ 2^2 = t_2 \ : \ 200^2$

$\therefore \ t_2 = 10{,}000\text{hr} \fallingdotseq 417$일

57. 점토층이 소정의 압밀도에 도달 소요시간이 단면배수일 경우 4년이 걸렸다면 양면배수일 때는 몇 년이 걸리겠는가? [산 10,16]

㉮ 1년　　㉯ 2년
㉰ 4년　　㉱ 16년

해설 압밀소요시간

$t = \dfrac{T_v \cdot H^2}{C_v}$ 이므로

압밀시간 t는 점토의 두께(배수거리) H의 제곱에 비례

$t_1 : H^2 = t_2 : H^2 \qquad 4 : H^2 = t_2 : \left(\dfrac{H}{2}\right)^2$

$\therefore \ t_2 = \dfrac{4 \times \left(\dfrac{H}{2}\right)^2}{H^2} = 1$년

(여기서, 단면배수의 배수거리는 H 양면배수의 배수거리는 $\dfrac{H}{2}$ 이다.)

58. 두께 H인 점토층에 압밀하중을 가하여 요구되는 압밀도에 달할 때까지 소요되는 기간이 단면배수일 경우 400일이었다면 양면배수일 때는 며칠이 걸리겠는가? [기 14]

㉮ 800일　　㉯ 400일
㉰ 200일　　㉱ 100일

해설 압밀소요시간

$t = \dfrac{T_v \cdot H^2}{C_v}$ 이므로

압밀시간 t는 점토의 두께(배수거리) H의 제곱에 비례

$t_1 : H^2 = t_2 : \left(\dfrac{H}{2}\right)^2$

$400 : H^2 = t_2 : \left(\dfrac{H}{2}\right)^2$

$\therefore \ t_2 = \dfrac{400 \times \left(\dfrac{H}{2}\right)^2}{H^2} = 100$일

(여기서, 단면배수의 배수거리는 H, 양면배수의 배수거리는 $\dfrac{H}{2}$ 이다.)

59. 10m 두께의 포화된 정규압밀점토층의 지표면에 매우 넓은 범위에 걸쳐 5.0t/m²의 등분포하중이 작용한다. 포화단위중량 r_{sat} =2.0t/m³, 압축지수(C_c)=0.8, e_o =0.6, 압밀계수 C_v =4×10⁻⁵ cm²/sec일 때 다음 설명 중 틀린 것은?(단, 지하수위는 점토층 상단에 위치한다.) [기 10]

㉮ 초기과잉간극수압의 크기는 5.0t/m²이다.
㉯ 점토층에 설치한 피에조미터의 재하 직후 물의 상승고는 점토층 상면으로부터 5m이다.
㉰ 압밀침하량이 75.25cm 발생하면 점토층의 평균 압밀도는 50%이다.
㉱ 일면배수조건이라면 점토층이 50% 압밀하는 데 소요일수는 24,500일이다.

해설 침하시간(일면배수조건)

$t_{50} = \dfrac{T_v \cdot H^2}{C_v} = \dfrac{0.197 \times 1{,}000^2}{4 \times 10^{-5}}$

$= 4{,}925{,}000{,}000$초

$\therefore \ 4{,}925{,}000{,}000 \times \dfrac{1}{60 \times 60 \times 24} = 57{,}002.3$일

|해답| 56. ㉰ 57. ㉮ 58. ㉱ 59. ㉱

60. 어떤 점토의 압밀계수는 1.9210⁻³cm²/sec, 압축계수는 2.8610⁻²cm²/g이었다. 이 점토의 투수계수는?(단, 이 점토의 초기 간극비는 0.8이다.) [기 09]

㉮ 1.05×10^{-5}cm/sec
㉯ 2.05×10^{-5}cm/sec
㉰ 3.05×10^{-5}cm/sec
㉱ 4.05×10^{-5}cm/sec

해설 압밀시험에 의한 투수계수

$$K = C_v \cdot m_v \cdot r_w = C_v \cdot \frac{a_v}{1+e} \cdot r_w$$
$$= 1.92 \times 10^{-3} \times \frac{2.86 \times 10^{-2}}{1+0.8} \times 1$$
$$= 3.05 \times 10^{-5}\text{cm/sec}$$

61. 어느 점토의 압밀계수 C_v=1.640×10⁻⁴cm²/sec, 압축계수 a_v=2.820×10⁻²cm²/kg이다. 이 점토의 투수계수는?(단, 간극비 e=1.0) [산 08,13]

㉮ 8.014×10^{-9}cm/sec
㉯ 6.646×10^{-9}cm/sec
㉰ 4.624×10^{-9}cm/sec
㉱ 2.312×10^{-9}cm/sec

해설 압밀시험에 의한 투수계수

$$K = C_v \cdot m_v \cdot r_w = C_v \cdot \frac{a_v}{1+e} \cdot r_w$$
$$= 1.640 \times 10^{-4} \times \frac{2.820 \times 10^{-2} \times 10^{-3}}{1+1.0} \times 1$$
$$= 2.312 \times 10^{-9}\text{cm/sec}$$

(여기서, 압축계수 a_v를 cm²/kg에서 cm²/g로 단위환산)

5. 선행압밀하중

62. 압밀이론에서 선행압밀하중에 대한 설명 중 옳지 않은 것은? [기 09]

㉮ 현재 지반 중에서 과거에 받았던 최대의 압밀하중이다.
㉯ 압밀소요시간의 추정이 가능하여 압밀도 산정에 사용된다.
㉰ 주로 압밀시험으로부터 작도한 $e-\log P$ 곡선을 이용하여 구할 수 있다.
㉱ 현재의 지반 응력상태를 평가할 수 있는 과압밀비 산정 시 이용된다.

해설 선행압밀하중
시료가 과거에 받았던 최대의 압밀하중을 말하며, 하중과 간극비 곡선으로 구하며 과압밀비(OCR) 산정에 이용된다.

63. 선행압밀하중은 다음 중 어느 곡선에서 구하는가? [산 15]

㉮ 압밀하중($\log p$) − 간극비(e) 곡선
㉯ 압밀하중(p) − 간극비(e) 곡선
㉰ 압밀시간($\sqrt{t}$) − 압밀침하량(d) 곡선
㉱ 압밀하중($\log t$) − 압밀침하량(d) 곡선

해설 선행압밀하중
시료가 과거에 받았던 최대의 압밀하중을 말한다. 하중($\log P$)과 간극비(e) 곡선으로 구하며 과압밀비(OCR) 산정에 이용된다.

64. 점토에서 과압밀이 발생하는 원인으로 가장 거리가 먼 것은? [기 09]

㉮ 지질학적 침식으로 인한 전응력의 변화
㉯ 2차 압밀에 의한 흙 구조의 변화
㉰ 선행하중 재하시 투수계수의 변화
㉱ pH, 염분 농도와 같은 환경적인 요소의 변화

해설 과압밀 발생원인
① 전응력 변화
② 흙구조 변화
③ 환경적인 요소변화

 |해답| 60. ㉰ 61. ㉱ 62. ㉯ 63. ㉮ 64. ㉰

Chapter 06

흙의 전단강도

Contents

흙의 전단

1. 전단강도

흙의 전단강도는 흙입자 사이에 작용하는 강도정수인 점착력과 내부마찰각을 구하여 측정한다.

(1) 전단응력(Shear Stress)

흙의 자중이나 외부하중에 의해 흙 속의 전단면에 발생하는 응력

(2) 전단저항(Shear Resistance)

흙 속에 전단응력이 발생하면 활동에 대한 저항하려는 힘이 발생하는데 이를 전단저항이라 한다.

(3) 전단강도(Shear Strength)

전단저항의 최대값. 즉, 전단저항의 한계치로서 전단응력이 전단저항을 초과하는 순간 흙의 파괴가 일어난다.

2. Coulomb의 전단강도

$$S = \tau = c + \sigma' \tan\phi$$

여기서, S : 흙의 파괴시 전단강도
τ : 흙의 비파괴시 전단강도
σ' : 전단면에 작용하는 유효수직응력
c : 점착력
ϕ : 내부마찰각

(1) 토질에 따른 전단강도

① 일반 흙 : $c \neq 0$, $\phi \neq 0$

$$\tau = c + \sigma' \tan\phi$$

② 모래(사질토) : $c = 0$, $\phi \neq 0$

순수 모래는 이론상 점착력이 0이므로

$$\tau = \sigma' \tan\phi$$

③ 점토(점성토) : $c \neq 0,\ \phi = 0$

순수 점토는 이론상 내부마찰력이 0이므로

$$\tau = c$$

3. 주응력과 Mohr의 응력원

지반 내 한 지점에 응력이 발생하면 그 지점에 전단응력이 0이 되는 3개의 직교하는 평면이 존재하는데 이를 주응력면이라 하고, 이 면에 법선방향으로 작용하는 응력을 주응력이라 한다.

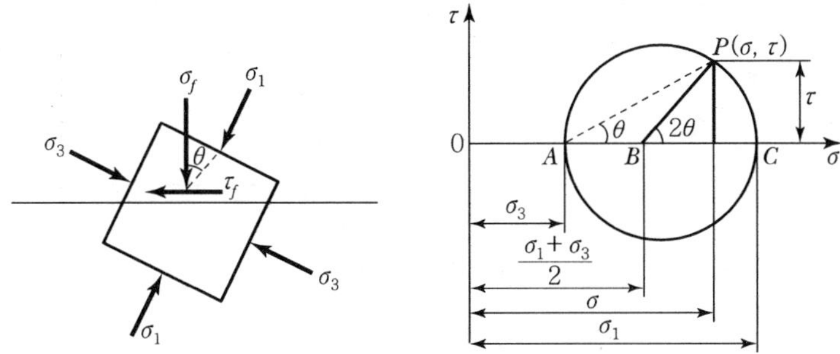

[주응력과 Mohr의 응력원]

(1) 파괴면에 작용하는 수직응력

$$\sigma = \frac{\sigma_1 + \sigma_3}{2} + \frac{\sigma_1 - \sigma_3}{2}\cos 2\theta$$

(2) 파괴면에 작용하는 전단응력

$$\tau = \frac{\sigma_1 - \sigma_3}{2}\sin 2\theta$$

(3) 최대주응력면과 파괴면이 이루는 각

$$\theta = 45° + \frac{\phi}{2}$$

여기서, σ_1 : 최대주응력

σ_3 : 최소주응력

ϕ : 내부마찰각

직접전단시험

사질점토지반의 강도정수(c, ϕ)를 결정하여 흙의 전단강도를 산정한다.

1. 직접 전단시험기

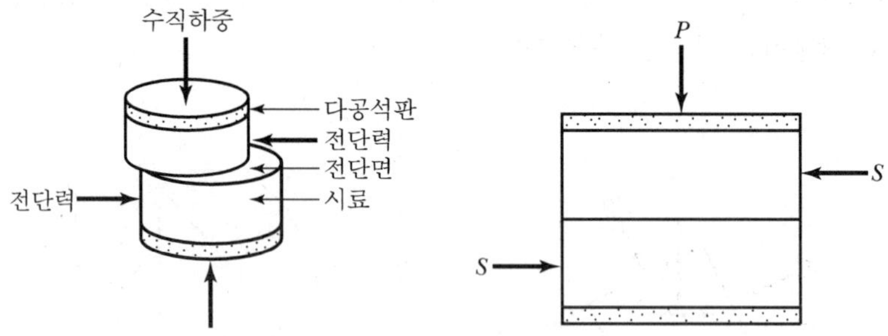

[직접 전단시험기]

(1) 1면 전단시험

$$\sigma = \frac{P}{A},\ \tau = \frac{S}{A}$$

여기서, σ : 수직응력
P : 수직하중
A : 전단면적
τ : 전단응력
S : 전단력

(2) 직접 전단시험 결과

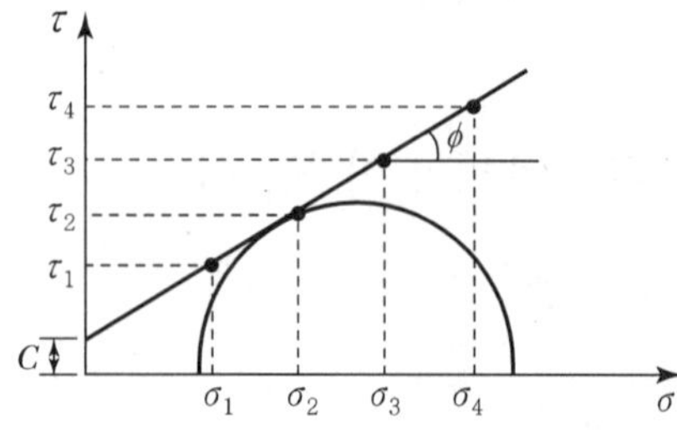

[파괴포락선]

2. 모래지반의 전단특성

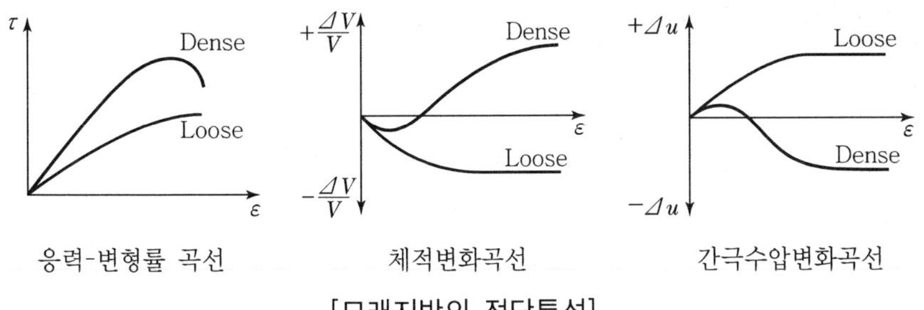

[모래지반의 전단특성]

(1) 한계밀도, 한계간극비

전단시 조밀한 모래는 체적이 증가하고, 느슨한 모래는 체적이 감소하는데, 더 이상 체적의 증감현상이 없는 때를 한계밀도, 한계간극비라 한다.

(2) Dilatancy

전단시 조밀한 모래의 경우 전단면의 모래가 이동하면서 다른 입자를 누르고 넘어가기 때문에 체적팽창현상이 생기는데 이러한 현상을 다일러턴시라 한다.

(3) 액화현상(Liquefaction)

느슨하고 포화된 가는 모래지반에 지진이나 폭파, 기타 진동으로 인한 충격을 가하면 체적이 감소하면서 정(+)의 간극수압이 발생하여 유효응력이 감소하게 되어 전단강도가 작아지는 현상

$$\tau = \sigma' \cdot \tan\phi = (\sigma - u) \cdot \tan\phi$$

Section 03 일축압축시험

측압을 받지 않은 공시체의 최대 압축응력을 측정하는 시험으로 점성토의 일축압축강도와 예민비를 구하기 위해 행한다.

1. 일축압축시험

① 흙시료가 자립해 있어야 하므로 일축시험은 점성토에 대해서만 시행한다.

② 배수조건을 조절할 수 없으므로 비배수 조건에서의 시험 결과밖에 얻지 못한다.

③ 삼축압축시험에서 $\sigma_3 = 0$인 비압밀비배수(UU-Test) 조건의 시험과 같다.

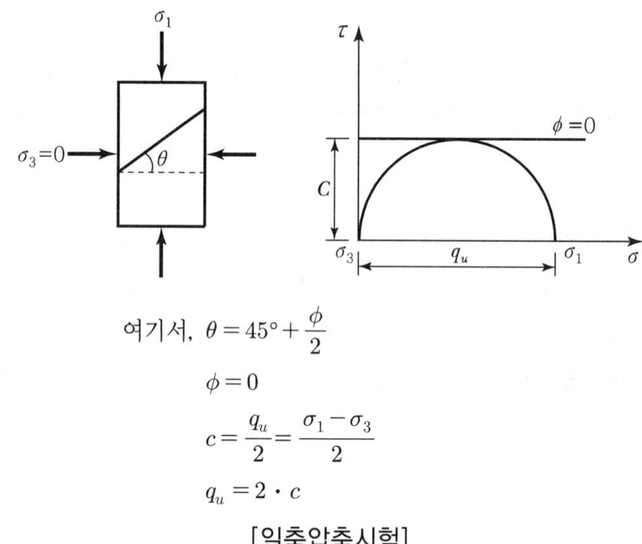

여기서, $\theta = 45° + \frac{\phi}{2}$

$\phi = 0$

$c = \frac{q_u}{2} = \frac{\sigma_1 - \sigma_3}{2}$

$q_u = 2 \cdot c$

[일축압축시험]

2. 일축압축강도

(1) 압축응력

$$q_u = \frac{P}{A_o} = \frac{P}{\frac{A}{1-\varepsilon}} = \frac{P}{\frac{A}{1-\frac{\Delta L}{L}}}$$

여기서, q_u : 일축압축강도(압축응력)

P : 압축하중

A_o : 파괴시 단면적

A : 시료의 단면적

ε : 압축변형($\dfrac{\Delta L}{L}$)

(2) 일축압축강도

$$q_u = 2 \cdot c \cdot \tan\theta = 2 \cdot c \cdot \tan\left(45° + \frac{\phi}{2}\right)$$

여기서, $\phi = 0$인 점성토에서

$$q_u = 2 \cdot c \cdot \tan\left(45° + \frac{0}{2}\right) = 2 \cdot c$$

$$\therefore\ c = \frac{q_u}{2}$$

(3) 일축압축강도와 N치의 관계식

① Terzaghi 식

$$q_u = \frac{N}{8}$$

② 전단강도

$\phi = 0$인 점성토에서 $\tau = c$, $q_u = 2 \cdot c$이므로

$$\tau = c = \frac{q_u}{2}$$

③ 관계식

$$q_u = \frac{N}{8} \rightarrow \tau = c = \frac{q_u}{2} = \frac{N}{16} = 0.0625 \cdot N$$

3. 점토지반의 전단특성

(1) 예민비

자연상태시료(불교란시료)의 일축압축강도와 흐트러진 시료(교란시료)의 일축압축강도의 비를 예민비(Sensitivity Ratio, S_t)라 한다.

$$S_t = \frac{q_u}{q_{ur}}$$

여기서, S_t : 예민비
q_u : 불교란 시료의 일축압축강도
q_{ur} : 교란 시료의 일축압축강도

① 예민비가 클수록 공학적으로 불안정한 지반이다.
② 점성토는 함수비가 같은 불교란시료의 일축압축강도와 흐트러진 같은 흙을 되비빔한 시료의 일축압축강도가 다르다.
③ 즉, 예민비가 큰 점성토의 흐트러진 시료의 전단강도는 매우 작아진다.

(2) 딕소트로피 현상(Thixotrophy)

흐트러진 시료(교란된 시료)는 강도가 작아지지만 함수비 변화 없이 그대로 방치하면 시간이 경과되면서 손실된 강도를 일부 회복하는 현상

Section 04 삼축압축시험

전단강도는 유효응력에 의해 산정되므로 간극수압을 파악해야 한다. 즉, 배수조건에 따라 전단강도가 다르기 때문에 삼축압축시험은 자연상태 현장조건과 거의 같은 조건을 만들어 배수조건 변화에 따른 c, ϕ, 간극수압을 구하는 실내전단강도시험이다.

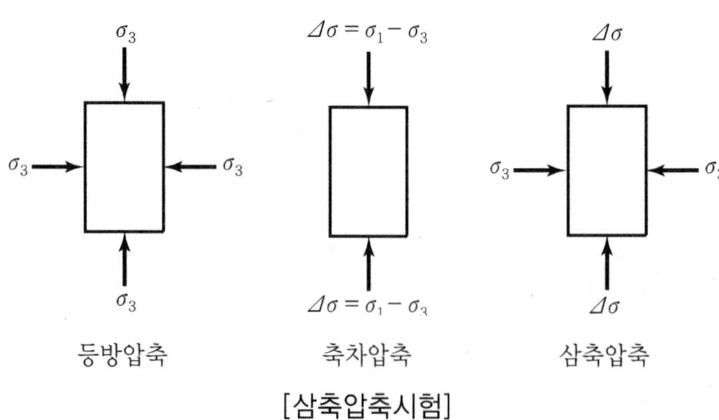

[삼축압축시험]

1. 삼축압축시험 결과

① 액압(구속응력) : σ_3

② 축차응력 : $\Delta\sigma = \sigma_1 - \sigma_3$

③ 주압(최대 주응력) : $\sigma_1 = \Delta\sigma + \sigma_3$

④ 내부마찰각 : $\phi = \sin^{-1}\dfrac{\sigma_1 - \sigma_3}{\sigma_1 + \sigma_3}$

⑤ 전단응력 : $\tau = \dfrac{\sigma_1 - \sigma_3}{2}\sin 2\theta$

2. 삼축압축시험 종류

(1) 비압밀 비배수 시험(UU-Test)

① 초기재하시(등방압축), 전단시(축차압축) 간극수 배출하지 않음

② 단기안정검토 : 시공 직후 파괴가 예상될 때

(2) 압밀 비배수 시험(CU-Test)

① 초기재하시(등방압축), 간극수 배출, 전단시(축차압축) 간극수 배출하지 않음

② 압밀 후 급격한 재하시 안정검토 : 압밀 후 급속한 파괴가 예상될 때

③ 간극수압을 측정하여 유효응력으로 정리하면 압밀배수시험(CD-Test)과 거의 같은 전단상수를 얻는다.

(3) 압밀 배수 시험(CD-Test)

① 초기재하시(등방압축), 전단시(축차압축) 간극수 배출

② 장기안정검토 : 압밀이 서서히 진행되어 완만한 파괴가 예상될 때

3. 간극수압 계수

간극수압 증가량과 전응력 증가량의 비

$$\text{간극수압계수} = \frac{\text{간극수압 증가량}}{\text{전응력 증가량}}$$

(1) B계수 : 등방압축 경우의 간극수압계수

$$B = \frac{\Delta u}{\Delta\sigma_3}$$

$$S_r = 100\% \rightarrow B = 1$$

$$S_r = 0\% \rightarrow B = 0$$

(2) **D계수 :** 일축압축 경우의 간극수압계수

$$B = \frac{\Delta u}{\Delta \sigma} = \frac{\Delta u}{\Delta \sigma_1 - \Delta \sigma_3}$$

(3) **A계수 :** 삼축압축 경우의 간극수압계수

$$A = \frac{D}{B} = \frac{\Delta u - \Delta \sigma_3}{\Delta \sigma_1 - \Delta \sigma_3}$$

① 등방압축 경우의 간극수압 : $\Delta u = B \cdot \Delta \sigma_3$
② 일축압축 경우의 간극수압 : $\Delta u = D \cdot \Delta \sigma$
③ 삼축압축 경우의 간극수압 : 등방압축 간극수압 + 일축압축 간극수압

$$\begin{aligned} \Delta u &= B \cdot \Delta \sigma_3 + D \cdot \Delta \sigma \\ &= B \cdot \Delta \sigma_3 + D \cdot (\Delta \sigma_1 - \Delta \sigma_3) \\ &= B \cdot [\Delta \sigma_3 + A \cdot (\Delta \sigma_1 - \Delta \sigma_3)] \end{aligned}$$

Section 05 응력경로

응력이 변화하는 동안 각 응력상태에 대한 Mohr 원의 최대전단응력을 나타내는 (p, q) 점들을 연결한 선분을 응력경로(Stress Path)라 하고, 응력경로는 지반 내 한 요소가 받는 하중의 변화과정을 응력평면 위에 나타낸 것으로 전응력 경로와 유효응력 경로로 나눌 수 있다.

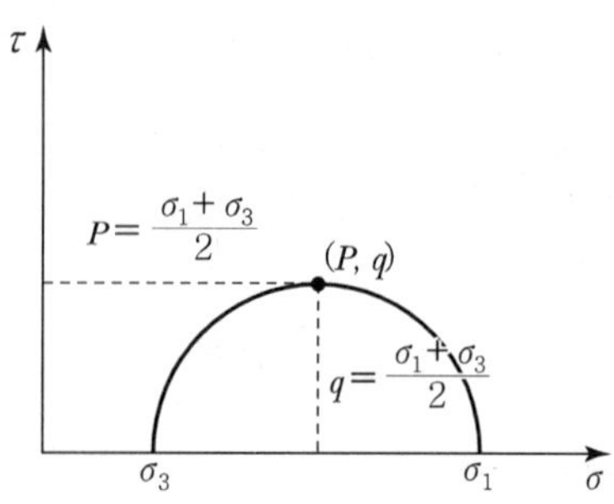

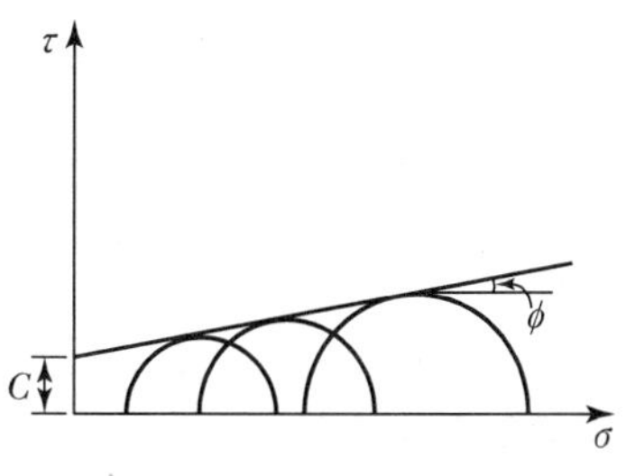

Mohr-coulomb 파괴포락선

$P-q$ Diagram K_f Line

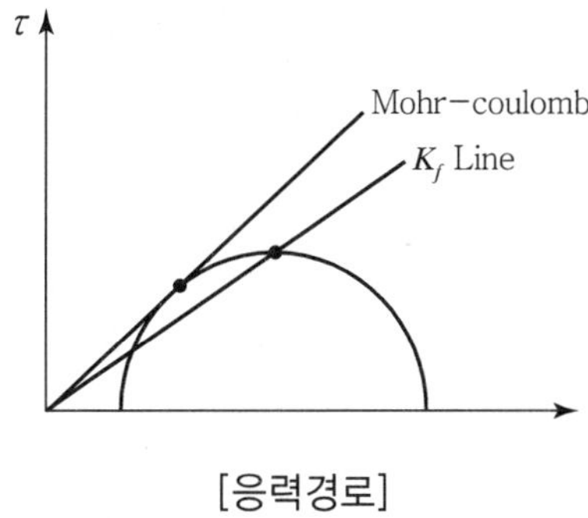

[응력경로]

1. 응력경로(k_f Line)와 파괴포락선(Mohr - Coulomb)의 관계

(1) $\sin\phi = \tan\alpha$

$\therefore\ \phi = \sin^{-1} \cdot \tan\alpha$

(2) $m = c \cdot \cos\phi$

$\therefore\ c = \dfrac{m}{\cos\phi}$

Item pool
예상문제 및 기출문제

1. 흙의 전단

01. 다음 중 흙의 강도를 구하는 실험이 아닌 것은? [기 10]

㉮ 압밀시험　㉯ 직접전단시험
㉰ 일축압축시험　㉱ 삼축압축시험

■해설 전단강도시험 종류
① 직접전단시험
② 일축압축시험
③ 삼축압축시험

02. 흐트러진 흙을 자연상태의 흙과 비교하였을 때 잘못된 설명은? [산 14]

㉮ 투수성이 크다.
㉯ 간극이 크다.
㉰ 전단강도가 크다.
㉱ 압축성이 크다.

■해설

구분	흐트러진 흙	자연 상태의 흙
투수성	투수성이 크다.	투수성이 작다.
간극	간극이 크다.	간극이 작다.
전단강도	전단강도가 작다.	전단강도가 크다.
압축성	압축성이 크다.	압축성이 작다.

∴ 흐트러진 흙은 자연상태의 흙보다 전단강도가 작다.

03. 다음 중 흙 속의 전단강도를 감소시키는 요인이 아닌 것은? [산 14]

㉮ 공극수압의 증가
㉯ 흙다짐의 불충분
㉰ 수분증가에 따른 점토의 팽창
㉱ 지반에 약액 등의 고결제 주입

■해설 전단강도 감소 요인
① 간극수압의 증가
② 수분 증가에 의한 점토의 팽창
③ 수축, 팽창, 인장에 의한 미세균열
④ 느슨한 토립자의 진동
⑤ 동결 및 융해
⑥ 다짐 불량
⑦ 결합재 성질의 연약화
⑧ 예민한 흙 속의 변형
∴ 지반에 약액 등의 고결제를 주입하면 지반의 개량효과로 전단강도가 증가됨

04. 전단응력을 증가시키는 외적인 요인이 아닌 것은? [산 15]

㉮ 간극수압의 증가
㉯ 지진, 발파에 의한 충격
㉰ 인장응력에 의한 균열의 발생
㉱ 함수량 증가에 의한 단위중량 증가

■해설 내적 요인과 외적 요인

전단응력을 증가시키는 요인(외적 요인)	전단강도를 감소시키는 요인(내적 요인)
외적 하중 작용	간극수압의 증가
함수비 증가에 따른 흙의 단위중량 증가	느슨한 토립자의 진동
인장응력에 의한 균열의 발생	결합재 성질의 연약화
균열 내에 작용하는 수압	수축팽창, 인장에 의한 미세한 균열
굴착에 의한 흙의 일부 제거	흙다짐의 불충분
지진, 폭파 등에 의한 진동	수분 증가에 따른 점토의 팽창
투수, 침식 또는 인공에 의한 지하공동 형성	동결이나 아이스렌즈의 융해

 |해답| 01. ㉮ 02. ㉰ 03. ㉱ 04. ㉮

05. 흙의 전단강도(τ)에 관한 설명 중 옳지 않은 것은? [산 08]

㉮ 순수 점토에서는 $\phi=0$이므로 $\tau=C$이다.
㉯ 순수 모래에서는 $C=0$이므로 $\tau=\sigma\cdot\tan\phi$이다.
㉰ 실트에서는 $C=0$이므로 $\tau=\sigma\cdot\tan\phi$이다.
㉱ 일반 흙에서는 $\phi>0$, $C>0$이므로 $\tau=C+\sigma\cdot\tan\phi$이다.

■ 해설 전단강도 $\tau=C+\sigma\tan\phi$에서
강도정수 점착력 C, 내부마찰각 ϕ는
순수 모래에서 $C=0$
순수 점토에서 $\phi=0$이다.
• 실트에서는 $C\neq0$이다.

06. Mohr 응력원에 대한 설명 중 옳지 않은 것은? [기 09,16]

㉮ 임의 평면의 응력상태를 나타내는 데 매우 편리하다.
㉯ 평면기점(Origin Of Plane, O_p)은 최소주응력을 나타내는 원호 상에서 최소주응력면과 평행선이 만나는 점을 말한다.
㉰ σ_1과 σ_3의 차의 벡터를 반지름으로 해서 그린 원이다.
㉱ 한 면에 응력이 작용하는 경우 전단력이 0이면, 그 연직응력을 주응력으로 가정한다.

■ 해설

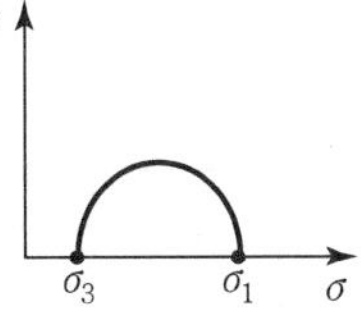

Mohr 응력원은 σ_1과 σ_3의 차의 벡터를 지름으로 해서 그린 원이다.

07. Mohr의 응력원에 대한 설명 중 틀린 것은? [기 13]

㉮ Mohr의 응력원에 접선을 그었을 때 종축과 만나는 점이 점착력 C이고, 그 접선의 기울기가 내부마찰각 ϕ이다.
㉯ Mohr의 응력원이 파괴포락선과 접하지 않을 경우 전단파괴가 발생됨을 뜻한다.
㉰ 비압밀비배수 시험조건에서 Mohr의 응력원은 수평축과 평행한 형상이 된다.
㉱ Mohr의 응력원에서 응력상태는 파괴포락선 위쪽에 존재할 수 없다.

■ 해설

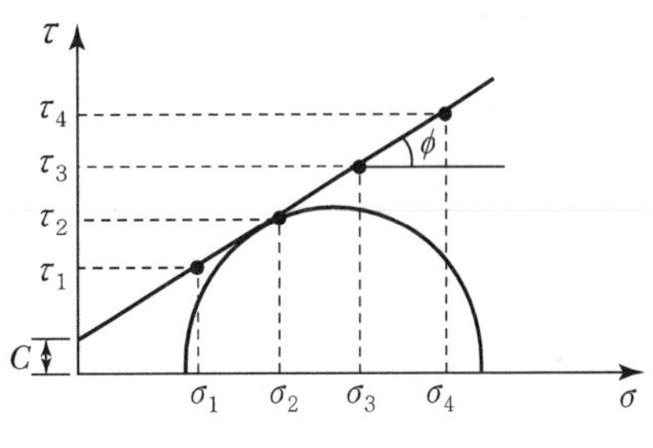

[파괴포락선]

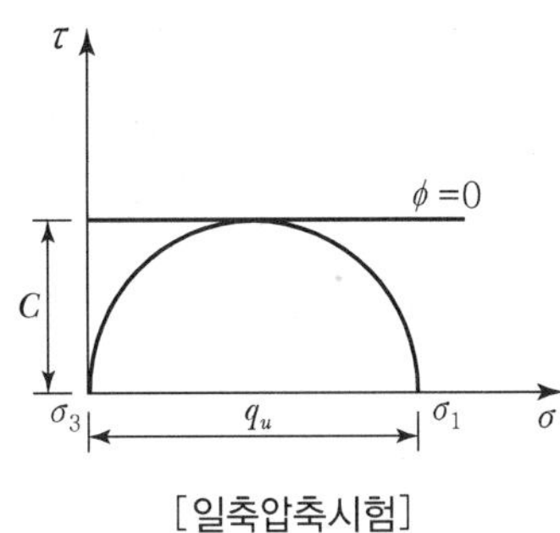

[일축압축시험]

∴ Mohr의 응력원이 파괴포락선과 접하지 않을 경우 전단파괴가 발생되지 않았음을 뜻한다.

08. 흙 속에 있는 한 점의 최대 및 최소 주응력이 각각 2.0kg/cm² 및 1.0kg/cm²일 때 최대 주응력면과 30°를 이루는 평면상의 전단응력을 구한 값은? [기 08,10]

㉮ 0.105kg/cm²
㉯ 0.215kg/cm²
㉰ 0.323kg/cm²
㉱ 0.433kg/cm²

■ 해설 전단응력

$$\tau=\frac{\sigma_1-\sigma_3}{2}\sin2\theta$$
$$=\frac{2.0-1.0}{2}\sin(2\times30^\circ)$$
$$=0.433\text{kg/cm}^2$$

|해답| 05. ㉰ 06. ㉰ 07. ㉯ 08. ㉱

09. 최대주응력이 10t/m², 최소주응력이 4t/m²일 때 최소주응력 면과 45°를 이루는 평면에 일어나는 수직응력은? [기 16]

㉮ $7t/m^2$ ㉯ $3t/m^2$
㉰ $6t/m^2$ ㉱ $4\ t/m^2$

해설 수직응력 $\sigma = \dfrac{\sigma_1+\sigma_3}{2} + \dfrac{\sigma_1-\sigma_3}{2}\cos 2\theta$

$= \dfrac{10+4}{2} + \dfrac{10-4}{2}\cos(2\times 45°)$

$= 7t/m^2$

10. 원주상의 공시체에 수직응력이 1.0kg/cm², 수평응력이 0.5kg/cm²일 때 공시체의 각도 30° 경사면에 작용하는 전단응력은? [산 11,15]

㉮ $0.17kg/cm^2$ ㉯ $0.22kg/cm^2$
㉰ $0.35kg/cm^2$ ㉱ $0.43kg/cm^2$

해설 주응력과 Mohr원

전단응력 $\tau = \dfrac{\sigma_1-\sigma_3}{2}\sin 2\theta$

$= \dfrac{1-0.5}{2}\sin(2\times 30°)$

$= 0.22kg/cm^2$

11. 다음은 정규압밀점토의 삼축압축 시험결과를 나타낸 것이다. 파괴시의 전단응력 τ와 수직응력 σ를 구하면? [기 12,16]

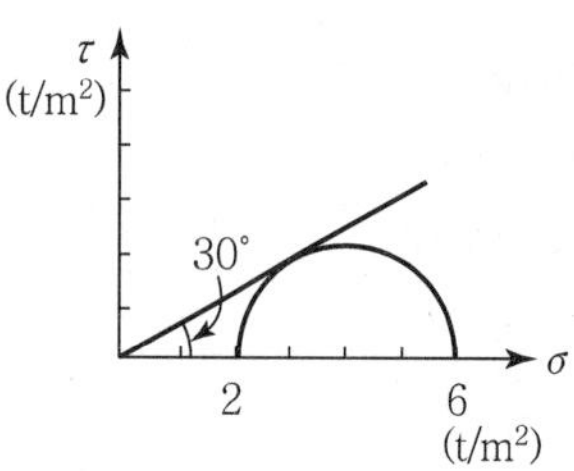

㉮ $\tau = 1.73t/m^2,\ \sigma = 2.50t/m^2$
㉯ $\tau = 1.41t/m^2,\ \sigma = 3.00t/m^2$
㉰ $\tau = 1.41t/m^2,\ \sigma = 2.50t/m^2$
㉱ $\tau = 1.73t/m^2,\ \sigma = 3.00t/m^2$

해설
- 최대주응력 $\sigma_1 = 6t/m^2$
- 최소주응력 $\sigma_3 = 2t/m^2$
- 파괴면과 이루는 각도

$\theta = 45° + \dfrac{\phi}{2} = 45° + \dfrac{30°}{2} = 60°$

- 수직응력 $\sigma = \dfrac{\sigma_1+\sigma_3}{2} + \dfrac{\sigma_1-\sigma_3}{2}\cos 2\theta$

$= \dfrac{6+2}{2} + \dfrac{6-2}{2}\cos(2\times 60°)$

$= 3t/m^2$

- 전단응력 $\tau = \dfrac{\sigma_1-\sigma_3}{2}\sin 2\theta$

$= \dfrac{6-2}{2}\sin(2\times 60°)$

$= 1.73t/m^2$

2. 직접전단시험

12. 흙 시료의 전단파괴면을 미리 정해놓고 흙의 강도를 구하는 시험은? [기 11]

㉮ 일축압축시험
㉯ 삼축압축시험
㉰ 직접전단시험
㉱ 평판재하시험

해설 직접전단시험기

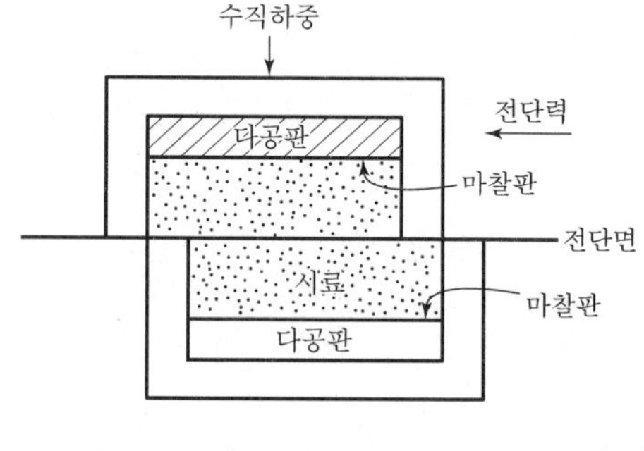

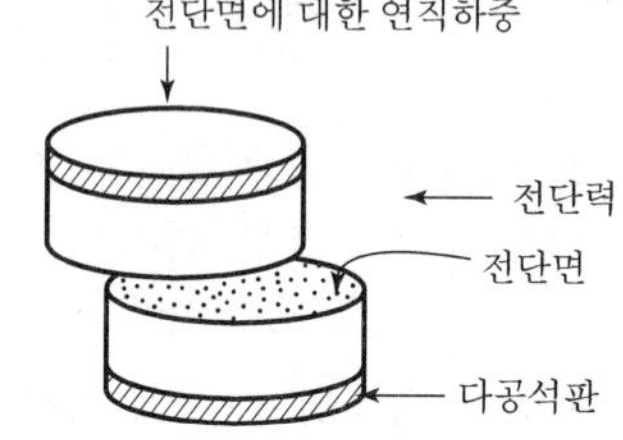

 |해답| 09. ㉮ 10. ㉯ 11. ㉱ 12. ㉰

13. 다음 중 직접전단시험의 특징이 아닌 것은? [산 11,16]

㉮ 배수조건에 대한 완벽한 조절이 가능하다.
㉯ 시료의 경계에 응력이 집중된다.
㉰ 전단면에 미리 정해진다.
㉱ 시험이 간단하고 결과 분석이 빠르다.

해설 직접전단시험
사질점토지반의 점착력 C와 내부마찰각 ϕ을 구하기 위하여 행하는 실내전단시험으로 배수조건에 변화가 없다.

14. 점성토의 비배수 전단강도를 구하는 시험으로 가장 적합하지 않은 것은? [기 12]

㉮ 일축압축시험
㉯ 비압밀비배수 삼축압축시험(UU)
㉰ 베인시험
㉱ 직접전단강도시험

해설 직접전단시험은 사질점토지반의 점착력(C)과 내부마찰각(ϕ)를 구하기 위하여 시행한다.
이때, 점토의 전단강도를 측정하는 방법에는 저속시험(압밀배수)과 급속시험(비압밀비배수)이 있다.

15. 어떤 흙의 직접 전단 시험에서 수직하중 50kg일 때 전단력이 23kg이었다. 수직응력(σ)과 전단응력(τ)은 얼마인가?(단, 공시체의 단면적은 20cm²이다.) [산 14]

㉮ $\sigma=1.5\text{kg/cm}^2$, $\tau=0.90\text{kg/cm}^2$
㉯ $\sigma=2.0\text{kg/cm}^2$, $\tau=1.05\text{kg/cm}^2$
㉰ $\sigma=2.5\text{kg/cm}^2$, $\tau=1.15\text{kg/cm}^2$
㉱ $\sigma=1.0\text{kg/cm}^2$, $\tau=0.65\text{kg/cm}^2$

해설 1면 전단시험

$$\sigma=\frac{P}{A}=\frac{50}{20}=2.5\text{kg/cm}^2$$

$$\tau=\frac{S}{A}=\frac{23}{20}=1.15\text{kg/cm}^2$$

16. 2면 직접전단실험에서 전단력이 30kg, 시료의 단면적이 10cm²일 때의 전단응력은? [산 14]

㉮ 1.5kg/cm² ㉯ 3kg/cm²
㉰ 6kg/cm² ㉱ 7.5kg/cm²

해설 2면 직접전단실험

$$\tau=\frac{S}{2A}=\frac{30}{2\times10}=1.5\text{kg/cm}^2$$

17. 어떤 흙의 전단시험결과 $c=1.8\text{kg/cm}^2$, $\phi=35°$, 토립자에 작용하는 수직응력 $\sigma=3.6\text{kg/cm}^2$일 때 전단강도는? [산 10,14/기 09]

㉮ 4.89kg/cm² ㉯ 4.32kg/cm²
㉰ 6.33kg/cm² ㉱ 3.86kg/cm²

해설 전단강도

$$\tau=C+\sigma\tan\phi=18+3.6\tan30°=4.32\text{kg/cm}^2$$

18. 점착력이 0.1kg/cm², 내부마찰각이 30°인 흙에 수직응력 20kg/cm²를 가할 경우 전단응력은? [기 15]

㉮ 20.1kg/cm² ㉯ 6.76kg/cm²
㉰ 1.16kg/cm² ㉱ 11.65kg/cm²

해설 전단강도

$$\tau=C+\sigma\tan\phi=0.1+20\tan30°=11.65\text{kg/cm}^2$$

19. 수직응력이 6.0kg/cm²이고 흙의 내부 마찰각이 45°일 때 모래의 전단강도는?(단, 점착력=0) [산 12]

㉮ 6.0kg/cm² ㉯ 4.8kg/cm²
㉰ 3.6kg/cm² ㉱ 2.4kg/cm²

해설 전단강도

$$\tau=C+\sigma\tan\phi=0+6\tan45°=6.0\text{kg/cm}^2$$

|해답| 13. ㉮ 14. ㉱ 15. ㉰ 16. ㉮ 17. ㉯ 18. ㉱ 19. ㉮

20. 건조한 흙의 직접전단 시험 결과 수직응력이 4.0kg/m²일 때 전단저항은 3.0kg/cm²이고, 점착력은 0.5kg/cm²이었다. 이 흙의 내부마찰각은? [산 08,14,16]

㉮ 30.2° ㉯ 32°
㉰ 36.6° ㉱ 41.2°

해설 전단강도 $\tau = C + \sigma\tan\phi$에서

$$30 = 0.5 + 4.0\tan\phi$$

$$\tan\phi = \frac{3.0 - 0.5}{4.0} = 0.625$$

$$\phi = \tan^{-1}0.625 = 32°$$

21. 어떤 흙의 직접전단 시험을 하여 수직응력 6.0 kg/cm²일 때 4.4kg/cm²의 전단강도를 얻었다. 이 흙의 점착력이 1.0kg/cm²이라면 이 흙의 내부마찰각은? [산 12]

㉮ 51.5° ㉯ 36.2°
㉰ 32.1° ㉱ 29.5°

해설 전단강도 $\tau = c + \sigma\tan\phi$에서

$$4.4 = 1.0 + 6.0\tan\phi$$

$$\phi = \tan^{-1}\frac{4.4 - 1.0}{6.0} = 29.5°$$

22. 어느 흙에 대하여 직접 전단시험을 하여 수직응력이 3.0kg/cm²일 때 2.0kg/cm²의 전단강도를 얻었다. 이 흙의 점착력이 1.0kg/cm²이면 내부마찰각은 약 얼마인가? [산 13]

㉮ 15° ㉯ 18°
㉰ 21° ㉱ 24°

해설 전단강도 $\tau = C + \sigma\tan\phi$에서

$$2 = 1 + 3\tan\phi$$

$$\phi = \tan^{-1}\frac{2-1}{3} = 18°$$

23. 유효응력으로 구한 강도정수가 $c' = 2.0$t/m², $\phi' = 45°$인 어떤 흙의 가상파괴면에 수직응력이 10t/m² 간극수압이 5t/m² 작용하고 있을 때 전단강도는? [산 11]

㉮ 2t/m² ㉯ 5t/m²
㉰ 7t/m² ㉱ 12t/m²

해설 전단강도 $\tau = C + \sigma'\tan\phi$에서

$$\tau = C + (\sigma - u)\tan\phi$$

$$= 2 + (10 - 5)\tan45° = 7\text{t/m}^2$$

24. 포화된 점토시료에 대해 삼축압축시험으로 얻어진 점착력, 내부마찰각은 각각 0.2kg/cm², 20°이다. 전단 파괴시 연직응력 40kg/cm², 간극수압 10kg/cm²이면 전단강도는 얼마인가? [산 09,11,13,15]

㉮ 5.5kg/cm² ㉯ 11.1kg/cm²
㉰ 16.6kg/cm² ㉱ 22.1kg/cm²

해설 전단강도 $\tau = C + \sigma'\tan\phi$에서

$$\tau = C + (\sigma - u)\tan\phi$$

$$= 0.2 + (40 - 10)\tan20° = 11.1\text{kg/cm}^2$$

25. 토질실험 결과 내부마찰각(ϕ)=30° 점착력 c=0.5kg/cm², 간극수압이 8kg/cm²이고 파괴면에 작용하는 수직응력이 30kg/cm²일 때 이 흙의 전단응력은? [기 13]

㉮ 12.7kg/cm² ㉯ 13.2kg/cm²
㉰ 15.8kg/cm² ㉱ 19.5kg/cm²

해설 전단응력 $\tau = C + \sigma'\tan\phi$에서

$$\tau = C + (\sigma - u)\tan\phi$$

$$= 0.5 + (30 - 8)\tan30° = 13.2\text{kg/cm}^2$$

26. 그림과 같은 모래지반의 토질실험결과 내부마찰각 $\phi = 30°$, 점착력 $c = 0$일 때 깊이 4m 되는 A점에서의 전단강도는? [산 12,16]

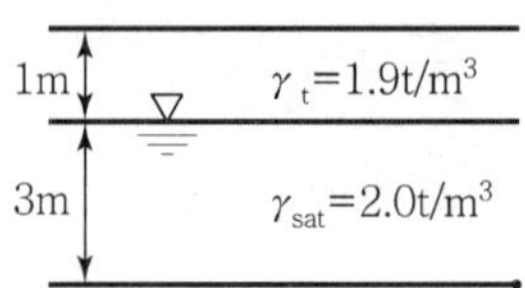

㉮ 1.25t/m² ㉯ 1.72t/m²
㉰ 2.17t/m² ㉱ 2.83t/m²

 |해답| 20. ㉯ 21. ㉱ 22. ㉯ 23. ㉰ 24. ㉯ 25. ㉯ 26. ㉱

■ 해설 • 전응력 $\sigma = r_t \cdot H_1 + r_{sat} \cdot H_2$
$= 1.9 \times 1 + 2.0 \times 3 = 7.9\text{t/m}^2$
• 간극수압 $u = r_w \cdot h_w = 1 \times 3 = 3\text{t/m}^2$
• 유효응력 $\sigma' = \sigma - u = 7.9 - 3 = 4.9\text{t/m}^2$
또는, 유효응력 $\sigma' = \sigma - u$
$= r_t \cdot H_1 + r_{sub} \cdot H_2$
$= 1.9 \times 1 + (2.0 - 1) \times 3$
$= 4.9\text{t/m}^2$
• 전단강도 $\tau = c + \sigma' \tan\phi$
$= 0 + 4.9\tan 30° = 2.83\text{t/m}^2$

27. 다음 그림과 같은 모래지반에서 X－X단면의 전단강도는?(단, $\phi = 30°$, $c = 0$) [산 15]

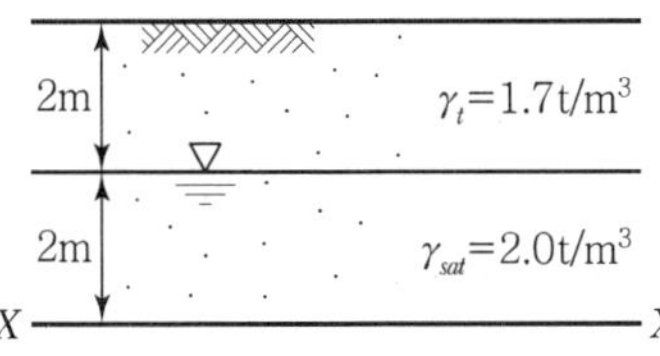

㉮ 1.56t/m^2 ㉯ 2.14t/m^2
㉰ 3.12t/m^2 ㉱ 4.27t/m^2

■ 해설 • 전응력 $\alpha = r_t \cdot H_1 + r_{sat} \cdot H_2$
$= 1.7 \times 2 + 2.0 \times 2 = 7.4\text{t/m}^2$
• 간극수압 $u = r_w \cdot h_w = 1 \times 2 = 2\text{t/m}^2$
• 유효응력 $\sigma' = \sigma - u = 7.4 - 2 = 5.4\text{t/m}^2$
또는 유효응력 $\sigma' = \sigma - u = r_t \cdot H_1 + r_{sub} \cdot H_2$
$= 1.7 \times 2 + (2.0 - 1) \times 2$
$= 5.4\text{t/m}^2$
• 전단강도 $\tau = c + \sigma' \tan\phi$
$= 0 + 5.4\tan 30° = 3.12\text{t/m}^2$

28. 내부마찰각 $\phi = 30°$, 점착력 $c = 0$인 그림과 같은 모래지반이 있다. 지표에서 6m 아래 지반의 전단강도는? [기 14]

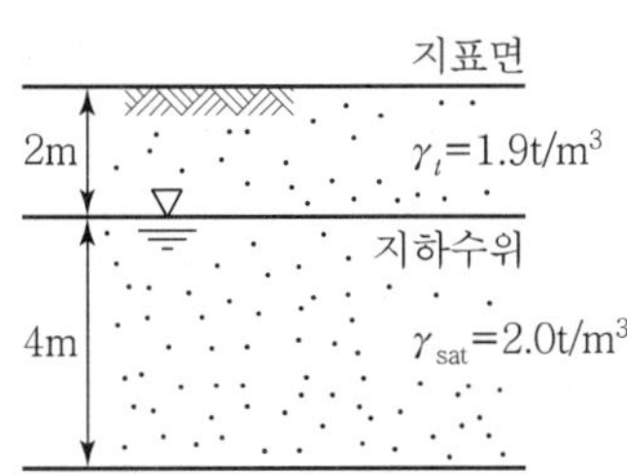

㉮ 7.8t/m^2 ㉯ 9.8t/m^2
㉰ 4.5t/m^2 ㉱ 6.5t/m^2

■ 해설 • 전응력 $\sigma = \gamma_t \cdot H_1 + \gamma_{sat} \cdot H_2$
$= 1.9 \times 2 + 2.0 \times 4 = 11.8\text{t/m}^2$
• 간극수압 $u = \gamma_w \cdot h_w = 1 \times 4 = 4\text{t/m}^2$
• 유효응력 $\sigma' = \sigma - u = 11.8 - 4 = 7.8\text{t/m}^2$
또는, 유효응력 $\sigma' = \sigma - u$
$= \gamma_t \cdot H_1 + \gamma_{sub} \cdot H_2$
$= 1.9 \times 2 + (2.0 - 1) \times 4$
$= 7.8\text{t/m}^2$
• 전단강도 $\tau = C + \sigma' \tan\phi$
$= 0 + 7.8\tan 30° = 4.5\text{t/m}^2$

29. 그림과 같은 점성토 지반의 토질실험결과 내부마찰각 $\phi = 30°$, 점착력 $c = 1.5\text{t/m}^2$일 때 A점의 전단강도는? [기 11,13,15,16]

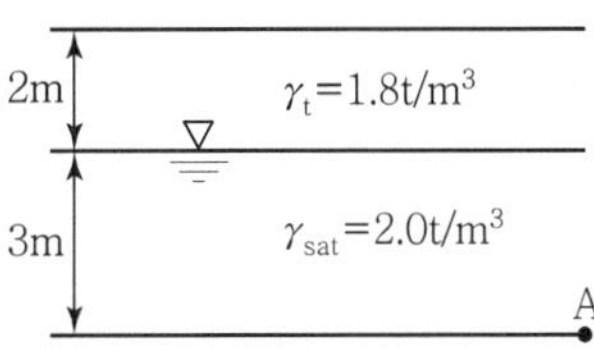

㉮ 4.31t/m^2 ㉯ 4.81t/m^2
㉰ 5.31t/m^2 ㉱ 5.81t/m^2

■ 해설 • 전응력 $\sigma = r_t \cdot H_1 + r_{sat} \cdot H_2$
$= 1.8 \times 2 + 2.0 \times 3 = 9.6\text{t/m}^2$
• 간극수압 $u = r_w \cdot h = 1 \times 3 = 3\text{t/m}^2$
• 유효응력 $\sigma' = \sigma - u = 9.6 - 3 = 6.6\text{t/m}^2$
또는, 유효응력 $\sigma' = \sigma - u$
$= r_t \cdot H_1 + (r_{sat} - r_w) \cdot H_2$
$= 1.8 \times 2 + (2.0 - 1) \times 3$
$= 6.6\text{t/m}^2$
• 전단강도 $\tau = C + \sigma \tan\phi$
$= 1.5 + 6.6\tan 30° = 5.31\text{t/m}^2$

30. 직접전단 시험을 한 결과 수직응력이 12kg/cm^2일 때 전단저항력 10kg/cm^2이었고, 수직응력이 24kg/cm^2일 때 전단저항력은 18kg/cm^2이었다. 이때 점착력을 계산한 것은? [기 10]

|해답| 27. ㉰ 28. ㉰ 29. ㉰ 30. ㉮

㉮ 2.00kg/cm^2 ㉯ 3.00kg/cm^2
㉰ 4.56kg/cm^2 ㉱ 6.21kg/cm^2

해설 전단저항력 $\tau = C + \sigma\tan\phi$에서

$10 = C + 12\tan\phi$ …… ①

$18 = C + 24\tan\phi$ …… ②

①×2−② 연립방정식 풀이하면

$20 = 2 \cdot C + 24\tan\phi$

$-)\ 18 = C + 24\tan\phi$

$2 = C$

∴ 점착력 $C = 2.0\text{kg/mc}^2$

31. 직접 전단시험에서 수직응력이 10kg/cm²일 때 전단응력이 8kg/cm²였고 수직응력을 20kg/cm²로 증가시켰을 때 전단응력은 12kg/cm²였다. 이때 이 흙의 점착력은? [산 08]

㉮ 0.5kg/cm^2 ㉯ 4kg/cm^2
㉰ 6kg/cm^2 ㉱ 2kg/cm^2

해설 전단강도 $\tau = C + \sigma\tan\phi$에서

$8 = C + 10\tan\phi$ …… ①

$12 = C + 20\tan\phi$ …… ②

연립방정식 ①×2−②

$16 = 2 \cdot C + 20\tan\phi$

$-)\ 12 = C + 20\tan\phi$

$4 = C$ ∴ $C = 4\text{kg/cm}^2$

32. 어떤 흙에 대해서 직접 전단시험을 한 결과 수직응력이 10kg/cm²일 때 전단저항이 5kg/cm²이었고, 또 수직응력이 20kg/cm²일 때에는 전단저항이 8kg/cm²이었다. 이 흙의 점착력은? [기 08,11]

㉮ 2kg/cm^2 ㉯ 3kg/cm^2
㉰ 8kg/cm^2 ㉱ 10kg/cm^2

해설 전단저항 $\tau = C + \sigma\tan\phi$에서

$5 = C + 10\tan\phi$ …… ①

$8 = C + 20\tan\phi$ …… ②

①×2−② 연립방정식 풀이하면

$10 = 2 \cdot C + 10\tan\phi$

$-)\ 8 = C + 20\tan\phi$

$2 = C$ ∴ 점착력 $C = 2\text{kg/cm}^2$

33. 직접전단 실험에서 수직응력이 10kg/cm²일 때 전단저항 5kg/cm²이었고, 수직응력을 20kg/cm²로 증가하였더니 전단저항이 7kg/cm²이었다. 이 흙의 점착력 값은? [산 09,10,11,14]

㉮ 2kg/cm^2 ㉯ 3kg/cm^2
㉰ 5kg/cm^2 ㉱ 7kg/cm^2

해설 전단강도 $\tau = C + \sigma\tan\phi$에서

$5 = C + 10\tan\phi$ …… ①

$7 = C + 20\tan\phi$ …… ②

연립방정식 ①×2−②

$10 = 2 \cdot C + 20\tan\phi$

$-)\ 7 = C + 20\tan\phi$

$3 = C$

∴ 점착력 $C = 3\text{kg/cm}^2$

34. 직접전단 시험을 한 결과 수직응력이 12kg/cm²일 때 전단저항이 5kg/cm², 또 수직응력이 24kg/cm²일 때 전단 저항이 7kg/cm²이었다. 수직응력이 30kg/cm²일 때의 전단 저항이 약 얼마인가? [기 08,16]

㉮ 6kg/cm^2 ㉯ 8kg/cm^2
㉰ 10kg/cm^2 ㉱ 12kg/cm^2

해설 전단저항 $\tau = C + \sigma\tan\phi$에서

$5 = C + 12\tan\phi$ …… ①

$7 = C + 24\tan\phi$ …… ②

①×2−② 연립방정식 풀이하면

∴ $C = 3\text{kg/cm}^2$

②−① 연립방정식 풀이하면, 혹은 식에 $C=3$을 대입하면

∴ $\phi = 9.5°$

∴ 수직응력이 30kg/cm^2일 때 전단저항

$\tau = 3 + 30\tan 9.5° = 8\text{kg/cm}^2$

35. 사질토에 대한 직접전단 시험을 실시하여 다음과 같은 결과를 얻었다. 내부마찰각은 약 얼마인가? [기 09,16]

수직응력(t/m²)	3	6	9
최대전단응력(t/m²)	1.73	3.46	5.19

㉮ 25° ㉯ 30°
㉰ 35° ㉱ 40°

해설

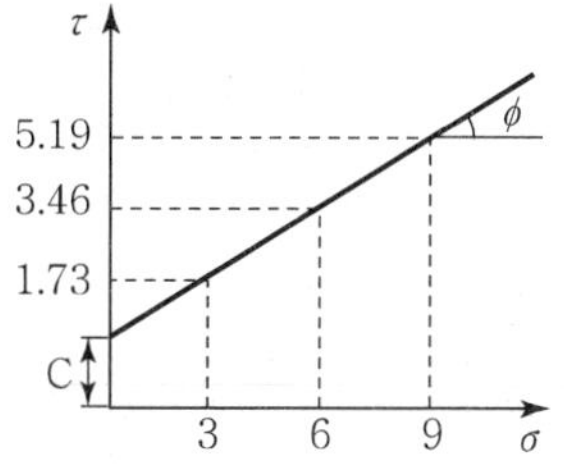

내부마찰각

$$\phi = \tan^{-1}\frac{\Delta\tau}{\Delta\sigma} = \tan^{-1}\frac{5.19-1.73}{9-3} = 30°$$

혹은, $\tau = C + \sigma\tan\phi$에서

점착력 $C=0$인 사질토이므로

∴ $\tau = \sigma\tan\phi$

$1.73 = 3\tan\phi$

$3.46 = 6\tan\phi$

$5.19 = 9\tan\phi$

∴ 내부마찰각$\phi = 30°$

36. 다음 중 느슨한 모래의 전단변위와 시료의 부피변화 관계곡선으로 옳은 것은? [산 10,13]

㉮ ①
㉯ ②
㉰ ③
㉱ ④

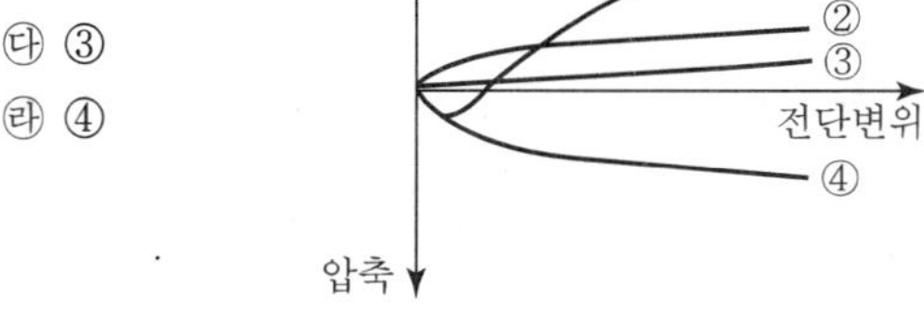

해설 전단 실험 시 토질의 상태변화

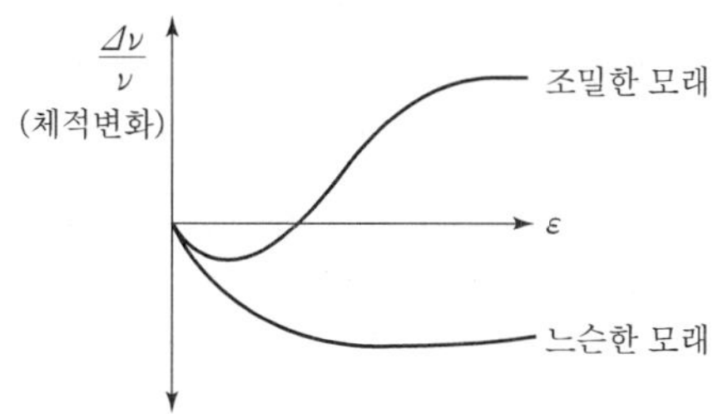

∴ 느슨한 모래는 전단파괴에 도달하기 전에 체적이 감소하고, 조밀한 모래는 체적증가가 생기는데 어떤 밀도에서는 체적의 증감현상이 없는 때를 한계밀도라 하고 이때의 간극비를 한계간극비라 한다.

37. 모래 등과 같은 점성이 없는 흙의 전단강도 특성에 대한 설명 중 잘못된 것은? [산 10,14]

㉮ 조밀한 모래의 전단과정에서는 전단응력의 피크(Peak)점이 나타난다.
㉯ 느슨한 모래의 전단과정에서는 응력의 피크점이 없이 계속 응력이 증가하여 최대 전단응력에 도달한다.
㉰ 조밀한 모래는 변형의 증가에 따라 간극비가 계속 감소하는 경향을 나타낸다.
㉱ 느슨한 모래의 전단과정에서는 전단파괴될 때까지 체적이 계속 감소한다.

해설 전단 실험 시 토질의 상태변화

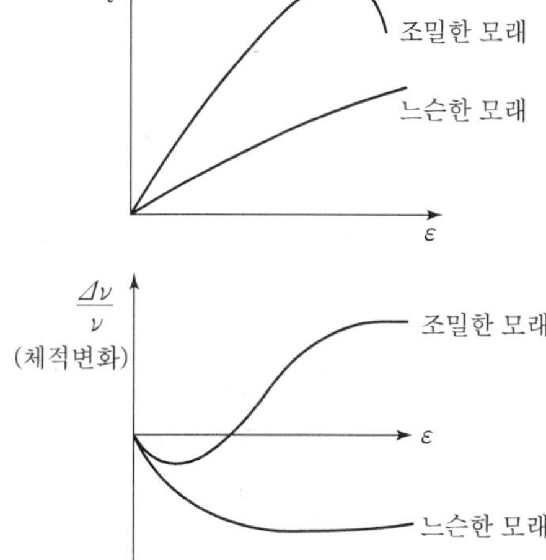

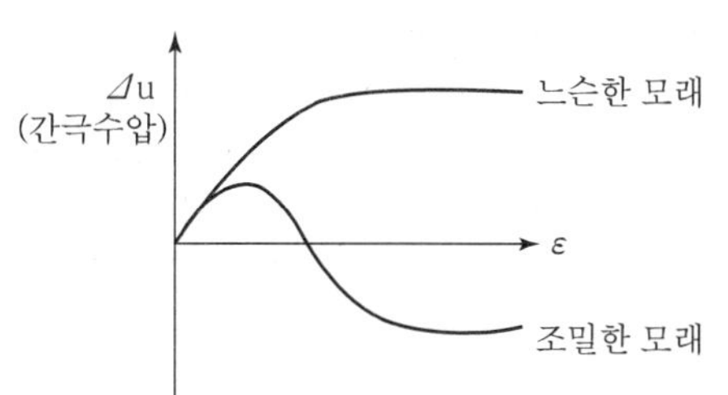

∴ 조밀한 모래는 변형의 증가에 따라 간극비가 계속 감소하다가 증가하는 경향을 나타낸다.

38. 모래나 점토같은 입상재료(粒狀材料)를 전단하면 Dilatancy 현상이 발생하며 이는 공극수압과 밀접한 관계가 있다. 다음에 설명한 이들의 관계 중 옳지 않은 것은? [기 13]

㉮ 과압밀 점토에서는 (+) Dilatancy에 부(−)극 공극수압이 발생한다.
㉯ 정규압밀 점토에서는 (−) Dilatancy에 정(+)의 공극수압이 발생한다.
㉰ 밀도가 큰 모래에서는 (+) Dilatancy가 일어난다.
㉱ 느슨한 모래에서는 (+) Dilatancy가 일어난다.

해설 전단 실험 시 토질의 상태변화

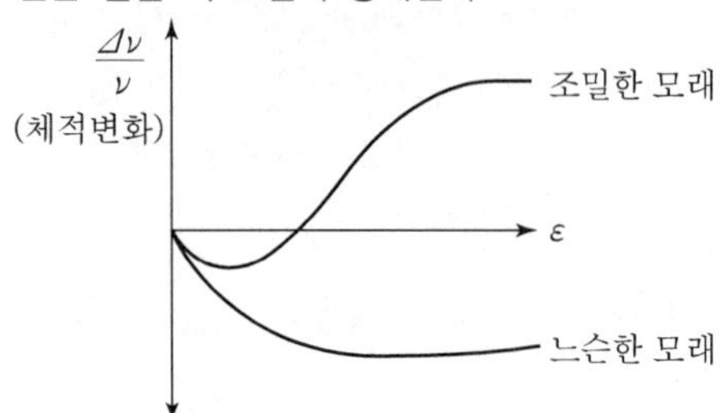

∴ 느슨한 모래에서는 (−) Dilatancy가 일어난다.

39. 포화되어 있는 느슨하고 가는 모래가 지진이나 기타의 진동으로 인해 충격을 받아 전단강도가 감소되는 현상을 무엇이라고 하는가? [산 08]

㉮ 침윤세굴(Seepage Erosion)
㉯ 틱소트로피(Thixotrophy)
㉰ 다일러턴시 현상(Dilatancy)
㉱ 액상화 현상(Liquefaction)

해설 액화(액상화) 현상
모래지반, 특히 느슨한 모래지반이나 물로 포화된 모래지반에 지진과 같은 Dynamic 하중에 의해 간극수압이 증가하여 이로 인하여 유효응력이 감소하며 전단강도가 떨어져서 물처럼 흐르는 현상

40. 다음 중 흙의 전단강도를 감소시키는 요인이 아닌 것은? [산 13,16]

㉮ 공극수압의 증가
㉯ 수분 증가에 의한 점토의 팽창
㉰ 수축, 팽창 등으로 인하여 생긴 미세한 균열
㉱ 함수비 감소에 따른 흙의 단위중량 감소

해설 전단강도 감소 요인
① 간극수압의 증가
② 수분 증가에 의한 점토의 팽창
③ 수축, 팽창, 인장에 의한 미세균열
④ 느슨한 토립자의 진동
⑤ 동결 및 융해
⑥ 다짐 불량
⑦ 결합재 성질의 연약화
⑧ 예민한 흙속의 변형

3. 일축압축시험

41. 흙의 일축압축강도 시험에 관한 설명 중 옳지 않은 것은? [기 09]

㉮ Mohr원이 하나밖에 그려지지 않는다.
㉯ 점성이 없는 사질토의 경우 시료 자립이 어렵고 배수상태를 파악할 수 없어 일반적으로 점성토에 주로 사용된다.
㉰ 배수조건에서의 시험결과 밖에 얻지 못한다.
㉱ 일축압축강도 시험으로 결정할 수 있는 시험 값으로는 일축압축강도, 예민비, 변형계수 등이 있다.

해설 일축압축시험은 점성토의 일축압축강도와 예민비를 구하기 위하여 행하는 시험으로, 배수조건을 조절할 수 없으므로 항상 비배수 조건에서의 시험결과밖에 얻지 못한다.

42. 흙의 일축압축시험에 관한 설명 중 틀린 것은? [산 11]

㉮ 내부 마찰각이 적은 점토질의 흙에 주로 적용된다.
㉯ 축방향으로만 압축하여 흙을 파괴시키는 것이므로 $\sigma_3=0$일 때의 삼축압축시험이라고 할 수 있다.
㉰ 압밀비배수(CU)시험 조건이므로 시험이 비교적 간단하다.
㉱ 흙의 내부마찰각 ϕ는 공시체 파괴면과 최대 주응력면 사이에 이루는 각 θ를 측정하여 구한다.

 |해답| 39. ㉱ 40. ㉱ 41. ㉰ 42. ㉰

■ 해설 일축압축시험

① 점성토의 일축압축강도와 예민비를 구하기 위하여 행한다.
② 흙의 일축압축강도라 함은 측압을 받지 않은 공시체의 최대 압축응력을 말한다.
③ 일축압축 시험을 할 때에는 흙시료가 자체로서 있어야 하므로 점성토에 대해서만 시험이 가능하다.
④ 배수조건을 조절할 수 없으므로 항상 비배수 조건에서의 시험 결과밖에 얻지 못한다.(비압밀 비배수)

43. $\phi=0°$인 포화된 점토시료를 채취하여 일축압축시험을 행하였다. 공시체의 직경이 4cm, 높이가 8cm이고 파괴시의 하중계의 읽음 값이 4.0kg, 축방향의 변형량이 1.6cm일 때, 이 시료의 전단강도는 약 얼마인가? [기 10,12,14]

㉮ 0.07kg/cm^2 ㉯ 0.13kg/cm^2
㉰ 0.25kg/cm^2 ㉱ 0.32kg/cm^2

■ 해설 일축압축강도(압축응력) $q_u=\dfrac{P}{A}$

여기서, 파괴시 단면적 $A=\dfrac{A_0}{1-\varepsilon}$

압축변형 $\varepsilon=\dfrac{\Delta L}{L}=\dfrac{1.6}{8}=0.2$

시료의 단면적 $A_0=\dfrac{\pi\cdot D^2}{4}=\dfrac{\pi\times 4^2}{4}=12.57\text{cm}^2$

$\therefore\ A=\dfrac{12.57}{1-0.2}=15.7\text{cm}^2$

$\therefore\ q_u=\dfrac{P}{A}=\dfrac{4}{15.7}=0.25\text{kg/cm}^2$

내부마찰각 $\phi=0°$인 점토의 경우

$\tau=C=\dfrac{q_u}{2}=\dfrac{0.25}{2}=0.125\text{kg/cm}^2$

44. 흐트러지지 않은 연약한 점토시료를 채취하여 일축압축시험을 실시하였다. 공시체의 직경이 35mm, 높이가 80mm이고 파괴 시의 하중계의 읽음값이 2kg, 축방향의 변형량이 12mm일 때 이 시료의 전단강도는? [기 14]

㉮ 0.04kg/cm^2 ㉯ 0.06kg/cm^2
㉰ 0.08kg/cm^2 ㉱ 0.1kg/cm^2

■ 해설 압축응력

$$q_u=\frac{P}{A_o}=\frac{P}{\dfrac{A}{1-\varepsilon}}=\frac{P}{\dfrac{A}{1-\dfrac{\Delta L}{L}}}$$

$$=\frac{2}{\dfrac{\dfrac{\pi\times 3.5^2}{4}}{1-\dfrac{1.2}{8}}}=0.17\text{kg/cm}^2$$

전단강도

내부마찰각 $\phi=0°$인 점토의 경우

$\tau=C=\dfrac{q_u}{2}=\dfrac{0.17}{2}=0.085\fallingdotseq 0.08\text{kg/cm}^2$

45. 지름이 5cm이고 높이가 12cm인 점토시료를 일축압축시험한 결과, 수직변위가 0.9cm 일어났을 때 최대하중 10.61kg을 받았다. 이 점토의 표준관입시험 N값은 대략 얼마나 되겠는가? [기 11]

㉮ 2 ㉯ 4
㉰ 6 ㉱ 8

■ 해설 일축압축강도(압축응력)

$q_u=\dfrac{P}{A}=\dfrac{10.61}{21.23}=0.5\text{kg/cm}^2$

여기서,

파괴시 단면적

$$A=\frac{A_o}{1-\varepsilon}=\frac{A_o}{1-\dfrac{\Delta L}{L}}=\frac{\dfrac{\pi\times 5^2}{4}}{1-\dfrac{0.9}{12}}=21.23\text{cm}^2$$

Terzaghi-Peak 공식($\phi=0°$)에 의하여

$q_u=\dfrac{N}{8}(\text{kg/cm}^2)$에서

$0.5=\dfrac{N}{8}\qquad \therefore\ N=4$

46. 점착력 C가 0.7kg/cm^2인 점토시료를 일축압축강도 시험을 한 결과 일축압축강도(q_u) 1.67kg/cm^2를 얻었다. 이 흙의 강도정수 ϕ를 구하면 약 얼마인가? [산 08]

㉮ 4° ㉯ 6°
㉰ 8° ㉱ 10°

■ 해설 일축압축강도

$q_u = 2 \cdot C \cdot \tan\left(45° + \frac{\phi}{2}\right)$ 에서

$1.67 = 2 \times 0.67 \times \tan\left(45° + \frac{\phi}{2}\right)$

$\frac{1.67}{2 \times 0.7} = \tan\left(45° + \frac{\phi}{2}\right)$

$\tan^{-1}\left(\frac{1.67}{1.4}\right) = 45° + \frac{\phi}{2}$

$50 = 45° + \frac{\phi}{2}$ $\quad \therefore \phi = 10°$

47. 어떤 흙에 대한 일축압축시험 결과 일축압축강도는 1.0kg/cm², 파괴면과 수평면이 이루는 각은 50°였다. 이 시료의 점착력은? [기 15]

㉮ 0.36kg/cm² ㉯ 0.42kg/cm²
㉰ 0.5kg/cm² ㉱ 0.54kg/cm²

■ 해설 일축압축강도

$q_u = 2 \cdot C \cdot \tan\left(45° + \frac{\phi}{2}\right) = 2 \cdot C \cdot \tan\theta$ 에서,

$1 = 2 \cdot C \cdot \tan 50°$ $\quad \therefore C = 0.42\text{kg/cm}^2$

48. 어떤 점토시료를 일축압축시험한 결과 수평면과 파괴면이 이루는 각이 48°였다. 점토시료의 내부마찰각은? [산 15]

㉮ 3° ㉯ 6°
㉰ 18° ㉱ 30°

■ 해설 파괴면과 이루는 각도

$\theta = 45° + \frac{\phi}{2}$ 에서,

$48° = 45° + \frac{\phi}{2}$ $\quad \therefore \phi = 6°$

49. 어떤 흙의 시료에 대하여 일축압축 시험을 실시하여 구한 파괴강도는 3.6kg/cm²이었다. 이 공시체의 파괴각이 52°이면 이 흙의 점착력과 내부마찰각은? [산 09]

㉮ $c = 1.41\text{kg/cm}^2$, $\phi = 14°$
㉯ $c = 1.80\text{kg/cm}^2$, $\phi = 14°$
㉰ $c = 1.41\text{kg/cm}^2$, $\phi = 0°$
㉱ $c = 1.80\text{kg/cm}^2$, $\phi = 0°$

■ 해설 파괴면과 이루는 각도

$\theta = 45° + \frac{\phi}{2}$

$50° = 45° + \frac{\phi}{2}$ $\quad \therefore \phi = 14°$

일축압축강도

$q_u = 2 \cdot c \cdot \tan\left(45° + \frac{\phi}{2}\right)$

$3.6 = 2 \times c \times \tan\left(45° + \frac{14°}{2}\right)$ $\quad \therefore c = 1.41\text{kg/cm}^2$

50. 일축압축시험에서 파괴면과 수평면이 이루는 각은 52°이었다. 이 흙의 내부마찰각(ϕ)은 얼마이고 일축압축강도가 0.76kg/cm²일 때 점착력(C)은 얼마인가? [산 13]

㉮ $\phi = 7°$, $c = 0.38\text{kg/cm}^2$
㉯ $\phi = 14°$, $c = 0.30\text{kg/cm}^2$
㉰ $\phi = 14°$, $c = 0.38\text{kg/cm}^2$
㉱ $\phi = 7°$, $c = 0.30\text{kg/cm}^2$

■ 해설 파괴면과 이루는 각도

$\theta = 45° + \frac{\phi}{2}$ 에서

$52° = 45° + \frac{\phi}{2}$ $\quad \therefore \phi = 14°$

일축압축강도

$q_u = 2 \cdot c \cdot \tan\left(45° + \frac{\phi}{2}\right)$ 에서

$0.76 = 2 \times C \times \tan\left(45° + \frac{14°}{2}\right)$ $\quad \therefore c = 0.3\text{kg/cm}^2$

51. 내부마찰각이 0°인 점성토로 일축압축 시험결과 일축 압축 강도가 1.6kg/cm²이었다. 이 점토의 점착력은? [산 08]

㉮ 1.6kg/cm² ㉯ 1.0kg/cm²
㉰ 0.8kg/cm² ㉱ 0.6kg/cm²

■ 해설 일축압축강도

$q_u = 2 \cdot c \cdot \tan\left(45° + \frac{\phi}{2}\right)$

여기서, 내부마찰각 $\phi = 0°$인 점토의 경우

$q_u = 2 \cdot c \qquad \therefore\ c = \frac{q_u}{2} = \frac{1.6}{2} = 0.8\text{kg/cm}^2$

52. 현장에서 채취한 흐트러지지 않은 포화 점토시료에 대해 일축압축강도 q_u =0.8kg/cm²의 값을 얻었다. 이 흙의 점착력은? [산 15]

㉮ 0.2kg/cm²　㉯ 0.25kg/cm²
㉰ 0.3kg/cm²　㉱ 0.4kg/cm²

■해설 일축압축강도

$q_u = 2 \cdot c \cdot \tan\left(45° + \frac{\phi}{2}\right)$

여기서, 내부마찰각 ϕ=0°인 점토의 경우

$q_u = 2 \cdot c$

$\therefore\ c = \frac{q_u}{2} = \frac{0.8}{2} = 0.4\text{kg/cm}^2$

53. 어떤 시료에 대하여 일축압축강도 시험을 실시한 결과 파괴강도가 3t/m²이었다. 이 흙의 점착력은?(단, ϕ=0°인 점성토이다.) [산 08/기 09]

㉮ 1.0t/m²　㉯ 1.5t/m²
㉰ 2.0t/m²　㉱ 2.5t/m²

■해설 일축압축강도

$q_u = 2 \cdot c \cdot \tan\left(45° + \frac{\phi}{2}\right)$

여기서, 내부마찰각 ϕ=0°인 점토의 경우

$q_u = 2 \cdot c$

$\therefore\ c = \frac{q_u}{2} = \frac{3}{2} = 1.5\text{t/m}^2$

54. 내부 마찰각이 영(零, zero)인 점토질 흙의 일축압축시험 시 압축 강도가 4kg/cm²이었다면 이 흙의 점착력은? [산 16]

㉮ 1kg/cm²　㉯ 2kg/cm²
㉰ 3kg/cm²　㉱ 4kg/cm²

■해설 일축압축강도

$q_u = 2 \cdot c \cdot \tan\left(45° + \frac{\phi}{2}\right)$

여기서, 내부 마찰각 ϕ=0°인 점토의 경우

$q_u = 2 \cdot c$

$\therefore\ c = \frac{q_u}{2} = \frac{4}{2} = 2\text{kg/cm}^2$

55. 내부마찰각 ϕ=0°인 점토에 대하여 일축압축시험을 하여 일축압축강도 q_u =3.2kg/cm²을 얻었다면 점착력 c는? [산 11,16]

㉮ 1.2kg/cm²　㉯ 1.6kg/cm²
㉰ 2.2kg/cm²　㉱ 6.4kg/cm²

■해설 일축압축강도

$q_u = 2 \cdot c \cdot \tan\left(45° + \frac{\phi}{2}\right)$

여기서, 내부마찰각 ϕ=0°인 점토의 경우

$q_u = 2 \cdot c$

$\therefore$ 점착력 $c = \frac{q_u}{2} = \frac{3.2}{2} = 1.6\text{kg/cm}^2$

56. 점토의 예민(銳敏)비를 알기 위해 행하는 시험은? [산 09,10,13,14]

㉮ 직접전단 시험　㉯ 삼축압축 시험
㉰ 일축압축 시험　㉱ 표준관입 시험

■해설 예민비 $S_t = \frac{q_u}{q_r}$

교란되지 않은 시료의 일축압축강도와 함수비 변화 없이 반죽하여 교란시킨 같은 흙의 일축압축강도의 비

57. 점토의 예민비(Sensitivity Ratio)를 구하는 데 사용되는 시험방법은? [산 12]

㉮ 일축압축시험　㉯ 삼축압축시험
㉰ 직접전단시험　㉱ 베인전단시험

■해설 예민비 $S_t = \frac{q_u}{q_r}$

교란되지 않은 시료의 일축압축강도와 함수비 변화 없이 반죽하여 교란시킨 같은 흙의 일축압축강도의 비

|해답| 52. ㉱ 53. ㉯ 54. ㉯ 55. ㉯ 56. ㉰ 57. ㉮

58. 예민비가 큰 점토란? [산 10,13,16]

㉮ 입자 모양이 둥근 점토
㉯ 흙을 다시 이겼을 때 강도가 증가하는 점토
㉰ 입자가 가늘고 긴 형태의 점토
㉱ 흙을 다시 이겼을 때 강도가 감소하는 점토

■해설 예민비 $S_t = \frac{q_u}{q_r}$
교란되지 않은 시료의 일축압축강도와 함수비 변화 없이 반죽하여 교란시킨 같은 흙의 일축압축강도의 비
∴ 점토를 교란시켰을 때 강도가 많이 감소하는 시료

59. 점토($\phi=0°$)의 자연 시료에 대한 일축압축강도가 3.6kgf/cm²이고, 이 흙을 되비볐을 때의 파괴압축 응력이 1.2kgf/cm²이었다. 이 흙의 점착력(c)과 예민비(S_t)는 얼마인가? [산 10]

㉮ $c=1.8\text{kg/cm}^2,\ S_t=3$
㉯ $c=1.8\text{kg/cm}^2,\ S_t=0.33$
㉰ $c=2.4\text{kg/cm}^2,\ S_t=3$
㉱ $c=2.2\text{kg/cm}^2,\ S_t=0.33$

■해설 일축압축강도
$q_u = 2\cdot c\cdot \tan\left(45°+\frac{\phi}{2}\right)$
여기서, 내부마찰각 $\phi=0°$인 점토의 경우
$q_u = 2\cdot c$
∴ 점착력 $c=\frac{q_u}{2}=\frac{3.6}{2}=1.8\text{kg/cm}^2$
예민비 $S_t=\frac{q_u}{q_r}=\frac{3.6}{1.2}=3$

60. 자연상태 흙의 일축압축강도가 0.5kg/cm²이고 이 흙을 교란시켜 일축압축강도 시험을 하니 강도가 0.1kg/cm²였다. 이 흙의 예민비는 얼마인가? [산 15]

㉮ 50　㉯ 10
㉰ 5　㉱ 1

■해설 예민비
$S_t=\frac{q_u}{q_r}=\frac{0.5}{0.1}=5$

61. 포화점토의 일축압축 시험 결과 자연상태 점토의 일축압축 강도와 흐트러진 상태의 일축압축 강도가 각각 1.8kg/cm², 0.4kg/cm²였다. 이 점토의 예민비는? [산 13]

㉮ 0.72　㉯ 0.22
㉰ 4.5　㉱ 6.4

■해설 예민비
$S_t=\frac{q_u}{q_r}=\frac{1.8}{0.4}=4.5$

62. 점성토 시료를 교란시켜 재성형을 한 경우 시간이 지남에 따라 강도가 증가하는 현상을 나타내는 용어는? [기 15]

㉮ 크리프(Creep)
㉯ 틱소트로피(Thixotropy)
㉰ 이방성(Anisotropy)
㉱ 아이소크론(Isocron)

■해설 틱소트로피(Thixotrophy) 현상
Remolding한 교란된 시료를 함수비 변화 없이 그대로 방치하면 시간이 경과되면서 강도가 일부 회복되는 현상으로 점성토 지반에서만 일어난다.

63. 모래의 밀도에 따라 일어나는 전단 특성에 대한 다음 설명 중 옳지 않은 것은? [기 09]

㉮ 다시 성형한 시료의 강도는 작아지지만 조밀한 모래에서는 시간이 경과됨에 따라 강도가 회복된다.
㉯ 전단저항각[내부마찰각(ϕ)]은 조밀한 모래일수록 크다.
㉰ 직접전단 시험에 있어서 전단응력과 수평변위 곡선은 조밀한 모래에서는 Peak가 생긴다.
㉱ 조밀한 모래에서는 전단변형이 계속 진행되면 부피가 팽창한다.

 |해답| 58. ㉱ 59. ㉮ 60. ㉰ 61. ㉰ 62. ㉯ 63. ㉮

■ 해설 틱소트로피(Thixotrophy) 현상
Remolding한 시료(교란된 시료)를 함수비의 변화 없이 그대로 방치하면 시간이 경과되면서 강도가 일부 회복되는 현상으로 점토지반에서만 일어난다.

4. 삼축압축시험

64. 정규압밀점토에 대하여 구속응력 1kg/cm²로 압밀배수 시험한 결과 파괴시 축차응력이 2kg/cm² 이었다. 이 흙의 내부 마찰각은? [기 12,14]

㉮ 20° ㉯ 25°
㉰ 30° ㉱ 45°

■ 해설 • 주압 σ_1 =구속응력 σ_3 +축차응력 σ_{df}
$=1+2=3\text{kg/cm}^2$
• 내부마찰각 $\phi=\sin^{-1}\dfrac{\sigma_1-\sigma_3}{\sigma_1+\sigma_3}=\sin^{-1}\dfrac{3-1}{3+1}$
$=30°$

65. 정규압밀점토에 대하여 구속응력 2kg/cm²로 압밀배수 삼축압축시험을 실시한 결과 파괴시 축차응력이 4kg/cm²이었다. 이 흙의 내부마찰각은? [산 12,14]

㉮ 20° ㉯ 25°
㉰ 30° ㉱ 45°

■ 해설 • 주압 σ_1=구속응력 σ_3 +축차응력 σ_{df}
$=2+4=6\text{kg/cm}^2$
• 내부마찰각 $\phi=\sin^{-1}=\dfrac{\sigma_1-\sigma_3}{\sigma_1+\sigma_3}$
$=\sin^{-1}=\dfrac{6-2}{6+2}=30°$

66. 모래시료에 대해서 압밀배수 삼축압축시험을 실시하였다. 초기 단계에서 구속응력(σ_3)은 100 kg/cm²이고, 전단파괴시에 작용된 축차응력(σ_{df})은 200kg/cm²이었다. 이와 같은 모래시료의 내부마찰각(ϕ) 및 파괴면에 작용하는 전단응력(τ_f)의 크기는? [기 08,14]

㉮ $\phi=30°$, $\tau_f=115.47\text{kg/cm}$
㉯ $\phi=40°$, $\tau_f=115.47\text{kg/cm}$
㉰ $\phi=30°$, $\tau_f=86.60\text{kg/cm}$
㉱ $\phi=40°$, $\tau_f=86.60\text{kg/cm}$

■ 해설 • 주압 σ_1 =구속응력 σ_3 +축차응력 σ_{df}
$\sigma_1=100+200=300\text{kg/cm}^2$
$\sin\phi=\dfrac{\sigma_1-\sigma_3}{\sigma_1+\sigma_3}=\dfrac{300-100}{300+100}=0.5$
∴ 내부마찰각 $\phi=\sin^{-1}0.5=30°$
• 전단응력
$\tau_f=\dfrac{\sigma_1-\sigma_3}{2}\sin2\theta=\dfrac{300-100}{2}\sin(2\times60°)$
$=86.6\text{kg/cm}^2$
(여기서, 파괴면과 이루는 각도 $\theta=45°+\dfrac{\phi}{2}$
$=45°+\dfrac{30°}{2}=60°$)

67. 어떤 시료에 대해 액압 1.0kg/cm²를 가해 각 수직변위에 대응하는 수직하중을 측정한 결과가 아래 표와 같다. 파괴시의 축차응력은?(단, 피스톤의 지름과 시료의 지름은 같다고 보며, 시료의 단면적 A_o=18cm², 길이 L=14cm이다.) [기 11]

ΔL(1/100mm)	0	…	1,000	1,100	1,200	1,300	1,400
P(kg)	0	…	54.0	58.0	60.0	59.0	58.0

㉮ 3.05kg/cm² ㉯ 2.55kg/cm²
㉰ 2.05kg/cm² ㉱ 1.55kg/cm²

■ 해설 축차응력(압축응력) $\sigma=\dfrac{P}{A}=\dfrac{60}{19.6875}$
$=3.05\text{kg/cm}^2$
여기서,
파괴시 단면적 $A=\dfrac{A_0}{1-\varepsilon}$
$=\dfrac{A_0}{1-\dfrac{\Delta L}{L}}=\dfrac{18}{1-\dfrac{1.2}{14}}$
$=19.6875\text{cm}^2$
∵ 파괴시 수직하중 $P=60.0\text{kg}$
파괴시 수직변위 $\Delta L=1,200(1/100\text{mm})$

|해답| 64. ㉰ 65. ㉰ 66. ㉰ 67. ㉮

68. 현장에서 완전히 포화되었던 시료라 할지라도 시료채취 시 기포가 형성되어 포화도가 저하될 수 있다. 이 경우 생성된 기포를 원상태로 용해시키기 위해 작용시키는 압력을 무엇이라고 하는가? [기 15]

㉮ 구속압력(Confined Pressure)
㉯ 축차응력(Diviator Stress)
㉰ 배압(Back Pressure)
㉱ 선행압밀압력(Preconsolidation Pressure)

해설 배압(Back Pressure)에 대한 설명이다.

69. 점토지반에 제방을 쌓을 경우 초기안정 해석을 위한 흙의 전단강도를 측정하는 시험방법으로 가장 적합한 것은? [기 08]

㉮ UU－Test
㉯ CU－Test
㉰ $\overline{\text{CU}}$ －Test
㉱ CD－Test

해설 비압밀 비배수 실험(UU－Test)
단기안정검토, 성토직후 파괴, 초기안정 해석에 적합

70. 아래 표의 설명과 같은 경우 강도정수 결정에 적합한 삼축압축 시험의 종류는? [기 10,13]

최근에 매립된 포화 점성토지반 위에 구조물을 시공한 직후의 초기 안정 검토에 필요한 지반 강도정수 결정

㉮ 비압밀비배수 시험(UU)
㉯ 압밀비배수 시험(CU)
㉰ 압밀배수 시험(CD)
㉱ 비압밀배수 시험(UD)

해설 비압밀비배수 시험(UU－Test)
① 단기안정검토－성토 직후 파괴
② 초기재하 시, 전단 시 간극수 배출 없음
③ 기초지반을 구성하는 점토층이 시공 중 압밀이나 함수비의 변화 없는 조건

71. 점토지반의 단기간 안정을 검토하는 경우에 알맞은 시험법은? [산 13]

㉮ 비압밀 비배수 전단시험
㉯ 압밀 배수 전단시험
㉰ 압밀 급속 전단시험
㉱ 압밀 비배수 전단시험

해설 비압밀 비배수 실험(UU－Test)
① 단기안정검토－성토 직후 파괴
② 초기재하 시, 전단 시 공극수 배출 없음
③ 기초 지반을 구성하는 점토층이 시공 중 압밀이나 함수비의 변화가 없는 조건

72. 포화된 점토지반 위에 급속하게 성토하는 제방의 안정성을 검토할 때 이용해야 할 강도정수를 구하는 시험은? [기 16]

㉮ CU－test　　㉯ UU－test
㉰ $\overline{\text{CU}}$－test　　㉱ CD－test

해설 비압밀비배수 시험(UU-Test)
① 단기안정검토－성토 직후 파괴
② 초기재하 시, 전단 시 간극수 배출 없음
③ 기초지반을 구성하는 점토층이 시공 중 압밀이나 함수비의 변화 없는 조건

73. 다음 설명 가운데 옳지 않은 것은? [기 08]

㉮ 포화점토지반이 성토직후 급속히 파괴가 예상되는 경우 UU Test를 한다.
㉯ UU Test는 전단 시 간극수의 배수를 허용하지 않는다.
㉰ CD Test는 전단 전에 압밀시킨 후 전단 시 배수를 허용한다.
㉱ 포화점토 지반이 시공 중 함수비의 변화가 없을 것으로 예상될 때 CU Test를 한다.

해설 비압밀 비배수 실험(UU-Test)
① 단기안정검토－성토직후 파괴
② 초기재하 시, 전단 시 간극배출 없음
③ 기초지반을 구성하는 점토층이 시공 중 압밀이나 함수비의 변화 없는 조건

 |해답| 68. ㉰ 69. ㉮ 70. ㉮ 71. ㉮ 72. ㉯ 73. ㉱

74. 연약점토지반에 성토제방을 시공하고자 한다. 성토로 인한 재하속도가 과잉간극수압이 소산되는 속도보다 빠를 경우, 지반의 강도정수를 구하는 가장 적합한 시험방법은? [기 11,15]

㉮ 압밀 배수시험
㉯ 압밀 비배수시험
㉰ 비압밀 비배수시험
㉱ 직접전단시험

■해설 성토로 인한 재하 속도가 과잉간극수압이 소산되는 속도보다 빠를 경우
비압밀 비배수 실험(UU-Test)
① 단기안정검토-성토 직후 파괴
② 초기재하 시, 전단 시 간극수배출 없음
③ 기초지반을 구성하는 점토층이 시공 중 압밀이나 함수비의 변화 없는 조건

75. 연약지반개량공사에서 성토하중에 의해 압밀된 후 다시 추가하중을 재하한 직후의 안정검토를 할 경우 삼축압축시험 중 어떠한 시험이 가장 좋은가? [산 09,11,16]

㉮ CD시험　㉯ UU시험
㉰ CU시험　㉱ 급속전단시험

■해설 압밀 비배수 실험(CU-Test)
① 압밀 후 파괴되는 경우
② 초기 재하 시-간극수 배출
전단 시-간극수 배출 없음
③ 수위 급강하 시 흙댐의 안전문제
④ 압밀진행에 따른 전단강도 증가상태를 추정
⑤ 유효응력항으로 표시

76. 점토지반을 프리로딩(Pre-Loading) 공법 등으로 미리 압밀시킨 후에 급격히 재하할 때의 안정을 검토하는 경우에 적당한 전단 시험은? [산 09,12]

㉮ 비압밀 비배수(UU) 전단시험
㉯ 압밀 비배수(CU) 전단시험
㉰ 압밀 배수(CD) 전단시험
㉱ 압밀 완속(CS) 전단시험

■해설 압밀 비배수 시험(CU-Test)
① 압밀 후 파괴되는 경우
② 초기 재하 시-간극수 배출
전단 시-간극수 배출 없음
③ 수위 급강하 시 흙댐의 안전문제
④ 압밀진행에 따른 전단강도 증가상태를 추정
⑤ 유효응력항으로 표시

77. 흙댐에서 수위가 급강하한 경우 사면안정해석을 위한 강도정수 값을 구하기 위하여 어떠한 조건의 삼축압축시험을 하여야 하는가? [산 15]

㉮ Quick 시험
㉯ CD 시험
㉰ CU 시험
㉱ UU 시험

■해설 압밀 비배수 실험(CU-Test)
① 압밀 후 파괴되는 경우
② 초기 재하 시-간극수 배출,
전단 시-간극수 배출 없음
③ 수위 급강하 시 흙댐의 안전문제 발생
④ 압밀 진행에 따른 전단강도 증가상태를 추정
⑤ 유효응력항으로 표시

78. 성토된 하중에 의해 서서히 압밀이 되고 파괴도 완만하게 일어난 간극수압이 발생되지 않거나 측정이 곤란한 경우 실시하는 시험은? [기 13]

㉮ 비압밀 비배수 전단시험(UU 시험)
㉯ 압밀 배수 전단시험(CD 시험)
㉰ 압밀 비배수 전단시험(CU 시험)
㉱ 급속 전단시험

■해설 압밀 배수 시험(CD-test)
① 초기 재하 시(등방압축), 전단 시(축차압축) 간극수 배출
② 장기안정검토 : 압밀이 서서히 진행되어 완만한 파괴가 예상될 때
③ 사질지반의 안정검토, 점토지반 재하 시 장기안정검토

|해답| 74. ㉰ 75. ㉰ 76. ㉯ 77. ㉰ 78. ㉯

79. 압밀비배수 전단시험에 대한 설명으로 옳은 것은? [산 15]

㉮ 시험 중 간극수를 자유로 출입시킨다.
㉯ 시험 중 전응력을 구할 수 없다.
㉰ 시험 전 압밀할 때 비배수로 한다.
㉱ 간극수압을 측정하면 압밀배수와 같은 전단강도 값을 얻을 수 있다.

■해설 압밀비배수 시험(CU－Test)
① 초기재하 시(등방압축), 간극수 배출, 전단 시(축차압축) 간극수 배출하지 않음
② 압밀 후 급격한 재하 시 안정 검토 : 압밀 후 급속한 파괴가 예상될 때
③ 간극수압을 측정하여 유효응력으로 정리하면 압밀배수시험(CD－Test)과 거의 같은 전단상수를 얻는다.

80. ϕ=0인 포화점토를 비압밀비배수시험을 하였다. 이때 파괴시 최대주응력이 2.0kg/cm², 최소주응력이 1.0kg/cm²이었다. 이 포화점토의 비배수점착력은? [산 09,11]

㉮ 0.5kg/cm² ㉯ 1.0kg/cm²
㉰ 1.5kg/cm² ㉱ 2.0kg/cm²

■해설

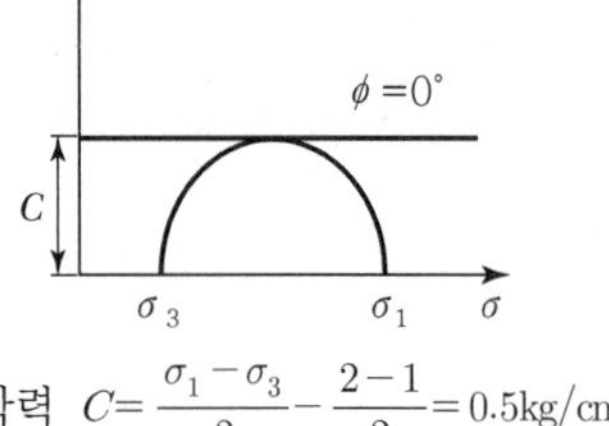

점착력 $C=\dfrac{\sigma_1-\sigma_3}{2}=\dfrac{2-1}{2}=0.5\text{kg/cm}^2$

81. 포화된 점토에 대하여 비압밀 비배수(UU)시험을 하였을 때의 결과에 대한 설명 중 옳은 것은?(단, ϕ : 내부마찰각, c : 점착력이다.) [기 09,14]

㉮ ϕ와 c가 나타나지 않는다.
㉯ ϕ는 "0"이 아니지만, c는 "0"이다.
㉰ ϕ와 c가 모두 "0"이 아니다.
㉱ ϕ는 "0"이고 c는 "0"이 아니다.

■해설 포화된 점토의 UU－Test($\phi=0°$)

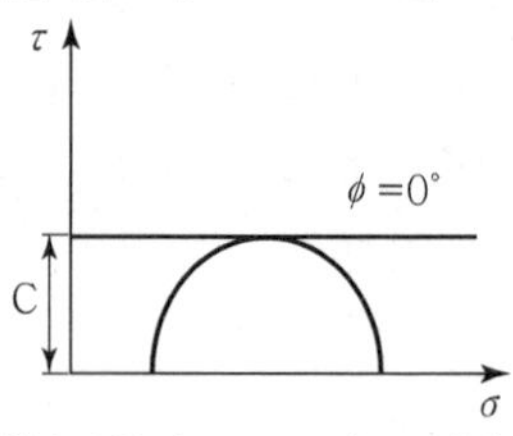

∴ 내부마찰각 $\phi=0°$이고 점착력 $C\neq 0$이다.

82. 다음 그림의 파괴 포락선중에서 완전포화된 점성토에 대해 비압밀비배수 삼축압축(UU)시험을 했을 때 생기는 파괴포락선은 어느 것인가? [산 08,12]

㉮ ① ㉯ ② ㉰ ③ ㉱ ④

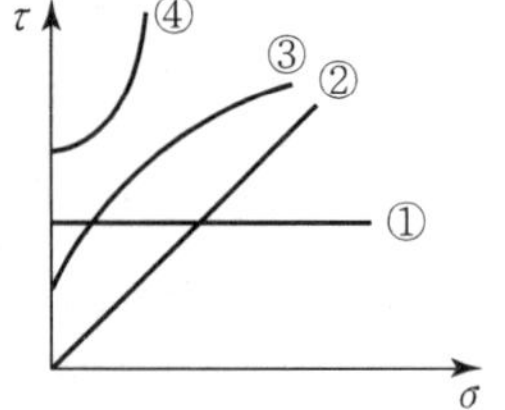

■해설 완전 포화된 점토의 UU－Test($\phi=0°$)

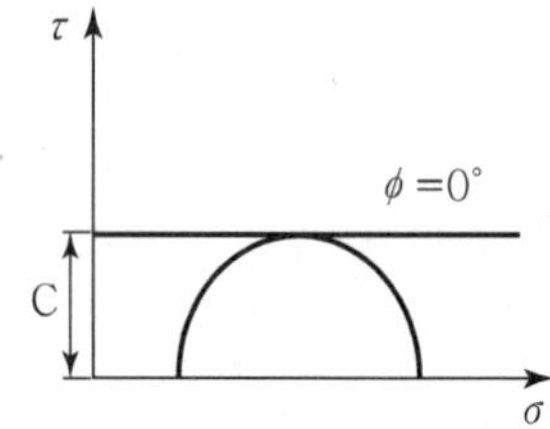

비압밀 비배수(UU-Test) 결과는 수직응력의 크기가 증가하더라도 전단응력은 일정하다.

83. 다음 그림의 파괴포락선 중에서 완전포화된 점토를 UU(비압밀 비배수)시험했을 때 생기는 파괴포락선은? [기 08,12]

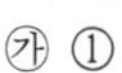

㉮ ① ㉯ ② ㉰ ③ ㉱ ④

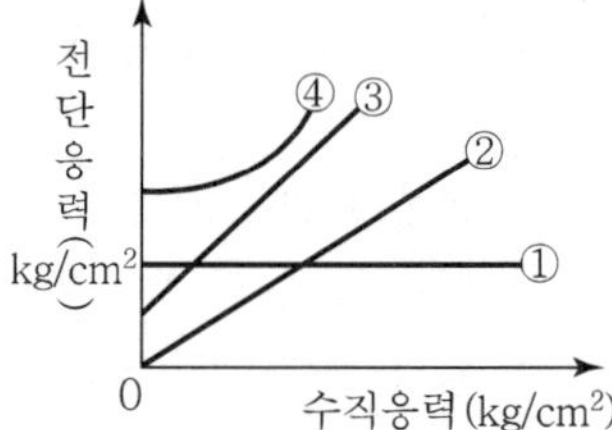

 |해답| 79. ㉱ 80. ㉮ 81. ㉱ 82. ㉮ 83. ㉮

■ 해설 완전포화된 점토의 UU-Test($\phi=0°$)

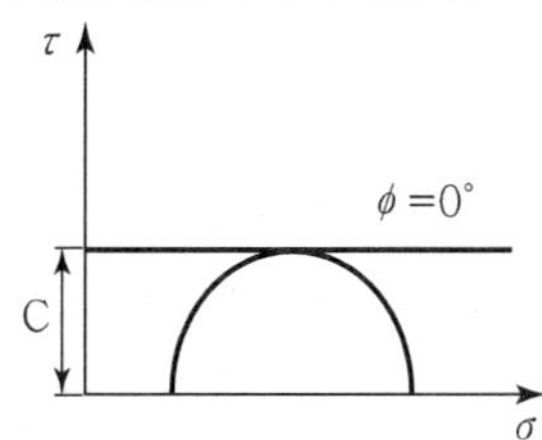

비압밀 비배수(UU-Test)결과는 수직응력의 크기가 증가하더라도 전단응력은 일정하다.

84. 포화점토의 비압밀 비배수 시험에 대한 설명으로 옳지 않은 것은? [산 08,10]

㉮ 구속압력을 증대시키면 유효응력은 커진다.
㉯ 구속압력을 증대한 만큼 간극수압은 증대한다.
㉰ 구속압력의 크기에 관계없이 전단강도는 일정하다.
㉱ 시공 직후의 안정 해석에 적용된다.

■ 해설

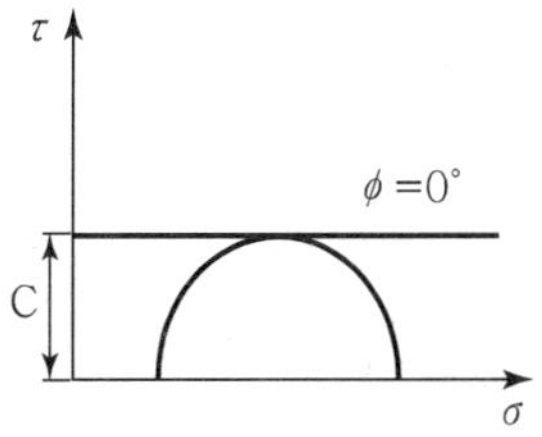

비압밀 비배수(UU－Test)는 구속압력을 증대시켜도 유효응력은 일정하다.

85. 포화점토에 대해 비압밀 비배수(UU) 삼축압축시험을 한 결과 액압이 1.0kg/cm²에서 피스톤에 의한 축차 압력 1.5kg/cm²일 때 파괴되었고 이때의 간극수압이 0.5kg/cm²만큼 발생되었다. 액압을 2.0kg/cm²로 올린다면 피스톤에 의한 축차압력은 얼마에서 파괴가 되리라 예상되는가? [기 13]

㉮ 1.5kg/cm²
㉯ 2.0kg/cm²
㉰ 2.5kg/cm²
㉱ 3.0kg/cm²

■ 해설 완전 포화된 점토의 UU－test($\phi=0°$)

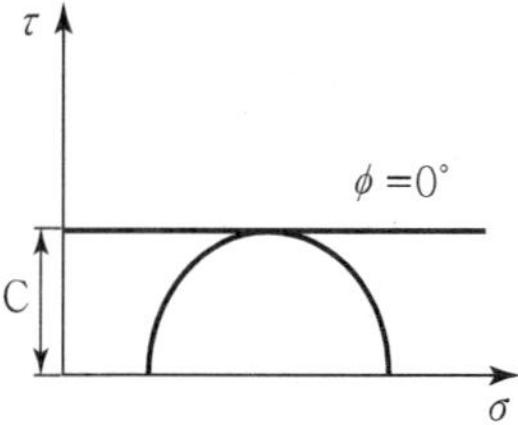

비압밀 비배수(UU－test) 결과는 수직응력의 크기가 증가하더라도 전단응력은 일정하다.
∴ 1.5kg/cm²

86. 포화된 점토시료에 대해 비압밀 비배수 삼축압축시험을 실시하여 얻어진 비배수 전단강도는 180kg/cm²이었다(이 시험에서 가한 구속응력은 240kg/cm²이었다). 만약 동일한 점토시료에 대해 또 한번의 비압밀 비배수 삼축압축시험을 실시할 경우(단, 이번 시험에서 가해질 구속응력의 크기는 400kg/cm²), 전단파괴시에 예상되는 축차응력의 크기는? [기 13]

㉮ 90kg/cm² ㉯ 180kg/cm²
㉰ 360kg/cm² ㉱ 540kg/cm²

■ 해설 비압밀 비배수(UU－test) 결과는 수직응력의 크기가 증가하더라도 전단응력은 일정하다.

$\tau=\dfrac{\sigma_1-\sigma_3}{2}$ 에서

$180=\dfrac{\sigma_1-240}{2}$

$180=\dfrac{\sigma_1-400}{2}$

∴ 축차응력 $\Delta\sigma=\sigma_1-\sigma_3=360\text{kg/cm}^2$

87. 그림과 같은 지반에서 하중으로 인하여 수직응력($\Delta\sigma_3$)이 0.5kg/cm²이 증가되었다면 간극수압은 얼마나 증가되었는가?(단, 간극수압계수 $A=0.5$이고 $B=1$이다.) [기 08]

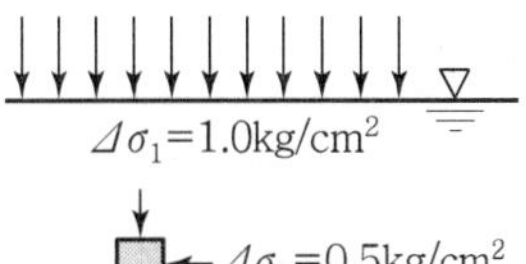

㉮ 0.50kg/cm² ㉯ 0.75kg/cm²
㉰ 1.00kg/cm² ㉱ 1.25kg/cm²

■해설 과잉간극수압

$\Delta u = B[\Delta\sigma_3 + A(\Delta\sigma_1 - \Delta\sigma_3)]$

$= 1 \times [0.5 + 0.5 \times (1 - 0.5)] = 0.75\text{kg/cm}^2$

88. 그림과 같이 지하수위가 지표와 일치한 연약점토 지반 위에 양질의 흙으로 매립 성토할 때 매립이 끝난 후 매립 지표로부터 5m 깊이에서의 과잉공극수압은 약 얼마인가? [기 09]

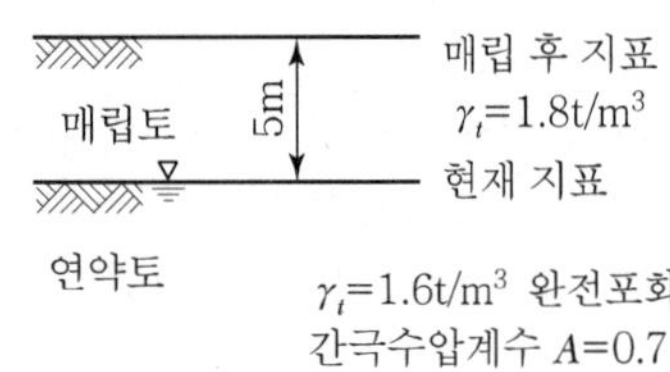

㉮ 9.0t/m² ㉯ 7.9t/m²
㉰ 5.4t/m² ㉱ 3.4t/m²

■해설 과잉공극수압

$\Delta u = B[\Delta\sigma_3 + A(\Delta\sigma_1 - \Delta\sigma_3)]$

$= 1 \times [5.4 + 0.7 \times (9 - 5.4)] = 7.9\text{kg/cm}^2\text{t/m}^2$

여기서, $B=1$(∵ 완전포화시)

$\Delta\sigma_1 = r \cdot H = 1.8 \times 5 = 9\text{t/m}^2$

$\Delta\sigma_3 = K \cdot r \cdot H = 0.6 \times 1.8 \times 5 = 5.4\text{t/m}^2$

89. 2.0kg/cm²의 구속응력을 가하여 시료를 완전히 압밀시킨 다음, 축차응력을 가하여 비배수 상태로 전단시켜 파괴시 축변형률 ε_f=10%, 축차응력 $\Delta\sigma_f$=2.8kg/cm², 간극수압 Δu_f=2.1kg/cm²를 얻었다. 파괴시 간극수압계수 A를 구하면?(단, 간극수압계수 B는 1.0으로 가정한다.) [기 12]

㉮ 0.44 ㉯ 0.75
㉰ 1.33 ㉱ 2.27

■해설 간극수압계수

$A = \dfrac{D}{B}$

여기서, $D = \dfrac{\Delta u_f(\text{간극수압})}{\Delta\sigma_f(\text{축차응력})} = \dfrac{2.1}{2.8} = 0.75$

$\therefore A = \dfrac{D}{B} = \dfrac{0.75}{1} = 0.75$

90. 아래 표의 공식은 흙시료에 삼축압력이 작용할 때 흙시료 내부에 발생하는 간극수압을 구하는 공식이다. 이 식에 대한 설명으로 틀린 것은? [기 14,16]

$$\Delta u = B[\Delta\sigma_3 + A(\Delta\sigma_1 - \Delta\sigma_3)]$$

㉮ 포화된 흙의 경우 $B=1$이다.
㉯ 간극수압계수 A의 값은 삼축압축시험에서 구할 수 있다.
㉰ 포화된 점토에서 구속응력을 일정하게 두고 간극수압을 측정했다면, 축차응력과 간극수압으로부터 A값을 계산할 수 있다.
㉱ 간극수압계수 A값은 언제나 (+)의 값을 갖는다.

■해설 간극수압계수 A값은 언제나 (+)의 값을 갖는 것은 아니다.

91. 아래 그림과 같은 정규압밀점토지반에서 점토층 중간에서의 비배수 점착력은?(단, 소성지수는 50%임) [기 10]

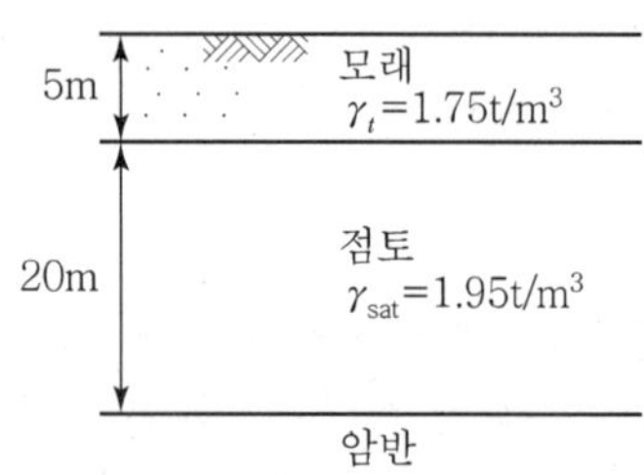

㉮ 5.38t/m² ㉯ 6.39t/m²
㉰ 7.38t/m² ㉱ 8.38t/m²

■해설 Skempton 제안식(실험값에 의한 식)

점토의 강도증가율

$m = \dfrac{C_u}{P} = 0.11 + 0.0037\Pi(\%)$

여기서, $P = r_t \cdot H_1 + r_{sub} \cdot H_2$

$= 1.75 \times 5 + (1.95 - 1) \times \dfrac{20}{2}$

$= 18.25\text{t/m}^2$

 |해답| 88. ㉯ 89. ㉯ 90. ㉱ 91. ㉮

$\therefore\ m=\dfrac{C_u}{P}=\dfrac{C_u}{18.25}=0.11+0.0037\times 50=0.295$

비배수 점착력 $C_u=5.38\text{t/m}^2$

92. 비배수 점착력, 유효상재압력, 그리고 소성지수 사이의 관계는 $\dfrac{C_u}{p}=0.11+0.0037(PI)$이다. 아래 그림에서 정규압밀점토의 두께는 15m, 소성지수(PI)가 40%일 때 점토층의 중간 깊이에서 비배수 점착력은? [기 13]

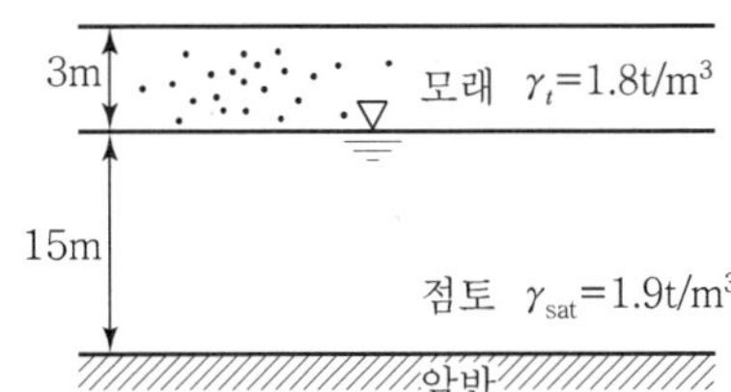

㉮ 3.48t/m² ㉯ 3.13t/m²
㉰ 2.65t/m² ㉱ 2.27t/m²

■해설 Skempton 제안식(실험값에 의한 식)

점토의 강도 증가율

$m=\dfrac{C_u}{P}=0.11+0.0037PI(\%)$

여기서, $P=\gamma_t\cdot H_1+\gamma_{sub}\cdot H_2$

$=1.8\times 3+(1.9-1)\times\dfrac{15}{2}$

$=12.15\text{t/m}^2$

$\therefore\ m=\dfrac{C_u}{P}=\dfrac{C_u}{12.15}=0.11+0.0037\times 40=0.258$

비배수 점착력 $C_u=3.13/\text{m}^2$

93. 실내시험에 의한 점토의 강도증가율$\left(\dfrac{c_u}{p}\right)$ 산정방법이 아닌 것은? [기 09,10,11,15]

㉮ 소성지수에 의한 방법
㉯ 비배수 전단강도에 의한 방법
㉰ 압밀 비배수 삼축압축 시험에 의한 방법
㉱ 직접전단 시험에 의한 방법

■해설 직접전단시험은 점토의 강도증가율과는 상관없다.

5. 응력경로

94. 응력경로(Stress Path)에 대한 설명으로 옳지 않은 것은? [기 11,15]

㉮ 응력경로는 Mohr의 응력원에서 전단응력이 최대인 점을 연결하여 구해진다.
㉯ 응력경로란 시료가 받는 응력의 변화과정을 응력공간에 궤적으로 나타낸 것이다.
㉰ 응력경로는 특성상 전응력으로만 나타낼 수 있다.
㉱ 시료가 받는 응력상태에 대해 응력경로를 나타내면 직선 또는 곡선으로 나타내어진다.

■해설 Mohr원의 각 원의 전단응력이 최대인 점(p, q)을 연결하여 그린 선분으로 이것을 응력경로라 하며, 응력경로는 전응력 경로와 유효응력 경로로 나눌 수 있다.

95. 다음은 전단시험을 한 응력경로이다. 어느 경우인가? [기 10,11,14]

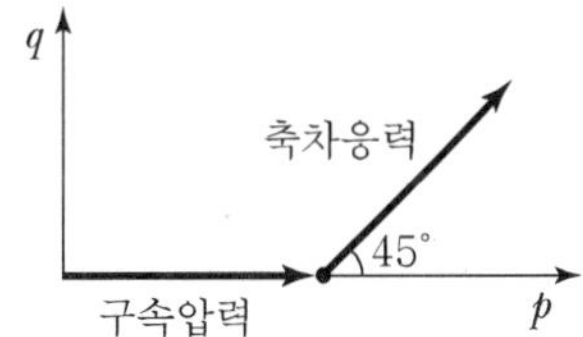

㉮ 초기단계의 최대주응력과 최소주응력이 같은 상태에서 시행한 삼축압축시험의 전응력 경로이다.
㉯ 초기단계의 최대주응력과 최소주응력이 같은 상태에서 시행한 일축압축시험의 전응력 경로이다.
㉰ 초기단계의 최대주응력과 최소주응력이 같은 상태에서 $K_0=0.50.5$인 조건에서 시행한 삼축압축시험의 전응력 경로이다.
㉱ 초기단계의 최대주응력과 최소주응력이 같은 상태에서 $K_0=0.70.7$인 조건에서 시행한 일축압축시험의 전응력 경로이다.

■해설

$p=\dfrac{\sigma_1+\sigma_3}{2}$

$q=\dfrac{\sigma_1-\sigma_3}{2}$

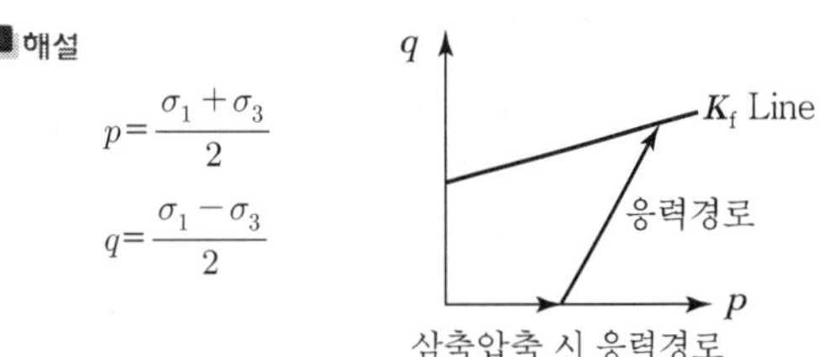

|해답| 92. ㉯ 93. ㉱ 94. ㉰ 95. ㉮

96. 다음 그림과 같은 p-q 다이어그램에서 K_f 선이 파괴선을 나타낼 때 이 흙의 내부마찰각은?

[기 15]

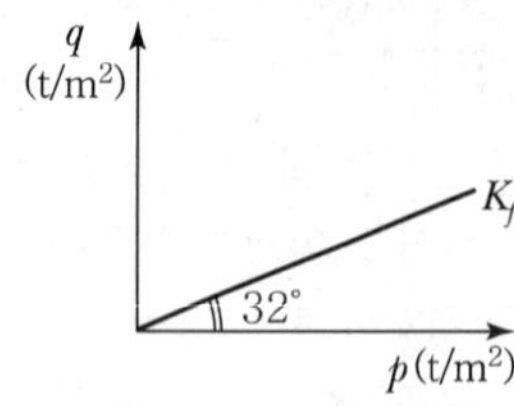

㉮ 32°   ㉯ 36.5°

㉰ 38.7°   ㉱ 40.8°

해설 응력경로(K_f Line)와 파괴포락선(Mohr-Coulomb)의 관계

$\sin\phi = \tan\alpha$

$\therefore \phi = \sin^{-1} \cdot \tan 32° = 38.7°$

Chapter

07

토압

Contents

토압의 종류

토압은 옹벽이나 널말뚝 같은 흙막이 구조물에 흙의 자중이나 외부하중에 의해 수평방향으로 작용하는 횡방향 토압을 말한다.

1. 정지토압(Lateral Earth Pressure At Rest, P_O)

옹벽이 횡방향으로 변위가 없이 정지되어 있는 상태에서 옹벽에 수평방향으로 작용하는 토압

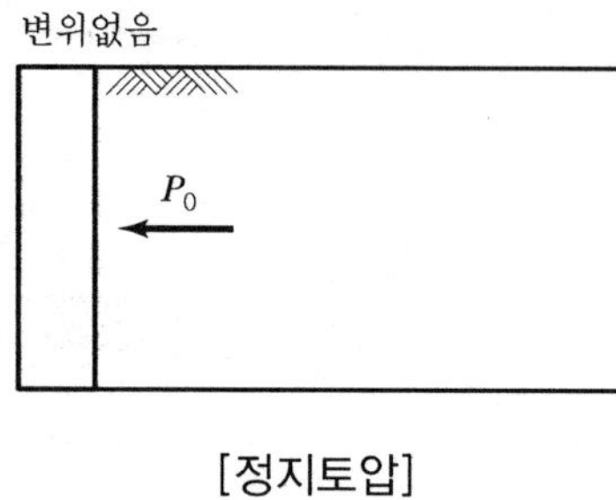

[정지토압]

2. 주동토압(Active Earth Pressure, P_A)

옹벽이 뒤채움 흙의 압력에 의하여 바깥쪽으로 변위를 일으켜 뒤채움 흙이 팽창하면서 침하하여 활동파괴될 때 옹벽에 수평방향으로 작용하는 토압

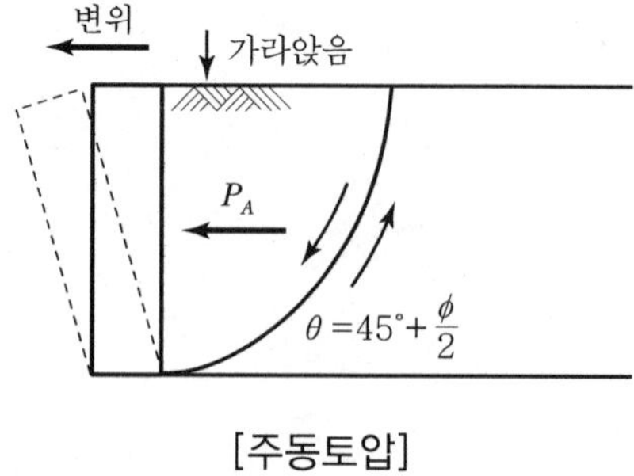

[주동토압]

3. 수동토압(Passive Earth Pressure, P_P)

옹벽에 힘이 작용하여 뒤채움 흙 쪽으로 변위를 일으켜 뒤채움 흙이 수축하면서 솟아올라 활동파괴될 때 옹벽에 수평방향으로 작용하는 토압

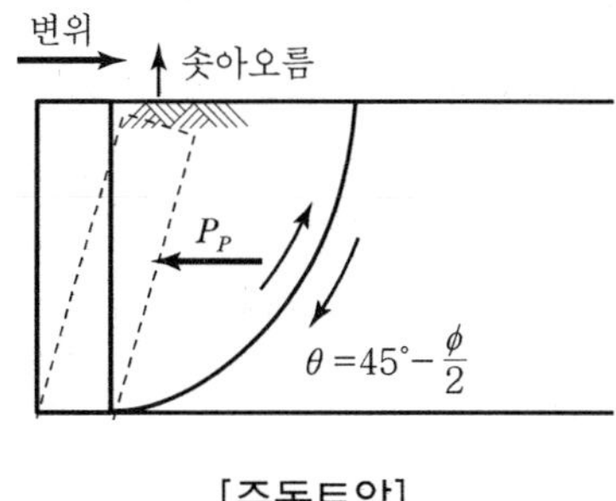

[주동토압]

4. 토압의 대소 비교

수동토압(P_P) > 정지토압(P_O) > 주동토압(P_A)

수동토압계수(K_P) > 정지토압계수(K_O) > 주동토압계수(K_A)

5. 토압론의 분류

① Rankine의 토압론 : 소성론, 벽마찰각 무시

② Coulomb의 토압론 : 흙쐐기이론, 벽마찰각 고려

③ Boussinesq의 토압론 : 탄성론

Rankine의 토압론

1. Rankine의 토압론 가정사항

① 흙은 비압축성이고 균질하다.

② 지표면은 무한히 넓게 존재한다.

③ 흙은 입자 간의 마찰력에 의해서만 평형을 유지한다.

④ 토압은 지표면에 평행하게 작용한다.

⑤ 지표면에 작용하는 하중은 등분포하중이다.

2. 토압계수

지반에 작용하는 수직응력을 수평응력으로 변환해주는 계수

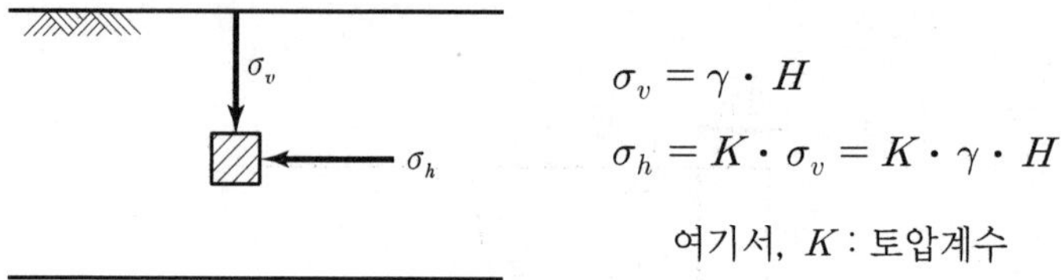

[토압계수]

(1) 정지토압계수

$$K_o = \frac{\sigma_h}{\sigma_v}$$

① 사질토(Jaky의 경험식) : $K_o = 1 - \sin\phi$

② 정규압밀점토 : $K_o = 0.95 - \sin\phi$

③ 과압밀점토 : $K_{o(과압밀)} = K_{o(정규압밀)} \cdot \sqrt{OCR}$

(2) 주동토압계수

$$K_A = \tan^2\left(45° - \frac{\phi}{2}\right) = \frac{1-\sin\phi}{1+\sin\phi}$$

(3) 수동토압계수

$$K_P = \tan^2\left(45° + \frac{\phi}{2}\right) = \frac{1+\sin\phi}{1-\sin\phi}$$

3. 전 토압

(1) 사질토인 경우

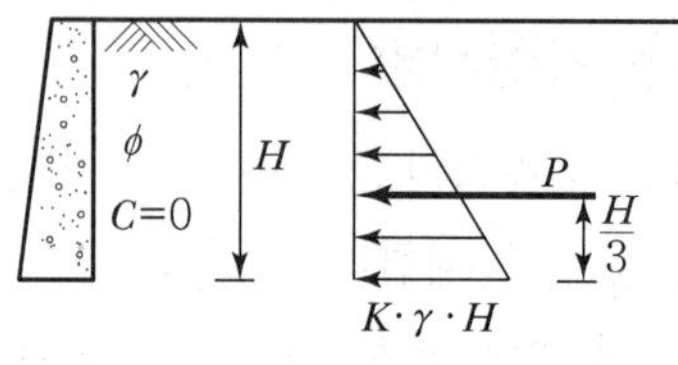

[전 토압]

① 전 정지토압 : $P_O = \frac{1}{2} \cdot K_O \cdot \gamma \cdot H^2$

② 전 주동토압 : $P_A = \frac{1}{2} \cdot K_A \cdot \gamma \cdot H^2$

③ 전 수동토압 : $P_P = \frac{1}{2} \cdot K_P \cdot \gamma \cdot H^2$

④ 토압의 작용점 : $y = \frac{H}{3}$

(2) 등분포하중이 재하하는 경우

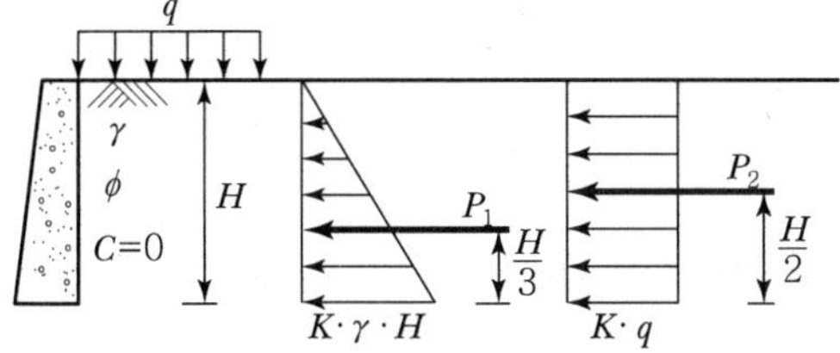

[등분포하중이 재하하는 경우]

① 전 주동토압 : $P_A = \frac{1}{2} \cdot K_A \cdot \gamma \cdot H^2 + K_A \cdot q \cdot H$

② 토압의 작용점 : $y = \dfrac{P_1 \cdot \frac{H}{3} + P_2 \cdot \frac{H}{2}}{P_1 + P_2}$

(3) 흙이 이질층인 경우

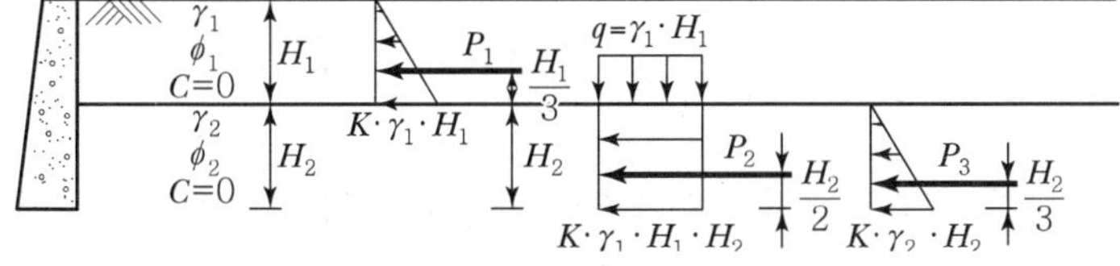

[흙이 이질층인 경우]

① 전 주동토압

$$P_A = \frac{1}{2} \cdot K_A \cdot \gamma_1 \cdot {H_1}^2 + K_A \cdot \gamma_1 \cdot H_1 \cdot H_2 + \frac{1}{2}$$

$$\cdot K_A \cdot \gamma_2 \cdot {H_2}^2$$

② 토압의 작용점

$$y = \frac{P_1 \cdot (\frac{H_1}{3} + H_2) + P_2 \cdot \frac{H_2}{2} + + P_3 \cdot \frac{H_2}{3}}{P_1 + P_2 + P_3}$$

(4) 지하수위가 있는 경우

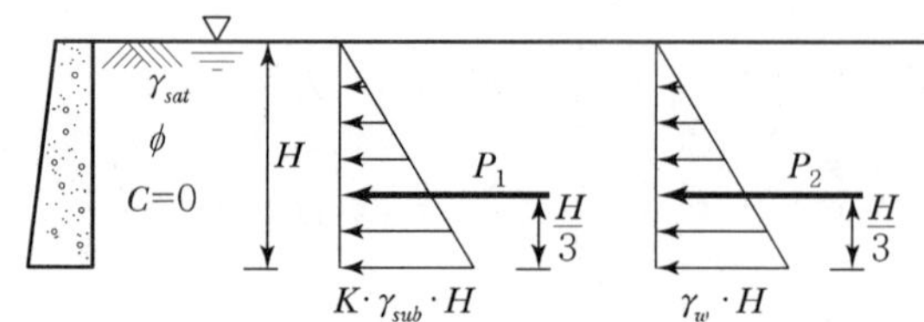

[지하수위가 있는 경우]

① 전 주동토압 : $P_A = \frac{1}{2} \cdot K_A \cdot \gamma_{sub} \cdot H^2 + \frac{1}{2} \cdot \gamma_w \cdot H^2$

② 토압의 작용점 : $y = \frac{H}{3}$

(5) 점착력이 있는 흙인 경우

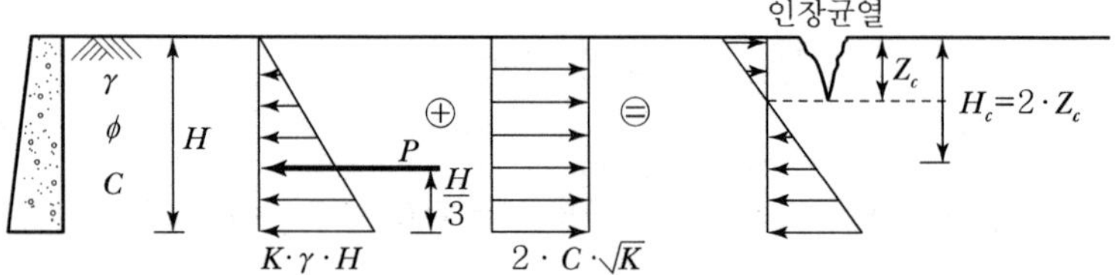

[점착력이 있는 흙인 경우]

① 전 주동토압 : $P_A = \frac{1}{2} \cdot K_A \cdot \gamma \cdot H^2 - 2 \cdot c \cdot \sqrt{K_A} \cdot H$

② 점착고(인장균열 깊이) : 토압이 0이 되는 지점까지의 깊이

$$Z_c = \frac{2 \cdot c}{\gamma} \tan\left(45° + \frac{\phi}{2}\right)$$

③ 한계고(연직절취깊이) : 흙막이 구조물 없이 직립으로 굴착 가능한 깊이

$$H_c = 2 \cdot Z_c = \frac{4 \cdot c}{\gamma} \tan\left(45° + \frac{\phi}{2}\right)$$

④ 전 수동토압 : $P_P = \frac{1}{2} \cdot K_P \cdot \gamma \cdot H^2 + 2 \cdot c \cdot \sqrt{K_P} \cdot H$

Coulomb의 토압론

1. Coulomb의 토압론 가정사항

① 파괴면은 평면이다.
② 벽마찰각, 지표면 경사각, 벽면 경사각을 고려한다.
③ 가상 파괴면 내 흙쐐기는 하나의 강체로 작용한다.

2. 주동토압

(1) 주동토압계수

$$K_A = \frac{\sin^2(\theta - \phi)}{\sin^2\theta \cdot \sin(\theta + \delta) \cdot \left[1 + \sqrt{\frac{\sin(\phi + \delta) \cdot \sin(\phi - \alpha)}{\sin(\theta + \delta) \cdot \sin(\alpha + \theta)}}\right]}$$

(2) 전 주동토압

$$P_A = \frac{1}{2} \cdot K_A \cdot \gamma \cdot H^2$$

(3) 만약 벽마찰각, 지표면 경사각, 벽면 경사각을 무시하면, 다시 말해 뒤채움 흙이 수평, 벽체 뒷면이 수직, 벽마찰각을 고려하지 않으면 Coulomb의 토압은 Rankine의 토압과 같아진다.

토압의 응용

1. 옹벽의 안정조건

(1) 전도에 대한 안정(Overturing)

① $F_S = \frac{\text{저항 모멘트}}{\text{전도 모멘트}} > 2.0$

② 외력의 합력 작용점 위치가 기초 저판 중앙의 $\frac{1}{3}$ 이내에 있어야 안정하다.

(2) 활동에 대한 안정(Sliding)

① $F_S = \frac{\text{저항력}}{\text{활동력}} > 1.5$

② 수평분력의 합력이 기초저판과 기초지면 사이의 마찰저항보다 작아야 안정하다.

(3) 지반의 지지력에 대한 안정

① 기초지반에 작용하는 최대압력이 지반의 허용지지력보다 작아야 안정하다.

② 지반의 지지력에 대한 안정성 검토시 허용지지력은 극한지지력의 $\frac{1}{3}$ 배를 취한다.

2. Heaving 현상

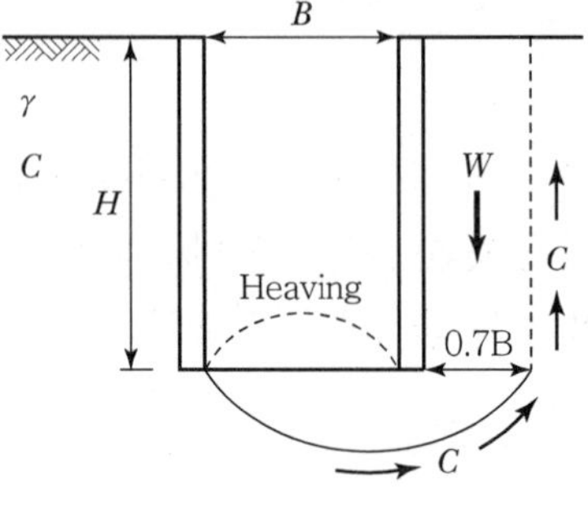

[Heaving 현상]

① 연약 점토지반을 굴착할 때 Sheet Pile을 박고 내부의 흙을 파내면 Sheet Pile 배면의 토괴중량이 굴착 저면의 지지력과 소성 평형 상태에 이르러 굴착 저면이 부푸는 데 이를 히빙 현상이라 한다.

② $F_S = \dfrac{5.7C}{\gamma \cdot H - \dfrac{c \cdot H}{0.7B}}$

Item pool

예상문제 및 기출문제

1. 토압의 종류

01. 그림과 같은 모래 지반에서 흙의 단위중량이 $1.8t/m^3$이다. 정지토압 계수가 0.5이면 깊이 5m 지점에서의 수평 응력은 얼마인가? [산 08]

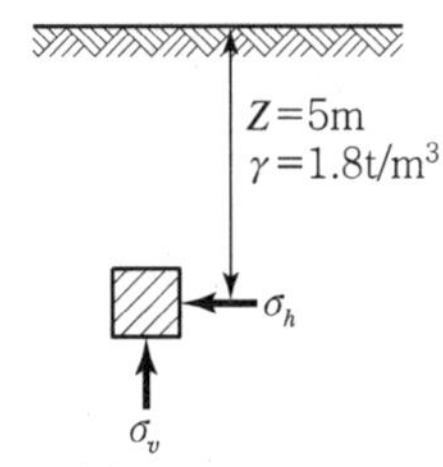

㉮ $4.5t/m^2$
㉯ $8.0t/m^2$
㉰ $13.5t/m^2$
㉱ $15.0t/m^2$

■해설 • 수직 응력 $\sigma_v = r \cdot H = 1.8 \times 5 = 9t/m^2$
• 수평 응력 $\sigma_h = k \cdot r \cdot H = k \cdot \sigma_v$
$= 0.5 \times 9 = 4.5t/m^2$

02. 아래 그림에서 지표면에서 깊이 6m에서의 연직응력(σ_v)과 수평응력(σ_h)의 크기를 구하면? (단, 토압계수는 0.6이다.) [기 13]

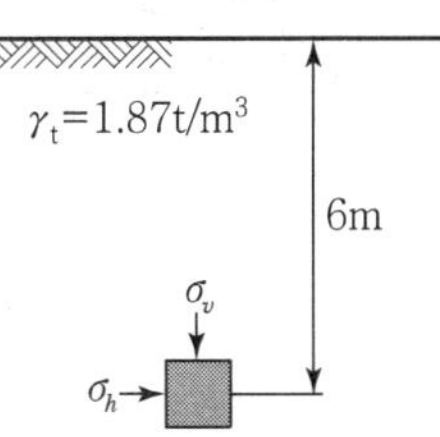

㉮ $\sigma_v = 12.34t/m^2$, $\sigma_h = 7.4t/m^2$
㉯ $\sigma_v = 8.73t/m^2$, $\sigma_h = 5.24t/m^2$
㉰ $\sigma_v = 11.22t/m^2$, $\sigma_h = 6.73t/m^2$
㉱ $\sigma_v = 9.52t/m^2$, $\sigma_h = 5.71t/m^2$

■해설 • 연직응력
$\sigma_v = \gamma_t \cdot H = 1.87 \times 6 = 11.22t/m^2$
• 수평응력
$\sigma_h = K \cdot \gamma_t \cdot H = K \cdot \sigma_v = 0.6 \times 11.22 = 6.73t/m^2$

03. 그림과 같은 지반에서 A점의 주동에 의한 수평방향의 전응력 σ_h는 얼마인가? [산 16]

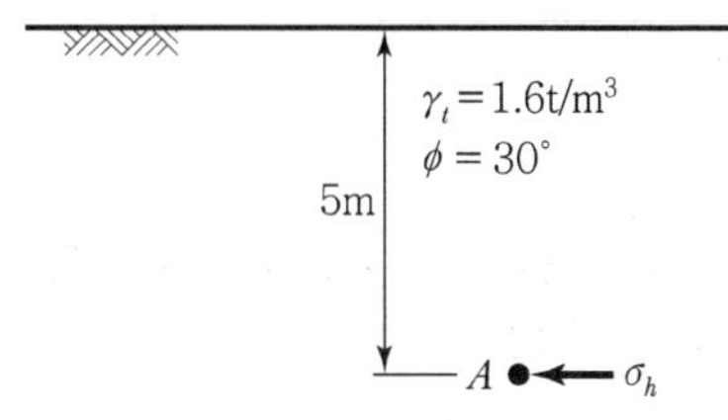

㉮ $8.0t/m^2$　㉯ $1.65t/m^2$
㉰ $2.67t/m^2$　㉱ $4.84t/m^2$

■해설 • 주동토압계수
$$K_A = \tan^2\left(45° - \frac{\phi}{2}\right)$$
$$= \frac{1-\sin\phi}{1+\sin\phi} = \frac{1-\sin30°}{1+\sin30°} = \frac{1}{3} = 0.333$$
• 수평 응력
$\sigma_h = k \cdot \gamma \cdot H = 0.333 \times 1.6 \times 5 = 2.67t/m^2$

04. 토압론에 관한 다음 설명 중 틀린 것은? [기 09]

㉮ Coulomb의 토압론은 강제역학에 기초를 둔 흙쐐기 이론이다.
㉯ Rankine의 토압론은 소성이론에 의한 것이다.
㉰ 벽체가 배면에 있는 흙으로부터 떨어지도록 작용하는 토압을 수동토압이라 하고 벽체가 흙 쪽으로 밀리도록 작용하는 힘을 주동토압이라 한다.
㉱ 정지토압계수는 수동토압계수와 주동토압계수 사이에 속한다.

■해설 벽체가 배면에 있는 흙으로부터 떨어지도록 작용하는 토압을 주동토압이라 하고 벽체가 흙 쪽으로 밀리도록 작용하는 힘을 수동토압이라 한다.

|해답| 01. ㉮ 02. ㉰ 03. ㉰ 04. ㉰

05. 주동토압계수를 K_A, 수동토압계수를 K_P, 정지토압계수를 K_O라 할 때 그 크기의 순서가 맞는 것은? [산 10,15]

㉮ $K_A > K_O > K_P$ ㉯ $K_P > K_O > K_A$
㉰ $K_O > K_A > K_P$ ㉱ $K_O > K_P > K_A$

해설 수동토압계수 K_P > 정지토압계수 K_O > 주동토압계수 K_A

06. 주동토압을 P_A, 수동토압을 P_P, 정지토압을 P_o라 할 때 토압의 크기 순서로 옳은 것은? [산 12,15,16]

㉮ $P_A > P_P > P_o$ ㉯ $P_P > P_o > P_A$
㉰ $P_P > P_A > P_o$ ㉱ $P_o > P_A > P_P$

해설 수동토압 > 정지토압 > 주동토압
$P_P > P_o > P_A$
$K_P > K_o > K_A$

07. Jaky의 정지토압계수를 구하는 공식 $K_0 = 1 - \sin\phi$가 가장 잘 성립하는 토질은? [기 14]

㉮ 과압밀점토 ㉯ 정규압밀점토
㉰ 사질토 ㉱ 풍화토

해설 정지토압계수
사질토(Jaky의 경험식) : $K_O = 1 - \sin\phi$

08. Rankine의 주동토압계수에 관한 설명 중 틀린 것은? [산 13]

㉮ 주동토압계수는 내부마찰각이 크면 작아진다.
㉯ 주동토압계수는 내부마찰 크기와 관계가 없다.
㉰ 주동토압계수는 수동토압계수보다 작다.
㉱ 정지토압계수는 주동토압계수보다 크고 수동토압계수보다 작다.

해설 토압계수 K
주동토압계수 $K_A = \tan^2\left(45° - \frac{\phi}{2}\right) = \frac{1-\sin\phi}{1+\sin\phi}$
∴ 주동토압계수는 내부마찰각 크기에 따라 결정된다.

09. 지반 내 응력에 대한 다음 설명 중 틀린 것은? [기 11]

㉮ 전응력이 커지는 크기만큼 간극수압이 커지면 유효응력이 변화없다.
㉯ 정지토압계수 K_o는 1보다 클 수 없다.
㉰ 지표면에 가해진 하중에 의해 지중에 발생하는 연직응력의 증가량은 깊이가 깊어지면서 감소한다.
㉱ 유효응력이 전응력보다 클 수도 있다.

해설 정지토압계수
$K_o = \frac{\sigma_h}{\sigma_v}$
∴ 수평력이 연직력보다 크게 작용하는 지반에서 정지토압계수 K_o는 1보다 커질 수 있다.

10. 토압계수 K=0.5일 때 응력경로는 그림에서 어느 것인가? [기 11]

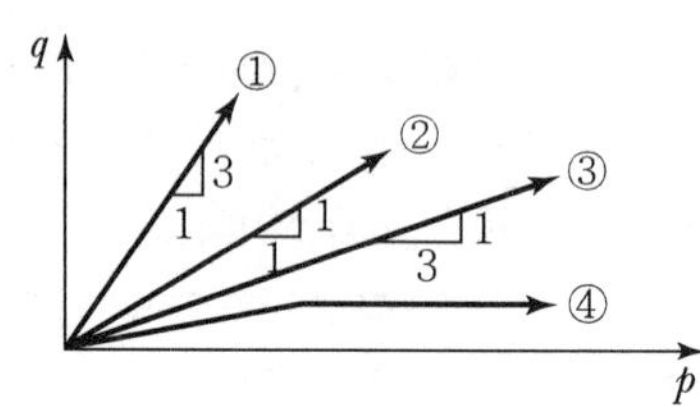

㉮ ① ㉯ ②
㉰ ③ ㉱ ④

해설
$$\frac{q}{p} = \frac{\frac{\sigma_1-\sigma_3}{2}}{\frac{\sigma_1+\sigma_3}{2}} = \frac{\sigma_1-\sigma_3}{\sigma_1+\sigma_3}$$
$$= \frac{1-\frac{\sigma_3}{\sigma_1}}{1+\frac{\sigma_3}{\sigma_1}} = \frac{1-k}{1+k}$$
$$= \frac{1-0.5}{1+0.5} = \frac{0.5}{1.5} = \frac{1}{3}$$
(∵ 토압계수 $K = \frac{\sigma_3}{\sigma_1}$ 이므로)

 |해답| 05. ㉯ 06. ㉯ 07. ㉰ 08. ㉯ 09. ㉯ 10. ㉰

11. 전단마찰각이 25°인 점토의 현장에 작용하는 수직응력이 5t/m²이다. 과거 작용했던 최대 하중이 10t/m²이라고 할 때 대상지반의 정지토압계수를 추정하면? [기 10,12]

㉮ 0.40 ㉯ 0.57
㉰ 0.82 ㉱ 1.14

■해설 • 정지토압계수 $K_o = 1 - \sin\phi = 1 - \sin 25°$
$= 0.577$

• 과압밀비 $OCR = \frac{P_c}{P_o} = \frac{\text{선행 압밀하중}}{\text{현재 유효상재하중}}$
$= \frac{10}{5} = 2$

• 과압밀 점토인 경우 정지토압계수
$K_{o(\text{과압밀})} = K_{o(\text{정규압밀})} \cdot \sqrt{OCR}$
$= 0.577\sqrt{2} = 0.82$

2. Rankine의 토압론

12. 랭킨 토압론의 가정 중 맞지 않는 것은? [산 09,12]

㉮ 흙의 비압축성이 고균질이다.
㉯ 지표면은 무한히 넓다.
㉰ 흙은 입자 간의 마찰에 의하여 평형조건을 유지한다.
㉱ 토압은 지표면에 수직으로 작용한다.

■해설 Rankine의 토압이론 기본가정
① 흙은 비압축성이고 균질의 입자이다.
② 흙입자는 입자간의 마찰력에 의해서만 평형을 유지한다.
③ 지표면은 무한히 넓게 존재한다.
④ 지표면에 작용하는 하중은 등분포 하중이다.
⑤ 토압은 지표면에 평행하게 작용한다.

13. 토압에 대한 다음 설명 중 옳은 것은? [기 10]

㉮ 일반적으로 정지토압계수는 주동토압계수보다 작다.
㉯ Rankine 이론에 의한 주동토압의 크기는 Coulomb 이론에 의한 값보다 작다.
㉰ 옹벽, 흙막이벽체, 널말뚝 중 토압분포가 삼각형 분포에 가장 가까운 것은 옹벽이다.
㉱ 극한 주동상태는 수동상태보다 훨씬 더 큰 변위에서 발생한다.

■해설 옹벽 : 삼각형 토압분포

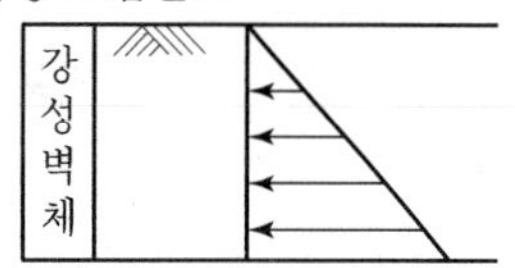

14. 강도정수가 $c=0$, $\phi=40°$인 사질토 지반에서 Rankine 이론에 의한 수동토압계수는 주동토압계수의 몇 배인가? [기 12,16]

㉮ 4.6 ㉯ 9.0
㉰ 12.3 ㉱ 21.1

■해설 • 수동토압계수
$K_p = \tan^2\left(45° + \frac{\phi}{2}\right)$
$= \frac{1+\sin\phi}{1-\sin\phi} = \frac{1+\sin 40°}{1-\sin 40°} = 4.599$

• 주동토압계수
$K_A = \tan^2\left(45° - \frac{\phi}{2}\right)$
$= \frac{1-\sin\phi}{1+\sin\phi} = \frac{1-\sin 40°}{1+\sin 40°} = 0.217$

$\therefore \frac{\text{수동토압계수 } K_p}{\text{주동토압계수 } K_A} = \frac{4.599}{0.217} = 21.1$

15. 지표가 수평인 곳에 높이 5m의 연직옹벽이 있다. 흙의 단위중량이 1.8t/m³, 내부마찰각이 30°이고 점착력이 없을 때 주동토압은 얼마인가? [기 10,14]

㉮ 4.5t/m ㉯ 5.5t/m
㉰ 6.5t/m ㉱ 7.5t/m

■해설 • 주동토압계수
$K_a = \tan^2\left(45° - \frac{\phi}{2}\right)$
$= \frac{1-\sin\phi}{1+\sin\phi} = \frac{1-\sin 30°}{1+\sin 30°} = \frac{1}{3} = 0.333$

|해답| 11. ㉰ 12. ㉱ 13. ㉰ 14. ㉱ 15. ㉱

• 전주동토압

$$P_a = \frac{1}{2} \cdot K_a \cdot r \cdot H^2$$

$$= \frac{1}{2} \times 0.333 \times 1.8 \times 5^2 = 7.5\text{t/m}$$

16. 지표면은 수평, 벽체 배면은 연직, 흙의 내부마찰각 $\phi = 30°$, 흙의 단위중량 $\gamma = 1.8\text{t/m}^3$일 때 높이 $H = 6\text{m}$인 옹벽에 작용하는 주동토압의 합력 P_A는? [산 12]

㉮ 10.8t/m　　㉯ 12.6t/m
㉰ 14.3t/m　　㉱ 15.5t/m

해설 • 주동토압계수

$$K_A = \tan^2\left(45° - \frac{\phi}{2}\right)$$

$$= \frac{1-\sin\phi}{1+\sin\phi} = \frac{1-\sin 30°}{1+\sin 30°} = \frac{1}{3} = 0.333$$

• 전주동토압

$$P_A = \frac{1}{2} \cdot K_A \cdot r \cdot H^2$$

$$= \frac{1}{2} \times 0.333 \times 1.8 \times 6^2 = 10.8\text{t/m}$$

17. 그림과 같은 옹벽배면에 작용하는 토압의 크기를 Rankine의 토압공식으로 구하면? [산 09/기 08,09,12,15]

㉮ 3.2t/m
㉯ 3.7t/m
㉰ 4.7t/m
㉱ 5.2t/m

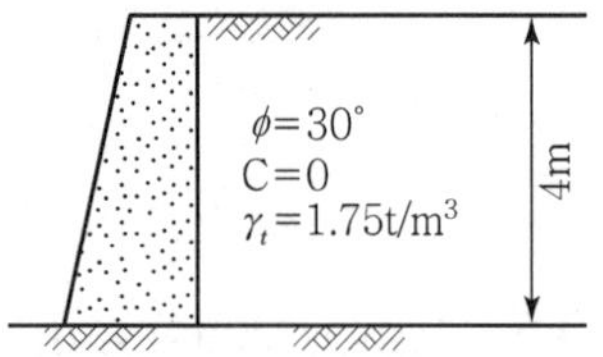

해설 • 주동토압계수

$$K_a = \tan^2\left(45° - \frac{\phi}{2}\right)$$

$$= \frac{1-\sin\phi}{1+\sin\phi} = \frac{1-\sin 30°}{1+\sin 30°} = \frac{1}{3} = 0.333$$

• 전주동토압

$$P_a = \frac{1}{2} \cdot K_a \cdot r \cdot H^2$$

$$= \frac{1}{2} \times 0.333 \times 1.75 \times 4^2 = 4.7\text{t/m}$$

18. 그림과 같은 옹벽에 작용하는 전주동토압은? [산 09]

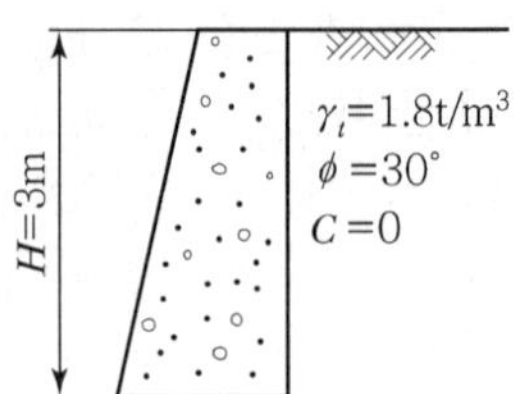

㉮ 3.24t/m　　㉯ 2.67t/m
㉰ 1.73t/m　　㉱ 0.89t/m

해설 • 주동토압계수

$$K_A = \tan^2\left(45° - \frac{\phi}{2}\right)$$

$$= \frac{1-\sin\phi}{1+\sin\phi} = \frac{1-\sin 30°}{1+\sin 30°} = 0.333$$

• 전주동토압

$$P_A = \frac{1}{2} \cdot K_A \cdot r \cdot H^2$$

$$= \frac{1}{2} \times 0.333 \times 1.8 \times 3^2 = 2.67\text{t/m}$$

19. 지표면은 수평, 벽체 배면은 연직, 흙의 내부마찰각 $\phi = 30°$, 흙의 단위중량 $r = 1.8\text{tf/m}^3$일 때 높이 $H = 6\text{m}$인 옹벽에 작용하는 주동토압의 합력 P_A는? [산 10,12,14]

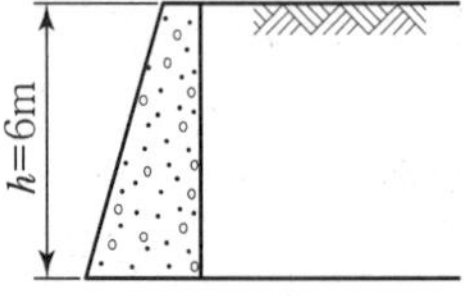

㉮ 10.8t/m　　㉯ 12.6t/m
㉰ 14.3t/m　　㉱ 15.5t/m

해설 • 주동토압계수

$$K_A = \tan^2\left(45° - \frac{\phi}{2}\right)$$

$$= \frac{1-\sin\phi}{1+\sin\phi} = \frac{1-\sin 30°}{1+\sin 30°} = 0.333$$

• 전주동토압

$$P_A = \frac{1}{2} \cdot K_A \cdot r \cdot H^2$$

$$= \frac{1}{2} \times 0.333 \times 1.8 \times 6^2 = 10.8\text{t/m}$$

 |해답| 16. ㉮ 17. ㉰ 18. ㉯ 19. ㉮

20. 아래 그림과 같은 옹벽에 작용하는 전 주동토압은 얼마인가? [산 11]

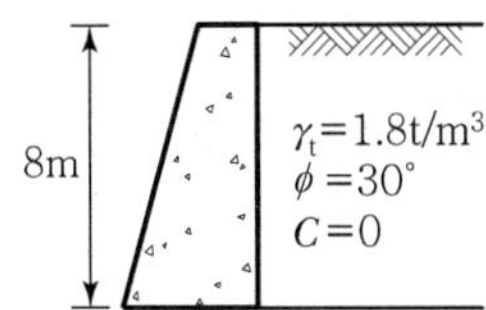

㉮ 16.2t/m ㉯ 17.2t/m
㉰ 18.2t/m ㉱ 19.2t/m

해설 • 주동토압계수

$$K_A=\tan^2\left(45°-\frac{\phi}{2}\right)$$
$$=\frac{1-\sin\phi}{1+\sin\phi}=\frac{1-\sin30°}{1+\sin30°}=0.333$$

• 전주동토압

$$P_A=\frac{1}{2}\cdot K_A\cdot r\cdot H^2$$
$$=\frac{1}{2}\times0.333\times1.8\times8^2=19.2\text{t/m}^2$$

21. 그림과 같은 옹벽에 작용하는 전주동토압은? (단, 뒤채움 흙의 단위중량은 1.8t/m³, 내부마찰각은 30°이고, Rankine의 토압론을 적용한다.)

[기 08]

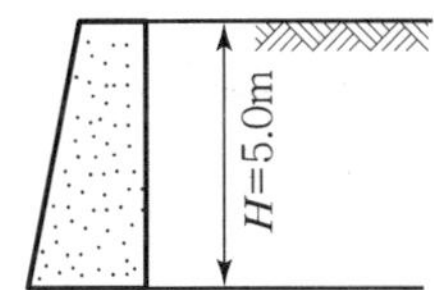

㉮ 7.5t/m ㉯ 8.5t/m
㉰ 9.5t/m ㉱ 10.5t/m

해설 • 주동토압계수

$$K_a=\tan^2\left(45°-\frac{\phi}{2}\right)$$
$$=\frac{1-\sin\phi}{1+\sin\phi}=\frac{1-\sin30°}{1+\sin30°}=\frac{1}{3}=0.333$$

• 전주동토압

$$P_a=\frac{1}{2}\cdot K_a\cdot r\cdot H^2$$
$$=\frac{1}{2}\times0.333\times1.8\times5^2=7.5\text{t/m}$$

22. 다음 그림과 같은 높이가 10m인 옹벽이 점착력이 0인 건조한 모래를 지지하고 있다. 이 모래의 마찰각이 36°, 단위중량 1.6t/m³이라고 할 때 전 주동토압을 구하면? [산 12]

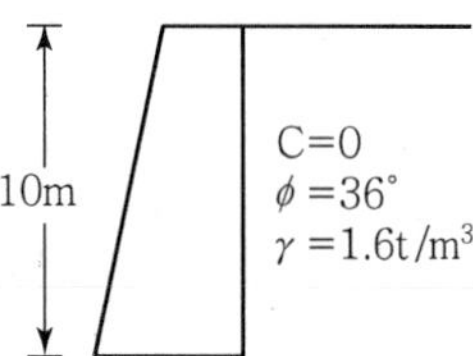

㉮ 20.8t/m ㉯ 24.3t/m
㉰ 33.2t/m ㉱ 39.5t/m

해설 • 주동토압계수

$$K_A=\tan^2\left(45°-\frac{\phi}{2}\right)$$
$$=\frac{1-\sin\phi}{1+\sin\phi}=\frac{1-\sin30°}{1+\sin30°}=0.26$$

• 전주동토압

$$P_A=\frac{1}{2}\cdot K_A\cdot r\cdot H^2$$
$$=\frac{1}{2}\times0.26\times1.6\times10^2=20.8\text{t/m}$$

23. 그림과 같은 옹벽에 작용하는 전체 주동토압을 구하면?(단, 뒷채움 흙의 단위중량 r=1.72t/m³, 내부마찰각(ϕ=30°) [산 11]

㉮ 5.72t/m
㉯ 6.55t/m
㉰ 7.25t/m
㉱ 8.15t/m

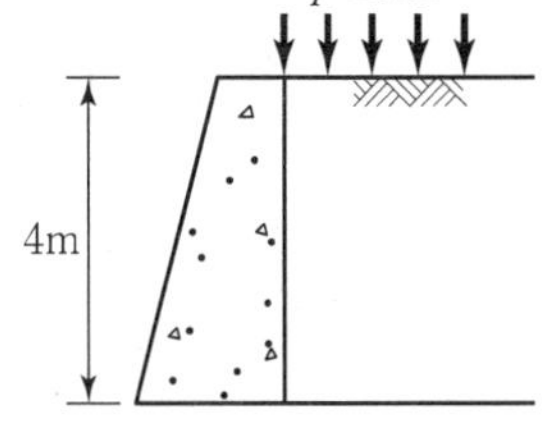

해설 • 주동토압계수

$$K_A=\tan^2\left(45°-\frac{\phi}{2}\right)$$
$$=\frac{1-\sin\phi}{1+\sin\phi}=\frac{1-\sin30°}{1+\sin30°}=0.333$$

• 전주동토압

$$P_A=\frac{1}{2}\cdot K_A\cdot r\cdot H^2+K_A\cdot q\cdot H$$
$$=\frac{1}{2}\times0.333\times1.72\times4^2+0.333\times2\times4$$
$$=7.25\text{t/m}$$

|해답| 20. ㉱ 21. ㉮ 22. ㉮ 23. ㉰

24. 그림과 같이 옹벽 배면의 지표면에 등분포하중이 작용할 때, 옹벽에 작용하는 전체 주동토압의 합력(P_a)과 옹벽 저면으로부터 합력의 작용점까지의 높이(h)는? [기 13]

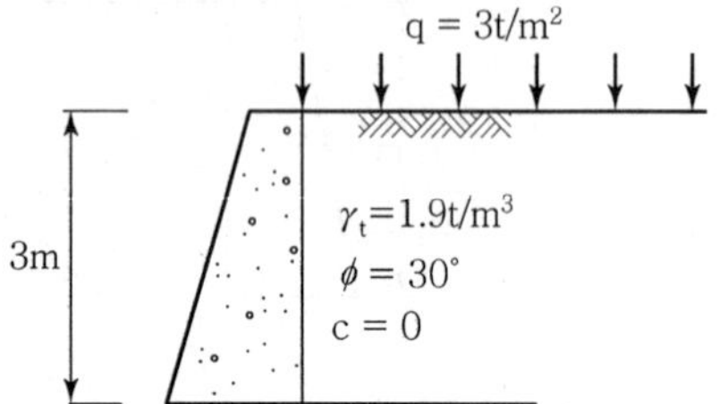

㉮ P_a=2.85t/m, h=1.26m
㉯ P_a=2.85t/m, h=1.38m
㉰ P_a=5.85t/m, h=1.26m
㉱ P_a=5.85t/m, h=1.38m

해설 • 주동토압계수

$$K_A=\tan^2\left(45°-\frac{\phi}{2}\right)$$
$$=\frac{1-\sin\phi}{1+\sin\phi}=\frac{1-\sin30°}{1+\sin30°}=0.333$$

• 전주동토압

$$P_A=\frac{1}{2}\cdot K_A\cdot\gamma\cdot H^2+K_A\cdot q\cdot H$$
$$=\frac{1}{2}\times0.333\times1.9\times3^2+0.333\times3\times3$$
$$=5.85\text{t/m}$$

• 토압의 작용점

$$h=\frac{P_1\cdot\frac{H}{3}+P_2\cdot\frac{H}{2}}{P_1+P_2}$$
$$=\frac{\frac{1}{2}\times0.333\times1.9\times3^2\times\frac{3}{3}+0.333\times3\times3\times\frac{3}{2}}{\frac{1}{2}\times0.333\times1.9\times3^2+0.333\times3\times3}$$
$$=1.26\text{m}$$

25. 다음 그림에서 옹벽이 받는 전주동토압은?(단, 지하 수위면은 지표면과 일치한다.) [기 08]

㉮ 65t/m
㉯ 50t/m
㉰ 35t/m
㉱ 13t/m

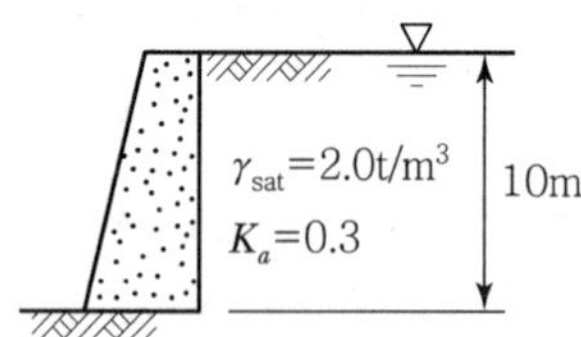

해설 전주동토압

$$P_a=\frac{1}{2}\cdot K_a\cdot r_{sub}\cdot H^2+\frac{1}{2}\cdot r_w\cdot H^2$$
$$=\frac{1}{2}\times0.3\times(2.0-1)\times10^2+\frac{1}{2}\times1\times10^2$$
$$=65\text{t/m}$$

26. 아래 그림과 같은 옹벽에 작용하는 전주동토압을 구하면? [산 11]

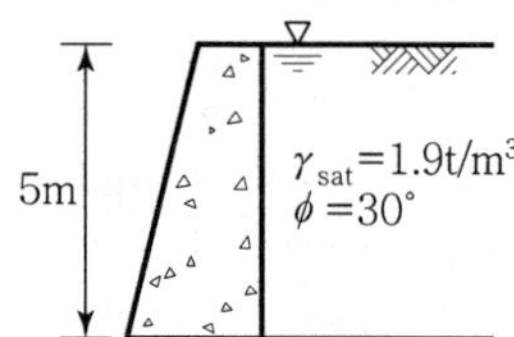

㉮ 9.32t/m ㉯ 16.25t/m
㉰ 18.64t/m ㉱ 20.42t/m

해설 • 주동토압계수

$$K_A=\tan^2\left(45°-\frac{\phi}{2}\right)$$
$$=\frac{1-\sin\phi}{1+\sin\phi}=\frac{1-\sin30°}{1+\sin30°}=0.333$$

• 전주동토압

$$P_A=\frac{1}{2}\cdot K_A\cdot r_{sub}\cdot H^2+\frac{1}{2}+r_w\cdot H^2$$
$$=\frac{1}{2}\times0.333\times(1.9-1)\times5^2+\frac{1}{2}\times1\times5^2$$
$$=16.25\text{t/m}$$

27. 그림과 같은 옹벽에 작용하는 주동토압의 합력은? (단, r_{sat}=1.8tf/m³, ϕ=30°, 벽마찰각 무시) [기 10]

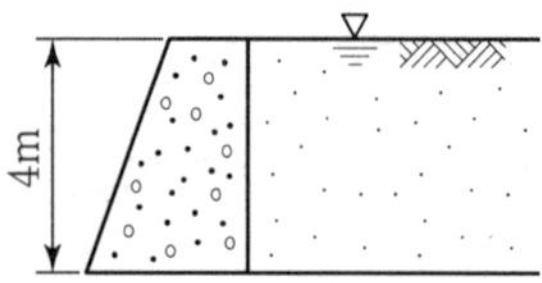

㉮ 10.1t/m ㉯ 11.1t/m
㉰ 13.7t/m ㉱ 18.1t/m

 |해답| 24. ㉰ 25. ㉮ 26. ㉯ 27. ㉮

■해설 • 주동토압계수

$$K_a = \tan^2\left(45° - \frac{\phi}{2}\right)$$

$$= \frac{1-\sin\phi}{1+\sin\phi} = \frac{1-\sin 30°}{1+\sin 30°} = \frac{1}{3} = 0.333$$

• 전주동토압

$$P_a = \frac{1}{2} \cdot K_a \cdot r_{sub} \cdot H^2 + \frac{1}{2} \cdot r_w \cdot H^2$$

$$= \frac{1}{2} \times 0.333 \times (1.8-1) \times 4^2 + \frac{1}{2} \times 1 \times 4^2$$

$$= 10.1\text{t/m}$$

28. 높이 6m의 옹벽이 그림과 같이 수중 속에 있다. 이 옹벽에 작용하는 전 주동토압은 얼마인가? [산 14]

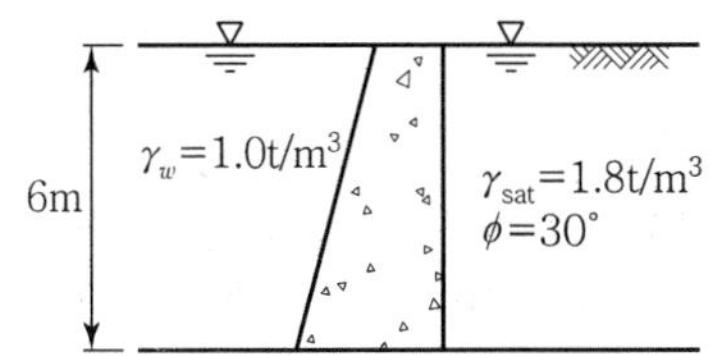

㉮ 4.8t/m ㉯ 22.8t/m
㉰ 10.8t/m ㉱ 28.8t/m

■해설 전주동토압

$$P_A = \frac{1}{2} \cdot K_A \cdot \gamma_{sub} \cdot H^2$$

$$= \frac{1}{2} \times 0.333 \times (1.8-1.0) \times 6^2$$

$$= 4.8\text{t/m}$$

여기서, 같은 수두의 양쪽 수압은 상쇄

29. 그림과 같은 옹벽에 작용하는 전주동토압은?(단, 흙의 단위중량은 1.7t/m³, 점착력은 0.1kg/cm², 내부마찰각은 26°이다.) [산 10]

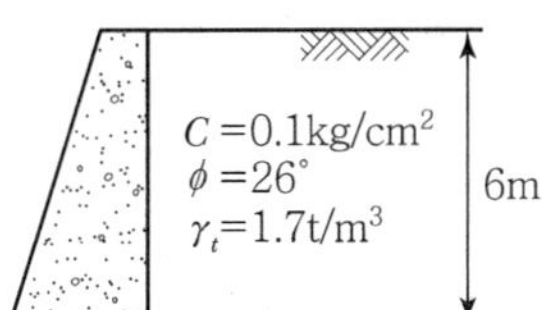

㉮ 4.44t/m ㉯ 7.55t/m
㉰ 11.94t/m ㉱ 19.45t/m

■해설 • 주동토압계수

$$K_A = \tan^2\left(45° - \frac{\phi}{2}\right)$$

$$= \frac{1-\sin\phi}{1+\sin\phi} = \frac{1-\sin 26°}{1+\sin 26°} = 0.39$$

• 전주동토압

$$P_A = \frac{1}{2} \cdot K_A \cdot r \cdot H^2 - 2C\sqrt{K_A} \cdot H$$

$$= \frac{1}{2} \times 0.39 \times 1.7 \times 6^2 - 2 \times 1 \times \sqrt{0.39} \times 6$$

$$= 4.44\text{t/m}$$

(여기서 점착력 C= 0.1kg/cm²를 1t/m²으로 단위 환산)

30. 내부 마찰각 30°, 점착력 1.5t/m² 그리고 단위중량이 1.7t/m³인 흙에 있어서 인장균열(Tension Crack)이 일어나기 시작하는 깊이는? [기 08,15]

㉮ 2.2m ㉯ 2.7m
㉰ 3.1m ㉱ 3.5m

■해설 점착고 : 인장균열깊이

$$Z_c = \frac{2 \cdot c}{r} \tan\left(45° + \frac{\phi}{2}\right)$$

$$= \frac{2 \times 1.5}{1.7} \times \tan\left(45° + \frac{30°}{2}\right) = 3.1\text{m}$$

31. 점착력이 1.4t/m², 내부마찰각이 30°, 단위중량이 1.85t/m³인 흙에서 인장균열깊이는 얼마인가? [기 09,16]

㉮ 1.74m ㉯ 2.62m
㉰ 3.45m ㉱ 5.24m

■해설 점착고 : 인장균열깊이

$$Z_c = \frac{2 \cdot c}{r} \tan\left(45° + \frac{\phi}{2}\right)$$

$$= \frac{2 \times 1.4}{1.85} \tan\left(45° + \frac{30°}{2}\right) = 2.62\text{m}$$

|해답| 28. ㉮ 29. ㉮ 30. ㉰ 31. ㉯

32. 내부마찰각이 30°, 단위중량이 $1.8t/m^3$인 흙의 인장균열 깊이가 3m일 때 점착력은?

[기 10,13,16]

㉮ $1.56t/m^2$　㉯ $1.67t/m^2$
㉰ $1.75t/m^2$　㉱ $1.81t/m^2$

■해설 점착고 : 인장균열깊이

$$Z_c = \frac{2 \cdot c}{r} \tan\left(45° + \frac{\phi}{2}\right) \text{에서}$$

$$3 = \frac{2 \times c}{1.8} \tan\left(45° + \frac{30°}{2}\right)$$

∴ 점착력 $c = 1.56t/m^2$

3. Coulomb의 토압론

33. 옹벽배면의 지표면 경사가 수평이고, 옹벽배면 벽체의 기울기가 연직인 벽체에서 옹벽과 뒤채움 흙 사이의 벽면마찰각(δ)을 무시할 경우, Rankine토압과 Coulomb 토압의 크기를 비교하면?

[기 14/산 15]

㉮ Rankine 토압이 Coulomb 토압보다 크다.
㉯ Coulomb 토압이 Rankine 토압보다 크다.
㉰ 주동토압은 Rankine 토압이 더 크고, 수동토압은 Coulomb 토압이 더 크다.
㉱ 항상 Rankine 토압과 Coulomb 토압의 크기는 같다.

■해설 만약 벽마찰각, 지표면 경사각, 벽면 경사각을 무시하면, 다시 말해 뒤채움 흙이 수평, 벽체 뒷면이 수직, 벽마찰각을 고려하지 않으면 Coulomb의 토압과 Rankine의 토압은 같아진다.

4. 토압의 응용

34. 다음은 옹벽의 안정조건에 관한 사항이다. 잘못 설명된 것은?

[산 08]

㉮ 전도에 대한 저항휨모멘트는 횡토압에 의한 전도휨모멘트의 2.0배 이상이어야 한다.
㉯ 지반의 지지력에 대한 안정성 검토시 허용지지력은 극한지지력의 1/2배를 취한다.
㉰ 옹벽이 활동에 대한 안정을 유지하기 위해서는 활동에 대한 저항력이 수평력의 1.5배 이상이어야 한다.
㉱ 침하의 현상이 일어나지 않으려면 기초지반에 유발되는 최대 지반반력이 지반의 허용지지력을 초과하지 않아야 한다.

■해설 옹벽의 안정조건

① 전도에 대한 안정 : $\frac{\text{저항 모멘트}}{\text{전도 모멘트}} > 2.0$

② 활동에 대한 안정 : $\frac{\text{저항력}}{\text{활동력}} > 1.5$

③ 지지력에 대한 안정 : 기초 지반에 작용하는 지반반력이 지반의 허용지지력보다 작아야 한다. 이때 허용지지력은 극한 지지력의 1/3배를 취한다.

35. 연약 점토지반을 굴착할 때 Sheet Pile을 박고 내부의 흙을 파내면 Sheet Pile 배면의 토괴중량이 굴착 저면의 지지력과 소성평형 상태에 이르러 굴착 저면이 부푸는 현상은?

[산 10]

㉮ Heaving　㉯ Biling
㉰ Quick Sand　㉱ Slip

■해설 히빙(Heaving) 현상
연약한 점토 지반층에 도랑을 파면 도랑 밑이 위쪽으로 솟아오르는 현상

36. 점성토지반의 성토 및 굴착 시 발생하는 Heaving 방지대책으로 틀린 것은?

[산 12,16]

㉮ 지반개량을 한다.
㉯ 표토를 제거하여 하중을 적게 한다.
㉰ 널말뚝의 근입장을 짧게 한다.
㉱ Trench Cut 및 부분 굴착을 한다.

■해설 히빙(Heaving) 방지대책
① 흙막이의 근입깊이를 깊게 한다.
② 표토를 제거하여 하중을 적게 한다.
③ 굴착면에 하중을 가한다.
④ 양질의 재료로 지반개량을 한다.
⑤ 설계 계획을 변경한다.

|해답| 32. ㉮ 33. ㉱ 34. ㉯ 35. ㉮ 36. ㉰

37. 다음 그림과 같은 점성토 지반의 굴착저면에서 바닥융기에 대한 안전율을 Terzaghi의 식에 의해 구하면?(단, γ=1.731t/m³, c=2.4t/m²이다.) [기 12]

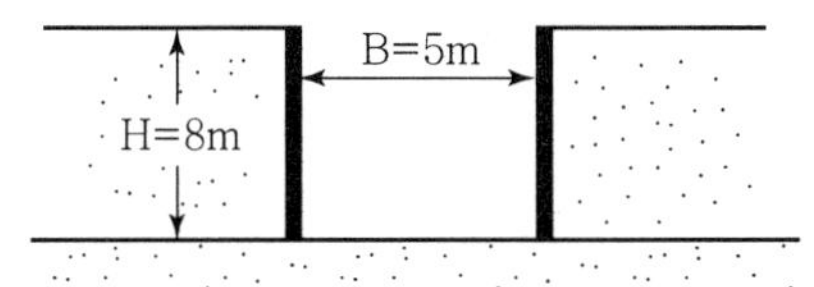

㉮ 3.21 ㉯ 2.32
㉰ 1.64 ㉱ 1.17

해설 히빙(Heaving) 안전율

Terzaghi의 식 $F_s = \dfrac{5.7C}{r \cdot H - \dfrac{C \cdot H}{0.7B}}$

$= \dfrac{5.7 \times 2.4}{1.731 \times 8 - \dfrac{2.4 \times 8}{0.7 \times 5}} = 1.64$

38. γ_t=1.9t/m³, ϕ=30°인 뒤채움 모래를 이용하여 8m 높이의 보강토 옹벽을 설치하고자 한다. 폭 75mm, 두께 3.69mm의 보강띠를 연직방향 설치간격 S_v=0.5m, 수평방향 설치간격 S_h=1.0m로 시공하고자 할 때, 보강띠에 작용하는 최대힘 $T_{\max}$의 크기를 계산하면? [기 13]

㉮ 1.53t ㉯ 2.53t
㉰ 3.53t ㉱ 4.53t

해설 주동토압계수

$K_a = \tan^2\left(45° - \dfrac{\phi}{2}\right) = \dfrac{1-\sin\phi}{1+\sin\phi} = \dfrac{1-\sin 30°}{1+\sin 30°}$

$= \dfrac{1}{3} = 0.333$

최대수평토압

$\sigma_h = K \cdot r \cdot H = 0.333 \times 1.9 \times 8 = 5.06\text{t/m}$

연직방향 설치간격 $S_v = 0.5\text{m}$, 수평방향 설치간격 $S_h = 1.0\text{m}$이므로 단위면적당 평균 보강띠 설치 개수는 2개이다.

보강띠에 작용하는 최대힘

$T_{\max} = \dfrac{\sigma_h}{\text{설치개수}} = \dfrac{5.06}{2} = 2.53\text{t}$

39. 굳은 점토지반에 앵커를 그라우팅하여 고정시켰다. 고정부의 길이가 5m, 직경 20cm, 시추공의 직경은 10cm이었다. 점토의 비배수전단강도 c_u=1.0kg/cm², ϕ=0°이라고 할 때 앵커의 극한지지력은?(단, 표면마찰계수는 0.6으로 가정한다.) [기 08,10,15]

㉮ 9.4ton ㉯ 15.7ton
㉰ 18.8ton ㉱ 31.3ton

해설 앵커의 극한지지력

$P_u = \alpha \cdot C_u \cdot \pi \cdot D \cdot l$

$= 0.6 \times 1.0 \times \pi \times 20 \times 500 = 18,849.56\text{kg}$

$= 18.8\text{tt}$

Chapter 08

사면의 안정

Contents

사면(Slope)

사면이란 수평면이 아닌 지표면을 말하며 비탈면이라고도 한다.

1. 사면의 종류

① 직립사면 : 흙막이 굴착 등으로 연직으로 절취한 사면
② 단순사면(유한사면) : 활동하는 깊이가 사면의 높이에 비해 깊은 사면
③ 반무한사면(무한사면) : 활동하는 깊이가 사면의 높이에 비해 작은 사면

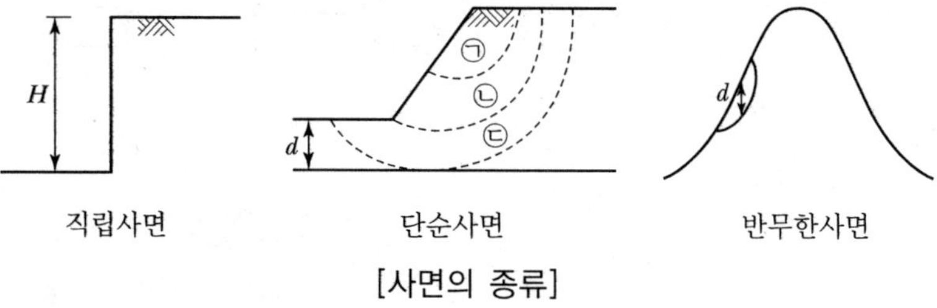

[사면의 종류]

2. 단순사면의 파괴형태

① 사면 내 파괴 : 성토층이 여러 층이고 기반이 얕은 경우
② 사면 선단 파괴 : 사면이 비교적 급하고 점착력이 작은 경우
③ 사면 저부 파괴 : 사면이 비교적 완만하고 점착력이 큰 경우

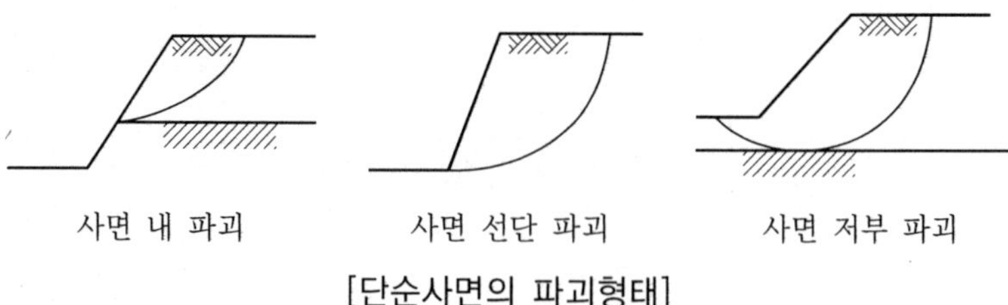

[단순사면의 파괴형태]

3. 안전율(Factor of Safety)

① 높이에 대한 안전율 : $F_s = \frac{\text{한계고}}{\text{사면고}}$

② 평면 활동에 대한 안전율 : $F_s = \dfrac{\text{저항력}}{\text{활동력}}$

③ 원호 활동에 대한 안전율 : $F_s = \dfrac{\text{저항 모멘트}}{\text{활동 모멘트}}$

④ 전단강도에 대한 안전율 : $F_s = \dfrac{\text{전단강도}}{\text{전단응력}}$

⑤ 점착력에 대한 안전율 : $F_s = \dfrac{C}{C_d}$

⑥ 내부마찰각에 대한 안전율 : $F_s = \dfrac{\tan\phi}{\tan\phi_d}$

사면의 안전율

1. 직립사면의 안정

① 한계고=연직절취깊이

$$H_c = \frac{4 \cdot c}{\gamma}\tan\left(45° + \frac{\phi}{2}\right)$$

② 안전율

$$F_s = \frac{H_c}{H} = \frac{\dfrac{4 \cdot c}{\gamma}\tan\left(45° + \dfrac{\phi}{2}\right)}{H}$$

여기서, H_c : 한계고
H : 사면고(사면의 높이)

2. 단순사면의 안정

(1) Taylor의 안정도표($\phi = 0$인 점성토)

① 안정계수 : $N_s = 4 \cdot \tan\left(45° + \dfrac{\phi}{2}\right)$

② 한계고 : $H_c = N_s \cdot \dfrac{c}{\gamma}$

③ 안전율 : $F_s = \dfrac{H_c}{H}$

(2) Culmann의 방법

① 한계고 : $H_c = \dfrac{4 \cdot c}{\gamma} \cdot \left[\dfrac{\sin\beta \cdot \cos\phi}{1-\cos(\beta-\phi)} \right]$

② 안전율 : $F_s = \dfrac{H_c}{H}$

(3) 중량법

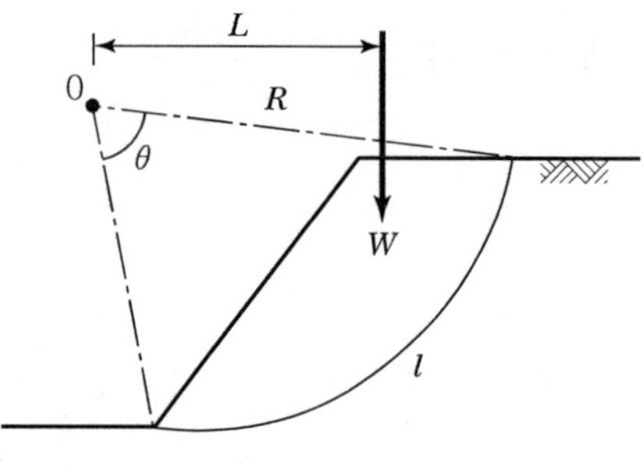

[중량법]

① 활동 모멘트 : $M_D = W \cdot L = A \cdot \gamma \cdot L$

② 저항 모멘트 : $M_R = c \cdot l \cdot R = c \cdot (2 \cdot \pi \cdot R \cdot \dfrac{\theta}{360}) \cdot R$

③ 안전율 : $F_s = \dfrac{M_R}{M_D} = \dfrac{c \cdot l \cdot R}{A \cdot \gamma \cdot L}$

3. 반무한 사면의 안정

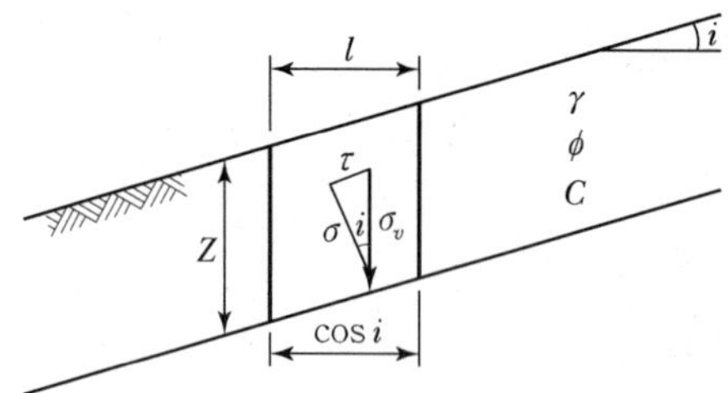

[반무한 사면의 안정]

(1) 침투류가 없는 경우 작용력

① 수직응력 : $\sigma = \gamma \cdot z \cdot \cos^2 i$

② 전단응력 : $\tau = \gamma \cdot z \cdot \cos i \cdot \sin i$

③ 전단강도 : $S = c + \sigma \cdot \tan\phi$

(2) 침투류가 없는 경우 안전율

① 일반토 지반($c \neq 0,\ \phi \neq 0$)

$$F_s = \frac{S}{\tau} = \frac{c}{\gamma \cdot z \cdot \cos i \cdot \sin i} + \frac{\tan\phi}{\tan i}$$

② 사질토 지반($c = 0,\ \phi \neq 0$)

$$F_s = \frac{S}{\tau} = \frac{\tan\phi}{\tan i}$$

(3) 지하수위가 지표면과 일치하는 경우 작용력

① 수직응력 : $\sigma = \gamma_{sat} \cdot z \cdot \cos^2 i$

② 간극수압 : $u = \gamma_w \cdot z \cdot \cos^2 i$

③ 전단응력 : $\tau = \gamma_{sat} \cdot z \cdot \cos i \cdot \sin i$

④ 전단강도 : $S = c + \sigma' \cdot \tan\phi$

(4) 지하수위가 지표면과 일치하는 경우 안전율

① 일반토 지반($c \neq 0,\ \phi \neq 0$)

$$F_s = \frac{c}{\gamma_{sat} \cdot z \cdot \cos i \cdot \sin i} + \frac{\gamma_{sub}}{\gamma_{sat}} \cdot \frac{\tan\phi}{\tan i}$$

② 사질토 지반($c = 0,\ \phi \neq 0$)

$$F_s = \frac{\gamma_{sub}}{\gamma_{sat}} \cdot \frac{\tan\phi}{\tan i}$$

Section 03 사면안정해석법

1. 질량법(Mass Procedure)

활동면 위의 흙을 하나로 취급하여 사면의 안정을 해석하는 방법으로 균질한 지반의 사면에 적용한다.

① $\phi \neq 0°$ 해석법 : 비배수 상태의 균질한 점성토 사면

② 마찰원법 : $\phi > 0°$인 균질한 사면

2. 절편법(Slice Method)

활동면 위의 흙을 몇 개의 연직 평행한 절편으로 나누어 사면의 안정을 해석하는 방법으로 분할법이라고도 하며 균질하지 않은 다층토 지반에 지하수위가 있을 경우 적용한다.

① 절편법(분할법)에 의한 사면안정 해석시 가장 먼저 가상활동면을 결정한다.

② Fellenius 방법 : 절편에 작용하는 외력의 합력은 0이다.

$$(X_1 - X_2 = 0,\ E_1 - E_2 = 0)$$

③ Bishop 방법 : 절편에 작용하는 연직방향의 합력은 0이다.

$$(X_1 - X_2 = 0,\ E_1 - E_2 \neq 0)$$

③ Spender 방법

Fellenius 방법	Bishop 방법
① 전응력 해석	① 유효응력 해석
② 간극수압 무시	② 간극수압 고려
③ $\phi=0$ 해석법	③ ϕ, c 해석법
④ 단기 안정 해석(UU-Test)	④ 장기 안정 해석(CD-Test)
⑤ 계산이 간단	⑤ 계산이 복잡

3. 흙 댐의 안정

① 상류 사면이 가장 위험한 경우 : 시공 직후, 수위 급강하시

② 하류 사면이 가장 위험한 경우 : 시공 직후, 정상 침투시

Item pool
예상문제 및 기출문제

1. 사면

2. 사면의 안전율

01. 균질한 토층을 실험한 결과 $r_t=2.0\text{t/m}^3$, $c=2.4\text{t/m}^2$, $\phi=10°$인 경우에 연직으로 절취할 수 있는 한계고는 얼마인가? [산 09]

㉮ $H_c=5.72\text{m}$ ㉯ $H_c=5.11\text{m}$
㉰ $H_c=4.48\text{m}$ ㉱ $H_c=4.71\text{m}$

■ 해설 한계고 : 연직절취깊이

$$H_c=\frac{4\cdot c}{r}\tan\left(45°+\frac{\phi}{2}\right)$$
$$=\frac{4\times2.4}{2.0}\tan\left(45°+\frac{10°}{2}\right)=5.72\text{m}$$

02. 점착력이 1.0t/m^2, 내부마찰각 30°, 흙의 단위중량이 1.9t/m^3인 현장의 지반에서 흙막이벽체 없이 연직으로 굴착가능한 깊이는? [기 11]

㉮ 1.82m ㉯ 2.11m
㉰ 2.84m ㉱ 3.65m

■ 해설 한계고 : 연직절취깊이

$$H_c=\frac{4\cdot c}{r}\tan\left(45°+\frac{\phi}{2}\right)$$
$$=\frac{4\times1.0}{1.9}\tan\left(45°+\frac{30°}{2}\right)=3.65\text{m}$$

03. 연약한 점토지반($\phi=0$)의 토질시험 결과 일축압축강도는 4.5t/m^2, 흙의 단위중량은 1.8t/m^2로 측정되었다. 이 점토의 한계고는? [산 12]

㉮ 5m ㉯ 4m
㉰ 3m ㉱ 2m

■ 해설 한계고 : 연직절취깊이

$$H_c=\frac{4\cdot c}{r}\tan\left(45°+\frac{\phi}{2}\right)$$
$$=\frac{4\times2.25}{1.8}\tan\left(45°+\frac{0°}{2}\right)=5\text{m}$$

(여기서, 점착력 $C=\frac{q_u}{2}=\frac{4.5}{2}=2.25\text{t/m}^2$)

04. 현장 습윤단위 중량(γ_t)이 1.7t/m^3, 내부마찰각(ϕ)이 10°, 점착력(c)이 0.15kg/cm^2인 지반에서 연직으로 굴착 가능한 깊이는? [산 13,16]

㉮ 0.4m ㉯ 2.7m
㉰ 3.5m ㉱ 4.2m

■ 해설 한계고 : 연직절취깊이

$$H_c=\frac{4\cdot c}{\gamma}\tan\left(45°+\frac{\phi}{2}\right)$$
$$=\frac{4\times1.5}{1.7}\tan\left(45°+\frac{10°}{2}\right)=4.2\text{m}$$

(여기서, 점착력 $c=0.15\text{kg/cm}^2=1.5\text{t/m}^2$)

05. 일축압축강도가 0.32kg/cm^2, 흙의 단위중량이 1.6t/m^3이고, $\phi=0$인 점토지반을 연직굴착할 때 한계고는 얼마인가? [산 12,16]

㉮ 2.3m ㉯ 3.2m
㉰ 4.0m ㉱ 5.2m

■ 해설 한계고 : 연직절취깊이

$$H_c=\frac{4\cdot c}{r}\tan\left(45°+\frac{\phi}{2}\right)$$
$$=\frac{4\times1.6}{1.6}\tan\left(45°+\frac{0°}{2}\right)=4\text{m}$$

(여기서, 점착력 $c=\frac{q_u}{2}=\frac{0.32}{2}=0.16\text{kg/cm}^2$
$=1.6\text{t/m}^2$)

|해답| 01. ㉮ 02. ㉱ 03. ㉮ 04. ㉱ 05. ㉰

06. 어떤 점토의 토질실험 결과 일축압축강도는 0.48kg/cm², 단위중량 1.7t/m³이었다. 이 점토의 한계고는 얼마인가? [기 09,10,15]

㉮ 6.34m ㉯ 4.87m
㉰ 9.24m ㉱ 5.65m

해설 한계고 : 연직절취깊이

$$H_c=\frac{4\cdot c}{r}\tan\left(45°+\frac{\phi}{2}\right)$$

여기서,

- 점토의 내부마찰각 $\phi=0°$이므로
$$H_c=\frac{4\cdot c}{r}=\frac{4\times2.4}{1.7}=5.65\text{m}$$
- 점착력 $c=\frac{q_u}{2}=\frac{0.48}{2}=0.24\text{kg/cm}^2=2.4\text{t/m}^2$

07. 단위중량이 1.6t/m³인 연약점토($\phi=0°$) 지반에서 연직으로 2m까지 보강 없이 절취할 수 있다고 한다. 이때, 이 점토지반의 점착력은? [산 10,11,15]

㉮ 0.4t/m² ㉯ 0.8t/m²
㉰ 1.4t/m² ㉱ 1.8t/m²

해설 한계고 : 연직절취깊이

$$H_c=\frac{4\cdot c}{r}\tan\left(45°+\frac{\phi}{2}\right)\text{에서}$$

$$2=\frac{4\times c}{1.6}\tan\left(45°+\frac{0°}{2}\right)$$

$$\therefore\ \text{점착력}\ C=\frac{2\times1.6}{4}=0.8\text{t/m}^2$$

08. 어떤 점토지반($\phi=0°$)을 연직으로 굴착하였더니 높이 5m에서 파괴되었다. 이 흙의 단위중량이 1.8t/m³이라면 이 흙의 점착력은? [산 14]

㉮ 2.25t/m² ㉯ 2.0t/m²
㉰ 1.80t/m² ㉱ 1.45t/m²

해설 한계고 : 연직절취깊이

$$H_c=\frac{4\cdot C}{r}\tan\left(45°+\frac{\phi}{2}\right)\text{에서,}$$

$$5=\frac{4\times C}{1.8}\tan\left(45°+\frac{0°}{2}\right)$$

$$\therefore\ C=\frac{5\times1.8}{4}=2.25\text{t/m}^2$$

09. 흙의 단위중량이 1.5t/m³인 연약점토지반(ϕ = 0)을 연직으로 4m까지 절취할 수 있다고 한다. 이 점토지반의 점착력은 얼마인가? [기 10]

㉮ 1.0t/m³
㉯ 1.5t/m³
㉰ 2.0t/m³
㉱ 3.0t/m³

해설 한계고 : 연직절취깊이

$$H_c=\frac{4\cdot C}{r}\tan\left(45°+\frac{\phi}{2}\right)$$

(여기서, 내부마찰각 $\phi=0°$인 점토의 경우)

$$H_c=\frac{4\cdot c}{r}\text{에서}\ 4=\frac{4\times c}{1.5}$$

$$\therefore\ \text{점착력}\ c=1.5\text{t/m}^2$$

10. 연약점토지반(ϕ = 0)의 단위중량 1.6t/m³, 점착력 2t/m²이다. 이 지반을 연직으로 2m 굴착하였을 때 연직사면의 안전율은? [산 14]

㉮ 1.5
㉯ 2.0
㉰ 2.5
㉱ 3.0

해설

- 한계고 : 연직절취깊이
$$H_c=\frac{4\cdot c}{r}\tan\left(45°+\frac{\phi}{2}\right)=\frac{4\times2}{1.6}\tan\left(45°+\frac{0°}{2}\right)=5\text{m}$$
- 연직사면의 안전율
$$F_s=\frac{H_c}{H}=\frac{5}{2}=2.5$$

11. 점착력이 0.4kg/cm², 내부마찰각이 35°, 습윤단위무게가 2.1t/m³이다. 이 지반을 연직으로 7m 굴착하였을 때 연직사면의 안전율은? [산 09,12]

㉮ 1.5
㉯ 2.1
㉰ 2.5
㉱ 3.0

|해답| 06. ㉱ 07. ㉯ 08. ㉮ 09. ㉯ 10. ㉰ 11. ㉯

해설 • 한계고 : 연직절취깊이

$$H_c = \frac{4 \cdot c}{r}\tan\left(45° + \frac{\phi}{2}\right)$$

$$= \frac{4 \times 4}{2.1}\tan\left(45° + \frac{35°}{2}\right) = 14.6\text{m}$$

(여기서, 점착력 $c = 0.4\text{kg/cm}^2 = 4\text{t/m}^2$)

• 연직사면의 안전율

$$F_s = \frac{H_c}{H} = \frac{14.6}{7} = 2.1$$

12. 어떤 지반에 대한 토질시험결과 점착력 $c = 0.50\text{kg/cm}^2$, 흙의 단위중량 $\gamma = 2.0\text{t/m}^3$이었다. 그 지반에 연직으로 7m를 굴착했다면 안전율은 얼마인가?(단, $\phi = 0$이다.) [기 12]

㉮ 1.43　　㉯ 1.51
㉰ 2.11　　㉱ 2.61

해설 • 한계고 : 연직절취깊이

$$H_c = \frac{4 \cdot c}{r}\tan\left(45° + \frac{\phi}{2}\right)$$

$$= \frac{4 \times 5}{2.0}\tan\left(45° + \frac{0°}{2}\right) = 10\text{m}$$

(여기서, 점착력 $c = 0.5\text{kg/cm}^2 = 5\text{t/m}^2$이다.)

• 연직사면의 안전율

$$F_s = \frac{H_c}{H} = \frac{10}{7} = 1.43$$

13. 어떤 점토를 연직으로 4m 굴착하였다. 이 점토의 일축압축강도가 4.8t/m^2이고, 단위중량이 1.6t/m^3일 때 굴착고에 대한 안전율은 얼마인가? [산 10,13,16]

㉮ 1.5　　㉯ 1.8
㉰ 2.0　　㉱ 3.0

해설 직립사면 안전율

$$F_s = \frac{H_c}{H} = \frac{\frac{4 \cdot c}{\gamma}\tan\left(45° + \frac{\phi}{2}\right)}{H}$$

$$= \frac{\frac{4 \times 2.4}{1.6}\tan\left(45° + \frac{0°}{2}\right)}{4} = \frac{6}{4} = 1.5$$

(여기서, 점착력 $C = \frac{q_u}{2} = \frac{4.8}{2} = 2.4\text{t/m}^2$)

14. 어떤 굳은 점토층을 깊이 7m까지 연직 절토하였다. 이 점토층의 일축압축강도가 1.4kg/cm^2, 흙의 단위중량이 2t/m^3라 하면 파괴에 대한 안전율은?(단, 내부마찰각은 30°) [기 12]

㉮ 0.5　　㉯ 1.0
㉰ 1.5　　㉱ 2.0

해설 • 한계고 : 연직절취깊이

$$H_c = \frac{4 \cdot c}{r}\tan\left(45° + \frac{\phi}{2}\right)$$

$$= \frac{4 \times 4}{2}\tan\left(45° + \frac{30°}{2}\right) = 13.9\text{mm}$$

(여기서, 점착력 C는

$$q_u = 2 \cdot c \cdot \tan\left(45° + \frac{\phi}{2}\right)\text{에서}$$

$$1.4 = 2 \cdot c \cdot \tan\left(45° + \frac{30°}{2}\right)$$

$$\therefore\ c = 0.4\text{kg/cm}^2 = 4\text{t/m}^2)$$

• 연직사면의 안전율

$$F_s = \frac{H_c}{H} = \frac{13.9}{7} ≒ 2.0$$

15. 습윤단위무게(γ_t)는 1.8t/m^3, 점착력(c)은 0.2kg/cm^2, 내부마찰각(ϕ)은 25°인 지반을 연직으로 3m 굴착하였다. 이 지반의 붕괴에 대한 안전율은 얼마인가?(단, 안정계수 $Ns = 6.3$이다.) [산 14]

㉮ 2.33　　㉯ 2.0
㉰ 1.0　　㉱ 0.45

해설 직립사면 안전율

$$F_s = \frac{H_c}{H} = \frac{\frac{4C}{\gamma}\tan\left(45° + \frac{\phi}{2}\right)}{H}$$

$$= \frac{\frac{4 \times 2}{1.8}\tan\left(45° + \frac{25°}{2}\right)}{3} = 2.33$$

혹은, $F_s = \frac{H_c}{H} = \frac{N_s \cdot \frac{C}{\gamma}}{H}$

$$= \frac{6.3 \times \frac{2}{1.8}}{3} = 2.33$$

(여기서, 점착력 C를 kg/cm^2에서 t/m^2으로 단위 환산)

|해답| 12. ㉮ 13. ㉮ 14. ㉱ 15. ㉮

16. 사면의 경사각을 70°로 굴착하고 있다. 흙의 점착력을 1.5t/m², 단위체적중량을 1.8t/m³으로 한다면, 이 사면의 한계고는?(단, 사면의 경사각이 70°일 때 안정계수는 4.8로 한다.) [산 09]

㉮ 2.0m ㉯ 4.0m
㉰ 6.0m ㉱ 8.0m

■해설 단순사면의 안정해석

한계고 $H_c = N_s \cdot \dfrac{C}{r} = 4.8 \times \dfrac{1.5}{1.8} = 4\text{m}$

17. 어떤 점토 사면에 있어서 안정계수가 4이고, 단위중량이 1.5t/m³, 점착력이 0.15kg/cm²일 때 한계고는? [산 15]

㉮ 4m ㉯ 2.3m
㉰ 2.5m ㉱ 5m

■해설 단순사면의 안정해석

한계고 $H_c = N_s \cdot \dfrac{C}{r} = 4 \times \dfrac{1.5}{1.5} = 4\text{m}$

(여기서, $c = 0.15\text{kg/cm}^2 = 1.5\text{t/m}^2$)

18. 흙의 내부마찰각(ϕ) 20°, 점착력(c) 2.4t/m²이고, 단위중량(γ_t) 1.93t/m³인 사면의 경사각이 45°일 때 임계높이는 약 얼마인가?(단, 안정수 $m=0.06$) [기 14,16]

㉮ 15m ㉯ 18m
㉰ 21m ㉱ 24m

■해설 • 안정계수

$N_s = \dfrac{1}{m} = \dfrac{1}{0.06} = 16.67$

• 한계고(임계높이)

$H_c = N_s \cdot \dfrac{C}{\gamma} = 16.67 \times \dfrac{2.4}{1.93} = 20.7\text{m}$

19. 연약점토 사면이 수평과 75°각도를 이루고 있고, 이 사면의 활동면의 형태는 아래 그림과 같다. 사면 흙의 강도정수가 $C_u = 3.2\text{t/m}^2$, $r_t = 1.763\text{t/m}^3$이고, $\beta = 75°$일 때의 안정수(m)는 0.219였다. 굴착할 수 있는 최대깊이(H_{cr})와 그림에서의 절토깊이를 3m까지 했을 때의 안전율(F_s)은? [기 08]

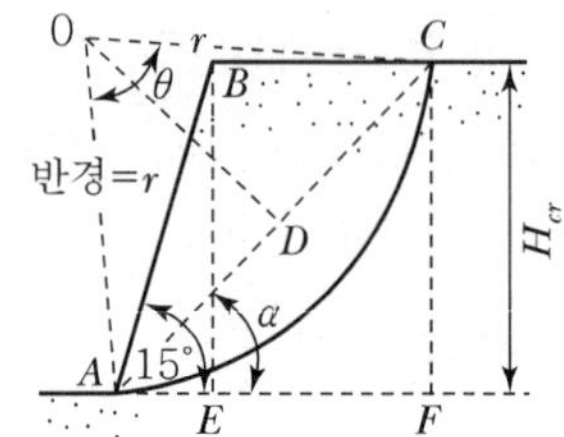

	H_{cr}	F_s		H_{cr}	F_s
㉮	2.10	1.158	㉯	4.15	2.316
㉰	8.3	2.763	㉱	12.4	3.200

■해설 • 유한사면(단순사면)의 안전율

$F_s = \dfrac{H_{cr}}{H}$

• 안정계수

$N_s = 4\tan\left(45° + \dfrac{\phi}{2}\right) = \dfrac{1}{m} = \dfrac{1}{0.219} = 4.57$

• 최대굴착깊이(한계고)

$H_{cr} = \dfrac{4 \cdot c}{r}\tan\left(45° + \dfrac{\phi}{2}\right)$

$\therefore\ H_{cr} = N_s \cdot \dfrac{C}{r} = 4.57 \times \dfrac{3.2}{1.763} = 8.3\text{m}$

$\therefore\ F_s = \dfrac{H_{cr}}{H} = \dfrac{8.3}{3} = 2.76$

20. $r_t = 1.8\text{t/m}^3$, $c_u = 3.0\text{t/m}^2$, $\phi = 0$의 점토지반을 수평면과 50˚의 기울기로 굴토하려고 한다. 안전율을 2.0으로 가정하여 평면활동 이론에 의한 굴토깊이를 결정하면? [기 12,15]

㉮ 2.80m ㉯ 5.60m
㉰ 7.12m ㉱ 9.84m

■해설 $H_c = \dfrac{4 \cdot c}{r}\left[\dfrac{\sin\beta \cdot \cos\phi}{1-\cos(\beta-\phi)}\right]$

$= \dfrac{4 \times 3}{1.8}\left[\dfrac{\sin 50° \times \cos 0°}{1-\cos(50°-0°)}\right] = 14.297\text{m}$

$H = \dfrac{H_c}{F_s} = \dfrac{14.297}{2.0} = 7.15\text{m}$

21. 내부마찰각 $\phi=0°$, 점착력 $c=4.5\text{t/m}^2$, 단위중량이 1.9t/m^3되는 포화된 점토층에 경사각 45°로 높이 8m인 사면을 만들었다. 그림과 같은 하나의 파괴면을 가정했을 때 안전율은?(단, ABCD 면적은 70m^2이고, ABCD의 무게중심은 O에서 4.5m 거리에 위치하며, 호 AB의 길이는 20.0m이다.) [기 09]

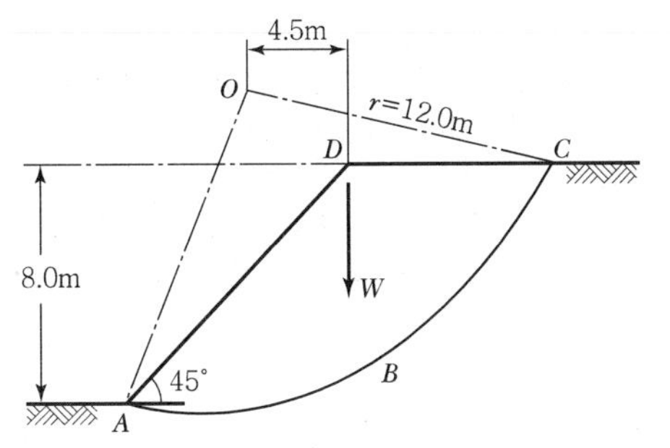

㉮ 1.2 ㉯ 1.8
㉰ 2.5 ㉱ 3.2

해설 원호 활동면 안전율

$$F_s=\frac{\text{저항}M}{\text{활동}M}=\frac{C\cdot l\cdot R}{A\cdot r\cdot L}$$

$$=\frac{4.5\times20\times12}{70\times1.9\times4.5}=1.8$$

22. 그림과 같은 사면에서 활동에 대한 안전율은? [기 13]

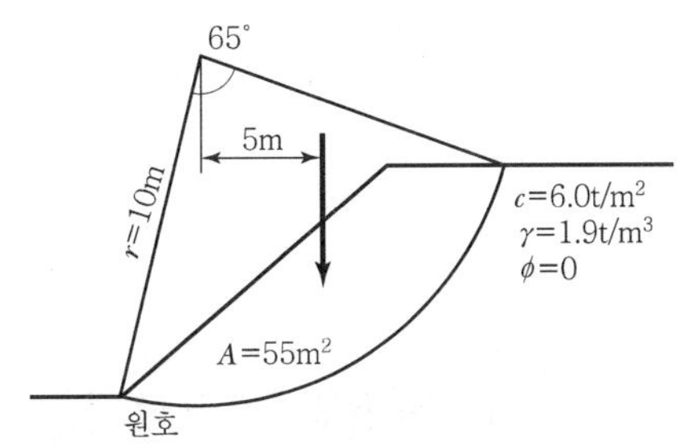

㉮ 1.30 ㉯ 1.50
㉰ 1.70 ㉱ 1.90

해설 원호 활동면 안전율

$$F_s=\frac{\text{저항 }M}{\text{활동 }M}=\frac{c\cdot l\cdot R}{A\cdot\gamma\cdot L}$$

$$=\frac{6\times\left(2\times\pi\times10\times\frac{65°}{360°}\right)\times10}{55\times1.9\times5}=1.3$$

23. 흙의 포화단위중량이 2.0t/m^3인 포화점토층을 45° 경사로 8m를 굴착하였다. 흙의 강도 계수 $C_u=6.5\text{t/m}^2$, $\phi_u=0°$이다. 그림과 같은 파괴면에 대하여 사면의 안전율은?(단, ABCD의 면적은 70m^2이고 O점에서의 ABCD의 무게중심까지의 수직거리는 4.5m이다.) [기 13]

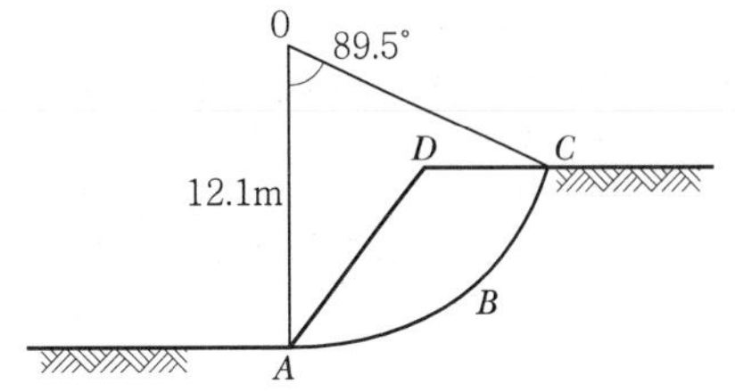

㉮ 4.72 ㉯ 2.67
㉰ 4.21 ㉱ 2.36

해설 원호 활동면 안전율

$$F_s=\frac{\text{저항}M}{\text{활동}M}=\frac{C\cdot l\cdot R}{A\cdot\gamma\cdot L}$$

$$=\frac{6.5\times\left(2\times\pi\times12.1\times\frac{89.5°}{360°}\right)\times12.1}{70\times2\times4.5}$$

$$=2.36$$

24. 그림과 같은 사면에서 깊이 6m 위치에서 발생하는 단위폭당 전단응력은 얼마인가? [기 09]

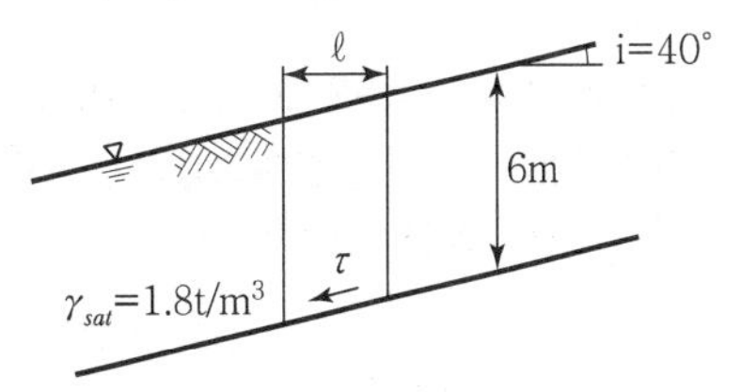

㉮ 5.32t/m^2 ㉯ 2.34t/m^2
㉰ 4.05t/m^2 ㉱ 2.04t/m^2

해설 반무한 사면에서 전단응력

$$\tau=r_{sat}\cdot Z\cdot\cos i\cdot\sin i$$

$$=1.8\times6\times\cos40°\times\sin40°$$

$$=5.32\text{t/m}^2$$

25. 지하수위가 지표면과 일치되며 내부마찰각이 30°, 포화 단위중량(r_{sat}) 2.0t/m³이며 점착력이 0인 사질토로 된 반무한사면이 15°로 경사져 있다. 이때 이 사면의 안전율은? [산 08,13]

㉮ 1.00　　㉯ 1.08
㉰ 2.00　　㉱ 2.15

■해설 반무한 사면의 안전율(지하수위가 지표면과 일치, $C=0$)

$$F_s = \frac{r_{sub}}{r_{sat}} \cdot \frac{\tan\phi}{\tan i} = \frac{1}{2} \times \frac{\tan 30°}{\tan 15°} = 1.08$$

26. $\phi=33°$인 사질토에 25° 경사의 사면을 조성하려고 한다. 이 비탈면의 지표까지 포화되었을 때 안전율을 계산하면?(단, 사면 흙의 r_{sat}=1.8 t/m³) [기 10,11,14]

㉮ 0.62　　㉯ 1.41
㉰ 0.70　　㉱ 1.12

■해설 반무한 사면의 안전율($C=0$인 사질토, 지하수위가 지표면과 일치하는 경우)

$$F_s = \frac{r_{sub}}{r_{sat}} \cdot \frac{\tan\phi}{\tan i} = \frac{1.8-1}{1.8} \times \frac{\tan 33°}{\tan 25°} = 0.62$$

27. 그림과 같이 c=0인 모래로 이루어진 무한사면이 안정을 유지(안전율≥1)하기 위한 경사각 β의 크기로 옳은 것은? [기 10,14]

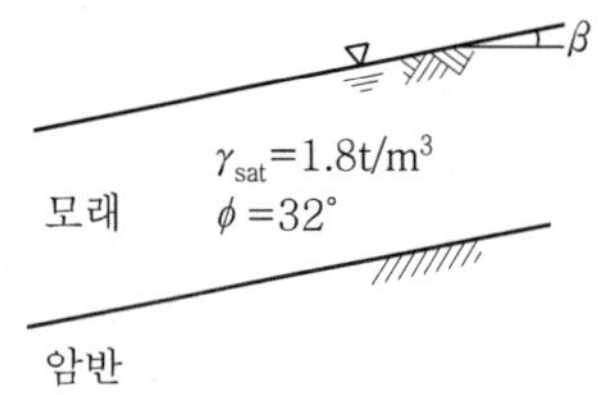

㉮ $\beta \le 7.8°$　　㉯ $\beta \le 15.5°$
㉰ $\beta \le 31.3°$　　㉱ $\beta \le 35.6°$

■해설 반무한 사면의 안전율($C=0$인 사질토, 지하수위가 지표면과 일치하는 경우)

$$F_s = \frac{r_{sub}}{r_{sat}} \cdot \frac{\tan\phi}{\tan\beta} = \frac{1.8-1}{1.8} \times \frac{\tan 32°}{\tan\beta} \ge 1$$

여기서, 안전율 ≥ 1이므로 $\beta \le 15.5°$

28. γ_{sat}=2.0t/m³인 사질토가 20°로 경사진 무한사면이 있다. 지하수위가 지표면과 일치하는 경우 이 사면의 안전율이 1 이상이 되기 위해서는 흙의 내부마찰각이 최소 몇 도 이상이어야 하는가? [기 15]

㉮ 18.21°　　㉯ 20.52°
㉰ 36.06°　　㉱ 45.47°

■해설 반무한 사면의 안전율($C=0$인 사질토, 지하수위가 지표면과 일치하는 경우)

$$F = \frac{r_{sub}}{r_{sat}} \cdot \frac{\tan\phi}{\tan\beta} = \frac{2.0-1}{2.0} \times \frac{\tan\phi}{\tan 20°} \ge 1$$

여기서, 안전율 ≥ 1이므로 $\phi = 36.06°$

29. 암반층 위에 5m 두께의 토층이 경사 15°의 자연사면으로 되어 있다. 이 토층은 c=1.5t/m², ϕ=30°, γ_{sat}=1.8t/m³이고, 지하수면은 토층의 지표면과 일치하고 침투는 경사면과 대략 평행이다. 이때의 안전율은? [기 11,14,16]

㉮ 0.8　　㉯ 1.1
㉰ 1.6　　㉱ 2.0

■해설 반무한 사면의 안전율(점착력 $C \ne 0$이고, 지하수위가 지표면과 일치하는 경우)

$$F_s = \frac{C}{r \cdot z \cdot \cos i \cdot \sin i} + \frac{r_{sub}}{r_{sat}} \cdot \frac{\tan\phi}{\tan i}$$

$$= \frac{1.5}{1.8 \times 5 \times \cos 15° \times \sin 15°} + \frac{1.8-1}{1.8} \times \frac{\tan 30°}{\tan 15°}$$

$$= 1.6$$

3. 사면안정 해석법

30. 다음 중 사면의 안정해석방법이 아닌 것은? [산 10,15/기 16]

㉮ 마찰원법
㉯ 비숍(Bishop)의 방법
㉰ 펠레니우스(Fellenius)방법
㉱ 카사그란데(Cassagrande)의 방법

|해답| 25. ㉯ 26. ㉮ 27. ㉯ 28. ㉰ 29. ㉰ 30. ㉱

■해설 사면의 안정해석 방법
① 마찰원법
② 비숍(Bishop)법
③ 펠레니우스(Fellenius)법

31. 활동면 위의 흙을 몇 개의 연직 평행한 절편으로 나누어 사면의 안정을 해석하는 방법이 아닌 것은? [기 12,15]

㉮ Fellenius 방법
㉯ 마찰원법
㉰ Spencer 방법
㉱ Bishop의 간편법

■해설 • 분할법(절편법) : 다층토지반, 지하수위가 있을 때
① Fellenius 방법
② Bishop 방법
③ Spencer 방법
• 마찰원법 : 균질한 지반 - Taylor 방법

32. 절편법에 의한 사면의 안정해석이 가장 먼저 결정되어야 할 사항은? [산 08,11]

㉮ 가상활동면
㉯ 절편의 중량
㉰ 활동면상의 점착력
㉱ 활동면상의 내부마찰각

■해설 사면 안정해석시 가장 먼저 고려해야 할 사항
가상활동면의 결정

33. 분할법으로 사면안정 해석시에 가장 먼저 결정되어야 할 사항은? [산 11]

㉮ 분할 세편의 중량
㉯ 활동면상의 마찰력
㉰ 가상 활동면
㉱ 각 세편의 간극수압

■해설 사면 안정해석시 가장 먼저 고려해야 할 사항
가상활동면의 결정

34. 절편법에 대한 설명으로 틀린 것은? [기 11]

㉮ 흙이 균질하지 않고 간극수압을 고려할 경우 절편법이 적합하다.
㉯ 안전율은 전체 활동면상에서 일정하다.
㉰ 사면의 안정을 고려할 경우 활동파괴면을 원형이나 평면으로 가정한다.
㉱ 절편경계면은 활동파괴면으로 가정한다.

■해설 절편경계면은 마찰, 전단면으로 가정한다.

35. 사면안정 해석방법에 대한 설명으로 틀린 것은? [기 15]

㉮ 일체법은 활동면 위에 있는 흙덩어리를 하나의 물체로 보고 해석하는 방법이다.
㉯ 절편법은 활동면 위에 있는 흙을 몇 개의 절편으로 분할하여 해석하는 방법이다.
㉰ 마찰원방법은 점착력과 마찰각을 동시에 갖고 있는 균질한 지반에 적용된다.
㉱ 절편법은 흙이 균질하지 않아도 적용이 가능하지만, 흙속에 간극수압이 있을 경우 적용이 불가능하다.

■해설 분할법(절편법)
다층토지반, 지하수위가 있을 때
① Fellenius 방법
② Bishop 방법
③ Spencer 방법
∴ 절편법은 흙이 균질하지 않아도 적용이 가능하고, 흙 속에 간극수압이 있을 경우에도 적용이 가능하다.

36. 사면안정 해석방법 중 절편법에 대한 설명으로 옳지 않은 것은? [산 16]

㉮ 절편의 바닥면은 직선이라고 가정한다.
㉯ 일반적으로 예상 활동파괴면을 원호라고 가정한다.
㉰ 흙 속에 간극수압이 존재하는 경우에도 적용이 가능하다.
㉱ 지층이 여러 개의 층으로 구성되어 있는 경우 적용이 불가능하다.

|해답| 31. ㉯ 32. ㉮ 33. ㉰ 34. ㉱ 35. ㉱ 36. ㉱

해설 절편법(Slice Method)
활동면 위의 흙을 몇 개의 연직 평행한 절편으로 나누어 사면의 안정을 해석하는 방법으로 분할법이라고도 하며 균질하지 않은 다층토 지반에 지하수위가 있을 경우 적용한다.

37. 사면 안정해석법에 관한 설명 중 틀린 것은? [산 08,14]

㉮ 해석법은 크게 마찰원법과 분할법으로 나눌 수 있다.
㉯ Fellenius 방법은 주로 단기안정해석에 이용된다.
㉰ Bishop 방법은 주로 장기안정해석에 이용된다.
㉱ Bishop 방법은 절편의 양측에 작용하는 수평방향의 합력이 0이라고 가정하여 해석한다.

해설 ① Fellenius법은 Bishop법보다 계산이 간단하다.
② Bishop법은 절편에 작용하는 연직방향의 힘의 합력은 0이다.

Fellenius법	Bishop법
• $\phi=0$ 해석법 • 전응력해석(간극수압 무시) • 사면의 단기안정 해석	• C, ϕ 해석법 • 유효응력 해석 • 사면의 장기 안정해석

38. 사면안정계산에 있어서 Fellenius법과 간편 Bishop법의 비교 설명 중 틀린 것은? [기 08,13,16]

㉮ Fellenius법은 절편의 양쪽에 작용하는 합력은 0(zero)이라고 가정한다.
㉯ 간편 Bishop법은 절편의 양쪽에 작용하는 연직방향의 합력은 0(zero)이라고 가정한다.
㉰ Fellenius법은 간편 Bishop법보다 계산은 복잡하지만 계산결과는 더 안전측이다.
㉱ 간편 Bishop법은 안전율을 시행착오법으로 구한다.

해설 Fellenius 방법은 Bishop 방법보다 계산이 간단하며 안전율을 과소평가하는 경향이 있다.

39. 사면의 안정문제는 보통 사면의 단위 길이를 취하여 2차원 해석을 한다. 이렇게 하는 가장 중요한 이유는? [기 12]

㉮ 길이 방향의 변형도(Strain)를 무시할 수 있다고 보기 때문이다.
㉯ 흙의 특성이 등방성(Isotropic)이라고 보기 때문이다.
㉰ 길이 방향의 응력도(Stress)를 무시할 수 있다고 보기 때문이다.
㉱ 실제 파괴형태가 이와 같기 때문이다.

해설 길이 방향의 변형도(Strain)를 무시할 수 있다고 보기 때문이다.

40. 다음 중 댐의 사면이 가장 불안정한 경우는 어느 때인가? [산 13]

㉮ 사면의 수위가 천천히 하강할 때
㉯ 사면이 포화상태에 있을 때
㉰ 사면의 수위가 급격히 하강할 때
㉱ 사면이 습윤상태에 있을 때

해설 일반적으로 제방 및 축대의 사면이 가장 위험한 경우는 수위 급강하 시 간극수의 영향으로 인해 사면이 가장 불안정하다.

 |해답| 37. ㉱ 38. ㉰ 39. ㉮ 40. ㉰

Chapter

09 토질조사 및 시험

Contents

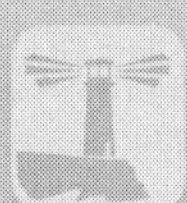

기초지반 및 지반조사

토질조사는 토층의 구성, 상태, 흙의 성질 등 기초의 설계와 시공에 필요한 지반의 특성을 파악하기 위해 실시한다.

1. 예비조사

① 자료조사 : 기존 관련 자료를 수집하여 토질 정보를 정리 및 분석
② 현지답사 : 자료조사 결과를 토대로 현장에서 직접 토질 정보를 확인
③ 개략조사 : 개략적인 현장지반조사로 본조사를 계획

2. 본조사

① 현지 정밀답사
② 정밀조사 : 예비조사를 토대로 실제 시공을 위한 현장지반 특성을 상세히 조사
③ 보충조사 : 정밀조사에 대한 보완조사

보링(Boring)

지반의 구성 및 지하수위 파악, 실내 토질시험을 위한 불교란시료 채취를 위해 지반에 구멍을 뚫는 작업

1. 보링의 종류

① Auger Boring : 오거 보링, 교란된(흐트러진) 시료 채취
② Rotary Boring : 회전식 보링
③ Percussion Boring : 충격식 보링
④ Wash Boring : 수세식 보링

2. 흙의 시료채취

(1) 교란시료

흙의 구조나 조직과 관계 없는 흙의 성질을 파악하기 위한 시료채취로 표준관입시험 시에 Split Spoon Sampler 등을 사용한다.

(2) 불교란시료

흙의 구조나 조직과 관계 있는 흙의 역학적 특성을 파악하기 위한 시료채취로 주로 연약 점성토 지반에 Casing Tube가 얇은 고정 피스톤식 Thin Wall Sampler를 사용한다.

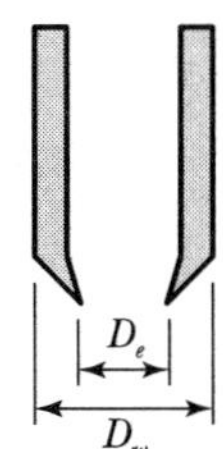

여기서, D_e : 샘플러 내경
D_w : 샘플러 외경

[면적비]

① 면적비

$$A_r = \frac{{D_w}^2 - {D_e}^2}{{D_e}^2} \times 100(\%)$$

② 불교란시료 채취시 샘플러의 두께를 얇게 하기 위하여 면적비를 10% 미만으로 하는데, 가장 큰 이유는 샘플러 주위의 여잉토의 혼입을 막기 위해서이다.

3. 암석의 시료채취

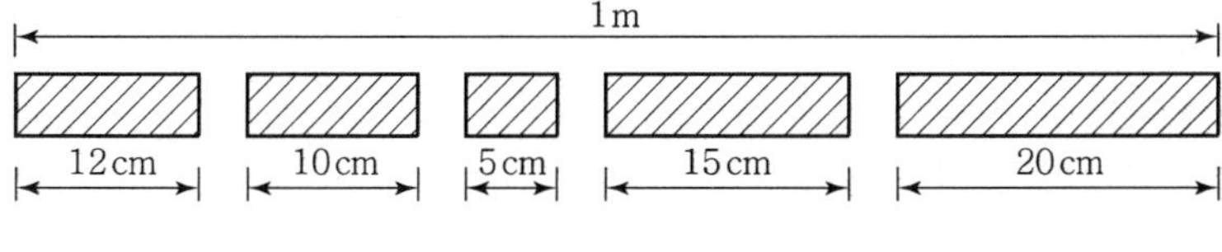

[암석의 시료채취]

(1) $T.C.R$(회수율)

$$T.C.R = \frac{\text{회수된 core 길이의 합}}{\text{이론상 굴진깊이}} \times 100(\%)$$

(2) $R.Q.D$(암질지수)

$$R.Q.D = \frac{10\text{cm 이상 core 길이의 합}}{\text{이론상 굴진깊이}} \times 100(\%)$$

(3) $R.M.R$ 암반분류법(Rock Mass Rating)의 평가항목

① 암석의 일축압축강도
② RQD(암질지수)
③ 절리(불연속면)의 상태
④ 절리(불연속면)의 간격
⑤ 지하수 상태

RQD(%)	암질
0~25	매우 불량
25~50	불량
50~75	보통
75~90	양호
90~100	우수

Section 03 사운딩(Sounding)

Rod 선단에 설치한 저항체를 지중에 삽입하여 관입, 회전, 인발 등의 저항으로 토층의 물리적 성질을 탐사하는 것으로, 원위치 시험으로서 의의가 있다.

1. 사운딩의 종류

(1) 정역학적 사운딩

① 베인 전단 시험기
② 휴대용 원추관입시험기
③ 화란식 원추관입시험기
④ 스웨덴식 관입시험기
⑤ 이스키미터

(2) 동역학적 사운딩

① 표준관입 시험기

② 동적 원추 관입시험기

2. Vane Shear Test

(1) 현장에서 직접 연약한 점토의 전단강도를 측정하는 방법으로 흙이 전단될 때의 회전 저항 모멘트를 측정하여 점토의 점착력(비배수 강도)을 측정하는 시험방법

(2) 적용토질 : 깊이 10m 미만의 연약한 점성토 지반(0.5kg/cm^2 이하)

(3) 전단강도

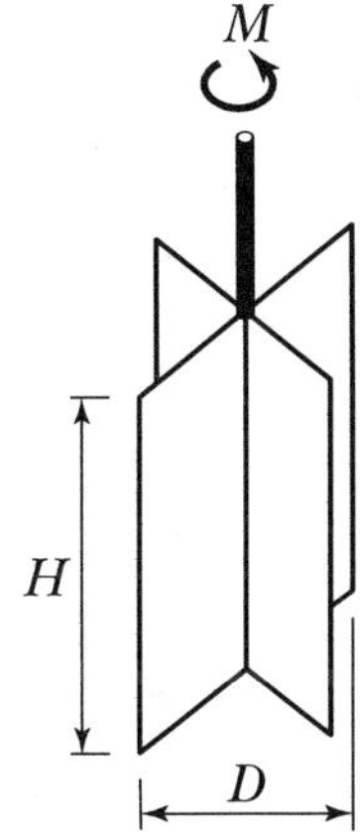

[베인 전단 시험기]

$$S = C = \frac{M}{\pi D^2 \cdot \left(\frac{H}{2} + \frac{D}{6}\right)}$$

여기서, M : 파괴시 토크, 최대회전모멘트
H : 높이
D : 지름

3. 표준관입시험기(Standard Penetraion Test, $S.P.T$)

(1) 보링시 구멍에 Split Spoon Sampler를 넣고 15cm 관입 후에 63.5kg± 0.5kg 해머로 76cm±1cm 높이에서 자유낙하시켜 샘플러를 지반에 30cm 관입시키는 데 필요한 타격횟수를 N치라 하며 교란시료를 채취하여 물성시험에 사용한다.

(2) 적용토질

큰 자갈 이외의 대부분 흙에 이용되며 사질토에 가장 적합하고 점성토에서도 쓰인다.

(3) N치의 수정

① Rod 길이에 대한 수정 : 심도가 깊어지면 로드의 변형과 마찰로 인해 타격에너지가 손실되어 실제보다 큰 N치가 측정되므로 보정하여야 한다.

$$N_1 = N' \cdot \left(1 - \frac{x}{200}\right)$$

여기서, N_1 : Rod 길이에 대한 수정 N치
N' : 실측한 N치
x : Rod의 길이

② 토질에 대한 수정 : 포화된 실트질 세사의 한계간극비에 해당하는 N치를 15로 보아 15 이상의 값은 실제보다 크게 나온 것으로 판단하여 보정하여야 한다.

$$N_2 = 15 + \frac{1}{2}(N_1 - 15)$$

여기서, N_2 : 토질에 대한 수정 N치
N_1 : Rod 길이에 대한 수정 N치

③ 상재압에 대한 수정 : 모래 지반은 지표면 부근에서 실제보다 N치가 작게 나오므로 보정하여야 한다.

$$N = N'\left(\frac{5}{1.4P + 1}\right)$$

여기서, N' : 실측한 N치
P : 유효상재하중

(4) N치의 이용 : Dunham 공식

모래의 내부마찰각 ϕ와 N치와의 관계

① 토립자가 모가 나고 입도분포가 양호한 경우 : $\phi = \sqrt{12 \cdot N} + 25$
② 토립자가 모가 나고 입도분포가 불량한 경우 : $\phi = \sqrt{12 \cdot N} + 20$
③ 토립자가 둥글고 입도분포가 양호한 경우 : $\phi = \sqrt{12 \cdot N} + 20$
④ 토립자가 둥글고 입도분포가 불량한 경우 : $\phi = \sqrt{12 \cdot N} + 15$

N치	상대밀도	N치	컨시스턴시	일축압축강도
0~4	대단히 느슨	$N<2$	대단히 연약	$q_u<0.25$
4~10	느슨	2~4	연약	0.25~0.5
10~30	보통	4~8	보통	0.5~1.0
30~50	조밀	8~15	견고	1.0~2.0
50 이상	대단히 조밀	15~30	대단히 견고	2.0~4.0
		$N>30$	고결	$q_u>4.0$

평판재하시험(Plate Bearing Test, P.B.T)

지반의 응력-침하 관계 및 지반의 지지력과 침하량 산정을 위하여 실시하며 콘크리트 강성포장 두께 설계에 이용된다.

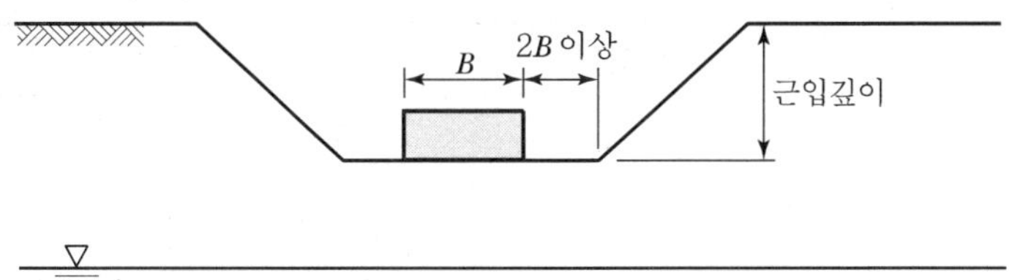

[평판재하시험]

1. 지지력계수

$$K=\frac{q}{y}$$

여기서, q : 하중강도
y : 침하량 1.25mm 표준

2. Scale Effect

재하판(Plate) 크기 : 30×30cm, 40×40cm, 75×75cm

$$K_{75} = \frac{K_{40}}{1.5} = \frac{K_{30}}{2.2}$$

$$\therefore K_{30} > K_{40} > K_{75}$$

3. 평판재하시험 종료 조건

① 침하가 15mm에 달할 때

② 하중강도가 현장에서 예상되는 가장 큰 접지압력을 초과할 때

③ 하중강도가 지반의 항복점을 넘을 때

4. 평판재하시험 결과 이용시 유의사항

① 토질 종단을 파악해야 한다.

② 지하수위 위치 및 변동사항을 고려해야 한다.

③ 재하판 크기에 의한 영향(Scale Effect)을 고려해야 한다.

	지지력	침하량
점토	재하판 폭에 무관 $q_{u(F)} = q_{u(P)}$	재하판 폭에 비례 $S_F = S_P \cdot \frac{B_F}{B_P}$
사질토	재하판 폭에 비례 $q_{u(F)} = q_{u(P)} \cdot \frac{B_F}{B_P}$	재하판 폭에 어느 정도 비례 $S_F = S_P \cdot \left(\frac{2 \cdot B_F}{B_F + B_P}\right)^2$

Item pool

예상문제 및 기출문제

1. 기초지반 및 지반조사

2. 보링

01. 보링의 목적이 아닌 것은? [기 08]

㉮ 흐트러지지 않은 시료의 채취
㉯ 지반의 토질 구성 파악
㉰ 지하수위 파악
㉱ 평판재하 시험을 위한 재하면의 형성

해설 보링의 목적
지반구성 및 지하수위 파악, 불교란 시료 채취 및 N치를 알기 위한 표준관입시험실시 등을 위하여 지반에 구멍을 뚫는 작업

02. 다음 시료채취에 사용되는 시료기(Sampler) 중 불교란시료 채취에 사용되는 것만 고른 것으로 옳은 것은? [기 12]

(1) 분리형 원통 시료기(Split Spoon Sampler)
(2) 피스톤 튜브 시료기(Piston Tube Sampler)
(3) 얇은 관 시료기(Thin Wall Tube Sampler)
(4) Laval 시료기(Laval Sampler)

㉮ (1), (2), (3)　　㉯ (1), (2), (4)
㉰ (1), (3), (4)　　㉱ (2), (3), (4)

해설 불교란 시료 채취기
- 피스톤 튜브 시료기
- 얇은관 시료기
- Lavel 시료기

03. 흙시료 채취에 대한 설명으로 틀린 것은? [기 15]

㉮ 교란의 효과는 소성이 낮은 흙이 소성이 높은 흙보다 크다.
㉯ 교란된 흙은 자연상태의 흙보다 압축강도가 작다.
㉰ 교란된 흙은 자연상태의 흙보다 전단강도가 작다.
㉱ 흙시료 채취 직후에 비교적 교란되지 않은 코어(Core)는 부(負)의 과잉간극수압이 생긴다.

해설 교란의 효과는 소성이 높은 흙이 소성이 낮은 흙보다 크다.

04. 다음 그림은 불교란 흙 시료를 채취하기 위한 샘플러 선단의 그림이다. 면적비(Arearatio) Ar는? [산 09]

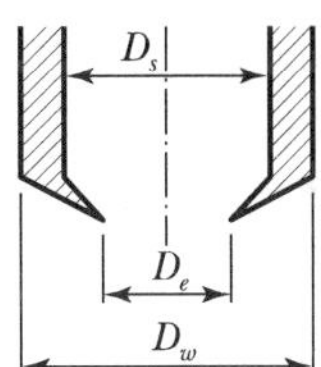

㉮ $A_r = \dfrac{D_s^{\,2} - D_e^{\,2}}{D_e^{\,2}} \times 100(\%)$

㉯ $A_r = \dfrac{D_w^{\,2} - D_e^{\,2}}{D_e^{\,2}} \times 100(\%)$

㉰ $A_r = \dfrac{D_s^{\,2} - D_e^{\,2}}{D_w^{\,2}} \times 100(\%)$

㉱ $A_r = \dfrac{D_s^{\,2} - D_e^{\,2}}{D_s^{\,2}} \times 100(\%)$

해설 면적비

$$A_r = \frac{D_w^{\,2} - D_e^{\,2}}{D_e^{\,2}} \times 100(\%)$$

|해답| 01. ㉱ 02. ㉱ 03. ㉮ 04. ㉯

05. 다음 그림과 같은 Sampler에서 면적비는 얼마인가? [기 08,11,15]

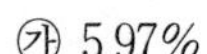

㉮ 5.97%
㉯ 14.62%
㉰ 5.80%
㉱ 14.80%

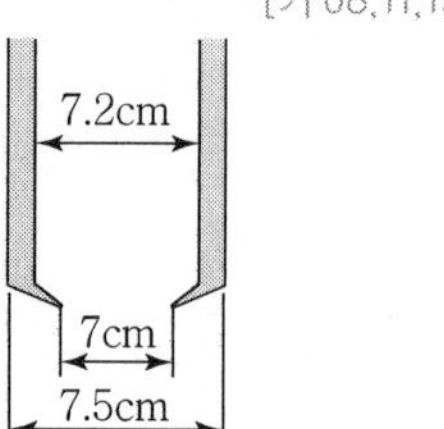

■ 해설 면적비

$$A_r = \frac{{D_w}^2 - {D_e}^2}{{D_e}^2} \times 100$$

$$= \frac{7.5^2 - 7^2}{7^2} \times 100 = 14.80\%\%$$

06. 다음 그림과 같은 Sampler에서 면적비는 얼마인가?(단, D_s=7.2cm, D_e=7.0cm, D_w=7.5cm) [산 08,15]

㉮ 5.9%
㉯ 14.7%
㉰ 5.8%
㉱ 14.8%

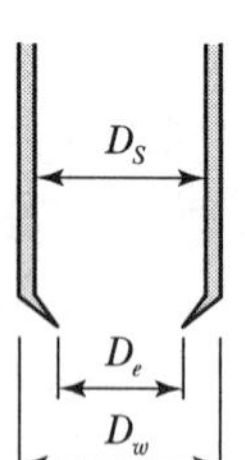

■ 해설 면적비

$$C_a = \frac{{D_w}^2 - {D_e}^2}{{D_e}^2} \times 100$$

$$= \frac{7.5^2 - 7.0^2}{7.0^2} \times 100 = 14.79\% ≒ 14.8\%$$

07. 현장에서 채취한 흙 시료의 교란된 정도를 알기 위하여 시료 채취에 사용한 원통형 튜브(Tube)의 규격을 조사한 결과 튜브의 외경이 5cm이고 절단면 내경은 4.7625cm였다. 면적비(A_r)는 얼마인가? [산 09]

㉮ 20.54% ㉯ 15.82%
㉰ 10.22% ㉱ 5.64%

■ 해설 면적비

$$A_r = \frac{D_w^2 - D_e^2}{D_e^2} \times 100$$

$$= \frac{5^2 - 4.7625^2}{4.7625^2} \times 100 = 10.22\%$$

08. 외경(D_o)이 50.8mm, 내경(D_i)이 47.6mm인 얇은 관 샘플러(Thin Wall Tube Smapler)의 면적비는 약 얼마인가? [산 10]

㉮ 11% ㉯ 12%
㉰ 13% ㉱ 14%

■ 해설 면적비

$$C_a = \frac{{D_w}^2 - {D_e}^2}{{D_e}^2} \times 100$$

$$= \frac{50.8^2 - 47.6^2}{47.6^2} \times 100 = 14\%$$

09. 외경(D_o) 50.8mm, 내경(D_i) 34.9mm인 스플리트 스픈 샘플러의 면적비로 옳은 것은? [기 10,14]

㉮ 46% ㉯ 53%
㉰ 106% ㉱ 112%

■ 해설 면적비

$$C_a = \frac{{D_w}^2 - {D_e}^2}{{D_e}^2} \times 100$$

$$= \frac{50.8^2 - 34.9^2}{34.9^2} \times 100 = 111.87\%$$

10. 샘플러 튜브(Sampler Tube)의 면적비(C_a)를 9%라 하고 외경(D_w)을 6cm라 하면 끝의 내경(D_e)은 약 얼마인가? [산 13]

㉮ 3.61cm ㉯ 4.82cm
㉰ 5.75cm ㉱ 6.27cm

■ 해설 면적비

$$C_a = \frac{{D_w}^2 - {D_e}^2}{{D_e}^2} \times 100(\%) \text{에서}$$

|해답| 05. ㉱ 06. ㉱ 07. ㉰ 08. ㉱ 09. ㉱ 10. ㉰

$$C_a = \frac{6^2 - D_e^{\ 2}}{D_e^{\ 2}} \times 100$$

$$0.09 = \frac{36 - D_e^{\ 2}}{D_e^{\ 2}}$$

$$0.09 D_e^{\ 2} = 36 - D_e^{\ 2}$$

$$1.09 D_e^{\ 2} = 36$$

$$\therefore D_e = 5.75\text{cm}$$

11. 샘플러(Sampler)의 외경이 6cm, 내경이 5.5cm일 때, 면적비(A_r)는? [기 13]

㉮ 8.3%　　㉯ 9.0%
㉰ 16%　　㉱ 19%

■해설 면적비

$$A_r = \frac{D_w^{\ 2} - D_e^{\ 2}}{D_e^{\ 2}} \times 100$$

$$= \frac{6^2 - 5.5^2}{5.5^2} \times 100 = 19\%$$

12. 채취된 시료의 교란 정도는 면적비를 계산하여 통상 면적비가 몇 % 이하이면 잉여토의 혼입이 불가능한 것으로 보고 불교란시료로 간주하는가? [산 16]

㉮ 5%　　㉯ 7%
㉰ 10%　　㉱ 15%

■해설 면적비
불교란시료 채취 시 샘플러의 두께를 얇게 하기 위하여 면적비를 10% 미만으로 하는데, 가장 큰 이유는 샘플러 주위에 잉여토의 혼입을 막기 위해서이다.

13. 전체 시추코어 길이가 200cm이고, 이중 회수된 코아 길이의 합이 83cm, 10cm 이상인 코어 길이의 합이 70cm였다면 코어회수율(TCR)은? [산 11]

㉮ 35.0%　　㉯ 41.5%
㉰ 51.5%　　㉱ 65.0%

■해설 회수율(TCR)

$$= \frac{\text{회수된 Core의 총합}}{\text{이론적 굴진깊이}} \times 100$$

$$= \frac{83}{200} \times 100 = 41.5\%$$

14. 암석시편을 얻기 위하여 시추조사를 실시하여 1.5m를 굴진하였다. 회수된 압석시편의 길이가 0.8m이며 그중 길이 10cm 이상 되는 시편길이의 합이 0.5m라고 할 때 이 암석시편의 회수율(Rock Recovery)는? [산 12]

㉮ 47%　　㉯ 53%
㉰ 33%　　㉱ 65%

■해설 회수율(T.C.R)

$$= \frac{\text{회수된 Core길이의 총합}}{\text{이론적 굴진깊이}} \times 100$$

$$= \frac{0.8}{1.5} \times 100 = 53\%$$

15. RMR(Rock Mass Rating) 암반분류법의 평가항목에 해당되지 않는 것은? [산 08]

㉮ R.Q.D
㉯ C.B.R
㉰ 지하수 상태
㉱ 암석의 일축압축 강도

■해설 RMR 암반분류법 평가 항목
① 암질지수 RQD
② 일축압축강도
③ 지하수 상태
④ 불연속면의 간격
⑤ 불연속면의 상태
• C.B.R : 아스팔트의 연성포장 두께 산정에 이용

16. 암질을 나타내는 항목과 직접 관계가 없는 것은? [기 14,16]

㉮ N치　　㉯ RQD 값
㉰ 탄성파속도　　㉱ 균열의 간격

|해답| 11. ㉱ 12. ㉰ 13. ㉯ 14. ㉯ 15. ㉯ 16. ㉮

■해설 N치는 표준관입시험의 결과치로서 암질과 직접관계가 없다.

3. 사운딩

17. Rod의 끝에 설치한 저항체를 땅속에 삽입하여 관입, 회전, 인발 등의 저항으로 토층의 성질을 탐사하는 것을 무엇이라 하는가? [산 08,13]

㉮ Boring ㉯ Sounding
㉰ Sampling ㉱ Wash Boring

■해설 사운딩(Sounding)
Rod 선단의 저항체를 땅속에 넣어 관입, 회전, 인발 등의 저항으로 토층의 강도 및 밀도 등을 체크하는 방법의 원위치시험

18. Rod에 붙인 어떤 저항체를 지중에 넣어 타격관입, 인발 및 회전할 때의 저항으로 흙의 전단강도 등을 측정하는 원위치 시험을 무엇이라 하는가? [산 10,12/기 15]

㉮ 보링(Boring)
㉯ 사운딩(Sounding)
㉰ 시료채취(Sampling)
㉱ 비파괴 시험(NDT)

■해설 사운딩(Sounding)
Rod 선단의 저항체를 땅속에 넣어 관입, 회전 인발 등의 저항으로 토층의 강도 및 밀도 등을 체크하는 방법의 원위치 시험

19. 토질조사에서 사운딩(Sounding)에 관한 설명 중 옳은 것은? [기 08,11/산 16]

㉮ 동적인 사운딩 방법은 주로 점성토에 유효하다.
㉯ 표준관입 시험(S.P.T)은 정적인 사운딩이다.
㉰ 사운딩은 보링이나 시굴보다 확실하게 지반구조를 알아낸다.
㉱ 사운딩은 주로 원위치 시험으로서 의의가 있고 예비조사에 사용하는 경우가 많다.

■해설 사운딩(Sounding)
Rod 선단의 저항체를 땅속에 넣어 관입, 회전, 인발 등의 저항으로 토층의 강도 및 밀도 등을 체크하는 방법의 원위치 시험

20. 토질조사 방법 중 Sounding에 대한 설명으로 옳은 것은? [산 11]

㉮ 표준관입시험(S.P.T)은 정적인 Sounding 방법이다.
㉯ Sounding은 Boring이나 시굴보다도 확실하게 지반구성을 알 수 있다.
㉰ Sounding은 원위치 시험으로서 의의가 있으며 예비조사에 많이 사용된다.
㉱ 동적인 Sounding 방법은 주로 점성토 지반에서 사용된다.

■해설 사운딩(Sounding)
Rod 선단의 저항체를 땅속에 넣어 관입, 회전, 인발 등의 저항으로 토층의 강도 및 밀도 등을 체크하는 방법의 원위치시험

21. 다음 현장시험 중 Sounding의 종류가 아닌 것은? [기 09,13,15,16]

㉮ 평판재하시험
㉯ Vane 시험
㉰ 표준관입시험
㉱ 동적 원추관입시험

■해설
- 정적사운딩
  휴대용 원추관입시험기, 화란식 원추관입시험기, 스웨덴식 관입시험기, 이스키미터, 베인시험기
- 동적사운딩
  동적 원추관입시험기, 표준관입시험기
- 평판재하시험(P.B.T)
  기초지반의 허용지내력 및 탄성계수를 산정하는 지반조사 방법

|해답| 17. ㉯ 18. ㉯ 19. ㉱ 20. ㉰ 21. ㉮

22. 다음 중에서 사운딩(Sounding)이 아닌 것은 어느 것인가? [산 09]

㉮ 표준관입 시험(Standard Penetration Test)
㉯ 일축압축 시험(Unconfined Compression Test)
㉰ 원추관입 시험(Cone Penetrometer Test)
㉱ 베인 시험(Vane Test)

해설
- 정적 사운딩
  베인시험, 이스키메터, 휴대용 원추관입시험, 화란식 원추관입시험, 스웨덴식 관입시험
- 동적 사운딩
  표준 관입시험, 동적 원추관입시험
- 일축압축시험
  점성토의 일축압축강도와 예민비를 구하기 위하여 행한다.(전단시험)

23. 현장에서 직접 연약한 점토의 전단강도를 측정하는 방법으로 흙이 전단될 때의 회전저항 모멘트를 측정하여 점토의 점착력(비배수 강도)을 측정하는 시험방법은? [산 09,14]

㉮ 표준관입 시험
㉯ 더치콘(Dutchch Cone)
㉰ 베인 시험(Vane Test)
㉱ CBR Test

해설 베인 시험(Vane Test)
정적인 사운딩으로 깊이 10m 미만의 연약 점성토 지반에 대한 회전저항모멘트를 측정하여 비배수 전단강도(점착력)를 측정하는 시험

$$C=\frac{M_{max}}{\pi D^2\left(\frac{H}{2}+\frac{D}{6}\right)}$$

24. 현장 토질조사를 위하여 베인 테스트(Vane Test)를 행하는 경우가 종종 있다. 이 시험은 다음 중 어느 경우에 많이 쓰이는가? [산 15]

㉮ 연약한 점토의 점착력을 알기 위해서
㉯ 모래질 흙의 다짐도를 측정하기 위하여
㉰ 모래질 흙의 내부마찰각을 알기 위해서
㉱ 모래질 흙의 투수계수를 측정하기 위하여

해설 베인 시험(Vane Test)
정적인 사운딩으로 깊이 10m 미만의 연약 점성토 지반에 대한 회전저항 모멘트를 측정하여 비배수 전단강도(점착력)를 확인하는 시험

$$C=\frac{M_{max}}{\pi D^2\left(\frac{H}{2}+\frac{D}{6}\right)}$$

25. 베인전단시험(Vane Shear Test)에 대한 설명으로 옳지 않은 것은? [기 14]

㉮ 현장 원위치 시험의 일종으로 점토의 비배수전단강도를 구할 수 있다.
㉯ 십자형의 베인(Vane)을 땅속에 압입한 후, 회전모멘트를 가해서 흙이 원통형으로 전단파괴될 때 저항모멘트를 구함으로써 비배수전단강도를 측정하게 된다.
㉰ 연약점토지반에 적용된다.
㉱ 베인전단시험으로부터 흙의 내부마찰각을 측정할 수 있다.

해설 베인 시험(Vane Test)
정적인 사운딩으로 깊이 10m 미만의 연약점성토 지반에 대한 회전저항모멘트를 측정하여 비배수 전단강도(점착력)를 측정하는 시험

$$C=\frac{M_{max}}{\pi D^2\left(\frac{H}{2}+\frac{D}{6}\right)}$$

26. 아래의 Vane 전단시험 결과에서 점착력은? [산 10]

- Vane의 직경 5cm
- 높이 10cm
- 회전 저항 모멘트 160kgf · cm

㉮ $0.349 kgf/cm^2$
㉯ $0.421 kgf/cm^2$
㉰ $0.501 kgf/cm^2$
㉱ $0.623 kgf/cm^2$

해설 Vane 시험

점착력 $C=\dfrac{M_{max}}{\pi D^2\cdot\left(\frac{H}{2}+\frac{D}{6}\right)}$

|해답| 22. ㉯ 23. ㉰ 24. ㉮ 25. ㉱ 26. ㉮

$$= \frac{160}{\pi \times 5^2 \times \left(\frac{10}{2} + \frac{5}{6}\right)} = 0.349\text{kgf/m}^2$$

27. Vane Test에 Vane의 지름 50mm, 높이 10cm, 파괴시 토크가 5.9kg · m일 때 점착력은? [기 09]

㉮ 1.29kg/cm^2 ㉯ 1.57kg/cm^2
㉰ 2.13kg/cm^2 ㉱ 2.76kg/cm^2

해설 베인시험기
정적사운딩으로 연약점성토 지반의 비배수전단강도(점착력)를 측정한다.

$$C = \frac{M_{max}}{\pi D^2 \cdot \left(\frac{H}{2} + \frac{D}{6}\right)}$$

$$= \frac{590}{\pi \times 5^2 \times \left(\frac{10}{2} + \frac{5}{6}\right)} = 1.29\text{kg/cm}^2$$

28. 포화점토에 대해 베인전단시험을 실시하였다. 베인의 직경과 높이는 각각 7.5cm와 15cm이고 시험 중 사용한 최대회전모멘트는 300kg · cm이다. 점성토의 비배수 전단강도(c_u)는? [산 14]

㉮ 1.94kg/cm^2 ㉯ 1.62t/m^2
㉰ 1.94t/m^2 ㉱ 1.62kg/cm^2

해설 Vane 시험 비배수 전단강도

$$C = \frac{M_{max}}{\pi D^2 \cdot \left(\frac{H}{2} + \frac{D}{6}\right)}$$

$$= \frac{300}{\pi \times 7.5^2 \times \left(\frac{15}{2} + \frac{7.5}{6}\right)} = 0.194\text{kg/cm}^2 = 1.94\text{t/m}^2$$

29. 어떤 점토 지반에서 베인(Vane) 시험을 지반 깊이 3m 지점에서 실시하였다. 최대 회전모멘트가 120kg · cm이면 이 점토의 점착력 c는 얼마인가?(단, 베인의 직경과 높이의 비는 1 : 2이고, 직경은 5cm였다.) [산 10]

㉮ 0.65kg/cm^2 ㉯ 1.25kg/cm^2
㉰ 0.26kg/cm^2 ㉱ 0.86kg/cm^2

해설 Vane 시험

점착력 $C = \frac{M_{max}}{\pi D^2 \cdot \left(\frac{H}{2} + \frac{D}{6}\right)}$

$$= \frac{120}{\pi \times 5^2 \times \left(\frac{10}{2} + \frac{5}{6}\right)}$$

$= 0.26\text{kg/cm}^2$

(여기서, 직경과 높이의 비 $1 : 2 = 5 : H$)

$\therefore H = 10\text{cm}$

30. 포화 점토에 대해 베인전단시험을 실시하였다. 배인의 직경과 높이는 각각 7.5cm와 15cm이고 시험 중 사용한 최대회전 모멘트는 250kg · cm이다. 점성토의 액성한계는 65%이고 소성한계는 30%이다. 설계에 이용할 수 있도록 수정 비배수 강도를 구하면?(단, 수정계수(μ)=1.7−0.54log(PI)를 사용하고, 여기서 PI는 소성지수이다.) [기 12,14]

㉮ 0.8t/m^2 ㉯ 1.40t/m^2
㉰ 1.82t/m^2 ㉱ 2.0t/m^2

해설

$$c = \frac{M_{max}}{\pi D^2 \cdot \left(\frac{H}{2} + \frac{D}{6}\right)} = \frac{250}{\pi \times 7.5^2 \times \left(\frac{15}{2} + \frac{7.5}{6}\right)}$$

$= 0.16\text{kg/cm}^2$

수정계수 $\mu = 1.7 - 0.54\log(I_I)$
$= 1.7 - 0.54\log(65 - 30)$
$= 0.8662$

$\therefore$ 수정 비배수강도 $= 0.16 \times 0.86620.14\text{kg/cm}^2$
$= 1.4\text{t/m}^2$

31. 다음의 사운딩(Sounding)방법 중에서 동적인 사운딩(Sounding)은? [산 08]

㉮ 이스키메타(Iskymeter)
㉯ 베인 전단시험(Vane Shear Test)
㉰ 회란식 원추 관입시험(Dutch Cone Penetration)
㉱ 표준관입시험(Standard Penetration Test)

해설 동적인 사운딩
표준관입시험, 동적 원추관입시험

 |해답| 27. ㉮ 28. ㉰ 29. ㉰ 30. ㉯ 31. ㉱

32. 다음은 주요한 Sounding(사운딩)의 종류를 나타낸 것이다. 이 가운데 사질토에 가장 적합하고 점성토에서도 쓰이는 조사법은? [기 09,14]

㉮ 더치 콘(Dutch Cone) 관입 시험기
㉯ 베인 시험기(Vane Tester)
㉰ 표준 관입 시험기
㉱ 이스키미터(Iskymeter)

해설 표준관입시험은 큰 자갈 이외 대부분의 흙, 즉 사질토와 점성토 모두 적용 가능하지만 주로 사질토 지반특성을 잘 반영한다.

33. 연약한 점성토의 지반특성을 파악하기 위한 현장조사 시험방법에 대한 설명 중 틀린 것은? [기 09,12,16]

㉮ 현장베인시험은 연약한 점토층에서 비배수 전단강도를 직접 산정할 수 있다.
㉯ 정적콘관입시험(CPT)은 콘지수를 이용하여 비배수 전단 강도 추정이 가능하다.
㉰ 표준관입시험에서의 N값은 연약한 점성토 지반특성을 잘 반영해 준다.
㉱ 정적콘관입시험(CPT)은 연속적인 지층분류 및 전단강도 추정 등 연약점토 특성분석에 매우 효과적이다.

해설 표준관입시험(S.P.T)은 큰 자갈 이외 대부분의 흙, 즉 사질토와 점성토 모두 적용 가능하지만 주로 사질토 지반 특성을 잘 반영한다.

34. 표준관입시험에 관한 설명 중 옳지 않은 것은? [기 08,13]

㉮ 표준관입시험의 N값으로 모래지반의 상대밀도를 추정할 수 있다.
㉯ N값으로 점토지반의 연경도에 관한 추정이 가능하다.
㉰ 지층의 변화를 판단할 수 있는 시료를 얻을 수 있다.
㉱ 모래지반에 대해서도 흐트러지지 않은 시료를 얻을 수 있다.

해설 표준관입시험(S.P.T)
동적인 사운딩으로 보링시에 교란시료를 채취하여 물성시험 시료로 사용한다.

35. 사운딩에 대한 설명 중 틀린 것은? [기 15]

㉮ 로드 선단에 지중저항체를 설치하고 지반 내 관입, 압입, 또는 회전하거나 인발하여 그 저항치로부터 지반의 특성을 파악하는 지반조사방법이다.
㉯ 정적 사운딩과 동적 사운딩이 있다.
㉰ 압입식 사운딩의 대표적인 방법은 Standard Penet Ration Test(SPT)이다.
㉱ 특수사운딩 중 측압사운딩의 공내횡방향재하시험은 보링공을 기계적으로 수평으로 확장시키면서 측압과 수평변위를 측정한다.

해설 동적 사운딩의 대표적인 방법은 Standard Penetration Test(SPT)이다.

36. 표준관입시험의 N값에 대한 설명으로 옳은 것은? [산 13]

㉮ 질량 (63.5±0.5)kg의 드라이브 해머를 (560±10)mm에서 타격하여 샘플러를 지반에 200mm 박아 넣는 데 필요한 타격횟수
㉯ 질량 (53.5±0.5)kg의 드라이브 해머를 (760±10)mm에서 타격하여 샘플러를 지반에 200mm 박아 넣는 데 필요한 타격횟수
㉰ 질량 (63.5±0.5)kg의 드라이브 해머를 (760±10)mm에서 타격하여 샘플러를 지반에 300mm 박아 넣는 데 필요한 타격횟수
㉱ 질량 (53.5±0.5)kg의 드라이브 해머를 (560±10)mm에서 타격하여 샘플러를 지반에 300mm 박아 넣는 데 필요한 타격횟수

해설 표준관입시험(S.P.T)
64kg 해머로 76cm 높이에서 30cm 관입될 때까지의 타격횟수를 N치라 한다.

|해답| 32. ㉰ 33. ㉰ 34. ㉱ 35. ㉰ 36. ㉰

37. 표준관입시험에 대한 아래 설명에서 ( )에 적합한 것은? [산 15]

> 질량 63.5±0.5kg의 드라이브 해머를 76±1cm 자유 낙하시키고 보링로드 머리부에 부착한 노킹블록을 타격하여 보링로드 앞 끝에 부착한 표준 관입 시험용 샘플러를 지반에 ( )mm 박아 넣는 데 필요한 타격 횟수를 N값이라고 한다.

㉮ 200 ㉯ 250
㉰ 300 ㉱ 350

해설 표준관입시험(S.P.T)
64kg 해머로 76cm 높이에서 보링구멍 밑의 교란되지 않은 흙 속에 30cm 관입될 때까지의 타격횟수를 N치라 한다.

38. 표준관입시험에 관한 설명으로 틀린 것은? [산 16]

㉮ 해머의 질량은 63.5kg이다.
㉯ 낙하고는 85cm이다.
㉰ 표준관입시험용 샘플러를 지반에 30cm 박아 넣는 데 필요한 타격 횟수를 N값이라고 한다.
㉱ 표준관입시험값 N은 개략적인 기초 지지력 측정에 이용되고 있다.

해설 표준관입시험(SPT)
64kg 해머로 76cm 높이에서 보링구멍 밑의 교란되지 않은 흙 속에 30cm 관입될 때까지의 타격횟수를 N값이라 한다.

39. 표준관입시험(SPT)을 할 때 처음 15cm 관입에 요하는 N값을 제외하고 그 후 30cm 관입에 요하는 타격수로 N값을 구한다. 그 이유로 가장 타당한 것은? [기 12]

㉮ 정확히 30cm를 관입시키기가 어려워서 15cm 관입에 요하는 N값을 제외한다.
㉯ 보링구멍 밑면 흙이 보링에 의하여 흐트러져 15cm 관입 후부터 N값을 측정한다.
㉰ 관입봉의 길이가 정확히 45cm이므로 이에 맞도록 관입시키기 위함이다.
㉱ 흙은 보통 15cm 밑부터 그 흙의 성질을 가장 잘 나타낸다.

해설 표준관입시험(S.P.T)
64kg 해머로 76cm 높이에서 보링구멍 밑의 교란되지 않은 흙 속에 30cm 관입될 때까지의 타격횟수를 N치라 한다.

40. 토질조사에 대한 설명 중 옳지 않은 것은? [기 10,13]

㉮ 사운딩(Sounding)이란 지중에 저항체를 삽입하여 토층의 성상을 파악하는 현장 시험이다.
㉯ 불교란시료를 얻기 위하여 Foil Sampler, Thin Wall Tube Sampler 등이 사용된다.
㉰ 표준관입 시험은 로드(Rod)의 길이가 길어질수록 N치가 작게 나온다.
㉱ 베인 시험은 정적인 사운딩이다.

해설 로드(Rod)길이
심도가 깊어지면 타격에너지 손실로 실제보다 N치가 크게 나옴

41. 모래의 내부마찰각 ϕ와 N치와의 관계를 나타낸 Dunham의 식 $\phi=\sqrt{12N}+C$에서 상수 C의 값이 가장 큰 경우는? [산 13,16]

㉮ 토립자가 모나고 입도분포가 좋을 때
㉯ 토립자가 모나고 균일한 입경일 때
㉰ 토립자가 둥글고 입도분포가 좋을 때
㉱ 토립자가 둥글고 균일한 입경일 때

해설 Dunham 공식
- 토립자가 모나고 입도분포가 양호한 경우
  $\phi=\sqrt{12 \cdot N}+25$
- 토립자가 모나고 입도분포가 불량한 경우
  $\phi=\sqrt{12 \cdot N}+20$
- 토립자가 둥글고 입도분포가 양호한 경우
  $\phi=\sqrt{12 \cdot N}+20$
- 토립자가 둥글고 입도분포가 불량한 경우
  $\phi=\sqrt{12 \cdot N}+15$

 |해답| 37. ㉰ 38. ㉯ 39. ㉯ 40. ㉰ 41. ㉮

42. 표준관입시험(S.P.T) 결과 N치가 25이었고, 그때 채취한 교란시료로 입도 시험을 한 결과 입자가 둥글고, 입도분포가 불량할 때 Dunham 공식에 의하여 구한 내부마찰각은? [산 08,10/기 09,13,16]

㉮ 29.8° ㉯ 30.2°
㉰ 32.3° ㉱ 33.8°

■ 해설 Dunham 공식
- 토립자가 모나고 입도분포가 양호한 경우
  $\phi = \sqrt{12 \cdot N} + 25$
- 토립자가 모나고 입도분포가 불량한 경우
  $\phi = \sqrt{12 \cdot N} + 20$
- 토립자가 둥글고 입도분포가 양호한 경우
  $\phi = \sqrt{12 \cdot N} + 20$
- 토립자가 둥글고 입도분포가 불량한 경우
  $\phi = \sqrt{12 \cdot N} + 15$

$\therefore\ \phi = \sqrt{12 \cdot 25} + 15 = 32.3°$

43. 어떤 모래지반의 입도시험 결과 토질입자가 둥글고 입도가 불량한 경우 이 흙의 내부마찰각은?(단, 이 모래지반의 N값은 24이고, Dunham 식을 사용) [산 10]

㉮ 32° ㉯ 30°
㉰ 28° ㉱ 26°

■ 해설 Dunham 공식
- 토립자가 모나고 입도분포가 양호한 경우
  $\phi = \sqrt{12 \cdot N} + 25$
- 토립자가 모나고 입도분포가 불량한 경우
  $\phi = \sqrt{12 \cdot N} + 20$
- 토립자가 둥글고 입도분포가 양호한 경우
  $\phi = \sqrt{12 \cdot N} + 20$
- 토립자가 둥글고 입도분포가 불량한 경우
  $\phi = \sqrt{12 \cdot N} + 15$

$\therefore\ \phi = \sqrt{12 \cdot N} + 15 = \sqrt{12 \times 24} + 15 = 32°$

44. 어떤 모래지반의 입도시험 결과 토질입자가 둥글고 입도가 균등한 경우 이 흙의 내부마찰각은?(단, 이 모래지반의 N값은 24이고, Dunham 식을 사용) [산 13]

㉮ 32° ㉯ 30°
㉰ 28° ㉱ 26°

■ 해설 Dunham 공식
- 토립자가 모나고 입도분포가 양호한 경우
  $\phi = \sqrt{12 \cdot N} + 25$
- 토립자가 모나고 입도분포가 불량한 경우
  $\phi = \sqrt{12 \cdot N} + 20$
- 토립자가 둥글고 입도분포가 양호한 경우
  $\phi = \sqrt{12 \cdot N} + 20$
- 토립자가 둥글고 입도분포가 불량한 경우
  $\phi = \sqrt{12 \cdot N} + 15$

$\therefore\ \phi = \sqrt{12 \cdot N} + 15 = \sqrt{12 \times 24} + 15 = 32°$

45. 토립자가 둥글고 입도분포가 나쁜 모래지반에서 표준관입 시험을 한 결과 N치=10이었다. 이 모래의 내부마찰각은 Dunham의 공식으로 구하면 다음 중 어느 것인가? [기 10,14]

㉮ 21° ㉯ 26°
㉰ 31° ㉱ 36°

■ 해설 Dunham 공식
- 토립자가 모나고 입도분포가 양호한 경우
  $\phi = \sqrt{12 \cdot N} + 25$
- 토립자가 모나고 입도분포가 불량한 경우
  $\phi = \sqrt{12 \cdot N} + 20$
- 토립자가 둥글고 입도분포가 양호한 경우
  $\phi = \sqrt{12 \cdot N} + 20$
- 토립자가 둥글고 입도분포가 불량한 경우
  $\phi = \sqrt{12 \cdot N} + 15$

$\therefore\ \phi = \sqrt{12 \cdot N} + 15 = \sqrt{12 \times 10} + 15 = 26°$

46. 표준관입시험(S.P.T) 결과 N치가 25이었고, 그때 채취한 교란시료로 입도시험을 한 결과 입자가 모나고, 입도 분포가 불량할 때 Dunham공식에 의해서 구한 내부 마찰각은? [산 11,16]

㉮ 약 42° ㉯ 약 40°
㉰ 약 37° ㉱ 약 32°

■ 해설 Dunham 공식
- 토립자가 모나고 입도분포가 양호한 경우
  $\phi = \sqrt{12 \cdot N} + 25$
- 토립자가 모나고 입도분포가 불량한 경우
  $\phi = \sqrt{12 \cdot N} + 20$

|해답| 42. ㉰ 43. ㉮ 44. ㉮ 45. ㉯ 46. ㉰

- 토립자가 둥글고 입도분포가 양호한 경우
  $\phi = \sqrt{12 \cdot N} + 20$
- 토립자가 둥글고 입도분포가 불량한 경우
  $\phi = \sqrt{12 \cdot N} + 15$

$\therefore\ \phi = \sqrt{12 \cdot N} + 15 = \sqrt{12 \times 25} + 20 = 37°$

47. 토립자가 둥글고 입도분포가 양호한 모래지반에서 N치를 측정한 결과 N=19가 되었을 경우, Dunham의 공식에 의한 이 모래의 내부 마찰각 ϕ는? [기 08,11]

㉮ 20° ㉯ 25°
㉰ 30° ㉱ 35°

해설 Dunham 공식
- 토립자가 모나고 입도분포가 양호한 경우
  $\phi = \sqrt{12 \cdot N} + 25$
- 토립자가 모나고 입도분포가 불량한 경우
  $\phi = \sqrt{12 \cdot N} + 20$
- 토립자가 둥글고 입도분포가 양호한 경우
  $\phi = \sqrt{12 \cdot N} + 20$
- 토립자가 둥글고 입도분포가 불량한 경우
  $\phi = \sqrt{12 \cdot N} + 15$

$\therefore\ \phi = \sqrt{12 \cdot N} + 15 = \sqrt{12 \times 19} + 20 = 35°$

48. 표준관입 시험에서 N치가 20으로 측정되는 모래 지반에 대한 설명으로 옳은 것은? [기 12]

㉮ 매우 느슨한 상태이다
㉯ 간극비가 1.2인 모래이다.
㉰ 내부마찰각이 30°~40°인 모래이다.
㉱ 유효상재 하중이 20t/m²인 모래이다.

해설 N치와 모래의 상대밀도 관계

N	상대밀도(%)
0~4	대단히 느슨(15)
4~10	느슨(15~35)
10~30	중간(35~65)
30~50	조밀(65~85)
50 이상	대단히 조밀(85~100)

Dunham 공식
- N값의 이용(N값으로 인한 ϕ값의 결정)
- 흙입자가 모나고 입도가 양호한 경우
  $\phi = \sqrt{12 \cdot N} + 25$
- 흙입자가 모나고 입도가 불량한 경우
  $\phi = \sqrt{12 \cdot N} + 20$
- 흙입자가 둥글고 입도가 양호한 경우
  $\phi = \sqrt{12 \cdot N} + 20$
- 흙입자가 둥글고 입도가 불량한 경우
  $\phi = \sqrt{12 \cdot N} + 15$

∴ N치가 20일 때 내부마찰각 ϕ는
- 흙입자가 모나고 입도가 양호한 경우
  $\sqrt{12 \times 20} + 15 = 30.5°$
  $\sqrt{12 \times 20} + 25 = 40.5°$

약 30°~40°인 모래이다.

49. 입도시험 결과 균등계수가 6이고 입자가 둥근 모래흙의 강도시험 결과 내부마찰각이 32°이었다. 이 모래지반의 N치는 대략 얼마나 되겠는가?(단, Dunham 식 사용) [산 14]

㉮ 12 ㉯ 18
㉰ 22 ㉱ 24

해설 Dunham 공식
- 토립자가 모나고 입도분포가 양호한 경우
  $\phi = \sqrt{12 \cdot N} + 25$
- 토립자가 모나고 입도분포가 불량한 경우
  $\phi = \sqrt{12 \cdot N} + 20$
- 토립자가 둥글고 입도분포가 양호한 경우
  $\phi = \sqrt{12 \cdot N} + 20$
- 토립자가 둥글고 입도분포가 불량한 경우
  $\phi = \sqrt{12 \cdot N} + 15$

입도양호모래 : 균등계수 $C_u > 6$
곡률계수 $C_g = 1 \sim 3$

$\therefore \phi = \sqrt{12 \cdot N} + 15$

$32° = \sqrt{12 \cdot N} + 15$

$32° - 15 = \sqrt{12 \cdot N}$

$17^2 = 12 \cdot N$

$\dfrac{17^2}{12} = N = 24$

50. 다음 중 표준관입시험으로 구할 수 없는 것은? [산 12,15]

㉮ 투수계수
㉯ 탄성계수
㉰ 일축압축강도
㉱ 내부마찰각

해설 표준관입시험(S.P.T) 결과 N값으로부터 추정/산정되는 사항

사질지반	점성지반	일반사항
• 상대밀도 • 내부마찰각 • 침하에 대한 허용지지력, 탄성계수, 지지력계수	• 연경도(Consistency) • 일축압축강도 • 파괴에 대한 극한지지력 또는 허용지지력	• 지반의 극한 지지력 • 말뚝의 연직 지지력 • 지반 반력 계수 • 횡파 속도

51. 점토지반에서 N치로 추정할 수 있는 사항이 아닌 것은? [산 10,13]

㉮ 컨시스턴시
㉯ 일축압축강도
㉰ 상대밀도
㉱ 기초지반의 허용지지력

해설 N치로 추정 또는 산정되는 사항

사질지반	점토지반
• 상대밀도 • 내부마찰각 • 허용지지력, 탄성계수, 지지력계수	• 연경도(Consistency) • 점착력, 일축압축강도 • 허용지지력, 극한지지력

52. 어떤 모래지반의 표준관입시험에서 N값이 40이었다. 이 지반의 상태는? [산 08,11]

㉮ 대단히 조밀한 상태
㉯ 조밀한 상태
㉰ 중간 상태
㉱ 느슨한 상태

해설 N치와 모래의 상대밀도 관계

N	상대밀도(%)
0~4	대단히 느슨(15)
4~10	느슨(15~35)
10~30	중간(35~65)
30~50	조밀(65~85)
50 이상	대단히 조밀(85~100)

53. 어떤 점토지반의 표준관입 실험 결과 N=2~4이었다. 이 점토의 Consistency는? [기 10,15]

㉮ 대단히 견고 ㉯ 연약
㉰ 견고 ㉱ 대단히 연약

해설

연경도(Consistency)	N치
대단히 연약	N<2
연약	2~4
중간	4~8
견고	8~15
대단히 견고	15~30
고결	N>30

54. 피조콘(Piezocone) 시험의 목적이 아닌 것은? [기 12]

㉮ 지층의 연속적인 조사를 통하여 지층 분류 및 지층 변화 분석
㉯ 연속적인 원지반 전단강도의 추이 분석
㉰ 중간 점토 내 분포한 Sand Seam 유무 및 발달 정도 확인
㉱ 불교란 시료 채취

해설 원추관입시험기(CPT)에다 간극수압을 측정할 수 있도록 트랜스듀서(Transducer)를 부착한 것을 피조콘이라 한다. 이는 전기식 Cone을 선단로드에 부착하여 지중에 일정한 관입속도로 관입시키면서 저항치를 측정하는 시험이다.

|해답| 50. ㉮ 51. ㉰ 52. ㉯ 53. ㉯ 54. ㉱

4. 평판재하시험

55. 도로지반의 평판재하 실험에서 1.25mm 침하될 때 하중강도가 2.5kg/cm²일 때 지지력계수 K는? [산 10,12,15]

㉮ 2kg/cm³ ㉯ 20kg/cm³
㉰ 1kg/cm³ ㉱ 10kg/cm³

■해설 지지력계수

$$K=\frac{q}{y}=\frac{2.5}{0.125}=20\text{kg/cm}^3$$

56. 평판재하시험에서 침하량 1.25mm에 해당하는 하중강도가 2.35kg/cm²일 때 지지력 계수는? [산 09]

㉮ 15.5kg/cm³ ㉯ 18.8kg/cm³
㉰ 7.8kg/cm³ ㉱ 5.5kg/cm³

■해설 지지력계수

$$K=\frac{q}{y}=\frac{2.35}{0.125}=18.8\text{kg/cm}^3$$

57. 직경 30cm 재하판으로 측정된 지지력계수 K_{30}이 12.32kg/cm²이면 직경 75cm 재하판으로 측정된 지지력계수 K_{75}는? [산 08,13]

㉮ 8.2kg/cm³ ㉯ 5.6kg/cm³
㉰ 18.5kg/cm³ ㉱ 4.5kg/cm³

■해설 평판재하시험 Scale Effect

$$K_{75}=\frac{K_{40}}{1.5}=\frac{K_{30}}{2.2}\text{ 에서}$$

$$K_{75}=\frac{12.31}{2.2}\qquad \therefore\ K_{75}=5.6\text{kg/cm}^3$$

58. 도로의 평판재하시험에서 지름이 30cm인 재하판으로 구한 지지력계수(K_{30})가 6.0kg/cm³일 때 지름 75cm인 재하판을 사용한 지지력계수(K_{75})로 환산하면? [산 08]

㉮ 2.73kg/cm³ ㉯ 3.73kg/cm³
㉰ 4.10kg/cm³ ㉱ 4.374kg/cm³

■해설 평판재하시험 Scale Effect

$$K_{75}=\frac{K_{40}}{1.5}=\frac{K_{30}}{2.2}\text{ 에서}$$

$$K_{75}=\frac{6.0}{2.2}=2.73\text{kg/cm}^3$$

59. 지름 30cm인 재하판으로 측정한 지지력계수 K_{30}=6.6kg/cm³일 때 지름 75cm인 재하판의 지지력계수 K_{75}은? [산 12,16]

㉮ 3.0kg/cm³ ㉯ 3.5kg/cm³
㉰ 4.0kg/cm³ ㉱ 4.5kg/cm³

■해설 Scale Effect

$$K_{75}=\frac{K_{40}}{1.5}=\frac{K_{30}}{2.2}$$

$$\therefore\ K_{75}=\frac{6.6}{2.2}=3.0\text{kg/cm}^3$$

60. 도로의 평판재하시험이 끝나는 조건에 대한 설명으로 옳지 않은 것은? [기 10,15/산 15]

㉮ 완전히 침하가 멈출 때
㉯ 침하량이 15mm에 달할 때
㉰ 하중강도가 그 지반의 항복점을 넘을 때
㉱ 하중강도가 현장에서 예상되는 최대접지압력을 초과할 때

■해설 침하측정은 침하가 15mm에 달하거나 하중강도가 현장에서 예상되는 가장 큰 접지압력의 크기 또는 지반의 항복점을 넘을 때까지 실시한다.

61. 평판재하시험이 끝나는 다음 조건 중 옳지 않은 것은? [산 12,14]

㉮ 침하량이 15mm에 달할 때
㉯ 하중 강도가 현장에서 예상되는 최대 접지 압력을 초과할 때
㉰ 하중강도가 그 지반의 항복점을 넘을 때
㉱ 흙의 함수비가 소성한계에 달할 때

 |해답| 55. ㉯ 56. ㉯ 57. ㉯ 58. ㉮ 59. ㉮ 60. ㉮ 61. ㉱

■해설 침하측정은 침하가 15mm에 달하거나 하중강도가 현장에서 예상되는 가장 큰 접지압력의 크기 또는 지반의 항복점을 넘을 때까지 실시한다.

62. 평판재하시험 결과 이용시 고려하여야 할 사항으로 거리가 먼 것은? [산 11]

㉮ 시험한 현장 지반의 토질종단을 알아야 한다.
㉯ 지하수위의 변동상황을 고려하여야 한다.
㉰ Scale Effect를 고려하여야 한다.
㉱ 시험기계의 종류를 알아야 한다.

■해설 평판재하시험(P.B.T) 결과 이용시 주의사항
① 시험한 지반의 토질 종단을 알아야 한다.
② 지하수위 변동 상황을 알아야 한다.
③ Scale Effect를 고려해야 한다.

63. 평판재하실험에서 재하판의 크기에 의한 영향(Scale Effect)에 관한 설명 중 틀린 것은? [기 08,10,15]

㉮ 사질토 지반의 지지력은 재하판의 폭에 비례한다.
㉯ 점토 지반의 지지력은 재하판의 폭에 무관하다.
㉰ 사질토 지반의 침하량은 재하판의 폭이 커지면 약간 커지기는 하지만 비례하는 정도는 아니다.
㉱ 점토지반의 침하량은 재하판의 폭에 무관하다.

■해설

폭	지지력	침하량
점토	무관	비례
사질토	비례	꼭 비례하진 않음 $S_F = S_p \cdot \left(\dfrac{2B_F}{B_F + B_p}\right)^2$

∴ 점토지반의 침하량은 재하판의 폭에 비례한다.

64. 모래질 지반에 30cm×30cm 크기의 평판으로 재하 시험을 한 결과 15t/m²의 극한 지지력을 얻었다. 2m×2m의 기초를 설치할 때 기대되는 극한 지지력은? [산 09,11]

㉮ 100t/m²　㉯ 50t/m²
㉰ 30t/m²　㉱ 22.5t/m²

■해설 사질토 지반의 지지력은 재하판의 폭에 비례한다.
$0.3 : 15 = 2 : q_u$
∴ 극한지지력 $q_u = \dfrac{15\times2}{0.3} = 100\text{t/m}^2$

65. 모래지반에 30cm×30cm의 재하판으로 재하실험을 한 결과 10t/m²의 극한지지력을 얻었다. 4m×4m의 기초를 설치할 때 기대되는 극한지지력은? [기 10,14]

㉮ 10t/m²　㉯ 100t/m²
㉰ 133t/m²　㉱ 154t/m²

■해설 사질토 지반의 지지력은 재하판의 폭에 비례한다.
$0.3 : 10 = 4 : q_u$
∴ 극한지지력 $q_u = 133.33\text{t/m}^2$

66. 사질토지반에 0.3×0.3m의 재하판으로 재하시험을 한 결과 10t/m²의 지지력을 얻었다. 같은 지반에 2×2m의 정사각형의 기초를 설치할 경우 기대되는 지지력은? [산 11]

㉮ 67t/m²　㉯ 41t/m²
㉰ 33t/m²　㉱ 10t/m²

■해설 사질토 지반의 지지력은 재하판의 폭에 비례한다.
$0.3 : 10 = 2 : q$
∴ 지지력 $q = \dfrac{10\times2}{0.3} = 67\text{t/m}^2$

67. 사질지반에 40cm×40cm 재하판으로 재하시험한 결과 16t/m²의 극한지지력을 얻었다. 2m×2m의 기초를 설치하면 이론상 지지력은 얼마나 되겠는가? [산 13]

㉮ 16t/m²　㉯ 32t/m²
㉰ 40t/m²　㉱ 80t/m²

■해설 사질토 지반의 지지력은 재하판의 폭에 비례한다.
$0.4 : 16 = 2 : q_u$
∴ $q_u = 80\text{t/m}^2$

|해답| 62. ㉱ 63. ㉱ 64. ㉮ 65. ㉰ 66. ㉮ 67. ㉱

68. 점토 지반에서 직경 30cm의 평판재하시험 결과 30t/m²의 압력이 작용할 때 침하량이 5mm라면, 직경 1.5m의 실제 기초에 30t/m²의 하중이 작용할 때 침하량의 크기는? [산 11]

㉮ 2mm ㉯ 50mm
㉰ 14mm ㉱ 25mm

해설 점토지반의 침하량은 재하판의 폭에 비례한다.

$30 : 0.5 = 150 : S_F$

$\therefore$ 침하량 $S_F = \dfrac{0.5 \times 150}{30} = 2.5\text{cm} = 25\text{mm}$

69. 사질토 지반에서 직경 30cm의 평판재하 시험 결과 30t/m²의 압력이 작용할 때 침하량이 5mm라면, 직경 1.5m의 실제 기초에 30t/m²의 하중이 작용할 때 침하량의 크기는? [산 10,14]

㉮ 28mm ㉯ 50mm
㉰ 14mm ㉱ 25mm

해설 사질토층의 재하시험에 의한 즉시침하

$$S_F = S_P \cdot \left\{ \frac{2 \cdot B_F}{B_F + B_P} \right\}^2 = 5 \times \left\{ \frac{2 \times 1.5}{1.5 + 0.3} \right\}^2 = 14\text{mm}$$

70. 사질토 지반에서 직경 30cm의 평판재하시험 결과 30t/m²의 압력이 작용할 때 침하량이 10mm라면, 직경 1.5m의 실제 기초에 30t/m²의 하중이 작용할 때 침하량의 크기는? [기 12]

㉮ 28mm ㉯ 50mm
㉰ 14mm ㉱ 25mm

해설 사질토층의 재하시험에 의한 즉시침하

$$S_F = S_P \cdot \left\{ \frac{2B_F}{B_F + B_P} \right\}^2 = 10 \times \left\{ \frac{2 \times 1.5}{1.5 + 0.3} \right\}^2 = 28\text{mm}$$

71. 직경 30cm의 평판재하시험에서 작용압력이 30t/m²일 때 평판의 침하량이 30mm이었다면, 직경 3m의 실제 기초에 30t/m²의 압력이 작용할 때의 침하량은?(단, 지반은 사질토 지반이다.) [기 15]

㉮ 30mm ㉯ 99.2mm
㉰ 187.4mm ㉱ 300mm

해설 사질토층의 재하시험에 의한 즉시 침하

$$S_F = S_P \cdot \left\{ \frac{2 \cdot B_F}{B_F + B_P} \right\}^2 = 30 \times \left\{ \frac{2 \times 3}{3 + 0.3} \right\}^2 = 99.2\text{mm}$$

|해답| 68. ㉱ 69. ㉰ 70. ㉮ 71. ㉯

Chapter

10

기초

Contents

기초 일반

상부 구조의 하중을 지반상에 전달하는 부분을 기초라 하며 지반의 특성과 기초의 설계방법에 따라 직접기초(얕은기초)와 깊은 기초로 나눌 수 있다.

1. 기초의 필요조건

① 최소의 근입깊이를 가져야 한다. : 동해에 대한 안정
② 지지력에 대해 안정해야 한다. : 안전율은 통상 $F_s = 3$
③ 침하에 대해 안정해야 한다. : 침하량이 허용값 이내
④ 시공이 가능해야 한다. : 경제성, 시공성

2. 기초의 종류

(1) 직접기초(얕은기초) : $\frac{D_f}{B} \leq 1$

① 푸팅기초(Footing Foundation)
㉠ 독립 푸팅기초
㉡ 캔틸레버 푸팅기초
㉢ 복합 푸팅기초
㉣ 연속 푸팅기초
② 전면기초(Mat Foundation)

(2) 깊은기초 : $\frac{D_f}{B} > 1$

① 말뚝 기초
② 피어 기초
③ 케이슨 기초
㉠ 오픈 케이슨
㉡ 공기 케이슨
㉢ 박스 케이슨

직접기초(얕은기초)

1. 직접기초의 굴착공법

① 오픈컷(Open Cut) 공법
② 아일랜드(Island) 공법
③ 트랜치컷(Trench Cut) 공법

2. 기초 지반의 파괴형상

① 전반전단파괴
② 국부전단파괴
③ 관입전단파괴

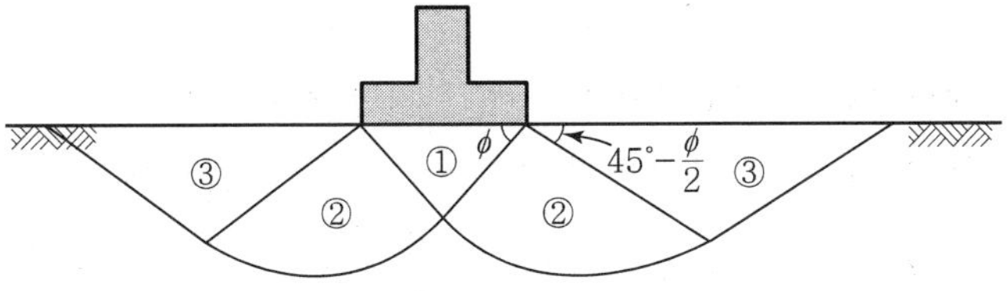

① 영역 : 탄성영역, 수평선과 이루는 각 ϕ
② 영역 : 전단영역, 대수나선 원호
③ 영역 : 수동영역, 수평선과 이루는 각 $45° - \frac{\phi}{2}$

[전반 전단 파괴]

3. Terzaghi의 극한지지력

$$q_u = \alpha \cdot c \cdot N_c + \beta \cdot \gamma_1 \cdot B \cdot N_r + \gamma_2 \cdot D_f \cdot N_q$$

여기서, α, β : 형상계수(기초 모양)
N_c, N_r, N_q : 지지력 계수(ϕ 함수)
c : 점착력
γ_1 : 기초저면 아래 흙의 단위중량
γ_2 : 기초저면 위 흙의 단위중량
B : 기초 폭
D_f : 근입깊이

(1) 형상계수 : 기초 모양에 따른 구분

	원형 기초	정사각형 기초	연속 기초	직사각형 기초
α	1.3	1.3	1.0	$1+0.3\dfrac{B}{L}$
β	0.3	0.4	0.5	$0.5-0.1\dfrac{B}{L}$

(2) 지하수위의 영향

① 지하수위의 영향이 없는 경우

$$\gamma_1 = \gamma_2 = \gamma_t$$

② 지하수위가 기초저면 위에 위치한 경우

$$\gamma_1 = \gamma_{sub},\ \gamma_2 \cdot D_f = \gamma_t \cdot D_1 + \gamma$$

③ 지하수위가 기초저면에 위치한 경우

$$\gamma_1 = \gamma_{sub},\ \gamma_2 = r_t$$

④ 지하수위가 기초저면 아래에 위치한 경우

㉠ $B \leqq d$: 지하수위 영향 없음. 즉 $\gamma_1 = \gamma_2 = \gamma_t$

㉡ $B > d$: $\gamma_1 = \gamma_{ave} = \gamma_{sub} + \dfrac{d}{B}(\gamma_t - r_{sub}),\ \gamma_2 = \gamma_t$

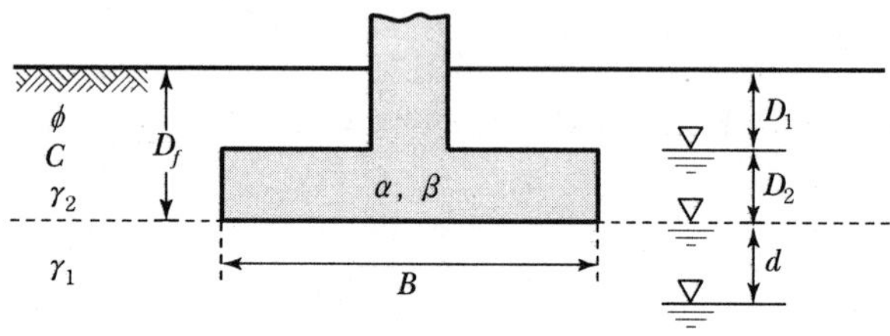

[Terzaghi의 극한 지지력 공식]

(3) 지지력 상관식

① 극한지지력 : q_u

② 허용지지력 : $q_a = \dfrac{q_u}{F_s}$ (안전율은 통상 $F_s=3$)

③ 허용하중 : $Q_a = q_a \cdot A$

4. 평판 재하시험에 의한 지지력 산정

① 장기 허용지지력 : $\frac{항복\ 지지력(q_y)}{2}$, $\frac{극한\ 지지력(q_u)}{3}$ 중 작은 값

$$q_a = q_t + \frac{1}{3} \cdot \gamma \cdot D_f \cdot N_q$$

② 단기 허용지지력 : 장기 허용지지력의 2배

$$q_a = 2 \cdot q_t + \frac{1}{3} \cdot \gamma \cdot D_f \cdot N_q$$

③ 허용지내력 : 허용지지력과 허용침하량 중 작은 값

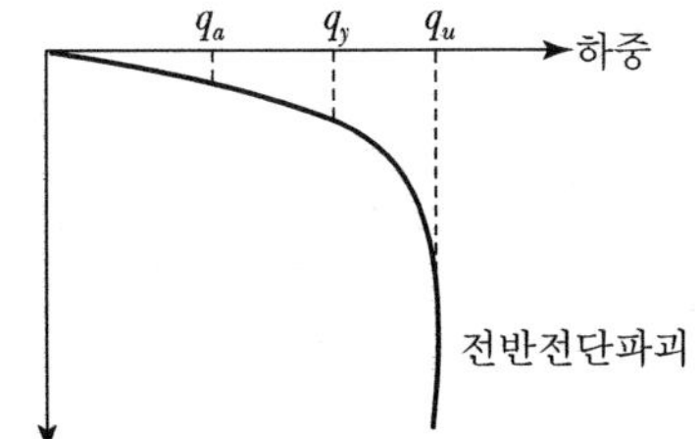

여기서, q_u : 극한지지력
q_y : 항복지지력
q_a : 허용지지력

[하중－침하 곡선]

5. 사질토 지반의 지지력 공식(Meyerhof)

① $q_u = 3 \cdot N \cdot B \cdot \left(1 + \frac{D_f}{B}\right)$

② $q_u = \frac{3}{40} \cdot q_c \cdot B \cdot \left(1 + \frac{D_f}{B}\right)$

6. 점성토 지반의 지지력 공식(Skempton)

$$q_u = c \cdot N_c + \gamma \cdot D_f$$

Section
03 깊은기초

1. 말뚝 기초(Pile Foundation)

(1) 기성 말뚝

① 지지 방법에 의한 분류
㉠ 선단지지 말뚝
㉡ 마찰 말뚝
㉢ 하부지반지지 말뚝

② 기능에 의한 분류
㉠ 다짐 말뚝
㉡ 인장 말뚝
㉢ 활동 방지 말뚝

③ 재료에 의한 분류
㉠ 나무 말뚝
㉡ 원심력 철근 콘크리트 말뚝
㉢ 프리스트레스 콘크리트 말뚝
㉣ 강말뚝

(2) 현장 타설 콘크리트 말뚝

① 프랭키(Franky) 말뚝 : 무각
② 페데스털(Pedestal) 말뚝 : 무각
③ 레이먼드(Raymond) 말뚝 : 유각

(3) 말뚝의 타입 방법

① 타입식
② 진동식
③ 압입식
④ 사수식

(4) 말뚝의 지지력

① 정역학적 공식 : 말뚝의 선단 지지력과 주면 마찰력의 합

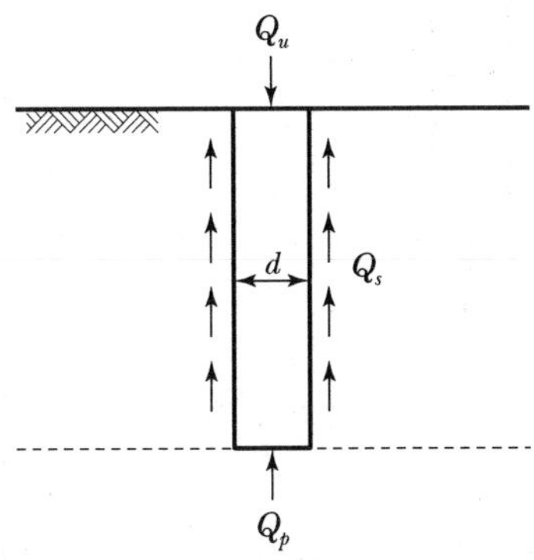

[말뚝의 정적 지지력]

㉠ Terzaghi 공식 : $F_s=3$

$$Q_u = Q_p + Q_s = A_p \cdot q_u + A_s \cdot f_s$$

여기서, Q_u : 말뚝의 극한지지력
Q_p : 말뚝의 선단지지력
Q_s : 말뚝의 주면지지력
A_p : 말뚝의 선단단면적
q_u : 말뚝 선단의 극한지지력
A_s : 말뚝의 주면적
f_s : 말뚝 주면의 마찰력

㉡ Meyerhof 공식 : $F_s=3$

$$Q_u = Q_p + Q_s = A_p(C \cdot N_c + \gamma \cdot \ell \cdot N_q) + A_s \cdot f_s$$

$$Q_u = Q_p + Q_s = 40 \cdot N \cdot A_p + \frac{1}{5} \cdot \overline{N} \cdot A_s$$

여기서, N : 표준관입시험 타격횟수 N치
$\overline{N}$: 평균 N치$\left(\frac{N_1 \cdot H_1 + N_2 \cdot H_2 + N_3 \cdot H_3}{H_1 + H_2 + H_3}\right)$

㉢ Dörr공식 : $F_3=3$

㉣ Dunham공식

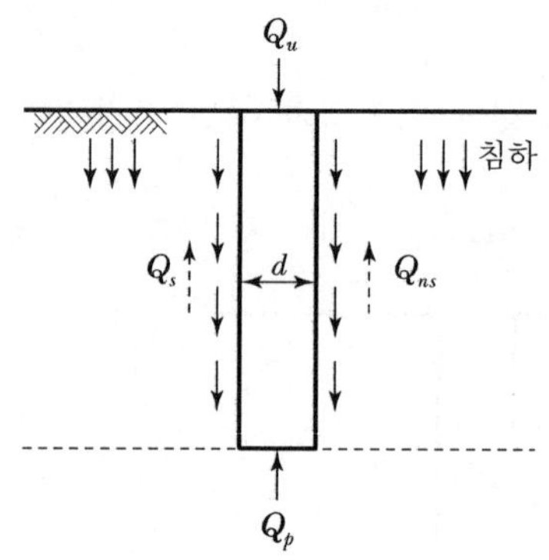

여기서, Q_u : 말뚝의 극한지지력
Q_p : 말뚝의 선단지지력
Q_s : 말뚝의 주면지지력
Q_{ns} : 말뚝의 부마찰력

[부마찰력]

- 주면마찰력(Skin Friction) : 말뚝 주면에 상향으로 작용하는 마찰력(지지력)
- 부마찰력(Negative Skin Friction) : 말뚝 주면에 하향으로 작용하는 마찰력(하중)

- 연약 점토층의 압밀침하에 의하여 하향력이 발생한다.
- 부마찰력에 의하여 하중이 증가하고 지지력이 감소한다.
- 연약한 점토에 있어서는 상대변위의 속도가 클수록 부마찰력이 크다.

② 동역학적 공식(항타공식) : 말뚝을 항타한 타격에너지와 지반의 변형 에너지가 같다는 조건

㉠ Sander 공식 : $F_s=8$

$$R_u=\frac{W_H\cdot H}{S}$$

$$R_a=\frac{R_u}{F_s}=\frac{W_H\cdot H}{8\cdot S}$$

여기서, R_u : 말뚝의 극한지지력
R_a : 말뚝의 허용지지력
W_H : 해머의 중량
H : 낙하고, cm
S : 말뚝의 관입량(침하량), cm

㉡ Engineering-News 공식 : $F_s=6$

- 낙하 해머 : $R_u=\dfrac{W_H\cdot H}{S+2.5}$

• 단동식 증기해머

• $R_u = \dfrac{W_H \cdot H}{S+0.25}$

$R_a = \dfrac{R_u}{F_s} = \dfrac{W_H \cdot H}{6 \cdot (S+0.25)}$

• 복동식 증기해머 : $R_u = \dfrac{(W_H + A_p \cdot P) \cdot H}{S+0.25}$

㉢ Hiley 공식 : $F_s = 3$

㉣ Weisbach 공식

③ 재하시험에 의한 방법 : 가장 정확한 값을 구할 수 있으나 시간과 경비가 많이 소요된다.

㉠ Thixotropy 고려 : 연약점토지반에 말뚝재하시험을 하는 경우는 말뚝 타입 후 20여 일 지난 후 재하시험을 행하는데, 그 이유는 말뚝 타입시 주변이 교란되었기 때문이다.

(5) 군항(=군말뚝=무리말뚝)

지반 중에 박은 2개 이상 말뚝의 지중응력이 서로 중복되지 않을 정도로 떨어진 경우를 단항, 지중응력이 서로 중복될 정도로 근접한 경우를 군항이라 한다. 군항은 단항의 지지력에 70~80% 정도밖에 가지지 않는다.

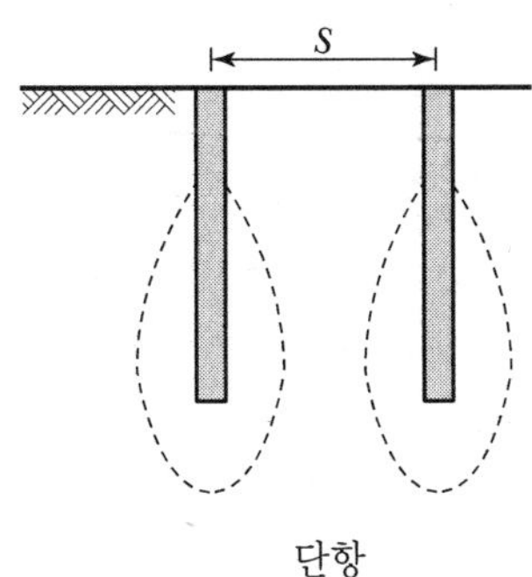

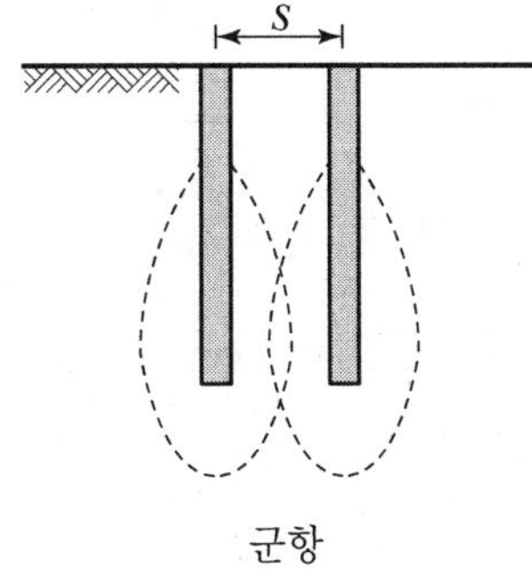

[단항과 군항]

① 단항과 군항의 판정

$D_o = 1.5\sqrt{r \cdot L}$

$S > D_o$ = 단항

$S < D_o$ = 군항

여기서, D_o : 지중응력의 최대중심간격
r : 말뚝의 반경
L : 말뚝의 관입깊이
S : 말뚝의 중심간격

② 군항의 효율(Converse－Labarre 공식)

$$E = 1 - \frac{\phi}{90} \cdot \left[\frac{(m-1) \cdot n + (n-1) \cdot m}{m \cdot n} \right]$$

여기서, $\phi = \tan^{-1}\dfrac{D}{S}$

D : 말뚝의 직경

S : 말뚝의 최소중심간격

m : 각 열의 말뚝 수

n : 말뚝의 열 수

③ 군항의 허용지지력

$$R_{ag} = E \cdot N \cdot R_a$$

여기서, E : 군항의 효율

N : 말뚝의 총 개수

R_a : 단항의 허용지지력

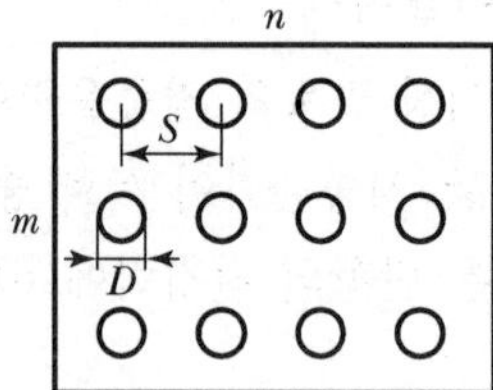

[군항의 허용지지력]

2. 피어기초와 케이슨기초

(1) 피어기초(Pier Foundation)

① 인력 피어기초

㉠ Chicago 공법

㉡ Gow 공법

② 기계 피어기초

㉠ Benoto 공법

㉡ Earth Drill 공법

㉢ Reverse Circulation 공법(R.C.D)

(2) 케이슨기초(Caisson Foundation)

① 오픈 케이슨(Open Caisson)
② 공기 케이슨(Pneumatic Caisson)
③ 박스 케이슨(Box Caisson)

연약지반 개량공법

연약지반이란 함수비가 매우 큰 점토지반이나 느슨하고 포화된 사질지반을 말하며, 현장 시공 관리가 매우 중요하고 개량공법을 통해 지반의 성질을 개량한다.

1. 연약지반 개량공법의 종류

(1) 점성토지반 개량공법 : 압밀, 배수 원리

① 프리로딩 공법(Preloading, 여성토 공법)
② Sand Drain 공법, Paper Drain 공법, Pack Drain 공법, Wick Drain 공법
③ 치환 공법
④ 압성토 공법
⑤ 전기침투 공법
⑥ 침투압 공법
⑦ 생석회 말뚝 공법

(2) 사질토 지반 개량공법 : 진동, 충격 원리

① 바이브로 플로테이션 공법(Vibroflotation)
② 다짐말뚝공법
③ 다짐모래말뚝공법(Compozer)
④ 폭파다짐공법
⑤ 동다짐공법
⑥ 전기충격공법
⑦ 약액주입공법

(3) 일시적 개량공법

① 웰포인트 공법(Well Point)

② 동결공법

③ 소결공법

④ 대기압공법

2. 연약 점성토지반 개량공법

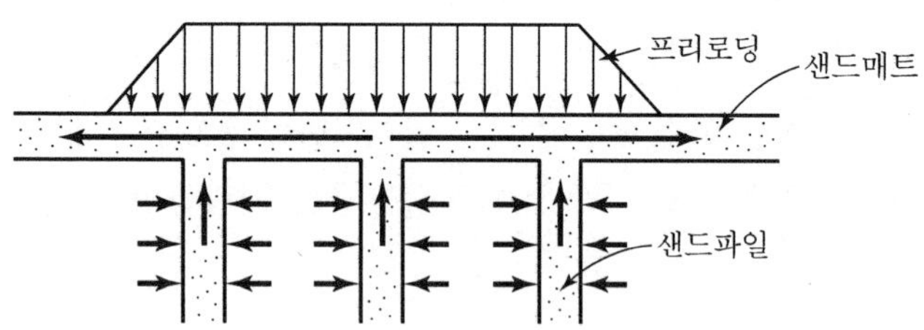

[연약 점성토 지반 개량공법]

(1) 프리로딩 공법(Preloading, 여성토 공법)

구조물을 축조하기 전에 미리 하중을 재하하여 압밀에 의해 미리 침하를 끝나게 하여 지반강도를 증가시키는 방법으로, 연약층이 두꺼운 경우에나 공사기간이 시급한 경우에는 적용이 곤란한 공법이다.

(2) 샌드매트(Sand Mat, 부사)

연약층 위에 50~100cm 정도로 모래를 깔아논 것을 샌드매트라 하고, 상부 배수층 형성과 배수로의 역할, 그리고 트래피커빌리티(Trafficability) 확보를 위한 것이다.

(3) Sand Drain 공법

연약 점토지반에 모래말뚝을 박아 배수거리를 짧게 하여 압밀을 촉진시키는 공법

① Sand Pile의 배열(Barron의 이론)

㉠ 정3각형 배열 : $d_e = 1.05d$

㉡ 정4각형 배열 : $d_e = 1.13d$

여기서, d_e : 영향원의 직경

d : 모래말뚝의 간격

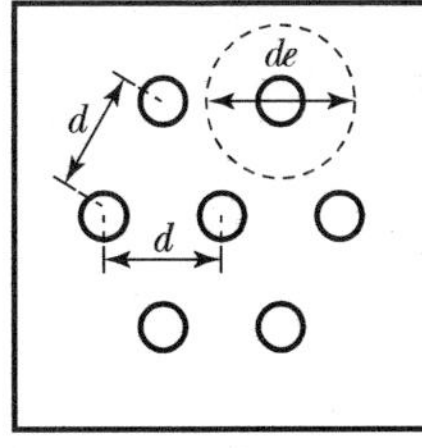

(정3각형)

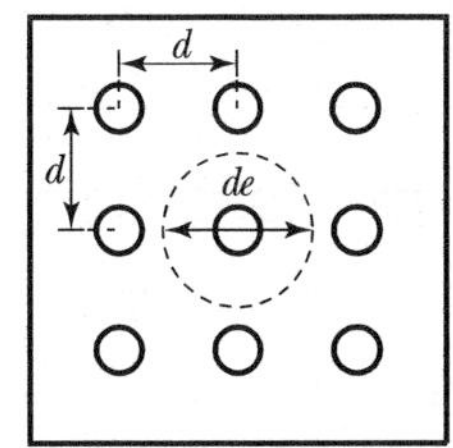

(정4각형)

[Sand Pile의 배열]

② **평균압밀도**

점토지반에서 연직방향 압밀계수 C_v는 수평방향의 압밀계수 C_h보다 작지만 샌드드레인 공법에서는 모래말뚝 타입시 주변의 지반이 교란되므로 설계시 보통 $C_v \fallingdotseq C_h$로 본다.

$$U = 1-(1-U_v)\cdot(1-U_h)$$

여기서, U_v : 연직방향 평균압밀도
U_h : 수평방향 평균압밀도

③ Sand Pile 타입 방법

㉠ Auger에 의한 방법
㉡ 압축 공기식 케이싱 방법
㉢ Water Jet에 의한 방법

(4) Paper Drain 공법

모래말뚝 대신 합성수지로 만든 Card Board를 타입 기계로 땅속에 박아 압밀을 촉진시키는 방법

① Paper Drain의 등치환산원 직경

$$D = \alpha \cdot \frac{2\cdot(A+B)}{\pi}$$

여기서, α : 형상계수, 0.75
A : 페이퍼 드레인의 폭
B : 페이퍼 드레인의 두께

② Paper Drain 공법의 특징

㉠ 시공속도가 빠르다.
㉡ 배수효과가 양호하다.
㉢ 타입시 교란이 거의 없다.

㉣ Drain 단면이 깊이방향에 대하여 일정하다.
㉤ 대량생산시 공사비가 저렴하다.

③ Drain Paper의 구비조건
㉠ 주위 지반보다 투수성이 클 것
㉡ 세립자가 통과되지 않을 것
㉢ 시공시 손상 받지 않을 정도의 충분한 강도를 가질 것
㉣ 지중에서 횡압에 견딜 수 있을 정도의 강성을 가질 것
㉤ 물리적, 화학적, 생물학적 손상을 받지 않을 것

3. 연약 사질토 지반 개량공법

(1) 바이브로 플로테이션(Vibro Flotation) 공법

느슨한 모래지반에 수평으로 진동하는 Vibroflo를 사출수를 이용하여 지중에 관입시킨 후 사수와 진동을 동시에 일으켜 지반내 빈틈에 모래나 자갈을 채우며 주변 지반을 다지며 끌어올리는 공법

① 바이브로 플로테이션 공법의 장점
㉠ 지반을 균일하게 다질 수 있다.
㉡ 다짐 후 지반 전체가 상부 구조물을 지지한다.
㉢ 공기가 빠르고 공사비가 저렴하다.
㉣ 깊은 심도까지 다질 수 있다.
㉤ 지하수위에 영향을 받지 않는다.

4. 토목섬유(Geosynthetics)

(1) 토목섬유의 종류

① 지오텍 스타일
② 지오 멤브레인
③ 지오 그리드
④ 지오 컴포지트

(2) 토목섬유의 기능

① 배수
② 여과
③ 분리
④ 보강
⑤ 방수 및 차단

Item pool

예상문제 및 기출문제

1. 기초 일반

01. 다음 중 지지력이 약한 지반에서 가장 적합한 기초형식은? [산 14]

㉮ 복합확대기초
㉯ 독립확대기초
㉰ 연속확대기초
㉱ 전면기초

해설 전면기초(Mat Foundation)
지지력이 약한 지반에서 가장 적합한 기초형식으로서 구조물 아래의 전체 또는 대부분을 한 장의 슬래브로 지지한 기초

02. 기초의 구비조건에 대한 설명으로 틀린 것은? [산 14/기 16]

㉮ 기초는 상부하중을 안전하게 지지해야 한다.
㉯ 기초의 침하는 절대 없어야 한다.
㉰ 기초는 최소 동결깊이보다 깊은 곳에 설치해야 한다.
㉱ 기초는 시공이 가능하고 경제적으로 만족해야 한다.

해설 기초의 필요조건
① 최소의 근입깊이를 가져야 한다. : 동해에 대한 안정
② 지지력에 대해 안정해야 한다. : 안전율은 통상 $F_s = 3$
③ 침하에 대해 안정해야 한다. : 침하량이 허용값 이내 시공이 가능해야 한다. : 경제성, 시공성
∴ 기초의 침하는 허용값 이내여야 한다.

2. 직접 기초

03. 직접기초의 굴착공법이 아닌 것은? [산 08]

㉮ 오픈 컷(Open Cut) 공법
㉯ 트렌치 컷(Trench Cut) 공법
㉰ 아일랜드(Island) 공법
㉱ 디프 웰(Deep Well) 공법

해설 직접기초 굴착공법
① 오픈 컷 공법
② 트렌치 컷 공법
③ 아일랜드 공법

04. 다음 중 얕은 기초는? [산 15]

㉮ Footing 기초　㉯ 말뚝 기초
㉰ Caisson 기초　㉱ Pier 기초

해설 기초의 종류
• 직접기초(얕은 기초) : 푸팅(Footing)기초, 전면(Mat)기초
• 깊은기초 : 말뚝기초, 피어(Pier)기초, 케이슨(Caisson)기초

05. 다음의 기초형식 중 직접기초가 아닌 것은? [산 14]

㉮ 말뚝기초　㉯ 독립기초
㉰ 연속기초　㉱ 전면기초

해설 직접기초(얕은기초)의 종류
① 독립 푸팅기초
② 캔틸레버 푸팅기초
③ 복합 푸팅기초
④ 연속 푸팅기초
⑤ 전면기초(Mat Foundation)
∴ 말뚝기초는 깊은기초의 종류이다.

|해답| 01. ㉱ 02. ㉯ 03. ㉱ 04. ㉮ 05. ㉮

06. 말뚝기초의 지지력에 관한 설명으로 틀린 것은? [산 14]

㉮ 부의 마찰력은 아래 방향으로 작용한다.
㉯ 말뚝선단부의 지지력과 말뚝 주변 마찰력의 합이 말뚝의 지지력이 된다.
㉰ 점성토 지반에는 동역학적 지지력 공식이 잘 맞는다.
㉱ 재하시험 결과를 이용하는 것이 신뢰도가 큰 편이다.

해설 사질토 지반에서는 동역학적 지지력 공식이, 점성토 지반에서는 정역학적 지지력 공식이 잘 맞는다.

07. 다음 중 직접기초의 지지력 감소요인으로서 적당하지 않은 것은? [기 12]

㉮ 편심하중
㉯ 경사하중
㉰ 부마찰력
㉱ 지하수위의 상승

해설 부마찰력은 깊은기초(말뚝기초)와 관련이 있다.

08. 다음 그림은 얕은 기초의 파괴영역이다. 설명이 옳은 것은? [기 09]

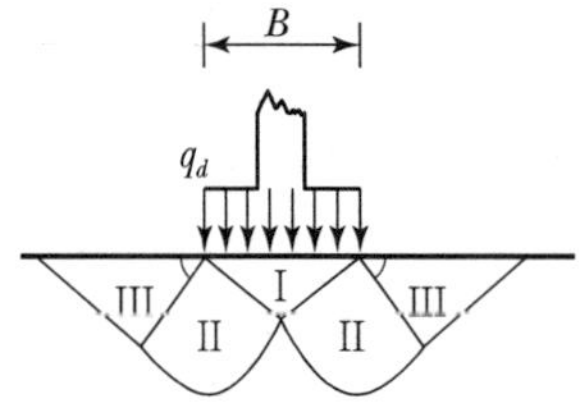

㉮ 파괴순서는 III → II → I이다.
㉯ 영역 III에서 수평면과 $45° + \frac{\phi}{2}$의 각을 이룬다.
㉰ 영역 III은 수동영역이다.
㉱ 국부전단파괴의 형상이다.

해설 얕은 기초의 전반전단파괴 형상
- I영역 : 탄성영역(수평면과 이루는 각 ϕ)
- II영역 : 전단영역(대수나선형)
- III영역 : 수동영역(수평면과 이루는 각 $45° - \frac{\phi}{2}$)

09. 얕은 기초의 극한 지지력을 결정하는 Terzaghi의 이론에서 하중 Q가 점차 증가하여 기초가 아래로 침하할 때 다음 설명 중 옳지 않은 것은? [산 13]

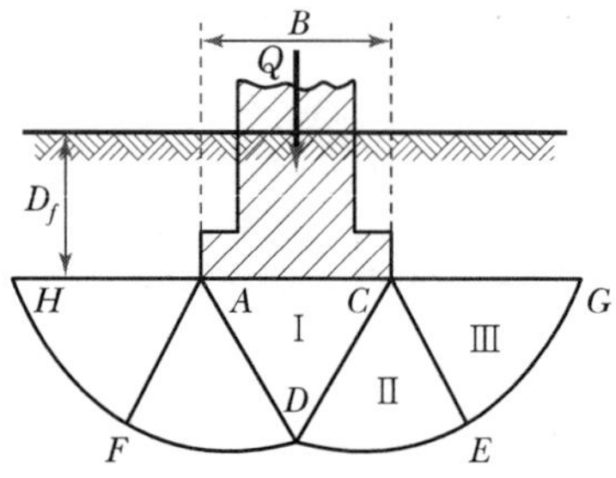

㉮ I의 △ACD 구역은 탄성영역이다.
㉯ II의 △CDE 구역은 방사방향의 전단영역이다.
㉰ III의 △CEG 구역은 Rankine의 주동영역이다.
㉱ 원호 DE와 FD는 대수 나선형의 곡선이다.

해설 얕은 기초의 전반전단 파괴 형상
- I영역 : 탄성영역(수평면과 이루는 각 ϕ)
- II영역 : 전단영역(대수나선형)
- III영역 : 수동영역(수평면과 이루는 각 $45° - \frac{\phi}{2}$)

10. 그림은 확대 기초를 설치했을 때 지반의 전단 파괴형상을 가정(Terzaghi의 가정)한 것이다. 다음 설명 중 옳지 않은 것은? [기 08]

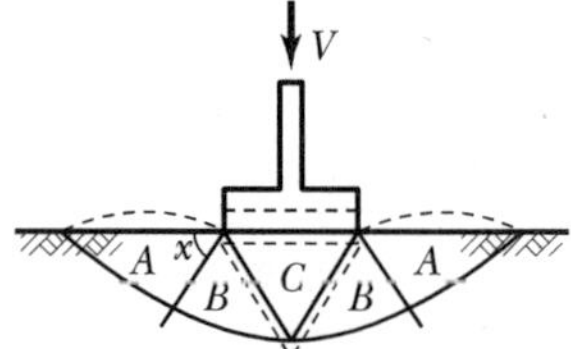

㉮ 전반전단(General Shear)일 때의 파괴형상이다.
㉯ 파괴순서는 C-B-A이다.
㉰ A영역에서 각 x는 수평선과 $45° + \frac{\phi}{2}$의 각을 이룬다.
㉱ C영역은 탄성영역이며 A영역은 수동영역이다.

해설 A영역은 수동영역으로 수평선과 $45° - \frac{\phi}{2}$의 파괴각을 이룬다.

 |해답| 06. ㉰ 07. ㉰ 08. ㉰ 09. ㉰ 10. ㉰

11. Terzaghi의 지지력 공식에서 고려되지 않는 것은? [산 11,13]

㉮ 흙의 내부 마찰각
㉯ 기초의 근입깊이
㉰ 압밀량
㉱ 기초의 폭

해설 Terzaghi 극한지지력 공식

$q_u = \alpha \cdot c \cdot N_c + \beta \cdot r_1 \cdot B \cdot N_r + r_2 \cdot D_f \cdot N_q$

여기서, α, β : 형상계수
N_c, N_r, N_q : 지지력계수(ϕ함수)
C : 점착력
r_1, r_2 : 단위중량
B : 기초폭
D_f : 근입깊이

∴ 압밀량은 고려하지 않는다.

12. 다음 중 얕은 기초의 지지력에 영향을 미치지 않는 것은? [산 15]

㉮ 지반의 경사 ㉯ 기초의 깊이
㉰ 기초의 두께 ㉱ 기초의 형상

해설 얕은 기초의 지지력은 지반의 경사, 기초의 근입깊이(D_f), 기초의 폭(B), 기초의 형상(α, β), 지반의 조건 등에 따라 영향을 미친다.

13. 테르자기(Terzaghi)의 극한지지력 공식 $q_u = \alpha \cdot c \cdot N_c + \beta \cdot r_1 \cdot B \cdot N_r + r_2 \cdot D_f \cdot N_q$에서 다음 사항 중 옳지 않은 것은? [산 08]

㉮ α, β는 기초 형상계수이다.
㉯ 원형 기초에서 B는 원의 직경이다.
㉰ 정사각형 기초에서 α의 값은 1.3이다.
㉱ N_c, N_r, N_q는 지지력계수로서 흙의 점착력에 의해 결정된다.

해설 테르자기의 극한지지력 공식

$q_u = \alpha \cdot c \cdot N_c + \beta \cdot r_1 \cdot B \cdot N_r + r_2 \cdot D_f \cdot N_q$

형상계수	원형기초	정사각형기초	연속기초
α	1.3	1.3	1.0
β	0.3	0.4	0.5

여기서, α, β : 형상계수
N_c, N_r, N_q : 지지력계수(ϕ함수)
C : 점착력
r_1, r_2 : 단위중량
B : 기초폭
D_f : 근입깊이

14. Terzaghi의 극한지지력 공식에 대한 설명으로 틀린 것은? [기 13]

㉮ 기초의 형상에 따라 형상계수를 고려하고 있다.
㉯ 지지력계수 N_c, N_q, N_r는 내부마찰각에 의해 결정된다.
㉰ 점성토에서의 극한지지력은 기초의 근입깊이가 깊어지면 증가된다.
㉱ 극한지지력은 기초의 폭에 관계없이 기초하부의 흙에 의해 결정된다.

해설 Terzaghi 극한지지력 공식

$q_u = \alpha \cdot C \cdot N_c + \beta \cdot \gamma_1 \cdot B \cdot N_r + \gamma_2 \cdot D_f \cdot N_q$

여기서, α, β : 형상계수
N_c, N_r, N_q : 지지력계수(ϕ함수)
C : 점착력
γ_1, γ_2 : 단위중량
B : 기초폭
D_f : 근입깊이

∴ 극한지지력은 기초의 폭이 증가하면 지지력도 증가한다.

15. 아래 표의 Terzaghi의 극한지지력 공식에 대한 설명으로 틀린 것은? [산 14]

$$q_u = \alpha c N_c + \beta \gamma_1 B N_\gamma + \gamma_2 D_f N_q$$

㉮ α, β는 기초형상계수이다.
㉯ 원형 기초에서 B는 원의 직경이다.
㉰ 정사각형 기초에서 α의 값은 1.3이다.
㉱ N_c, N_γ, N_q는 지지력계수로서 흙의 점착력에 의해 결정된다.

■ 해설 테르자기의 극한지지력 공식

$q_u = \alpha \cdot c \cdot N_c + \beta \cdot r_1 \cdot B \cdot N_r + r_2 \cdot D_f \cdot N_q$

형상계수	원형 기초	정사각형 기초	연속기초
α	1.3	1.3	1.0
β	0.3	0.4	0.5

여기서, α, β : 형상계수

N_c, N_r, N_q : 지지력계수(내부마찰각 ϕ에 의한 함수)

C : 점착력

r_1, r_2 : 단위중량

B : 기초폭

D_f : 근입깊이

∴ N_c, N_r, N_q는 지지력계수로서 흙의 내부마찰각에 의해 결정된다.

16. Terzaghi의 극한지지력 공식에 대한 다음 설명 중 틀린 것은? [산 15]

㉮ 사질지반은 기초 폭이 클수록 지지력은 증가한다.
㉯ 기초 부분에 지하수위가 상승하면 지지력은 증가한다.
㉰ 기초 바닥 위쪽의 흙은 등가의 상재하중으로 대치하여 식을 유도하였다.
㉱ 점토지반에서 기초 폭은 지지력에 큰 영향을 끼치지 않는다.

■ 해설 테르자기의 극한지지력 공식

$q_u = \alpha \cdot c \cdot N_c + \beta \cdot r_1 \cdot B \cdot N_r + r_2 \cdot D_f \cdot N_q$

기초 부분에 지하수위가 상승하면 흙의 단위중량의 감소($\gamma_t \rightarrow \gamma_{sub}$)로 지지력은 감소한다.

17. 얕은기초의 지지력 계산에 적용하는 Terzaghi의 극한지지력 공식에 대한 설명으로 틀린 것은? [기 12]

㉮ 기초의 근입깊이가 증가하면 지지력도 증가한다.
㉯ 기초의 폭이 증가하면 지지력도 증가한다.
㉰ 기초지반이 지하수에 의해 포화되면 지지력은 감소한다.
㉱ 국부전단 파괴가 일어나는 지반에서 내부마찰각(ϕ)은 $\frac{2}{3}\phi$를 적용한다.

■ 해설 국부전단 파괴가 일어나는 지반에서 점착력(C)은 $\frac{2}{3} \cdot C$를 적용한다.

18. 단위체적중량 1.8t/m^3, 점착력 2.0t/m^2, 내부마찰각 0°인 점토 지반에 폭 2m, 근입깊이 3m의 연속기초를 설치하였다. 이 기초의 극한 지지력을 Terzaghi 식으로 구한 값은?(단, 지지력계수 $N_c=5.7$, $N_r=0$, $N_q=1.0$이다.) [산 09,12]

㉮ 8.4t/m^2 ㉯ 23.2t/m^2
㉰ 12.7t/m^2 ㉱ 16.8t/m^2

■ 해설 테르자기의 극한지지력 공식

$q_u = \alpha \cdot c \cdot N_c + \beta \cdot r_1 \cdot B \cdot N_r + r_2 \cdot D_f \cdot N_q$

형상계수	원형기초	정사각형기초	연속기초
α	1.3	1.3	1.0
β	0.3	0.4	0.5

$q_u = 1.0 \times 2.0 \times 5.7 + 0.5 \times 1.8 \times 2 \times 0 + 1.8 \times 3 \times 1.0$
$= 16.8\text{t/m}^2$

19. 단위체적중량이 1.65t/m^3, 내부마찰각 15°이고, 점착력이 0인 사질토 지반의 지표면에 폭 3m의 연속기초를 시공할 때 기초의 극한지지력은 얼마인가?(단, 내부마찰각 15°일 때, $N_c=6.5$, $N_r=1.2$, $N_q=4.7$, 형상계수 $\alpha=1$, $\beta=0.5$) [산 10]

㉮ 1.88t/m^2 ㉯ 2.97t/m^2
㉰ 2.54t/m^2 ㉱ 3.12t/m^2

■ 해설 테르자기의 극한지지력 공식

$q_u = \alpha \cdot c \cdot N_c + \beta \cdot r_1 \cdot B \cdot N_r + r_2 \cdot D_f \cdot N_q$

형상계수	원형기초	정사각형기초	연속기초
α	1.3	1.3	1.0
β	0.3	0.4	0.5

$q_u = 1.0 \times 0 \times 6.5 + 0.5 \times 1.65 \times 3 \times 1.2 + 1.65 \times 0 \times 4.7$
$= 2.97\text{t/m}^2$

 |해답| 16. ㉯ 17. ㉱ 18. ㉱ 19. ㉯

20. 그림에서 정사각형 독립기초 2.5m×2.5m가 실트질 모래 위에 시공되었다. 이때 근입 깊이가 1.50m인 경우 허용지지력은?(단, N_c=35, N_γ= N_q=20) [기 11,14]

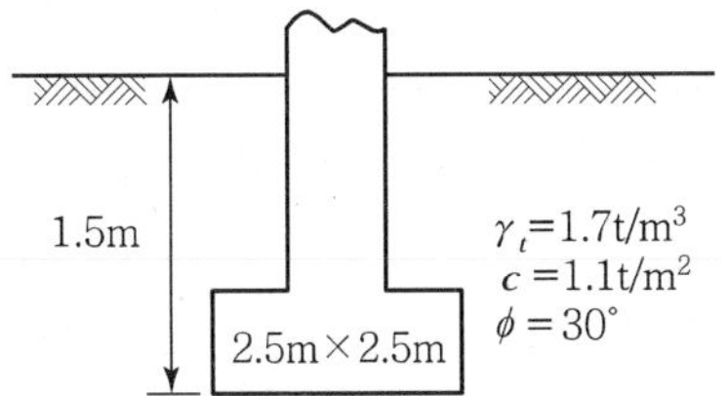

㉮ 25.0t/m² ㉯ 30.0t/m²
㉰ 35.0t/m² ㉱ 45.0t/m²

해설

형상계수	원형기초	정사각형기초	연속기초
α	1.3	1.3	1.0
β	0.3	0.4	0.5

• 극한지지력

$q_u = \alpha \cdot c \cdot N_c + \beta \cdot r_1 \cdot B \cdot N_r + r_2 \cdot D_f \cdot N_q$
$= 1.3 \times 1.1 \times 35 + 0.4 \times 1.7 \times 2.5 \times 20$
$+ 1.7 \times 1.5 \times 20$
$= 135.05\text{t/m}^2$

• 허용지지력 $q_a = \frac{q_u}{F_s} = \frac{135.05}{3} = 45.0\text{t/m}^2$

(∵ 기초의 안전율은 통상 F_s=3을 사용한다.)

21. 크기가 1.5m×1.5m인 정방형 직접기초가 있다. 근입깊이가 1.0m일 때, 기초 저면의 허용지지력을 테르자기(Terzaghi) 방법에 의하여 구하면?(단, 기초지반의 점착력을 1.5t/m², 단위중량은 1.8t/m³, 마찰각은 20°이고 이때의 지지력 계수는 N_c=17.69, N_q=7.44, N_r=3.64이며, 허용지지력에 대한 안전율은 4.0으로 한다.) [산 08,10,11]

㉮ 약 13t/m²
㉯ 약 14t/m²
㉰ 약 15t/m²
㉱ 약 16t/m²

해설 테르자기의 극한지지력 공식

$q_u = \alpha \cdot c \cdot N_c + \beta \cdot r_1 \cdot B \cdot N_r + r_2 \cdot D_f \cdot N_q$

형상계수	원형기초	정사각형기초	연속기초
α	1.3	1.3	1.0
β	0.3	0.4	0.5

$q_u = 1.3 \times 1.5 \times 17.69 + 0.4 \times 1.8 \times 1.5 \times 3.64$
$+ 1.8 \times 1.0 \times 7.44$
$= 51.82\text{t/m}^2$

• 허용지지력 $q_a = \frac{q_u}{F_s} = \frac{51.82}{4} = 12.96\text{t/m}^2$
$\fallingdotseq 13\text{t/m}^2$

22. 다음 그림과 같이 점토질 지반에 연속기초가 설치되어 있다. Terzaghi 공식에 의한 이 기초의 허용 지지력 q_a는 얼마인가?(단, ϕ=0이며, 폭(B)=2m, N_c=5.14, N_q=1.0, N_γ=0, 안전율 F_s=3이다.) [기 11,14]

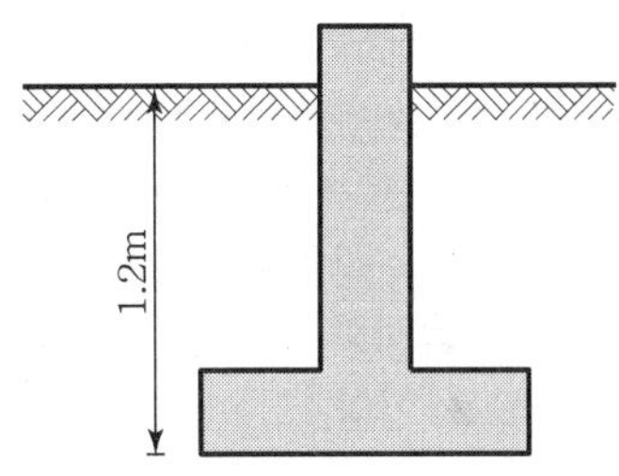

점토질 지반 γ=1.92t/m³
일축압축강도 q_u=14.86t/m²

㉮ 6.4t/m² ㉯ 13.5t/m²
㉰ 18.5t/m² ㉱ 40.49t/m²

해설

형상계수	원형기초	정사각형기초	연속기초
α	1.3	1.3	1.0
β	0.3	0.4	0.5

• 극한지지력

$q_u = \alpha \cdot c \cdot N_c + \beta \cdot r_1 \cdot B \cdot N_r + r_2 \cdot D_f \cdot N_q$
$= 1.0 \times 7.43 \times 5.14 + 0.5 \times 1.92 \times 2 \times 0$
$+ 1.92 \times 1.2 \times 1.0$
$= 40.49\text{t/m}^2$

(여기서, 점착력 $C = \frac{q_u}{2} = \frac{14.86}{2} = 7.43\text{t/m}^2$)

• 허용지지력 $q_a = \frac{q_u}{F_s} = \frac{40.49}{3} = 13.5\text{t/m}^2$

|해답| 20. ㉱ 21. ㉮ 22. ㉯

23. c=2.2t/m^2, ϕ=25°, γ_t=1.8t/m^{3}인 지반에 2.5×2.5m의 정사각형 기초가 근입깊이 1.2m에 놓여있고 지하수위 영향은 없다. 이때 이 정사각형 기초의 허용하중을 구하면?(단, Terzrghi의 지지력 공식을 이용하고 안전율은 3, 형상계수 α=1.3, β=0.4이고, N_c=25.1, N_γ=9.7, N_q=12.7) [산 09,12]

㉮ 120t ㉯ 243t
㉰ 343t ㉱ 486t

■ 해설
- 테르자기 극한지지력 공식

$$q_u = \alpha \cdot c \cdot N_c + \beta \cdot r_1 \cdot B \cdot N_r + r_2 \cdot D_f \cdot N_q$$
$$= 1.3 \times 2.2 \times 25.1 + 0.4 \times 1.8 \times 2.5 \times 9.7 + 1.8 \times 1.2 \times 12.7$$
$$= 116.7\text{t/m}^2$$

- 허용지지력 $q_a = \dfrac{q_u}{F_s} = \dfrac{116.7}{3} = 38.9\text{t/m}^2$
- 허용하중 $Q_a = q_a \cdot A = 38.9 \times 2.5 \times 2.5 = 243\text{t}$

24. 2m×2m인 정방형 기초가 1.5m 깊이에 있다. 이 흙의 단위중량 r=1.7t/m^3, 점착력 c=0이며, N_r=19, N_q=22이다. Terzaghi의 공식을 이용하여 전허용하중(Q_{all})을 구한 값은?(단, 안전율 F_s=3으로 한다.) [기 10,15]

㉮ 27.3t ㉯ 54.6t
㉰ 81.9t ㉱ 109.3t

■ 해설

형상계수	원형기초	정사각형기초	연속기초
α	1.3	1.3	1.0
β	0.3	0.4	0.5

- 극한지지력

$$q_u = \alpha \cdot c \cdot N_c + \beta \cdot r_1 \cdot B \cdot N_r + r_2 \cdot D_f \cdot N_q$$
$$= 1.3 \times 0 \times N_c + 0.4 \times 1.7 \times 2 \times 19 + 1.7 \times 1.5 \times 22$$
$$= 81.94\text{t/m}^2$$

- 허용지지력 $q_a = \dfrac{q_u}{F_s} = \dfrac{81.94}{3} = 27.31\text{t/m}^2$
- 허용하중 $Q_a = q_a \cdot A = 27.31 \times 2 \times 2 = 109.3\text{t}$

25. 크기가 1.5m×1.5m인 직접기초가 있다. 근입깊이가 1.0m일 때, 기초가 받을 수 있는 최대허용하중을 Terzaghi 방법에 의하여 구하면?(단, 기초지반의 점착력은 1.5t/m^2, 단위중량은 1.8t/m^3, 마찰각은 20°이고 이때의 지지력 계수는 N_c=17.69, N_q=7.44, N_r=3.64이며, 허용지지력에 대한 안전율은 4.0으로 한다.) [기 10]

㉮ 약 29t ㉯ 약 39t
㉰ 약 49t ㉱ 약 59t

■ 해설

형상계수	원형기초	정사각형기초	연속기초
α	1.3	1.3	1.0
β	0.3	0.4	0.5

- 극한지지력

$$q_u = \alpha \cdot c \cdot N_c + \beta \cdot r_1 \cdot B \cdot N_r + r_2 \cdot D_f \cdot N_q$$
$$= 1.3 \times 1.5 \times 17.69 + 0.4 \times 1.8 \times 1.5 \times 3.64 + 1.8 \times 1.0 \times 7.44$$
$$= 51.82\text{t/m}^2$$

- 허용지지력 $q_a = \dfrac{q_u}{F_s} = \dfrac{51.82}{4} = 12.96\text{t/m}^2$
- 허용하중 $Q_a = q_a \cdot A = 12.96 \times 1.5 \times 1.5 = 29\text{t}$

26. 4m×4m 크기인 정사각형 기초를 내부마찰각 ϕ=20°, 점착력 C=3t/m^{2}인 지반에 설치하였다. 흙의 단위중량(γ)=1.9t/m^{3}이고 안전율을 3으로 할 때 기초의 허용하중을 Terzaghi 지지력공식으로 구하면?(단, 기초의 깊이는 1m이고, 전반전단파괴가 발생한다고 가정하며, N_c=17.69, N_q=7.44, N_γ=4.97이다.) [기 13,15,16]

㉮ 478t ㉯ 524t
㉰ 567t ㉱ 621t

■ 해설

형상계수	원형기초	정사각형기초	연속기초
α	1.3	1.3	1.0
β	0.3	0.4	0.5

- 극한지지력

$$q_u = \alpha \cdot c \cdot N_c + \beta \cdot r_1 \cdot B \cdot N_r + r_2 \cdot D_f \cdot N_q$$
$$= 1.3 \times 3 \times 17.69 + 0.4 \times 1.9 \times 4 \times 4.97 + 1.9 \times 1 \times 7.44$$
$$= 98.24\text{t/m}^2$$

 |해답| 23. ㉯ 24. ㉱ 25. ㉮ 26. ㉯

- 허용지지력 $q_a = \frac{q_u}{F_s} = \frac{98.24}{3} = 32.75\text{t/m}^2$
- 허용하중 $Q_a = q_a \cdot A = 32.75 \times 4 \times 4 = 52.46\text{t}$

27. 다음 그림과 같은 정방형 기초에서 안전율을 3으로 할 때 Terzaghi 공식을 사용한 한 변의 길이 B는?(단, 흙의 전단강도 c=6t/m², ϕ=0°이고, 흙의 습윤 및 포화단위중량은 각각 1.9t/m², 2.0t/m³, N_c=5.7, N_r=0, N_q=1.0이다.) [기 10]

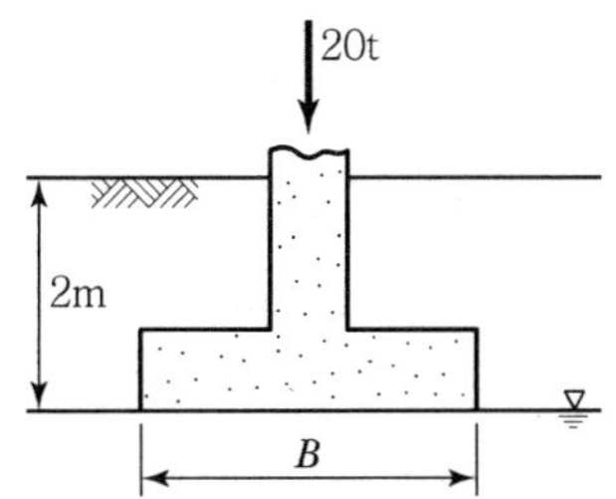

㉮ 1.115m ㉯ 1.432m
㉰ 1.512m ㉱ 1.624m

■ 해설

형상계수	원형기초	정사각형기초	연속기초
α	1.3	1.3	1.0
β	0.3	0.4	0.5

- 극한지지력

$$q_u = \alpha \cdot c \cdot N_c + \beta \cdot r_1 \cdot B \cdot N_r + r_2 \cdot D_f \cdot N_q$$
$$= 1.3 \times 6 \times 5.7 + 0.4 \times (2.0 - 1) \times B \times 0 + 1.9 \times 2 \times 1.0$$
$$= 48.26\text{t/m}^2$$

- 허용지지력 $q_a = \frac{q_u}{F_s} = \frac{48.26}{3} = 16.09\text{t/m}^2$
- 허용하중 $Q_a = q_a \cdot A$에서 $20 = 16.09 \times B^2$ ($\because$ 정방형 기초)

$\therefore B = 1.115\text{m}$

28. 3m×3m 크기의 정사각형 기초의 극한 지지력을 Terzaghi 공식으로 구하면?(단, 지하수위는 기초바닥 깊이와 같다. 흙의 마찰각 20° 점착력 5t/m², 습윤단위중량 1.7t/m³이고, 지하수위 흙의 포화단위 중량은 1.9t/m³이다. 지지력계수 N_c=18, N_r=5, N_q=7.5이다.) [기 08]

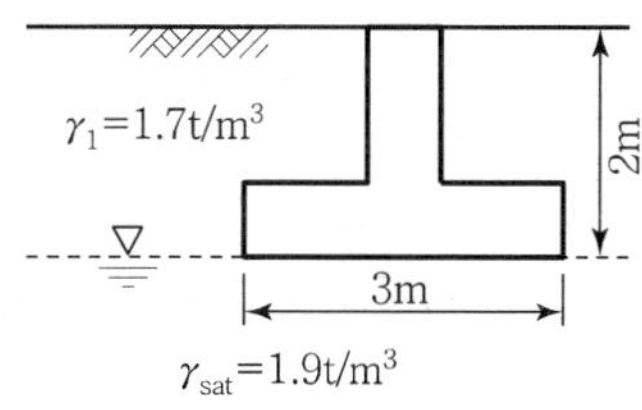

㉮ 147.9t/m² ㉯ 123.1t/m²
㉰ 153.9t/m² ㉱ 133.7t/m²

■ 해설

형상계수	원형기초	정사각형기초	연속기초
α	1.3	1.3	1.0
β	0.3	0.4	0.5

- 극한지지력

$$q_u = \alpha \cdot c \cdot N_c + \beta \cdot r_1 \cdot B \cdot N_r + r_2 \cdot D_f \cdot N_q$$
$$= 1.3 \times 5 \times 18 + 0.4 \times (1.9 - 1) \times 3 \times 5 + 1.7 \times 2 \times 7.5$$
$$= 147.9\text{t/m}^2$$

29. 연속 기초에 대한 Terzaghi의 극한지지력 공식은 $q_u = c \cdot N_c + 0.5 \cdot \gamma_1 \cdot B \cdot N_r + \gamma_2 \cdot D_f \cdot N_q$로 나타낼 수 있다. 아래 그림과 같은 경우 극한지지력 공식의 두 번째 항의단위중량 γ_1의 값은? [기 08]

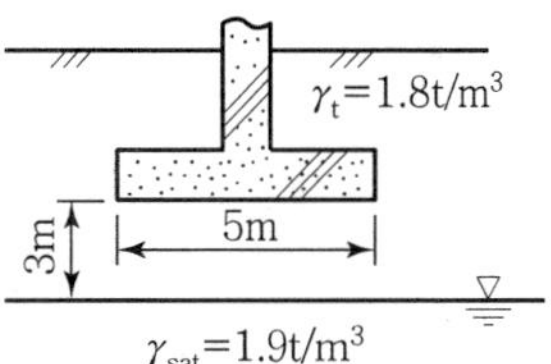

㉮ 1.44t/m³ ㉯ 1.60t/m³
㉰ 1.74t/m³ ㉱ 1.82t/m³

■ 해설 지하수위의 영향(지하수위가 기초바닥면 아래에 위치한 경우)

- 기초폭 B와 지하수위까지 거리 d 비교
  - $B \leq d$: 지하수위 영향 없음
  - $B > d$: 지하수위 영향 고려

  즉, 기초폭 B=3m > 지하수위까지 거리 d=3m 이므로

  단위중량 $r_1 = r_{ave} = r_{sub} + \frac{d}{B}(r_t - r_{sub})$값 사용

$\therefore r_1 = (1.9 - 1) + \frac{3}{5} \times (1.8 - (1.9 - 1))$
$= 1.44\text{t/m}^3$

30. 그림과 같이 3m×3m 크기의 정사각형 기초가 있다. Terzaghi 지지력공식 $q_u = 1.3cN_c + \gamma_1 D_f N_q + 0.4\gamma_2 BN_\gamma$ 을 이용하여 극한지지력을 산정할 때 사용되는 흙의 단위중량(γ_2)의 값은? [기 15]

2m
γ_t=1.7t/m³
2m
γ_{sat}=1.9t/m³

㉮ 0.9t/m³ ㉯ 1.17t/m³
㉰ 1.43t/m³ ㉱ 1.7t/m³

해설 지하수위의 영향(지하수위가 기초바닥면 아래에 위치한 경우)
기초폭 B와 지하수위까지 거리 d 비교
$-B \le d$: 지하수위 영향 없음
$-B > d$: 지하수위 영향 고려
즉, 기초폭 B=3m > 지하수위까지 거리 d=2m이므로 $\gamma = r_{ave} = r_{sub} + \frac{d}{B}(r_t - r_{sub})$값 사용

$$\therefore \gamma = (1.9-1) + \frac{2}{3} \times \{1.7-(1.9-1)\}$$
$$= 1.43\text{t/m}^3$$

31. 직경 30cm의 평판을 이용하여 점토 위에서 평판재하 시험을 실시하고 극한지지력 15t/m²을 얻었다고 할 때 직경이 2m인 원형 기초의 총허용하중을 구하면?(단, 안전율은 3을 적용한다.) [산 09,15]

㉮ 8.3ton ㉯ 15.7ton
㉰ 24.2ton ㉱ 32.6ton

해설 점성토 지반의 지지력은 재하판의 폭과 무관하다.
∴ 직경 2m 원형기초의 극한지지력도 15t/m²
• 극한하중=극한지지력×기초 단면적
$$= 15 \times \frac{\pi \times 2^2}{4} = 47.12\text{t}$$
• 허용하중= $\frac{\text{극한하중}}{\text{안전율}} = \frac{47.12}{3} = 15.7\text{t}$

32. 크기가 30cm×30cm의 평판을 이용하여 사질토 위에서 평판재하 시험을 실시하고 극한 지지력 20t/m²을 얻었다. 크기가 1.8m×1.8m인 정사각형 기초의 총허용하중은 약 얼마인가?(단, 안전율 3을 사용) [기 09,14]

㉮ 22t ㉯ 66t
㉰ 130t ㉱ 150t

해설 사질토 지반의 지지력은 재하판의 폭에 비례한다.
즉, $0.3 : 20 = 1.8 : q_u$
• 극한지지력 $q_u = 120\text{t/m}^2$
• 허용지지력 $q_a = \frac{q_u}{F} = \frac{120}{3} = 40\text{t/m}^2$
• 허용하중
$Q_a = q_a \cdot A = 40 \times 1.8 \times 1.8 = 129.6\text{t} \fallingdotseq 130\text{t}$

33. 평판재하실험 결과로부터 지반의 허용지지력 값은 어떻게 결정하는가? [기 13]

㉮ 항복강도의 $\frac{1}{2}$, 극한 강도의 $\frac{1}{3}$ 중 작은 값
㉯ 항복강도의 $\frac{1}{2}$, 극한 강도의 $\frac{1}{3}$ 중 큰 값
㉰ 항복강도의 $\frac{1}{3}$, 극한 강도의 $\frac{1}{2}$ 중 작은 값
㉱ 항복강도의 $\frac{1}{3}$, 극한 강도의 $\frac{1}{2}$ 중 큰 값

해설 평판재하시험에 의한 지지력 산정
항복강도의 $\frac{1}{2}$, 극한강도의 $\frac{1}{3}$ 중 작은 값

34. 어느 지반 30cm×30cm 재하판을 이용하여 평판재하시험을 한 결과, 항복하중이 5t, 극한하중이 9t이었다. 이 지반의 허용지지력은? [기 16]

㉮ 55.6t/m² ㉯ 27.8t/m²
㉰ 100t/m² ㉱ 33.3t/m²

해설
• 항복지지력 $q_y = \frac{P}{A} = \frac{5}{0.3 \times 0.3} = 55.56\text{t/m}^2$
• 극한지지력 $q_u = \frac{P}{A} = \frac{9}{0.3 \times 0.3} = 100\text{t/m}^2$

|해답| 30. ㉰ 31. ㉯ 32. ㉰ 33. ㉮ 34. ㉯

(여기서, 허용지지력은 항복지지력의 $\frac{1}{2}$값 또는 극한지지력의 $\frac{1}{3}$값 중 작은 값)

∴ 허용지지력 q_a

항복지지력 q_y : $55.56\times\frac{1}{2}=27.78\text{t/m}^2$

극한지지력 q_u : $100\times\frac{1}{3}=33.33\text{t/m}^2$

중 작은 값인 $q_t=27.78\text{t/m}^2$

35. 그림과 같은 20×30cm 전면기초인 부분보상기초(Partialfy Compensated Foundation)의 지지력 파괴에 대한 안전율은? [기 13,16]

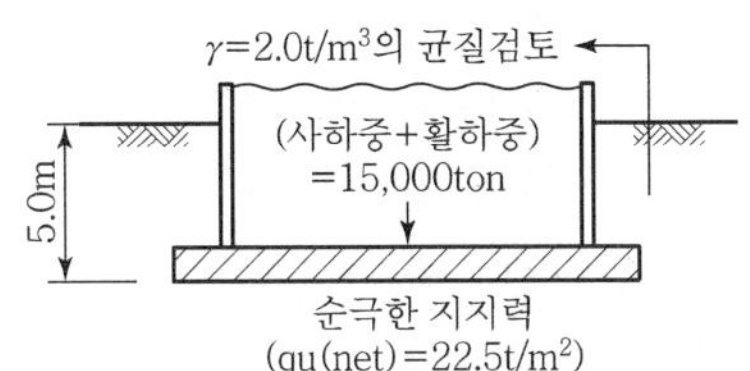

㉮ 3.0 ㉯ 2.5
㉰ 2.0 ㉱ 1.5

해설 부분보상기초 지지력

$$q=\frac{Q}{A}-\gamma\cdot D_f$$

$$=\frac{15,000}{20\times30}-2\times5=15\text{t/m}^2$$

안전율

$$F_s=\frac{q_{u(net)}}{q}=\frac{22.5}{15}=1.5$$

36. Meyerhof의 일반 지지력 공식에 포함되는 계수가 아닌 것은? [기 10]

㉮ 국부전단계수 ㉯ 근입깊이계수
㉰ 경사하중계수 ㉱ 형상계수

해설 Meyerhof의 일반 지지력 공식에 포함되는 계수
① 형상계수
② 근입깊이계수
③ 경사하중계수
④ 지지력계수

37. 기초폭 4m의 연속기초를 지표면 아래 3m 위치의 모래지반에 설치하려고 한다. 이때 표준 관입시험 결과에 의한 사질지반의 평균 N값이 10일 때 극한지지력은?(단, Meyerhof 공식 사용) [기 15]

㉮ 420t/m^2 ㉯ 210t/m^2
㉰ 105t/m^2 ㉱ 75t/m^2

해설 사질토 지반의 지지력 공식(Meyerhof)

$$q_u=3\cdot N\cdot B\cdot\left(1+\frac{D_f}{B}\right)$$

$$=3\times10\times4\times\left(1+\frac{3}{4}\right)=210\text{t/m}^2$$

38. 3m×3m인 정방형 기초를 허용지지력이 20t/m^2인 모래지반에 시공하였다. 이 기초에 허용지지력만큼의 하중이 가해졌을 때, 기초 모서리에서의 탄성 침하량은?(단, 영향계수(I_s)=0.561, 지반의 포아송비(μ)=0.5, 지반의 탄성계수(E_s)=1,500t/m²) [기 12]

㉮ 0.90cm ㉯ 1.54cm
㉰ 1.68cm ㉱ 2.10cm

해설 탄성론에 의한 즉시침하

$$S_i=q_a\cdot B\cdot\frac{1-\mu^2}{E_s}\cdot I_s$$

$$=20\times3\times\frac{1-0.5^2}{1,500}\times0.561=0.0168\text{m}=1.68\text{cm}$$

39. 기초의 크기가 20m×20m인 강성기초로 된 구조물이 있다. 이 구조물의 허용각변위(Angular Distortion)가 1/500이라고 할 때, 최대 허용 부등침하량은? [기 12]

㉮ 2cm ㉯ 2.5cm
㉰ 4cm ㉱ 5cm

해설 $\delta=\frac{h}{L}$

(δ : 각변위, L : 지점간 거리, h : 부등침하량)

$$\frac{1}{500}=\frac{h}{2,000}$$

$500\cdot h=2,000$ ∴ $h=4\text{cm}$

|해답| 35. ㉱ 36. ㉮ 37. ㉯ 38. ㉰ 39. ㉰

40. 기초폭 4m인 연속기초에서 기초면에 작용하는 합력의 연직성분은 10t이고 편심거리가 0.4m일 때, 기초지반에 작용하는 최대 압력은? [기 13]

㉮ 2t/m² ㉯ 4t/m²
㉰ 6t/m² ㉱ 8t/m²

해설 기초지반에 작용하는 최대압력

$$\sigma_{\max} = \frac{\Sigma V}{B}\left(1 \pm \frac{6e}{B}\right) = \frac{10}{4} \times \left(1 + \frac{6 \times 0.4}{4}\right) = 4\text{t/m}^2$$

41. 아래 그림과 같은 폭(B) 1.2m, 길이(L) 1.5m인 사각형 얕은 기초에 폭(B) 방향에 편심이 작용하는 경우 지반에 작용하는 최대압축응력은? [기 15]

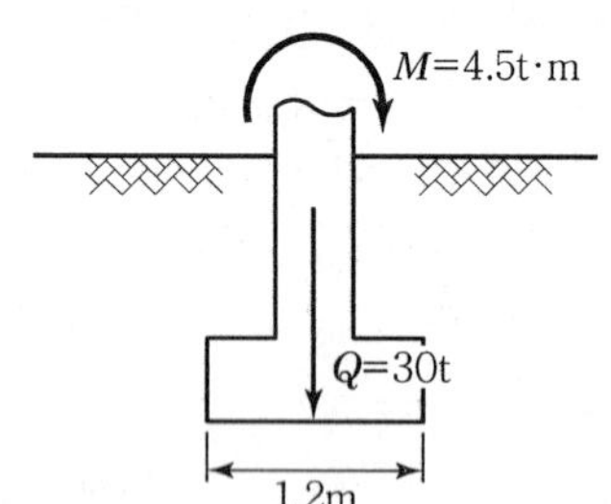

㉮ 29.2t/m² ㉯ 38.5t/m²
㉰ 39.7t/m² ㉱ 41.5t/m²

해설 기초지반에 작용하는 최대압력

$$\sigma_{\max} = \frac{\Sigma V}{B}\left(1 \pm \frac{6e}{B}\right)$$

$$= \frac{30}{1.2 \times 1.5} \times \left(1 \pm \frac{6 \times 0.15}{1.2}\right) = 29.2\text{t/m}^2$$

여기서, 편심거리 $e = \frac{M}{Q} = \frac{4.5}{30} = 0.15\text{m}$

42. 기초의 크기가 25m×25m인 강성기초로 된 구조물이 있다. 이 구조물의 허용각변위(Angular Distortion)가 1/500이라고 할 때, 최대 허용 부등침하량은? [기 13]

㉮ 2cm ㉯ 2.5cm
㉰ 4cm ㉱ 5cm

해설 허용각변위 $\delta = \frac{h}{L}$ 에서

(δ : 각변위, L : 지점간 거리, h : 부등침하량)

$$\frac{1}{500} = \frac{h}{2{,}500}$$

$$500 \cdot h = 2{,}500$$

$$h = 5\text{cm}$$

43. 두 개의 기둥하중 $Q_1 = 30$t, $Q_2 = 20$t을 받기 위한 사다리꼴 기초의 폭 B_1, B_2를 구하면?(단, 지반의 허용지지력 $q_a = 2\text{t/m}^2$) [기 15]

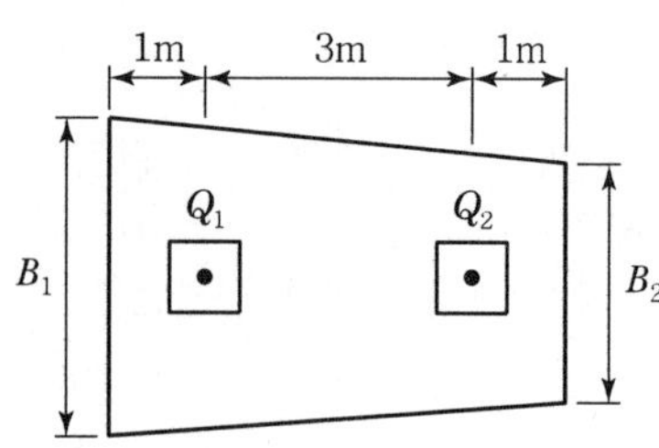

㉮ $B_1 = 7.2$m, $B_2 = 2.8$m
㉯ $B_1 = 7.8$m, $B_2 = 2.2$m
㉰ $B_1 = 6.2$m, $B_2 = 3.8$m
㉱ $B_1 = 6.8$m, $B_2 = 3.2$m

해설 사다리꼴 복합확대기초의 크기

① $$\frac{Q_1 \cdot S}{Q_1 + Q_2} = \frac{L}{3} \cdot \frac{2B_1 + B_2}{B_1 + B_2} - a$$

$$= \frac{30 \times 3}{30 + 20} = \frac{1+3+1}{3} \times \frac{2B_1 + B_2}{B_1 + B_2} - 1$$

$$= \frac{30 \times 3}{30 + 20} + 1 \times \frac{3}{1+3+1} = \frac{2B_1 + B_2}{B_1 + B_2}$$

$$= 1.68 = \frac{2B_1 + B_2}{B_1 + B_2}$$

② $$\frac{B_1 + B_2}{2} \cdot L = \frac{Q_1 + Q_2}{q_a}$$

$$= \frac{B_1 + B_2}{2} \times (1+3+1) = \frac{30+20}{2}$$

$$= B_1 + B_2 = \frac{30+20}{2} \times 2 \div (1+3+1) = 10$$

식 ①과 ②에 의하여

③ $$\frac{2B_1 + B_2}{B_1 + B_2} = 1.68$$

$$\frac{B_1 + 10}{10} = 1.68$$

$$\therefore B_1 = 6.8\text{m}$$

④ $$B_1 + B_2 = 10$$

$$6.8 + B_2 = 10$$

$$\therefore B_2 = 3.2\text{m}$$

 |해답| 40. ㉯ 41. ㉮ 42. ㉱ 43. ㉱

3. 깊은 기초

44. 다음 중 현장 타설 콘크리트 말뚝기초 공법이 아닌 것은? [산 16]

㉮ 프랭키(Franky) 말뚝공법
㉯ 레이몬드(Raymond) 말뚝공법
㉰ 페데스탈(Pedestal) 말뚝공법
㉱ PHC 말뚝공법

해설 현장타설 콘크리트 말뚝기초 공법
- 프랭키 말뚝
- 페데스탈 말뚝
- 레이몬드 말뚝

45. 점착력이 5t/m², r_t=1.8t/m³의 비배수상태(ϕ=0)인 포화된 점성토 지반에 직경 40cm, 길이 10cm의 PHC 말뚝이 항타 시공되었다. 이 말뚝의 선단지지력은 얼마인가?(단, Meyerhof 방법을 사용) [기 09,11,16]

㉮ 1.57t　　㉯ 3.23t
㉰ 5.65t　　㉱ 45t

해설 말뚝의 정적지지력=선단지지력+주면마찰력
선단지지력(Meyerhof 방법)
$Q_p = A_p \cdot (C \cdot N_c + r \cdot l \cdot N_q)$
$= \frac{\pi \times 0.4^2}{4} \times (5 \times 9 + 1.8 \times 10 \times 0) = 5.65\text{t}$
(여기서, 내부마찰각 $\phi = 0°$인 경우 지지력계수 $N_c = 9$, $N_q = 0$ 적용)

46. 말뚝기초의 지지력에 관한 설명으로 틀린 것은? [산 10,14]

㉮ 부의 마찰력은 아래 방향으로 작용한다.
㉯ 말뚝선단부의 지지력과 말뚝주변 마찰력의 합이 말뚝의 지지력이 된다.
㉰ 점성토 지반에는 동역학적 지지력 공식이 잘 맞는다.
㉱ 재하시험 결과를 이용하는 것이 신뢰도가 큰 편이다.

해설 말뚝의 지지력
- 재하시험에 의한 방법 : 말뚝재하시험에 의한 $\frac{R_u}{3}$과 $\frac{R_y}{2}$ 중 작은 값
- 정역학적 공식(점성토) : 말뚝의 선단 지지력과 주면마찰력의 합계
- 동역학적 공식(사질토) : 항타공식

47. 말뚝의 지지력 공식 중 정역학적 방법에 의한 공식은 다음 중 어느 것인가? [산 13]

㉮ Meyerhof의 공식
㉯ Hiley공식
㉰ Enginerring-News공식
㉱ sander공식

해설 정역학적 공식
선단 지지력과 주면 마찰력의 합계
- Meyerhof
- Terzaghi
- Dorr

동역학적 공식
항타공식
- Hiley
- Weisbach
- Engineering－News
- Sander

48. 말뚝지지력에 관한 여러 가지 공식 중 정역학적 지지력 공식이 아닌 것은? [기 14]

㉮ Dörr의 공식
㉯ Terzaghi의 공식
㉰ Meyerhof의 공식
㉱ Engineering－News 공식

해설 말뚝의 지지력 : 정역학적 공식
- Terzaghi 공식
- Meyerhof 공식
- Dörr 공식
- Dunham 공식

|해답| 44. ㉱ 45. ㉰ 46. ㉰ 47. ㉮ 48. ㉱

49. 말뚝의 분류 중 지지상태에 따른 분류에 속하지 않는 것은? [산 15]

㉮ 다짐 말뚝 ㉯ 마찰 말뚝
㉰ Pedestal 말뚝 ㉱ 선단지지 말뚝

■해설 말뚝의 지지방법에 의한 분류
- 선단지지 말뚝
- 마찰 말뚝
- 하부지반지지 말뚝(다짐 말뚝)

페데스탈(Pedestal) 말뚝
현장 타설 콘크리트 말뚝의 종류

50. 말뚝기초에서 부마찰력(Negative Skin Friction)에 대한 설명이다. 옳지 않은 것은? [산 08,13]

㉮ 지하수위 저하로 지반이 침하할 때 발생한다.
㉯ 지반이 압밀진행 중인 연약점토 지반인 경우에 발생한다.
㉰ 발생이 예상되면 대책으로 말뚝주면에 역청 등으로 코팅(Coating)하는 것이 좋다.
㉱ 말뚝 주면에 상방향으로 작용하는 마찰력이다.

■해설 부마찰력
압밀침하를 일으키는 연약 점토층을 관통하여 지지층에 도달한 지지말뚝의 경우에는 연약층의 침하에 의하여 하향의 주면마찰력이 발생하여 지지력이 감소하고 도리어 하중이 증가하는 주면마찰력으로 상대변위의 속도가 빠를수록 부마찰력은 크다.

51. 다음 중 말뚝에 부마찰력이 생기는 원인 또는 부마찰력과 관계가 없는 것은? [산 08,09,16]

㉮ 말뚝이 연약지반을 관통하여 견고한 지반에 박혔을 때 발생한다.
㉯ 지반에 성토나 하중을 가할 때 발생한다.
㉰ 지하수위 저하로 발생한다.
㉱ 말뚝의 타입 시 항상 발생하며 그 방향을 상향이다.

■해설 부마찰력
압밀침하를 일으키는 연약 점토층을 관통하여 지지층에 도달한 지지말뚝의 경우에는 연약층의 침하에 의하여 하향의 주면마찰력이 발생하여 지지력이 감소하고 도리어 하중이 증가하는 주면마찰력으로 상대변위의 속도가 빠를수록 부마찰력은 크다.

52. 연약지반에 말뚝을 시공한 후, 부주면 마찰력이 발생되면 말뚝의 지지력은? [산 15]

㉮ 증가된다.
㉯ 감소된다.
㉰ 변함이 없다.
㉱ 증가할 수도 있고 감소할 수도 있다.

■해설 부마찰력
압밀침하를 일으키는 연약 점토층을 관통하여 지지층에 도달한 지지말뚝의 경우에는 연약층의 침하에 의하여 하향의 주면마찰력이 발생하여 지지력이 감소하고 도리어 하중이 증가하는 주면마찰력으로 상대변위의 속도가 빠를수록 부마찰력은 크다.

53. 말뚝에서 발생하는 부(負)의 주면 마찰력에 관한 설명으로 옳지 않은 것은? [산 10,11,16]

㉮ 부마찰력은 말뚝을 아래 쪽으로 끌어내리는 마찰력이다.
㉯ 부마찰력이 발생하면 말뚝의 지지력이 증가한다.
㉰ 부마찰력을 감소시키려면 표면적이 작은 말뚝을 사용한다.
㉱ 연약한 점토에 있어서 상대변위의 속도가 빠를수록 부마찰력은 크다.

■해설 부마찰력
압밀침하를 일으키는 연약 점토층을 관통하여 지지층에 도달한 지지말뚝의 경우에는 연약층의 침하에 의하여 하향의 주면마찰력이 발생하여 지지력이 감소하고 도리어 하중이 증가하는 주면마찰력으로 상대변위의 속도가 빠를수록 부마찰력은 크다.

54. 부마찰력에 대한 설명이다. 틀린 것은? [기 09,13]

㉮ 부마찰력을 줄이기 위하여 말뚝표면을 아스팔트 등으로 코팅하여 타설한다.
㉯ 지하수의 저하 또는 압밀이 진행 중인 연약지반에서 부마찰력이 발생한다.
㉰ 점성토 위에 사질토를 성토한 지반에 말뚝을 타설한 경우에 부마찰력이 발생한다.
㉱ 부마찰력은 말뚝을 아래 방향으로 작용하는 힘이므로 결국에는 말뚝의 지지력을 증가시킨다.

 |해답| 49. ㉰ 50. ㉱ 51. ㉱ 52. ㉯ 53. ㉯ 54. ㉱

해설 부마찰력
압밀침하를 일으키는 연약 점토층을 관통하여 지지층에 도달한 지지말뚝의 경우에는 연약층의 침하에 의하여 하향의 주면마찰력이 발생하여 지지력이 감소하고 도리어 하중이 증가하는 주면마찰력으로 상대변위의 속도가 빠를수록 부마찰력은 크다.

55. 말뚝의 부마찰력에 대한 설명 중 틀린 것은? [기 09,11,13]

㉮ 부마찰력이 작용하면 지지력이 감소한다.
㉯ 연약지반에 말뚝을 박은 후 그 위에 성토를 한 경우 일어나기 쉽다.
㉰ 부마찰력은 말뚝 주변침하량이 말뚝의 침하량보다 클 때 아래로 끌어내리는 마찰력을 말한다.
㉱ 연약한 점토에 있어서는 상대변위의 속도가 느릴수록 부마찰력은 크다.

해설 부마찰력
압밀침하를 일으키는 연약 점토층을 관통하여 지지층에 도달한 지지말뚝의 경우에는 연약층의 침하에 의하여 하향의 주면마찰력이 발생하여 지지력이 감소하고 도리어 하중이 증가하는 주면마찰력으로 상대변위의 속도가 빠를수록 부마찰력은 크다.

56. 말뚝의 부마찰력(Negative Skin Friction)에 대한 설명 중 틀린 것은? [기 08]

㉮ 말뚝의 허용지지력을 결정할 때 세심하게 고려해야 한다.
㉯ 연약지반에 말뚝을 박은 후 그 위에 성토를 한 경우 일어나기 쉽다.
㉰ 연약지반을 관통하여 견고한 지반까지 말뚝을 박은 경우 일어나기 쉽다.
㉱ 연약한 점토에 있어서는 상대변위의 속도가 느릴수록 부마찰력은 크다.

해설 부마찰력
압밀침하를 일으키는 연약 점토층을 관통하여 지지층에 도달한 지지말뚝의 경우에는 연약층의 침하에 의하여 하향의 주면마찰력이 발생하여 지지력이 감소하고 도리어 하중이 증가하는 주면마찰력으로 상대변위의 속도가 빠를수록 부마찰력은 크다.

57. 연약점성토층을 관통하여 철근콘크리트 파일을 박았을 때 부마찰력(Negative Friction)은?(단, 이때 지반의 일축압축강도 $q_u = 2\text{t/m}^2$, 파일직경 $D = 50\text{cm}$, 관입깊이 $l = 10\text{m}$이다.) [기 12,14,16]

㉮ 15.71t ㉯ 18.53t
㉰ 20.82t ㉱ 24.24t

해설 부마찰력

$$U \cdot l_c \cdot f_s = \pi \times 0.5 \times 10 \times \frac{2}{2} = 15.71\text{t}$$

(여기서, 마찰응력 $f_s = \frac{q_u}{2} = c$ 점착력이다.)

58. 다음 중 말뚝의 지지력을 구하는 공식이 아닌 것은? [산 12]

㉮ 샌더(Sander) 공식
㉯ 힐리(Hiley) 공식
㉰ 재키(Jaky) 공식
㉱ 엔지니어링뉴스 공식

해설 말뚝의 동역학적 지지력공식(항타공식)
① Hiley 공식
② Weisbach 공식
③ Engineering-News 공식
④ Sander 공식

59. 깊은 기초의 지지력 평가에 관한 설명 중 잘못된 것은? [기 09,14]

㉮ 정역학적 지지력 추정방법은 논리적으로 타당하나 강도 정수를 추정하는 데 한계성을 내포하고 있다.
㉯ 동역학적 방법은 항타 장비, 말뚝과 지반조건이 고려된 방법으로 해머 효율의 측정이 필요하다.
㉰ 현장 타설 콘크리트 말뚝 기초는 동역학적 방법으로 지지력을 추정한다.
㉱ 말뚝 항타분석기(PDA)는 말뚝의 응력분포, 경시 효과 및 해머 효율을 파악할 수 있다.

해설 동역학적 방법(항타공식)
항타할 때의 타격에너지와 지반의 변형에 의한 에너지가 같다고 하여 만든 공식으로 기성 말뚝을 항타하여 시공시 지지력을 추정할 수 있음

|해답| 55. ㉱ 56. ㉱ 57. ㉮ 58. ㉰ 59. ㉰

60. 다음은 말뚝을 시공할 때 사용되는 해머에 대한 설명이다. 어떤 해머에 대한 것인가? [기 09,11]

> 램, 앤빌블록, 연료주입 시스템으로 구성된다. 연약지반에서는 램이 들어올려지는 양이 작아 공기-연료 혼합물의 점화가 불가능하여 사용이 어렵다.

㉮ 증기해머　　㉯ 진동해머
㉰ 디젤해머　　㉱ 유압해머

해설 디젤해머에 대한 설명

61. 말뚝의 허용지지력을 구하는 Sander의 공식은?(단, R_a : 허용지지력, S : 관입량, W_H : 해머의 중량, H : 낙하고) [산 09]

㉮ $R_a = \dfrac{W_H \cdot H}{8S}$

㉯ $R_a = \dfrac{W_H \cdot H}{4S}$

㉰ $R_a = \dfrac{W_H \cdot S}{4H}$

㉱ $R_a = \dfrac{W_H \cdot H}{8+S}$

해설 Sander 공식

허용지지력 $R_a = \dfrac{W_H \cdot H}{8 \cdot S}$

62. 무게 320kg인 드롭해머(Drop Hammer)로 2m의 높이에서 말뚝을 때려 박았더니 침하량이 2cm이었다. Sander의 공식을 사용할 때 이 말뚝의 허용지지력은? [기 08,14/산 16]

㉮ 1,000kg　　㉯ 2,000kg
㉰ 3,000kg　　㉱ 4,000kg

해설 Sander 공식(안전율 $F=8$)

- 극한지지력 $R_u = \dfrac{W_H \cdot H}{S}$
- 허용지지력 $R_a = \dfrac{R_u}{F_s} = \dfrac{W_H \cdot H}{8 \cdot s}$

$= \dfrac{320 \times 200}{8 \times 2} = 4{,}000\text{kg}$

63. 무게 300kg의 드롭해머로 3m 높이에서 말뚝을 타입할 때 1회 타격당 최종 침하량이 1.5cm 발생하였다. Sander 공식을 이용하여 산정한 말뚝의 허용지지력은? [기 15]

㉮ 7.50t　　㉯ 8.61t
㉰ 9.37t　　㉱ 15.67t

해설 Sander 공식(안전율 $F=8$)

- 극한지지력 $R_u = \dfrac{W_H \cdot H}{S}$
- 허용지지력 $R_a = \dfrac{R_u}{F} = \dfrac{W_H \cdot H}{8 \cdot s}$

$= \dfrac{300 \times 300}{8 \times 1.5} = 7{,}500\text{kg} = 7.5\text{t}$

64. 무게 100kg인 해머로 2m 높이에서 말뚝을 박았더니 침하량이 2cm이었다. 이 말뚝의 허용지지력을 Sander 공식으로 구한 값은?(단, 안전율 F_s=8을 적용한다.) [산 13]

㉮ 1.25t　　㉯ 2.5t
㉰ 5t　　㉱ 10t

해설 Sander 공식(안전율 $F_s=8$)

- 극한지지력 $R_u = \dfrac{W_H \cdot H}{S}$
- 허용지지력 $R_a = \dfrac{R_u}{F_s} = \dfrac{W_H \cdot H}{8 \cdot S}$

$= \dfrac{100 \times 200}{8 \times 2} = 1{,}250\text{kg} = 1.25\text{t}$

65. 길이 10m인 나무말뚝을 사질토 중에 박아 넣을 때 Drop Hammer 중량 800kg, 낙하고 3.0m, 최종관입량 2cm일 때의 말뚝의 허용 지지력을 Sander공식으로 구하면 얼마인가? [산 13]

㉮ 12t　　㉯ 120t
㉰ 15t　　㉱ 150t

해설 Sander 공식

허용지지력 $R_a = \dfrac{R_u}{F_s} = \dfrac{W_H \cdot H}{8 \cdot S}$

$= \dfrac{800 \times 300}{8 \times 2} = 15{,}000\text{kg} = 15\text{t}$

 |해답| 60. ㉰ 61. ㉮ 62. ㉱ 63. ㉮ 64. ㉮ 65. ㉰

66. 2t의 무게를 가진 낙추로서 낙하고 2m로 말뚝을 박을 때 최종적으로 1회 타격당 말뚝의 침하량이 20mm였다. 이때 Sander 공식에 의한 말뚝의 허용지지력은? [산 15]

㉮ 10t　　㉯ 20t
㉰ 67t　　㉱ 25t

해설 Sander 공식(안전율 $F=8$)

- 극한지지력 $R_u = \dfrac{W_H \cdot H}{S}$
- 허용지지력 $R_a = \dfrac{R_u}{F} = \dfrac{W_H \cdot H}{8 \cdot s} = \dfrac{2\times200}{8\times2} = 25\text{t}$

67. 말뚝의 지지력 공식 중 엔지니어링 뉴스(Engineering News) 공식에 대한 설명으로 옳은 것은? [산 13]

㉮ 정역학적 지지력 공식이다.
㉯ 동역학적 지지력 공식이다.
㉰ 군항의 지지력 공식이다.
㉱ 전달파를 이용한 지지력 공식이다.

해설 엔지니어링 뉴스 공식
말뚝의 지지력 공식 중 동역학적(항타공식) 지지력 공식이다.

68. 말뚝의 지지력을 결정하기 위해 엔지니어링 뉴스(Engineering-News) 공식을 사용할 때 안전율은 얼마인가? [산 09,11,13]

㉮ 1　　㉯ 2
㉰ 3　　㉱ 6

해설 엔지니어링 뉴스 공식 안전율 $F_s=6$

69. 무게 3ton인 단동식 증기 Hammer를 사용하여 낙하고 1.2m에서 Pile을 타입할 때 1회 타격당 최종 침하량이 2cm이었다. Engineering News 공식을 사용하여 허용 지지력을 구하면 얼마인가? [기 08]

㉮ 13.3t　　㉯ 26.7t
㉰ 80.8t　　㉱ 160t

해설 Engineering News 공식(단동식 증기해머)

허용지지력 $R_a = \dfrac{R_u}{F_s} = \dfrac{W_H \cdot H}{6(S+0.25)}$

$= \dfrac{3\times120}{6\times(2+0.25)} = 26.7\text{t}$

(여기서, Engineering News 공식 안전율 $F_s=6$)

70. 단동식 증기 해머로 말뚝을 박았다. 해머의 무게 2.5t, 낙하고 3m, 타격당 말뚝의 평균관입량 1cm, 안전율 6일 때 Engineering-News 공식으로 허용지지력을 구하면? [기 11]

㉮ 250t　　㉯ 200t
㉰ 100t　　㉱ 50t

해설 Engineering-New 공식(단동식 증기해머)

허용지지력 $R_a = \dfrac{R_u}{F_s} = \dfrac{W_H \cdot H}{6(S+0.25)}$

$= \dfrac{2.5\times300}{6(1+0.25)} = 100\text{t}$

(여기서, Engineering-News 공식 안전율 $F_s=6$)

71. 직경 30cm 콘크리트 말뚝을 단동식 증기해머로 타입하였을 때 엔지니어링 뉴스 공식을 적용한 말뚝의 허용지지력은?(단, 타격에너지=3.6t · m, 해머효율=0.8, 손실상수=0.25cm, 마지막 25mm 관입에 필요한 타격횟수=5) [기 12,14]

㉮ 64t　　㉯ 128t
㉰ 192t　　㉱ 384t

해설 엔지니어링 뉴스 공식

허용지지력 $R_a = \dfrac{W_H \cdot H \cdot E}{6(S+0.25)}$

$= \dfrac{360\times0.8}{6(0.5+0.25)} = 64\text{t}$

(여기서, 타격당 말뚝의 평균관입량 $S=\dfrac{25}{5}$ $=5\text{mm}=0.5\text{cm}$)

|해답| 66. ㉱　67. ㉯　68. ㉱　69. ㉯　70. ㉰　71. ㉮

72. 말뚝의 재하시험시 연약점토 지반인 경우 Pile의 타입 후 20일 이상 방치한 후 말뚝 재하시험을 한다. 그 이유는? [산 08/기 16]

㉮ 타입시 말뚝주변의 흙이 교란되었기 때문에
㉯ 부마찰력이 생겼기 때문에
㉰ 타입된 말뚝에 의해 흙이 압축되었기 때문에
㉱ 주면 마찰력이 너무 크게 작용하였기 때문에

해설 딕소트로피(Thixotrophy)현상
Remolding한 교란된 시료를 함수비 변화 없이 그대로 방치하면 시간이 경과되면서 강도가 일부 회복되는 현상으로 점성토 지반에서만 일어난다.
∴ 타입시 말뚝 주변 시료의 교란 때문

73. 연약점토 지반에 말뚝을 시공하는 경우, 말뚝을 타입한 후 어느 정도 기간이 경과한 후에 재하시험을 하게 된다. 그 이유로 가장 적합한 것은? [기 09]

㉮ 말뚝 타입시 말뚝 자체가 받는 충격에 의해 두부의 손상이 발생할 수 있어 안정화에 시간이 걸리기 때문이다.
㉯ 말뚝에 주면마찰력이 발생하기 때문이다.
㉰ 말뚝에 부마찰력이 발생하기 때문이다.
㉱ 말뚝 타입시 교란된 점토의 강도가 원래대로 회복하는데 시간이 걸리기 때문이다.

해설 말뚝 주위의 표면과 흙사이의 마찰력으로 점토지반인 경우
- 마찰력이 감소하여 전단변형이 발생 후 딕소트로피(Thixotrophy) 현상이 발생한다.
- 딕소트로피 : Remolding한 시료(교란된 시료)를 함수비의 변화 없이 그대로 방치하면 시간이 경과되면서 강도가 일부 회복되는 현상

74. 깊은 기초에 대한 설명으로 틀린 것은? [기 09,12]

㉮ 점토지반 말뚝기초의 주면마찰 저항을 산정하는 방법에는 α, β, λ방법이 있다.
㉯ 사질토에서 말뚝의 선단지지력은 깊이에 비례하여 증가하나 어느 한계에 도달하면 더 이상 증가하지 않고 거의 일정해진다.
㉰ 무리말뚝의 효율은 1보다 작은 것이 보통이나 느슨한 사질토의 경우에는 1보다 클 수 있다.
㉱ 무리말뚝의 침하량은 동일한 규모의 하중을 받는 외말뚝의 침하량보다 작다.

해설 무리말뚝(군항)은 외말뚝(단항)의 70~80% 정도의 지지력밖에 가지지 않는다. 그러므로 무리말뚝의 침하량은 동일한 규모의 하중을 받는 외말뚝의 침하량보다 크다.

75. 콘크리트 말뚝을 마찰말뚝으로 보고 설계할 때, 총 연적하중을 200ton, 말뚝 1개의 극한지지력을 89ton, 안전율을 2.0으로 하면 소요말뚝의 수는? [기 16]

㉮ 6개 ㉯ 5개
㉰ 3개 ㉱ 2개

해설 말뚝의 지지력

$$Q = R_a \cdot N = \frac{R_u}{F_s} \cdot N$$

$$Q \cdot F_s = R_u \cdot N$$

$200 \times 2 = 89N$ ∴ $N = 4.49 = 5$개

76. 말뚝의 평균 지름이 140cm, 관입길이 15m일 때 군말뚝의 영향을 고려하지 않아도 되는 말뚝의 최소 간격은? [산 11,16]

㉮ 약 3m ㉯ 약 5m
㉰ 약 7m ㉱ 약 9m

해설 일반적으로 다음 식 이하이면 군항(무리말뚝)으로 취급한다.

$$D_o = 1.5\sqrt{r \cdot L}$$
$$= 1.5 \times \sqrt{0.75 \times 15} = 4.9\text{m} = \text{약 } 5\text{m}$$

77. 말뚝의 직경이 50cm, 지중에 관입된 말뚝의 길이가 10m 인 경우, 무리말뚝의 영향을 고려하지 않아도 되는 말뚝의 최소간격은? [산 14]

㉮ 2.37m ㉯ 2.75m
㉰ 3.35m ㉱ 3.75m

 |해답| 72. ㉮ 73. ㉱ 74. ㉱ 75. ㉯ 76. ㉯ 77. ㉮

■해설 단항과 군항의 판정

$D_o = 1.5\sqrt{r \cdot L} = 1.5 \times \sqrt{0.25 \times 10} = 2.37\text{m}$

여기서, D_o : 지중응력의 최대중심간격
r : 말뚝의 반경
L : 말뚝의 관입깊이
S : 말뚝의 중심간격

$S > D_o$ = 단항

$S < D_o$ = 군항

78. 아래 그림과 같이 사질토 지반에 타설된 무리마찰 말뚝이 있다. 말뚝은 원형이고 직경은 0.4m, 설치 간격은 1m이었다. 이 무리말뚝의 효율은 얼마인가?(단, Convert-Labarre 공식을 사용할 것) [산 09]

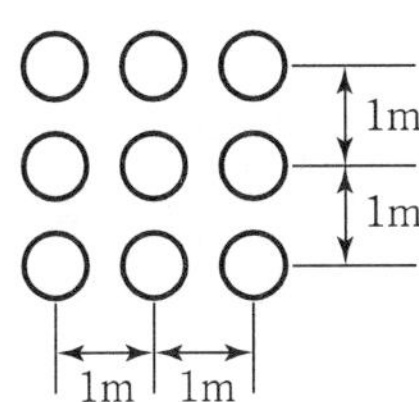

㉮ 0.55 ㉯ 0.62
㉰ 0.68 ㉱ 0.75

■해설 군항(무리말뚝)의 지지력 효율

$$E = 1 - \frac{\phi}{90}\left[\frac{(m-1)n + (n-1)m}{m \cdot n}\right]$$

(여기서, $\phi = \tan^{-1}\dfrac{D}{S}$)

$$E = 1 - \frac{\tan^{-1}\frac{4}{1}}{90}\left[\frac{(3-1)\times 3 + (3-1)\times 3}{3\times 3}\right] = 0.68$$

79. 10개의 무리 말뚝기초에 있어서 효율이 0.8, 단항으로 계산한 말뚝 1개의 허용지지력이 10t일 때 군항의 허용 지지력은? [산 12,15]

㉮ 50t ㉯ 80t
㉰ 100t ㉱ 125t

■해설 군항의 허용지지력

$R_{ag} = E \cdot N \cdot R_a = 0.8 \times 10 \times 10 = 80\text{t}$

80. 말뚝이 20개인 군항기초에 있어서 효율이 0.75이고, 단항으로 계산된 말뚝 한 개의 허용 지지력이 15ton일 때 군항허용지지력은 얼마인가? [기 08,13]

㉮ 112.5ton ㉯ 225ton
㉰ 300ton ㉱ 400ton

■해설 군항의 허용지지력

$R_{ag} = E \cdot N \cdot R_a = 0.75 \times 20 \times 15 = 225\text{t}$

81. 직경 30cm의 말뚝 20본을 타입하여 기초 저판을 지지하고 있다. 1본의 말뚝이 외말뚝으로 30t의 극한지지력을 가지고 있다면 무리말뚝의 극한 지지력은?(단, 무리말뚝의 효율 E=0.645이다.) [산 10]

㉮ 726t ㉯ 387t
㉰ 300t ㉱ 600t

■해설 군항(무리말뚝)의 허용지지력

$R_{ag} = E \cdot N \cdot R_a = 0.645 \times 20 \times 30 = 387\text{t}$

82. 3.0×3.6m인 직사각형 기초의 저면에 0.8m 및 1.0m 간격으로 지름 30cm, 길이 12m인 말뚝 9개를 무리말뚝으로 배치하였다. 말뚝 1개의 허용지지력을 25ton으로 보았을 때 이 말뚝 기초 전체의 허용지지력을 구하면?(단, 무리말뚝의 효율(E)은 0.543이다.) [산 08,12,16]

㉮ 122.2ton ㉯ 151.7ton
㉰ 184ton ㉱ 225ton

■해설 군항의 허용지지력

$R_{ag} = E \cdot N \cdot R_a = 0.543 \times 9 \times 25 = 122.2\text{t}$

83. 지름 d=20cm인 나무말뚝을 25본 박아서 기초 상판을 지지하고 있다. 말뚝의 배치를 5열로 하고 각열은 두간격으로 5본씩 박혀있다. 말뚝의 중심 간격 S=1m이고 본의 말뚝이 단독으로 10t의 지지력을 가졌다고 하면 이 무리 말뚝은 전체로 얼마의 하중을 견딜 수 있는가?(단, Converse-Labbarre식을 사용한다.) [기 12,16]

|해답| 78. ㉰ 79. ㉯ 80. ㉯ 81. ㉯ 82. ㉮ 83. ㉯

㉮ 100t ㉯ 200t
㉰ 300t ㉱ 400t

■ 해설 • 군항의 지지력 효율

$$E = 1 - \frac{\phi}{90} \cdot \left[\frac{(m-1)n + (n-1)m}{m \cdot n}\right]$$

$$= 1 - \frac{11.3°}{90} \cdot \left[\frac{(5-1)\times 5 + (5-1)\times 5}{5\times 5}\right] = 0.8$$

(여기서, $\phi = \tan^{-1}\frac{d}{s} = \tan^{-1}\frac{20}{100} = 11.3°$)

• 군항의 허용지지력

$R_{ag} = E \cdot N \cdot R_a = 0.8\times 25\times 10 = 200\text{t}$

84. 중심간격이 2.0m, 지름 40cm인 말뚝을 가로 4개, 세로 5개씩 전체 20개의 말뚝을 박았다. 말뚝 한 개의 허용지지력이 15ton이라면 이 군항의 허용지지력은 약 얼마인가?(단, 군말뚝의 효율은 Converse-Labarre 공식을 사용) [기 14]

㉮ 450.0t ㉯ 300.0t
㉰ 241.5t ㉱ 114.5t

■ 해설 • 군항의 지지력 효율

$$E = 1 - \frac{\phi}{90} \cdot \left[\frac{(m-1)n + (n-1)m}{m \cdot n}\right]$$

$$= 1 - \frac{11.3°}{90} \cdot \left[\frac{(4-1)\times 5 + (5-1)\times 4}{4\times 5}\right] = 0.8$$

(여기서, $\phi = \tan^{-1}\frac{d}{s} = \tan^{-1}\frac{40}{200} = 11.3°$)

• 군항의 허용지지력

$R_{ag} = E \cdot N \cdot R_a = 0.8\times 20\times 15 = 240\text{t}$

85. 말뚝의 정재하시험에서 하중 재하방법이 아닌 것은? [산 12,16]

㉮ 사하중을 재하하는 방법
㉯ 반복하중을 재하하는 방법
㉰ 반력말뚝의 주변 마찰력을 이용하는 방법
㉱ Earth Anchor의 인발저항력을 이용하는 방법

■ 해설 말뚝의 정재하시험의 하중재하 방법
① 사하중을 직접 재하하는 방법
② 반력말뚝의 주변 마찰력을 이용하는 방법
③ Earth Anchor의 인발저항력을 이용하는 방법

86. 말뚝기초의 지반거동에 관한 설명으로 틀린 것은? [기 10,14]

㉮ 기성말뚝을 타입하면 전단파괴를 일으키며 말뚝 주위의 지반은 교란된다.
㉯ 말뚝에 작용한 하중은 말뚝 주변의 마찰력과 말뚝 선단의 지지력에 의하여 주변 지반에 전달된다.
㉰ 연약지반 상에 타입되어 지반이 먼저 변형하고 그 결과 말뚝이 저항하는 말뚝을 주동말뚝이라 한다.
㉱ 말뚝 타입 후 지지력의 증가 또는 감소현상을 시간효과(Time Effect)라 한다.

■ 해설 연약지반상에 타입되어 지반이 먼저 변형하고 그 결과 말뚝이 저항하는 말뚝을 수동말뚝이라 한다.

87. 가로 2m, 세로 4m의 직사각형 케이슨이 지중 16m까지 관입되었다. 단위면적당 마찰력 $f = 0.02\text{t/m}^2$일 때 케이슨에 작용하는 주면마찰력(Skin Friction)은? [산 16]

㉮ 2.75t ㉯ 1.92t
㉰ 3.84t ㉱ 1.28t

■ 해설 주면마찰력

$Q_s = A_s \cdot f_s = (2+4)\times 2\times 16\times 0.02 = 3.84\text{t}$

4. 연약지반 개량공법

88. 다음 중 점성토 지반의 개량공법으로 적합하지 않은 것은? [산 08,09,15/기 08]

㉮ 샌드 드레인 공법
㉯ 치환 공법
㉰ 바이브로플로테이션 공법
㉱ 프리로딩 공법

■ 해설 • 연약 점성토 지반 개량공법
① 치환공법
② 프리로딩공법
③ 압성토공법

|해답| 84. ㉰ 85. ㉯ 86. ㉰ 87. ㉰ 88. ㉰

④ 샌드드레인공법
⑤ 페이퍼 드레인 공법
⑥ 팩커 드레인 공법
⑦ 전기침투공법 및 전기화학적 고결공법
⑧ 침투압공법
⑨ 생석회 말뚝공법
• 바이브로플로테이션 공법
연약 사질토 지반 개량공법

89. 다음의 연약지반 개량공법 중 점성토 지반에 주로 사용되는 공법이 아닌 것은? [산 09,10,12,13]

㉮ 샌드 드레인(Sand Drain) 공법
㉯ 페이퍼 드레인(Paper Drain) 공법
㉰ 프리로딩(Preloading) 공법
㉱ 바이브로플로테이션(Vibro Flotation) 공법

해설 • 연약 점성토 지반 개량공법
① 치환공법
② 프리로딩공법
③ 압성토공법
④ 샌드드레인공법
⑤ 페이퍼 드레인 공법
⑥ 팩커 드레인 공법
⑦ 전기침투공법 및 전기화학적 고결공법
⑧ 침투압공법
⑨ 생석회 말뚝공법
• 바이브로플로테이션 공법
연약 사질토 지반 개량공법

90. 다음의 지반개량공법 중 압밀배수를 주로 하는 공법이 아닌 것은? [기 08]

㉮ 프리로딩공법
㉯ 샌드드레인공법
㉰ 진공압밀공법
㉱ 바이브로플로테이션 공법

해설 • 연약 점성토 지반 개량공법(압밀배수원리)
① 프리로딩공법
② 샌드드레인공법
③ 페이퍼드레인공법
④ 팩커드레인공법
⑤ 진공압밀공법
• 바이브로플로테이션 공법
수평으로 진동하는 봉상의 Vibro Floto로 사수와 진동을 동시에 일으켜 빈틈에 모래나 자갈을 채우는 공법. 즉, 연약사질토 지반의 진동다짐원리 개량공법

91. 연약지반 개량공법으로 압밀의 원리를 이용한 공법이 아닌 것은? [산 08,10]

㉮ 프리로딩 공법
㉯ 바이브로플로테이션 공법
㉰ 대기압 공법
㉱ 페이퍼 드레인 공법

해설 • 연약 점성토 지반 개량공법(압밀배수원리)
① 프리로딩(Preloading) 공법
② 샌드 드레인(Sand Drain) 공법
③ 페이퍼 드레인(Paper Drain) 공법
④ 팩 드레인(Pack Drain) 공법
⑤ 위크드레인(Wick Drain) 공법
• 바이브로플로테이션 공법
연약 사질토 지반 개량공법

92. 점성토 개량 공법 중 이용도가 가장 낮은 공법은? [산 13]

㉮ Paper－Drain 공법
㉯ Pre－Loading 공법
㉰ Sand－Drain 공법
㉱ Soil－Cement 공법

해설 • 연약 점성토 지반 개량공법(압밀배수원리)
① 프리로딩(Preloading) 공법
② 샌드 드레인(Sand Drain) 공법
③ 페이퍼 드레인(Paper Drain) 공법
④ 팩 드레인(Pack Drain) 공법
⑤ 위크드레인(Wick Drain) 공법
• Soil-Cement 공법
현장 콘크리트 말뚝을 연속적으로 설치하여 주열에 의해 지하 연속벽을 축조하는 공법

|해답| 89. ㉱ 90. ㉱ 91. ㉯ 92. ㉱

93. 다음의 지반개량공법 중 모래질 지반을 개량하는 데 사용되는 것은? [산 12]

㉮ 다짐모래말뚝공법
㉯ 페이퍼 드레인 공법
㉰ 프리로딩 공법
㉱ 생석회 말뚝 공법

해설 연약 사질토 지반 개량공법
① 다짐말뚝공법
② 다짐모래말뚝공법(콤포저공법)
③ 바이브로 플로테이션 공법
④ 폭파다짐공법
⑤ 전기충격공법
⑥ 약액주입공법

94. 다음의 연약지반 개량공법 중에서 점성토지반에 쓰이는 공법은? [기 13]

㉮ 폭파다짐공법
㉯ 생석회 말뚝공법
㉰ Compozer 공법
㉱ 전기충격공법

해설 연약 점성토 지반 개량공법
① 치환공법
② 프리로딩공법
③ 압성토공법
④ 샌드드레인공법
⑤ 페이퍼 드레인 공법
⑥ 팩커 드레인 공법
⑦ 전기침투공법 및 전기화학적 고결공법
⑧ 침투압공법
⑨ 생석회 말뚝공법

95. 다음 중 사질지반의 개량공법에 속하지 않는 것은? [산 14]

㉮ 다짐 말뚝공법
㉯ 다짐 모래 말뚝공법
㉰ 생석회 말뚝공법
㉱ 폭파다짐공법

해설 연약 사질토 지반 개량공법
① 다짐말뚝공법
② 다짐모래말뚝공법(콤포저공법)
③ 바이브로플로테이션 공법
④ 폭파다짐공법
⑤ 전기충격공법
⑥ 약액주입공법
∴ 생석회 말뚝공법은 연약 점성토 지반 개량공법이다.

96. 다음의 연약지반 개량공법에서 일시적인 개량공법은 어느 것인가? [기 09,13/산 15]

㉮ Well Point 공법
㉯ 치환 공법
㉰ Paper Drain 공법
㉱ Sand Compaction Pile 공법

해설 일시적인 연약지반 개량공법
① 웰포인트(Well Point) 공법
② 동결공법
③ 소결공법
④ 진공압밀공법(대기압 공법)

97. 연약지반 개량공법 중에서 일시적인 공법에 속하는 것은? [산 11,16/기 16]

㉮ Sand Drain 공법 ㉯ 치환공법
㉰ 약액주입공법 ㉱ 동결공법

해설 일시적인 연약지반 개량공법
① 웰포인트(Well Point) 공법
② 동결공법
③ 소결공법
④ 진공압밀공법(대기압 공법)

98. 다음의 연약지반 개량공법 중 지하수위를 저하시킬 목적으로 사용되는 공법은? [기 13]

㉮ 샌드 드레인(Sand Drain) 공법
㉯ 페이퍼 드레인(Paper Drain) 공법
㉰ 치환 공법
㉱ 웰 포인트(Well Point) 공법

 |해답| 93. ㉮ 94. ㉯ 95. ㉰ 96. ㉮ 97. ㉱ 98. ㉱

■ 해설 지하수위 저하공법
① 웰포인트(Well Point) 공법
② 디프웰(Deep Well) 공법
③ 전기 침투공법
④ 집수공법
⑤ 암거공법
⑥ 진공 흡입공법

99. Sand Drain 공법의 주된 목적은? [산 10,16]

㉮ 압밀침하를 촉진시키는 것이다.
㉯ 투수계수를 감소시키는 것이다.
㉰ 간극수압을 증가시키는 것이다.
㉱ 기초의 지지력을 증가시키는 것이다.

■ 해설 Sand Drain 공법
연약점토층이 깊은 경우 연약점토층에 모래말뚝을 박아 배수거리를 짧게 하여 압밀을 촉진시키는 공법

100. 다음 연약지반 개량공법에 관한 사항 중 옳지 않은 것은? [기 14]

㉮ 샌드드레인 공법은 2차 압밀비가 높은 점토와 이탄 같은 흙에 큰 효과가 있다.
㉯ 장기간에 걸친 배수공법은 샌드드레인이 페이퍼 드레인보다 유리하다.
㉰ 동압밀공법 적용 시 과잉간극 수압의 소산에 의한 강도 증가가 발생한다.
㉱ 화학적 변화에 의한 흙의 강화공법으로는 소결공법, 전기화학적 공법 등이 있다.

■ 해설 샌드드레인 공법은 2차 압밀비가 높은 점토와 이탄 같은 흙에 효과가 적다.

101. 연약지반 개량공법 중에서 구조물을 축조하기 전에 압밀에 의해 미리 침하를 끝나게 하여 지반 강도를 증가시키는 방법으로 연약층이 두꺼운 경우나 공사기간이 시급한 경우는 적용하기 곤란한 공법은? [산 12]

㉮ 치환 공법　　㉯ Preloading 공법
㉰ Sand Drain 공법　　㉱ 침투압 공법

■ 해설 프리로딩(Preloading)공법
구조물 축조전에 재하하여 하중에 의한 압밀을 미리 끝나게 하는 공법으로 잔류침하도 없애고 지반 강도도 증가시켜 기초지반의 전단파괴를 방지한다. 프리로딩 공법의 큰 결점은 공기가 긴 것으로 연약층이 좀 두껍고 공기가 시급한 경우 적용이 곤란하지만 Sand Seam이 발달한 지반에도 압밀 효과가 크다. 여성토 공법이라고도 한다.

102. 연약지반 개량공법 중 프리로딩공법에 대한 설명으로 틀린 것은? [기 10,14]

㉮ 압밀침하를 미리 끝나게 하여 구조물에 잔류침하를 남기지 않게 하기 위한 공법이다.
㉯ 도로의 성토나 항만의 방파제와 같이 구조물 자체의 일부를 상재하중으로 이용하여 개량 후 하중을 제거할 필요가 없을 때 유리하다.
㉰ 압밀계수가 작고 압밀토층 두께가 큰 경우에 주로 적용한다.
㉱ 압밀을 끝내기 위해서는 많은 시간이 소요되므로, 공사기간이 충분해야 한다.

■ 해설 프리로딩(Preloading) 공법
구조물 축조 전에 재하하여 하중에 의한 압밀을 미리 끝나게 하는 공법으로 잔류침하도 없애고 지반강도도 증가시켜 기초지반의 전단파괴를 방지한다. 프리로딩 공법의 큰 결점은 공기가 긴 것으로 연약층이 좀 두껍고 공기가 시급한 경우 적용이 곤란하지만 Sand Seam이 발달한 지반에도 압밀효과가 크다. 여성토 공법이라고도 한다.

103. 연약지반 개량공법 중 프리로딩(preloading) 공법은 다음 중 어떤 경우에 채용하는가? [산 16]

㉮ 압밀계수가 작고 점성토층의 두께가 큰 경우
㉯ 압밀계수가 크고 점성토층의 두께가 얇은 경우
㉰ 구조물 공사기간에 여유가 없는 경우
㉱ 2차 압밀비가 큰 흙의 경우

|해답| 99. ㉮ 100. ㉮ 101. ㉯ 102. ㉰ 103. ㉯

해설 구조물을 축조하기 전에 미리 하중을 재하하여 압밀에 의해 미리 침하를 끝나게 하여 지반강도를 증가시키는 방법으로, 연약층이 두꺼운 경우에나 공사기간이 시급한 경우에는 적용이 곤란한 공법이다.

104. Sand Drain의 지배영역에 관한 Barron의 정삼각형 배치에서 샌드 드레인의 간격을 d, 유효원의 직경을 d_e라 할 때 d_e를 구하는 식으로 옳은 것은? [기 08,12,15]

㉮ $d_e = 1.128d$ ㉯ $d_e = 1.028d$
㉰ $d_e = 1.050d$ ㉱ $d_e = 1.50d$

해설
- 정3각형 배열 $d_e = 1.05d$
- 정4각형 배열 $d_e = 1.13d$

105. Sand Drain 공법에서 Sand Pile을 정삼각형으로 배치할 때 모래 기둥의 간격은?(단, Pile의 유효지름은 40cm이다.) [기 10,15]

㉮ 35cm ㉯ 38cm
㉰ 42cm ㉱ 45cm

해설 정3각형 배열일 때 영향원의 지름
$d_e = 1.05d$에서
$40 = 1.05d$
∴ Sand Pile의 간격
$d = 38\text{cm}$

106. Paper Drain 설계시 Paper Drain의 폭이 10cm, 두께가 0.3cm일 때 Paper Drain의 등치환산원의 지름이 얼마이면 Sand Drain과 동등한 값으로 볼 수 있는가?(단, 형상계수 : 0.75) [기 09,13,16]

㉮ 5cm ㉯ 7.5cm
㉰ 10cm ㉱ 15cm

해설 등치환산원의 지름

$$D = \alpha \cdot \frac{2(A+B)}{\pi} = 0.75 \times \frac{2 \times (10+0.3)}{\pi} = 5\text{cm}$$

107. 폭 10cm, 두께 3mm인 Paper Drain설계시 Sand Drain의 직경과 동등한 값(등치환산원의 지름)으로 볼 수 있는 것은? [기 13,16]

㉮ 2.5cm ㉯ 5.0cm
㉰ 7.5cm ㉱ 10.0cm

해설 등치환산원의 거름

$$D = \alpha \cdot \frac{2(A+B)}{\pi} = 0.75 \times \frac{2 \times (10+0.3)}{\pi} = 5\text{cm}$$

108. 연약지반 처리공법 중 Sand Drain 공법에서 연직과 방사선 방향을 고려한 평균 압밀도 U는? (단, $U_V = 0.20$, $U_R = 0.71$이다.) [기 12]

㉮ 0.573 ㉯ 0.697
㉰ 0.712 ㉱ 0.768

해설 평균압밀도

$$U = 1 - (1 - U_V) \cdot (1 - U_R) = 1 - (1 - 0.20) \times (1 - 0.71) = 0.768$$

109. Sand Drain공법에서 U_v(연직방향의 압밀도)=0.9, U_h(수평방향의 압밀도)=0.2인 경우 수직 · 수평방향을 고려한 평균압밀도(U)는 얼마인가? [산 12]

㉮ 90% ㉯ 91%
㉰ 92% ㉱ 93%

해설 평균압밀도

$$U = 1 - (1 - U_v) \cdot (1 - U_h) = 1 - (1 - 0.9) \cdot (1 - 0.2) = 0.92$$

110. 연약점토지반에 압밀촉진공법을 적용한 후, 전체 평균 압밀도가 90%로 계산되었다. 압밀촉진공법을 적용하기 전, 수직방향의 평균압밀도가 20%였다고 하면 수평방향의 평균압밀도는? [기 11]

㉮ 70% ㉯ 77.5%
㉰ 82.5% ㉱ 87.5%

|해답| 104. ㉰ 105. ㉯ 106. ㉮ 107. ㉯ 108. ㉱ 109. ㉰ 110. ㉱

■해설 평균압밀도

$U = 1-(1-U_v)(1-U_h)$

$0.9 = 1-(1-0.2)(1-U_h)$

∴ 수평방향 평균압밀도

$U_h = 0.875 = 87.5\%$

111. 10m 깊이의 쓰레기층을 동다짐을 이용하여 개량하려고 한다. 사용할 해머 중량이 20t, 하부 면적 반경 2m의 원형 블록을 이용한다면, 해머의 낙하고는? [기 15]

㉮ 15m ㉯ 20m
㉰ 25m ㉱ 23m

■해설 개량심도와 추의 무게 및 낙하고 간의 경험공식

$D = a\sqrt{W_H \cdot H}$

$10 = 0.5\sqrt{20 \times H}$

$H = 20$

112. 약액주입공법은 그 목적이 지반의 차수 및 지반 보강에 있다. 다음 중 약액주입공법에서 고려해야 할 사항으로 거리가 먼 것은? [기 15]

㉮ 주입률
㉯ Piping
㉰ Grout 배합비
㉱ Gel Time

■해설 분사현상

지하수위 아래 모래 지반을 흙막이공을 하여 굴착할 때 흙막이공 내외의 수위차 때문에 침투수압이 생긴다. 침투수압이 커지면 지하수와 함께 토사가 분출하여 굴착 저면이 마치 물이 끓는 상태와 같이 되는데 이런 현상을 분사현상(Quick Sand) 또는 보일링 현상(Boiling)이라 한다. 이 현상이 계속되면 물이 흐르는 통로가 생겨 파괴에 이르게 되는데 이렇게 모래를 유출시키는 현상을 파이핑(Piping)이라 한다.

113. 토목섬유의 주요기능 중 옳지 않은 것은? [기 08,11]

㉮ 보강(Reinforcement)
㉯ 배수(Drainage)
㉰ 댐핑(Damping)
㉱ 분리(Separation)

■해설 토목섬유의 주요기능

① 배수
② 여과
③ 보강
④ 분리
⑤ 방수
⑥ 차단

과년도 출제문제 및 해설

Contents

Item pool (기사 2017년 3월 5일 시행)

과년도 출제문제 및 해설

01. 어떤 흙의 습윤 단위중량이 2.0t/m³, 함수비 20%, 비중 $G_s=2.7$인 경우 포화도는 얼마인가?

① 84.1% ② 87.1%
③ 95.6% ④ 98.5%

■ 해설
- 습윤단위중량 $r_t=\dfrac{G_s+S\cdot e}{1+e}\cdot r_w$
- 상관식 $S\cdot e=G_s\cdot\omega$에서

$\therefore r_t=\dfrac{G_s+G_s\cdot\omega}{1+e}\cdot r_w$

$2.0=\dfrac{2.7+2.7\times0.2}{1+e}\times1$

∴ 간극비 $e=0.62$

- 상관식 $S\times0.62=2.7\times0.2$

∴ 포화도 $S=87.1\%$

02. 말뚝기초의 지반거동에 관한 설명으로 틀린 것은?

① 연약지반 상에 타입되어 지반이 먼저 변형하고 그 결과 말뚝이 저항하는 말뚝을 주동말뚝이라 한다.
② 말뚝에 작용한 하중은 말뚝 주변의 마찰력과 말뚝선단의 지지력에 의하여 주변 지반에 전달된다.
③ 기성말뚝을 타입하면 전단파괴를 일으키며 말뚝 주위의 지반은 교란된다.
④ 말뚝 타입 후 지지력의 증가 또는 감소 현상을 시간효과(time effect)라 한다.

■ 해설 연약지반 상에 타입되어 지반이 먼저 변형하고 그 결과 말뚝이 저항하는 말뚝은 수동말뚝이라 한다.

03. 아래 그림과 같은 무한사면이 있다. 흙과 암반의 경계면에서 흙의 강도정수 c=1.8t/m², $\phi=25°$이고, 흙의 단위중량 $\gamma=1.9$t/m³인 경우 경계면에서 활동에 대한 안전율을 구하면?

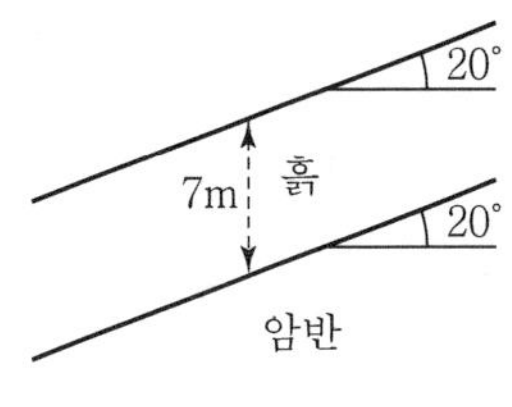

① 1.55 ② 1.60
③ 1.65 ④ 1.70

■ 해설 반무한사면의 안전율(점착력 $C\neq0$이고, 지하수위가 없는 경우)

$$F_s=\frac{C}{r\cdot z\cdot\cos i\cdot\sin i}+\frac{\tan\phi}{\tan i}$$
$$=\frac{1.8}{1.9\times7\times\cos20°\times\sin20°}+\frac{\tan25°}{\tan20°}=1.7$$

04. 흙의 다짐에 관한 설명 중 옳지 않은 것은?

① 조립토는 세립토보다 최적함수비가 작다.
② 최대 건조단위중량이 큰 흙일수록 최적 함수비는 작은 것이 보통이다.
③ 점성토 지반을 다질 때는 진동 롤러로 다지는 것이 유리하다.
④ 일반적으로 다짐 에너지를 크게 할수록 최대 건조단위중량은 커지고 최적함수비는 줄어든다.

■ 해설
- 사질토 지반 : 진동 또는 충격에 의한 다짐. 진동롤러
- 점성토 지반 : 압력 또는 전압력에 의한 다짐. 탬핑롤러

05. 유선망은 이론상 정사각형으로 이루어진다. 동수경사가 가장 큰 곳은?

① 어느 곳이나 동일함
② 땅속 제일 깊은 곳
③ 정사각형이 가장 큰 곳
④ 정사각형이 가장 작은 곳

해설 동수경사 $i=\dfrac{\Delta h}{L}$에서, Δh가 크거나 L이 작아지면 동수경사 i는 커진다.
유선망은 유선과 등수두선은 직교하고 이론상 정사각형이다. 이때, 등수두선은 전수두가 같은 점을 연결한 선으로 인접한 2개의 등수두선 사이의 수두손실은 동일하다.
그러므로, Δh가 동일한 조건이기 때문에 L이 작아지는 조건은 정사각형이 가장 작은 곳이며, 이때 동수경사는 가장 크다.

06. 다음의 연약지반 개량공법에서 일시적인 개량공법은?

① Well Point 공법
② 치환공법
③ Paper Drain 공법
④ Sand Compaction Pile 공법

해설 일시적인 연약지반 개량공법
- 웰포인트(Well Point)공법
- 동결공법
- 소결공법
- 진공압밀공법(대기압공법)

07. 흐트러지지 않은 시료를 이용하여 액성한계 40%, 소성한계 22.3%를 얻었다. 정규압밀점토의 압축지수(C_c) 값을 Terzaghi와 Peck가 발표한 경험식에 의해 구하면?

① 0.25 ② 0.27
③ 0.30 ④ 0.35

해설 액성한계 ω_L에 의한 C_c 값의 추정
Skempton의 경험공식(불교란 시료)
압축지수 $C_c=0.009(\omega_L-10)$
$=0.009\times(40-10)=0.27$

08. 아래 그림과 같은 점성토 지반의 토질시험결과 내부마찰각(ϕ)은 30°, 점착력(c)은 1.5t/m²일 때 A점의 전단강도는?

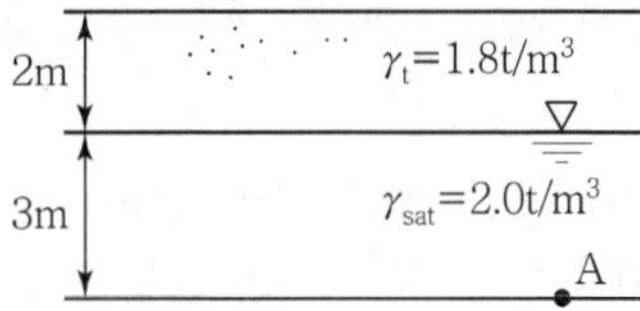

① 3.84t/m² ② 4.27t/m²
③ 4.83t/m² ④ 5.31t/m²

해설
- 전응력 $\sigma=r_t\cdot H_1+r_{sat}\cdot H_2$
  $=1.8\times2+2.0\times3=9.6\text{t/m}^2$
- 간극수압 $u=r_w\cdot h=1\times3=3\text{t/m}^2$
- 유효응력 $\sigma'=\sigma-u=9.6-3=6.6\text{t/m}^2$
  또는, 유효응력 $\sigma'=\sigma-u$
  $=r_t\cdot H_1+(r_{sat}-r_w)\cdot H_2$
  $=1.8\times2+(2.0-1)\times3$
  $=6.6\text{t/m}^2$
- 전단강도 $\tau=C+\sigma\tan\phi$
  $=1.5+6.6\tan30°=5.31\text{t/m}^2$

09. 표준관입시험에 관한 설명 중 옳지 않은 것은?

① 표준관입시험의 N값으로 모래지반의 상대밀도를 추정할 수 있다.
② N값으로 점토지반의 연경도에 관한 추정이 가능하다.
③ 지층의 변화를 판단할 수 있는 시료를 얻을 수 있다.
④ 모래지반에 대해서도 흐트러지지 않은 시료를 얻을 수 있다.

해설 표준관입시험(S.P.T)
동적인 사운딩으로 보링 시에 교란시료를 채취하여 물성시험 시료로 사용한다.

10. 흐트러지지 않은 연약한 점토시료를 재취하여 일축압축시험을 실시하였다. 공시체의 직경이 35mm, 높이가 100mm이고 파괴 시의 하중계의 읽음값이 2kg, 축방향의 변형량이 12mm일 때 이 시료의 전단강도는?

① 0.04kg/cm² ② 0.06kg/cm²
③ 0.09kg/cm² ④ 0.12kg/cm²

 |해답| 5. ④ 6. ① 7. ② 8. ④ 9. ④ 10. ③

■ 해설 압축응력 $q_u = \frac{P}{A_o} = \frac{P}{\frac{A}{1-\frac{\Delta L}{L}}} = \frac{2}{\frac{\frac{\pi \times 3.5^2}{4}}{1-\frac{1.2}{10}}}$

$= 0.18\text{kg/cm}^2$

내부마찰각 $\phi=0°$인 점토의 경우

$\tau = C = \frac{q_u}{2} = \frac{0.18}{2} = 0.09\text{kg/cm}^2$

11. 연속 기초에 대한 Terzaghi의 극한 지지력 공식은 $q_u = c \cdot N_c + 0.5 \cdot \gamma_1 \cdot B \cdot N_\gamma + \gamma_2 \cdot D_f \cdot N_q$로 나타낼 수 있다. 아래 그림과 같은 경우 극한 지지력 공식의 두 번째 항의 단위중량 γ_t의 값은?

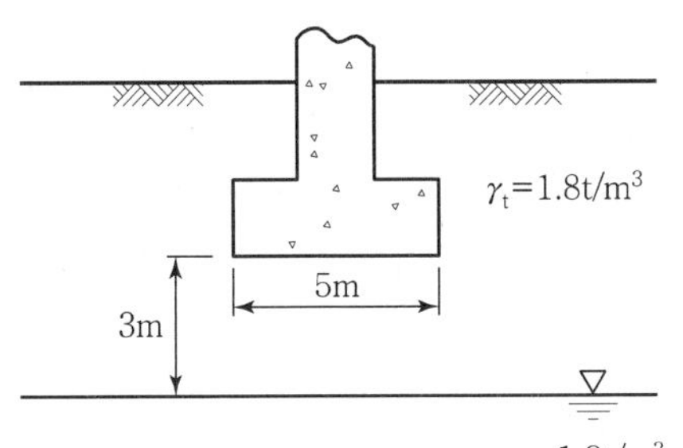

① 1.44t/m³ ② 1.60t/m³
③ 1.74t/m³ ④ 1.82t/m³

■ 해설 지하수위의 영향(지하수위가 기초바닥면 아래에 위치한 경우)
기초폭 B과 지하수위까지 거리 d 비교
- $B \leq d$: 지하수위 영향 없음
- $B > d$: 지하수위 영향 고려

즉, 기초폭 B=5m > 지하수위까지 거리 d=3m이므로

단위중량 $r_1 = r_{ave} = r_{sub} + \frac{d}{B}(r_t - r_{sub})$ 값 사용

$\therefore r_1 = (1.9-1) + \frac{3}{5} \times (1.8-(1.9-1))$

$= 1.44\text{t/m}^3$

12. 베인전단시험(Vane Shear Test)에 대한 설명으로 옳지 않은 것은?

① 베인전단시험으로부터 흙의 내부마찰각을 측정할 수 있다.
② 현장 원위치 시험의 일종으로 점토의 비배수전단강도를 구할 수 있다.
③ 십자형의 베인(Vane)을 땅속에 압입한 후, 회전모멘트를 가해서 흙이 원통형으로 전단파괴될 때 저항모멘트를 구함으로써 비배수 전단강도를 측정하게 된다.
④ 연약점토지반에 적용된다.

■ 해설 베인시험(Vane Test)
정적인 사운딩으로 깊이 10m 미만의 연약 점성토 지반에 대한 회전저항모멘트를 측정하여 비배수 전단강도(점착력)를 측정하는 시험

$C = \frac{M_{max}}{\pi D^2\left(\frac{H}{2} + \frac{D}{6}\right)}$

13. 중심 간격이 2.0m, 지름 40cm인 말뚝을 가로 4개, 세로 5개씩 전체 20개의 말뚝을 박았다. 말뚝 한 개의 허용지지력이 15ton이라면 이 군항의 허용지지력은 약 얼마인가?(단, 군말뚝의 효율은 Converse-Labarre 공식을 사용)

① 450.0t ② 300.0t
③ 241.5t ④ 114.5t

■ 해설 • 군항의 지지력 효율

$E = 1 - \frac{\phi}{90} \cdot \left[\frac{(m-1)n + (n-1)m}{m \cdot n}\right]$

$= 1 - \frac{11.3°}{90} \cdot \left[\frac{(4-1)\times 5 + (5-1)\times 4}{4\times 5}\right]$

$= 0.8$

(여기서, $\phi = \tan^{-1}\frac{d}{s} = \tan^{-1}\frac{40}{200} = 11.3$)

• 군항의 허용지지력

$R_{ag} = E \cdot N \cdot R_a = 0.8 \times 20 \times 15 = 240\text{t}$

14. 간극비 $e_1 = 0.80$인 어떤 모래의 투수계수 k_1=8.5×10⁻²cm/sec일 때 이 모래를 다져서 간극비를 $e_2 = 0.57$로 하면 투수계수 k_2는?

① 8.5×10^{-3}cm/sec ② 3.5×10^{-2}cm/sec
③ 8.1×10^{-2}cm/sec ④ 4.1×10^{-1}cm/sec

|해답| 11. ① 12. ① 13. ③ 14. ②

■ 해설 간극비와 투수계수

$$K_1 : K_2 = \frac{e_1^{\ 3}}{1+e_1} : \frac{e_2^{\ 3}}{1+e_2}$$

$$8.5\times10^{-2} : K_2 = \frac{0.8^3}{1+0.8} : \frac{0.57^3}{1+0.57}$$

$$\therefore K_2 = 3.5\times10^{-2}\text{cm/sec}$$

15. 침투유량(q) 및 B점에서의 간극수압(u_B)을 구한 값으로 옳은 것은?(단, 투수층의 투수계수는 3×10⁻¹cm/sec이다.)

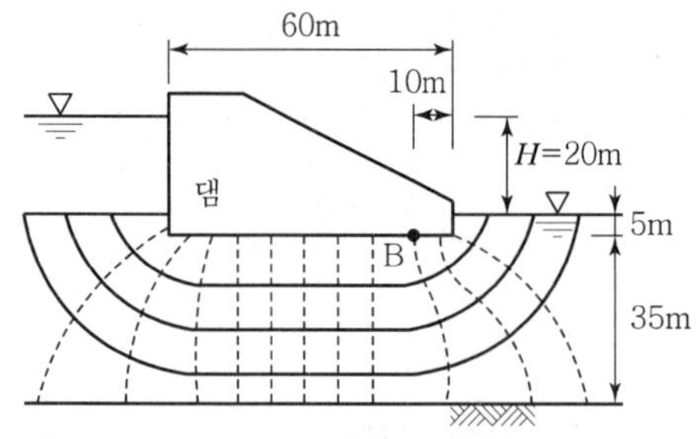

① $q=100\text{cm}^3/\text{sec/cm},\ u_B=0.5\text{kg/cm}^2$
② $q=100\text{cm}^3/\text{sec/cm},\ u_B=1.0\text{kg/cm}^2$
③ $q=200\text{cm}^3/\text{sec/cm},\ u_B=0.5\text{kg/cm}^2$
④ $q=200\text{cm}^3/\text{sec/cm},\ u_B=1.0\text{kg/cm}^2$

■ 해설 침투유량

$$Q=K\cdot H\cdot\frac{N_f}{N_d}=3\times10^{-1}\times2{,}000\times\frac{4}{12}$$

$$=200\text{cm}^3/\text{sec/cm}$$

간극수압

$$\text{전수두 } h_t=\frac{H}{n\times N_d}=\frac{20}{3\times12}=5\text{m}$$

$$\text{압력수두}=\text{전수두}-\text{위치수두}=5-(-5)=10\text{m}$$

$$\text{간극수압}=\text{압력수두}\times\gamma_w=10\times1=10\text{t/m}^2$$

$$=1\text{kg/cm}^2$$

16. 아래의 표와 같은 조건에서 군지수는?

• 흙의 액성한계 : 49%	• 흙의 소성지수 : 25%
• 10번 체 통과율 : 96%	• 40번 체 통과율 : 89%
• 200번 체 통과율 : 70%	

① 9　　② 12
③ 15　　④ 18

■ 해설 군지수(Group Index, GI)

$$GI=0.2a+0.005ac+0.01bd$$

여기서, a : NO.200체 통과량−35(통과량 최대치 75%, 0~40의 상수)
b : NO.200체 통과량−15(통과량 최대치 55%, 0~40의 상수)
c : 액성한계−40(액성한계 최대치 60%, 0~20의 상수)
d : 소성지수−10(소성지수 최대치 30%, 0~20의 상수)

$a=70-35=35$
$b=70-15=55=40$(통과량 최대치 55%, 0~40의 상수)
$c=49-40=9$
$d=25-10=15$
$GI=0.2\times35+0.005\times35\times9+0.01\times40\times15=14.58$

17. 정규압밀점토에 대하여 구속응력 1kg/cm²로 압밀배수 시험한 결과 파괴 시 축차응력이 2kg/cm²이었다. 이 흙의 내부마찰각은?

① 20°　　② 25°
③ 30°　　④ 40°

■ 해설 내부마찰각

$$\sin\phi=\frac{\sigma_1-\sigma_3}{\sigma_1+\sigma_3}$$

$$\phi=\sin^{-1}\frac{3-1}{3+1}=30°$$

여기서, 구속응력 $\sigma_3=1\text{kg/cm}^2$
축차응력 $\Delta\sigma=2\text{kg/cm}^2$
최대주응력 $\sigma_1=\sigma_3+\Delta\sigma=1+2=3\text{kg/cm}^2$

18. 사질토 지반에서 직경 30cm의 평판재하시험결과 30t/m²의 압력이 작용할 때 침하량이 10mm라면, 직경 1.5m의 실제 기초에 30t/m²의 하중이 작용할 때 침하량의 크기는?

① 14mm　　② 25mm
③ 28mm　　④ 35mm

 |해답| 15. ④ 16. ③ 17. ③ 18. ③

■해설 사질토층의 재하시험에 의한 즉시침하

$$S_F = S_P \cdot \left\{ \frac{2 \cdot B_F}{B_F + B_P} \right\}^2$$

$$= 10 \times \left\{ \frac{2 \times 1.5}{1.5 + 0.3} \right\}^2 = 28\text{mm}$$

19. 지반 내 응력에 대한 다음 설명 중 틀린 것은?

① 전응력이 커지는 크기만큼 간극수압이 커지면 유효응력은 변화가 없다.

② 정지토압계수 K_0는 1보다 클 수 없다.

③ 지표면에 가해진 하중에 의해 지중에 발생하는 연직응력의 증가량은 깊이가 깊어지면서 감소한다.

④ 유효응력이 전응력보다 클 수도 있다.

■해설 정지토압계수

$$K_o = \frac{\sigma_h}{\sigma_v}$$

∴ 수평력이 연직력보다 크게 작용하는 지반에서 정지토압계수 K_o는 1보다 커질 수 있다.

20. 흙막이 벽체의 지지 없이 굴착 가능한 한계굴착 깊이에 대한 설명으로 옳지 않은 것은?

① 흙의 내부마찰각이 증가할수록 한계굴착깊이는 증가한다.

② 흙의 단위중량이 증가할수록 한계굴착깊이는 증가한다.

③ 흙의 점착력이 증가할수록 한계굴착깊이는 증가한다.

④ 인장응력이 발생되는 깊이를 인장균열깊이라고 하며, 보통 한계굴착깊이는 인장균열깊이의 2배 정도이다.

■해설 한계고 : 연직절취깊이

$$H_c = \frac{4 \cdot c}{r} \tan\left(45° + \frac{\phi}{2}\right)$$

흙의 단위중량이 증가할수록 한계굴착깊이는 감소한다.

Item pool (산업기사 2017년 3월 5일 시행)

과년도 출제문제 및 해설

01. 흙의 분류방법 중 통일분류법에 대한 설명으로 틀린 것은?

① #200(0.075mm) 체 통과율이 50%보다 작으면 조립토이다.

② 조립토 중 #4(4.75mm) 체 통과율이 50%보다 작으면 자갈이다.

③ 세립토에서 압축성의 높고 낮음을 분류할 때 사용하는 기준은 액성한계 35%이다.

④ 세립토를 여러 가지로 세분하는 데는 액성한계와 소성지수의 관계 및 범위를 나타내는 소성도표가 사용된다.

해설

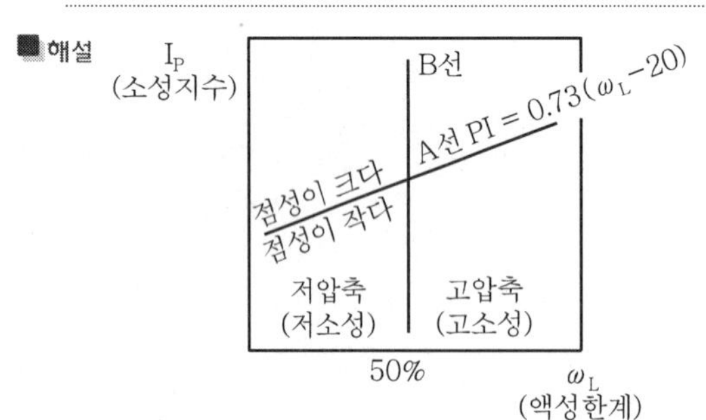

∴ 세립토에서 압축성의 높고 낮음을 분류할 때 사용하는 기준은 액성한계 (ω_L) 50%이다.

02. 접지압의 분포가 기초의 중앙부분에 최대응력이 발생하는 기초형식과 지반은 어느 것인가?

① 연성기초, 점성지반 ② 연성기초, 사질지반

③ 강성기초, 점성지반 ④ 강성기초, 사질지반

해설 모래지반 접지압 분포

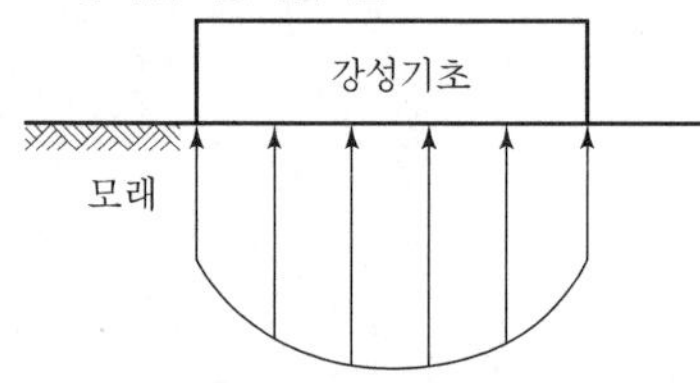

기초 중앙에서 최대응력 발생

03. 흙댐에서 상류 측이 가장 위험하게 되는 경우는?

① 수위가 점차 상승할 때이다.

② 댐이 수위가 중간 정도 되었을 때이다.

③ 수위가 갑자기 내려갔을 때이다.

④ 댐 내의 흐름이 정상 침투일 때이다.

해설
- 상류 사면이 가장 위험한 경우 : 시공 직후, 수위 급강하 시
- 하류 사면이 가장 위험한 경우 : 시공 직후, 정상 침투 시

04. 다음 중 흙의 투수계수에 영향을 미치는 요소가 아닌 것은?

① 흙의 입경 ② 침투액의 점성

③ 흙의 포화도 ④ 흙의 비중

해설 투수계수에 영향을 주는 인자

$$K = D_s^{\,2} \cdot \frac{r}{\eta} \cdot \frac{e^3}{1+e} \cdot C$$

- 입자의 모양
- 간극비
- 포화도
- 점토의 구조
- 유체의 점성계수
- 유체의 밀도 및 농도

∴ 흙입자의 비중은 투수계수와 관계가 없다.

05. 연약 점토 지반에 말뚝재하시험을 하는 경우 말뚝을 타입한 후 20여 일이 지난 다음 재하시험을 하는 이유는?

① 말뚝 주위 흙이 압축되었기 때문

② 주면 마찰력이 작용하기 때문

③ 부 마찰력이 생겼기 때문

④ 타입 시 말뚝 주변의 흙이 교란되었기 때문

 |해답| 1. ③ 2. ④ 3. ③ 4. ④ 5. ④

해설 딕소트로피(Thixotrophy) 현상
Remolding한 교란된 시료를 함수비 변화 없이 그대로 방치하면 시간이 경과되면서 강도가 일부 회복되는 현상으로 점성토 지반에서만 일어난다.
∴ 타입 시 말뚝 주변 시료의 교란 때문이다.

06. 점토의 예민비(Sensitivity Ratio)를 구하는 데 사용되는 시험방법은?

① 일축압축시험 ② 삼축압축시험
③ 직접전단시험 ④ 베인전단시험

해설 예민비
교란되지 않은 시료의 일축압축강도와 함수비 변화 없이 반죽하여 교란시킨 같은 흙의 일축압축강도의 비

$$S_t = \frac{q_u}{q_r}$$

07. 점토지반에 과거에 시공된 성토제방이 이미 안정된 상태에서, 홍수에 대비하기 위해 급속히 성토시공을 하고자 한다. 안정성 검토를 위해 지반의 강도정수를 구할 때, 가장 적합한 시험방법은?

① 직접전단시험 ② 압밀 배수시험
③ 압밀 비배수시험 ④ 비압밀 비배수시험

해설 압밀 비배수시험(CU-Test)
- 압밀 후 파괴되는 경우
- 초기 재하 시-간극수 배출
  전단 시-간극수 배출 없음
- 수위 급강하 시 흙댐의 안전문제
- 압밀 진행에 따른 전단강도 증가상태를 추정
- 유효응력항으로 표시

08. 다음 중 직접기초에 속하는 것은?

① 푸팅기초 ② 말뚝기초
③ 피어기초 ④ 케이슨기초

해설 직접기초(얕은기초)
- 푸팅기초(Footing Foundation)
- 전면기초(Mat Foundation)

깊은기초
- 말뚝 기초
- 피어 기초
- 케이슨 기초

09. 4m×6m 크기의 직사각형 기초에 10t/m²의 등분포 하중이 작용할 때 기초 아래 5m 깊이에서의 지중응력 증가량을 2 : 1 분포법으로 구한 값은?

① 1.42t/m^2 ② 1.82t/m^2
③ 2.42t/m^2 ④ 2.82t/m^2

해설 2 : 1 분포법에 의한 지중응력 증가량

$$\Delta\sigma = \frac{q \cdot B \cdot L}{(B+Z)(L+Z)} = \frac{10 \times 4 \times 6}{(4+5)\times(6+5)} = 2.42\text{t/m}^2$$

10. 비중이 2.65, 간극률이 40%인 모래지반의 한계동수경사는?

① 0.99 ② 1.18
③ 1.59 ④ 1.89

해설 한계동수경사

$$i_c = \frac{G_s - 1}{1+e} = \frac{2.65-1}{1+0.67} = 0.99$$

(여기서, 간극비 $e = \frac{n}{1-n} = \frac{0.4}{1-0.4} = 0.67$)

11. 그림과 같은 옹벽에 작용하는 전체 주동토압을 구하면?

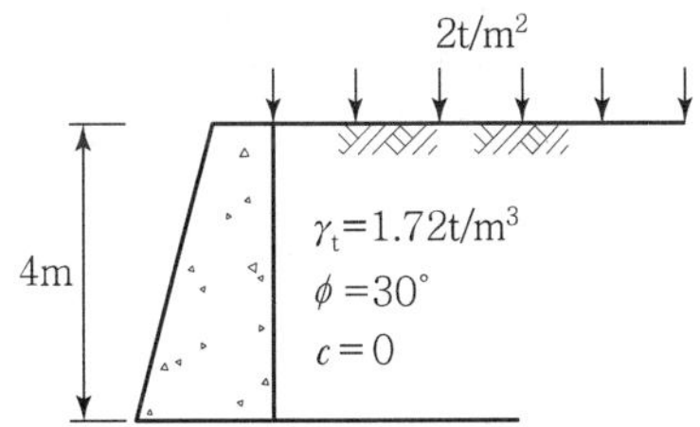

① 8.15t/m ② 7.25t/m
③ 6.55t/m ④ 5.72t/m

해설
- 주동토압계수

$$K_A = \tan^2\left(45° - \frac{\phi}{2}\right) = \frac{1-\sin\phi}{1+\sin\phi} = \frac{1-\sin30°}{1+\sin30°} = 0.333$$

- 전주동토압

$$P_A = \frac{1}{2} \cdot K_A \cdot r \cdot H^2 + K_A \cdot q \cdot H$$

$$= \frac{1}{2} \times 0.333 \times 1.72 \times 4^2 + 0.333 \times 2 \times 4$$

$$= 7.25\text{t/m}$$

|해답| 6. ① 7. ③ 8. ① 9. ③ 10. ① 11. ②

12. 실내다짐시험 결과 최대건조 단위무게가 1.56 t/m³이고, 다짐도가 95%일 때 현장건조 단위 무게는 얼마인가?

① 1.36t/m³ ② 1.48t/m³
③ 1.60t/m³ ④ 1.64t/m³

■ 해설 상대다짐도 $R \cdot C = \dfrac{r_d}{r_{dmax}} \times 100$에서

$95 = \dfrac{r_d}{1.56} \times 100$

∴ 현장 흙의 건조단위중량 $r_d = 1.48\text{t/m}^3$

13. 모래 지반에 30cm×30cm 크기로 재하시험을 한 결과 20t/m²의 극한 지지력을 얻었다. 3m×3m의 기초를 설치할 때 기대되는 극한 지지력은?

① 100t/m² ② 150t/m²
③ 200t/m² ④ 300t/m²

■ 해설 사질토 지반의 지지력은 재하판의 폭에 비례한다.

$0.3 : 20 = 3 : q_u$

∴ 극한지지력 $q_u = 200\text{t/m}^2$

14. 양면배수 조건일 때 일정한 양의 압밀침하가 발생하는 데 10년이 걸린다면 일면배수 조건일 때는 같은 침하가 발생되는 데 몇 년이나 걸리겠는가?

① 5년 ② 10년
③ 30년 ④ 40년

■ 해설 압밀소요시간

$t = \dfrac{T_v \cdot H^2}{C_v}$ 이므로

압밀시간 t는 점토의 두께(배수거리) H의 제곱에 비례

$10 : \left(\dfrac{H}{2}\right)^2 = t_2 : H^2$

$\therefore t_2 = \dfrac{10 \times H^2}{\left(\dfrac{H}{2}\right)^2} = 40$년

(여기서, 단면배수의 배수거리는 H, 양면배수의 배수거리는 $\dfrac{H}{2}$이다.)

15. 점토지반에서 N치로 추정할 수 있는 사항이 아닌 것은?

① 상대밀도
② 컨시스턴시
③ 일축압축강도
④ 기초지반의 허용지지력

■ 해설 N치로 추정 또는 산정되는 사항

사질지반	점토지반
• 상대밀도 • 내부마찰각 • 허용지지력, 탄성계수, 지지력계수	• 연경도(Consistency) • 점착력, 일축압축강도 • 허용지지력, 극한지지력

16. 다음 중 사운딩(Sounding)이 아닌 것은?

① 표준관입시험(Standard Penetration Test)
② 일축압축시험(Unconfined Compression Test)
③ 원추관입시험(Cone Penetrometer Test)
④ 베인시험(Vane Test)

■ 해설
- 정적 사운딩 : 베인시험, 이스키메터, 휴대용 원추관입시험, 화란식 원추관입시험, 스웨덴식 관입시험
- 동적 사운딩 : 표준 관입시험, 동적 원추관입시험
- 일축압축시험 : 점성토의 일축압축강도와 예민비를 구하기 위하여 행한다.(전단시험)

17. 흐트러진 흙을 자연 상태의 흙과 비교하였을 때 잘못된 설명은?

① 투수성이 크다. ② 전단강도가 크다.
③ 간극이 크다. ④ 압축성이 크다.

■ 해설 흐트러진 흙은 전단강도가 작아진다.

18. 다음 중 흙의 다짐에 대한 설명으로 틀린 것은?

① 흙이 조립토에 가까울수록 최적함수비는 크다.
② 다짐에너지를 증가시키면 최적함수비는 감소한다.
③ 동일한 흙에서 다짐에너지가 클수록 다짐효과는 증대한다.
④ 최대건조단위중량은 사질토에서 크고 점성토일수록 작다.

|해답| 12. ② 13. ③ 14. ④ 15. ① 16. ② 17. ② 18. ①

■ 해설
- 다짐E ↑ r_{dmax} ↑ OMC ↓ 양입도, 조립토, 급경사
- 다짐E ↓ r_{dmax} ↓ OMC ↑ 빈입도, 세립토, 완만한 경사

∴ 흙이 조립토에 가까울수록 최적함수비(OMC)는 작다.

19. 투수계수에 관한 설명으로 잘못된 것은?

① 투수계수는 수두차에 반비례한다.
② 수온이 상승하면 투수계수는 증가한다.
③ 투수계수는 일반적으로 흙의 입자가 작을수록 작은 값을 나타낸다.
④ 같은 종류의 흙에서 간극비가 증가하면 투수계수는 작아진다.

■ 해설 투수계수에 영향을 주는 인자

$$K = D_s^{\,2} \cdot \frac{r}{\eta} \cdot \frac{e^3}{1+e} \cdot C$$

- 입자의 모양
- 간극비 : 간극비가 클수록 투수계수는 증가한다.
- 포화도 : 포화도가 클수록 투수계수는 증가한다.
- 점토의 구조 : 면모구조가 이산구조보다 투수계수가 크다.
- 유체의 점성계수 : 점성계수가 클수록 투수계수는 작아진다.
- 유체의 밀도 및 농도 : 밀도가 클수록 투수계수는 증가한다.

20. 1m³의 포화점토를 채취하여 습윤단위무게와 함수비를 측정한 결과 각각 1.68t/m³와 60%였다. 이 포화점토의 비중은 얼마가?

① 2.14 ② 2.84
③ 1.58 ④ 1.31

■ 해설
- 상관식 $S \cdot e = G_s \cdot w$

$1 \times e = G_s \times 0.6$

$e = 0.6G_s$

- 습윤단위중량 $r_t = \dfrac{G_s + S \cdot e}{1+e} r_w$ 에서

$$1.68 = \frac{G_s + 1 \times 0.6\ GS}{1 + 0.6\ G_s} \times 1$$

$$= \frac{1.6\ G_s}{1 + 0.6\ G_s}$$

$1.6G_s = 1.68(1 + 0.6G_s)$

$1.6G_s = 1.68 + G_s$

$0.6G_s = 1.68$

$\therefore\ G_s = \dfrac{1.68}{0.6} = 2.8$

Item pool (기사 2017년 5월 7일 시행)

과년도 출제문제 및 해설

01. Vane Test에서 Vane의 지름 5cm, 높이 10cm, 파괴 시 토크가 590kg·cm일 때 점착력은?

① 1.29kg/cm² ② 1.57kg/cm²
③ 2.13kg/cm² ④ 2.76kg/cm²

해설 베인시험기
정적사운딩으로 연약점성토 지반의 비배수전단강도(점착력)를 측정한다.

$$C=\frac{M_{\max}}{\pi D^2\cdot\left(\frac{H}{2}+\frac{D}{6}\right)}=\frac{590}{\pi\times 5^2\times\left(\frac{10}{2}+\frac{5}{6}\right)}$$
$$=1.29\text{kg/cm}^2$$

02. 단면적 20cm², 길이 10cm의 시료를 15cm의 수두차로 정수위 투수시험을 한 결과 2분 동안에 150cm³의 물이 유출되었다. 이 흙의 비중은 2.67이고, 건조중량이 420g이었다. 공극을 통하여 침투하는 실제 침투유속 V_s는 약 얼마인가?

① 0.018cm/sec ② 0.296cm/sec
③ 0.437cm/sec ④ 0.628cm/sec

해설 정수위 투수시험 투수계수

$$K=\frac{Q\cdot L}{A\cdot h\cdot t}=\frac{150\times 10}{20\times 15\times 2\times 60}=0.042\text{cm/sec}$$

- Darcy 법칙 평균유속
$$V=k\cdot i=k\cdot\frac{\Delta h}{L}=0.042\times\frac{15}{10}$$
$$=0.063\text{cm/sec}$$
- 건조단위중량 $r_d=\frac{W}{V}=\frac{G_s}{1+e}r_w$ 에서
$$r_d=\frac{420}{20\times 10}=\frac{2.67}{1+e}\times 1=2.1\text{g/cm}^3$$
$\therefore$ 간극비 $e=\frac{G_s\cdot r_w}{r_d}-1=\frac{2.67\times 1}{2.1}-1=0.271$
- 간극률 $n=\frac{e}{1+e}=\frac{0.271}{1+0.271}=0.213$
- 실제 침투유속 $V_s=\frac{V}{n}=\frac{0.063}{0.213}=0.296\text{cm/sec}$

03. 단위중량이 1.8t/m³인 점토지반의 지표면에서 5m 되는 곳의 시료를 채취하여 압밀시험을 실시한 결과 과압밀비(Over Consolidation ratio)가 2임을 알았다. 선행압밀압력은?

① 9t/m² ② 12t/m²
③ 15t/m² ④ 18t/m²

해설 과압밀비

$$\text{OCR}=\frac{P_c}{P_o}=\frac{P_c}{1.8\times 5}=2$$
$\therefore P_c=18\text{t/m}^2$

04. 연약지반에 구조물을 축조할 때 피조미터를 설치하여 과잉간극수압의 변화를 측정했더니 어떤 점에서 구조물 축조 직후 10t/m²이었지만 4년 후는 2t/m²이었다. 이때의 압밀도는?

① 20% ② 40%
③ 60% ④ 80%

해설 압밀도

$$U=\frac{ui-u}{ui}\times 100=\frac{10-2}{10}\times 100=80\%$$

05. 다음 그림과 같은 p−q 다이어그램에서 K_f 선이 파괴선을 나타낼 때 이 흙의 내부마찰각은?

① 32°
② 36.5°
③ 38.7°
④ 40.8°

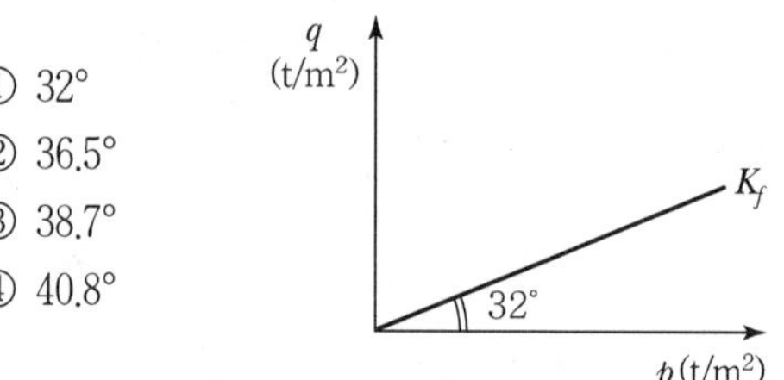

해설 응력경로(k_f Line)와 파괴포락선(Mohr−Coulomb)의 관계
$\sin\phi=\tan\alpha$
$\therefore \phi=\sin^{-1}\cdot\tan\alpha=\sin^{-1}\cdot\tan 32°=38.7°$

 |해답| 1. ① 2. ② 3. ④ 4. ④ 5. ③

06. 다음 그림에서 A점의 간극수압은?

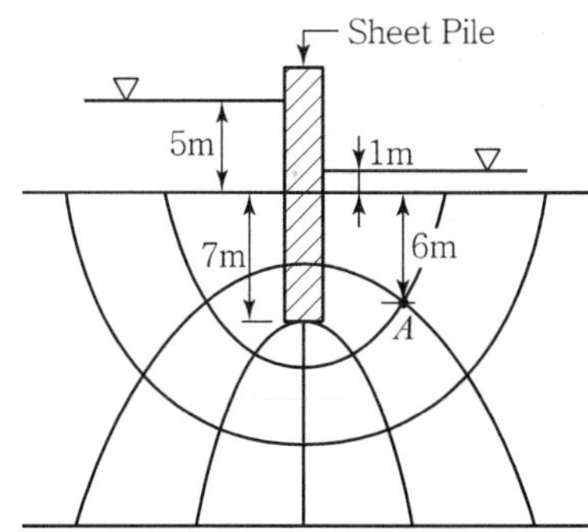

① 4.87t/m^2　② 6.67t/m^2
③ 12.31t/m^2　④ 4.65t/m^2

해설
- 전수두 $= \dfrac{n \cdot H}{N_d} = \dfrac{1\times4}{6} = 0.67\text{m}$

  (여기서, n은 뒤로부터 A점까지 등수두선간수)
- 위치수두 $= -6\text{m}$
- 압력수두 = 전수두 − 위치수두 $= 0.67-(-6) = 6.67\text{m}$

∴ 간극수압 $u = r_w \times$ 압력수두 $= 1\times6.67 = 6.67\text{t/m}^2$

07. 연약지반 위에 성토를 실시한 다음, 말뚝을 시공하였다. 시공 후 발생될 수 있는 현상에 대한 설명으로 옳은 것은?

① 성토를 실시하였으므로 말뚝의 지지력은 점차 증가한다.
② 말뚝을 암반층 상단에 위치하도록 시공하였다면 말뚝의 지지력에는 변함이 없다.
③ 압밀이 진행됨에 따라 지반의 전단강도가 증가되므로 말뚝의 지지력은 점차 증가된다.
④ 압밀로 인해 부의 주면마찰력이 발생되므로 말뚝의 지지력은 감소된다.

해설 부마찰력

압밀침하를 일으키는 연약 점토층을 관통하여 지지층에 도달한 지지말뚝의 경우에는 연약층의 침하에 의하여 하향의 주면마찰력이 발생하여 지지력이 감소하고 도리어 하중이 증가하는 주면마찰력으로 상대변위의 속도가 빠를수록 부마찰력은 크다.

08. 얕은 기초에 대한 Terzaghi의 수정지지력 공식은 아래의 표와 같다. 4m×5m의 직사각형 기초를 사용할 경우 형상계수 α와 β의 값으로 옳은 것은?

$$q_u = \alpha c N_c + \beta \gamma_1 B N_\gamma + \gamma_2 D_f N_q$$

① $\alpha=1.2,\ \beta=0.4$　② $\alpha=1.28,\ \beta=0.42$
③ $\alpha=1.24,\ \beta=0.42$　④ $\alpha=1.32,\ \beta=0.38$

해설

형상계수	원형기초	정사각형기초	연속기초	직사각형기초
α	1.3	1.3	1.0	$1+0.3\dfrac{B}{L}$
β	0.3	0.4	0.5	$0.5-0.1\dfrac{B}{L}$

$\alpha = 1+0.3\times\dfrac{4}{5} = 1.24$

$\beta = 0.5-0.1\times\dfrac{4}{5} = 0.42$

09. 다짐되지 않은 두께 2m, 상대 밀도 40%의 느슨한 사질토 지반이 있다. 실내시험결과 최대 및 최소 간극비가 0.80, 0.40으로 각각 산출되었다. 이 사질토를 상대 밀도 70%까지 다짐할 때 두께의 감소는 약 얼마나 되겠는가?

① 12.4cm　② 14.6cm
③ 22.7cm　④ 25.8cm

해설
- 상대밀도 40%일 때 자연간극비 e_1

  $D_r = \dfrac{e_{max}-e_1}{e_{max}-e_{min}}\times100 = \dfrac{0.8-e_1}{0.8-0.4}\times100 = 40\%$

  ∴ $e_1 = 0.64$
- 상대밀도 70%일 때 자연간극비 e_2

  $D_r = \dfrac{e_{max}-e_2}{e_{max}-e_{min}}\times100 = \dfrac{0.8-e_2}{0.8-0.4}\times100 = 70\%$

  ∴ $e_2 = 0.52$
- 침하량

  $\Delta H = \dfrac{\Delta e}{1+e}\cdot H = \dfrac{0.64-0.52}{1+0.64}\times200$

  $= 14.6\text{cm}$

10. ϕ=33°인 사질토에 25° 경사의 사면을 조성하려고 한다. 이 비탈면의 지표까지 포화되었을 때 안전율을 계산하면?(단, 사면 흙의 γ_{sat}=1.8t/m³)

① 0.62 ② 0.70
③ 1.12 ④ 1.41

■해설 반무한사면의 안전율($C=0$인 사질토, 지하수위가 지표면과 일치하는 경우)

$$F=\frac{r_{sub}}{r_{sat}}\cdot\frac{\tan\phi}{\tan i}=\frac{1.8-1}{1.8}\times\frac{\tan 33°}{\tan 25°}=0.62$$

11. 사질토 지반에 축조되는 강성기초의 접지압 분포에 대한 설명 중 맞는 것은?

① 기초 모서리 부분에서 최대 응력이 발생한다.
② 기초에 작용하는 접지압 분포는 토질에 관계없이 일정하다.
③ 기초의 중앙 부분에서 최대 응력이 발생한다.
④ 기초 밑면의 응력은 어느 부분이나 동일하다.

■해설 모래지반 접지압 분포
기초 중앙에서 최대응력 발생

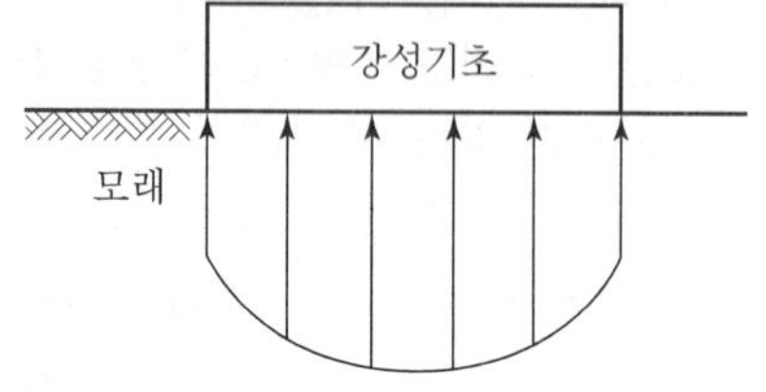

12. 말뚝 지지력에 관한 여러 가지 공식 중 정역학적 지지력 공식이 아닌 것은?

① Dörr의 공식
② Terzaghi의 공식
③ Meyerhof의 공식
④ Engineering-News 공식

■해설 정역학적 지지력 공식
- Terzaghi 공식
- Meyerhof 공식
- Dörr 공식
- Dunham 공식

13. 평판재하실험 결과로부터 지반의 허용지지력 값은 어떻게 결정하는가?

① 항복강도의 $\frac{1}{2}$, 극한강도의 $\frac{1}{3}$ 중 작은 값
② 항복강도의 $\frac{1}{2}$, 극한강도의 $\frac{1}{3}$ 중 큰 값
③ 항복강도의 $\frac{1}{3}$, 극한강도의 $\frac{1}{2}$ 중 작은 값
④ 항복강도의 $\frac{1}{3}$, 극한강도의 $\frac{1}{2}$ 중 큰 값

■해설 평판 재하시험에 의한 지지력 산정
허용지지력 : $\frac{\text{항복 지지력}(q_y)}{2}$, $\frac{\text{극한 지지력}(q_u)}{3}$ 중 작은 값

14. 흙의 다짐에 관한 설명으로 틀린 것은?

① 다짐에너지가 클수록 최대건조단위중량(γ_{dmax})은 커진다.
② 다짐에너지가 클수록 최적함수비(w_{opt})는 커진다.
③ 점토를 최적함수비(w_{opt})보다 작은 함수비로 다지면 면모구조를 갖는다.
④ 투수계수는 최적함수비(w_{opt}) 근처에서 거의 최소값을 나타낸다.

■해설 • 다짐E ↑ r_{dmax} ↑ OMC ↓ 양입도, 조립토, 급한 경사
• 다짐E ↓ r_{dmax} ↓ OMC ↑ 빈입도, 세립토, 완만한 경사

∴ 다짐에너지가 클수록 최적함수비(OMC)는 작아진다.

15. 아래 그림에서 A점 흙의 강도정수가 c=3t/m², ϕ=30°일 때 A점의 전단강도는?

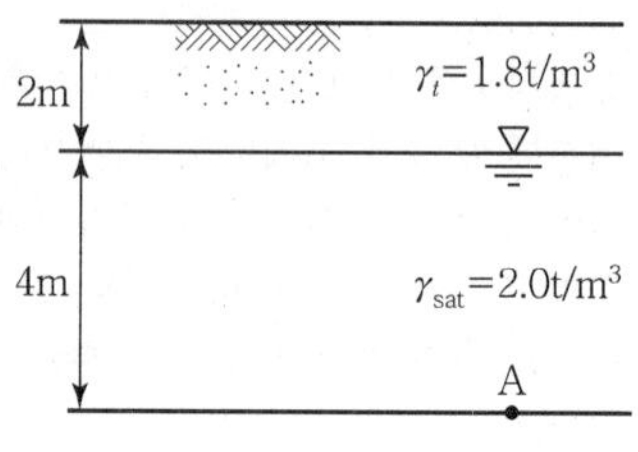

① 6.93t/m² ② 7.39t/m²
③ 9.93t/m² ④ 10.39t/m²

 |해답| 10. ① 11. ③ 12. ④ 13. ① 14. ② 15. ②

■ 해설
- 전응력 $\sigma = r_t \cdot H_1 + r_{sat} \cdot H_2$
  $= 1.8 \times 2 + 2.0 \times 4 = 11.6\text{t/m}^2$
- 간극수압 $u = r_w \cdot h = 1 \times 4 = 4\text{t/m}^2$
- 유효응력 $\sigma' = \sigma - u = 11.6 - 4 = 7.6\text{t/m}^2$
  또는, 유효응력 $\sigma' = \sigma - u$
  $= r_t \cdot H_1 + (r_{sat} - r_w) \cdot H_2$
  $= 1.8 \times 2 + (2.0 - 1) \times 4$
  $= 7.6\text{t/m}^2$
- 전단강도 $\tau = C + \sigma \tan\phi$
  $= 3 + 7.6\tan 30° = 7.39\text{t/m}^2$

16. 점토지반으로부터 불교란 시료를 채취하였다. 이 시료의 직경 5cm, 길이 10cm이고, 습윤무게는 350g이고, 함수비가 40%일 때 건조단위 무게는?

① 1.78g/cm^3　② 1.43g/cm^3
③ 1.27g/cm^3　④ 1.14g/cm^3

■ 해설

$$\gamma_t = \frac{W}{V} = \frac{350}{\frac{\pi \times 5^2}{4} \times 10} = 1.78\text{g/cm}^3$$

$$\gamma_d = \frac{\gamma_t}{1+w} = \frac{1.78}{1+0.4} = 1.27\text{g/cm}^3$$

17. $\gamma_t = 1.9\text{t/m}^3$, $\phi = 30°$인 뒤채움 모래를 이용하여 8m 높이의 보강토 옹벽을 설치하고자 한다. 폭 75mm, 두께 3.69mm의 보강띠를 연직방향 설치간격 $S_v = 0.5\text{m}$, 수평방향 설치간격 $S_h = 1.0\text{m}$로 시공하고자 할 때, 보강띠에 작용하는 최대힘 T_{max}의 크기를 계산하면?

① 1.53t　② 2.53t
③ 3.53t　④ 4.53t

■ 해설
- 주동토압계수

$$K_a = \frac{1-\sin\phi}{1+\sin\phi} = \frac{1-\sin 30°}{1+\sin 30°}$$

$$= \tan^2\left(45° - \frac{\phi}{2}\right) = \frac{1}{3} = 0.333$$

- 최대수평토압
  $\sigma_h = K \cdot r \cdot H$
  $= 0.333 \times 1.9 \times 8$
  $= 5.06\text{t/m}$
- 연직방향 설치간격 $S_v = 0.5\text{m}$
- 수평방향 설치간격 $S_h = 1.0\text{m}$이므로
  단위면적당 평균 보강띠 설치개수는 2개이다.
- 보강띠에 작용하는 최대힘

$$T_{\max} = \frac{\sigma_h}{\text{설치개수}} = \frac{5.06}{2} = 2.53t$$

18. 아래 표의 설명과 같은 경우 강도정수 결정에 적합한 삼축압축시험의 종류는?

최근에 매립된 포화 점성토 지반 위에 구조물을 시공한 직후의 초기 안정 검토에 필요한 지반 강도정수 결정

① 압밀배수 시험(CD)
② 압밀비배수 시험(CU)
③ 비압밀비배수 시험(UU)
④ 비압밀배수 시험(UD)

■ 해설 비압밀비배수 시험(UU-Test)
- 단기안정검토-성토 직후 파괴
- 초기재하 시, 전단 시 간극수 배출 없음
- 기초지반을 구성하는 점토층이 시공 중 압밀이나 함수비의 변화 없는 조건

19. 두 개의 규소판 사이에 한 개의 알루미늄판이 결합된 3층 구조가 무수히 많이 연결되어 형성된 점토광물로서 각 3층 구조 사이에는 칼륨이온(K^+)으로 결합되어 있는 것은?

① 몬모릴로나이트(Montmorillonite)
② 할로이사이트(Halloysite)
③ 고령토(Kaolinite)
④ 일라이트(Illite)

■ 해설 일라이트(Illite)
3층 구조, 칼륨이온으로 결합되어 있어서 결합력이 중간 정도이다.

|해답| 16. ③ 17. ② 18. ③ 19. ④

20. 두께 2m인 투수성 모래층에서 동수경사가 $\frac{1}{10}$ 이고, 모래의 투수계수가 5×10^{-2}cm/sec라면 이 모래층의 폭 1m에 대하여 흐르는 수량은 매 분당 얼마나 되는가?

① $6{,}000cm^3/min$　　② $600cm^3/min$
② $60cm^3/min$　　④ $6cm^3/min$

해설 $Q = A \cdot V = A \cdot K \cdot I = A \cdot K \cdot \frac{\Delta h}{L}$

$= 200 \times 100 \times 5 \times 10^{-2} \times 60 \times \frac{1}{10}$

$= 6{,}000cm^3/min$

Item pool (산업기사 2017년 5월 7일 시행)

과년도 출제문제 및 해설

01. 다짐 에너지(Energy)에 관한 설명 중 틀린 것은?

① 다짐 에너지는 램머(Rammer)의 중량에 비례한다.
② 다짐 에너지는 다짐 층수에 반비례한다.
③ 다짐 에너지는 시료의 부피에 반비례한다.
④ 다짐 에너지는 다짐 횟수에 비례한다.

해설 다짐에너지

$$E=\frac{W_r \cdot H \cdot N_b \cdot N_L}{V}$$

∴ 다짐에너지는 다짐 층수 N_L에 비례한다.

02. 아래 그림과 같은 옹벽에 작용하는 전주동토압은 얼마인가?

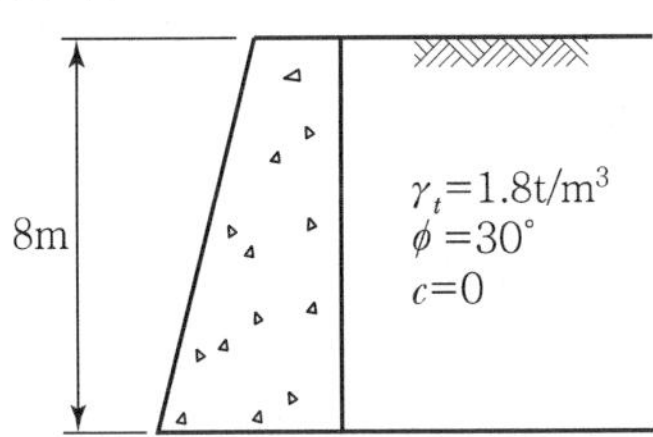

① 16.2t/m ② 17.2t/m
③ 18.2t/m ④ 19.2t/m

해설 • 주동토압계수

$$K_A=\tan^2\left(45°-\frac{\phi}{2}\right)$$
$$=\frac{1-\sin\phi}{1+\sin\phi}=\frac{1-\sin30°}{1+\sin30°}=0.333$$

• 전주동토압

$$P_A=\frac{1}{2}\cdot K_A\cdot r\cdot H^2$$
$$=\frac{1}{2}\times0.333\times1.8\times8^2=19.2\text{t/m}^2$$

03. Rod의 끝에 설치한 저항체를 땅속에 삽입하여 관입, 회전, 인발 등의 저항으로 토층의 성질을 탐사하는 것을 무엇이라고 하는가?

① Sounding
② Sampling
③ Boring
④ Wash boring

해설 사운딩(Sounding)
Rod 선단의 저항체를 땅속에 넣어 관입, 회전, 인발 등의 저항으로 토층의 강도 및 밀도 등을 체크하는 방법의 원위치시험

04. 예민비가 큰 점토란?

① 입자 모양이 둥근 점토
② 흙을 다시 이겼을 때 강도가 크게 증가하는 점토
③ 입자가 가늘고 긴 형태의 점토
④ 흙을 다시 이겼을 때 강도가 크게 감소하는 점토

해설 예민비 $S_t=\frac{q_u}{q_r}$

교란되지 않은 시료의 일축압축강도와 함수비 변화 없이 반죽하여 교란시킨 같은 흙의 일축압축강도의 비
∴ 점토를 교란시켰을 때 강도가 많이 감소하는 시료

05. 유선망에 대한 설명으로 틀린 것은?

① 유선망은 유선과 등수두선(等數頭線)으로 구성되어 있다.
② 유로를 흐르는 침투수량은 같다.
③ 유선과 등수두선은 서로 직교한다.
④ 침투속도 및 동수구배는 유선망의 폭에 비례한다.

|해답| 1. ② 2. ④ 3. ① 4. ④ 5. ④

해설 유선망의 특성

- 인접한 2개의 유선 사이, 즉 각 유로의 침투유량은 같다.
- 인접한 2개의 등수두선 사이의 수두손실은 서로 동일하다.
- 유선과 등수수선은 직교한다.
- 유선망, 즉 2개의 유선과 2개의 등수두선으로 이루어진 사각형은 이론상 정사각형이다.(내접원 형성)
- 침투속도 및 동수구배는 유선망의 폭에 반비례한다.($V=K\cdot i=K\cdot \frac{\Delta h}{L}$)

06. 주동토압을 P_A, 수동토압을 P_P, 정지토압을 P_O 라고 할 때 크기의 순서는?

① $P_A > P_P > P_O$　② $P_P > P_O > P_A$
③ $P_P > P_A > P_O$　④ $P_O > P_A > P_P$

해설 토압의 대소 비교
수동토압 > 정지토압 > 주동토압
$P_P > P_o > P_A$
$K_P > K_o > K_A$

07. 다음 중 점성토 지반의 개량공법으로 적합하지 않은 것은?

① 샌드드레인 공법
② 치환공법
③ 바이브로플로테이션 공법
④ 프리로딩 공법

해설 연약 점성토 지반 개량공법

- 치환공법
- 프리로딩공법
- 압성토공법
- 샌드드레인공법
- 페이퍼 드레인 공법
- 패커 드레인 공법
- 전기침투공법 및 전기화학적 고결공법
- 침투압공법
- 생석회 말뚝공법

※ 바이브로플로테이션 공법은 연약사질토 지반 개량공법이다.

08. 도로의 평판재하시험에서 1.25mm 침하량에 해당하는 하중 강도가 2.50kg/cm^{2}일 때 지지력계수(K)는?

① 20kg/cm^3　② 25kg/cm^3
③ 30kg/cm^3　④ 35kg/cm^3

해설 지지력계수

$$K=\frac{q}{y}=\frac{2.5}{0.125}=20\text{kg/cm}^3$$

09. 간극비(void ratio)가 0.25인 모래의 간극률(po-rosity)은 얼마인가?

① 20%　② 25%
③ 30%　④ 35%

해설 간극비와 간극률의 관계식

$$n=\frac{e}{1+e}\times 100=\frac{0.25}{1+0.25}\times 100=20\%$$

10. 피어기초의 수직공을 굴착하는 공법 중에서 기계에 의한 굴착공법이 아닌 것은?

① Benoto 공법
② Chicago 공법
③ Calwelde 공법
④ Reverse circulation 공법

해설 피어기초(Pier Foundation)

㉠ 인력 피어기초
- Chicago 공법
- Gow 공법

㉡ 기계 피어기초
- Benoto 공법
- Earth Drill 공법
- Reverse Circulation 공법(R.C.D)

11. 통일 분류법에서 실트질 자갈을 표시하는 약호는?

① GW　② GP
③ GM　④ GC

해설 GM : 실트질 자갈

 |해답| 6. ② 7. ③ 8. ① 9. ① 10. ② 11. ③

12. 다음 그림에서 X－X 단면에 작용하는 유효응력은?

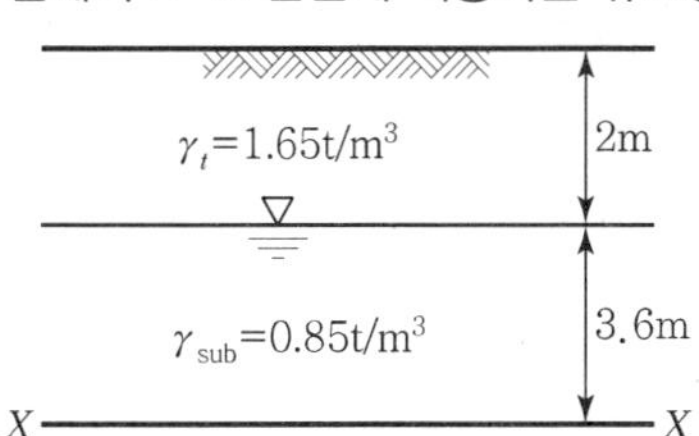

① 4.26t/m² ② 5.24t/m²
③ 6.36t/m² ④ 7.21t/m²

해설 • 전응력 $\sigma = r_t \cdot H_1 + r_{sat} \cdot H_2$
$= 1.65 \times 2 + 1.85 \times 3.6 = 9.96\text{t/m}^2$
• 간극수압 $u = r_w \cdot h_w = 1 \times 3.6 = 3.6\text{t/m}^2$
• 유효응력 $\sigma' = \sigma - u = 9.96 - 3.6 = 6.36\text{t/m}^2$
또는, 유효응력 $\sigma' = \sigma - u$
$= r_t \cdot H_1 + r_{sub} \cdot H_2$
$= 1.65 \times 2 + 0.85 \times 3.6$
$= 6.36\text{t/m}^2$

13. 어떤 시료에 대하여 일축압축시험을 실시한 결과 일축압축강도가 3t/m²이었다. 이 흙의 점착력은?(단, 이 시료는 $\phi = 0°$인 점성토이다.)

① 1.0t/m² ② 1.5t/m²
③ 2.0t/m² ④ 2.5t/m²

해설 일축압축강도
$$q_u = 2 \cdot c \cdot \tan\left(45° + \frac{\phi}{2}\right)$$
여기서, 내부마찰각 $\phi = 0°$인 점토의 경우
$$q_u = 2 \cdot c$$
$$\therefore \ c = \frac{q_u}{2} = \frac{3}{2} = 1.5\text{t/m}^2$$

14. 다음 중 동상(凍上)현상이 가장 잘 일어날 수 있는 흙은?

① 자갈 ② 모래
③ 실트 ④ 점토

해설 동상의 조건
• 동상이 일어나기 쉬운 흙(실트질 흙)
• 0℃ 이하가 오래 지속되어야 한다.
• 물의 공급이 충분해야 한다.

15. 두께 5m의 점토층이 있다. 압축 전의 간극비가 1.32, 압축 후의 간극비가 1.10으로 되었다면 이 토층의 압밀침하량은 약 얼마인가?

① 68cm ② 58cm
③ 52cm ④ 47cm

해설 압밀침하량
$$\Delta H = \frac{\Delta e}{1+e} \cdot H = \frac{1.32 - 1.1}{1 + 1.32} \times 500 = 47\text{cm}$$

16. 포화 점토지반에 대해 베인전단시험을 실시하였다. 베인의 직경은 6cm, 높이는 12cm, 흙이 전단파괴될 때 작용시킨 회전모멘트는 180kg · cm일 경우 점착력(c_u)은?

① 0.13kg/cm²
② 0.23kg/cm²
③ 0.32kg/cm²
④ 0.42kg/cm²

해설 베인 시험(Vane Test)
$$C = \frac{M_{\max}}{\pi D^2 \cdot \left(\frac{H}{2} + \frac{D}{6}\right)}$$
$$= \frac{180}{\pi \times 6^2 \times \left(\frac{12}{2} + \frac{6}{6}\right)} = 0.23\text{kg/cm}^2$$

17. 사면의 경사각을 70°로 굴착하고 있다. 흙의 점착력 1.5t/m², 단위체적중량을 1.8t/m³로 한다면, 이 사면의 한계고는?(단, 사면의 경사각이 70°일 때 안정계수는 4.8이다.)

① 2.0m ② 4.0m
③ 6.0m ④ 8.0m

해설 단순사면의 안정 해석
한계고 $H_c = N_s \cdot \frac{C}{r} = 4.8 \times \frac{1.5}{1.8} = 4\text{m}$

18. Terzaghi의 극한 지지력 공식 $q_{ult} = \alpha c N_c + \beta B \gamma_1 N_\gamma + D_f \gamma_2 N_q$에 대한 설명으로 틀린 것은?

① N_c, N_γ, N_q는 지지력계수로서 흙의 점착력으로부터 정해진다.
② 식 중 α, β는 형상계수이며 기초의 모양에 따라 정해진다.
③ 연속기초에서 $\alpha=1.0$이고, 원형 기초에서 $\alpha=1.3$의 값을 가진다.
④ B는 기초폭이고, D_f는 근입깊이다.

해설 테르자기의 극한지지력 공식

$q_u = \alpha \cdot c \cdot N_c + \beta \cdot \gamma_1 \cdot B \cdot N_r + \gamma_2 \cdot D_f \cdot N_q$

형상계수	원형 기초	정사각형 기초	연속기초
α	1.3	1.3	1.0
β	0.3	0.4	0.5

여기서, α, β : 형상계수
N_c, N_r, N_q : 지지력계수(내부마찰각 ϕ에 의한 함수)
C : 점착력
γ_1, γ_2 : 단위중량
B : 기초폭
D_f : 근입깊이

19. 점착력이 큰 지반에 강성의 기초가 놓여 있을 때 기초바닥의 응력상태를 설명한 것 중 옳은 것은?

① 기초 밑 전체가 일정하다.
② 기초 중앙에서 최대응력이 발생한다.
③ 기초 모서리 부분에서 최대응력이 발생한다.
④ 점착력으로 인해 기초바닥에 응력이 발생하지 않는다.

해설 점토지반 접지압분포

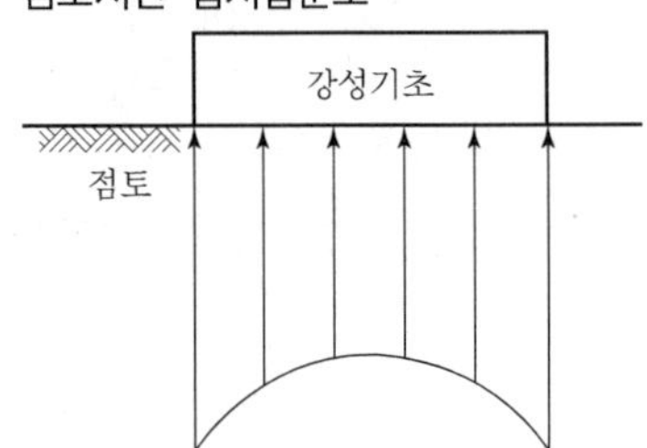

기초 모서리에서 최대응력 발생

20. 간극률 50%, 비중 2.50인 흙에 있어서 한계동수경사는?

① 1.25 ② 1.50
③ 0.50 ④ 0.75

해설 한계동수경사

$$i_c = \frac{G_s - 1}{1+e} = \frac{2.5-1}{1+1} = 0.75$$

(여기서, 간극비 $e = \frac{n}{1-n} = \frac{0.5}{1-0.5} = 1$)

Item pool (기사 2017년 9월 23일 시행)

과년도 출제문제 및 해설

01. 기초폭 4m인 연속기초에서 기초면에 작용하는 합력의 연직성분은 10t이고 편심거리가 0.4m일 때, 기초지반에 작용하는 최대 압력은?

① $2t/m^2$ ② $4t/m^2$
③ $6t/m^2$ ④ $8t/m^2$

■ 해설 편심하중을 받는 기초의 지지력

$$q_{\max} = \frac{\Sigma V}{B} \times \left(1 \pm \frac{6 \cdot e}{B}\right)$$
$$= \frac{10}{4} \times \left(1 + \frac{6 \times 0.4}{4}\right)$$
$$= 4t/m^2$$

02. 분사현상에 대한 안전율이 2.5 이상이 되기 위해서는 Δh를 최대 얼마 이하로 하여야 하는가?(단, 간극률(n) = 50%)

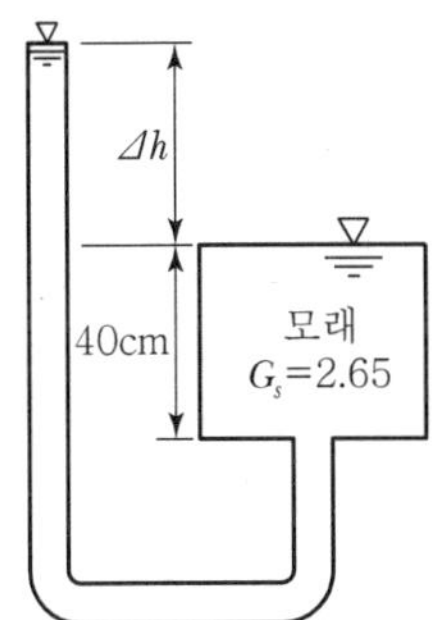

① 7.5cm ② 8.9cm
③ 13.2cm ④ 16.5cm

■ 해설 분사현상 안전율

$$F = \frac{i_c}{i} = \frac{\dfrac{G_s - 1}{1+e}}{\dfrac{\Delta h}{L}}$$ 에서

안전율 F=2.5를 고려

$$\therefore 2.5 = \frac{\dfrac{2.65-1}{1+1}}{\dfrac{\Delta h}{40}} \qquad \therefore h = 13.2\text{cm}$$

(여기서, 간극비 $e = \frac{n}{1-n} = \frac{0.5}{1-0.5} = 1$)

03. 10m 두께의 점토층이 10년 만에 90% 압밀이 된다면, 40m 두께의 동일한 점토층이 90% 압밀에 도달하는 데 소요되는 기간은?

① 16년 ② 80년
③ 160년 ④ 240년

■ 해설

침하시간 $t_{90} = \frac{T_v \cdot H^2}{C_v}$ 에서

$\therefore t_{90} \propto H^2$ 관계

$t_1 : {H_1}^2 = t_2 : H^2 \qquad 10 : 10^2 = t_2 : 40^2$

$\therefore t_2 = 160$년

04. 테르자기(Terzaghi)의 얕은 기초에 대한 지지력 공식 $q_u = \alpha c N_c + \beta \gamma_1 B N_\gamma + \gamma_2 D_f N_q$에 대한 설명으로 틀린 것은?

① 계수 α, β를 형상계수라 하며 기초의 모양에 따라 결정된다.
② 기초의 깊이가 D_f가 클수록 극한 지지력도 이와 더불어 커진다고 볼 수 있다.
③ N_c, N_γ, N_q는 지지력계수라 하는데 내부마찰각과 점착력에 의해서 정해진다.
④ γ_1, γ_2는 흙의 단위 중량이며 지하수위 아래에서는 수중단위 중량을 써야 한다.

■ 해설 테르자기의 극한지지력 공식

$q_u = \alpha \cdot c \cdot N_c + \beta \cdot \gamma_1 \cdot B \cdot N_r + \gamma_2 \cdot D_f \cdot N_q$

형상계수	원형 기초	정사각형 기초	연속기초
α	1.3	1.3	1.0
β	0.3	0.4	0.5

여기서, α, β : 형상계수
N_c, N_r, N_q : 지지력계수(내부마찰각 ϕ에 의한 함수)
C : 점착력
γ_1, γ_2 : 단위중량
B : 기초폭
D_f : 근입깊이

|해답| 1. ② 2. ③ 3. ③ 4. ③

05. 아래 그림과 같은 지표면에 2개의 집중하중이 작용하고 있다. 3t의 집중하중 작용점 하부 2m 지점 A에서의 연직하중의 증가량은 약 얼마인가?(단, 영향계수는 소수점 이하 넷째 자리까지 구하여 계산하시오.)

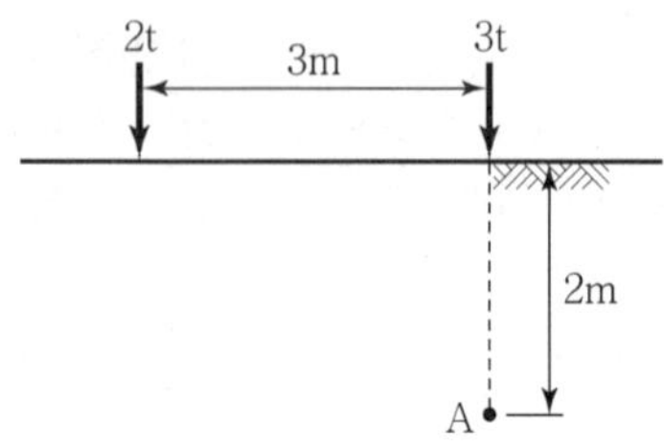

① 0.37t/m^2 ② 0.89t/m^2
③ 1.42t/m^2 ④ 1.94t/m^2

해설 집중하중에 의한 지중응력 증가량

$$\Delta\sigma = I\cdot\frac{P}{Z^2} + I\cdot\frac{P}{Z^2}$$
$$= \frac{3\cdot Z^5}{2\cdot\pi\cdot R^5}\cdot\frac{P}{Z^2} + \frac{3}{2\pi}\cdot\frac{P}{Z^2}$$
$$= \frac{3\times 2^5}{2\times\pi\times 3.6^5}\times\frac{2}{2^2} + \frac{3}{2\times\pi}\times\frac{3}{2^2}$$
$$= 0.37\text{t/m}^2 \text{ (여기서, } R = \sqrt{3^2+2^2} = 3.6\text{m)}$$

06. 다음 중 연약점토지반 개량공법이 아닌 것은?

① Preloading 공법
② Sand drain 공법
③ Paper drain 공법
④ Vibro floatation 공법

해설 연약 점성토 지반 개량공법
- 치환공법
- 프리로딩공법
- 압성토공법
- 샌드드레인공법
- 페이퍼 드레인 공법
- 패커 드레인 공법
- 전기침투공법 및 전기화학적 고결공법
- 침투압공법
- 생석회 말뚝공법

※ 바이브로플로테이션 공법은 연약사질토 지반 개량공법이다.

07. 간극비(e)와 간극물(n, %)의 관계를 옳게 나타낸 것은?

① $e = \dfrac{1-n/100}{n/100}$ ② $e = \dfrac{n/100}{1-n/100}$
③ $e = \dfrac{1+n/100}{n/100}$ ④ $e = \dfrac{1+n/100}{1-n/100}$

해설 간극비와 간극률의 관계식

$$e = \frac{V_V}{V_S} = \frac{V_V}{V-V_V} = \frac{\frac{V_V}{V}}{1-\frac{V_V}{V}} = \frac{n/100}{1-n/100}$$
$$= \frac{n(\%)}{1-n(\%)}$$

08. 옹벽배면의 지표면 경사가 수평이고, 옹벽배면 벽체의 기울기가 연직인 벽체에서 옹벽과 뒤채움 흙 사이의 벽면마찰각(δ)을 무시할 경우, Rankine토압과 Coulomb 토압의 크기를 비교하면?

① Rankine 토압이 Coulomb 토압보다 크다.
② Coulomb 토압이 Rankine 토압보다 크다.
③ Rankine 토압과 Coulomb 토압의 크기는 항상 같다.
④ 주동 토압은 Rankine 토압이 더 크고, 수동토압은 Coulomb 토압이 더 크다.

해설 만약 벽마찰각, 지표면 경사각, 벽면 경사각을 무시하면, 다시 말해 뒤채움 흙이 수평, 벽체 뒷면이 수직, 벽마찰각을 고려하지 않으면 Coulomb의 토압은 Rankine의 토압과 같아진다.

09. 샘플러(Sampler)의 외경이 6cm, 내경이 5.5cm일 때, 면적비(A_r)는?

① 8.3% ② 9.0%
③ 16% ④ 19%

해설 면적비

$$C_a = \frac{D_w^{\ 2} - D_e^{\ 2}}{D_e^{\ 2}}\times 100$$
$$= \frac{6^2 - 5.5^2}{5.5^2}\times 100 = 19\%$$

 |해답| 5. ① 6. ④ 7. ② 8. ③ 9. ④

10. 아래 그림에서 투수계수 $K=4.8\times10^{-3}$cm/sec일 때 Darcy 유출속도(v)와 실제 물의 속도(침투속도, v_s)는?

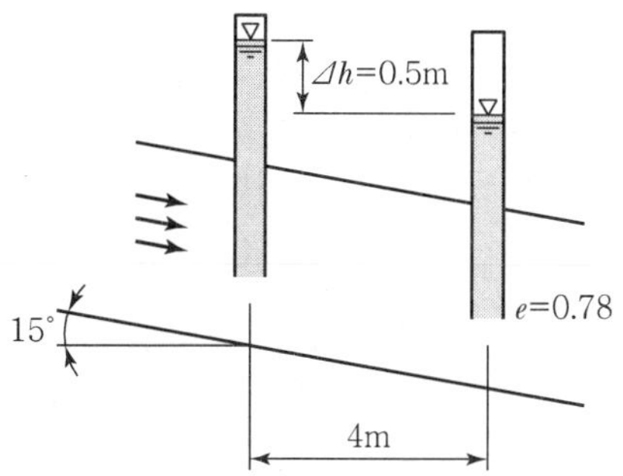

① $v=3.4\times10^{-4}$cm/sec, $v_s=5.6\times10^{-4}$cm/sec
② $v=3.4\times10^{-4}$cm/sec, $v_s=9.4\times10^{-4}$cm/sec
③ $v=5.8\times10^{-4}$cm/sec, $v_s=10.8\times10^{-4}$cm/sec
④ $v=5.8\times10^{-4}$cm/sec, $v_s=13.2\times10^{-4}$cm/sec

해설 • 유출속도

$$V=K\cdot i=K\cdot\frac{\Delta h}{L}$$
$$=4.8\times10^{-3}\times\frac{0.5}{4.14}=0.00058\text{cm/sec}$$
$$=5.8\times10^{-4}\text{cm/sec}$$

(여기서, $L=\frac{4}{\cos 15°}=4.14$m)

• 침투속도

$$V_s=\frac{V}{n}=\frac{0.00058}{0.438}=0.00132\text{cm/sec}$$
$$=13.2\times10^{-4}\text{cm/sec}$$

(여기서, 간극률 $n=\frac{e}{1+e}=\frac{0.78}{1+0.78}=0.438$)

11. 수직방향의 투수계수가 4.5×10^{-8}m/sec이고, 수평방향의 투수계수가 1.6×10^{-8}m/sec인 균질하고 비등방(非等方)인 흙댐의 유선망을 그린 결과 유로(流路) 수가 4개이고 등수두선의 간격 수가 18개이었다. 단위길이(m)당 침투수량은? (단, 댐 상하류의 수면의 차는 18m이다.)

① 1.1×10^{-7}m³/sec
② 2.3×10^{-7}m³/sec
③ 2.3×10^{-8}m³/sec
④ 1.5×10^{-8}m³/sec

해설 침투수량

$$Q=K\cdot H\cdot\frac{N_f}{N_d}$$

(여기서, 이방성인 경우 평균투수 계수)

$$K=\sqrt{K_h\times K_v}$$
$$\therefore\ Q=\sqrt{K_h\times K_v}\times H\times\frac{N_f}{N_d}$$
$$=\sqrt{(1.6\times10^{-8})\times(4.5\times10^{-8})}\times18\times\frac{4}{18}$$
$$=1.1\times10^{-7}\text{m}^3/\text{sec}$$

12. 사면안정 해석방법에 대한 설명으로 틀린 것은?

① 일체법은 활동면 위에 있는 흙덩어리를 하나의 물체로 보고 해석하는 방법이다.
② 절편법은 활동면 위에 있는 흙을 몇 개의 절편으로 분할하여 해석하는 방법이다.
③ 마찰원방법은 점착력과 마찰각을 동시에 갖고 있는 균질한 지반에 적용된다.
④ 절편법은 흙이 균질하지 않아도 적용이 가능하지만, 흙속에 간극수압이 있을 경우 적용이 불가능하다.

해설 절편법(Slice Method)
활동면 위의 흙을 몇 개의 연직 평행한 절편으로 나누어 사면의 안정을 해석하는 방법으로 분할법이라고도 하며 균질하지 않은 다층토 지반에 지하수위가 있을 경우 적용한다.

13. 흙의 다짐에 대한 설명으로 틀린 것은?

① 조립토는 세립토보다 최대 건조단위중량이 커진다.
② 습윤 측 다짐을 하면 흙 구조가 면모구조가 된다.
③ 최적 함수비로 다질 때 최대 건조단위중량이 된다.
④ 동일한 다짐 에너지에 대해서는 건조 측이 습윤 측보다 더 큰 강도를 보인다.

해설 • 다짐E ↑ r_{dmax} ↑OMC↓양입도, 조립토, 급경사
• 다짐E ↓ r_{dmax} ↓OMC↑반입도, 세립토, 완만한 경사
∴ 최적함수비(OMC)보다 큰 함수비로 다지면 분산(이산)구조를 보이고, 최적함수비보다 작은 함수비로 다지면 면모구조를 보인다.

|해답| 10. ④ 11. ① 12. ④ 13. ②

14. 다음 중 시료채취에 대한 설명으로 틀린 것은?

① 오거보링(Auger Boring)은 흐트러지지 않은 시료를 채취하는 데 적합하다.
② 교란된 흙은 자연상태의 흙보다 전단강도가 작다.
③ 액성한계 및 소성한계 시험에서는 교란시료를 사용하여도 괜찮다.
④ 입도분석시험에서는 교란시료를 사용하여도 괜찮다.

해설 오거보링(Auger Boring)은 교란된 시료(흐트러진 시료)를 채취하는 데 적합하다.

15. 성토나 기초지반에 있어 특히 점성토의 압밀 완료 후 추가 성토 시 단기 안정문제를 검토하고자 하는 경우 적용되는 시험법은?

① 비압밀 비배수시험 ② 압밀 비배수시험
③ 압밀 배수시험 ④ 일축압축시험

해설 압밀 비배수시험(CU-Test)
- 압밀 후 파괴되는 경우
- 초기 재하 시-간극수 배출
  전단 시-간극수 배출 없음
- 수위 급강하 시 흙댐의 안전문제
- 압밀 진행에 따른 전단강도 증가상태를 추정
- 유효응력항으로 표시

16. 어떤 굳은 점토층을 깊이 7m까지 연직 절토하였다. 이 점토층의 일축압축강도가 1.4kg/cm^2, 흙의 단위중량이 2t/m^3라 하면 파괴에 대한 안전율은?(단, 내부마찰각은 30°)

① 0.5 ② 1.0
③ 1.5 ④ 2.0

해설 • 한계고 : 연직절취깊이

$$H_c = \frac{4 \cdot c}{r}\tan\left(45° + \frac{\phi}{2}\right) = \frac{4\times4}{2}\tan\left(45° + \frac{30°}{2}\right) = 13.9\text{m}$$

(여기서, 점착력 C는 $q_u = 2\cdot c\cdot \tan\left(45° + \frac{\phi}{2}\right)$에서 $1.4 = 2\cdot c\cdot\tan\left(45° + \frac{30°}{2}\right)$

$\therefore\ c = 0.4\text{kg/cm}^2 = 4\text{t/m}^2$)

• 연직사면의 안전율

$$F = \frac{H_c}{H} = \frac{13.9}{7} \fallingdotseq 2.0$$

17. 도로 연장 3km 건설 구간에서 7개 지점의 시료를 채취하여 다음과 같은 CBR을 구하였다. 이 때의 설계 CBR은 얼마인가?

• 7개의 CBR : 5.3, 5.7, 7.6, 8.7, 7.4, 8.6, 7.2

[설계 CBR 계산용 계수]

개수 (n)	2	3	4	5	6	7	8	9	10 이상
d_2	1.41	1.91	2.24	2.48	2.67	2.83	2.96	3.08	3.18

① 4 ② 5
③ 6 ④ 7

해설

$$\text{설계CBR} = \text{평균CBR} - \frac{\text{최대CBR} - \text{최소CBR}}{d_2}$$

$$= \frac{5.3+5.7+7.6+8.7+7.4+8.6+7.2}{7} - \frac{8.7-5.3}{2.83}$$

$$= 6.01 \fallingdotseq 6$$

18. 자연상태의 모래지반을 다져 $e_{\min}$에 이르도록 했다면 이 지반의 상대밀도는?

① 0% ② 50%
③ 75% ④ 100%

해설 상대밀도 $D_r = \frac{e_{\max} - e}{e_{\max} - e_{\min}} \times 100$에서 자연상태 간극비 e를 다져서 $e_{\min}$에 이르렀으므로

$$D_r = \frac{e_{\max} - e_{\min}}{e_{\max} - e_{\min}} \times 100 = 100\%$$

19. 어떤 지반의 미소한 흙요소에 최대 및 최소 주응력이 각각 1kg/cm^2 및 0.6kg/cm^2일 때, 최소주응력면과 60°를 이루는 면 상의 전단응력은?

① 0.10kg/cm^2 ② 0.17kg/cm^2
③ 0.20kg/cm^2 ④ 0.27kg/cm^2

 |해답| 14. ① 15. ② 16. ④ 17. ③ 18. ④ 19. ②

해설 전단응력

$$\tau=\frac{\sigma_1-\sigma_3}{2}\sin 2\theta$$

$$=\frac{1.0-0.6}{2}\sin(2\times 30°)$$

$$=0.17\text{kg/cm}^2$$

(여기서, θ는 최대주응력면과 파괴면이 이루는 각)

20. Sand drain 공법의 지배 영역에 관한 Barron의 정사각형 배치에서 사주(Sand pile)의 간격을 d, 유효원의 지름을 de라 할 때 de를 구하는 식으로 옳은 것은?

① $de=1.13d$ ② $de=1.05d$
③ $de=1.03d$ ④ $de=1.50d$

해설
- 정3각형 배열 $de=1.05d$
- 정4각형 배열 $de=1.13d$

Item pool (산업기사 2017년 9월 23일 시행)

과년도 출제문제 및 해설

01. 미세한 모래와 실트가 작은 아치를 형성한 고리 모양의 구조로서 간극비가 크고, 보통의 정적 하중을 지탱할 수 있으나 무거운 하중 또는 충격 하중을 받으면 흙구조가 부서지고 큰 침하가 발생되는 흙의 구조는?

① 면모구조 ② 벌집구조
③ 분산구조 ④ 단립구조

해설 흙의 구조
㉠ 비점성토
- 단립구조
- 봉소구조(벌집구조)

㉡ 점성토
- 면모구조
- 면대면구조(이산구조, 분산구조)

02. 다음의 토질시험 중 투수계수를 구하는 시험이 아닌 것은?

① 다짐시험 ② 변수두 투수시험
③ 압밀시험 ④ 정수두 투수시험

해설 실내 투수시험
- 정수위 투수시험 : 조립토(투수계수가 큰 모래질 흙)
- 변수위 투수시험 : 세립토(투수계수가 좀 작은 흙)
- 압밀시험 : 불투수성 흙(투수계수가 매우 작은 흙)

03. 압밀에 걸리는 시간을 구하는 데 관계가 없는 것은?

① 배수층의 길이 ② 압밀계수
③ 유효응력 ④ 시간계수

해설 압밀소요시간

$$t = \frac{T_v \cdot H^2}{C_v}$$

여기서, T_v : 시간계수, H : 배수거리, C_v : 압밀계수

04. 다음 중 얕은 기초는?

① Footing 기초 ② 말뚝 기초
③ Caisson 기초 ④ Pier 기초

해설 직접기초(얕은기초)
- 푸팅기초(Footing Foundation)
- 전면기초(Mat Foundation)

깊은기초
- 말뚝 기초
- 피어 기초
- 케이슨 기초

05. 유선망을 작도하는 주된 목적은?

① 침하량의 결정
② 전단강도의 결정
③ 침투수량의 결정
④ 지지력의 결정

해설 유선망
제체 및 투수성 지반 내에서의 침투수류의 방향과 제체에서의 수류의 등위선을 그림으로 나타낸 것으로 분사현상 및 파이핑 추정, 침투속도, 침투유량, 간극수압 추정 등에 쓰인다.

06. 절편법에 의한 사면의 안정 해석 시 가장 먼저 결정되어야 할 사항은?

① 가상활동면
② 절편의 중량
③ 활동면 상의 점착력
④ 활동면 상의 내부마찰각

해설 사면 안정해석 시 가장 먼저 고려할 사항
가상활동면의 결정

|해답| 1. ② 2. ① 3. ③ 4. ① 5. ③ 6. ①

07. 다음 중 지지력이 약한 지반에서 가장 적합한 기초형식은?

① 독립확대기초　② 전면기초
③ 복합확대기초　④ 연속확대기초

해설 전면기초(Mat Foundation)
지지력이 약한 지반에 적합하다.

08. 랭킨 토압론의 가정으로 틀린 것은?

① 흙은 비압축성이고 균질이다.
② 지표면은 무한이 넓다.
③ 흙은 입자 간의 마찰에 의하여 평형조건을 유지한다.
④ 토압은 지표면에 수직으로 작용한다.

해설 Rankine 토압론의 가정사항
- 흙은 비압축성이고 균질하다.
- 지표면은 무한히 넓게 존재한다.
- 흙은 입자 간의 마찰력에 의해서만 평형을 유지한다.
- 토압은 지표면에 평행하게 작용한다.
- 지표면에 작용하는 하중은 등분포하중이다.

09. 점토 지반에서 직경 30cm의 평판재하시험 결과 30t/m²의 압력이 작용할 때 침하량이 5mm라면, 직경 1.5m의 실제 기초에 30t/m²의 하중이 작용할 때 침하량의 크기는?

① 2mm　② 5mm
③ 14mm　④ 25mm

해설 점토지반의 침하량은 재하판의 폭에 비례한다.
$30 : 0.5 = 150 : S_F$
$\therefore$ 침하량 $S_F = \dfrac{0.5 \times 150}{30} = 2.5\text{cm} = 25\text{mm}$

10. 흙을 다지면 기대되는 효과로 거리가 먼 것은?

① 강도 증가
② 투수성 감소
③ 과도한 침하 방지
④ 함수비 감소

해설 다짐효과(흙의 밀도를 높이는 것)
- 전단강도가 증가되고 사면의 안정성이 개선된다.
- 투수성이 감소된다.
- 지반의 지지력이 증대된다.
- 지반의 압축성이 감소되어 지반의 침하를 방지하거나 감소시킬 수 있다.
- 물의 흡수력이 감소하고 불필요한 체적변화, 즉 동상현상이나 팽창작용 또는 수축작용 등을 감소시킬 수 있다.

11. 흙의 일축압축시험에 관한 설명 중 틀린 것은?

① 내부 마찰각이 적은 점토질의 흙에 주로 적용된다.
② 축방향으로만 압축하여 흙을 파괴시키는 것이므로 $\sigma_3 = 0$일 때의 삼축압축시험이라고 할 수 있다.
③ 압밀비배수(CU)시험 조건이므로 시험이 비교적 간단하다.
④ 흙의 내부마찰각 ϕ는 공시체 파괴면과 최대 주응력면 사이에 이루는 각 θ를 측정하여 구한다.

해설 일축압축시험
- 점성토의 일축압축강도와 예민비를 구하기 위하여 행한다.
- 흙의 일축압축강도라 함은 측압을 받지 않은 공시체의 최대 압축응력을 말한다.
- 일축압축 시험을 할 때에는 흙시료가 자체로 서 있어야 하므로 점성토에 대해서만 시험이 가능하다.
- 배수조건을 조절할 수 없으므로 항상 비배수 조건에서의 시험 결과밖에 얻지 못한다.(비압밀 비배수)

12. 다음 그림에서 점토 중앙 단면에 작용하는 유효압력은?

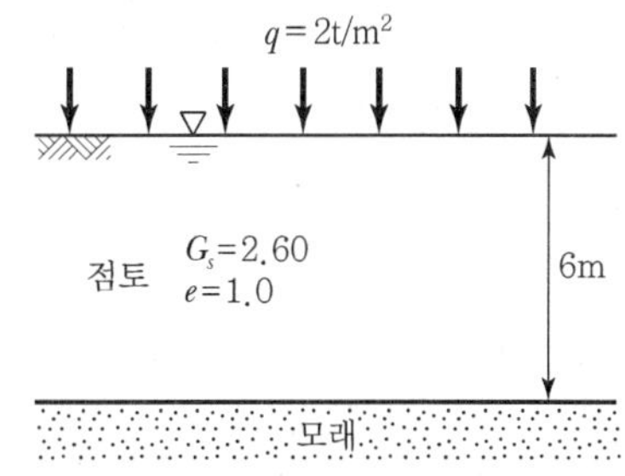

① 1.2t/m²　② 2.5t/m²
③ 2.8t/m²　④ 4.4t/m²

■ 해설 • 점토의 수중단위중량

$\gamma_{sub} = \dfrac{G_s - 1}{1+e} r_w = \dfrac{2.6-1}{1+1.0} \times 1 = 0.8\text{t/m}^3$

• 점토층 중앙단면에 작용하는 유효응력

$\sigma' = \gamma_{sub} \cdot H = 0.8 \times 3 = 2.4\text{t/m}^2$

• 유효 상재하중

$q = 2\text{t/m}^2$

$\therefore 2.4 + 2 = 4.4\text{t/m}^2$

13. 얕은 기초의 근입심도를 깊게 하면 일반적으로 기초지반의 지지력은?

① 증가한다.
② 감소한다.
③ 변화가 없다.
④ 증가할 수도 있고, 감소할 수도 있다.

■ 해설 테르자기의 극한지지력 공식

$q_u = \alpha \cdot c \cdot N_c + \beta \cdot \gamma_1 \cdot B \cdot N_r + \gamma_2 \cdot D_f \cdot N_q$

형상계수	원형 기초	정사각형 기초	연속기초
α	1.3	1.3	1.0
β	0.3	0.4	0.5

여기서, α, β : 형상계수

N_c, N_r, N_q : 지지력계수(내부마찰각 ϕ에 의한 함수)

C : 점착력

γ_1, γ_2 : 단위중량

B : 기초폭

D_f : 근입깊이

14. 전단시험법 중 간극수압을 측정하여 유효응력으로 정리하면 압밀배수시험(CD－test)과 거의 같은 전단상수를 얻을 수 있는 시험법은?

① 비압밀 비배수시험(UU－test)
② 직접전단시험
③ 압밀 비배수시험(CU－test)
④ 일축압축시험(q_u－test)

■ 해설 압밀 비배수시험(CU－Test)

• 초기재하 시(등방압축), 간극수 배출, 전단 시(축차압축) 간극수 배출하지 않음
• 압밀 후 급격한 재하 시 안정검토 : 압밀 후 급속한 파괴가 예상될 때
• 간극수압을 측정하여 유효응력으로 정리하면 압밀배수시험(CD-Test)과 거의 같은 전단상수를 얻는다.

15. 그림과 같은 지반에서 깊이 5m 지점에서의 전단강도는?(단, 내무마찰각은 35°, 점착력은 0이다.)

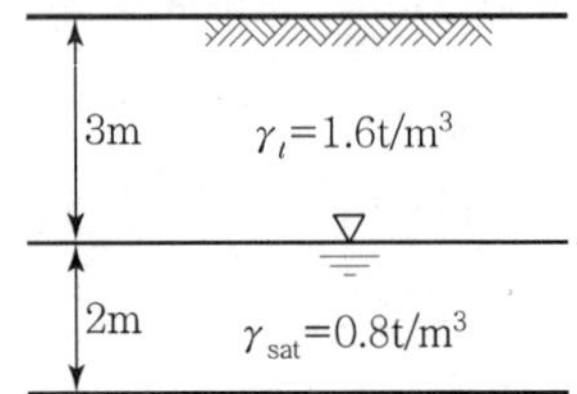

① 3.2t/m² ② 3.8t/m²
③ 4.5t/m² ④ 6.3t/m²

■ 해설 • 전응력 $\sigma = r_t \cdot H_1 + r_{sat} \cdot H_2$

$= 1.6 \times 3 + 1.8 \times 2 = 8.4\text{t/m}^2$

• 간극수압 $u = r_w \cdot h = 1 \times 2 = 2\text{t/m}^2$

• 유효응력 $\sigma' = \sigma - u = 8.4 - 2 = 6.4\text{t/m}^2$

또는,

유효응력 $\sigma' = \sigma - u$

$= r_t \cdot H_1 + (r_{sat} - r_w) \cdot H_2$

$1.6 \times 3 + (1.8 - 1) \times 2 = 6.4\text{t/m}^2$

• 전단강도 $\tau = C + \sigma \tan\phi$

$= 0 + 6.4\tan 35° = 4.5\text{t/m}^2$

16. 흙의 다짐에 대한 설명으로 틀린 것은?

① 사질토의 최대 건조단위중량은 점성토의 최대 건조단위중량보다 크다.
② 점성토의 최적함수비는 사질토의 최적함수비보다 크다.
③ 영공기 간극곡선은 다짐곡선과 교차할 수 없고, 항상 다짐곡선의 우측에만 위치한다.
④ 유기질 성분을 많이 포함할수록 흙의 최대 건조단위중량과 최적함수비는 감소한다.

■ 해설 • 다짐E ↑ r_{dmax} ↑ OMC ↓ 양입도, 조립토, 급경사
• 다짐E ↓ r_{dmax} ↓ OMC ↑ 반입도, 세립토, 완만한 경사

∴ 유기질 성분을(세립토) 많이 포함할수록 흙의 최대건조단위중량은 감소하고, 최적함수비는 증가한다.

 |해답| 13. ① 14. ③ 15. ③ 16. ④

17. 어떤 흙의 습윤단위중량(γ_t)은 2.0t/m³이고, 함수비는 18%이다. 이 흙의 건조단위중량(γ_d)은?

① 1.61t/m³ ② 1.69t/m³
③ 1.75t/m³ ④ 1.84t/m³

해설 건조단위중량

$$\gamma_d = \frac{\gamma_t}{1+w} = \frac{2.0}{1+0.18} = 1.69\text{t/m}^3$$

18. 동수경사(i)의 차원은?

① 무차원이다.
② 길이의 차원을 갖는다.
③ 속도의 차원을 갖는다.
④ 면적과 같은 차원이다.

해설 동수경사(i)
물이 흙속을 투과할 때 손실된 수두차

$$i = \frac{\Delta h}{L}$$

여기서, L : 물이 흙 속을 투과한 거리(m)
Δh : 수두차(m)

19. Rod에 붙인 어떤 저항체를 지중에 넣어 타격관입, 인발 및 회전할 때의 저항으로 흙의 전단강도 등을 측정하는 원위치 시험을 무엇이라 하는가?

① 보링(Boring)
② 사운딩(Sounding)
③ 시료채취(Sampling)
④ 비파괴 시험(NDT)

해설 사운딩(Sounding)
Rod 선단의 저항체를 땅속에 넣어 관입, 회전, 인발 등의 저항으로 토층의 강도 및 밀도 등을 체크하는 방법의 원위치시험

20. 다음 시험 중 흐트러진 시료를 이용한 시험은?

① 전단강도시험
② 압밀시험
③ 투수시험
④ 애터버그 한계시험

해설 애터버그(Atterberg) 한계
점착성이 있는 흙은 함수비에 따라 고체, 반고체, 소성, 액성의 상태로 변화하는데 이러한 흙의 성질을 연경도(Consistency)라 하며, 각각의 변화단계의 경계가 되는 함수비를 애터버그(Atterberg) 한계라 한다. 이때, 애터버그 한계는 함수비와 체적으로 나타낸다.

|해답| 17. ② 18. ① 19. ② 20. ④

Item pool (기사 2018년 3월 4일 시행)

과년도 출제문제 및 해설

01. 어떤 흙에 대해서 일축압축시험을 한 결과 일축압축 강도가 1.0kg/cm²이고 이 시료의 파괴면과 수평면이 이루는 각이 50°일 때 이 흙의 점착력(c_u)과 내부마찰각(ϕ)은?

① $c_u = 0.60\text{kg/cm}^2$, $\phi = 10°$
② $c_u = 0.42\text{kg/cm}^2$, $\phi = 50°$
③ $c_u = 0.60\text{kg/cm}^2$, $\phi = 50°$
④ $c_u = 0.42\text{kg/cm}^2$, $\phi = 10°$

해설
- 파괴면과 수평면이 이루는 각도

$\theta = 45° + \dfrac{\phi}{2}$ 에서

$50° = 45° + \dfrac{\phi}{2}$

$\therefore \phi = 10°$

- 일축압축강도

$q_u = 2 \cdot c_u \cdot \tan\left(45° + \dfrac{\phi}{2}\right)$ 에서

$1.0 = 2 \times c_u \times \tan\left(45° + \dfrac{10°}{2}\right)$

$\therefore c_{u = 0.42}\text{kg/cm}^2$

02. 피조콘(piezocone) 시험의 목적이 아닌 것은?

① 지층의 연속적인 조사를 통하여 지층 분류 및 지층 변화 분석
② 연속적인 원지반 전단강도의 추이 분석
③ 중간 점토 내 분포한 sand seam 유무 및 발달 정도 확인
④ 불교란 시료 채취

해설 원추관입시험기(CPT)에다 간극수압을 측정할 수 있도록 트랜스듀서(Transducer)를 부착한 것을 피조콘이라 한다. 이는 전기식 Cone을 선단로드에 부착하여 지중에 일정한 관입속도로 관입시키면서 저항치를 측정하는 시험이다.

03. 포화된 지반의 간극비를 e, 함수비를 w, 간극률을 n, 비중을 G_s라 할 때 다음 중 한계동수경사를 나타내는 식으로 적절한 것은?

① $\dfrac{G_s+1}{1+e}$　② $\dfrac{e-w}{w(1+e)}$

③ $(1+n)(G_s-1)$　④ $\dfrac{G_s(1-w+e)}{(1+G_s)(1+e)}$

해설
- 한계동수경사 $i_c = \dfrac{G_s-1}{1+e}$
- 상관식 $S \cdot e = G_s \cdot \omega$에서 포화토의 경우

$G_s = \dfrac{e}{\omega}$

$\therefore i_c = \dfrac{G_s-1}{1+e} = \dfrac{\dfrac{e}{\omega}-1}{1+e} = \dfrac{e-\omega}{\omega(1+e)}$

04. 다음 중 투수계수를 좌우하는 요인이 아닌 것은?

① 토립자의 비중
② 토립자의 크기
③ 포화도
④ 간극의 형상과 배열

해설 투수계수에 영향을 주는 인자

$K = D_s^{\ 2} \cdot \dfrac{r}{\eta} \cdot \dfrac{e^3}{1+e} \cdot C$

㉠ 입자의 모양
㉡ 간극비
㉢ 포화도
㉣ 점토의 구조
㉤ 유체의 점성계수
㉥ 유체의 밀도 및 농도

∴ 흙입자의 비중은 투수계수와 관계가 없다.

 |해답| 1. ④ 2. ④ 3. ② 4. ①

05. 어떤 점토의 압밀계수는 1.92×10^{-3}cm²/sec, 압축계수는 2.86×10^{-2}cm²/g이었다. 이 점토의 투수계수는?(단, 이 점토의 초기간극비는 0.8이다.)

① 1.05×10^{-5}cm/sec
② 2.05×10^{-5}cm/sec
③ 3.05×10^{-5}cm/sec
④ 4.05×10^{-5}cm/sec

■해설 압밀시험에 의한 투수계수

$$K=C_v\cdot m_v\cdot r_w=C_v\cdot\frac{a_v}{1+e}\cdot r_w$$
$$=1.92\times10^{-3}\times\frac{2.86\times10^{-2}}{1+0.8}\times1$$
$$=3.05\times10^{-5}\text{cm/sec}$$

06. 반무한 지반의 지표상에 무한길이의 선하중 q_1, q_2가 다음의 그림과 같이 작용할 때 A점에서의 연직응력 증가는?

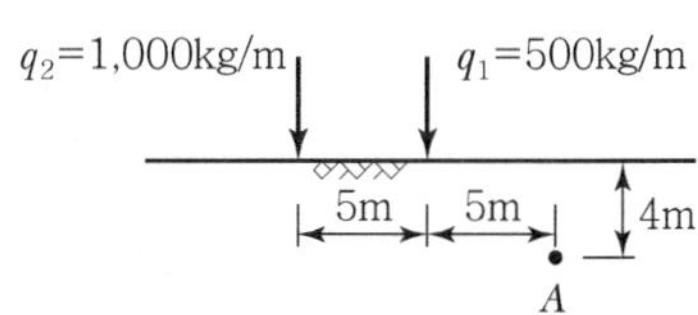

① 3.03kg/m²
② 12.12kg/m²
③ 15.15kg/m²
④ 18.18kg/m²

■해설 선하중에 의한 지중응력 증가량

$$\Delta\sigma=\frac{2Pz^3}{\pi(x^2+z^2)^2}\text{에서}$$
$$\Delta\sigma_A=\frac{2\times500\times4^3}{\pi\times(5^2+4^2)^2}+\frac{2\times1{,}000\times4^3}{\pi\times(10^2+4^2)^2}=15.15\text{kg/m}^2$$

07. 크기가 30cm×30cm의 평판을 이용하여 사질토 위에서 평판재하시험을 실시하고 극한지지력 20t/m²를 얻었다. 크기가 1.8m×1.8m인 정사각형기초의 총허용하중은 약 얼마인가?(단, 안전율 3을 사용)

① 22ton
② 66ton
③ 130ton
④ 150ton

■해설 사질토 지반의 지지력은 재하판의 폭에 비례한다.

즉, $0.3:20=1.8:q_u$

$\therefore$ 극한지지력 $q_u=120\text{t/m}^2$

허용지지력 $q_a=\dfrac{q_u}{F}=\dfrac{120}{3}=40\text{t/m}^2$

허용하중 $Q_a=q_a\cdot A$
$=40\times1.8\times1.8=129.6\text{t}\fallingdotseq130\text{t}$

08. $\gamma_{sat}=2.0\text{t/m}^3$인 사질토가 20°로 경사진 무한사면이 있다. 지하수위가 지표면과 일치하는 경우 이 사면의 안전율이 1 이상이 되기 위해서는 흙의 내부마찰각이 최소 몇 도 이상이어야 하는가?

① 18.21°
② 20.52°
③ 36.06°
④ 45.47°

■해설 반무한사면의 안전율($C=0$인 사질토, 지하수위가 지표면과 일치)

$$F_s=\frac{\gamma_{sub}}{\gamma_{sat}}\times\frac{\tan\phi}{\tan i}\text{에서}$$
$$1=\frac{1}{2}\times\frac{\tan\phi}{\tan20°}$$
$$\therefore\ \phi=36.06°$$

09. 깊은 기초의 지지력 평가에 관한 설명으로 틀린 것은?

① 현장 타설 콘크리트 말뚝 기초는 동역학적 방법으로 지지력을 추정한다.
② 말뚝항타분석기(PDA)는 말뚝의 응력분포, 경시 효과 및 해머 효율을 파악할 수 있다.
③ 정역학적 지지력 추정방법은 논리적으로 타당하나 강도정수를 추정하는 데 한계성을 내포하고 있다.
④ 동역학적 방법은 항타장비, 말뚝과 지반조건이 고려된 방법으로 해머 효율의 측정이 필요하다.

■해설 동역학적 방법(항타공식)

항타할 때의 타격에너지와 지반의 변형에 의한 에너지가 같다고 하여 만든 공식으로 기성 말뚝을 항타하여 시공 시 지지력을 추정할 수 있음

|해답| 5. ③ 6. ③ 7. ③ 8. ③ 9. ①

10. Terzaghi의 극한지지력 공식에 대한 설명으로 틀린 것은?

① 기초의 형상에 따라 형상계수를 고려하고 있다.
② 지지력계수 N_c, N_q, N_γ는 내부마찰각에 의해 결정된다.
③ 점성토에서의 극한지지력은 기초의 근입깊이가 깊어지면 증가된다.
④ 극한지지력은 기초의 폭에 관계없이 기초 하부의 흙에 의해 결정된다.

해설 Terzaghi 극한지지력 공식

$$q_u = \alpha \cdot c \cdot N_c + \beta \cdot \gamma_1 \cdot B \cdot N_\gamma + \gamma_2 \cdot D_f \cdot N_q$$

여기서, α, β : 형상계수
N_c, N_γ, N_q : 지지력계수 (ϕ 함수)
c : 점착력
γ_1, γ_2 : 단위중량
B : 기초폭
D_f : 근입깊이

∴ 극한지지력은 기초의 폭이 증가하면 지지력도 증가한다.

11. 흙의 다짐시험에서 다짐에너지를 증가시킬 때 일어나는 결과는?

① 최적함수비는 증가하고, 최대건조 단위중량은 감소한다.
② 최적함수비는 감소하고, 최대건조 단위중량은 증가한다.
③ 최적함수비와 최대건조 단위중량이 모두 감소한다.
④ 최적함수비와 최대건조 단위중량이 모두 증가한다.

해설
- 다짐E↑, γ_{dmax}↑, OMC↓, 양입도, 조립토, 급한 경사
- 다짐E↓, γ_{dmax}↓, OMC↑, 빈입도, 세립토, 완만한 경사

12. 유선망(Flow Net)의 성질에 대한 설명으로 틀린 것은?

① 유선과 등수두선은 직교한다.
② 동수경사(i)는 등수두선의 폭에 비례한다.
③ 유선망으로 되는 사각형은 이론상 정사각형이다.
④ 인접한 두 유선 사이, 즉 유로를 흐르는 침투수량은 동일하다.

해설 Darcy 법칙

침투속도 $V = Ki = K \cdot \dfrac{\Delta h}{L}$

∴ 침투속도 및 동수경사는 유선망의 폭에 반비례한다.

13. 다음 그림에서 토압계수 K=0.5일 때의 응력경로는 어느 것인가?

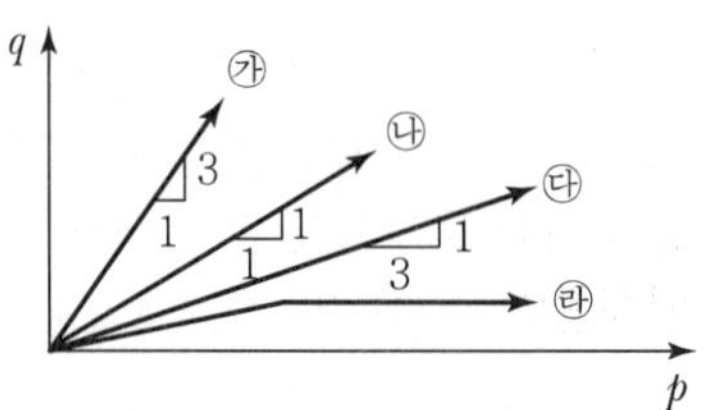

① ㉮　　② ㉯
③ ㉰　　④ ㉱

해설

$$\frac{q}{p} = \frac{\dfrac{\sigma_1 - \sigma_3}{2}}{\dfrac{\sigma_1 + \sigma_3}{2}} = \frac{\sigma_1 - \sigma_3}{\sigma_1 + \sigma_3}$$

$$= \frac{1 - \dfrac{\sigma_3}{\sigma_1}}{1 + \dfrac{\sigma_3}{\sigma_1}} = \frac{1-K}{1+K}$$

$$= \frac{1-0.5}{1+0.5} = \frac{0.5}{1.5} = \frac{1}{3}$$

(∵ 토압계수 $K = \dfrac{\sigma_3}{\sigma_1}$ 이므로)

14. 다음 중 부마찰력이 발생할 수 있는 경우가 아닌 것은?

① 매립된 생활쓰레기 중에 시공된 관측정
② 붕적토에 시공된 말뚝 기초
③ 성토한 연약점토지반에 시공된 말뚝 기초
④ 다짐된 사질지반에 시공된 말뚝 기초

 |해답| 10. ④ 11. ② 12. ② 13. ③ 14. ④

■ 해설 부마찰력

압밀침하를 일으키는 연약 점토층을 관통하여 지지층에 도달한 지지말뚝의 경우, 연약층의 침하에 의하여 하향의 주면마찰력이 발생하여 지지력이 감소하고 도리어 하중이 증가하며, 상대변위의 속도가 빠를수록 부마찰력은 크다.

15. 흙 시료의 전단파괴면을 미리 정해놓고 흙의 강도를 구하는 시험은?

① 직접전단시험 ② 평판재하시험
③ 일축압축시험 ④ 삼축압축시험

■ 해설 직접전단시험기

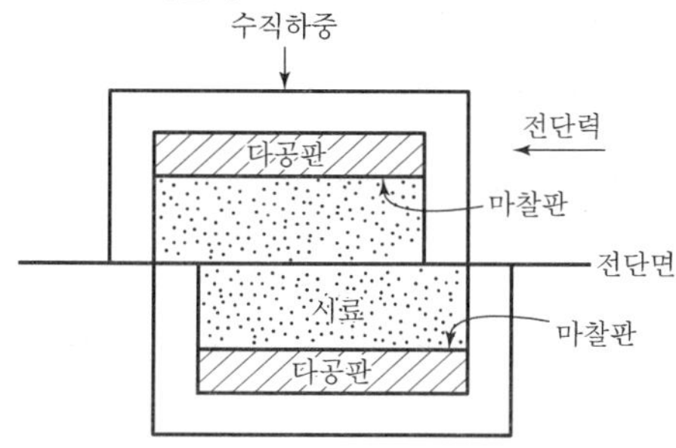

전단면에 대한 연직하중
전단력
전단면
다공석판

16. 4.75mm체(4번 체) 통과율이 90%이고, 0.075mm체(200번 체) 통과율이 4%, $D_{10}=0.25\text{mm}$, $D_{30}=0.6\text{mm}$, $D_{60}=2\text{mm}$인 흙을 통일분류법으로 분류하면?

① GW ② GP
③ SW ④ SP

■ 해설
- 조립토 : #200체(0.075mm체) 통과량이 50% 이하
- 세립토 : #200체 통과량이 50% 이상
- 자갈 : #4체(4.75 mm체) 통과량이 50% 이하
- 모래 : #4체 통과량이 50% 이상
- 입도양호자갈 : 균등계수 $C_u>4$, 곡률계수 $C_g=1\sim3$
- 입도양호모래 : 균등계수 $C_u>6$, 곡률계수 $C_g=1\sim3$

#200체 통과율 4% → 조립토
#4체 통과율 90% → 모래(S)

균등계수 $C_u=\dfrac{D_{60}}{D_{10}}=\dfrac{2}{0.25}=8$

곡률계수 $C_g=\dfrac{{D_{30}}^2}{D_{10}\times D_{60}}=\dfrac{0.6^2}{0.25\times2}=0.72$

$C_u=8>6$, $C_g=0.72\neq1\sim3$
→ 입도분포 불량(P)
∴ SP(입도분포가 불량한 모래)

17. 표준관입 시험에서 N치가 20으로 측정되는 모래 지반에 대한 설명으로 옳은 것은?

① 내부마찰각이 약 30°~40° 정도인 모래이다.
② 유효상재 하중이 20t/m²인 모래이다.
③ 간극비가 1.2인 모래이다.
④ 매우 느슨한 상태이다.

■ 해설 N치와 모래의 상대밀도 관계

N	상대밀도(%)
0~4	대단히 느슨(15)
4~10	느슨(15~35)
10~30	중간(35~65)
30~50	조밀(65~85)
50 이상	대단히 조밀(85~100)

Dunham 공식 : N값의 이용(N값으로 인한 ϕ값의 결정)
- 흙입자가 모나고 입도가 양호한 경우 $\phi=\sqrt{12\cdot N}+25$
- 흙입자가 모나고 입도가 불량한 경우 $\phi=\sqrt{12\cdot N}+20$
- 흙입자가 둥글고 입도가 양호한 경우 $\phi=\sqrt{12\cdot N}+20$
- 흙입자가 둥글고 입도가 불량한 경우 $\phi=\sqrt{12\cdot N}+15$

∴ N치가 20일 때 내부마찰각 ϕ는
$\sqrt{12\times20}+15=30.5°$
$\sqrt{12\times20}+25=40.5°$
약 30°~40°인 모래이다.

|해답| 15. ① 16. ④ 17. ①

18. 그림과 같은 지반에서 하중으로 인하여 수직응력($\Delta\sigma_1$)이 1.0kg/cm² 증가되고 수평응력($\Delta\sigma_3$)이 0.5kg/cm² 증가되었다면 간극수압은 얼마나 증가되었는가?(단, 간극수압계수 $A=0.5$이고 $B=1$이다.)

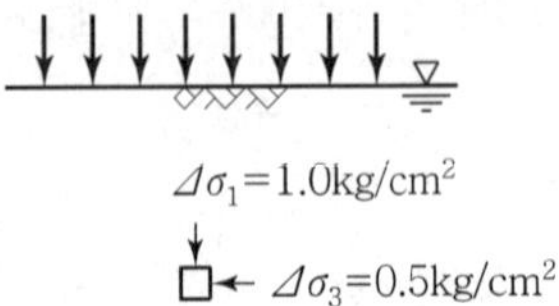

① 0.50kg/cm²
② 0.75kg/cm²
③ 1.00kg/cm²
④ 1.25kg/cm²

해설 과잉간극수압

$$\Delta u = B[\Delta\sigma_3 + A(\Delta\sigma_1 - \Delta\sigma_3)]$$
$$= 1\times[0.5+0.5\times(1-0.5)] = 0.75\text{kg/cm}^2$$

19. 다음 그림과 같은 폭(B) 1.2m, 길이(L) 1.5m인 사각형 얕은 기초에 폭(B) 방향에 대한 편심이 작용하는 경우 지반에 작용하는 최대압축응력은?

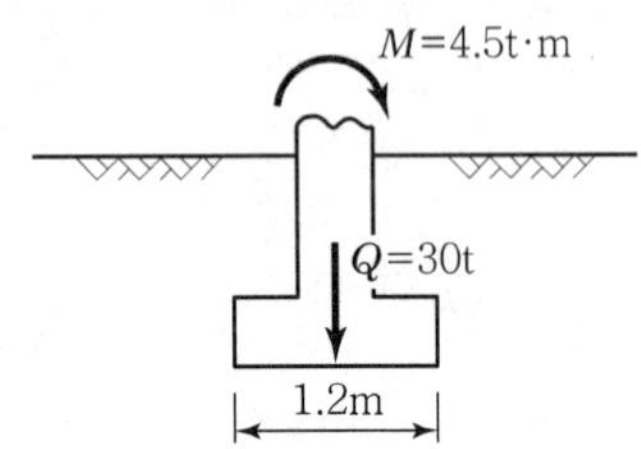

① 29.2t/m²
② 38.5t/m²
③ 39.7t/m²
④ 41.5t/m²

해설 편심하중을 받는 기초의 지지력

$$q_{max} = \frac{\Sigma V}{BL}\times\left(1\pm\frac{6\cdot e}{B}\right)$$
$$= \frac{30}{1.2\times1.5}\times\left(1+\frac{6\times0.15}{1.2}\right) = 29.2\text{t/m}^2$$

여기서, $e = \dfrac{M}{Q} = \dfrac{4.5}{30} = 0.15\text{m}$

20. 그림과 같이 옹벽 배면의 지표면에 등분포하중이 작용할 때, 옹벽에 작용하는 전체 주동토압의 합력(P_a)과 옹벽 저면으로부터 합력의 작용점까지의 높이(h)는?

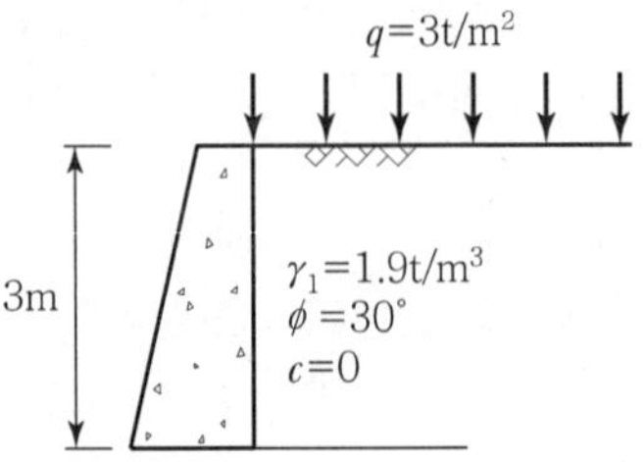

① P_a=2.85t/m, h=1.26m
② P_a=2.85t/m, h=1.38m
③ P_a=5.85t/m, h=1.26m
④ P_a=5.85t/m, h=1.38m

해설
• 주동토압계수

$$K_A = \tan^2\left(45°-\frac{\phi}{2}\right)$$
$$= \frac{1-\sin\phi}{1+\sin\phi} = \frac{1-\sin30°}{1+\sin30°} = 0.333$$

• 전주동토압

$$P_A = \frac{1}{2}\cdot K_A\cdot\gamma\cdot H^2 + K_A\cdot q\cdot H$$
$$= \frac{1}{2}\times0.333\times1.9\times3^2 + 0.333\times3\times3$$
$$= 5.85\text{t/m}$$

• 토압의 작용점

$$h = \frac{P_1\cdot\frac{H}{3}+P_2\cdot\frac{H}{2}}{P_1+P_2}$$
$$= \frac{\frac{1}{2}\times0.333\times1.9\times3^2\times\frac{3}{3}+0.333\times3\times3\times\frac{3}{2}}{\frac{1}{2}\times0.333\times1.9\times3^2+0.333\times3\times3}$$
$$= 1.26\text{m}$$

 |해답| 18. ② 19. ① 20. ③

Item pool (산업기사 2018년 3월 4일 시행)

과년도 출제문제 및 해설

01. 어느 흙의 지하수면 아래의 흙의 단위중량이 $1.94g/cm^3$이었다. 이 흙의 간극비가 0.84일 때 이 흙의 비중을 구하면?

① 1.65 ② 2.65
③ 2.73 ④ 3.73

해설 수중 단위중량

$$\gamma_{sub} = \frac{G_s - 1}{1+e} \text{에서,}$$

$$1.94 = \frac{G_s - 1}{1+0.84}$$

$$\therefore\ G_s = 2.73$$

02. 응력경로(stress path)에 대한 설명으로 틀린 것은?

① 응력경로를 이용하면 시료가 받는 응력의 변화 과정을 연속적으로 파악할 수 있다.
② 응력경로에는 전응력으로 나타내는 전응력 경로와 유효응력으로 나타내는 유효응력 경로가 있다.
③ 응력경로는 Mohr의 응력원에서 전단응력이 최대인 점을 연결하여 구해진다.
④ 시료가 받는 응력상태를 응력경로로 나타내면 항상 직선으로 나타내어진다.

해설 응력경로
응력경로란 시료가 받는 응력의 변화과정을 응력 공간에 궤적으로 나타낸 것으로, Mohr의 응력원에서 전단응력이 최대인 점을 연결하여 구해지며, 시료가 받는 응력상태에 대해 응력경로를 나타내면 직선 또는 곡선으로 나타내어진다. 이때 응력 경로는 전응력 경로와 유효응력 경로로 나눌 수 있다.

03. 지하수위가 지표면과 일치되며 내부마찰각이 30°, 포화단위중량(γ_{sat})이 $2.0t/m^3$이고, 점착력이 0인 사질토로 된 반무한사면이 15°로 경사져 있다. 이때 이 사면의 안전율은?

① 1.00 ② 1.08
③ 2.00 ④ 2.15

해설 반무한사면의 안전율($C=0$인 사질토, 지하수위가 지표면과 일치하는 경우)

$$F_s = \frac{r_{sub}}{r_{sat}} \cdot \frac{\tan\phi}{\tan i} = \frac{2-1}{2} \times \frac{\tan 15°}{\tan 30°} = 1.08$$

04. 점성토의 전단특성에 관한 설명 중 옳지 않은 것은?

① 일축압축시험 시 peak점이 생기지 않을 경우는 변형률 15%일 때를 기준으로 한다.
② 재성형한 시료를 함수비의 변화없이 그대로 방치하면 시간이 경과되면서 강도가 일부 회복하는 현상을 액상화 현상이라 한다.
③ 전단조건(압밀상태, 배수조건 등)에 따라 강도 정수가 달라진다.
④ 포화점토에 있어서 비압밀비배수 시험의 결과 전단 강도는 구속압력의 크기에 관계없이 일정하다.

해설 딕소트로피 현상(Thixotrophy)
흐트러진 시료(교란된 시료)는 강도가 작아지지만 함수비 변화 없이 그대로 방치하면 시간이 경과하면서 손실된 강도를 일부 회복하는 현상

05. 흙의 다짐에너지에 관한 설명으로 틀린 것은?

① 다짐에너지는 램머(rammer)의 중량에 비례한다.
② 다짐에너지는 램머(rammer)의 낙하고에 비례한다.
③ 다짐에너지는 시료의 체적에 비례한다.
④ 다짐에너지는 타격수에 비례한다.

|해답| 1. ③ 2. ④ 3. ② 4. ② 5. ③

■해설 다짐에너지

$$E=\frac{W_r \cdot H \cdot N_b \cdot N_r}{V}$$

∴ 다짐에너지는 시료의 체적에 반비례한다.

06. 흙 속으로 물이 흐를 때, Darcy 법칙에 의한 유속(v)과 실제유속(v_s) 사이의 관계로 옳은 것은?

① $v_s < v$　② $v_s > v$
③ $v_s = v$　④ $v_s = 2v$

■해설 실제침투속도
평균유출속도(v)는 흙의 전 단면적에 대한 유출속도이지만 실제침투속도(v_s)는 흙의 간극을 통과하는 유출속도이기 때문에 다르다. 여기서, 평균유출속도 $v=k \cdot i$, 실제 침투속도 $v_s=\frac{v}{n}$, 간극률 $n<1$ 이기 때문에 실제침투속도가 평균유출속도보다 크다.

07. 10m×10m의 정사각형 기초 위에 6t/m²의 등분포하중이 작용하는 경우 지표면 아래 10m에서의 수직응력을 2 : 1 분포법으로 구하면?

① 1.2t/m²　② 1.5t/m²
③ 1.88t/m²　④ 2.11t/m²

■해설 등분포하중에 의한 지중응력 증가량(2 : 1분포법)

$$\Delta\sigma=\frac{q \cdot B \cdot L}{(B+Z)(L+Z)}=\frac{6\times10\times10}{(10+10)(10+10)}=1.5\text{t/m}^2$$

08. 유선망(流線網)에서 사용되는 용어를 설명한 것으로 틀린 것은?

① 유선 : 흙 속에서 물입자가 움직이는 경로
② 등수두선 : 유선에서 전수두가 같은 점을 연결한 선
③ 유선망 : 유선과 등수두선의 조합으로 이루어지는 그림
④ 유로 : 유선과 등수두선이 이루는 통로

■해설 유로
인접한 2개의 유선 사이의 통로로서 각 유로의 침투유량은 같다.

09. 어떤 흙의 입경가적곡선에서 D_{10}=0.05mm, D_{30}=0.09mm, D_{60}=0.15mm이었다. 균등계수 C_u와 곡률계수 C_g의 값은?

① $C_u=3.0,\ C_g=1.08$
② $C_u=3.5,\ C_g=2.08$
③ $C_u=3.0,\ C_g=2.45$
④ $C_u=3.5,\ C_g=1.82$

■해설
• 균등계수 $C_u=\frac{D_{60}}{D_{10}}=\frac{0.15}{0.05}=3$
• 곡률계수 $C_g=\frac{D_{30}^2}{D_{10}\times D_{60}}=\frac{0.09^2}{0.05\times0.15}=1.08$

10. 두께 6m의 점토층이 있다. 이 점토의 간극비(e_0)는 2.0이고 액성한계(w_l)는 70%이다. 압밀하중을 2kg/cm²에서 4kg/cm²로 증가시킬 때 예상되는 압밀침하량은?(단, 압축지수 C_c는 Skempton의 식 C_c=0.009(w_l-10)을 이용할 것)

① 0.33m　② 0.49m
③ 0.65m　④ 0.87m

■해설
• 압축지수 $C_c=0.009(w_l-10)$
$=0.009\times(70-10)=0.54$
• 최종 압밀침하량 $\Delta H=\frac{C_c}{1+e}\log\frac{p_2}{p_1}H$
$=\frac{0.54}{1+2}\log\frac{4}{2}\times600$
$=33\text{cm}=0.33\text{m}$

11. 어떤 흙 시료에 대하여 일축압축시험을 실시한 결과, 일축압축강도(q_u)가 3kg/cm², 파괴면과 수평면이 이루는 각은 45°이었다. 이 시료의 내부마찰각(ϕ)과 점착력(c)은?

 |해답| 6. ② 7. ② 8. ④ 9. ① 10. ① 11. ①

① $\phi=0,\ c=1.5\text{kg/cm}^2$
② $\phi=0,\ c=3\text{kg/cm}^2$
③ $\phi=90°,\ c=1.5\text{kg/cm}^2$
④ $\phi=45°,\ c=0$

해설 일축압축강도

$q_u=2\cdot c\cdot\tan\left(45°+\frac{\phi}{2}\right)$에서

$\theta=45°+\frac{\phi}{2}=45°$이므로, $\phi=0$

$3=2\cdot c\cdot\tan 45°$이므로, $c=\frac{3}{2}=1.5\text{kg/cm}^2$

12. 사질토 지반에서 직경 30cm의 평판재하시험 결과 30t/m²의 압력이 작용할 때 침하량이 5mm라면, 직경 1.5m의 실제 기초에 30t/m²의 하중이 작용할 때 침하량의 크기는?

① 28mm ② 50mm
③ 14mm ④ 25mm

해설 사질토층의 재하시험에 의한 즉시침하

$$S_F=S_P\cdot\left(\frac{2B_F}{B_F+B_P}\right)^2=5\times\left(\frac{2\times1.5}{1.5+0.3}\right)^2=14\text{mm}$$

13. 흙 속에서 물의 흐름에 영향을 주는 주요 요소가 아닌 것은?

① 흙의 유효입경
② 흙의 간극비
③ 흙의 상대밀도
④ 유체의 점성계수

해설 투수계수에 영향을 주는 인자

$$K=D_s^{\,2}\cdot\frac{r}{\eta}\cdot\frac{e^3}{1+e}\cdot C$$

㉠ 입자의 모양
㉡ 간극비 : 간극비가 클수록 투수계수는 증가한다.
㉢ 포화도 : 포화도가 클수록 투수계수는 증가한다.
㉣ 점토의 구조 : 면모구조가 이산구조보다 투수계수가 크다.
㉤ 유체의 점성계수 : 점성계수가 클수록 투수계수는 작아진다.
㉥ 유체의 밀도 및 농도 : 밀도가 클수록 투수계수는 증가한다.

14. 기초의 구비조건에 대한 설명으로 틀린 것은?

① 기초는 상부하중을 안전하게 지지해야 한다.
② 기초의 침하는 절대 없어야 한다.
③ 기초는 최소 동결깊이보다 깊은 곳에 설치해야 한다.
④ 기초는 시공이 가능하고 경제적으로 만족해야 한다.

해설 기초의 구비조건

㉠ 최소의 근입깊이를 가져야 한다.(동해에 대한 안정)
㉡ 지지력에 대해 안정해야 한다.(안전율은 통상 $F_s=3$)
㉢ 침하에 대해 안정해야 한다.(침하량이 허용값 이내 시공이 가능해야 한다. : 경제성, 시공성)
∴ 기초의 침하는 허용값 이내여야 한다.

15. 토압의 종류로는 주동토압, 수동토압 및 정지토압이 있다. 다음 중 그 크기의 순서로 옳은 것은?

① 주동토압 > 수동토압 > 정지토압
② 수동토압 > 정지토압 > 주동토압
③ 정지토압 > 수동토압 > 주동토압
④ 수동토압 > 주동토압 > 정지토압

해설 수동토압 > 정지토압 > 주동토압

$P_P>P_o>P_A$
$K_P>K_o>K_A$

16. 다음의 사운딩(Sounding) 방법 중에서 동적인 사운딩은?

① 이스키미터(Iskymeter)
② 베인전단시험(Vane Shear Test)
③ 화란식 원추관입시험(Dutch Cone Penetration)
④ 표준관입시험(Standard Penetration Test)

해설 동적인 사운딩

표준관입시험, 동적 원추관입시험

|해답| 12. ③ 13. ③ 14. ② 15. ② 16. ④

17. 다음의 기초형식 중 직접기초가 아닌 것은?

① 말뚝기초 ② 독립기초
③ 연속기초 ④ 전면기초

해설 직접기초(얕은기초)의 종류
㉠ 독립 푸팅기초 ㉡ 캔틸레버 푸팅기초
㉢ 복합 푸팅기초 ㉣ 연속 푸팅기초
㉤ 전면기초(Mat Foundation)
※ 말뚝기초는 깊은기초의 종류이다.

18. 아래 표의 Terzaghi의 극한지지력 공식에 대한 설명으로 틀린 것은?

$$q_u = \alpha c N_c + \beta \gamma_1 B N_\gamma + \gamma_2 D_f N_q$$

① α, β는 기초 형상 계수이다.
② 원형기초에서 B는 원의 직경이다.
③ 정사각형 기초에서 α의 값은 1.3이다.
④ N_c, N_γ, N_q는 지지력 계수로서 흙의 점착력에 의해 결정된다.

해설 테르자기의 극한지지력 공식
$q_u = \alpha \cdot c \cdot N_c + \beta \cdot \gamma_1 \cdot B \cdot N_\gamma + \gamma_2 \cdot D_f \cdot N_q$

형상계수	원형기초	정사각형기초	연속기초
α	1.3	1.3	1.0
β	0.3	0.4	0.5

여기서, α, β : 형상계수
N_c, N_γ, N_q : 지지력계수(내부마찰각 ϕ에 의한 함수)
c : 점착력
γ_1, γ_2 : 단위중량
B : 기초폭
D_f : 근입깊이

∴ N_c, N_γ, N_q는 지지력계수로서 흙의 내부마찰각에 의해 결정된다.

19. 모래치환법에 의한 현장 흙의 단위무게시험에서 표준모래를 사용하는 이유는?

① 시료의 부피를 알기 위해서
② 시료의 무게를 알기 위해서
③ 시료의 입경을 알기 위해서
④ 시료의 함수비를 알기 위해서

해설 모래치환법
모래는 현장에서 파낸 구멍의 체적(부피)을 알기 위하여 쓰인다.

20. 다음과 같은 토질시험 중에서 현장에서 이루어지지 않는 시험은?

① 베인(Vane)전단시험
② 표준관입시험
③ 수축한계시험
④ 원추관입시험

해설
- 사운딩(Sounding) : Rod 선단의 저항체를 땅속에 넣어 관입, 회전, 인발 등의 저항으로 토층의 강도 및 밀도 등을 체크하는 방법의 원위치 현장조사시험(베인전단시험, 표준관입시험, 원추관입시험 등)
- 수축한계시험 : 흙이 반고체상태에서 함수비의 감소에 따라 고체상태로 옮겨지는 한계의 함수비를 결정하기 위한 실내 토질조사시험

 |해답| 17. ① 18. ④ 19. ① 20. ③

Item pool (기사 2018년 4월 28일 시행)

과년도 출제문제 및 해설

01. 어떤 시료에 대해 액압 1.0kg/cm²를 가해 각 수직변위에 대응하는 수직하중을 측정한 결과가 아래 표와 같다. 파괴 시의 축차응력은?(단, 피스톤의 지름과 시료의 지름은 같다고 보며, 시료의 단면적 $A_O=18\text{cm}^2$, 길이 L=14cm이다.)

ΔL (1/100mm)	0	⋯	1,000	1,100	1,200	1,300	1,400
P(kg)	0	⋯	54.0	58.0	60.0	59.0	58.0

① 3.05kg/cm²　② 2.55kg/cm²
③ 2.05kg/cm²　④ 1.55kg/cm²

■ 해설 축차응력(압축응력)

$$\sigma=\frac{P}{A}=\frac{60}{19.6875}=3.05\text{kg/cm}^2$$

여기서, 파괴 시 단면적

$$A=\frac{A_O}{1+\varepsilon}=\frac{A_O}{1+\dfrac{\Delta L}{L}}=\frac{18}{1+\dfrac{1.2}{14}}$$

$=19.6875\text{cm}^2$

파괴 시 수직하중 P=60.0kg

파괴 시 수직변위 ΔL=1,200(1/100mm)

02. 전단마찰각이 25°인 점토의 현장에 작용하는 수직응력이 5t/m²이다. 과거 작용했던 최대하중이 10t/m²이라고 할 때 대상지반의 정지토압계수를 추정하면?

① 0.40　② 0.57
③ 0.82　④ 1.14

■ 해설
- 정지토압계수 $K_o=1-\sin\phi=1-\sin 25°=0.577$
- 과압밀비 $\text{OCR}=\dfrac{P_c}{P_o}=\dfrac{\text{선행 압밀하중}}{\text{현재 유효상재하중}}=\dfrac{10}{5}=2$
- 과압밀점토인 경우 정지토압계수

$$K_{o(\text{과압밀})}=K_{o(\text{정규압밀})}\cdot\sqrt{\text{OCR}}=0.577\sqrt{2}=0.82$$

03. 무게 3ton인 단동식 증기 hammer를 사용하여 낙하고 1.2m에서 pile을 타입할 때 1회 타격당 최종 침하량이 2cm이었다. Engineering News 공식을 사용하여 허용 지지력을 구하면 얼마인가?

① 13.3t　② 26.7t
③ 80.8t　④ 160t

■ 해설 Engineering News 공식(단동식 증기해머)

허용지지력

$$R_a=\frac{R_u}{F}=\frac{W_H\cdot H}{6(S+0.25)}=\frac{3\times120}{6\times(2+0.25)}$$

=26.7t

(∵ Engineering News 공식 안전율 F=6)

04. 점토 지반의 강성 기초의 접지압 분포에 대한 설명으로 옳은 것은?

① 기초 모서리 부분에서 최대응력이 발생한다.
② 기초 중앙 부분에서 최대응력이 발생한다.
③ 기초 밑면의 응력은 어느 부분이나 동일하다.
④ 기초 밑면에서의 응력은 토질에 관계없이 일정하다.

■ 해설

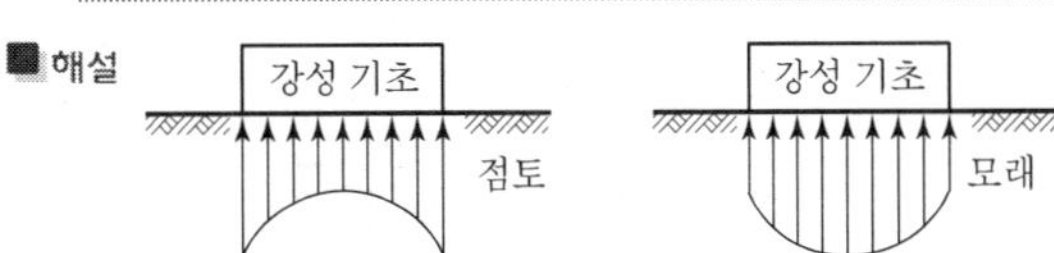

- 점토지반 접지압 분포 : 기초 모서리에서 최대응력 발생
- 모래지반 접지압 분포 : 기초 중앙부에서 최대응력 발생

05. 다음 그림과 같이 피압수압을 받고 있는 2m 두께의 모래층이 있다. 그 위의 포화된 점토층을 5m 깊이로 굴착하는 경우 분사현상이 발생하지 않기 위한 수심(h)은 최소 얼마를 초과하도록 하여야 하는가?

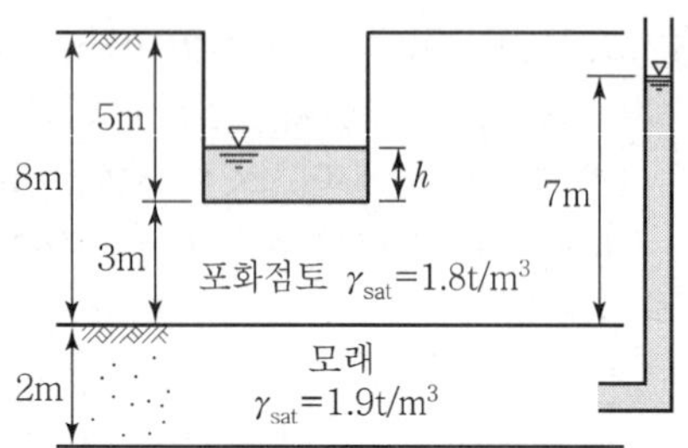

① 1.3m ② 1.6m
③ 1.9m ④ 2.4m

해설 한계심도(피압대수층)

$\gamma_{sat} \cdot H + \gamma_w \cdot h = \gamma_w \cdot h_w$

$1.8 \times 3 + 1 \times h = 1 \times 7$

$\therefore h = 7 - 5.4 = 1.6\text{m}$

06. 내부마찰각 $\phi_u = 0$, 점착력 c_u =4.5t/m², 단위중량이 1.9t/m³되는 포화된 점토층에 경사각 45°로 높이 8m인 사면을 만들었다. 그림과 같은 하나의 파괴면을 가정했을 때 안전율은?(단, $ABCD$의 면적은 70m²이고, $ABCD$의 무게중심은 O점에서 4.5m거리에 위치하며, 호 AC의 길이는 20.0m이다.)

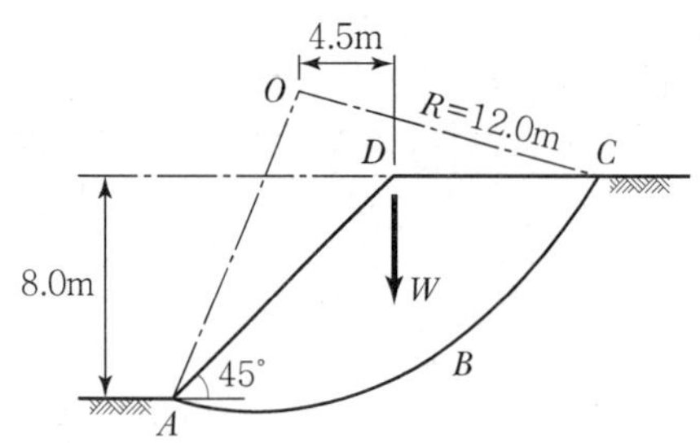

① 1.2 ② 1.8
③ 2.5 ④ 3.2

해설 원호 활동면 안전율

$$F = \frac{\text{저항}M}{\text{활동}M} = \frac{c \cdot l \cdot R}{A \cdot \gamma \cdot L} = \frac{4.5 \times 20 \times 12}{70 \times 1.9 \times 4.5} = 1.8$$

07. 다음 중 임의 형태 기초에 작용하는 등분포하중으로 인하여 발생하는 지중응력계산에 사용하는 가장 적합한 계산법은?

① Boussinesq 법
② Osterberg 법
③ Newmark 영향원법
④ 2 : 1 간편법

해설 영향원법은 지표면에 작용하는 임의의 형상의 등분포하중에 의해서 임의의 점에 생기는 응력을 구할 수 있는 도해법이다.

08. 노건조한 흙 시료의 부피가 1,000cm³, 무게가 1,700g, 비중이 2.65이라면 간극비는?

① 0.71 ② 0.43
③ 0.65 ④ 0.56

해설 건조단위중량 $r_d = \dfrac{W}{V} = \dfrac{G_s}{1+e} r_w$ 에서

$$r_d = \frac{1,700}{1,000} = \frac{2.65}{1+e} \times 1 = 1.7\text{g/cm}^3$$

$$\therefore \text{간극비 } e = \frac{G_s \cdot r_w}{r_d} - 1 = \frac{2.65 \times 1}{1.7} - 1 = 0.56$$

09. 흙의 공학적 분류방법 중 통일분류법과 관계없는 것은?

① 소성도
② 액성한계
③ No.200체 통과율
④ 군지수

해설 AASHTO분류법은 입도분포, 군지수 등을 주요 분류인자로 한 분류법이다.

10. 수조에 상방향의 침투에 의한 수두를 측정한 결과, 그림과 같이 나타났다. 이때, 수조 속에 있는 흙에 발생하는 침투력을 나타낸 식은?(단, 시료의 단면적은 A, 시료의 길이는 L, 시료의 포화단위중량은 γ_{sat}, 물의 단위중량은 γ_w이다.)

 |해답| 5. ② 6. ② 7. ③ 8. ④ 9. ④ 10. ②

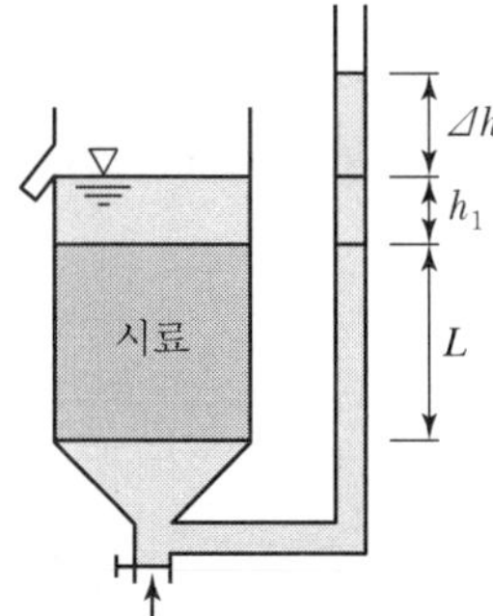

① $\Delta h \cdot \gamma_w \cdot \dfrac{A}{L}$　② $\Delta h \cdot \gamma_w \cdot A$

③ $\Delta h \cdot \gamma_{sat} \cdot A$　④ $\dfrac{\gamma_{sat}}{\gamma_w} \cdot A$

해설 침투수압의 합력

$J = \Delta h \cdot \gamma_w \cdot A$

11. 포화단위중량이 1.8t/m³인 흙에서의 한계동수경사는 얼마인가?

① 0.8　② 1.0
③ 1.8　④ 2.0

해설 한계동수경사

$i_c = \dfrac{h}{L} = \dfrac{r_{sub}}{r_w} = \dfrac{r_{sat} - r_w}{r_w} = \dfrac{1.8-1}{1} = 0.8$

12. 입경이 균일한 포화된 사질지반에 지진이나 진동 등 동적하중이 작용하면 지반에서는 일시적으로 전단강도를 상실하게 되는데, 이러한 현상을 무엇이라고 하는가?

① 분사현상(quick sand)
② 틱소트로피현상(Thixotropy)
③ 히빙현상(heaving)
④ 액상화현상(liquefaction)

해설 액상화현상

모래지반, 특히 느슨한 모래지반이나 물로 포화된 모래지반에 지진과 같은 Dynamic 하중에 의해 간극수압이 증가하여 이로 인하여 유효응력이 감소하며 전단강도가 떨어져서 물처럼 흐르는 현상

13. 다음 시료채취에 사용되는 시료기(sampler) 중 불교란 시료 채취에 사용되는 것만 고른 것으로 옳은 것은?

(1) 분리형 원통 시료기(split spoon sampler)
(2) 피스톤 튜브 시료기(piston tube sampler)
(3) 얇은 관 시료기(thin wall tube sampler)
(4) Laval 시료기(Laval sampler)

① (1), (2), (3)　② (1), (2), (4)
③ (1), (3), (4)　④ (2), (3), (4)

해설 불교란 시료 채취기
- 피스톤 튜브 시료기
- 얇은 관 시료기
- Lavel 시료기

14. 점토의 다짐에서 최적함수비보다 함수비가 적은 건조측 및 함수비가 많은 습윤측에 대한 설명으로 옳지 않은 것은?

① 다짐의 목적에 따라 습윤 및 건조측으로 구분하여 다짐계획을 세우는 것이 효과적이다.
② 흙의 강도 증가가 목적인 경우, 건조측에서 다지는 것이 유리하다.
③ 습윤측에서 다지는 경우, 투수계수 증가 효과가 크다.
④ 다짐의 목적이 차수를 목적으로 하는 경우, 습윤측에서 다지는 것이 유리하다.

해설 점성토에서 OMC보다 큰 함수비로 다지면 이산구조(분산구조), OMC보다 작은 함수비로 다지면 면모구조를 보인다. 그러므로, 강도증진을 목적으로 하는 경우에는 습윤측 다짐을, 차수를 목적으로 하는 경우에는 건조측 다짐이 바람직하다.

15. 어떤 지반에 대한 토질시험결과 점착력 $c=0.50$ kg/cm², 흙의 단위중량 $\gamma=2.0$t/m³이었다. 그 지반에 연직으로 7m를 굴착했다면 안전율은 얼마인가?(단, $\phi=0$이다.)

① 1.43　② 1.51
③ 2.11　④ 2.61

해설 • 한계고 : 연직절취깊이

$$H_c = \frac{4 \cdot c}{r}\tan(45° + \frac{\phi}{2})$$

$$= \frac{4 \times 5}{2.0}\tan(45° + \frac{0°}{2}) = 10\text{m}$$

(여기서, 점착력 $c = 0.5\text{kg/cm}^2 = 5\text{t/m}^2$이다.)

• 연직사면의 안전율

$$F = \frac{H_c}{H} = \frac{10}{7} = 1.43$$

16. 다음 그림과 같이 점토질 지반에 연속기초가 설치되어 있다. Terzaghi 공식에 의한 이 기초의 허용지지력은?(단, $\phi = 0$이며, 폭(B)= 2m, N_c = 5.14, N_q =1.0, $N_\gamma = 0$, 안전율 $F_S = 3$이다.)

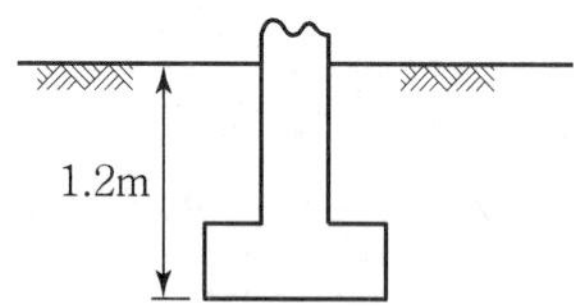

점토질 지반 γ=1.92t/m^3
일축압축강도 q_u=14.86t/m^2

① 6.4t/m^2 ② 13.5t/m^2
③ 18.5t/m^2 ④ 40.49t/m^2

해설 Terzaghi 극한지지력 공식

형상계수	원형기초	정사각형기초	연속기초
α	1.3	1.3	1.0
β	0.3	0.4	0.5

$$q_u = \alpha \cdot c \cdot N_c + \beta \cdot \gamma_1 \cdot \text{B} \cdot N_r + \gamma_2 \cdot D_f \cdot N_q$$
$$= 1.0 \times 7.43 \times 5.14 + 0.5 \times 1.92 \times 2 \times 0 + 1.92 \times 1.2 \times 1.0$$
$$= 40.49\text{t/m}^2$$

(여기서, 점착력 $c = \frac{q_u}{2} = \frac{14.86}{2} = 7.43\text{t/m}^2$)

∴ 허용지지력 $q_a = \frac{q_u}{F} = \frac{40.49}{3} = 13.5\text{t/m}^2$

17. Meyerhof의 극한지지력 공식에서 사용하지 않는 계수는?

① 형상계수 ② 깊이계수
③ 시간계수 ④ 하중경사계수

해설 Meyerhof는 Terzaghi의 극한지지력 공식과 유사하면서 형상계수, 깊이계수, 경사계수를 추가한 극한지지력 공식을 제안하였다.

18. 토질조사에 대한 설명 중 옳지 않은 것은?

① 사운딩(Sounding)이란 지중에 저항체를 삽입하여 토층의 성상을 파악하는 현장 시험이다.
② 불교란 시료를 얻기 위해서 Foil Sampler, Thin wall tube sampler 등이 사용된다.
③ 표준관입시험은 로드(Rod)의 길이가 길어질수록 N치가 작게 나온다.
④ 베인시험은 정적인 사운딩이다.

해설 로드(Rod)길이 수정
심도가 깊어지면 타격에너지 손실로 실제보다 N치가 크게 나옴

19. 2.0kg/cm^{2}의 구속응력을 가하여 시료를 완전히 압밀시킨 다음, 축차응력을 가하여 비배수 상태로 전단시켜 파괴 시 축변형률 ε_f=10%, 축차응력 $\Delta\sigma_f$=2.8kg/cm^2, 간극수압 Δu_f=2.1kg/cm^{2}를 얻었다. 파괴 시 간극수압계수 A는?(단, 간극수압계수 B는 1.0으로 가정한다.)

① 0.44
② 0.75
③ 1.33
④ 2.27

해설 간극수압계수 $A = \frac{D}{B}$

(여기서, $D = \frac{\Delta u_f(\text{간극수압})}{\Delta\sigma_f(\text{축차응력})} = \frac{2.1}{2.8} = 0.75$)

∴ $A = \frac{D}{B} = \frac{0.75}{1} = 0.75$

20. 다음 그림과 같이 3개의 지층으로 이루어진 지반에서 수직방향 등가투수계수는?

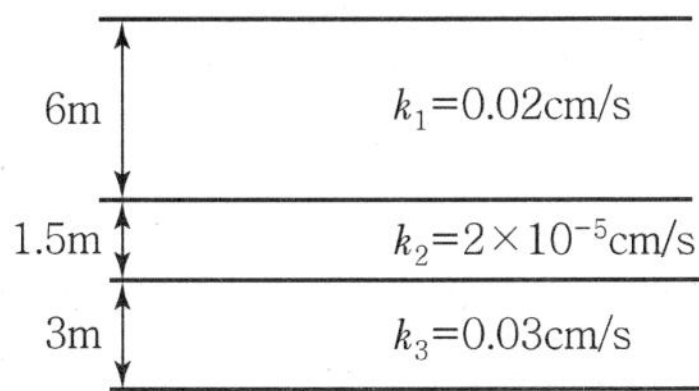

① 2.516×10^{-6}cm/s ② 1.274×10^{-5}cm/s
③ 1.393×10^{-4}cm/s ④ 2.0×10^{-2}cm/s

해설 수직방향 평균투수계수

$$K_V = \frac{H}{\dfrac{H_1}{K_1} + \dfrac{H_2}{K_2} + \dfrac{H_3}{K_3}}$$

$$= \frac{600 + 500 + 300}{\dfrac{600}{0.02} + \dfrac{500}{2 \times 10^{-5}} + \dfrac{300}{0.03}}$$

$$= 1.393 \times 10^{-4} \text{cm/s}$$

Item pool (산업기사 2018년 4월 28일 시행)

과년도 출제문제 및 해설

01. 말뚝재하실험 시 연약점토지반인 경우는 pile의 타입 후 20여 일이 지난 다음 말뚝재하실험을 한다. 그 이유로 가장 타당한 것은?

① 주면 마찰력이 너무 크게 작용하기 때문에
② 부마찰력이 생겼기 때문에
③ 타입 시 주변이 교란되었기 때문에
④ 주위가 압축되었기 때문에

해설 딕소트로피(Thixotropy) 고려
연약점토지반에 말뚝재하시험을 하는 경우는 말뚝 타입 후 20여 일 지난 후 재하시험을 행하는데, 그 이유는 말뚝 타입 시 주변이 교란되었기 때문이다.

02. 다음의 흙 중 암석이 풍화되어 원래의 위치에서 토층이 형성된 흙은?

① 충적토 ② 이탄
③ 퇴적토 ④ 잔적토

해설 잔적토
암석이 풍화하여 토양으로 되는 경우, 그 자리에서 발달하는 토양이다.

03. 어느 흙의 액성한계는 35%, 소성한계가 22%일 때 소성지수는 얼마인가?

① 12 ② 13
③ 15 ④ 17

해설 소성지수
$I_p = LL - PL = 35 - 22 = 13(\%)$

04. 다음 중 사면안정 해석법과 관계가 없는 것은?

① 비숍(Bishop)의 방법
② 마찰원법
③ 펠레니우스(Fellenius)의 방법
④ 뷰지네스크(Boussinesq)의 이론

해설 사면안정 해석방법
- 마찰원법
- 비숍(Bishop)법
- 펠레니우스(Fellenius)법

05. 노상토의 지지력을 나타내는 CBR값의 단위는?

① kg/cm^2 ② kg/cm
③ kg/cm^3 ④ %

해설 CBR치

$$CBR(\%) = \frac{시험단위하중}{표준단위하중} \times 100 = \frac{시험하중}{표준하중} \times 100$$

06. 압밀시험에서 시간-침하곡선으로부터 직접 구할 수 있는 사항은?

① 선행압밀압력 ② 점성보정계수
③ 압밀계수 ④ 압축지수

해설 시간-침하곡선
하중단계마다 시간-침하곡선을 작도하여 t를 구한 후 압밀계수를 결정한다.

$$C_v = \frac{T_v \cdot H^2}{t}$$

 |해답| 1. ③ 2. ④ 3. ② 4. ④ 5. ④ 6. ③

07. 그림과 같은 지반에서 포화토 $A-A$면에서의 유효응력은?

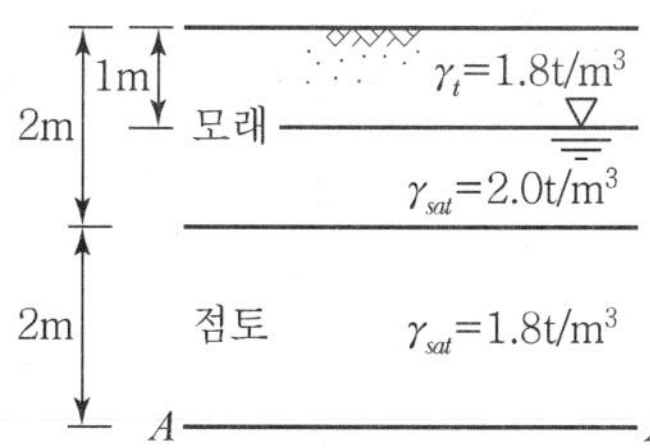

① 2.4t/m^2　② 4.4t/m^2
③ 5.6t/m^2　④ 7.2t/m^2

해설
- 전응력
  $\sigma = \gamma_t \cdot H_1 + \gamma_{sat1} \cdot H_2 + \gamma_{sat2} \cdot H_3$
  $= 1.8\times1+2.0\times1+1.8\times2 = 7.4\text{t/m}^2$
- 간극수압
  $u = \gamma_w \cdot h_w = 1\times3 = 3\text{t/m}^2$
- 유효응력
  $\sigma' = \sigma - u = 7.4-3 = 4.4\text{t/m}^2$

08. 다음 중 사운딩(sounding)이 아닌 것은?

① 표준관입시험　② 일축압축시험
③ 원추관입시험　④ 베인시험

해설 사운딩
- 정적 사운딩 : 베인시험, 이스키미터, 휴대용 원추관입시험, 화란식 원추관입시험, 스웨덴식 관입시험
- 동적 사운딩 : 표준관입시험, 동적 원추관입시험
- 일축압축시험 : 점성토의 일축압축강도와 예민비를 구하기 위해 행하는 전단시험

09. 다음 중 얕은 기초에 속하지 않는 것은?

① 피어기초　② 전면기초
③ 독립확대기초　④ 복합확대기초

해설 기초의 종류
- 얕은(직접)기초 : 푸팅(확대)기초, 전면기초
- 깊은기초 : 말뚝기초, 피어기초, 케이슨기초

10. 어느 흙에 대하여 직접 전단시험을 하여 수직응력이 3.0kg/cm²일 때 2.0kg/cm²의 전단강도를 얻었다. 이 흙의 점착력이 1.0kg/cm²이면 내부마찰각은 약 얼마인가?

① 15.2°　② 18.4°
③ 21.3°　④ 24.6°

해설 전단강도
$\tau = c + \sigma\tan\phi$에서,
$2 = 1 + 3\tan\phi$
$\therefore \phi = 18.4°$

11. 그림과 같은 모래 지반에서 흙의 단위중량이 1.8t/m³이다. 정지토압 계수가 0.5이면 깊이 5m 지점에서의 수평응력은 얼마인가?

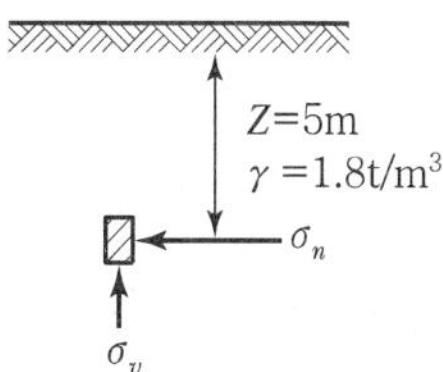

① 4.5t/m^2　② 8.0t/m^2
③ 13.5t/m^2　④ 15.0t/m^2

해설 토압
수직응력 $\sigma_v = \gamma \cdot Z = 1.8\times5 = 9\text{t/m}^2$
수평응력 $\sigma_h = K \cdot \sigma_v = 0.5\times9 = 4.5\text{t/m}^2$

12. 다음 그림과 같은 다층지반에서 연직방향의 등가투수계수는?

1m　$K_1=5.0\times10^{-2}$cm/sec
2m　$K_2=4.0\times10^{-3}$cm/sec
1.5m　$K_3=2.0\times10^{-2}$cm/sec

① 5.8×10^{-3}cm/sec
② 6.4×10^{-3}cm/sec
③ 7.6×10^{-3}cm/sec
④ 1.4×10^{-2}cm/sec

■해설 연직방향 등가투수계수

$$K_v = \frac{H}{\frac{H_1}{K_1}+\frac{H_2}{K_2}+\frac{H_3}{K_3}}$$

$$= \frac{100+200+150}{\frac{100}{5\times10^{-2}}+\frac{200}{4\times10^{-3}}+\frac{150}{2\times10^{-2}}}$$

$$= 7.6\times10^{-3}\text{cm/sec}$$

13. 다음 중 느슨한 모래의 전단변위와 시료의 부피 변화 관계곡선으로 옳은 것은?

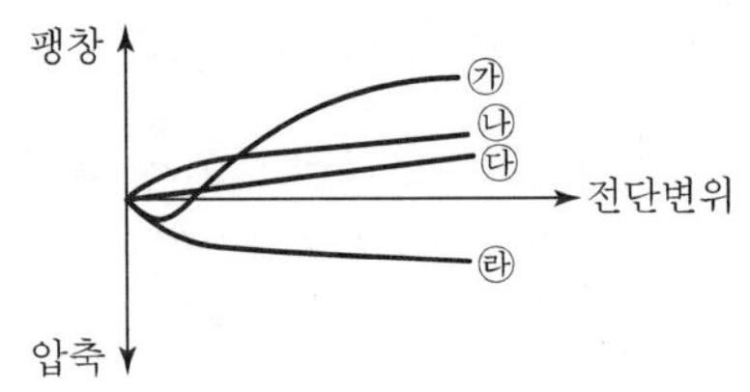

① ㉮　　② ㉯
③ ㉰　　④ ㉱

■해설 전단 실험 시 토질의 상태변화

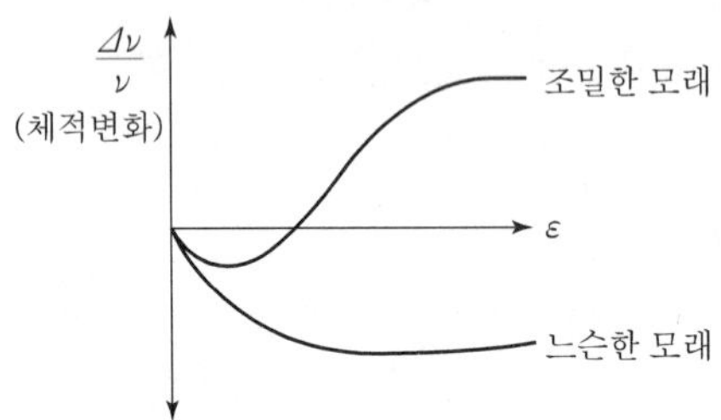

느슨한 모래는 전단파괴에 도달하기 전에 체적이 감소하고, 조밀한 모래는 체적이 증가한다. 또한, 체적의 증감현상이 없는 때를 한계밀도라 하고 이 때의 간극비를 한계간극비라 한다.

14. 비중이 2.60이고 간극비가 0.60인 모래지반의 한계동수경사는?

① 1.0　　② 2.25
③ 4.0　　④ 9.0

■해설 한계동수경사

$$i_c = \frac{G_s-1}{1+e} = \frac{2.6-1}{1+0.6} = 1$$

15. 점토질 지반에서 강성기초의 접지압 분포에 관한 다음 설명 중 옳은 것은?

① 기초의 중앙 부분에서 최대의 응력이 발생한다.
② 기초의 모서리 부분에서 최대의 응력이 발생한다.
③ 기초부분의 응력은 어느 부분이나 동일하다.
④ 기초 밑면에서의 응력은 토질에 관계없이 일정하다.

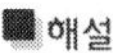
■해설

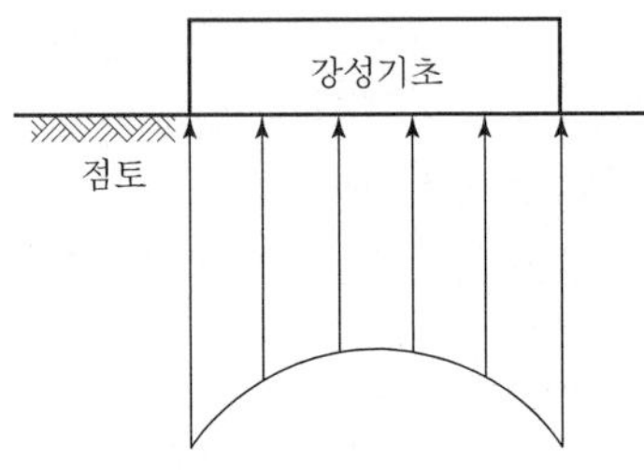

점토지반 접지압 분포 : 기초 모서리에서 최대응력 발생

16. 포화점토의 일축압축시험 결과 자연상태 점토의 일축압축강도와 흐트러진 상태의 일축압축강도가 각각 1.8kg/cm^2, 0.4kg/cm^2였다. 이 점토의 예민비는?

① 0.72　　② 0.22
③ 4.5　　④ 6.4

■해설 예민비

$$S_t = \frac{q_u}{q_{ur}} = \frac{1.8}{0.4} = 4.5$$

17. 평판재하시험이 끝나는 조건에 대한 설명으로 틀린 것은?

① 침하량이 15mm에 달할 때
② 하중강도가 현장에서 예상되는 최대접지압력을 초과할 때
③ 하중강도가 그 지반의 항복점을 넘을 때
④ 흙의 함수비가 소성한계에 달할 때

■해설 평판재하시험 종료조건

- 침하가 15mm에 달할 때
- 하중강도가 현장에서 예상되는 가장 큰 접지압력을 초과할 때
- 하중강도가 지반의 항복점을 넘을 때

|해답| 13. ④ 14. ① 15. ② 16. ③ 17. ④

18. 어떤 모래의 입경가적곡선에서 유효입경 D_{10} = 0.01mm이었다. Hazen공식에 의한 투수계수는?(단, 상수(C)는 100을 적용한다.)

① 1×10^{-4}cm/sec　② 2×10^{-6}cm/sec
③ 5×10^{-4}cm/sec　④ 5×10^{-6}cm/sec

■ 해설 Hazen의 경험식(조립토)

$$K = C\cdot D_{10}^2 = 100\times0.001^2 = 1\times10^{-4}\text{cm/sec}$$

19. 다음 연약지반 처리공법 중 일시적인 공법은?

① 웰 포인트 공법
② 치환 공법
③ 콤포저 공법
④ 샌드 드레인 공법

■ 해설 일시적 개량공법
- 웰포인트공법
- 동결공법
- 소결공법
- 대기압공법

20. A방법에 의해 흙의 다짐시험을 수행하였을 때 다짐에너지(E_c)는?

[A방법의 조건]
- 몰드의 부피(V) : 1000cm^3
- 래머의 무게(W) : 2.5kg
- 래머의 낙하높이(h) : 30cm
- 다짐 층수(N_l) : 3층
- 각 층당 다짐횟수(N_b) : 25회

① 4.625 kg · cm/cm^3
② 5.625 kg · cm/cm^3
③ 6.625 kg · cm/cm^3
④ 7.625 kg · cm/cm^3

■ 해설 다짐에너지

$$E = \frac{W_R\cdot H\cdot N_L\cdot N_B}{V} = \frac{2.5\times30\times3\times25}{1,000}$$
$$= 5.625\text{kg}\cdot\text{cm/cm}^3$$

Item pool (기사 2018년 8월 19일 시행)

과년도 출제문제 및 해설

01. 점성토를 다지면 함수비의 증가에 따라 입자의 배열이 달라진다. 최적함수비의 습윤측에서 다짐을 실시하면 흙은 어떤 구조로 되는가?

① 단립구조 ② 봉소구조
③ 이산구조 ④ 면모구조

해설 점성토에서 최적함수비(OMC)보다 큰 함수비로 다지면 분산(이산)구조를 보이고, 최적함수비보다 작은 함수비로 다지면 면모구조를 보인다.

02. 토질실험 결과 내부마찰각(ϕ)=30°, 점착력 c=0.5kg/cm², 간극수압이 8kg/cm²이고 파괴면에 작용하는 수직응력이 30kg/cm²일 때 이 흙의 전단응력은?

① 12.7kg/cm² ② 13.2kg/cm²
③ 15.8kg/cm² ④ 19.5kg/cm²

해설 전단응력

$\tau = c + \sigma' \tan\phi$에서

$$\tau = c + (\sigma - u)\tan\phi = 0.5 + (30-8)\tan 30° = 13.2\text{kg/cm}^2$$

03. 다음 그림과 같은 점성토 지반의 굴착 저면에서 바닥융기에 대한 안전율을 Terzaghi의 식에 의해 구하면?(단, γ=1.731t/m³, c=2.4t/m²이다.)

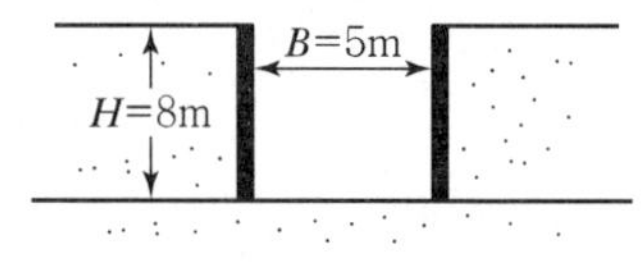

① 3.21 ② 2.32
③ 1.64 ④ 1.17

해설 히빙(Heaving) 안전율

Terzaghi의 식 $F_s = \dfrac{5.7C}{r \cdot H - \dfrac{C \cdot H}{0.7B}}$

$$= \frac{5.7 \times 2.4}{1.731 \times 8 - \dfrac{2.4 \times 8}{0.7 \times 5}} = 1.64$$

04. 흙의 투수계수에 영향을 미치는 요소들로만 구성된 것은?

㉮ 흙입자의 크기 ㉯ 간극비
㉰ 간극의 모양과 배열 ㉱ 활성도
㉲ 물의 점성계수 ㉳ 포화도
㉴ 흙의 비중

① ㉮, ㉯, ㉱, ㉳ ② ㉮, ㉯, ㉰, ㉲, ㉳
③ ㉮, ㉯, ㉱, ㉲, ㉴ ④ ㉯, ㉰, ㉲, ㉴

해설 투수계수에 영향을 주는 인자

$$K = D_s^{\,2} \cdot \frac{r}{\eta} \cdot \frac{e^3}{1+e} \cdot C$$

㉠ 입자의 모양
㉡ 간극비
㉢ 포화도
㉣ 점토의 구조
㉤ 유체의 점성계수
㉥ 유체의 밀도 및 농도

05. 흙의 다짐에 대한 일반적인 설명으로 틀린 것은?

① 다진 흙의 최대건조밀도와 최적함수비는 어떻게 다짐하더라도 일정한 값이다.
② 사질토의 최대건조밀도는 점성토의 최대건조밀도보다 크다.
③ 점성토의 최적함수비는 사질토보다 크다.
④ 다짐에너지가 크면 일반적으로 밀도는 높아진다.

 |해답| 1. ③ 2. ② 3. ③ 4. ② 5. ①

■ 해설 • 다짐 ↑, γ_{dmax} ↑, OMC↓, 양입도, 조립토, 급한 경사
• 다짐E↓, γ_{dmax} ↓, OMC↑, 빈입도, 세립토, 완만한 경사

06. 고성토의 제방에서 전단파괴가 발생되기 전에 제방의 외측에 흙을 돋우어 활동에 대한 저항모멘트를 증대시켜 전단파괴를 방지하는 공법은?

① 프리로딩공법 ② 압성토공법
③ 치환공법 ④ 대기압공법

■ 해설 압성토공법
연약 지반 위에 흙쌓기를 할 때 흙쌓기 본체가 그 자체 중량으로 인해 지반으로 눌려 박혀 침하함으로써 비탈끝 근처의 지반이 올라온다. 이것을 방지하기 위해 흙쌓기 본체의 양측에 흙쌓기하는 공법을 압성토공법이라 한다.

07. 말뚝의 부마찰력(Negative Skin Friction)에 대한 설명 중 틀린 것은?

① 말뚝의 허용지지력을 결정할 때 세심하게 고려해야 한다.
② 연약지반에 말뚝을 박은 후 그 위에 성토를 한 경우 일어나기 쉽다.
③ 연약한 점토에 있어서는 상대변위의 속도가 느릴수록 부마찰력은 크다.
④ 연약지반을 관통하여 견고한 지반까지 말뚝을 박은 경우 일어나기 쉽다.

■ 해설 부마찰력
압밀침하를 일으키는 연약 점토층을 관통하여 지지층에 도달한 지지말뚝의 경우에는 연약층의 침하에 의하여 하향의 주면마찰력이 발생하여 지지력이 감소하고 도리어 하중이 증가하며, 상대변위의 속도가 빠를수록 부마찰력은 크다.

08. 다음 그림의 파괴포락선 중에서 완전포화된 점토를 UU(비압밀비배수) 시험했을 때 생기는 파괴포락선은?

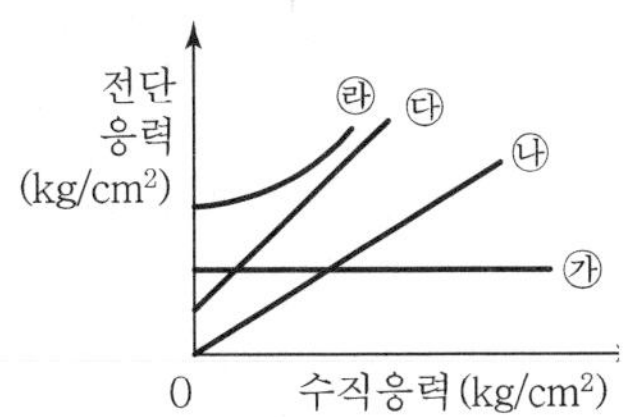

① ㉮ ② ㉯
③ ㉰ ④ ㉱

■ 해설 완전포화된 점토의 UU-test($\phi=0°$)

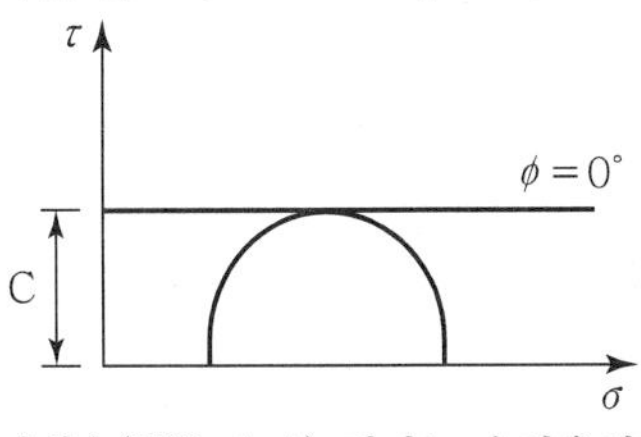

비압밀비배수(UU-test) 결과는 수직응력의 크기가 증가하더라도 전단응력은 일정하다.

09. 그림과 같은 지반에 대해 수직방향 등가투수계수를 구하면?

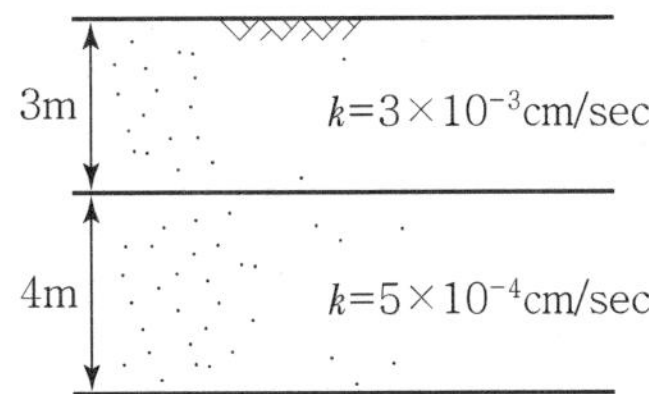

① 3.89×10^{-4}cm/sec ② 7.78×10^{-4}cm/sec
③ 1.57×10^{-3}cm/sec ④ 3.14×10^{-3}cm/sec

■ 해설 수직방향 투수계수

$$K_V=\frac{H}{\dfrac{H_1}{K_1}+\dfrac{H_2}{K_2}}=\frac{300+400}{\dfrac{300}{3\times10^{-3}}+\dfrac{400}{5\times10^{-4}}}=7.78\times10^{-4}\text{cm/sec}$$

10. 얕은기초 아래의 접지압력 분포 및 침하량에 대한 설명으로 틀린 것은?

① 접지압력의 분포는 기초의 강성, 흙의 종류, 형태 및 깊이 등에 따라 다르다.
② 점성토 지반에 강성기초 아래의 접지압 분포는 기초의 모서리 부분이 중앙부분보다 작다.
③ 사질토 지반에서 강성기초인 경우 중앙부분이 모서리 부분보다 큰 접지압을 나타낸다.
④ 사질토 지반에서 유연성 기초인 경우 침하량은 중심부보다 모서리 부분이 더 크다.

해설

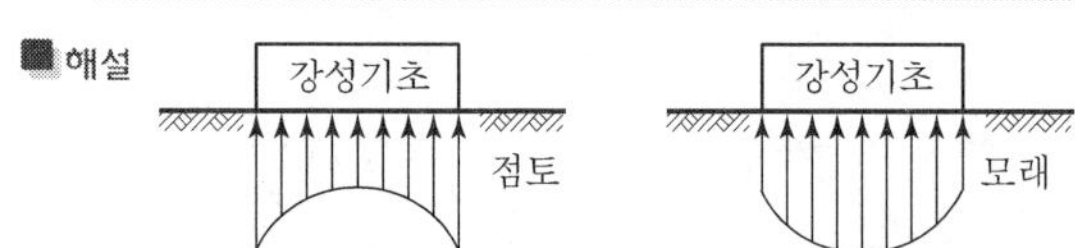

- 점토지반 접지압 분포 : 기초 모서리에서 최대 응력 발생
- 모래지반 접지압 분포 : 기초 중앙부에서 최대 응력 발생

11. 다음 그림에서 활동에 대한 안전율은?

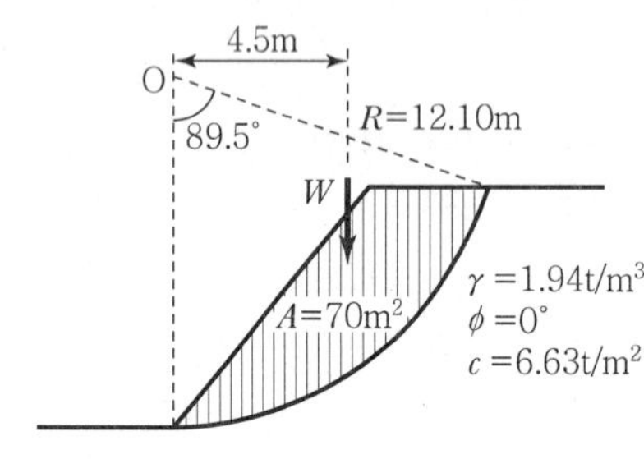

① 1.30 ② 2.05
③ 2.15 ④ 2.48

해설 원호 활동면 안전율

$$F=\frac{\text{저항}M}{\text{활동}M}=\frac{c\cdot l\cdot R}{A\cdot \gamma\cdot L}$$

$$=\frac{6.63\times\left(2\times\pi\times 12.1\times\dfrac{89.5^\circ}{360^\circ}\right)\times 12.1}{70\times 1.94\times 4.5}=2.48$$

12. 연약점토지반에 압밀촉진공법을 적용한 후, 전체 평균압밀도가 90%로 계산되었다. 압밀촉진공법을 적용하기 전, 수직방향의 평균압밀도가 20%였다고 하면 수평방향의 평균압밀도는?

① 70% ② 77.5%
③ 82.5% ④ 87.5%

해설 평균압밀도 $U=1-(1-U_v)(1-U_h)$에서

$0.9=1-(1-0.2)(1-U_h)$

∴ 수평방향 평균압밀도 $U_h=0.875=87.5\%$

13. 아래 표와 같은 흙을 통일분류법에 따라 분류한 것으로 옳은 것은?

- No.4번체(4.75mm체) 통과율이 37.5%
- No.200번체(0.075mm체) 통과율이 2.3%
- 균등계수는 7.9
- 곡률계수는 1.4

① GW ② GP
③ SW ④ SP

해설
- 조립토 : #200체(0.075mm체) 통과량이 50% 이하
- 세립토 : #200체 통과량이 50% 이상
- 자갈 : #4체(4.75 mm체) 통과량이 50% 이하
- 모래 : #4체 통과량이 50% 이상
- 입도양호자갈 : 균등계수 C_u 〉 4 (곡률계수 $C_g=1\sim3$)
- 입도양호모래 : 균등계수 C_u 〉 6 (곡률계수 $C_g=1\sim3$)

#200체 통과율 2.3% → 조립토
#4체 통과율 37.5% → 자갈(G)
균등계수 $C_u=7.9$, 곡률계수 $C_g=1.4$ → 입도분포 양호(W)
∴ GW(입도분포가 양호한 자갈)

14. 실내시험에 의한 점토의 강도증가율(C_u/P) 산정 방법이 아닌 것은?

① 소성지수에 의한 방법
② 비배수 전단강도에 의한 방법
③ 압밀비배수 삼축압축시험에 의한 방법
④ 직접전단시험에 의한 방법

해설 직접전단시험은 점토의 강도증가율과 상관없다.

 |해답| 10. ② 11. ④ 12. ④ 13. ① 14. ④

15. 간극률이 50%, 함수비가 40%인 포화토에 있어서 지반의 분사현상에 대한 안전율이 3.5라고 할 때 이 지반에 허용되는 최대동수경사는?

① 0.21　　② 0.51
③ 0.61　　④ 1.00

■ 해설 분사현상 안전율

$$F_s = \frac{i_c}{i} = \frac{\frac{G_s - 1}{1+e}}{\frac{\Delta h}{L}} \text{ 에서,}$$

$$3.5 = \frac{\frac{2.5-1}{1+1}}{i} = \frac{0.75}{i}$$

$\therefore i = 0.21$

여기서, 간극비 $e = \frac{n}{1-n} = \frac{0.5}{1-0.5} = 1$

비중 $S_r \cdot e = G_s \cdot w$ 에서

$1 \times 1 = G_s \times 0.4$

$\therefore G_s = 2.5$

16. 그림과 같이 2m×3m 크기의 기초에 10t/m²의 등분포하중이 작용할 때, A점 아래 4m 깊이에서의 연직응력 증가량은?(단, 아래 표의 영향계수 값을 활용하여 구하며, $m = \frac{B}{z}$, $n = \frac{L}{z}$이고, B는 직사각형 단면의 폭, L은 직사각형 단면의 길이, z는 토층의 깊이이다.)

[영향계수(I)의 값]

m	0.25	0.5	0.5	0.5
n	0.5	0.25	0.75	1.0
I	0.048	0.048	0.115	0.122

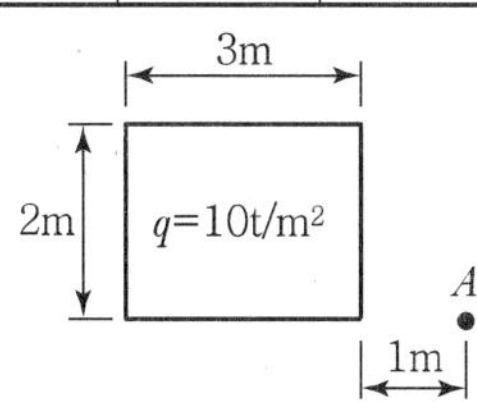

① 0.67t/m²　　② 0.74t/m²
③ 1.22t/m²　　④ 1.70t/m²

■ 해설 $m = \frac{B}{Z} = \frac{2}{4} = 0.5$

$n = \frac{L}{Z} = \frac{4}{4} = 1.0$

$\therefore I_1 = 0.122$

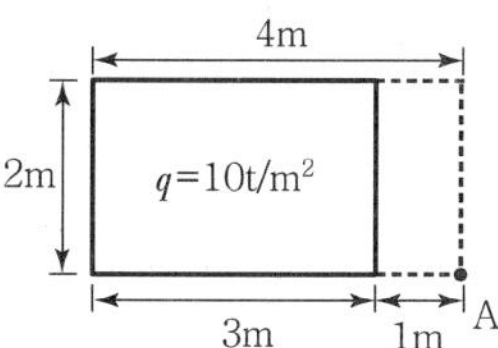

$m = \frac{B}{Z} = \frac{1}{4} = 0.25$

$n = \frac{L}{Z} = \frac{2}{4} = 0.5$

$\therefore I_2 = 0.048$

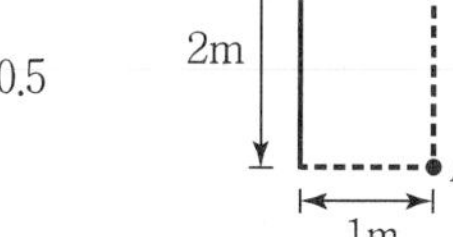

연직응력 증가량

$\Delta\sigma_Z = q \cdot I_1 - q \cdot I_2$

$= 10 \times 0.122 - 10 \times 0.048 = 0.74\text{t/m}^2$

17. 토립자가 둥글고 입도분포가 양호한 모래지반에서 N치를 측정한 결과 N=19가 되었을 경우, Dunham의 공식에 의한 이 모래의 내부 마찰각 ϕ는?

① 20°　　② 25°
③ 30°　　④ 35°

■ 해설 Dunham 공식

- 토립자가 모나고 입도분포가 양호한 경우
  $\phi = \sqrt{12 \cdot N} + 25$
- 토립자가 모나고 입도분포가 불량한 경우
  $\phi = \sqrt{12 \cdot N} + 20$
- 토립자가 둥글고 입도분포가 양호한 경우
  $\phi = \sqrt{12 \cdot N} + 20$
- 토립자가 둥글고 입도분포가 불량한 경우
  $\phi = \sqrt{12 \cdot N} + 15$

$\therefore \phi = \sqrt{12 \cdot N} + 20 = \sqrt{12 \times 19} + 20 = 35°$

18. 포화된 흙의 건조단위중량이 1.70t/m³이고, 함수비가 20%일 때 비중은 얼마인가?

① 2.58　　② 2.68
③ 2.78　　④ 2.88

■ 해설 $\gamma_d = \dfrac{G_s - 1}{1+e}$ 에서,

$1.7 = \dfrac{G_s - 1}{1+0.2G_s}$

$\therefore G_s = 2.58$

여기서, 간극비 $S_r \cdot e = G_s \cdot w$ 에서

$1 \times e = G_s \times 0.2$

$\therefore e = 0.2G_s$

19. 표준관입시험에 대한 설명으로 틀린 것은?

① 질량 (63.5±0.5)kg인 해머를 사용한다.
② 해머의 낙하높이는 (760±10)mm이다.
③ 고정 piston 샘플러를 사용한다.
④ 샘플러를 지반에 300mm 박아 넣는 데 필요한 타격 횟수를 N값이라고 한다.

■ 해설 표준관입시험
보링 시 구멍에 Split Spoon Sampler를 넣고 15cm 관입 후에 63.5±0.5kg 해머로 76±1cm 높이에서 자유낙하시켜 샘플러를 지반에 30cm 관입시키는 데 필요한 타격횟수를 N치라 하며, 교란시료를 채취하여 물성시험에 사용한다.

20. 얕은기초의 지지력 계산에 적용하는 Terzaghi의 극한지지력 공식에 대한 설명으로 틀린 것은?

① 기초의 근입깊이가 증가하면 지지력도 증가한다.
② 기초의 폭이 증가하면 지지력도 증가한다.
③ 기초지반이 지하수에 의해 포화되면 지지력은 감소한다.
④ 국부전단 파괴가 일어나는 지반에서 내부마찰각(ϕ')은 $\dfrac{2}{3}\phi$를 적용한다.

■ 해설 국부전단 파괴가 일어나는 지반에서 점착력(c)은 $\dfrac{2}{3} \cdot c$ 를 적용한다.

Item pool (산업기사 2018년 9월 15일 시행)

과년도 출제문제 및 해설

01. 저항체를 땅 속에 삽입해서 관입, 회전, 인발 등의 저항을 측정하여 토층의 상태를 탐사하는 원위치 시험을 무엇이라 하는가?

① 오거보링 ② 테스트 피트
③ 샘플러 ④ 사운딩

해설 사운딩
Rod 선단에 설치한 저항체를 지중에 삽입하여 관입, 회전, 인발 등의 저항으로 토층의 물리적 성질을 탐사하는 것으로, 원위치 시험으로서 의의가 있다.

02. 흙의 전단특성에서 교란된 흙이 시간이 지남에 따라 손실된 강도의 일부를 회복하는 현상을 무엇이라 하는가?

① Dilatancy
② Thixotropy
③ Sensitivity
④ Liquefaction

해설 딕소트로피(Thixotropy) 현상
흐트러진 시료(교란된 시료)는 강도가 작아지지만 함수비 변화 없이 그대로 방치하면 시간이 경과되면서 손실된 강도를 일부 회복하는 현상

03. 다짐에 대한 설명으로 틀린 것은?

① 점토를 최적함수비보다 작은 함수비로 다지면 분산구조를 갖는다.
② 투수계수는 최적함수비 근처에서 거의 최솟값을 나타낸다.
③ 다짐에너지가 클수록 최대건조단위중량은 커진다.
④ 다짐에너지가 클수록 최적함수비는 작아진다.

해설 • 다짐E ↑ r_{dmax} ↑ OMC ↓ 양입도, 조립토, 급경사
• 다짐E ↓ r_{dmax} ↓ OMC ↑ 반입도, 세립토, 완경사
∴ 점성토에서 최적함수비(OMC)보다 큰 함수비로 다지면 분산(이산)구조를 보이고, 최적함수비보다 작은 함수비로 다지면 면모구조를 보인다.

04. 다음 중 표준관입시험으로부터 추정하기 어려운 항목은?

① 극한지지력 ② 상대밀도
③ 점성토의 연경도 ④ 투수성

해설 N치로 추정 또는 산정되는 사항

사질지반	점토지반
• 상대밀도 • 내부마찰각 • 허용지지력, 탄성계수, 지지력계수	• 연경도(Consistency) • 점착력, 일축압축강도 • 허용지지력, 극한지지력

05. 포화 점토층의 두께가 0.6m이고 점토층 위와 아래는 모래층이다. 이 점토층이 최종 압밀 침하량의 70%를 일으키는 데 걸리는 기간은?(단, 압밀계수(C_v)=3.6×10^{-3}cm^2/s이고, 압밀도 70%
에 대한 시간계수(T_v)=0.403이다.)

① 116.6일 ② 342일
③ 233.2일 ④ 466.4일

해설 압밀소요시간

$$t_{70}=\frac{T_v\cdot H^2}{C_v}=\frac{0.403\times300^2}{3.6\times10^{-3}}$$

$= 10{,}075{,}000$초

$= 116.6$일

06. 모래치환법에 의한 현장 흙의 단위무게 실험결과가 아래와 같다. 현장 흙의 건조단위무게는?

- 실험구멍에서 파낸 흙의 중량 : 1,600g
- 실험구멍에서 파낸 흙의 함수비 : 20%
- 실험구멍에 채워진 표준모래의 중량 : 1,350g
- 실험구멍에 채워진 표준모래의 단위중량 : 1.35g/cm³

① 0.93g/cm³　② 1.13g/cm³
③ 1.33g/cm³　④ 1.53g/cm³

■ 해설 모래치환법
- 시험구멍의 체적

$$V=\frac{W_{표준사}}{\gamma_{표준사}}=\frac{1,350}{1.35}=1,000\text{cm}^3$$

- 현장 흙의 습윤단위중량

$$\gamma_t=\frac{W}{V}=\frac{1,600}{1,000}=1.6\text{g/cm}^3$$

- 현장 흙의 건조단위중량

$$\gamma_d=\frac{\gamma_t}{1+w}=\frac{1.6}{1+0.2}=1.33\text{g/cm}^3$$

07. 안지름이 0.6mm인 유리관을 15℃의 정수 중에 세웠을 때 모관상승고(h_c)는?(단, 접촉각 α는 0°, 표면장력은 0.075g/cm)

① 6cm　② 5cm
③ 4cm　④ 3cm

■ 해설 표준온도에서 모관상승고
표준온도 15℃에서 표면장력 0.075g/cm이고 접촉각 $\alpha=0°$이면,

$$h_c=\frac{4T\cos\alpha}{D\cdot\gamma_w}=\frac{0.3}{D}=\frac{0.3}{0.06}=5\text{cm}$$

08. 다음 중 흙의 투수계수와 관계가 없는 것은?

① 간극비
② 흙의 비중
③ 포화도
④ 흙의 입도

■ 해설 투수계수에 영향을 주는 인자

$$K=D_s^{\,2}\cdot\frac{r}{\eta}\cdot\frac{e^3}{1+e}\cdot C$$

㉠ 입자의 모양　㉡ 간극비
㉢ 포화도　㉣ 점토의 구조
㉤ 유체의 점성계수　㉥ 유체의 밀도 및 농도
∴ 흙입자의 비중은 투수계수와 관계가 없다.

09. 점토의 자연시료에 대한 일축압축강도가 0.38 MPa이고, 이 흙을 되비볐을 때의 일축압축강도가 0.22MPa이었다. 이 흙의 점착력과 예민비는 얼마인가?(단, 내부마찰각 $\phi=0$이다.)

① 점착력 : 0.19MPa, 예민비 : 1.73
② 점착력 : 1.9MPa, 예민비 : 1.73
③ 점착력 : 0.19MPa, 예민비 : 0.58
④ 점착력 : 1.9MPa, 예민비 : 0.58

■ 해설
- 일축압축강도($\phi=0$인 점토)
$q_u=2\cdot c$에서,

$$c=\frac{q_u}{2}=\frac{0.38}{2}=0.19\text{MPa}$$

- 예민비

$$S_t=\frac{q_u}{q_{ur}}=\frac{0.38}{0.22}=1.73$$

10. 어떤 흙의 간극비(e)가 0.52이고, 흙 속에 흐르는 물의 이론 침투속도(v)가 0.214cm/s일 때 실제의 침투유속(v_s)은?

① 0.424cm/s　② 0.525cm/s
③ 0.626cm/s　④ 0.727cm/s

■ 해설

$$v_s=\frac{v}{n}=\frac{0.214}{0.342}=0.626\text{cm/s}$$

여기서, 간극률 $n=\frac{e}{1+e}=\frac{0.52}{1+0.52}=0.342$

11. 다음 중 사면의 안정해석방법이 아닌 것은?

① 마찰원법　② Bishop의 간편법
③ 응력경로법　④ Fellenius 방법

 |해답| 6. ③ 7. ② 8. ② 9. ① 10. ③ 11. ③

■ 해설 사면안정 해석방법
- 마찰원법
- 비숍(Bishop)법
- 펠레니우스(Fellenius)법

12. 흙의 액성한계 · 소성한계 시험에 사용하는 흙 시료는 몇 mm체를 통과한 흙을 사용하는가?

① 4.75mm체 ② 2.0mm체
③ 0.425mm체 ④ 0.075mm체

■ 해설 #4번체(0.425mm) 통과분의 특성
액성한계, 소성한계, 소성지수 시험에 사용

13. 기초가 갖추어야 할 조건으로 가장 거리가 먼 것은?

① 동결, 세굴 등에 안전하도록 최소의 근입깊이를 가져야 한다.
② 기초의 시공이 가능하고 침하량이 허용치를 넘지 않아야 한다.
③ 상부로부터 오는 하중을 안전하게 지지하고 기초지반에 전달하여야 한다.
④ 미관상 아름답고 주변에서 쉽게 구득할 수 있고 값싼 재료로 설계되어야 한다.

■ 해설 기초
기초는 상부 구조의 하중을 지반상에 전달하는 부분을 말하며, 미관상 아름다울 필요가 없다.

14. 연약지반 개량공법으로 압밀의 원리를 이용한 공법이 아닌 것은?

① 프리로딩 공법
② 바이브로 플로테이션 공법
③ 대기압 공법
④ 페이퍼 드레인 공법

■ 해설 ㉠ 연약 점성토 지반 개량공법(압밀배수원리)
- 프리로딩(Preloading)공법
- 샌드 드레인(Sand Drain)공법
- 페이퍼 드레인(Paper Drain)공법
- 팩 드레인(Pack Drain)공법
- 위크드레인(Wick Drain)공법

㉡ 바이브로 플로테이션 공법
연약 사질토 지반 개량공법

15. 자연함수비가 액성한계보다 큰 흙은 어떤 상태인가?

① 고체상태이다.
② 반고체 상태이다.
③ 소성상태이다.
④ 액체상태이다.

■ 해설 애터버그 한계

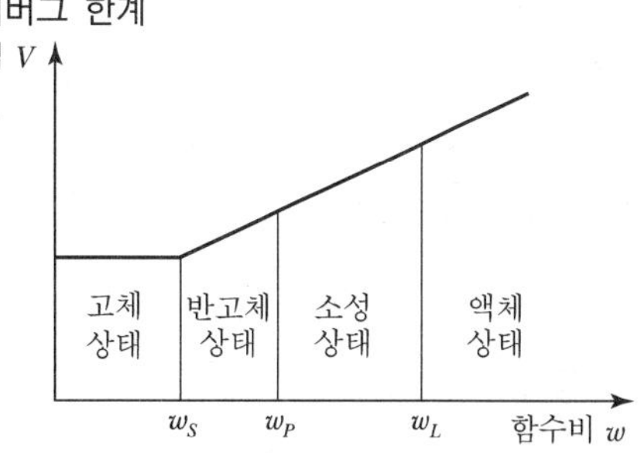

∴ 자연함수비 w_n가 액성한계 w_L보다 높다면 그 흙은 액체상태에 있다.

16. 다음 말뚝의 지지력 공식 중 정역학적 방법에 의한 공식은?

① Hiley 공식
② Engineering-News 공식
③ Sander 공식
④ Meyerhof의 공식

■ 해설 ㉠ 정역학적 공식
선단 지지력과 주면 마찰력의 합계
- Meyerhof
- Terzaghi
- Dorr

㉡ 동역학적 공식
항타공식
- Hiley
- Weisbach
- Engineering-News
- Sander

|해답| 12. ③ 13. ④ 14. ② 15. ④ 16. ④

17. 다음 중 순수한 모래의 전단강도(τ)를 구하는 식으로 옳은 것은?(단, c는 점착력, ϕ는 내부마찰각, σ는 수직응력이다.)

① $\tau=\sigma \cdot \tan\phi$　② $\tau=c$
③ $\tau=c \cdot \tan\phi$　④ $\tau=\tan\phi$

해설 전단강도
$\tau=c+\sigma \cdot \tan\phi$ 에서,
강도정수 점착력(c), 내부마찰각(ϕ)은
순수 모래에서 $c=0$, 순수 점토에서 $\phi=0$이다.
그러므로, 순수 모래에서 전단강도는 $\tau=\sigma \cdot \tan\phi$ 이다.

18. 흙의 비중(G_s)이 2.80, 함수비(w)가 50%인 포화토에 있어서 한계동수경사(i_c)는?

① 0.65　② 0.75
③ 0.85　④ 0.95

해설 한계동수경사

$$i_c=\frac{G_s-1}{1+e}=\frac{2.8-1}{1+1.4}=0.75$$

여기서, 간극비는 $S \cdot e=G_s \cdot w$에서,
$1\times e=2.8\times 0.5$
$\therefore\ e=1.4$

19. 다음의 지반개량공법 중 모래질 지반을 개량하는 데 적합한 공법은?

① 다짐모래말뚝 공법
② 페이퍼 드레인 공법
③ 프리로딩 공법
④ 생석회 말뚝 공법

해설 연약 사질토 지반 개량 공법
㉠ 다짐말뚝공법
㉡ 다짐모래말뚝공법(콤포져공법)
㉢ 바이브로 플로테이션 공법
㉣ 폭파다짐공법
㉤ 전기충격공법
㉥ 약액주입공법

20. 점착력(c)이 0.4t/m^2, 내부마찰각(ϕ)이 30°, 흙의 단위중량(γ)이 1.6t/m^{3}인 흙에서 인장균열이 발생하는 깊이(z_0)는?

① 1.73m　② 1.28m
③ 0.87m　④ 0.29m

해설 점착고(인장균열깊이)

$$Z_c=\frac{2\cdot c}{\gamma}\tan\left(45°+\frac{\phi}{2}\right)=\frac{2\times 0.4}{1.6}\tan\left(45°+\frac{30°}{2}\right)=0.87\text{m}$$

 |해답| 17. ① 18. ② 19. ① 20. ③

Item pool (기사 2019년 3월 3일 시행)

과년도 출제문제 및 해설

01. 다음 중 Rankine 토압이론의 기본가정에 속하지 않는 것은?

① 흙은 비압축성이고 균질의 입자이다.
② 지표면은 무한히 넓게 존재한다.
③ 옹벽과 흙과의 마찰을 고려한다.
④ 토압은 지표면에 평행하게 작용한다.

해설 Rankine의 토압이론 기본가정
- 흙은 비압축성이고 균질의 입자이다.
- 흙입자는 입자 간의 마찰력에 의해서만 평형을 유지한다.
- 지표면은 무한히 넓게 존재한다.
- 지표면에 작용하는 하중은 등분포 하중이다.
- 토압은 지표면에 평행하게 작용한다.

02. 다음의 투수계수에 대한 설명 중 옳지 않은 것은?

① 투수계수는 간극비가 클수록 크다.
② 투수계수는 흙의 입자가 클수록 크다.
③ 투수계수는 물의 온도가 높을수록 크다.
④ 투수계수는 물의 단위중량에 반비례한다.

해설 투수계수에 영향을 주는 인자

$$K = D_s^{\,2} \cdot \frac{r}{\eta} \cdot \frac{e^3}{1+e} \cdot C$$

- 입자의 모양
- 간극비 : 간극비가 클수록 투수계수는 증가한다.
- 포화도 : 포화도가 클수록 투수계수는 증가한다.
- 점토의 구조 : 면모구조가 이산구조보다 투수계수가 크다.
- 유체의 점성계수 : 점성계수가 클수록 투수계수는 작아진다.
- 유체의 밀도 및 농도 : 밀도가 클수록 투수계수는 증가한다.

∴ 흙의 투수계수는 물의 점성계수 η에 반비례한다.

03. 보링(boring)에 관한 설명으로 틀린 것은?

① 보링(boring)에는 회전식(rotary boring)과 충격식(percussion boring)이 있다.
② 충격식은 굴진속도가 빠르고 비용도 싸지만 분말상의 교란된 시료만 얻을 수 있다.
③ 회전식은 시간과 공사비가 많이 들 뿐만 아니라 확실한 코어(core)도 얻을 수 없다.
④ 보링은 지반의 상황을 판단하기 위해 실시한다.

해설
- 회전식 보링 : 굴진속도가 느림, 비용이 고가, 교란이 적음, 코어 회수 가능
- 충격식 보링 : 굴진속도가 빠름, 비용이 저렴, 교란이 큼, 코어 회수 불가능

04. 다음 그림과 같은 모래지반에서 깊이 4m 지점에서의 전단강도는?(단, 모래의 내부마찰각 ϕ =30°, 점착력 C=0이다.)

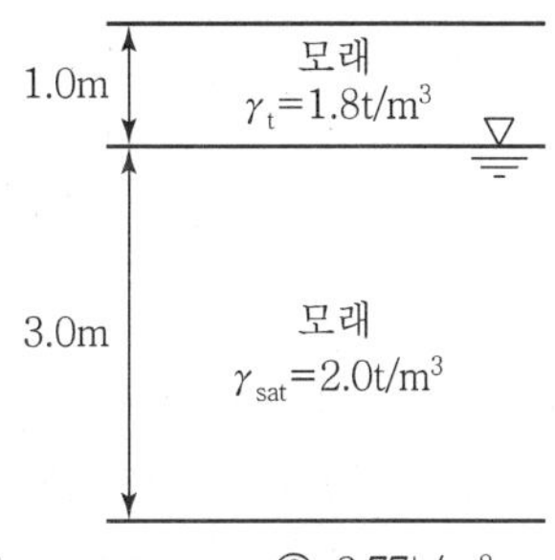

① 4.50t/m² ② 2.77t/m²
③ 2.32t/m² ④ 1.86t/m²

해설
- 전응력 $\sigma = r_t \cdot H_1 + r_{sat} \cdot H_2$
  $= 1.8 \times 1 + 2.0 \times 3 = 7.8\text{t/m}^2$
- 간극수압 $u = r_w \cdot h_w = 1 \times 3 = 3\text{t/m}^2$
- 유효응력 $\sigma' = \sigma - u = 7.8 - 3 = 4.8\text{t/m}^2$
  또는, $\sigma' = \sigma - u = r_t \cdot H_1 + r_{sub} \cdot H_2$
  $= 1.8 \times 1 + (2.0 - 1) \times 3 = 4.8\text{t/m}^2$
- 전단강도 $\tau = c + \sigma' \tan\phi$
  $= 0 + 4.8\tan 30° = 2.77\text{t/m}^2$

|해답| 1. ③ 2. ④ 3. ③ 4. ②

05. 시료가 점토인지 아닌지 알아보고자 할 때 가장 거리가 먼 사항은?

① 소성지수　② 소성도표 A선
③ 포화도　④ 200번체 통과량

해설 포화도는 간극의 체적에 대한 물만의 체적 비로서 흙의 상태정수이다.

06. 비중이 2.67, 함수비가 35%이며, 두께 10m인 포화점토층이 압밀 후에 함수비가 25%로 되었다면, 이 토층 높이의 변화량은 얼마인가?

① 113cm　② 128cm
③ 135cm　④ 155cm

해설
- 초기 간극비
  상관식
  $S \cdot e = G_s \cdot w$
  $1 \times e = 2.67 \times 0.35$
  $\therefore\ e_1 = 0.93$
- 압밀 후 간극비
  상관식
  $S \cdot e = G_s \cdot w$
  $1 \times e = 2.67 \times 0.25$
  $\therefore\ e_2 = 0.67$
- 최종 압밀침하량
  $\Delta H = \dfrac{\Delta e}{1+e} \cdot H = \dfrac{0.93-0.67}{1+0.93} \times 1{,}000 = 135\text{cm}$

07. 100% 포화된 흐트러지지 않은 시료의 부피가 20.5cm³이고 무게는 34.2g이었다. 이 시료를 오븐(Oven)건조시킨 후의 무게는 22.6g이었다. 간극비는?

① 1.3　② 1.5
③ 2.1　④ 2.6

해설
- 함수비
  $w = \dfrac{W_w}{W_s} \times 100(\%) = \dfrac{34.2-22.6}{22.6} \times 100 = 51\%$
- 상관식
  $S \cdot e = G_s \cdot w$
  $1 \times e = G_s \times 0.51$
  $\therefore\ e = 0.51 G_s$
- 건조단위중량
  $\gamma_d = \dfrac{W}{V} = \dfrac{22.6}{20.5} = 1.1\text{g/cm}^3$
  $\gamma_d = \dfrac{G_s}{1+e}\gamma_w = 1.1 = \dfrac{G_s}{1+0.51G_s} \times 1$
  $\therefore\ G_s = 2.5$
  $\therefore\ e = 0.51 \times 2.5 = 1.3$

08. 흙의 강도에 대한 설명으로 틀린 것은?

① 점성토에서는 내부마찰각이 작고 사질토에서는 점착력이 작다.
② 일축압축 시험은 주로 점성토에 많이 사용한다.
③ 이론상 모래의 내부마찰각은 0이다.
④ 흙의 전단응력은 내부마찰각과 점착력의 두 성분으로 이루어진다.

해설
- 순수 모래는 이론상 점착력이 0이다.
  $(c=0,\ \phi \neq 0)$
- 순수 점토는 이론상 내부마찰각이 0이다.
  $(c \neq 0,\ \phi = 0)$

09. 흙댐에서 상류면 사면의 활동에 대한 안전율이 가장 저하되는 경우는?

① 만수된 물의 수위가 갑자기 저하할 때이다.
② 흙댐에 물을 담는 도중이다.
③ 흙댐이 만수되었을 때이다.
④ 만수된 물이 천천히 빠져나갈 때이다.

해설 일반적으로 제방 및 축대의 사면이 가장 위험한 경우는 수위 급강하 시 간극수의 영향으로 인해 사면이 가장 불안정하다.

10. 어떤 사질 기초지반의 평판재하 시험결과 항복강도가 60t/m², 극한강도가 100t/m²이었다. 그리고 그 기초는 지표에서 1.5m 깊이에 설치될 것이고 그 기초 지반의 단위중량이 1.8t/m³일 때 지지력계수 N_q=5이었다. 이 기초의 장기 허용지지력은?

① 24.7t/m²　② 26.9t/m²
③ 30t/m²　④ 34.5t/m²

 |해답| 5. ③ 6. ③ 7. ① 8. ③ 9. ① 10. ④

해설 • 평판재하시험 결과

$$q_t = \begin{bmatrix} \dfrac{q_y}{2} = \dfrac{60}{2} = 30\text{t/m}^2 \\ \dfrac{q_u}{3} = \dfrac{100}{3} = 33.33\text{t/m}^2 \end{bmatrix} \text{중 작은 값인 } 30\text{t/m}^2$$

• 평판재하시험 장기 허용지지력

$$q_a = q_t + \frac{1}{3} \cdot \gamma \cdot D_f \cdot N_q$$

$$= 30 + \frac{1}{3} \times 1.8 \times 1.5 \times 5 = 34.5\text{t/m}^2$$

11. Meyerhof의 일반 지지력 공식에 포함되는 계수가 아닌 것은?

① 국부전단계수 ② 근입깊이계수
③ 경사하중계수 ④ 형상계수

해설 Meyerhof의 일반 지지력 공식에 포함되는 계수
• 형상계수 • 근입깊이계수
• 경사하중계수 • 지지력계수

12. 세립토를 비중계법으로 입도분석을 할 때 반드시 분산제를 쓴다. 다음 설명 중 옳지 않은 것은?

① 입자의 면모화를 방지하기 위하여 사용한다.
② 분산제의 종류는 소성지수에 따라 달라진다.
③ 현탁액이 산성이면 알칼리성의 분산제를 쓴다.
④ 시험 도중 물의 변질을 방지하기 위하여 분산제를 사용한다.

해설 분산제는 입자의 면모화를 방지하여 입자가 고르게 분산되어 현탁액을 얻기 위하여 넣는 첨가제이다.

13. 다음 지반 개량공법 중 연약한 점토지반에 적당하지 않은 것은?

① 샌드 드레인 공법
② 프리로딩 공법
③ 치환 공법
④ 바이브로 플로테이션 공법

해설 ㉠ 연약 점성토 지반 개량공법
• 치환 공법 • 프리로딩 공법
• 압성토 공법 • 샌드 드레인 공법
• 페이퍼 드레인 공법 • 팩 드레인 공법
• 침투압 공법 • 생석회 말뚝공법
• 전기침투공법 및 전기화학적 고결공법
㉡ 연약 사질토 지반 개량공법
바이브로 플로테이션 공법

14. 흙의 다짐시험을 실시한 결과 다음과 같았다. 이 흙의 건조단위중량은 얼마인가?

• 몰드+젖은 시료 무게 : 3,612g
• 몰드 무게 : 2,143g
• 젖은 흙의 함수비 : 15.4%
• 몰드의 체적 : 944cm³

① 1.35g/cm³ ② 1.56g/cm³
③ 1.31g/cm³ ④ 1.42g/cm³

해설 • 습윤단위중량

$$\gamma_t = \frac{W}{V} = \frac{3,612 - 2,143}{944} = 1.56\text{g/cm}^3$$

• 건조단위중량

$$\gamma_d = \frac{\gamma_t}{1+w} = \frac{1.56}{1+0.154} = 1.35\text{g/cm}^3$$

15. 연약점토지반에 성토제방을 시공하고자 한다. 성토로 인한 재하속도가 과잉간극수압이 소산되는 속도보다 빠를 경우, 지반의 강도정수를 구하는 가장 적합한 시험방법은?

① 압밀 배수시험 ② 압밀 비배수시험
③ 비압밀 비배수시험 ④ 직접전단시험

해설 성토로 인한 재하 속도가 과잉간극수압이 소산되는 속도보다 빠를 경우
비압밀 비배수 실험(UU-Test)
• 단기안정검토-성토 직후 파괴
• 초기재하 시, 전단 시 간극수배출 없음
• 기초지반을 구성하는 점토층이 시공 중 압밀이나 함수비의 변화 없는 조건

|해답| 11. ① 12. ④ 13. ④ 14. ① 15. ③

16. 기초가 갖추어야 할 조건이 아닌 것은?

① 동결, 세굴 등에 안전하도록 최소의 근입깊이를 가져야 한다.
② 기초의 시공이 가능하고 침하량이 허용치를 넘지 않아야 한다.
③ 상부로부터 오는 하중을 안전하게 지지하고 기초지반에 전달하여야 한다.
④ 미관상 아름답고 주변에서 쉽게 구득할 수 있는 재료로 설계되어야 한다.

해설 기초의 필요조건
- 최소의 근입깊이를 가져야 한다. → 동해에 대한 안정
- 지지력에 대해 안정해야 한다. → 안전율은 통상 $F_s=3$
- 침하에 대해 안정해야 한다. → 침하량이 허용값 이내
- 시공이 가능해야 한다. → 경제성, 시공성

∴ 기초의 미관은 고려되지 않는다.

17. 유선망의 특징을 설명한 것 중 옳지 않은 것은?

① 각 유로의 투수량은 같다.
② 인접한 두 등수두선 사이의 수두손실은 같다.
③ 유선망을 이루는 사변형은 이론상 정사각형이다.
④ 동수경사는 유선망의 폭에 비례한다.

해설 Darcy 법칙

침투속도 $V=Ki=K\cdot\dfrac{\Delta h}{L}$

∴ 침투속도 및 동수경사는 유선망의 폭에 반비례한다.

18. 유효응력에 관한 설명 중 옳지 않은 것은?

① 포화된 흙인 경우 전응력에서 공극수압을 뺀 값이다.
② 항상 전응력보다는 작은 값이다.
③ 점토지반의 압밀에 관계되는 응력이다.
④ 건조한 지반에서는 전응력과 같은 값으로 본다.

해설 하방향 침투의 경우 유효응력

$$\sigma'=\sigma-u$$
$$=(\gamma_t\cdot H_1+\gamma_{sat}\cdot H_2)-(\gamma_w\cdot H_2-\gamma_w\cdot\Delta h)$$
$$=\gamma_t\cdot H_1+\gamma_{sub}\cdot H_2+\gamma_w\cdot\Delta h$$

∴ 땅속의 물이 아래로 흐르는 경우 유효응력이 증가한다.

19. 말뚝에서 부마찰력에 관한 설명 중 옳지 않은 것은?

① 아래쪽으로 작용하는 마찰력이다.
② 부마찰력이 작용하면 말뚝의 지지력은 증가한다.
③ 압밀층을 관통하여 견고한 지반에 말뚝을 박으면 일어나기 쉽다.
④ 연약지반에 말뚝을 박은 후 그 위에 성토를 하면 일어나기 쉽다.

해설 부마찰력

압밀침하를 일으키는 연약 점토층을 관통하여 지지층에 도달한 지지말뚝의 경우에는 연약층의 침하에 의하여 하향의 주면마찰력이 발생하여 지지력이 감소하고 도리어 하중이 증가하는 주면마찰력으로 상대변위의 속도가 빠를수록 부마찰력은 크다.

20. 흙이 동상을 일으키기 위한 조건으로 가장 거리가 먼 것은?

① 아이스 렌즈를 형성하기 위한 충분한 물의 공급이 있을 것
② 양(+)이온을 다량 함유할 것
③ 0℃ 이하의 온도가 오랫동안 지속될 것
④ 동상이 일어나기 쉬운 토질일 것

해설 동상의 조건
- 동상을 받기 쉬운 흙 존재(실트질 흙)
- 0℃ 이하가 오래 지속되어야 한다.
- 물의 공급이 충분해야 한다.

|해답| 16. ④ 17. ④ 18. ② 19. ② 20. ②

Item pool (산업기사 2019년 3월 3일 시행)

과년도 출제문제 및 해설

01. 다음 중 동해가 가장 심하게 발생하는 토질은?

① 실트 ② 점토
③ 모래 ④ 콜로이드

■해설 동상의 조건
- 동상을 받기 쉬운 흙 존재(실트질 흙)
- 0℃ 이하가 오래 지속되어야 한다.
- 물의 공급이 충분해야 한다.

02. Hazen이 제안한 균등계수가 5 이하인 균등한 모래의 투수계수(k)를 구할 수 있는 경험식으로 옳은 것은?(단, C는 상수이고, D_{10}은 유효입경이다.)

① $k=CD_{10}(\text{cm/s})$ ② $k=CD_{10}^{\ 2}(\text{cm/s})$
③ $k=CD_{10}^{\ 3}(\text{cm/s})$ ④ $k=CD_{10}^{\ 4}(\text{cm/s})$

■해설 Hazen의 경험식(모래의 경우)
$K=C\cdot D_{10}^{\ 2}(\text{cm/sec})$

03. 포화단위중량이 1.8t/m^{3}인 모래지반이 있다. 이 포화 모래지반에 침투수압의 작용으로 모래가 분출하고 있다면 한계동수경사는?

① 0.8 ② 1.0
③ 1.8 ④ 2.0

■해설 한계동수경사

$$i_c=\frac{h}{L}=\frac{r_{sub}}{r_w}=\frac{r_{sat}-r_w}{r_w}=\frac{1.8-1}{1}=0.8$$

04. 연약점토지반($\phi=0$)의 단위중량이 1.6t/m^3, 점착력이 2t/m^{2}이다. 이 지반을 연직으로 2m 굴착하였을 때 연직사면의 안전율은?

① 1.5 ② 2.0
③ 2.5 ④ 3.0

■해설 • 한계고 : 연직절취깊이

$$H_c=\frac{4\cdot c}{r}\tan(45°+\frac{\phi}{2})$$
$$=\frac{4\times2}{1.6}\tan(45°+\frac{0°}{2})$$
$$=5\text{m}$$

• 연직사면의 안전율

$$F_s=\frac{H_c}{H}=\frac{5}{2}=2.5$$

05. 점토의 예민비(sensitivity ratio)는 다음 시험 중 어떤 방법으로 구하는가?

① 삼축압축시험 ② 일축압축시험
③ 직접전단시험 ④ 베인시험

■해설 예민비 $S_t=\dfrac{q_u}{q_r}$

교란되지 않은 시료의 일축압축강도와 함수비 변화 없이 반죽하여 교란시킨 같은 흙의 일축압축강도의 비

06. 다음은 불교란 흙 시료를 채취하기 위한 샘플러 선단의 그림이다. 면적비(A_r)를 구하는 식으로 옳은 것은?

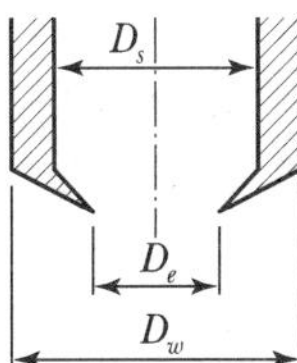

① $A_r=\dfrac{D_s^{\ 2}-D_e^{\ 2}}{D_e^{\ 2}}\times100(\%)$

② $A_r=\dfrac{D_w^{\ 2}-D_e^{\ 2}}{D_e^{\ 2}}\times100(\%)$

|해답| 1. ① 2. ② 3. ① 4. ③ 5. ② 6. ②

③ $A_r = \dfrac{D_s^{\,2} - D_e^{\,2}}{D_w^{\,2}} \times 100(\%)$

④ $A_r = \dfrac{D_s^{\,2} - D_e^{\,2}}{D_s^{\,2}} \times 100(\%)$

해설 면적비

$$A_r = \frac{D_w^{\,2} - D_e^{\,2}}{D_e^{\,2}} \times 100(\%)$$

07. 다음 그림과 같은 높이가 10m인 옹벽이 점착력이 0인 건조한 모래를 지지하고 있다. 모래의 마찰각이 36°, 단위중량이 1.6t/m³일 때 전 주동토압은?

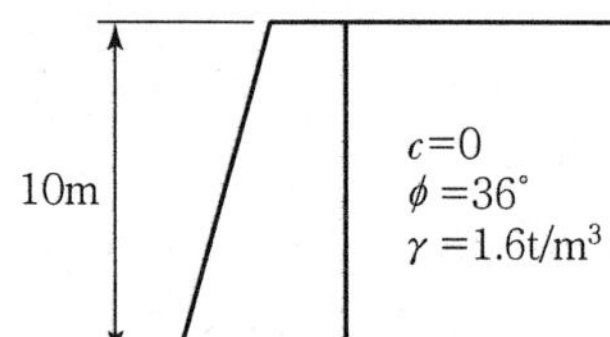

① 20.8t/m ② 24.3t/m
③ 33.2t/m ④ 39.5t/m

해설 • 주동토압계수

$$K_A = \tan^2\left(45° - \frac{\phi}{2}\right)$$
$$= \frac{1-\sin\phi}{1+\sin\phi} = \frac{1-\sin 30°}{1+\sin 30°} = 0.26$$

• 전주동토압

$$P_A = \frac{1}{2} \cdot K_A \cdot r \cdot H^2$$
$$= \frac{1}{2} \times 0.26 \times 1.6 \times 10^2 = 20.8\text{t/m}$$

08. 사질지반에 40cm×40cm 재하판으로 재하 시험한 결과 16t/m²의 극한지지력을 얻었다. 2m×2m의 기초를 설치하면 이론상 지지력은 얼마나 되겠는가?

① 16t/m² ② 32t/m²
③ 40t/m² ④ 80t/m²

해설 사질토 지반의 지지력은 재하판의 폭에 비례한다.

$0.4 : 16 = 2 : q_u$

$\therefore q_u = 80\text{t/m}^2$

09. 입도분포곡선에서 통과율 10%에 해당하는 입경(D_{10})이 0.005mm이고, 통과율 60%에 해당하는 입경(D_{60})이 0.025mm일 때 균등계수(C_u)는?

① 1 ② 3
③ 5 ④ 7

해설 균등계수

$$C_u = \frac{D_{60}}{D_{10}} = \frac{0.025}{0.005} = 5$$

10. 간극비(e) 0.65, 함수비(w) 20.5%, 비중(G_s) 2.69인 사질점토의 습윤단위중량(γ_t)은?

① 1.02g/cm³ ② 1.35g/cm³
③ 1.63g/cm³ ④ 1.96g/cm³

해설 • 상관식

$S \cdot e = G_s \cdot w$

$S \times 0.65 = 2.69 \times 0.205$

$\therefore S = 0.848$

• 습윤단위 중량

$$\gamma_t = \frac{G_s + S \cdot e}{1+e}\gamma_w$$
$$= \frac{2.69 + 0.848 \times 0.65}{1 + 0.65} \times 1$$
$$= 1.96\text{g/cm}^3$$

11. 진동이나 충격과 같은 동적외력의 작용으로 모래의 간극비가 감소하며 이로 인하여 간극수압이 상승하여 흙의 전단강도가 급격히 소실되어 현탁액과 같은 상태로 되는 현상은?

① 액상화 현상 ② 동상 현상
③ 다일러탠시 현상 ④ 틱소트로피 현상

해설 액화(액상화) 현상

모래지반, 특히 느슨한 모래지반이나 물로 포화된 모래지반에 지진과 같은 Dynamic 하중에 의해 간극수압이 증가하여 이로 인하여 유효응력이 감소하며 전단강도가 떨어져서 물처럼 흐르는 현상

 |해답| 7. ① 8. ④ 9. ③ 10. ④ 11. ①

12. 압밀계수가 $0.5\times10^{-2}cm^2/s$이고, 일면배수 상태의 5m 두께 점토층에서 90% 압밀이 일어나는데 소요되는 시간은?(단, 90% 압밀도에서 시간계수(T)는 0.848이다.)

① 2.12×10^7초 ② 4.24×10^7초
③ 6.36×10^7초 ④ 8.48×10^7초

해설 압밀 소요시간(양면배수)

$$t_{90}=\frac{T_v\cdot H^2}{C_v}=\frac{0.848\times(500)^2}{0.5\times10^{-2}}$$
$$=42,400,000\text{초}$$
$$=4.24\times10^7\text{초}$$

13. 모래치환법에 의한 흙의 밀도 시험에서 모래(표준사)는 무엇을 구하기 위해 사용되는가?

① 흙의 중량 ② 시험구멍의 부피
③ 흙의 함수비 ④ 지반의 지지력

해설 들밀도 시험방법인 모래치환방법에서 모래는 현장에서 파낸 구멍의 체적을 알기 위하여 쓰인다.

14. 흙의 다짐시험에서 다짐에너지를 증가시킬 때 일어나는 변화로 옳은 것은?

① 최적함수비와 최대 건조밀도가 모두 증가한다.
② 최적함수비와 최대 건조밀도가 모두 감소한다.
③ 최적함수비는 증가하고 최대 건조밀도는 감소한다.
④ 최적함수비는 감소하고 최대 건조밀도는 증가한다.

해설
- 다짐E ↑ r_{dmax} ↑ OMC ↓ 양입도, 조립토, 급경사
- 다짐E ↓ r_{dmax} ↓ OMC ↑ 빈입도, 세립토, 완경사

∴ 다짐에너지를 증가시키면 최대 건조단위중량(r_{dmax})은 증가하고 최적함수비(OMC)는 감소한다.

15. 유선망을 이용하여 구할 수 없는 것은?

① 간극수압 ② 침투수량
③ 동수경사 ④ 투수계수

해설 유선망

제체 및 투수성 지반 내에서의 침투수류의 방향과 제체에서의 수류의 등위선을 그림으로 나타낸 것으로 분사현상 및 파이핑 추정, 침투속도, 침투유량, 간극수압 추정 등에 쓰인다.

16. 그림과 같은 모래지반에서 $X-X$면의 전단강도는?(단, $\phi=30°$, $c=0$)

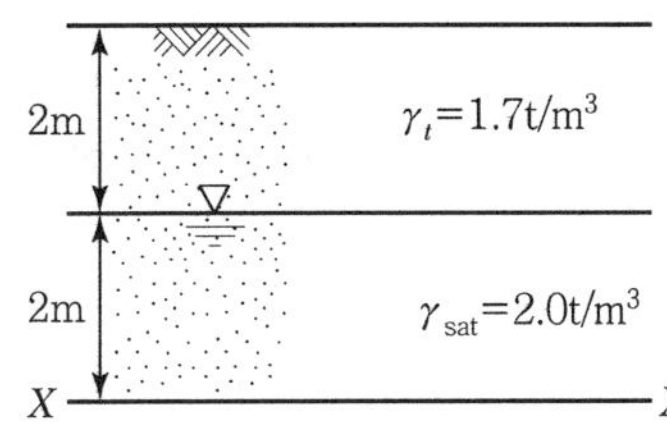

① $1.56t/m^2$ ② $2.14t/m^2$
③ $3.12t/m^2$ ④ $4.27t/m^2$

해설
- 전응력 $\sigma=r_t\cdot H_1+r_{sat}\cdot H_2$
  $=1.7\times2+2.0\times2=7.4t/m^2$
- 간극수압 $u=r_w\cdot h_w=1\times2=2t/m^2$
- 유효응력 $\sigma'=\sigma-u=7.4-2=5.4t/m^2$
- 전단강도 $\tau=c+\sigma'\tan\phi$
  $=0+5.4\tan30°=3.12t/m^2$

17. 점성토 지반에 사용하는 연약지반 개량공법이 아닌 것은?

① Sand drain 공법
② 침투압 공법
③ Vibro flotation 공법
④ 생석회 말뚝 공법

해설 ㉠ 연약 점성토 지반 개량공법
- 치환 공법 • 프리로딩 공법
- 압성토 공법 • 샌드 드레인 공법
- 페이퍼 드레인 공법 • 팩 드레인 공법
- 침투압 공법 • 생석회 말뚝공법
- 전기침투공법 및 전기화학적 고결공법

㉡ 연약 사질토 지반 개량공법
바이브로 플로테이션 공법

|해답| 12. ② 13. ② 14. ④ 15. ④ 16. ③ 17. ③

18. 다음 중 말뚝의 정역학적 지지력공식은?

① Sander 공식
② Terzaghi 공식
③ Engineering News 공식
④ Hiley 공식

■ 해설 말뚝의 지지력 : 정역학적 공식
- Terzaghi 공식
- Meyerhof 공식
- Dörr 공식
- Dunham 공식

19. 다음 그림과 같은 접지압 분포를 나타내는 조건으로 옳은 것은?

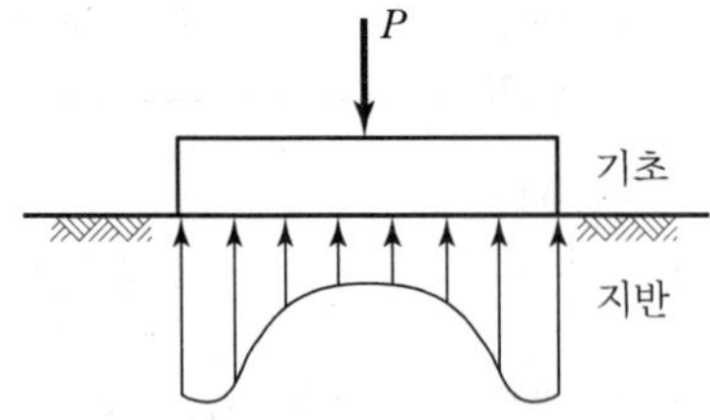

① 점토지반, 강성기초
② 점토지반, 연성기초
③ 모래지반, 강성기초
④ 모래지반, 연성기초

■ 해설

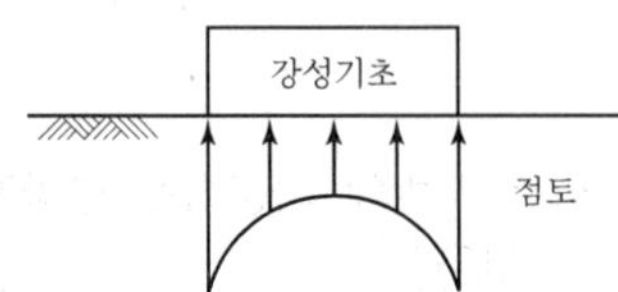

- 점토지반 접지압 분포 : 기초 모서리에서 최대 응력 발생

20. 어떤 포화점토의 일축압축강도(q_u)가 3.0kg/cm²이었다. 이 흙의 점착력(c)은?

① 3.0kg/cm²　② 2.5kg/cm²
③ 2.0kg/cm²　④ 1.5kg/cm²

■ 해설 일축압축강도

$q_u = 2 \cdot c \cdot \tan\left(45° + \frac{\phi}{2}\right)$

여기서, 내부마찰각 $\phi = 0°$인 점토의 경우 $q_u = 2 \cdot c$

$\therefore c = \frac{q_u}{2} = \frac{3}{2} = 1.5\text{t/m}^2$

 |해답| 18. ② 19. ① 20. ④

Item pool (기사 2019년 4월 27일 시행)

과년도 출제문제 및 해설

01. 다음 그림과 같은 3m×3m 크기의 정사각형 기초의 극한지지력을 Terzaghi 공식으로 구하면? (단, 내부마찰각(ϕ)은 20°, 점착력(c)은 5t/m², 지지력계수 N_c=18, N_γ=5, N_q=7.5이다.)

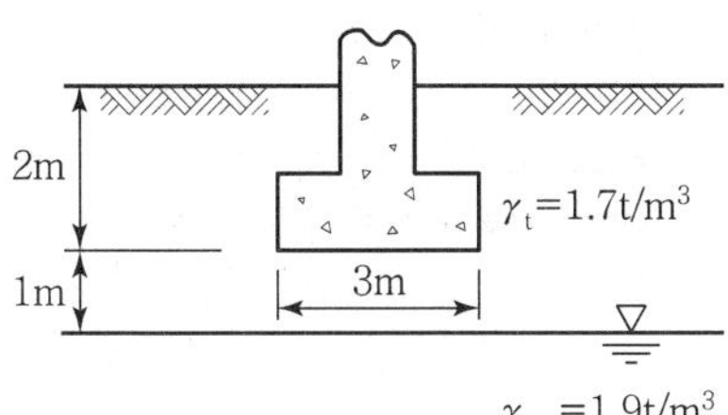

① 135.71t/m²　　② 149.52t/m²
③ 157.26t/m²　　④ 174.38t/m²

■ 해설

형상계수	원형기초	정사각형기초	연속기초
α	1.3	1.3	1.0
β	0.3	0.4	0.5

• 극한지지력

$$q_u = \alpha \cdot c \cdot N_c + \beta \cdot \gamma_1 \cdot B \cdot N_\gamma + \gamma_2 \cdot D_f \cdot N_q$$
$$= 1.3 \times 5 \times 18 + 0.4 \times 1.17 \times 3 \times 5 + 1.7 \times 2 \times 7.5$$
$$= 147.9\text{t/m}^2$$

$$\gamma_1 = \gamma_{ave} = \gamma_{sub} + \frac{\alpha}{\beta}(\gamma_b - \gamma_{sub})$$
$$= 0.9 + \frac{1}{3} \times (1.7 - 0.9) = 1.17\text{t/m}^3$$

02. 흙 입자의 비중은 2.56, 함수비는 35%, 습윤단위중량은 1.75g/cm³일 때 간극률은 약 얼마인가?

① 32%　　② 37%
③ 43%　　④ 49%

■ 해설 • 건조단위중량

$$\gamma_d = \frac{\gamma_t}{1+w} = \frac{1.75}{1+0.35} = 1.3\text{g/cm}^3$$

• 건조단위중량 $\gamma_d = \frac{G_s}{1+e}\gamma_w$ 에서

간극비 $e = \frac{G_s \cdot \gamma_w}{\gamma_d} - 1 = \frac{2.56 \times 1}{1.3} - 1 = 0.97$

∴ 간극률 $n = \frac{e}{1+e} = \frac{0.97}{1+0.97} = 0.4924$

$n = 49.24\%$

03. 예민비가 큰 점토란 어느 것인가?

① 입자의 모양이 날카로운 점토
② 입자가 가늘고 긴 형태의 점토
③ 다시 반죽했을 때 강도가 감소하는 점토
④ 다시 반죽했을 때 강도가 증가하는 점토

■ 해설 예민비 $S_t = \frac{q_u}{q_r}$

교란되지 않은 시료의 일축압축강도와 함수비 변화 없이 반죽하여 교란시킨 같은 흙의 일축압축강도의 비

∴ 점토를 교란시켰을 때 강도가 많이 감소하는 시료

04. 토압에 대한 다음 설명 중 옳은 것은?

① 일반적으로 정지토압 계수는 주동토압 계수보다 작다.
② Rankine 이론에 의한 주동토압의 크기는 Coulomb 이론에 의한 값보다 작다.
③ 옹벽, 흙막이벽체, 널말뚝 중 토압분포가 삼각형 분포에 가장 가까운 것은 옹벽이다.
④ 극한 주동상태는 수동상태보다 훨씬 더 큰 변위에서 발생한다.

■ 해설

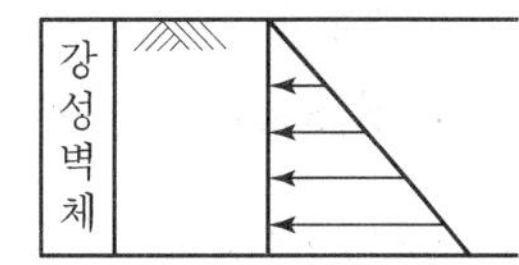

옹벽 : 삼각형 토압분포

05. 다음 그림과 같이 지표면에 집중하중이 작용할 때 A 점에서 발생하는 연직응력의 증가량은?

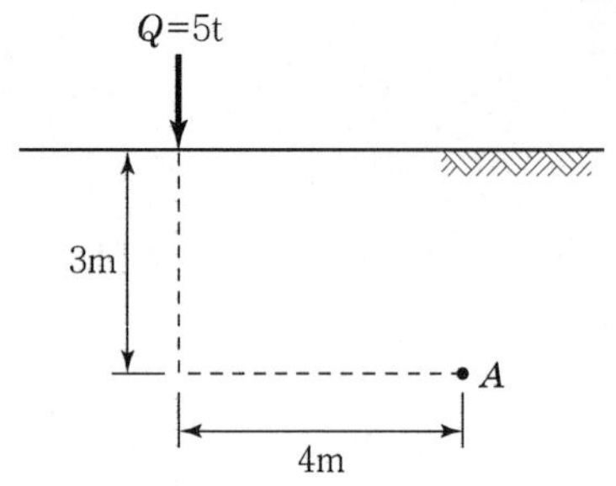

① 20.6kg/m²　② 24.4kg/m²
③ 27.2kg/m²　④ 30.3kg/m²

해설 집중하중에 의한 지중응력 증가량

$$\Delta\sigma = I \cdot \frac{P}{Z^2} = \frac{3 \cdot Z^5}{2 \cdot \pi \cdot R^5} \cdot \frac{P}{Z^2}$$

$$= \frac{3 \times 3^5}{2 \times \pi \times 5^5} \times \frac{5,000}{3^2} = 20.6\text{kg/m}^2$$

(여기서, $R = \sqrt{3^2 + 4^2} = 5$)

06. 표준압밀실험을 하였더니 하중 강도가 2.4kg/cm²에서 3.6kg/cm²로 증가할 때 간극비는 1.8에서 1.2로 감소하였다. 이 흙의 최종침하량은 약 얼마인가?(단, 압밀층의 두께는 20m이다.)

① 428.64cm　② 214.29cm
③ 642.86cm　④ 285.71cm

해설 최종 압밀침하량

$$\Delta H = \frac{\Delta e}{1+e} \cdot H = \frac{1.8 - 1.2}{1 + 1.8} \times 2,000 = 428\text{cm}$$

07. Rod에 붙인 어떤 저항체를 지중에 넣어 관입, 인발 및 회전에 의해 흙의 전단강도를 측정하는 원위치시험은?

① 보링(Boring)　② 사운딩(Sounding)
③ 시료채취(Sampling)　④ 비파괴 시험(NDT)

해설 사운딩(Sounding)
Rod 선단의 저항체를 땅속에 넣어 관입, 회전, 인발 등의 저항으로 토층의 강도 및 밀도 등을 체크하는 방법의 원위치시험

08. 모래의 밀도에 따라 일어나는 전단특성에 대한 다음 설명 중 옳지 않은 것은?

① 다시 성형한 시료의 강도는 작아지지만 조밀한 모래에서는 시간이 경과됨에 따라 강도가 회복된다.
② 내부마찰각(ϕ)은 조밀한 모래일수록 크다.
③ 직접 전단시험에 있어서 전단응력과 수평변위 곡선은 조밀한 모래에서는 peak가 생긴다.
④ 조밀한 모래에서는 전단변형이 계속 진행되면 부피가 팽창한다.

해설 딕소트로피(Thixotrophy) 현상
Remolding한 시료(교란된 시료)를 함수비의 변화 없이 그대로 방치하면 시간이 경과되면서 강도가 일부 회복되는 현상으로 점토지반에서만 일어난다.

09. 다음과 같이 널말뚝을 박은 지반의 유선망을 작도하는 데 있어서 경계조건에 대한 설명으로 틀린 것은?

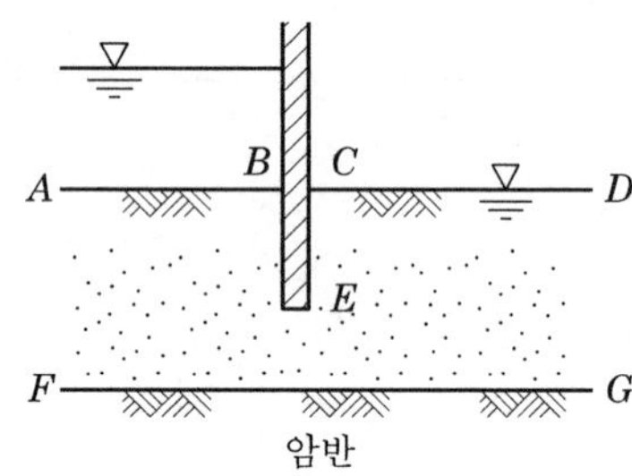

① $\overline{AB}$는 등수두선이다.
② $\overline{CD}$는 등수두선이다.
③ $\overline{EG}$는 유선이다.
④ $\overline{BEC}$는 등수두선이다.

해설 $\overline{BEC}$는 유선이다.

 |해답| 5. ① 6. ① 7. ② 8. ① 9. ④

10. 말뚝의 부마찰력에 대한 설명 중 틀린 것은?

① 부마찰력이 작용하면 지지력이 감소한다.
② 연약지반에 말뚝을 박은 후 그 위에 성토를 한 경우 일어나기 쉽다.
③ 부마찰력은 말뚝 주변 침하량이 말뚝의 침하량보다 클 때 아래로 끌어내리려는 마찰력을 말한다.
④ 연약한 점토에 있어서는 상대변위의 속도가 느릴수록 부마찰력은 크다.

해설 부마찰력
압밀침하를 일으키는 연약 점토층을 관통하여 지지층에 도달한 지지말뚝의 경우에는 연약층의 침하에 의하여 하향의 주면마찰력이 발생하여 지지력이 감소하고 도리어 하중이 증가하는 주면마찰력으로 상대변위의 속도가 빠를수록 부마찰력은 크다.

11. 토립자가 둥글고 입도분포가 나쁜 모래 지반에서 표준관입시험을 한 결과 N치는 10이었다. 이 모래의 내부 마찰각을 Dunham의 공식으로 구하면?

① 21°　　② 26°
③ 31°　　④ 36°

해설 Dunham 공식
- 토립자가 모나고 입도분포가 양호한 경우
  $\phi=\sqrt{12\cdot N}+25$
- 토립자가 모나고 입도분포가 불량한 경우
  $\phi=\sqrt{12\cdot N}+20$
- 토립자가 둥글고 입도분포가 양호한 경우
  $\phi=\sqrt{12\cdot N}+20$
- 토립자가 둥글고 입도분포가 불량한 경우
  $\phi=\sqrt{12\cdot N}+15$

$\therefore\ \phi=\sqrt{12\cdot N}+15=\sqrt{12\times 10}+15=26°$

12. 단동식 증기 해머로 말뚝을 박았다. 해머의 무게 2.5t, 낙하고 3m, 타격당 말뚝의 평균관입량 1cm, 안전율 6일 때 Engineering News 공식으로 허용지지력을 구하면?

① 250t　　② 200t
③ 100t　　④ 50t

해설 Engineering－News 공식(단동식 증기해머)
허용지지력

$$R_a=\frac{R_u}{F_s}=\frac{W_H\cdot H}{6(S+0.25)}=\frac{2.5\times 300}{6(1+0.25)}=100\text{t}$$

(여기서, Engineering-News 공식 안전율 $F_s=6$)

13. 어떤 종류의 흙에 대해 직접전단(일면전단) 시험을 한 결과 다음 표와 같은 결과를 얻었다. 이 값으로부터 점착력(c)을 구하면?(단, 시료의 단면적은 10cm^2이다.)

수직하중(kg)	10.0	20.0	30.0
전단력(kg)	24.785	25.570	26.355

① 3.0kg/cm^2　　② 2.7kg/cm^2
③ 2.4kg/cm^2　　④ 1.9kg/cm^2

해설
- 수직응력

$$\sigma_1=\frac{P_1}{A}=\frac{10}{10}=1\text{kg/cm}^2$$
$$\sigma_2=\frac{P_2}{A}=\frac{20}{10}=2\text{kg/cm}^2$$
$$\sigma_3=\frac{P_3}{A}=\frac{30}{10}=3\text{kg/cm}^2$$

- 전단응력

$$\tau_1=\frac{S_1}{A}=\frac{24.785}{10}=2.4785\text{kg/cm}^2$$
$$\tau_2=\frac{S_2}{A}=\frac{25.570}{10}=2.5570\text{kg/cm}^2$$
$$\tau_3=\frac{S_3}{A}=\frac{26.355}{10}=2.6355\text{kg/cm}^2$$

- 전단저항
  $\tau=C+\sigma\tan\phi$에서
  $2.4785=C+1\tan\phi$ …… ①
  $2.5570=C+2\tan\phi$ …… ②
  ①×2－② 연립방정식을 풀이하면
  $\therefore\ C=2.4\text{kg/cm}^2$

14. 사면의 안전에 관한 다음 설명 중 옳지 않은 것은?

① 임계 활동면이란 안전율이 가장 크게 나타나는 활동면을 말한다.
② 안전율이 최소로 되는 활동면을 이루는 원을 임계원이라 한다.
③ 활동면에 발생하는 전단응력이 흙의 전단강도를 초과할 경우 활동이 일어난다.
④ 활동면은 일반적으로 원형활동면으로 가정한다.

■해설 임계 활동면이란 여러 가상활동면 중에서 안전율이 가장 작게 나타나는 활동면을 말한다.

15. 모래지반에 30cm×30cm의 재하판으로 재하실험을 한 결과 10t/m²의 극한지지력을 얻었다. 4m×4m의 기초를 설치할 때 기대되는 극한지지력은?

① 10t/m² ② 100t/m²
③ 133t/m² ④ 154t/m²

■해설 사질토 지반의 지지력은 재하판의 폭에 비례한다.
$0.3 : 10 = 4 : q_u$
∴ 극한지지력 $q_u = 133.33\text{t/m}^2$

16. 유선망의 특징을 설명한 것으로 옳지 않은 것은?

① 각 유로의 침투유량은 같다.
② 유선과 등수두선은 서로 직교한다.
③ 유선망으로 이루어지는 사각형은 이론상 정사각형이다.
④ 침투속도 및 동수경사는 유선망의 폭에 비례한다.

■해설 Darcy 법칙
침투속도 $V = Ki = K \cdot \dfrac{\Delta h}{L}$
∴ 침투속도 및 동수경사는 유선망의 폭에 반비례한다.

17. 그림과 같이 모래층에 널말뚝을 설치하여 물막이공 내의 물을 배수하였을 때, 분사현상이 일어나지 않게 하려면 얼마의 압력을 가하여야 하는가?(단, 모래의 비중은 2.65, 간극비는 0.65, 안전율은 3이다.)

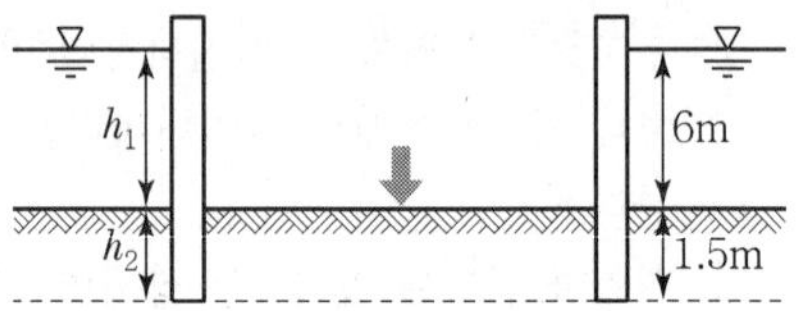

① 6.5t/m² ② 16.5t/m²
③ 23t/m² ④ 33t/m²

■해설 물막이공 내부의 압력=물막이공 외부의 압력

$(r_{sub} \cdot h_2) + P = (r_w \cdot \Delta h) \times F$

$\left(\dfrac{G_s - 1}{1+e} r_w \times h_2\right) + P = (r_w \times h_1) \times F$

$\left(\dfrac{2.65-1}{1+0.65} \times 1 \times 1.5\right) + P = (1 \times 6) \times 3$

$1.5 + P = 18$

∴ 가하여야 할 압력 $P = 16.5\text{t/m}^2$

18. 다음은 전단시험을 한 응력경로이다. 어느 경우인가?

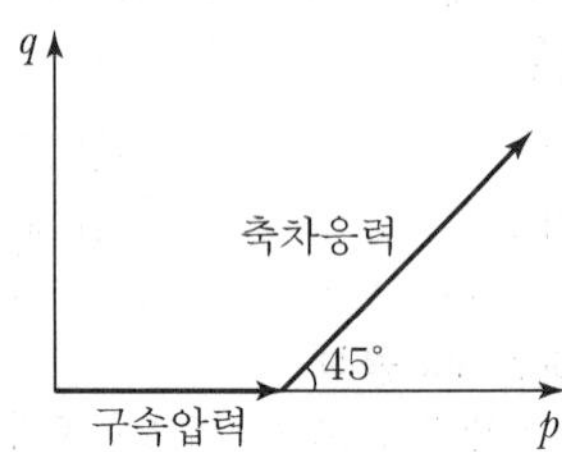

① 초기 단계의 최대 주응력과 최소 주응력이 같은 상태에서 시행한 삼축압축시험의 전응력 경로이다.
② 초기 단계의 최대 주응력과 최소 주응력이 같은 상태에서 시행한 일축압축시험의 전응력 경로이다.
③ 초기 단계의 최대 주응력과 최소 주응력이 같은 상태에서 K_o=0.5인 조건에서 시행한 삼축압축시험의 전응력 경로이다.
④ 초기 단계의 최대 주응력과 최소 주응력이 같은 상태에서 K_o=0.7인 조건에서 시행한 일축압축시험의 전응력 경로이다.

 |해답| 14. ① 15. ③ 16. ④ 17. ② 18. ①

■ 해설

$$p = \frac{\sigma_1 + \sigma_3}{2}$$

$$q = \frac{\sigma_1 - \sigma_3}{2}$$

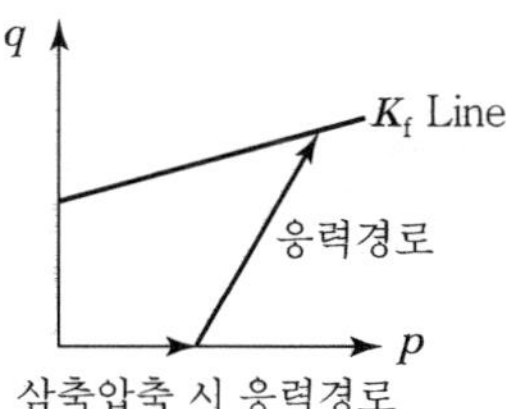

19. 흙의 다짐 효과에 대한 설명 중 틀린 것은?

① 흙의 단위중량 증가 ② 투수계수 감소
③ 전단강도 저하 ④ 지반의 지지력 증가

■ 해설 다짐효과(흙의 밀도가 커진다.)
- 전단강도가 증가되고 사면의 안전성이 개선된다.
- 투수성이 감소된다.
- 지반의 지지력이 증대된다.
- 지반의 압축성이 감소되어 지반의 침하를 방지하거나 감소시킬 수 있다.
- 물의 흡수력이 감소하고 불필요한 체적변화, 즉 동상현상이나 팽창작용 또는 수축작용 등을 감소시킬 수 있다.

20. 다음 중 점성토 지반의 개량공법으로 거리가 먼 것은?

① Paper drain 공법
② Vibro-flotation 공법
③ Chemico pile 공법
④ Sand compaction pile 공법

■ 해설 ㉠ 연약 점성토 지반 개량공법
- 치환 공법
- 프리로딩 공법
- 압성토 공법
- 샌드 드레인 공법
- 페이퍼 드레인 공법
- 팩 드레인 공법
- 침투압 공법
- 생석회 말뚝공법
- 전기침투공법 및 전기화학적 고결공법

㉡ 연약 사질토 지반 개량공법
바이브로 플로테이션 공법

Item pool (산업기사 2019년 4월 27일 시행)

과년도 출제문제 및 해설

01. 사면의 안정해석 방법에 관한 설명 중 옳지 않은 것은?

① 마찰원법은 균일한 토질지반에 적용된다.
② Fellenius 방법은 절편의 양측에 작용하는 힘의 합력은 0이라고 가정한다.
③ Bishop 방법은 흙의 장기안정 해석에 유효하게 쓰인다.
④ Fellenius 방법은 간극수압을 고려한 $\phi=0$ 해석법이다.

해설 • Fellenius법은 Bishop법보다 계산이 간단하다.
• Bishop법은 절편에 작용하는 연직방향의 힘의 합력은 0이다.

Fellenius법	Bishop법
• $\phi=0$ 해석법 • 전응력해석(간극수압 무시) • 사면의 단기안정 해석	• C, ϕ 해석법 • 유효응력 해석 • 사면의 장기안정 해석

02. 흙의 2면 전단시험에서 전단응력을 구하려면 다음 중 어느 식이 적용되어야 하는가?(단, τ=전단응력, A=단면적, S=전단력)

① $\tau=\dfrac{S}{A}$ ② $\tau=\dfrac{S}{2A}$
③ $\tau=\dfrac{2A}{S}$ ④ $\tau=\dfrac{2S}{A}$

해설 2면 직접전단시험

$$\tau=\frac{S}{2A}$$

03. 연약한 점토지반의 전단강도를 구하는 현장 시험방법은?

① 평판재하 시험 ② 현장 CBR 시험
③ 접전단 시험 ④ 현장 베인 시험

해설 베인 시험(Vane Test)
정적인 사운딩으로 깊이 10m 미만의 연약 점성토 지반에 대한 회전저항모멘트를 측정하여 비배수 전단강도(점착력)를 측정하는 시험

$$C=\frac{M_{\max}}{\pi D^2\left(\frac{H}{2}+\frac{D}{6}\right)}$$

04. 말뚝의 부마찰력에 관한 설명 중 옳지 않은 것은?

① 말뚝이 연약지반을 관통하여 견고한 지반에 박혔을 때 발생한다.
② 지반에 성토나 하중을 가할 때 발생한다.
③ 말뚝의 타입 시 항상 발생하며 그 방향은 상향이다.
④ 지하수위 저하로 발생한다.

해설 부마찰력
압밀침하를 일으키는 연약 점토층을 관통하여 지지층에 도달한 지지말뚝의 경우에는 연약층의 침하에 의하여 하향의 주면마찰력이 발생하여 지지력이 감소하고 도리어 하중이 증가하는 주면마찰력으로 상대변위의 속도가 빠를수록 부마찰력은 크다.

05. 어떤 점토의 압밀 시험에서 압밀계수(C_v)가 2.0×10^{-3}cm^2/s라면 두께 2cm인 공시체가 압밀도 90%에 소요되는 시간은?(단, 양면배수 조건이다.)

① 5.02분 ② 7.07분
③ 9.02분 ④ 14.07분

해설 압밀소요시간

$$t_{90}=\frac{T_v\cdot H^2}{C_v}=\frac{0.848\times\left(\frac{2}{2}\right)^2}{2.0\times10^{-3}}=424\text{초}=7.07\text{분}$$

 |해답| 1. ④ 2. ② 3. ④ 4. ③ 5. ②

06. 어떤 흙의 전단시험 결과 $c=1.8$kg/cm², $\phi=35°$, 토립자에 작용하는 수직응력이 $\sigma=3.6$kg/cm²일 때 전단강도는?

① 3.86kg/cm² ② 4.32kg/cm²
③ 4.89kg/cm² ④ 6.33kg/cm²

해설 전단강도
$\tau = C + \sigma\tan\phi = 1.8 + 3.6\tan 35° = 4.32\text{kg/cm}^2$

07. 흙의 동상을 방지하기 위한 대책으로 옳지 않은 것은?

① 배수구를 설치하여 지하수위를 저하시킨다.
② 지표의 흙을 화약약품으로 처리한다.
③ 포장하부에 단열층을 시공한다.
④ 모관수를 차단하기 위해 세립토층을 지하수면 위에 설치한다.

해설 동상 방지대책
- 치환공법으로 동결심도 상부의 흙을 동결되지 않는 흙으로 바꾸는 방법
- 지하수위 상층에 조립토층을 설치하는 방법
- 배수구 설치로 지하수위를 저하시키는 방법
- 흙속에 단열재료를 매입하는 방법
- 화학약액으로 처리하는 방법

08. 표준관입시험에 관한 설명으로 옳지 않은 것은?

① 시험의 결과로 N치를 얻는다.
② (63.5±0.5)kg 해머를 (76±1)cm 낙하시켜 샘플러를 지반에 30cm 관입시킨다.
③ 시험결과로부터 흙의 내부마찰각 등의 공학적 성질을 추정할 수 있다.
④ 이 시험은 사질토보다 점성토에서 더 유리하게 이용된다.

해설 표준관입시험은 큰 자갈 이외 대부분의 흙, 즉 사질토와 점성토 모두 적용 가능하지만 주로 사질토 지반특성을 잘 반영한다.

09. 모래치환에 의한 흙의 밀도 시험 결과 파낸 구멍의 부피가 1,980cm³이었고 이 구멍에서 파낸 흙 무게가 3,420g이었다. 이 흙의 토질시험 결과 함수비가 10%, 비중이 2.7, 최대 건조단위중량이 1.65g/cm³이었을 때 이 현장의 다짐도는?

① 약 85% ② 약 87%
③ 약 91% ④ 약 95%

해설
- 현장 흙의 습윤단위중량

$$\gamma_t = \frac{W}{V} = \frac{3,420}{1,980} = 1.73\text{g/cm}^3$$

- 현장 흙의 건조단위중량

$$\gamma_d = \frac{\gamma_t}{1+w} = \frac{1.73}{1+0.1} = 1.57\text{g/cm}^3$$

- 상대다짐도

$$R \cdot C = \frac{\gamma_d}{\gamma_{dmax}} \times 100 = \frac{1.57}{1.65} \times 100 = 95\%$$

10. 어떤 유선망에서 상하류면의 수두 차가 4m, 등수두면의 수가 13개, 유로의 수가 7개일 때 단위폭 1m당 1일 침투수량은 얼마인가?(단, 투수층의 투수계수 $K=2.0\times10^{-4}$cm/s이다.)

① 9.62×10^{-1}m³/day
② 8.0×10^{-1}m³/day
③ 3.72×10^{-1}m³/day
④ 1.83×10^{-1}m³/day

해설 침투유량

$$Q = K \cdot H \cdot \frac{N_f}{N_d}$$
$$= 2.0\times10^{-4}\times10^{-2}\times60\times60\times24\times4\times\frac{7}{13}$$
$$= 3.72\times10^{-1}\text{m}^3/\text{day}$$

(여기서, 투수계수 K를 cm/sec에서 m/day로 단위환산)

11. 점성토 지반의 개량공법으로 적합하지 않은 것은?

① 샌드 드레인 공법
② 바이브로 플로테이션 공법
③ 치환 공법
④ 프리로딩 공법

|해답| 6. ② 7. ④ 8. ④ 9. ④ 10. ③ 11. ②

■해설 ㉠ 연약 점성토 지반 개량공법
- 치환 공법
- 프리로딩 공법
- 압성토 공법
- 샌드 드레인 공법
- 페이퍼 드레인 공법
- 팩 드레인 공법
- 침투압 공법
- 생석회 말뚝공법
- 전기침투공법 및 전기화학적 고결공법

㉡ 연약 사질토 지반 개량공법
바이브로 플로테이션 공법

12. 비중이 2.5인 흙에 있어서 간극비가 0.5이고 포화도가 50%이면 흙의 함수비는 얼마인가?

① 10% ② 25%
③ 40% ④ 62.5%

■해설 상관식
$S \cdot e = G_s \cdot w$
$0.5 \times 0.5 = 2.5 \times w$
∴ 함수비 $w = 10\%$

13. 그림에서 모래층에 분사현상이 발생되는 경우는 수두 h가 몇 cm 이상일 때 일어나는가?(단, $G_s = 2.68$, $n = 60\%$이다.)

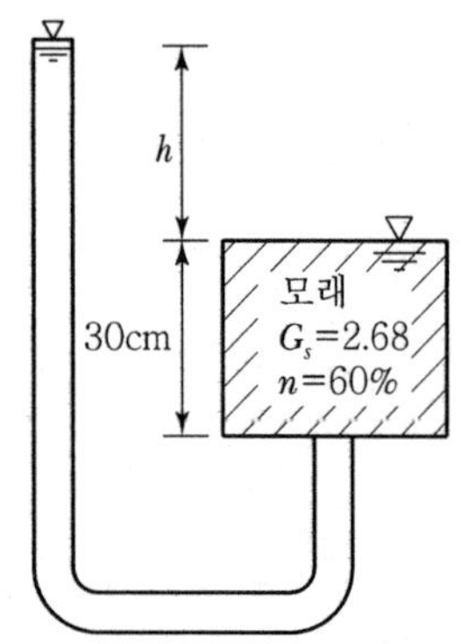

① 20.16cm ② 18.05cm
③ 13.73cm ④ 10.52cm

■해설 분사현상 안전율

$$F_s = \frac{i_c}{i} = \frac{\dfrac{G_s - 1}{1+e}}{\dfrac{\Delta h}{L}}$$

$$F_s = \frac{\dfrac{2.68-1}{1+1.5}}{\dfrac{\Delta h}{30}} = \frac{0.672}{\dfrac{\Delta h}{30}} = 1$$

∴ $\Delta h = 0.672 \times 30 = 20.16\text{cm}$

(여기서, 간극비 $e = \dfrac{n}{1-n} = \dfrac{0.6}{1-0.6} = 1.5$)

14. 해머의 낙하고 2m, 해머의 중량 4t, 말뚝의 최종 침하량이 2cm일 때 Sander 공식을 이용하여 말뚝의 허용지지력을 구하면?

① 50t ② 80t
③ 100t ④ 160t

■해설 Sander 공식(안전율 $F_s = 8$)
- 극한 지지력

$$R_u = \frac{W_H \cdot H}{S}$$

- 허용 지지력

$$R_a = \frac{R_u}{F_s} = \frac{W_H \cdot H}{8 \cdot S}$$

$$= \frac{4{,}000 \times 200}{8 \times 2} = 50{,}000\text{kg} = 50\text{t}$$

15. 흙의 다짐에 관한 설명 중 옳지 않은 것은?

① 최적 함수비로 다질 때 건조단위중량은 최대가 된다.
② 세립토의 함유율이 증가할수록 최적 함수비는 증대된다.
③ 다짐에너지가 클수록 최적 함수비는 커진다.
④ 점성토는 조립토에 비하여 다짐곡선의 모양이 완만하다.

■해설
- 다짐E ↑ r_{dmax} ↑ OMC ↓ 양입도, 조립토, 급경사
- 다짐E ↓ r_{dmax} ↓ OMC ↑ 빈입도, 세립토, 완경사

∴ 다짐에너지가 클수록 최대건조밀도(r_{dmax})는 커진다.

16. 흙 지반의 투수계수에 영향을 미치는 요소로 옳지 않은 것은?

① 물의 점성 ② 유효 입경
③ 간극비 ④ 흙의 비중

■ 해설 투수계수에 영향을 주는 인자

$$K = D_s^{\ 2} \cdot \frac{r}{\eta} \cdot \frac{e^3}{1+e} \cdot C$$

- 입자의 모양 • 간극비
- 포화도 • 점토의 구조
- 유체의 점성계수 • 유체의 밀도 및 농도

∴ 흙입자의 비중은 투수계수와 관계가 없다.

17. 그림에서 주동토압의 크기를 구한 값은?(단, 흙의 단위중량은 1.8t/m³이고 내부마찰각은 30°이다.)

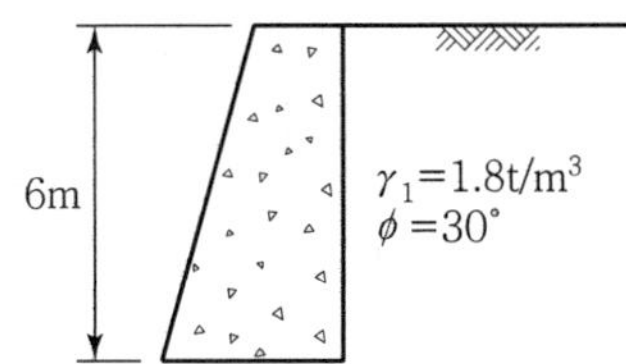

① 5.6t/m ② 10.8t/m
③ 15.8t/m ④ 23.6t/m

■ 해설 • 주동토압계수

$$K_A = \tan^2\left(45° - \frac{\phi}{2}\right) = \frac{1-\sin\phi}{1+\sin\phi} = \frac{1-\sin 30°}{1+\sin 30°} = 0.333$$

• 전주동토압

$$P_A = \frac{1}{2} \cdot K_A \cdot r \cdot H^2 = \frac{1}{2} \times 0.333 \times 1.8 \times 6^2 = 10.8\text{t/m}$$

18. 다음 중 얕은 기초는 어느 것인가?

① 말뚝 기초 ② 피어 기초
③ 확대 기초 ④ 케이슨 기초

■ 해설 직접기초(얕은기초)의 종류

- 독립 푸팅기초 • 캔틸레버 푸팅기초
- 복합 푸팅기초 • 연속 푸팅기초
- 전면기초(Mat Foundation)

∴ 말뚝, 피어, 케이슨 기초는 깊은 기초의 종류이다.

19. 느슨하고 포화된 사질토에 지진이나 폭파, 기타 진동으로 인한 충격을 받았을 때 전단강도가 급격히 감소하는 현상은?

① 액상화 현상 ② 분사 현상
③ 보일링 현상 ④ 다일러탠시 현상

■ 해설 액화(액상화) 현상
모래지반, 특히 느슨한 모래지반이나 물로 포화된 모래지반에 지진과 같은 Dynamic 하중에 의해 간극수압이 증가하여 이로 인하여 유효응력이 감소하며 전단강도가 떨어져서 물처럼 흐르는 현상

20. 예민비가 큰 점토란 다음 중 어떠한 것을 의미하는가?

① 점토를 교란시켰을 때 수축비가 작은 시료
② 점토를 교란시켰을 때 수축비가 큰 시료
③ 점토를 교란시켰을 때 강도가 많이 감소하는 시료
④ 점토를 교란시켰을 때 강도가 증가하는 시료

■ 해설 예민비 $S_t = \frac{q_u}{q_r}$

교란되지 않은 시료의 일축압축강도와 함수비 변화 없이 반죽하여 교란시킨 같은 흙의 일축압축강도의 비

∴ 점토를 교란시켰을 때 강도가 많이 감소하는 시료

|해답| 16. ④ 17. ② 18. ③ 19. ① 20. ③

Item pool (기사 2019년 8월 4일 시행)

과년도 출제문제 및 해설

01. 지표면에 집중하중이 작용할 때, 지중연직 응력 증가량($\Delta\sigma_z$)에 관한 설명 중 옳은 것은?(단, Boussinesq 이론을 사용한다.)

① 탄성계수 E에 무관하다.
② 탄성계수 E에 정비례한다.
③ 탄성계수 E의 제곱에 정비례한다.
④ 탄성계수 E의 제곱에 반비례한다.

해설 집중하중에 의한 지중응력 증가량

$$\Delta\sigma = I \cdot \frac{P}{Z^2}$$

∴ 탄성계수 E에 무관하다.

02. 통일분류법에 의해 흙이 MH로 분류되었다면, 이 흙의 공학적 성질로 가장 옳은 것은?

① 액성한계가 50% 이하인 점토이다.
② 액성한계가 50% 이상인 실트이다.
③ 소성한계가 50% 이하인 실트이다.
④ 소성한계가 50% 이상인 점토이다.

해설

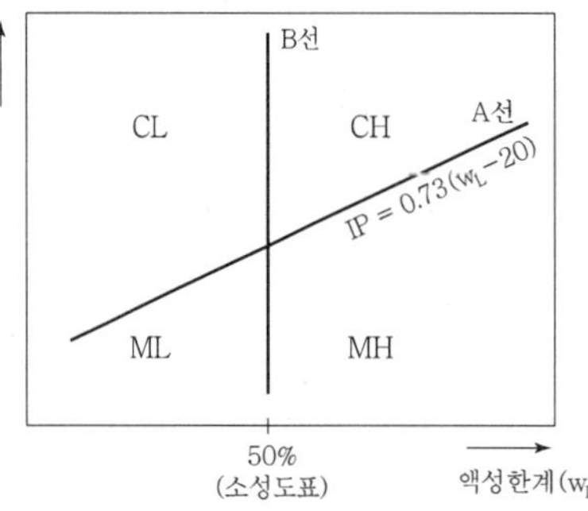

A선 위 : 점성이 크다(C)
아래 : 점성이 작다(M)
B선 왼쪽 : 압축성이 작다(L)
오른쪽 : 압축성이 크다(H)
∴ A선 위의 흙은 점토(C)이며, A선 아래의 흙은 실트(M) 또는 유기질토(O)이다.

03. 흙 시료의 일축압축시험 결과 일축압축강도가 0.3MPa이었다. 이 흙의 점착력은?(단, $\phi = 0$인 점토이다.)

① 0.1MPa ② 0.15MPa
③ 0.3MPa ④ 0.6MPa

해설 일축압축강도

$$q_u = 2 \cdot c \cdot \tan\left(45° + \frac{\phi}{2}\right)$$

여기서, 내부마찰각 $\phi = 0°$인 점토의 경우 $q_u = 2 \cdot c$

$$\therefore\ c = \frac{qu}{2} = \frac{0.3}{2} = 0.15\text{MPa}$$

04. 흙의 다짐에 대한 설명으로 틀린 것은?

① 최적함수비는 흙의 종류와 다짐 에너지에 따라 다르다.
② 일반적으로 조립토일수록 다짐곡선의 기울기가 급하다.
③ 흙이 조립토에 가까울수록 최적함수비가 커지며 최대 건조단위중량은 작아진다.
④ 함수비의 변화에 따라 건조단위중량이 변하는데, 건조단위중량이 가장 클 때의 함수비를 최적함수비라 한다.

해설
- 다짐E ↑ r_{dmax} ↑ OMC ↓ 양입도, 조립토, 급경사
- 다짐E ↓ r_{dmax} ↓ OMC ↑ 빈입도, 세립토, 완경사

∴ 흙이 조립토에 가까울수록 최적함수비가 작아지고 최대 건조단위중량은 커진다.

05. 어떤 흙에 대해서 직접 전단시험을 한 결과 수직응력이 1.0MPa일 때 전단저항이 0.5MPa이었고, 수직응력이 2.0MPa일 때에는 전단저항이 0.8MPa이었다. 이 흙의 점착력은?

① 0.2MPa ② 0.3MPa
③ 0.8MPa ④ 1.0MPa

 |해답| 1. ① 2. ② 3. ② 4. ③ 5. ①

■해설 전단저항 $\tau = C + \sigma \tan\phi$에서

$0.5 = C + 1.0\tan\phi$ …… ①

$0.8 = C + 2.0\tan\phi$ …… ②

①×2−② 연립방정식을 풀이하면

$$\begin{aligned} &1.0 = 2C + 2.0\tan\phi \\ -)\ &0.8 = C + 2.0\tan\phi \\ \hline &2 = C \end{aligned}$$

∴ 점착력 $C = 0.2\text{MPa}$

06. 널말뚝을 모래지반에 5m 깊이로 박았을 때 상류와 하류의 수두차가 4m이었다. 이때 모래지반의 포화단위중량이 19.62kN/m³이다. 현재 이 지반의 분사현상에 대한 안전율은?(단, 물의 단위중량은 9.81kN/m³이다.)

① 0.85 ② 1.25

③ 1.85 ④ 2.25

■해설 분사현상 안전율

$$F_s = \frac{i_c}{i} = \frac{\dfrac{\gamma_{sat} - \gamma_w}{\gamma_w}}{\dfrac{\Delta h}{L}} = \frac{\dfrac{19.62 - 9.81}{9.81}}{\dfrac{4}{5}} = 1.25$$

07. Terzaghi는 포화점토에 대한 1차 압밀이론에서 수학적 해를 구하기 위하여 다음과 같은 가정을 하였다. 이 중 옳지 않은 것은?

① 흙은 균질하다.

② 흙은 완전히 포화되어 있다.

③ 흙 입자와 물의 압축성을 고려한다.

④ 흙 속에서의 물의 이동은 Darcy 법칙을 따른다.

■해설 테르자기의 압밀이론 기본가정

- 균질한 지층이다.
- 완전포화된 지반이다.
- 흙속의 물 흐름은 1−D이고 Darcy의 법칙이 적용된다.
- 흙의 압축도 1−D이다.
- 투수계수와 흙의 성질은 압밀압력의 크기에 관계없이 일정하다.
- 압밀 시 압력−간극비 관계는 이상적으로 직선적 변화를 한다.
- 물과 흙은 비압축성이다.

08. 모래치환법에 의한 밀도 시험을 수행한 결과 퍼낸 흙의 체적과 질량이 각각 365.0cm³, 745g이었으며, 함수비는 12.5%였다. 흙의 비중이 2.65이며, 실내표준다짐 시 최대 건조밀도가 1.90t/m³일 때 상대다짐도는?

① 88.7% ② 93.1%

③ 95.3% ④ 97.8%

■해설 • 현장 흙의 습윤단위중량

$$\gamma_t = \frac{W}{V} = \frac{745}{365} = 2.04\text{g/cm}^3$$

• 현장 흙의 건조단위중량

$$\gamma_d = \frac{r_t}{1+w} = \frac{2.04}{1+0.125} = 1.81\text{g/cm}^3$$

• 상대다짐도

$$R \cdot C = \frac{\gamma_d}{\gamma_{dmax}} \times 100 = \frac{1.81}{1.90} \times 100 = 95.3\%$$

09. 토질조사에 대한 설명 중 옳지 않은 것은?

① 표준관입시험은 정적인 사운딩이다.

② 보링의 깊이는 설계의 형태 및 크기에 따라 변한다.

③ 보링의 위치와 수는 지형조건 및 설계형태에 따라 변한다.

④ 보링 구멍은 사용 후에 흙이나 시멘트 그라우트로 메워야 한다.

■해설 표준관입시험(S.P.T)

동적인 사운딩으로 보링 시에 교란시료를 채취하여 물성시험 시료로 사용한다.

10. 연약지반 처리공법 중 sand drain 공법에서 연직 및 수평 방향을 고려한 평균 압밀도 U는?(단, $U_v = 0.20$, $U_h = 0.71$이다.)

① 0.573 ② 0.697

③ 0.712 ④ 0.768

■해설 평균압밀도

$$\begin{aligned} U &= 1 - (1 - U_V) \cdot (1 - U_R) \\ &= 1 - (1 - 0.20) \times (1 - 0.71) = 0.768 \end{aligned}$$

|해답| 6. ② 7. ③ 8. ③ 9. ① 10. ④

11. $\Delta h_1 = 5$이고, $k_{v2} = 10k_{v1}$일 때, k_{v3}의 크기는?

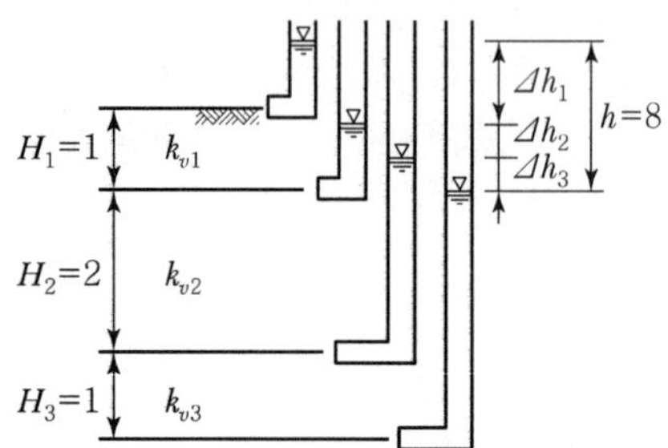

① $1.0k_{v1}$ ② $1.5k_{v1}$
③ $2.0k_{v1}$ ④ $2.5k_{v1}$

해설 수직방향 평균투수계수(동수경사 다름, 유량 일정)

$$Q_1 = A \cdot K \cdot i = K_1 \times \frac{\Delta h_1}{H_1} = K_1 \times \frac{5}{1} = 5K_1$$

$$Q_2 = A \cdot K \cdot i = K_2 \times \frac{\Delta h_2}{H_2}$$

$$= 10K_1 \times \frac{\Delta h_2}{2} = 5K_1 \times \Delta h_2 = 5K_1$$

전체 손실수두 $h = 8$, $\Delta h_1 = 5$이므로,

$\therefore\ \Delta h_2 = 1,\ \Delta h_3 = 2$

$$Q_3 = A \cdot K \cdot i = K_3 \times \frac{\Delta h_3}{H_3}$$

$$= K_3 \times \frac{2}{1} = 2K_3 = 5K_1$$

$\therefore\ K_3 = 2.5K_1$

12. 그림과 같은 사면에서 활동에 대한 안전율은?

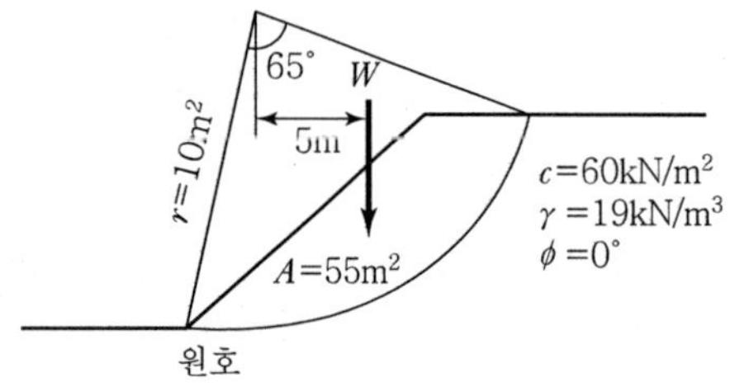

① 1.30 ② 1.50
③ 1.70 ④ 1.90

해설 원호 활동면 안전율

$$F_s = \frac{저항\ M}{활동\ M} = \frac{c \cdot l \cdot R}{A \cdot \gamma \cdot L}$$

$$= \frac{6 \times \left(2 \times \pi \times 10 \times \frac{65°}{360°}\right) \times 10}{55 \times 1.9 \times 5} = 1.3$$

13. 흙의 투수계수(k)에 관한 설명으로 옳은 것은?

① 투수계수(k)는 물의 단위중량에 반비례한다.
② 투수계수(k)는 입경의 제곱에 반비례한다.
③ 투수계수(k)는 형상계수에 반비례한다.
④ 투수계수(k)는 점성계수에 반비례한다.

해설 투수계수에 영향을 주는 인자

$$K = D_s^{\ 2} \cdot \frac{r}{\eta} \cdot \frac{e^3}{1+e} \cdot C$$

$\therefore$ 투수계수 K는 점성계수(η)에 반비례한다.

14. 점성토 지반굴착 시 발생할 수 있는 Heaving 방지대책으로 틀린 것은?

① 지반개량을 한다.
② 지하수위를 저하시킨다.
③ 널말뚝의 근입 깊이를 줄인다.
④ 표토를 제거하여 하중을 작게 한다.

해설 히빙(Heaving) 방지대책

- 흙막이의 근입깊이를 깊게 한다.
- 표토를 제거하여 하중을 적게 한다.
- 굴착면에 하중을 가한다.
- 양질의 재료로 지반개량을 한다.
- 설계 계획을 변경한다.

15. 접지압(또는 지반반력)이 그림과 같이 되는 경우는?

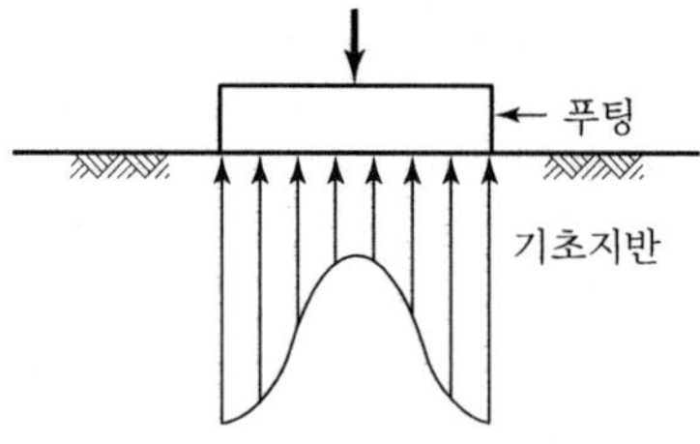

① 푸팅 : 강성, 기초지반 : 점토
② 푸팅 : 강성, 기초지반 : 모래
③ 푸팅 : 연성, 기초지반 : 점토
④ 푸팅 : 연성, 기초지반 : 모래

 |해답| 11. ④ 12. ① 13. ④ 14. ③ 15. ①

■ 해설

강성 기초 / 점토 　　 강성 기초 / 모래

- 점토지반 접지압 분포 : 기초 모서리에서 최대 응력 발생
- 모래지반 접지압 분포 : 기초 중앙부에서 최대 응력 발생

16. 예민비가 매우 큰 연약 점토지반에 대해서 현장의 비배수 전단강도를 측정하기 위한 시험방법으로 가장 적합한 것은?

① 압밀비배수시험
② 표준관입시험
③ 직접전단시험
④ 현장베인시험

■ 해설 베인 시험(Vane Test)
정적인 사운딩으로 깊이 10m 미만의 연약 점성토 지반에 대한 회전저항모멘트를 측정하여 비배수 전단강도(점착력)를 측정하는 시험

$$C=\frac{M_{\max}}{\pi D^2\left(\frac{H}{2}+\frac{D}{6}\right)}$$

17. 직경 30cm 콘크리트 말뚝을 단동식 증기 해머로 타입하였을 때 엔지니어링 뉴스 공식을 적용한 말뚝의 허용지지력은?(단, 타격에너지=36kN · m, 해머효율=0.8, 손실상수=0.25cm, 마지막 25mm 관입에 필요한 타격횟수=5이다.)

① 640kN　　② 1,280kN
③ 1,920kN　　④ 3,840kN

■ 해설 엔지니어링 뉴스 공식

$$R_a=\frac{W_H\cdot H\cdot E}{6(S+0.25)}=\frac{360\times0.8}{6(0.5+0.25)}=64\text{t}$$

(여기서, 타격당 말뚝의 평균관입량 $S=\frac{25}{5}=$ 5mm=0.5cm)

18. Mohr 응력원에 대한 설명 중 옳지 않은 것은?

① 임의 평면의 응력상태를 나타내는 데 매우 편리하다.
② σ_1과 σ_3의 차의 벡터를 반지름으로 해서 그린 원이다.
③ 한 면에 응력이 작용하는 경우 전단력이 0이면, 그 연직응력을 주응력으로 가정한다.
④ 평면기점(O_p)은 최소 주응력이 표시되는 좌표에서 최소 주응력면과 평행하게 그은 Mohr 원과 만나는 점이다.

■ 해설

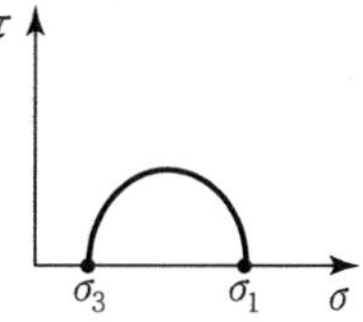

Mohr 응력원은 σ_1과 σ_3의 차의 벡터를 지름으로 해서 그린 원이다.

19. 연약점토 지반에 말뚝을 시공하는 경우, 말뚝을 타입 후 어느 정도 기간이 경과한 후에 재하시험을 하게 된다. 그 이유로 가장 적합한 것은?

① 말뚝에 부마찰력이 발생하기 때문이다.
② 말뚝에 주면마찰력이 발생하기 때문이다.
③ 말뚝 타입 시 교란된 점토의 강도가 원래대로 회복하는 데 시간이 걸리기 때문이다.
④ 말뚝 타입 시 말뚝 자체가 받는 충격에 의해 두부의 손상이 발생할 수 있어 안정화에 시간이 걸리기 때문이다.

■ 해설 말뚝 주위의 표면과 흙 사이의 마찰력으로 점토지반인 경우

- 마찰력이 감소하여 전단변형이 발생 후 딕소트로피(Thixotrophy) 현상이 발생한다.
- 딕소트로피 : Remolding한 시료(교란된 시료)를 함수비의 변화 없이 그대로 방치하면 시간이 경과되면서 강도가 일부 회복되는 현상

20. 함수비 15%인 흙 2,300g이 있다. 이 흙의 함수비를 25%가 되도록 증가시키려면 얼마의 물을 가해야 하는가?

① 200g ② 230g
③ 345g ④ 575g

해설 • 함수비 15%일 때의 물의 양

$$W_w = \frac{W \cdot w}{1+w} = \frac{2,300 \times 0.15}{1+0.15} = 300\text{g}$$

• 함수비 25%일 때의 물의 양

$15 : 300 = 25 : W_w$

$\therefore W_w = 500\text{g}$

• 추가해야 할 물의 양

$500 - 300 = 200\text{g}$

Item pool (산업기사 2019년 9월 21일 시행)

과년도 출제문제 및 해설

01. 점토층에서 채취한 시료의 압축지수(C_c)는 0.39, 간극비(e)는 1.26이다. 이 점토층 위에 구조물이 축조되었다. 축조되기 이전의 유효압력은 80kN/m², 축조된 후에 증가된 유효압력은 60kN/m²이다. 점토층의 두께가 3m일 때 압밀침하량은 얼마인가?

① 12.6cm ② 9.1cm
③ 4.6cm ④ 1.3cm

해설 압밀침하량

$$\Delta H = \frac{C_c}{1+e}\log\frac{P_2}{P_1}H$$
$$= \frac{0.39}{1+1.26}\log\frac{80+60}{80}\times 300 = 12.6\text{cm}$$

02. 포화도가 100%인 시료의 체적이 1,000cm³이었다. 노건조 후에 측정한 결과, 물의 질량이 400g이었다면 이 시료의 간극률(n)은 얼마인가?

① 15% ② 20%
③ 40% ④ 60%

해설 • 포화도

$S_r = \frac{V_w}{V_v}\times 100 = 100\%$이므로,

$V_w = V_v$

• 물의 단위중량

$\gamma_w = \frac{W_w}{V_w} = 1\text{g/cm}^3$이므로,

$W_w = V_w$

$\therefore V_w = 400\text{cm}^3$

• 간극률

$n = \frac{V_v}{V}\times 100$이므로,

$n = \frac{V_w}{V}\times 100 = \frac{400}{1,000}\times 100 = 40\%$

03. Dunham의 공식으로, 모래의 내부마찰각(ϕ)과 관입저항치(N)와의 관계식으로 옳은 것은?(단, 토질은 입도배합이 좋고 둥근 입자이다.)

① $\phi = \sqrt{12N}+15$ ② $\phi = \sqrt{12N}+20$
③ $\phi = \sqrt{12N}+25$ ④ $\phi = \sqrt{12N}+30$

해설 • 토립자가 모가 나고 입도분포가 양호한 경우
$\phi = \sqrt{12 \cdot N}+25$

• 토립자가 모가 나고 입도분포가 불량한 경우
$\phi = \sqrt{12 \cdot N}+20$

• 토립자가 둥글고 입도분포가 양호한 경우
$\phi = \sqrt{12 \cdot N}+20$

• 토립자가 둥글고 입도분포가 불량한 경우
$\phi = \sqrt{12 \cdot N}+15$

04. 기존 건물에 인접한 장소에 새로운 깊은 기초를 시공하고자 한다. 이때 기존 건물의 기초가 얕아 보강하는 공법 중 적당한 것은?

① 압성토 공법 ② 언더피닝 공법
③ 프리로딩 공법 ④ 치환 공법

해설 언더피닝 공법
기존 건물에 기초를 보강하거나 새로운 기초 설비를 위해 기존 건물을 보호하는 보강공사공법

05. 예민비가 큰 점토란 무엇을 의미하는가?

① 다시 반죽했을 때 강도가 증가하는 점토
② 다시 반죽했을 때 강도가 감소하는 점토
③ 입자의 모양이 날카로운 점토
④ 입자가 가늘고 긴 형태의 점토

|해답| 1. ① 2. ③ 3. ② 4. ② 5. ②

■ 해설 예민비 $S_t = \frac{q_u}{q_r}$

교란되지 않은 시료의 일축압축강도와 함수비 변화 없이 반죽하여 교란시킨 같은 흙의 일축압축강도의 비

∴ 점토를 교란시켰을 때 강도가 많이 감소하는 시료

06. 일축압축강도가 32kN/m², 흙의 단위중량이 16 kN/m³이고, ϕ=0인 점토지반을 연직굴착할 때 한계고는 얼마인가?

① 2.3m ② 3.2m
③ 4.0m ④ 5.2m

■ 해설 한계고 : 연직절취깊이

$$H_c = \frac{4 \cdot c}{\gamma}\tan\left(45° + \frac{\phi}{2}\right)$$

$$= \frac{4 \times 16}{16}\tan\left(45° + \frac{0°}{2}\right) = 4\text{m}$$

(여기서, 점착력 $c = \frac{q_u}{2} = \frac{32}{2} = 16\text{kN/m}^2$)

07. 동해의 정도는 흙의 종류에 따라 다르다. 다음 중 우리나라에서 가장 동해가 심한 것은?

① 실트 ② 점토
③ 모래 ④ 자갈

■ 해설 동상의 조건
- 동상을 받기 쉬운 흙 존재(실트질 흙)
- 0℃ 이하가 오래 지속되어야 한다.
- 물의 공급이 충분해야 한다.

08. 모래치환법에 의한 흙의 밀도 시험에서 모래를 사용하는 목적은 무엇을 알기 위해서인가?

① 시험구멍의 부피
② 시험구멍의 밑면의 지지력
③ 시험구멍에서 파낸 흙의 중량
④ 시험구멍에서 파낸 흙의 함수상태

■ 해설 모래는 현장에서 파낸 구멍의 체적(부피)을 알기 위하여 쓰인다.

09. 어느 흙 시료의 액성한계 시험결과 낙하횟수 40일 때 함수비가 48%, 낙하횟수 4일 때 함수비가 73%였다. 이때 유동지수는?

① 24.21% ② 25.00%
③ 26.23% ④ 27.00%

■ 해설 유동지수

$$I_f = \frac{w_1 - w_2}{\log N_2 - \log N_1} = \frac{w_1 - w_2}{\log\frac{N_2}{N_1}} = \frac{73 - 48}{\log\frac{40}{4}} = 25\%$$

10. 파이핑(Piping) 현상을 일으키지 않는 동수경사(i)와 한계 동수경사(i_c)의 관계로 옳은 것은?

① $\frac{h}{L} > \frac{G_s - 1}{1+e}$ ② $\frac{h}{L} < \frac{G_s - 1}{1+e}$
③ $\frac{h}{L} > \frac{G_s - 1}{1+e} \cdot \gamma_w$ ④ $\frac{h}{L} < \frac{G_s - 1}{1+e} \cdot \gamma_w$

■ 해설
- 분사현상(파이핑)이 일어날 조건
  $i > i_c = \frac{h}{L} > \frac{G_s - 1}{1+e}$
- 분사현상(파이핑)이 일어나지 않을 조건
  $i < i_c = \frac{h}{L} < \frac{G_s - 1}{1+e}$

11. 평판재하시험에서 재하판과 실제기초의 크기에 따른 영향, 즉 Scale effect에 대한 설명 중 옳지 않은 것은?

① 모래지반의 지지력은 재하판의 크기에 비례한다.
② 점토지반의 지지력은 재하판의 크기와는 무관하다.
③ 모래지반의 침하량은 재하판의 크기가 커지면 어느 정도 증가하지만 비례적으로 증가하지는 않는다.
④ 점토지반의 침하량은 재하판의 크기와는 무관하다.

■ 해설

폭	지지력	침하량
점토	무관	비례
사질토	비례	꼭 비례하진 않음 $S_F = S_p \cdot \left(\frac{2B_F}{B_F + B_p}\right)^2$

∴ 점토지반의 침하량은 재하판의 폭에 비례한다.

12. 도로공사 현장에서 다짐도 95%에 대한 다음 설명으로 옳은 것은?

① 포화도 95%에 대한 건조밀도를 말한다.
② 최적함수비의 95%로 다진 건조밀도를 말한다.
③ 롤러로 다진 최대 건조밀도 100%에 대한 95%를 말한다.
④ 실내 표준다짐 시험의 최대 건조밀도의 95%의 현장시공 밀도를 말한다.

해설 상대다짐도

$$R \cdot C = \frac{\gamma_d}{\gamma_{d\max}} \times 100(\%)$$

$$= \frac{\text{현장 흙의 다짐에 도달되는 건조단위중량(밀도)}}{\text{실험실에서 도달되는 최대건조단위중량(밀도)}} \text{의 백분율(비)}$$

13. 압축작용(pressure action)과 반죽작용(kneading action)을 함께 가지고 있는 롤러는?

① 평활 롤러(Smooth wheel roller)
② 양족 롤러(Sheep's foot roller)
③ 진동 롤러(Vibratory roller)
④ 타이어 롤러(Tire roller)

해설 타이어 롤러
고무타이어를 이용하여 흙을 다지는 롤러로 노상 노반의 다지기, 어스 댐의 굳히기, 아스팔트 합재의 다지기 등에 이용된다.

14. 아래 그림과 같은 정수위 투수시험에서 시료의 길이는 L, 단면적은 A, t시간 동안 메스실런더에 개량된 물의 양이 Q, 수위차는 h로 일정할 때 이 시료의 투수계수는?

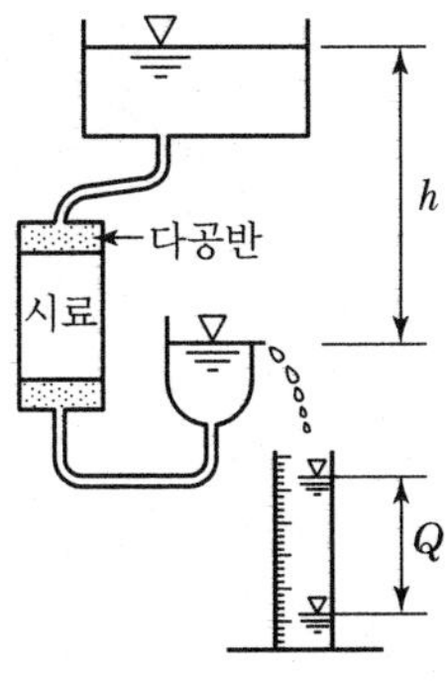

① $\frac{QL}{Aht}$　② $\frac{Qh}{ALt}$
③ $\frac{Qt}{Aht}$　④ $\frac{QA}{Lht}$

해설 정수위 투수시험 투수계수

$$K = \frac{QL}{Aht}$$

15. 다음 중 사질토 지반의 개량공법에 속하지 않는 것은?

① 폭파다짐공법
② 생석회 말뚝공법
③ 모래다짐 말뚝공법
④ 바이브로 플로테이션 공법

해설 연약 사질토 지반 개량공법
- 다짐말뚝공법
- 다짐모래말뚝공법(콤포저공법)
- 바이브로 플로테이션 공법
- 폭파다짐공법
- 전기충격공법
- 약액주입공법

∴ 생석회 말뚝공법은 연약 점성토 지반 개량공법이다.

16. 다음 중 흙 속의 전단강도를 감소시키는 요인이 아닌 것은?

① 공극수압의 증가
② 흙 다짐의 불충분
③ 수분 증가에 따른 점토의 팽창
④ 지반에 약액 등의 고결제 주입

해설 전단강도 감소 요인
- 간극수압의 증가
- 수분 증가에 의한 점토의 팽창
- 수축, 팽창, 인장에 의한 미세균열
- 느슨한 토립자의 진동
- 동결 및 융해
- 다짐 불량
- 결합재 성질의 연약화
- 예민한 흙 속의 변형

∴ 지반에 약액 등의 고결제를 주입하면 지반의 개량효과로 전단강도가 증가한다.

|해답| 12. ④ 13. ④ 14. ① 15. ② 16. ④

17. 일반적인 기초의 필요조건으로 거리가 먼 것은?

① 지지력에 대해 안정할 것
② 시공성, 경제성이 좋을 것
③ 침하가 전혀 발생하지 않을 것
④ 동해를 받지 않는 최소한의 근입깊이를 가질 것

해설 기초의 필요조건

- 최소의 근입깊이를 가져야 한다. → 동해에 대한 안정
- 지지력에 대해 안정해야 한다. → 안전율은 통상 $F_s=3$
- 침하에 대해 안정해야 한다. → 침하량이 허용값 이내
- 시공이 가능해야 한다. → 경제성, 시공성

∴ 기초의 침하는 허용값 이내여야 한다.

18. 다음 중 투수계수를 좌우하는 요인과 관계가 먼 것은?

① 포화도
② 토립자의 크기
③ 토립자의 비중
④ 토립자의 형상과 배열

해설 투수계수에 영향을 주는 인자

$$K=D_s{}^2\cdot\frac{r}{\eta}\cdot\frac{e^3}{1+e}\cdot C$$

- 입자의 모양
- 간극비
- 포화도
- 점토의 구조
- 유체의 점성계수
- 유체의 밀도 및 농도

∴ 흙입자의 비중은 투수계수와 관계가 없다.

19. 그림과 같은 옹벽에서 전주동 토압(P_a)과 작용점의 위치(y)는 얼마인가?

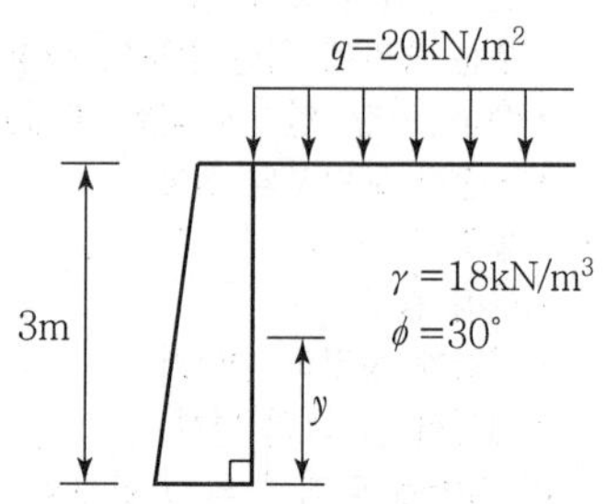

① $P_a=37\text{kN/m},\ y=1.21\text{m}$
② $P_a=47\text{kN/m},\ y=1.79\text{m}$
③ $P_a=47\text{kN/m},\ y=1.21\text{m}$
④ $P_a=54\text{kN/m},\ y=1.79\text{m}$

해설 • 주동토압계수

$$K_A=\tan^2\left(45°-\frac{\phi}{2}\right)=\frac{1-\sin\phi}{1+\sin\phi}=\frac{1-\sin30°}{1+\sin30°}=0.333$$

• 전주동 토압

$$P_A=\frac{1}{2}\cdot K_A\cdot\gamma\cdot H^2+K_A\cdot q\cdot H=\frac{1}{2}\times0.333\times18\times3^2+0.333\times20\times3=47\text{t/m}$$

• 토압의 작용점

$$h=\frac{P_1\cdot\frac{H}{3}+P_2\cdot\frac{H}{2}}{P_1+P_2}=\frac{\frac{1}{2}\times0.333\times18\times3^2\times\frac{3}{3}+0.333\times20\times3\times\frac{3}{2}}{\frac{1}{2}\times0.333\times18\times3^2+0.333\times20\times3}=1.21\text{m}$$

20. 다음 중 전단강도와 직접적으로 관련이 없는 것은?

① 흙의 점착력
② 흙의 내부마찰각
③ Barron의 이론
④ Mohr-Coulomb의 파괴이론

해설 전단강도

$\tau=C+\sigma\tan\phi$

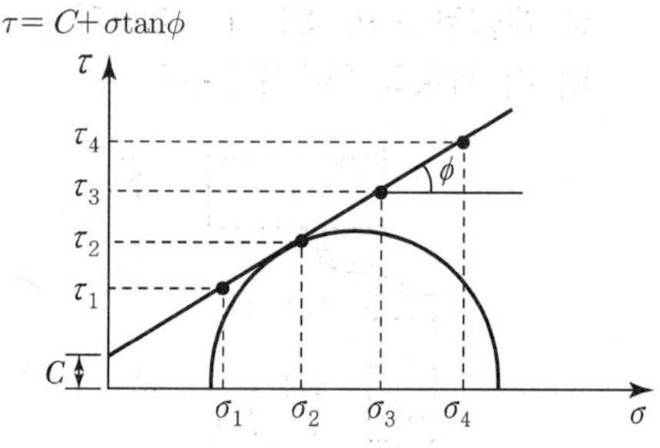

Item pool (기사 2020년 6월 7일 시행)

과년도 출제문제 및 해설

01. 어떤 흙의 입경가적곡선에서 D_{10}=0.05mm, D_{30}=0.09mm, D_{60}=0.15mm이었다. 균등계수(C_u)와 곡률계수(C_g)의 값은?

① 균등계수=1.7, 곡률계수=2.45
② 균등계수=2.4, 곡률계수=1.82
③ 균등계수=3.0, 곡률계수=1.08
④ 균등계수=3.5, 곡률계수=2.08

해설 • 균등계수

$$C_u = \frac{D_{60}}{D_{10}} = \frac{0.15}{0.05} = 3$$

• 곡률계수

$$C_g = \frac{{D_{30}}^2}{D_{10} \times D_{60}} = \frac{0.09^2}{0.05 \times 0.15} = 1.08$$

02. 말뚝 지지력에 관한 여러 가지 공식 중 정역학적 지지력 공식이 아닌 것은?

① Dörr의 공식
② Terzaghi의 공식
③ Meyerhof의 공식
④ Engineering News 공식

해설 ㉠ 정역학적 공식 : 선단 지지력과 주면 마찰력의 합계
- Meyerhof
- Terzaghi
- Dorr

㉡ 동역학적 공식 : 항타공식
- Hiley
- Weisbach
- Engineering News
- Sander

03. 압밀시험결과 시간-침하량 곡선에서 구할 수 없는 값은?

① 초기 압축비
② 압밀계수
③ 1차 압밀비
④ 선행압밀 압력

해설 선행압밀하중
시료가 과거에 받았던 최대의 압밀하중을 말한다. 하중(logP)과 간극비(e) 곡선으로 구하며 과압밀비(OCR) 산정에 이용된다.

04. 그림과 같은 점토지반에서 안전수(m)가 0.1인 경우 높이 5m의 사면에 있어서 안전율은?

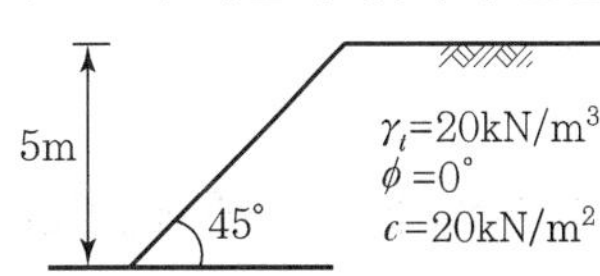

① 1.0 ② 1.25
③ 1.50 ④ 2.0

해설 • 안정계수

$$N_s = \frac{1}{m} = \frac{1}{0.1} = 10$$

• 유한사면의 안전율

$$F_s = \frac{H_c}{H} = \frac{N_s \cdot \frac{c}{\gamma}}{H} = \frac{10 \times \frac{20}{20}}{5} = 2$$

05. 얕은 기초에 대한 Terzaghi의 수정지지력 공식은 아래의 표와 같다. 4m×5m의 직사각형 기초를 사용할 경우 형상계수 α와 β의 값으로 옳은 것은?

$$q_u = \alpha c N_c + \beta \gamma_1 B N_\gamma + \gamma_2 D_f N_q$$

① $\alpha=1.18,\ \beta=0.32$
② $\alpha=1.24,\ \beta=0.42$
③ $\alpha=1.28,\ \beta=0.42$
④ $\alpha=1.32,\ \beta=0.38$

해설 테르자기의 극한지지력 공식

형상계수	원형기초	정사각형기초	연속기초	직사각형기초
α	1.3	1.3	1.0	$1+0.3\frac{B}{L}$
β	0.3	0.4	0.5	$0.5-0.1\frac{B}{L}$

- $\alpha = 1+0.3\times\frac{4}{5} = 1.24$
- $\beta = 0.5-0.1\times\frac{4}{5} = 0.42$

06. 다음 중 일시적인 지반개량공법에 속하는 것은?

① 동결공법
② 프리로딩공법
③ 약액주입공법
④ 모래다짐말뚝공법

해설 일시적 개량공법
- 웰포인트공법
- 동결공법
- 소결공법
- 대기압공법

07. 성토나 기초지반에 있어 특히 점성토의 압밀완료 후 추가 성토 시 단기 안정문제를 검토하고자 하는 경우 적용되는 시험법은?

① 비압밀 비배수시험
② 압밀 비배수시험
③ 압밀 배수시험
④ 일축압축시험

해설 압밀 비배수시험(CU-Test)
- 압밀 후 파괴되는 경우
- 초기 재하 시 간극수 배출
- 전단 시 간극수 배출 없음
- 수위 급강하 시 흙댐의 안전문제
- 압밀 진행에 따른 전단강도 증가상태를 추정
- 유효응력항으로 표시

08. 외경이 50.8mm, 내경이 34.9mm인 스플릿 스푼 샘플러의 면적비는?

① 112% ② 106%
③ 53% ④ 46%

해설 면적비

$$A_r = \frac{D_w^{\,2} - D_e^{\,2}}{D_e^{\,2}} \times 100(\%)$$

$$= \frac{50.8^2 - 34.9^2}{34.9^2} \times 100 = 112\%$$

09. 사운딩(Sounding)의 종류에서 사질토에 가장 적합하고 점성토에서도 쓰이는 시험법은?

① 표준관입시험
② 베인전단시험
③ 더치 콘 관입시험
④ 이스키미터(Iskymeter)

해설 표준관입시험
표준관입시험은 큰 자갈 이외 대부분의 흙, 즉 사질토와 점성토 모두 적용 가능하지만 주로 사질토 지반특성을 잘 반영한다.

 |해답| 5. ② 6. ① 7. ② 8. ① 9. ①

10. 흙의 투수성에서 사용되는 Darcy의 법칙 $\left(Q=k\cdot\frac{\Delta h}{L}\cdot A\right)$에 대한 설명으로 틀린 것은?

① Δh는 수두차이다.
② 투수계수(k)의 차원은 속도의 차원(cm/s)과 같다.
③ A는 실제로 물이 통하는 공극부분의 단면적이다.
④ 물의 흐름이 난류인 경우에는 Darcy의 법칙이 성립하지 않는다.

해설 평균유출속도(V)는 흙의 전 단면적(A)에 대한 유출속도이지만 실제침투속도(V_s)는 흙의 간극을 통과하는 유출속도이기 때문에 다르다.

11. 100% 포화된 흐트러지지 않은 시료의 부피가 20cm³이고 질량이 36g이었다. 이 시료를 건조로에서 건조시킨 후의 질량이 24g일 때 간극비는 얼마인가?

① 1.36 ② 1.50
③ 1.62 ④ 1.70

해설
- 함수비

$$w=\frac{W_w}{W_s}\times 100(\%)=\frac{36-24}{24}\times 100=50\%$$

- 상관식

$S_r\cdot e=G_s\cdot w$

$1\times e=G_s\times 0.5$

$\therefore e=0.5G_s$

- 건조단위중량

$$\gamma_d=\frac{W_d}{V}=\frac{24}{20}=1.2\text{g/cm}^3$$

$$\gamma_d=\frac{G_s}{1+e}\gamma_w=1.2=\frac{G_s}{1+0.5G_s}\gamma_w$$

$\therefore G_s=3$

- 간극비

$e=0.5G_s=0.5\times 3=1.5$

12. 어느 모래층의 간극률이 35%, 비중이 2.66이다. 이 모래의 분사현상(Quick Sand)에 대한 한계동수경사는 얼마인가?

① 0.99 ② 1.08
③ 1.16 ④ 1.32

해설 한계동수경사

$$i_c=\frac{G_s-1}{1+e}=\frac{2.66-1}{1+0.54}=1.08$$

여기서, 간극비 $e=\frac{n}{1-n}=\frac{0.35}{1-0.35}=0.54$

13. 흙의 다짐에 대한 설명으로 틀린 것은?

① 최적함수비로 다질 때 흙의 건조밀도는 최대가 된다.
② 최대건조밀도는 점성토에 비해 사질토일수록 크다.
③ 최적함수비는 점성토일수록 작다.
④ 점성토일수록 다짐곡선은 완만하다.

해설 다짐 특성
- 다짐에너지↑ $\gamma_{d\max}$↑ OMC↓ : 양입도, 조립토, 급한 경사
- 다짐에너지↓ $\gamma_{d\max}$↓ OMC↑ : 빈입도, 세립토, 완만한 경사

∴ 최적함수비는 점성토일수록 크다.

14. 평판재하시험에서 재하판의 크기에 의한 영향(Scale Effect)에 관한 설명으로 틀린 것은?

① 사질토 지반의 지지력은 재하판의 폭에 비례한다.
② 점토지반의 지지력은 재하판의 폭에 무관하다.
③ 사질토 지반의 침하량은 재하판의 폭이 커지면 약간 커지기는 하지만 비례하는 정도는 아니다.
④ 점토지반의 침하량은 재하판의 폭에 무관하다.

해설 평판재하시험 재하판 크기에 의한 영향(Scale Effect)

구분	지지력	침하량
점토	재하판 폭에 무관	재하판 폭에 비례
사질토	재하판 폭에 비례	재하판 폭에 어느 정도 비례

∴ 점토지반의 침하량은 재하판 폭에 비례한다.

|해답| 10. ③ 11. ② 12. ② 13. ③ 14. ④

15. 지표면에 설치된 2m×2m의 정사각형 기초에 100kN/m²의 등분포하중이 작용하고 있을 때 5m 깊이에 있어서의 연직응력 증가량을 2 : 1 분포법으로 계산한 값은?

① 0.83kN/m²
② 8.16kN/m²
③ 19.75kN/m²
④ 28.57kN/m²

해설 2 : 1 분포법에 의한 지중응력 증가량

$$\Delta\sigma = \frac{q \cdot B \cdot L}{(B+Z)(L+Z)} = \frac{100 \times 2 \times 2}{(2+5) \times (2+5)} = 8.16\text{kN/m}^2$$

16. Paper Drain 설계 시 Drain Paper의 폭이 10cm, 두께가 0.3cm일 때 Drain Paper의 등치환산원의 직경이 약 얼마이면 Sand Drain과 동등한 값으로 볼 수 있는가?(단, 형상계수(α)는 0.75이다.)

① 5cm ② 8cm
③ 10cm ④ 15cm

해설 등치환산원의 직경

$$D = \alpha \frac{2(A+B)}{\pi} = 0.75 \times \frac{2 \times (10+0.3)}{\pi} = 5\text{cm}$$

17. 점착력이 8kN/m², 내부 마찰각이 30°, 단위중량이 16kN/m³인 흙이 있다. 이 흙에 인장균열은 약 몇 m 깊이까지 발생할 것인가?

① 6.92m ② 3.73m
③ 1.73m ④ 1.00m

해설 점착고(인장균열깊이)

$$Z_c = \frac{2 \cdot c}{\gamma} \tan\left(45° + \frac{\phi}{2}\right) = \frac{2 \times 8}{16} \tan\left(45° + \frac{30°}{2}\right) = 1.73\text{m}$$

18. 그림에서 A점 흙의 강도정수가 c'=30kN/m², ϕ'=30°일 때, A점에서의 전단강도는?(단, 물의 단위중량은 9.81kN/m³이다.)

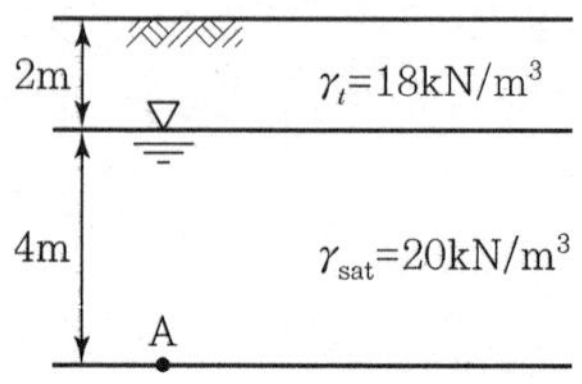

① 69.31kN/m² ② 74.32kN/m²
③ 96.97kN/m² ④ 103.92kN/m²

해설
- 유효응력

$$\sigma' = 18 \times 2 + (20 - 9.81) \times 4 = 76.76\text{kN/m}^2$$

- 전단강도

$$\tau = c + \sigma' \tan\phi = 30 + 76.76\tan 30° = 74.32\text{kN/m}^2$$

19. Terzaghi의 1차원 압밀이론에 대한 가정으로 틀린 것은?

① 흙은 균질하다.
② 흙은 완전 포화되어 있다.
③ 압축과 흐름은 1차원적이다.
④ 압밀이 진행되면 투수계수는 감소한다.

해설 Terzaghi의 1차원 압밀이론에 대한 기본가정
- 균질하고 완전 포화된 지반
- Darcy 법칙은 정당
- 흙 속의 물의 흐름과 흙의 압축은 1차원
- 투수계수와 흙의 성질은 압밀 진행에 관계없이 일정
- 흙과 물은 비압축성
- 압력과 간극비 관계는 직선적 변화

 |해답| 15. ② 16. ① 17. ③ 18. ② 19. ④

20. 아래 그림과 같은 지반의 A점에서 전응력(σ), 간극수압(u), 유효응력(σ')을 구하면?(단, 물의 단위중량은 9.81kN/m³이다.)

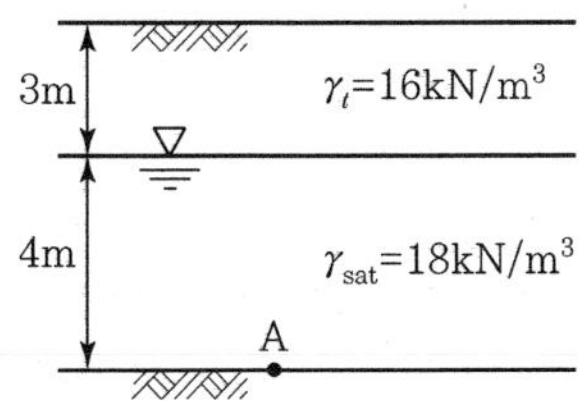

① σ=100kN/m², u=9.8kN/m², σ'=90.2kN/m²
② σ=100kN/m², u=29.4kN/m², σ'=70.6kN/m²
③ σ=120kN/m², u=19.6kN/m², σ'=100.4kN/m²
④ σ=120kN/m², u=39.2kN/m², σ'=80.8kN/m²

해설
- 전응력
  $\sigma = 16 \times 3 + 18 \times 4 = 120\text{kN/m}^2$
- 간극수압
  $u = 9.81 \times 4 = 39.2\text{kN/m}^2$
- 유효응력
  $\sigma' = \sigma - u = 120 - 39.2 = 80.8\text{kN/m}^2$

Item pool (산업기사 2020년 6월 14일 시행)

과년도 출제문제 및 해설

01. 점토 덩어리는 재차 물을 흡수하면 고체-반고체-소성-액성의 단계를 거치지 않고 물을 흡착함과 동시에 흙 입자 간의 결합력이 감소되어 액성상태로 붕괴한다. 이러한 현상을 무엇이라 하는가?

① 비화작용(Slaking)
② 팽창작용(Bulking)
③ 수화작용(Hydration)
④ 윤활작용(Lubrication)

해설 비화작용(Slaking)에 대한 설명이다.

02. 흙 속에서의 물의 흐름 중 연직유효응력의 증가를 가져오는 것은?

① 정수압상태　② 상향흐름
③ 하향흐름　④ 수평흐름

해설 하방향 침투의 경우 유효응력이 증가한다.

03. 말뚝기초의 지지력에 관한 설명으로 틀린 것은?

① 부마찰력은 아래 방향으로 작용한다.
② 말뚝선단부의 지지력과 말뚝주변 마찰력의 합이 말뚝의 지지력이 된다.
③ 점성토 지반에는 동역학적 지지력 공식이 잘 맞는다.
④ 재하시험 결과를 이용하는 것이 신뢰도가 큰 편이다.

해설
- 정역학적 공식 : 선단지지력과 주면마찰력의 합계(주로 점성토)
- 동역학적 공식 : 항타공식(주로 사질토)

04. 채취된 시료의 교란 정도는 면적비를 계산하여 통상 면적비가 몇 %보다 작으면 여잉토의 혼입이 불가능한 것으로 보고 흐트러지지 않는 시료로 간주하는가?

① 10%　② 13%
③ 15%　④ 20%

해설 불교란시료 채취 시 샘플러의 두께를 얇게 하기 위하여 면적비를 10% 미만으로 하는데, 가장 큰 이유는 샘플러 주위의 여잉토의 혼입을 막기 위해서이다.

05. 평균 기온에 따른 동결지수가 520°C · days였다. 이 지방의 정수(C)가 4일 때 동결깊이는? (단, 데라다 공식을 이용한다.)

① 130.2cm　② 102.4cm
③ 91.2cm　④ 22.8cm

해설 동결깊이(데라다 공식)

$Z = C\sqrt{F} = 4\sqrt{520} = 91.2\text{cm}$

06. 다음 기초의 형식 중 얕은 기초인 것은?

① 확대기초
② 우물통 기초
③ 공기 케이슨 기초
④ 철근콘크리트 말뚝기초

해설 기초의 종류

㉠ 직접 기초(얕은 기초)
- 확대 기초(Footing Foundation)
- 전면 기초(Mat Foundation)

㉡ 깊은 기초(깊은 기초)
- 말뚝 기초(Pile Foundation)
- 피어 기초(Pier Foundation)
- 케이슨 기초(Caisson Foundation)

07. 포화점토의 비압밀 비배수 시험에 대한 설명으로 틀린 것은?

① 시공 직후의 안정 해석에 적용된다.
② 구속압력을 증대시키면 유효응력은 커진다.
③ 구속압력을 증대한 만큼 간극수압은 증대한다.
④ 구속압력의 크기에 관계없이 전단강도는 일정하다.

해설 비압밀 비배수 시험은 구속압력을 증대시킨 만큼 간극수압이 증가하므로 유효응력은 일정하다.

08. 수직 응력이 60kN/m²이고 흙의 내부 마찰각이 45°일 때 모래의 전단강도는?(단, 점착력(c)은 0이다.)

① 24kN/m²
② 36kN/m²
③ 48kN/m²
④ 60kN/m²

해설 전단강도

$$\tau = c + \sigma \tan\phi = 0 + 60\tan 45° = 60\text{kN/m}^2$$

09. 가로 2m, 세로 4m의 직사각형 케이슨이 지중 16m까지 관입되었다. 단위면적당 마찰력 $f=0.2\text{kN/m}^2$일 때 케이슨에 작용하는 주면마찰력(Skin Friction)은 얼마인가?

① 38.4kN
② 27.5kN
③ 19.2kN
④ 12.8kN

해설 주면마찰력

$$Q_s = A_s \cdot f_s = (2+4)\times 2\times 16\times 0.2 = 38.4\text{kN}$$

10. 아래 기호를 이용하여 현장밀도시험의 결과로부터 건조밀도(ρ_d)를 구하는 식으로 옳은 것은?

- ρ_d : 흙의 건조밀도(g/cm³)
- V : 시험구멍의 부피(cm³)
- m : 시험구멍에서 파낸 흙의 습윤 질량(g)
- w : 시험구멍에서 파낸 흙의 함수비(%)

① $\rho_d = \dfrac{1}{V}\times\left(\dfrac{m}{1+\dfrac{w}{100}}\right)$

② $\rho_d = m\times\left(\dfrac{V}{1+\dfrac{w}{100}}\right)$

③ $\rho_d = \dfrac{1}{m}\times\left(\dfrac{V}{1+\dfrac{w}{100}}\right)$

④ $\rho_d = V\times\left(\dfrac{w}{1+\dfrac{m}{100}}\right)$

해설 현장밀도시험

$$\gamma_d = \frac{\gamma_t}{1+w} = \frac{\dfrac{W}{V}}{1+\dfrac{w}{100}} = \frac{1}{V}\times\frac{W}{1+\dfrac{w}{100}}$$

11. 비교란 점토($\phi=0$)에 대한 일축압축강도(q_u)가 36kN/m²이고 이 흙을 되비빔을 했을 때의 일축압축강도(q_{ur})가 12kN/m²이었다. 이 흙의 점착력(c_u)과 예민비(S_t)는 얼마인가?

① c_u =24kN/m², S_t =0.3
② c_u =24kN/m², S_t =3.0
③ c_u =18kN/m², S_t =0.3
④ c_u =18kN/m², S_t =3.0

해설
- 점착력

$$c_u = \frac{q_u}{2} = \frac{36}{2} = 18\text{kN/m}^2$$

- 예민비

$$S_t = \frac{q_u}{q_{ur}} = \frac{36}{12} = 3$$

|해답| 7. ② 8. ④ 9. ① 10. ① 11. ④

12. 아래 그림의 투수층에서 피에조미터를 꽂은 두 지점 사이의 동수경사(i)는 얼마인가?(단, 두 지점 간의 수평거리는 50m이다.)

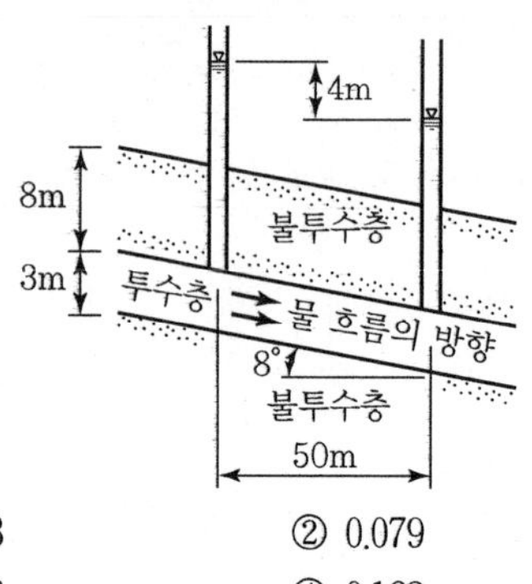

① 0.063 ② 0.079
③ 0.126 ④ 0.162

해설 동수경사

$i = \frac{\Delta h}{L} = \frac{4}{50.5} = 0.079$

여기서, $L\cos 8° = 50\text{m}$

$\therefore L = \frac{50}{\cos 8°} = 50.5\text{m}$

13. 그림에서 분사현상에 대한 안전율은 얼마인가?(단, 모래의 비중은 2.65, 간극비는 0.6이다.)

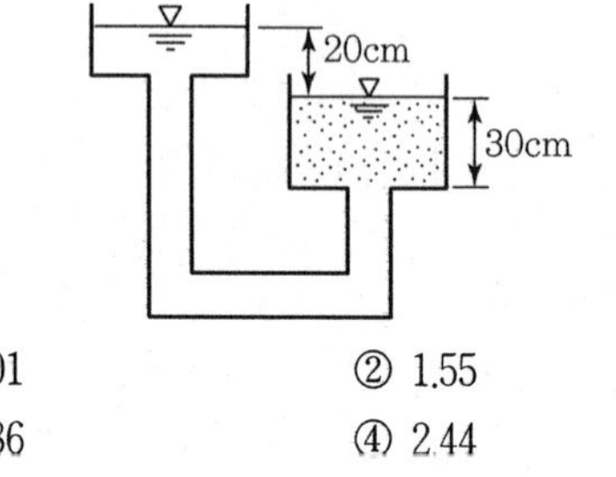

① 1.01 ② 1.55
③ 1.86 ④ 2.44

해설 분사현상 안전율

$$F_s = \frac{i_c}{i} = \frac{\frac{G_s - 1}{1+e}}{\frac{\Delta h}{L}} = \frac{\frac{2.65-1}{1+0.6}}{\frac{20}{30}} = 1.55$$

14. 주동토압계수를 K_a, 수동토압계수를 K_p, 정지토압계수를 K_o라 할 때 토압계수 크기의 비교로 옳은 것은?

① $K_o > K_p > K_a$
② $K_o > K_a > K_p$
③ $K_p > K_o > K_a$
④ $K_a > K_o > K_p$

해설 토압의 대소 비교
수동토압(K_p) > 정지토압(K_o) > 주동토압(K_a)

15. 풍화작용에 의하여 분해되어 원 위치에서 이동하지 않고 모암의 광물질을 덮고 있는 상태의 흙은?

① 호성토(Lacustrine Soil)
② 충적토(Alluvial Soil)
③ 빙적토(Glacial Soil)
④ 잔적토(Residual Soil)

해설 잔적토(Residual Soil)에 대한 설명이다.

16. 절편법에 의한 사면의 안정해석 시 가장 먼저 결정되어야 할 사항은?

① 절편의 중량
② 가상파괴 활동면
③ 활동면상의 점착력
④ 활동면상의 내부마찰각

해설 사면안정 해석 시 가장 먼저 고려해야 할 사항
가상활동면의 결정

17. 실내다짐시험 결과 최대건조단위중량이 15.6 kN/m^{3}이고, 다짐도가 95%일 때 현장의 건조단위중량은 얼마인가?

① 13.62kN/m^3
② 14.82kN/m^3
③ 16.01kN/m^3
④ 17.43kN/m^3

 |해답| 12. ② 13. ② 14. ③ 15. ④ 16. ② 17. ②

■해설 상대다짐도

$R.C = \frac{\gamma_d}{\gamma_{d\max}} \times 100(\%)$

$95 = \frac{\gamma_d}{15.6} \times 100(\%)$

$\therefore \gamma_d = 14.82\text{kN/m}^3$

18. Sand Drain 공법에서 U_v(연직방향의 압밀도)=0.9, U_h(수평방향의 압밀도)=0.15인 경우, 수직 및 수평방향을 고려한 압밀도(U_{vh})는 얼마인가?

① 99.15%
② 96.85%
③ 94.5%
④ 91.5%

■해설 평균압밀도

$U = 1-(1-U_v)(1-U_h)$
$= 1-(1-0.9)\times(1-0.15)$
$= 0.915$
$= 91.5\%$

19. 흙의 다짐에 대한 설명으로 틀린 것은?

① 건조밀도-함수비 곡선에서 최적함수비와 최대건조밀도를 구할 수 있다.
② 사질토는 점성토에 비해 흙의 건조밀도-함수비 곡선의 경사가 완만하다.
③ 최대건조밀도는 사질토일수록 크고, 점성토일수록 작다.
④ 모래질 흙은 진동 또는 진동을 동반하는 다짐방법이 유효하다.

■해설 다짐 특성

- 다짐에너지↑ $\gamma_{d\max}$↑OMC↓ : 양입도, 조립토, 급한 경사
- 다짐에너지↓ $\gamma_{d\max}$↓OMC↑ : 빈입도, 세립토, 완만한 경사

∴ 사질토는 점성토에 비해 흙의 건조밀도-함수비 곡선의 경사가 급하다.

20. 10개의 무리 말뚝기초에 있어서 효율이 0.8, 단항으로 계산한 말뚝 1개의 허용지지력이 100kN일 때 군항의 허용지지력은?

① 500kN
② 800kN
③ 1,000kN
④ 1,250kN

■해설 군항의 허용지지력

$R_{ag} = R \cdot N \cdot E = 100 \times 10 \times 0.8 = 800\text{kN}$

Item pool (기사 2020년 8월 23일 시행)

과년도 출제문제 및 해설

01. 흙의 활성도에 대한 설명으로 틀린 것은?

① 점토의 활성도가 클수록 물을 많이 흡수하여 팽창이 많이 일어난다.
② 활성도는 $2\mu m$ 이하의 점토함유율에 대한 액성지수의 비로 정의된다.
③ 활성도는 점토광물의 종류에 따라 다르므로 활성도로부터 점토를 구성하는 점토광물을 추정할 수 있다.
④ 흙 입자의 크기가 작을수록 비표면적이 커져 물을 많이 흡수하므로, 흙의 활성은 점토에서 뚜렷이 나타난다.

해설 활성도 $A = \dfrac{\text{소성지수}(PI)}{2\mu \text{ 이하의 점토함유율}(\%)}$

∴ 활성도는 (소성지수/점토함유율)로 정의된다.

02. 그림과 같은 지반에서 유효응력에 대한 점착력 및 마찰각이 각각 $c'=10\text{kN/m}^2$, $\phi'=20°$일 때, A점에서의 전단강도는?(단, 물의 단위중량은 9.81kN/m^3이다.)

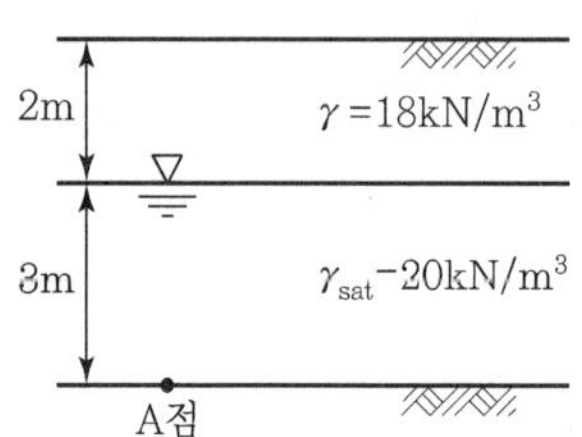

① 34.25kN/m^2　② 44.94kN/m^2
③ 54.25kN/m^2　④ 66.17kN/m^2

해설
- 전응력
  $\sigma = \gamma_t \cdot H_1 + \gamma_{sat} \cdot H_2$
  $= 18\times2+20\times3 = 96\text{kN/m}^2$
- 간극수압
  $u = \gamma_w \cdot h_w = 9.81\times3 = 29.43\text{kN/m}^2$
- 유효응력
  $\sigma' = \sigma - u = 96-29.43 = 66.57\text{kN/m}^2$
- 전단강도
  $\tau = c+\sigma'\tan\phi = 10+66.57\tan20° = 34.23\text{kN/m}^2$

03. 흙의 다짐에 대한 설명 중 틀린 것은?

① 일반적으로 흙의 건조밀도는 가하는 다짐에너지가 클수록 크다.
② 모래질 흙은 진동 또는 진동을 동반하는 다짐 방법이 유효하다.
③ 건조밀도 - 함수비 곡선에서 최적 함수비와 최대건조밀도를 구할 수 있다.
④ 모래질을 많이 포함한 흙의 건조밀도 - 함수비 곡선의 경사는 완만하다.

해설
- 다짐에너지↑ $\gamma_{d\max}$↑ OMC↓ : 양입도, 조립토, 급한 경사
- 다짐에너지↓ $\gamma_{d\max}$↓ OMC↑ : 빈입도, 세립토, 완만한 경사

∴ 모래질(조립토)을 많이 포함한 흙의 건조밀도 - 함수비 곡선의 경사는 급하다.

04. 표준관입시험(SPT)을 할 때 처음 150mm 관입에 요하는 N값은 제외하고, 그 후 300mm 관입에 요하는 타격수로 N값을 구한다. 그 이유로 옳은 것은?

① 흙은 보통 150mm 밑부터 그 흙의 성질을 가장 잘 나타낸다.
② 관입봉의 길이가 정확히 450mm이므로 이에 맞도록 관입시키기 위함이다.
③ 정확히 300mm를 관입시키기가 어려워서 150mm 관입에 요하는 N값을 제외한다.
④ 보링구멍 밑면 흙이 보링에 의하여 흐트러져 150mm 관입 후부터 N값을 측정한다.

|해답| 1. ② 2. ① 3. ④ 4. ④

■ 해설 표준관입시험(S.P.T)
64kg 해머로 76cm 높이에서 보링구멍 밑의 교란되지 않은 흙 속에 30cm 관입될 때까지의 타격횟수를 N치라 한다.

05. 연약지반 개량공법에 대한 설명 중 틀린 것은?

① 샌드드레인 공법은 2차 압밀비가 높은 점토 및 이탄 같은 유기질 흙에 큰 효과가 있다.
② 화학적 변화에 의한 흙의 강화공법으로는 소결공법, 전기화학적 공법 등이 있다.
③ 동압밀공법 적용 시 과잉간극 수압의 소산에 의한 강도증가가 발생한다.
④ 장기간에 걸친 배수공법은 샌드드레인이 페이퍼 드레인보다 유리하다.

■ 해설 샌드드레인 공법은 연약점토지반에 모래말뚝을 박아 배수거리를 짧게 하여 압밀을 촉진시키는 공법으로서, 2차 압밀비가 높은 유기질토, 해성점토, 연약층 두께가 두꺼운 경우에나 공사기간이 시급한 경우에는 적용이 곤란한 공법이다.

06. 흐트러지지 않은 시료를 이용하여 액성한계 40%, 소성한계 22.3%를 얻었다. 정규압밀점토의 압축지수(C_c)값을 Terzaghi와 Peck의 경험식에 의해 구하면?

① 0.25 ② 0.27
③ 0.30 ④ 0.35

■ 해설 액성한계 LL에 의한 C_c 값의 추정
압축지수(불교란시료)
$C_c = 0.009(LL-10) = 0.009\times(40-10) = 0.27$

07. 다음 중 흙댐(Dam)의 사면안정 검토 시 가장 위험한 상태는?

① 상류사면의 경우 시공 중과 만수위일 때
② 상류사면의 경우 시공 직후와 수위 급강하일 때
③ 하류사면의 경우 시공 직후와 수위 급강하일 때
④ 하류사면의 경우 시공 중과 만수위일 때

■ 해설
- 상류사면이 가장 위험한 경우 : 시공 직후, 수위 급강하 시
- 하류사면이 가장 위험한 경우 : 시공 직후, 정상 침투 시

08. 모래지층 사이에 두께 6m의 점토층이 있다. 이 점토의 토질시험 결과가 아래 표와 같을 때, 이 점토층의 90% 압밀을 요하는 시간은 약 얼마인가?(단, 1년은 365일로 하고, 물의 단위중량(γ_w)은 9.81kN/m³이다.)

- 간극비$(e)=1.5$
- 압축계수$(a_v)=4\times10^{-3}\text{m}^2/\text{kN}$
- 투수계수$(k)=3\times10^{-7}\text{cm/s}$

① 50.7년 ② 12.7년
③ 5.07년 ④ 1.27년

■ 해설
- 압밀시험에 의한 투수계수

$$K = C_v \cdot m_v \cdot \gamma_w = C_v \cdot \frac{a_v}{1+e} \cdot \gamma_w \text{에서}$$

$$3\times10^{-9} = C_v \times \frac{4\times10^{-3}}{1+1.5} \times 9.81$$

$$\therefore\ C_v = 1.91\times10^{-7}\text{m/sec}$$

- 압밀소요시간(양면배수조건)

$$t_{90} = \frac{T_v \cdot H^2}{C_v} = \frac{0.848\times3^2}{1.91\times10^{-7}} = 39{,}958{,}115\text{초}$$

$$\therefore\ 39{,}958{,}115\times\frac{1}{60\times60\times24\times365} = 1.27\text{년}$$

09. 5m×10m의 장방형 기초 위에 q=60kN/m²의 등분포하중이 작용할 때, 지표면 아래 10m에서의 연직응력증가량($\Delta\sigma_v$)은?(단, 2 : 1 응력분포법을 사용한다.)

① 10kN/m² ② 20kN/m²
③ 30kN/m² ④ 40kN/m²

■ 해설 2 : 1 분포법에 의한 지중응력 증가량

$$\Delta\sigma = \frac{q\cdot B\cdot L}{(B+Z)(L+Z)} = \frac{60\times5\times10}{(5+10)\times(10+10)} = 10\text{kN/m}^2$$

|해답| 5. ① 6. ② 7. ② 8. ④ 9. ①

10. 도로의 평판재하시험방법(KS F 2310)에서 시험을 끝낼 수 있는 조건이 아닌 것은?

① 재하 응력이 현장에서 예상할 수 있는 가장 큰 접지압력의 크기를 넘으면 시험을 멈춘다.

② 재하 응력이 그 지반의 항복점을 넘을 때 시험을 멈춘다.

③ 침하가 더 이상 일어나지 않을 때 시험을 멈춘다.

④ 침하량이 15mm에 달할 때 시험을 멈춘다.

해설 평판재하시험 종료 조건

- 침하가 15mm에 달할 때
- 하중강도가 현장에서 예상되는 가장 큰 접지압력을 초과할 때
- 하중강도가 지반의 항복점을 넘을 때

11. 그림에서 흙의 단면적이 40cm²이고 투수계수가 0.1cm/s일 때 흙 속을 통과하는 유량은?

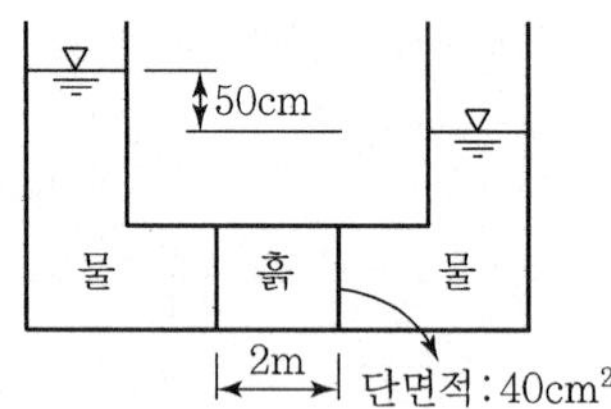

① $1m^3/h$ ② $1cm^3/s$

③ $100m^3/h$ ④ $100cm^3/s$

해설 Darcy 법칙 침투유량

$$Q=A\cdot V\cdot K\cdot i=A\cdot K\cdot \frac{\Delta h}{L}$$

$$=40\times0.1\times\frac{50}{200}=1\text{cm}^3/\text{sec}$$

12. Terzaghi의 얕은 기초에 대한 수정지지력 공식에서 형상계수에 대한 설명 중 틀린 것은?(단, B는 단변의 길이, L은 장변의 길이이다.)

① 연속기초에서 $\alpha=1.0$, $\beta=0.5$이다.

② 원형기초에서 $\alpha=1.3$, $\beta=0.6$이다.

③ 정사각형기초에서 $\alpha=1.3$, $\beta=0.4$이다.

④ 직사각형기초에서 $\alpha=1+0.3\frac{B}{L}$, $\beta=0.5-0.1\frac{B}{L}$이다.

해설 테르자기의 극한지지력 공식

형상계수	원형 기초	정사각형 기초	연속 기초	직사각형 기초
α	1.3	1.3	1.0	$1+0.3\frac{B}{L}$
β	0.3	0.4	0.5	$0.5-0.1\frac{B}{L}$

13. 포화된 점토에 대하여 비압밀비배수(UU) 삼축압축시험을 하였을 때의 결과에 대한 설명으로 옳은 것은?(단, ϕ는 마찰각이고 c는 점착력이다.)

① ϕ와 c가 나타나지 않는다.

② ϕ와 c가 모두 "0"이 아니다.

③ ϕ는 "0"이고, c는 "0"이 아니다.

④ ϕ는 "0"이 아니지만, c는 "0"이다.

해설 포화된 점토의 UU－Test($\phi=0°$)

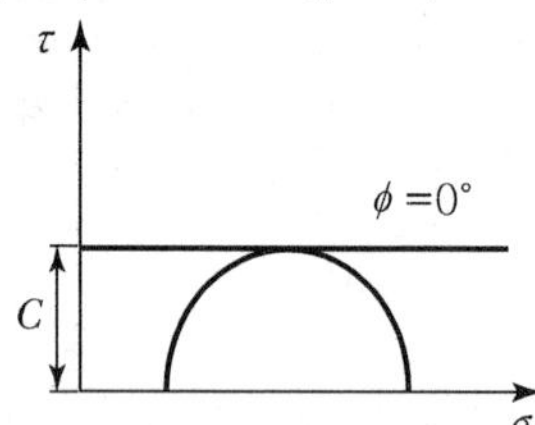

∴ 내부마찰각 $\phi=0°$이고 점착력 $C\neq0$이다.

14. 흙의 동상에 영향을 미치는 요소가 아닌 것은?

① 모관 상승고

② 흙의 투수계수

③ 흙의 전단강도

④ 동결온도의 계속시간

해설 동상의 조건

- 동상을 받기 쉬운 흙 존재(실트질 흙)
- 0℃ 이하가 오래 지속
- 물의 공급이 충분

 |해답| 10. ③ 11. ② 12. ② 13. ③ 14. ③

15. 아래 그림에서 각 층의 손실수두 Δh_1, Δh_2, Δh_3를 각각 구한 값으로 옳은 것은?(단, k는 cm/s, H와 Δh는 m 단위이다.)

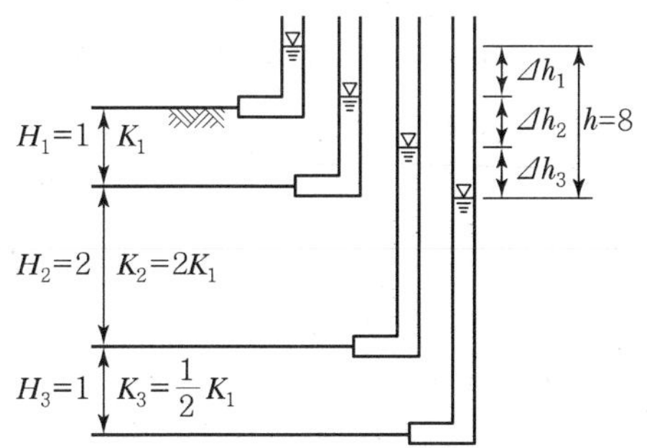

① $\Delta h_1=2$, $\Delta h_2=2$, $\Delta h_3=4$
② $\Delta h_1=2$, $\Delta h_2=3$, $\Delta h_3=3$
③ $\Delta h_1=2$, $\Delta h_2=4$, $\Delta h_3=2$
④ $\Delta h_1=2$, $\Delta h_2=5$, $\Delta h_3=1$

해설 수직방향 평균투수계수(동수경사 다름, 유량 일정)

$$Q_1=A\cdot K\cdot i=K_1\times\frac{\Delta h_1}{H_1}=K_1\times\frac{\Delta h_1}{1}=\Delta h_1$$

$$Q_2=A\cdot K\cdot i=K_2\times\frac{\Delta h_2}{H_2}=2K_1\times\frac{\Delta h_2}{2}=\Delta h_2$$

$$Q_3=A\cdot K\cdot i=K_3\times\frac{\Delta h_3}{H_3}=\frac{1}{2}K_1\times\frac{\Delta h_3}{1}=\frac{\Delta h_3}{2}$$

$Q_1=Q_2=Q_3$이므로

$\therefore\ \Delta h_1:\Delta h_2:\Delta h_3=1:1:2$

전체 손실수두가 8이므로,

$\Delta h_1=2$, $\Delta h_2=2$, $\Delta h_3=4$

16. 다짐되지 않은 두께 2m, 상대밀도 40%의 느슨한 사질토 지반이 있다. 실내시험 결과 최대 및 최소 간극비가 0.80, 0.40으로 각각 산출되었다. 이 사질토를 상대밀도 70%까지 다짐할 때 두께는 얼마나 감소되겠는가?

① 12.41cm ② 14.63cm
③ 22.71cm ④ 25.83cm

해설
- 상대밀도 40%일 때 자연간극비 e_1

$$D_r=\frac{e_{\max}-e_1}{e_{\max}-e_{\min}}\times100=\frac{0.8-e_1}{0.8-0.4}\times100=40\%$$

$\therefore\ e_1=0.64$

- 상대밀도 70%일 때 자연간극비 e_2

$$D_r=\frac{e_{\max}-e_2}{e_{\max}-e_{\min}}\times100=\frac{0.8-e_2}{0.8-0.4}\times100=70\%$$

$\therefore\ e_2=0.52$

- 침하량

$$\Delta H=\frac{\Delta e}{1+e}\cdot H=\frac{0.64-0.52}{1+0.64}\times200$$

$=14.6\text{cm}$

17. 모래나 점토 같은 입상재료를 전단할 때 발생하는 다일러턴시(Dilatancy) 현상과 간극수압의 변화에 대한 설명으로 틀린 것은?

① 정규압밀 점토에서는 (−) 다일러턴시에 (+)의 간극수압이 발생한다.
② 과압밀 점토에서는 (+) 다일러턴시에 (−)의 간극수압이 발생한다.
③ 조밀한 모래에서는 (+) 다일러턴시가 일어난다.
④ 느슨한 모래에서는 (+) 다일러턴시가 일어난다.

해설 전단 실험 시 토질의 상태변화

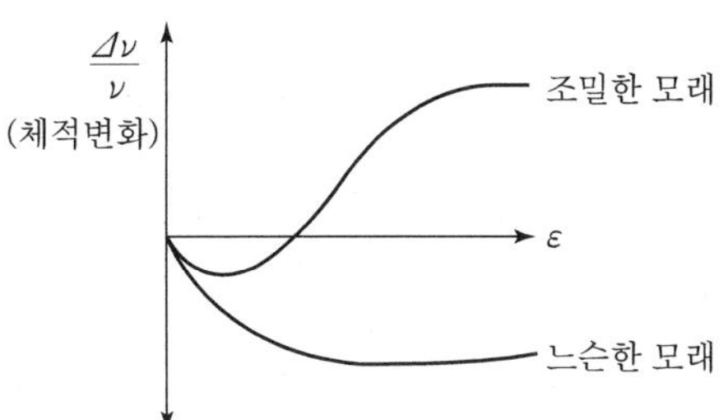

∴ 느슨한 모래에서는 (−) Dilatancy가 일어난다.

18. 그림과 같이 수평지표면 위에 등분포하중 q가 작용할 때 연직옹벽에 작용하는 주동토압의 공식으로 옳은 것은?(단, 뒤채움 흙은 사질토이며, 이 사질토의 단위중량을 γ, 내부마찰각을 ϕ라 한다.)

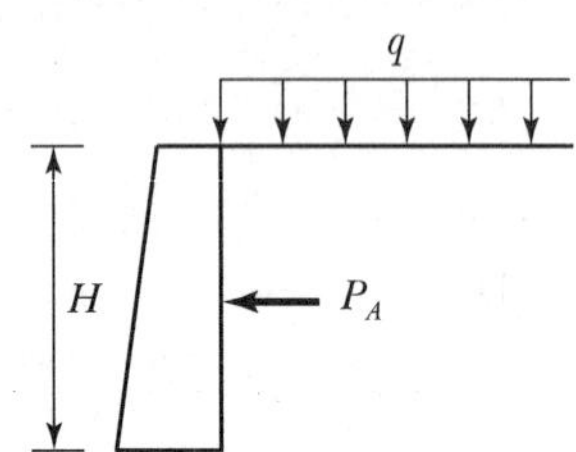

① $P_a = \left(\frac{1}{2}\gamma H^2 + qH\right)\tan^2\left(45° - \frac{\phi}{2}\right)$

② $P_a = \left(\frac{1}{2}\gamma H^2 + qH\right)\tan^2\left(45° + \frac{\phi}{2}\right)$

③ $P_a = \left(\frac{1}{2}\gamma H^2 + qH\right)\tan^2\phi$

④ $P_a = \left(\frac{1}{2}\gamma H^2 + q\right)\tan^2\phi$

해설 등분포하중이 재하하는 경우 전 주동토압

$$P_A = \frac{1}{2}\cdot K_A \cdot \gamma \cdot H^2 + K_A \cdot q \cdot H$$
$$= \left(\frac{1}{2}\cdot\gamma\cdot H^2 + q\cdot H\right)\cdot K_A$$
$$= \left(\frac{1}{2}\cdot\gamma\cdot H^2 + q\cdot H\right)\cdot \tan^2\left(45° - \frac{\phi}{2}\right)$$

19. 기초의 구비조건에 대한 설명 중 틀린 것은?

① 상부하중을 안전하게 지지해야 한다.
② 기초 깊이는 동결 깊이 이하여야 한다.
③ 기초는 전체침하나 부등침하가 전혀 없어야 한다.
④ 기초는 기술적, 경제적으로 시공 가능하여야 한다.

해설 기초의 필요조건

- 최소의 근입 깊이를 가져야 한다 : 동해에 대한 안정
- 지지력에 대해 안정해야 한다 : 안전율은 통상 $F_S = 3$
- 침하에 대해 안정해야 한다 : 침하량이 허용값 이내
- 시공이 가능해야 한다 : 경제성, 시공성

20. 중심 간격이 2m, 지름 40cm인 말뚝을 가로 4개, 세로 5개씩 전체 20개의 말뚝을 박았다. 말뚝 한 개의 허용지지력이 150kN이라면 이 군항의 허용지지력은 약 얼마인가?(단, 군말뚝의 효율은 Converse–Labarre 공식을 사용한다.)

① 4,500kN ② 3,000kN
③ 2,415kN ④ 1,215kN

해설 • 군항의 지지력 효율

$$E = 1 - \frac{\phi}{90}\cdot\left[\frac{(m-1)n + (n-1)m}{m\cdot n}\right]$$
$$= 1 - \frac{11.3°}{90}\times\left[\frac{(4-1)\times 5 + (5-1)\times 4}{4\times 5}\right] = 0.8$$

여기서, $\phi = \tan^{-1}\frac{d}{S} = \tan^{-1}\frac{40}{200} = 11.3°$

• 군항의 허용지지력

$R_{ag} = E\cdot N\cdot R_a = 0.8\times 20\times 150 = 2,400\text{kN}$

Item pool (산업기사 2020년 8월 23일 시행)

과년도 출제문제 및 해설

01. 말뚝의 재하시험 시 연약점토지반인 경우는 말뚝 타입 후 소정의 시간이 경과한 후 말뚝재하시험을 한다. 그 이유로 옳은 것은?

① 부 마찰력이 생겼기 때문이다.
② 타입된 말뚝에 의해 흙이 팽창되었기 때문이다.
③ 타입 시 말뚝 주변의 흙이 교란되었기 때문이다.
④ 주면 마찰력이 너무 크게 작용하였기 때문이다.

해설 딕소트로피(Thixotrophy) 현상
교란된 시료를 함수비 변화 없이 그대로 방치하면 시간이 경과되면서 강도가 일부 회복되는 현상으로 점성토 지반에서 일어난다.

02. 연약지반 개량공법에서 Sand Drain 공법과 비교한 Paper Drain 공법의 특징이 아닌 것은?

① 공사비가 비싸다.
② 시공속도가 빠르다.
③ 타입 시 주변 지반 교란이 적다.
④ Drain 단면이 깊이방향에 대해 일정하다.

해설 Paper Drain 공법의 특징
- 시공속도가 빠르다.
- 배수효과가 양호하다.
- 타입 시 교란이 거의 없다.
- Drain 단면이 깊이방향에 대하여 일정하다.
- 대량생산 시 공사비가 저렴하다.

03. 두께 6m의 점토층에서 시료를 채취하여 압밀시험한 결과 하중강도가 200kN/m²에서 400kN/m²로 증가되고 간극비는 2.0에서 1.8로 감소하였다. 이 시료의 압축계수(a_v)는?

① 0.001m²/kN ② 0.003m²/kN
③ 0.006m²/kN ④ 0.008m²/kN

해설 압축계수

$$a_v = \frac{\Delta e}{\Delta p} = \frac{2.0-1.8}{400-200} = 0.001\text{m}^2/\text{kN}$$

04. 주동토압을 P_A, 정지토압을 P_o, 수동토압을 P_P라 할 때 크기의 비교로 옳은 것은?

① $P_A > P_o > P_P$
② $P_P > P_A > P_o$
③ $P_o > P_A > P_P$
④ $P_P > P_o > P_A$

해설 토압의 대소 비교
수동토압 > 정지토압 > 주동토압

05. 흙의 연경도에 대한 설명 중 틀린 것은?

① 액성한계는 유동곡선에서 낙하횟수 25회에 대한 함수비를 말한다.
② 수축한계 시험에서 수은을 이용하여 건조토의 무게를 정한다.
③ 흙의 액성한계 · 소성한계시험은 425μm체를 통과한 시료를 사용한다.
④ 소성한계는 시료를 실 모양으로 늘렸을 때, 시료가 3mm의 굵기에서 끊어질 때의 함수비를 말한다.

해설 수축한계시험
수축한계시험에서 수은이 사용되는 목적은 노건조시료의 체적을 알기 위함이다.

06. 흙 속의 물이 얼어서 빙층(Ice Lens)이 형성되기 때문에 지표면이 떠오르는 현상은?

① 연화현상　② 동상현상
③ 분사현상　④ 다일러턴시

해설 동상현상(Frost Heave)
흙 속의 간극수가 얼면 물의 체적이 약 9% 팽창하기 때문에 빙층(Ice Lens)이 형성되면서 지표면이 부풀어 오르게 되는 현상

07. 말뚝기초에서 부주면마찰력(Negative Skin Friction)에 대한 설명으로 틀린 것은?

① 지하수위 저하로 지반이 침하할 때 발생한다.
② 지반이 압밀진행 중인 연약점토지반인 경우에 발생한다.
③ 발생이 예상되면 대책으로 말뚝 주면에 역청 등으로 코팅하는 것이 좋다.
④ 말뚝 주면에 상방향으로 작용하는 마찰력이다.

해설 부마찰력
압밀침하를 일으키는 연약점토층을 관통하여 지지층에 도달한 지지말뚝의 경우, 연약층의 침하에 의하여 하방향의 주면마찰력이 발생하여 지지력이 감소하고 도리어 하중이 증가하는 주면마찰력으로 상대변위의 속도가 빠를수록 부마찰력은 크다.

08. 2면 직접전단시험에서 전단력이 300N, 시료의 단면적이 10cm²일 때의 전단응력은?

① 75kN/m²　② 150kN/m²
③ 300kN/m²　④ 600kN/m²

해설 2면 직접전단시험

$$\tau = \frac{S}{2A} = \frac{300}{2 \times 10} = 150\text{kN/m}^2$$

09. 어느 모래층의 간극률이 20%, 비중이 2.65이다. 이 모래의 한계 동수경사는?

① 1.28　② 1.32
③ 1.38　④ 1.42

해설 한계동수경사

$$i_c = \frac{G_s - 1}{1+e} = \frac{2.65-1}{1+0.25} = 1.32$$

여기서, 간극비 $e = \frac{n}{1-n} = \frac{0.2}{1-0.2} = 0.25$

10. 통일분류법에서 실트질 자갈을 표시하는 기호는?

① GW　② GP
③ GM　④ GC

해설 통일분류법
- 제1문자 G : 자갈
- 제2문자 M : 실트질

11. 흙의 전단강도에 대한 설명으로 틀린 것은?

① 흙의 전단강도와 압축강도는 밀접한 관계에 있다.
② 흙의 전단강도는 입자 간의 내부마찰각과 점착력으로부터 주어진다.
③ 외력이 증가하면 전단응력에 의해서 내부의 어느 면을 따라 활동이 일어나 파괴된다.
④ 일반적으로 사질토는 내부마찰각이 작고 점성토는 점착력이 작다.

해설 토질에 따른 전단강도
- 모래(사질토) : $c=0,\ \phi \neq 0$
- 점토(점성토) : $c \neq 0,\ \phi = 0$

12. 흙의 다짐 특성에 대한 설명으로 옳은 것은?

① 다짐에 의하여 흙의 밀도와 압축성은 증가된다.
② 세립토가 조립토에 비하여 최대건조밀도가 큰 편이다.
③ 점성토를 최적함수비보다 습윤 측으로 다지면 이산구조를 가진다.
④ 세립토는 조립토에 비하여 다짐 곡선의 기울기가 급하다.

 |해답| 6. ② 7. ④ 8. ② 9. ② 10. ③ 11. ④ 12. ③

■해설 다짐 특성

- 다짐에너지↑ $\gamma_{d\max}$ ↑OMC↓ : 양입도, 조립토, 급한 경사
- 다짐에너지↓ $\gamma_{d\max}$ ↓OMC↑ : 빈입도, 세립토, 완만한 경사
- 최적함수비보다 습윤 측 다짐 : 이산구조
- 최적함수비보다 건조 측 다짐 : 면모구조

13. 어떤 퇴적지반의 수평방향 투수계수가 4.0×10⁻³ cm/s, 수직방향 투수계수가 3.0×10⁻³cm/s일 때 이 지반의 등가 등방성 투수계수는 얼마인가?

① 3.46×10^{-3}cm/s ② 5.0×10^{-3}cm/s
③ 6.0×10^{-3}cm/s ④ 6.93×10^{-3}cm/s

■해설 등가 등방성 투수계수

$$K'=\sqrt{K_v\times K_h}$$
$$=\sqrt{3.0\times10^{-3}\times4.0\times10^{-3}}$$
$$=3.46\times10^{-3}\text{cm/s}$$

14. 흙의 다짐에너지에 대한 설명으로 틀린 것은?

① 다짐에너지는 램머(Rammer)의 중량에 비례한다.
② 다짐에너지는 램머(Rammer)의 낙하고에 비례한다.
③ 다짐에너지는 시료의 체적에 비례한다.
④ 다짐에너지는 타격 수에 비례한다.

■해설 다짐에너지

$$E=\frac{W_r\cdot H\cdot N_b\cdot N_L}{V}$$

∴ 다짐에너지는 시료의 체적(V)에 반비례한다.

15. 포화점토에 대해 베인전단시험을 실시하였다. 베인의 지름과 높이는 각각 75mm와 150mm이고 시험 중 사용한 최대 회전 모멘트는 30N · m이다. 점성토의 비배수 전단강도(c_u)는?

① 1.62N/m² ② 1.94N/m²
③ 16.2kN/m² ④ 19.4kN/m²

■해설 베인 전단 시험

$$c_u=\frac{M_{\max}}{\pi D^2\left(\frac{H}{2}+\frac{D}{6}\right)}$$
$$=\frac{30}{\pi\times0.075^2\times\left(\frac{0.15}{2}+\frac{0.075}{6}\right)}$$
$$=19,402\text{N/m}^2=19.4\text{kN/m}^2$$

16. 그림과 같은 파괴 포락선 중 완전 포화된 점성토에 대해 비압밀 비배수 삼축압축(UU)시험을 했을 때 생기는 파괴포락선은 어느 것인가?

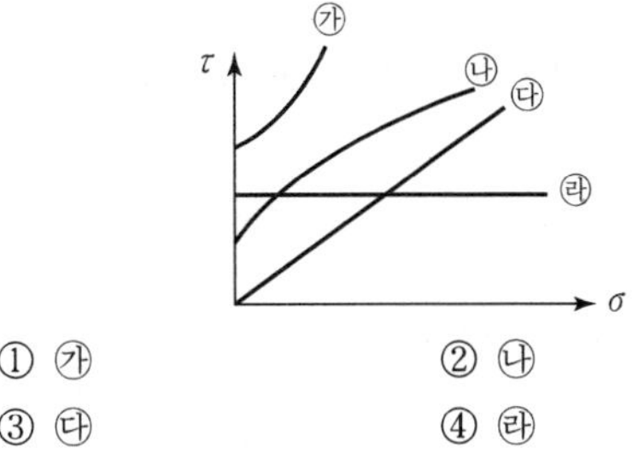

① ㉮ ② ㉯
③ ㉰ ④ ㉱

■해설 비압밀 비배수 결과는 수직응력의 크기가 증가하더라도 전단응력은 일정하다.

17. 분할법으로 사면안정 해석 시에 가장 먼저 결정되어야 할 사항은?

① 가상파괴 활동면
② 분할 세편의 중량
③ 활동면상의 마찰력
④ 각 세편의 간극수압

■해설 사면안정 해석 시 가장 먼저 고려해야 할 사항은 가상활동면의 결정이다.

18. 흙의 투수계수에 대한 설명으로 틀린 것은?

① 투수계수는 온도와는 관계가 없다.
② 투수계수는 물의 점성과 관계가 있다.
③ 흙의 투수계수는 보통 Darcy 법칙에 의하여 정해진다.
④ 모래의 투수계수는 간극비나 흙의 형상과 관계가 있다.

|해답| 13. ① 14. ③ 15. ④ 16. ④ 17. ① 18. ①

■해설 투수계수에 영향을 주는 인자

$$K = D_s^{\,2} \cdot \frac{r}{\eta} \cdot \frac{e^3}{1+e} \cdot C$$

- 입자의 모양
- 간극비 : 간극비가 클수록 투수계수는 증가한다.
- 포화도 : 포화도가 클수록 투수계수는 증가한다.
- 점토의 구조 : 면모구조가 이산구조보다 투수계수가 크다.
- 유체의 점성계수 : 점성계수가 클수록 투수계수는 작아진다.
- 유체의 밀도 및 농도 : 밀도가 클수록 투수계수는 증가한다.

19. 사질토 지반에 있어서 강성기초의 접지압분포에 대한 설명으로 옳은 것은?

① 기초 밑면에서의 응력은 불규칙하다.
② 기초의 중앙부에서 최대응력이 발생한다.
③ 기초의 밑면에서는 어느 부분이나 응력이 동일하다.
④ 기초의 모서리 부분에서 최대응력이 발생한다.

■해설 모래지반 접지압 분포

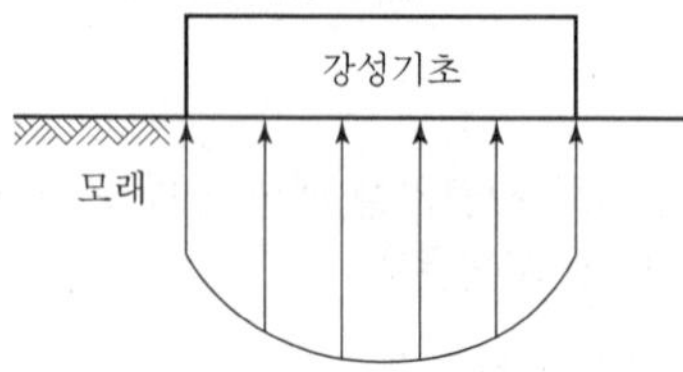

기초 중앙에서 최대응력 발생

20. 도로의 평판재하시험(KS F 2310)에서 변위계 지지대의 지지 다리 위치는 재하판 및 지지력 장치의 지지점에서 몇 m 이상 떨어져 설치하여야 하는가?

① 0.25m ② 0.50m
③ 0.75m ④ 1.00m

■해설 1m 이상 이격

Item pool (기사 2020년 9월 27일 시행)

과년도 출제문제 및 해설

01. 현장 흙의 밀도시험 중 모래치환법에서 모래는 무엇을 구하기 위하여 사용하는가?

① 시험구멍에서 파낸 흙의 중량
② 시험구멍의 체적
③ 지반의 지지력
④ 흙의 함수비

해설 모래치환법
모래는 현장에서 파낸 구멍의 체적(부피)을 알기 위하여 쓰인다.

02. 사질토에 대한 직접 전단시험을 실시하여 다음과 같은 결과를 얻었다 내부마찰각은 약 얼마인가?

수직응력(kN/m²)	30	60	90
최대전단응력(kN/m²)	17.3	34.6	51.9

① 25°　② 30°
③ 35°　④ 40°

해설 내부마찰각

$$\phi=\tan^{-1}\frac{\Delta\tau}{\Delta\sigma}=\tan^{-1}\frac{51.9-17.3}{90-30}=30°$$

혹은 점착력 $C=0$인 사질토이므로
$\tau=\sigma\tan\phi$에서, $17.3=30\tan\phi$

$$\phi=\tan^{-1}\frac{17.3}{30}=30°$$

03. Terzaghi의 극한지지력 공식에 대한 설명으로 틀린 것은?

① 기초의 형상에 따라 형상계수를 고려하고 있다.
② 지지력계수 N_c, N_q, N_γ는 내부마찰각에 의해 결정된다.
③ 점성토에서의 극한지지력은 기초의 근입 깊이가 깊어지면 증가된다.
④ 사질토에서의 극한지지력은 기초의 폭에 관계없이 기초 하부의 흙에 의해 결정된다.

해설 Terzaghi의 극한지지력 공식
$q_u=\alpha\cdot c\cdot N_c+\beta\cdot\gamma_1\cdot B\cdot N_\gamma+\gamma_2\cdot D_f\cdot N_q$
여기서, α, β : 형상계수
N_c, N_γ, N_q : 지지력계수(ϕ 함수)
c : 점착력
γ_1, γ_2 : 단위중량
B : 기초폭
D_f : 근입 깊이

∴ 극한지지력은 기초의 폭이 증가하면 지지력도 증가한다.

04. 그림과 같은 모래시료의 분사현상에 대한 안전율을 3.0 이상이 되도록 하려면 수두차 h를 최대 얼마 이하로 하여야 하는가?

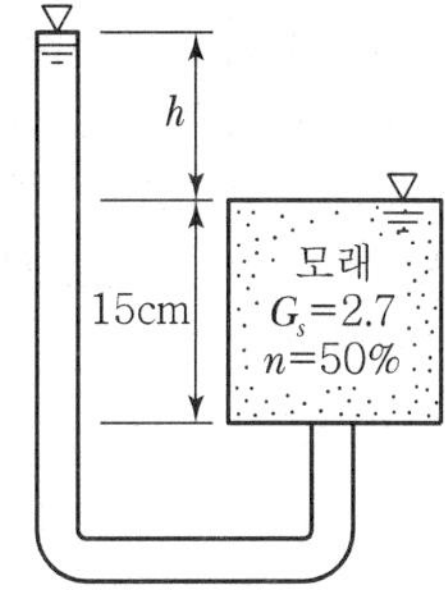

① 12.75cm　② 9.75cm
③ 4.25cm　④ 3.25cm

해설 분사현상 안전율

$$F_s=\frac{i_c}{i}=\frac{\frac{G_s-1}{1+e}}{\frac{\Delta h}{L}}\text{에서, }3=\frac{\frac{2.7-1}{1+1}}{\frac{\Delta h}{15}}$$

∴ $h=4.25$cm

(여기서, 간극비 $e=\frac{n}{1-n}=\frac{0.5}{1-0.5}=1$)

05. 그림과 같이 $c=0$인 모래로 이루어진 무한사면이 안정을 유지(안전율≥1)하기 위한 경사각(β)의 크기로 옳은 것은?(단, 물의 단위중량은 9.81kN/m³이다.)

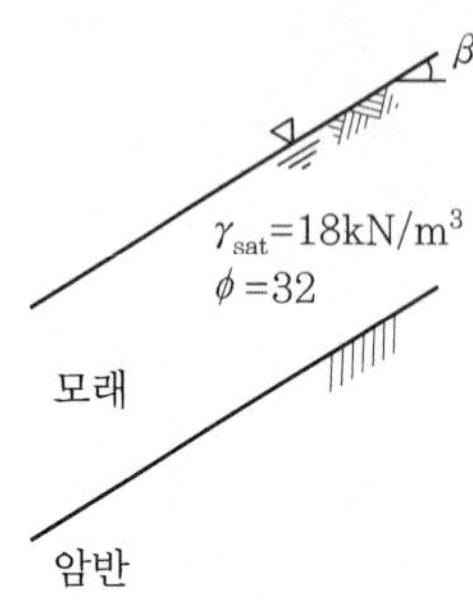

① $\beta \le 7.94°$ ② $\beta \le 15.87°$
③ $\beta \le 23.79°$ ④ $\beta \le 31.76°$

해설 반무한 사면의 안전율

($C=0$인 사질토, 지하수위가 지표면과 일치하는 경우)

$$F_s = \frac{\gamma_{sub}}{\gamma_{sat}} \cdot \frac{\tan\phi}{\tan i} = \frac{18-9.81}{18} \times \frac{\tan 32°}{\tan i} \ge 1$$

$\therefore\ i \le 15.87°$

06. 어떤 시료를 입도분석한 결과, 0.075mm 체 통과율이 65%이었고, 애터버그한계 시험결과 액성한계가 40%이었으며 소성도표(Plasticity Chart)에서 A선 위의 구역에 위치한다면 이 시료의 통일분류법(USCS)상 기호로서 옳은 것은?(단, 시료는 무기질이다.)

① CL ② ML
③ CH ④ MH

해설 • 조립토 : #200체(0.075mm) 통과량이 50% 이하
• 세립토 : #200체(0.075mm) 통과량이 50% 이상
∴ #200체 통과량 65% → 세립토

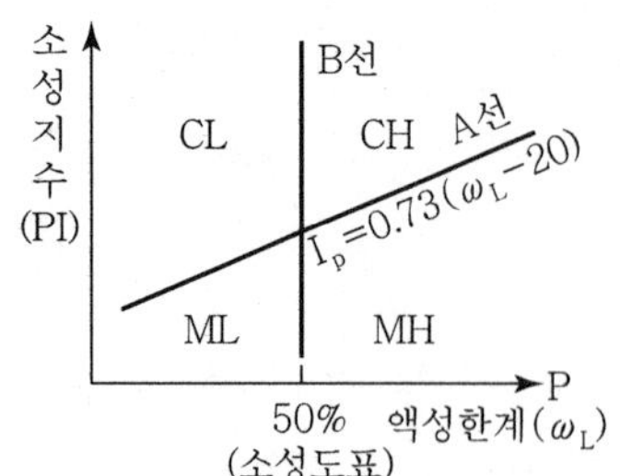

(소성도표)

A선 위 : 점성이 크다(C), 아래 : 점성이 작다(M)
B선 왼쪽 : 압축성이 작다(L), 오른쪽 : 압축성이 크다(H)
∴ A선 위의 구역 → C
액성한계 40% → L
CL : 저압축성(저소성)의 점토

07. 유선망의 특징에 대한 설명으로 틀린 것은?

① 각 유로의 침투유량은 같다.
② 유선과 등수두선은 서로 직교한다.
③ 인접한 유선 사이의 수두 감소량(Head Loss)은 동일하다.
④ 침투속도 및 동수경사는 유선망의 폭에 반비례한다.

해설 Darcy 법칙

침투속도 $V = Ki = K \cdot \dfrac{\Delta h}{L}$

∴ 침투속도 및 동수경사는 유선망의 폭에 반비례한다.

08. 어떤 점토의 압밀계수는 1.92×10^{-7}m²/s, 압축계수는 2.86×10^{-1}m²/kN이었다. 이 점토의 투수계수는?(단, 이 점토의 초기간극비는 0.8이고, 물의 단위중량은 9.81kN/m³이다.)

① 0.99×10^{-5}cm/s
② 1.99×10^{-5}cm/s
③ 2.99×10^{-5}cm/s
④ 3.99×10^{-5}cm/s

해설 압밀시험에 의한 투수계수

$$K = C_v \cdot m_v \cdot \gamma_w = C_v \cdot \frac{a_v}{1+e} \cdot \gamma_w$$

$$= 1.92\times10^{-7} \times \frac{2.86\times10^{-1}}{1+0.8} \times 9.81$$

$$= 2.99\times10^{-7}\text{m/s} = 2.99\times10^{-5}\text{cm/s}$$

 |해답| 5. ② 6. ① 7. ③ 8. ③

09. 사운딩에 대한 설명으로 틀린 것은?

① 로드 선단에 지중저항체를 설치하고 지반 내 관입, 압입 또는 회전하거나 인발하여 그 저항치로부터 지반의 특성을 파악하는 지반조사방법이다.

② 정적 사운딩과 동적 사운딩이 있다.

③ 압입식 사운딩의 대표적인 방법은 Standard Penetration Test(SPT)이다.

④ 특수사운딩 중 측압사운딩의 공내횡방향 재하시험은 보링공을 기계적으로 수평으로 확장시키면서 측압과 수평변위를 측정한다.

해설 동적(타격식) 사운딩의 대표적인 방법은 SPT이다.

10. 두께 H인 점토층에 압밀하중을 가하여 요구되는 압밀도에 달할 때까지 소요되는 기간이 단면배수일 경우 400일이었다면 양면배수일 때는 며칠이 걸리겠는가?

① 800일 ② 400일
③ 200일 ④ 100일

해설 압밀소요시간

$t=\dfrac{T_v \cdot H^2}{C_v}$ 이므로

압밀시간 t는 점토의 두께(배수거리) H의 제곱에 비례

$t_1 : H^2 = t_2 : \left(\dfrac{H}{2}\right)^2$

$400 : H^2 = t_2 : \left(\dfrac{H}{2}\right)^2$

$\therefore\ t_2 = \dfrac{400\times\left(\dfrac{H}{2}\right)^2}{H^2} = 100$일

여기서, 단면배수의 배수거리 : H

양면배수의 배수거리 : $\dfrac{H}{2}$

11. 전체 시추코어 길이가 150cm이고 이중 회수된 코어 길이의 합이 80cm이었으며, 10m 이상인 코어 길이의 합이 70cm이었을 때 코어의 회수율(TCR)은?

① 55.67% ② 53.33%
③ 46.67% ④ 43.33%

해설 회수율(TCR) $= \dfrac{\text{회수된 core의 총합}}{\text{이론적 굴진 길이}}\times 100(\%)$

$= \dfrac{80}{150}\times 100 = 53.33\%$

12. 동상방지대책에 대한 설명으로 틀린 것은?

① 배수구 등을 설치하여 지하수위를 저하시킨다.

② 지표의 흙을 화학약품으로 처리하여 동결온도를 내린다.

③ 동결 깊이보다 깊은 흙을 동결하지 않는 흙으로 치환한다.

④ 모관수의 상승을 차단하기 위해 조립의 차단층을 지하수위보다 높은 위치에 설치한다.

해설 동상방지대책

- 치환공법으로 동결되지 않는 흙으로 바꾸는 방법
- 지하수위 상층에 조립토층을 설치하는 방법
- 배수구 설치로 지하수위를 저하시키는 방법
- 흙 속에 단열재료를 매입하는 방법
- 화학약액으로 처리하는 방법

13. 다음 지반개량공법 중 연약한 점토지반에 적당하지 않은 것은?

① 프리로딩 공법

② 샌드 드레인 공법

③ 생석회 말뚝 공법

④ 바이브로 플로테이션 공법

해설 ㉠ 연약 점성토 지반 개량공법

- 치환 공법
- 프리로딩 공법
- 압성토 공법
- 샌드 드레인 공법
- 페이퍼 드레인 공법
- 팩 드레인 공법

|해답| 9. ③ 10. ④ 11. ② 12. ③ 13. ④

- 침투압 공법
- 생석회 말뚝 공법
- 전기침투공법 및 전기화학적 고결공법

㉡ 연약 사질토 지반 개량공법
바이브로 플로테이션 공법

14. 두 개의 규소판 사이에 한 개의 알루미늄판이 결합된 3층 구조가 무수히 많이 연결되어 형성된 점토광물로서 각 3층 구조 사이에는 칼륨이온(K^+)으로 결합되어 있는 것은?

① 일라이트(Illite)
② 카올리나이트(Kaolinite)
③ 할로이사이트(Halloysite)
④ 몬모릴로나이트(Montmorillonite)

■해설 일라이트(Illite)
3층 구조, 칼륨이온으로 결합되어 있어서 결합력이 중간 정도이다.

15. 단위중량(γ_t)=19kN/m³, 내부마찰각(ϕ)=30°, 정지토압계수(K_o)=0.5인 균질한 사질토 지반이 있다. 이 지반의 지표면 아래 2m 지점에 지하수위면이 있고 지하수위면 아래의 포화단위중량(γ_{sat})=20kN/m³이다. 이때 지표면 아래 4m 지점에서 지반 내 응력에 대한 설명으로 틀린 것은?(단, 물의 단위중량은 9.81kN/m³이다.)

① 연직응력(σ_v)은 80kN/m²이다.
② 간극수압(u)은 19.62kN/m²이다.
③ 유효연직응력(σ_v')은 58.38kN/m²이다.
④ 유효수평응력(σ_h')은 29.19kN/m²이다.

■해설
- 연직응력
  $\sigma_v = 19\times2+20\times2 = 78\text{kN/m}^2$
- 간극수압
  $u = 9.81\times2 = 19.62\text{kN/m}^2$
- 유효연직응력
  $\sigma_v' = 19\times2+(20-9.81)\times2 = 58.38\text{kN/m}^2$
- 유효수평응력
  $\sigma_h' = 0.5\times58.38 = 29.19\text{kN/m}^2$

16. γ_t=19kN/m³, ϕ=30°인 뒤채움 모래를 이용하여 8m 높이의 보강토 옹벽을 설치하고자 한다. 폭 75mm, 두께 3.69mm의 보강띠를 연직방향 설치간격 S_v=0.5m, 수평방향 설치간격 S_h=1.0m로 시공하고자 할 때, 보강띠에 작용하는 최대 힘(T_{max})의 크기는?

① 15.33kN ② 25.33kN
③ 35.33kN ④ 45.33kN

■해설 최대수평토압
$$\sigma_h = K_A\cdot\gamma_t\cdot H = \frac{1-\sin30°}{1+\sin30°}\times19\times8 = 50.62\text{kN/m}^2$$
- 연직방향 설치간격 $S_v = 0.5\text{m}$
  수평방향 설치간격 $S_h = 1.0\text{m}$
- $0.5\times1.0 = 0.5\text{m}^2$이므로, 단위면적당 평균 보강띠 설치 개수는 $\frac{1\text{m}^2}{0.5\text{m}^2} = 2$개
  그러므로 보강띠에 작용하는 최대 힘
  $T_{max} = \frac{50.62}{2} = 25.3\text{kN}$

17. 말뚝기초의 지반거동에 대한 설명으로 틀린 것은?

① 연약지반상에 타입되어 지반이 먼저 변형하고 그 결과 말뚝이 저항하는 말뚝을 주동말뚝이라 한다.
② 말뚝에 작용한 하중은 말뚝 주변의 마찰력과 말뚝 선단의 지지력에 의하여 주변 지반에 전달된다.
③ 기성말뚝을 타입하면 전단파괴를 일으키며 말뚝 주위의 지반은 교란된다.
④ 말뚝 타입 후 지지력의 증가 또는 감소현상을 시간효과(Time Effect)라 한다.

■해설 연약지반상에 타입되어 지반이 먼저 변형하고 그 결과 말뚝이 저항하는 말뚝은 수동말뚝이라 한다.

 |해답| 14. ① 15. ① 16. ② 17. ①

18. 사질토 지반에 축조되는 강성기초의 접지압 분포에 대한 설명으로 옳은 것은?

① 기초 모서리 부분에서 최대응력이 발생한다.
② 기초에 작용하는 접지압 분포는 토질에 관계없이 일정하다.
③ 기초의 중앙 부분에서 최대응력이 발생한다.
④ 기초 밑면의 응력은 어느 부분이나 동일하다.

해설

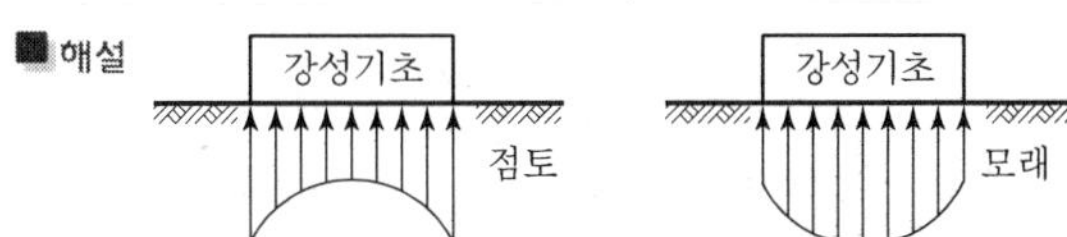

- 점토지반 접지압 분포 : 기초 모서리에서 최대 응력 발생
- 모래지반 접지압 분포 : 기초 중앙부에서 최대 응력 발생

19. 습윤단위중량이 19kN/m³, 함수비 25%, 비중이 2.7인 경우 건조단위중량과 포화도는?(단, 물의 단위중량은 9.81kN/m³이다.)

① 17.3kN/m³, 97.8%
② 17.3kN/m³, 90.9%
③ 15.2kN/m³, 97.8%
④ 15.2kN/m³, 90.9%

해설 • 건조단위중량

$$\gamma_d = \frac{\gamma_t}{1+w} = \frac{19}{1+0.25} = 15.2\text{kN/m}^3$$

$$\gamma_d = \frac{G_s}{1+e}\gamma_w = 15.2 = \frac{2.7}{1+e} \times 9.81$$

$\therefore\ e = 0.74$

• 상관식

$S_r \cdot e = G_s \cdot w$

$S_r \times 0.74 = 2.7 \times 0.25$

$\therefore\ S_r = 91\%$

20. 아래의 공식은 흙 시료에 삼축압력이 작용할 때 흙 시료 내부에 발생하는 간극수압을 구하는 공식이다. 이 식에 대한 설명으로 틀린 것은?

$$\Delta u = B[\Delta\sigma_3 + A(\Delta\sigma_1 - \Delta\sigma_3)]$$

① 포화된 흙의 경우 $B=1$이다.
② 간극수압계수 A값은 언제나 (+)의 값을 갖는다.
③ 간극수압계수 A값은 삼축압축시험에서 구할 수 있다.
④ 포화된 점토에서 구속응력을 일정하게 두고 간극수압을 측정했다면, 축차응력과 간극수압으로부터 A값을 계산할 수 있다.

해설 간극수압계수

$$A = \frac{D}{B} = \frac{\text{간극수압 증가량}}{\text{응력증가량}} = \frac{u - \sigma_3}{\sigma_1 - \sigma_3}$$

$\therefore$ 간극수압계수 A값은 언제나 (+)의 값을 갖는 것은 아니다.

Item pool (기사 2021년 3월 7일 시행)

과년도 출제문제 및 해설

01. 포화단위중량(γ_{sat})이 19.62kN/m³인 사질토로 된 무한사면이 20°로 경사져 있다. 지하수위가 지표면과 일치하는 경우 이 사면의 안전율이 1 이상이 되기 위해서 흙의 내부마찰각이 최소 몇 도 이상이어야 하는가?(단, 물의 단위중량은 9.81kN/m³이다.)

① 18.21° ② 20.52°
③ 36.06° ④ 45.47°

해설 반무한 사면의 안전율($C=0$인 사질토, 지하수위가 지표면과 일치하는 경우)

$F_s = \frac{\gamma_{sub}}{\gamma_{sat}} \cdot \frac{\tan\phi}{\tan i}$ 에서,

$1 \le \frac{19.62-9.81}{19.62} \times \frac{\tan\phi}{\tan 20°}$

$\therefore\ i = 36.06°$

02. 그림에서 지표면으로부터 깊이 6m에서의 연직응력(σ_v)과 수평응력(σ_h)의 크기를 구하면?(단, 토압계수는 0.6이다.)

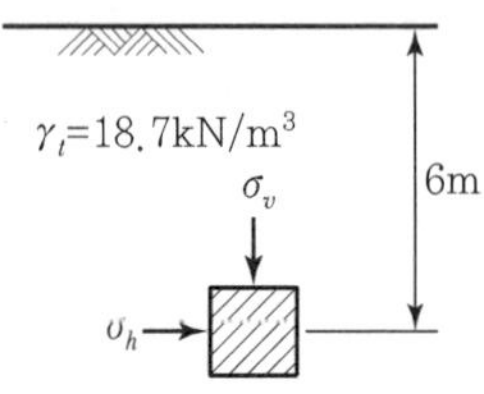

① σ_v =87.3kN/m², σ_h =52.4kN/m²
② σ_v =95.2kN/m², σ_h =57.1kN/m²
③ σ_v =112.2kN/m², σ_h =67.3kN/m²
④ σ_v =123.4kN/m², σ_h =74.0kN/m²

해설
- 연직응력
  $\sigma_v = \gamma \cdot H = 18.7 \times 6 = 112.2\text{kN/m}^2$
- 수평응력
  $\sigma_h = K \cdot \sigma_v = K \cdot \gamma \cdot H = 0.6 \times 112.2 = 67.3\text{kN/m}^2$

03. 흙의 분류법인 AASHTO분류법과 통일분류법을 비교 · 분석한 내용으로 틀린 것은?

① 통일분류법은 0.075mm체 통과율 35%를 기준으로 조립토와 세립토로 분류하는데 이것은 AASHTO분류법보다 적합하다.
② 통일분류법은 입도분포, 액성한계, 소성지수 등을 주요 분류인자로 한 분류법이다.
③ AASHTO분류법은 입도분포, 군지수 등을 주요 분류인자로 한 분류법이다.
④ 통일분류법은 유기질토 분류방법이 있으나 AASHTO분류법은 없다.

해설 통일분류법에서는 0.075mm체(#200체) 통과율을 50%를 기준으로 조립토와 세립토를 분류하고, AASHTO분류법은 35%를 기준으로 분류한다.

04. 흙 시료의 전단시험 중 일어나는 다일러턴시(Dilatancy) 현상에 대한 설명으로 틀린 것은?

① 흙이 전단될 때 전단면 부근의 흙입자가 재배열되면서 부피가 팽창하거나 수축하는 현상을 다일러턴시라 부른다.
② 사질토 시료는 전단 중 다일러턴시가 일어나지 않는 한계의 간극비가 존재한다.
③ 정규압밀 점토의 경우 정(+)의 다일러턴시가 일어난다.
④ 느슨한 모래는 보통 부(−)의 다일러턴시가 일어난다.

해설 다일러턴시(Dilatancy) 현상
- 조밀한 모래에서는 (+)다일러턴시, (−)간극수압 발생
- 느슨한 모래에서는 (−)다일러턴시, (+)간극수압 발생
- 과압밀 점토에서는 (+)다일러턴시, (−)간극수압 발생
- 정규압밀 점토에서는 (−)다일러턴시, (+)간극수압 발생

 |해답| 1. ③ 2. ③ 3. ① 4. ③

05. 도로의 평판재하시험에서 시험을 멈추는 조건으로 틀린 것은?

① 완전히 침하가 멈출 때
② 침하량이 15mm에 달할 때
③ 재하응력이 지반의 항복점을 넘을 때
④ 재하응력이 현장에서 예상할 수 있는 가장 큰 접지압력의 크기를 넘을 때

해설 평판재하시험 종료 조건
침하 측정은 침하가 15mm에 달하거나, 하중강도가 현장에서 예상되는 가장 큰 접지압력의 크기 또는 항복점을 넘을 때까지 실시한다.

06. 압밀시험에서 얻은 $e-\log P$ 곡선으로 구할 수 있는 것이 아닌 것은?

① 선행압밀압력 ② 팽창지수
③ 압축지수 ④ 압밀계수

해설 시간-침하 곡선
하중 단계마다 시간-침하 곡선을 작도하여 t를 구한 후 압밀계수 C_v를 결정한다.
∴ 압밀계수는 시간과 압밀 시의 침하곡선에 의하여 구한다.

07. 상·하층이 모래로 되어 있는 두께 2m의 점토층이 어떤 하중을 받고 있다. 이 점토층의 투수계수가 5×10⁻⁷cm/s, 체적변화계수(m_v)가 5.0cm²/kN일 때 90% 압밀에 요구되는 시간은?(단, 물의 단위중량은 9.81kN/m³이다.)

① 약 5.6일 ② 약 9.8일
③ 약 15.2일 ④ 약 47.2일

해설 압밀소요시간

$$t_{90}=\frac{T_v\cdot H^2}{C_v}=\frac{0.848\times\left(\frac{200}{2}\right)^2}{1\times10^{-2}}=848{,}000\text{초}=9.8\text{일}$$

여기서, $K=C_v\cdot m_v\cdot\gamma_w$에서,

$$C_v=\frac{K}{m_v\cdot\gamma_w}=\frac{5\times10^{-7}}{5\times9.81\times10^{-6}}=1\times10^{-2}\text{cm}^2/\text{sec}$$

08. 어떤 지반에 대한 흙의 입도분석결과 곡률계수(C_g)는 1.5, 균등계수(C_u)는 15이고 입자는 모난 형상이었다. 이때 Dunham의 공식에 의한 흙의 내부마찰각(ϕ)의 추정치는?(단, 표준관입시험 결과 N치는 10이었다.)

① 25° ② 30°
③ 36° ④ 40°

해설 Dunham 공식
㉠ 입도양호(양입도) 판정기준
• 일반 흙 : 균등계수 $C_u>10$
곡률계수 $C_g=1\sim3$
• 자갈 : 균등계수 $C_u>4$
곡률계수 $C_g=1\sim3$
• 모래 : 균등계수 $C_u>6$
곡률계수 $C_g=1\sim3$
여기서, 균등계수 $C_u=15$, 곡률계수 $C_g=1.5$이므로
∴ 입도양호(W)

㉡ 토립자가 모나고 입도분포가 양호한 경우
$\phi=\sqrt{12\cdot N}+25=\sqrt{12\times10}+25=36°$

09. 흙의 내부마찰각이 20°, 점착력이 50kN/m², 습윤단위중량이 17kN/m³, 지하수위 아래 흙의 포화단중량이 19kN/m³일 때 3m×3m 크기의 정사각형 기초의 극한지지력을 Terzaghi의 공식으로 구하면?(단, 지하수위는 기초바닥 깊이와 같으며 물의 단위중량은 9.81kN/m³이고, 지지력계수 $N_c=18$, $N_\gamma=5$, $N_q=7.5$이다.)

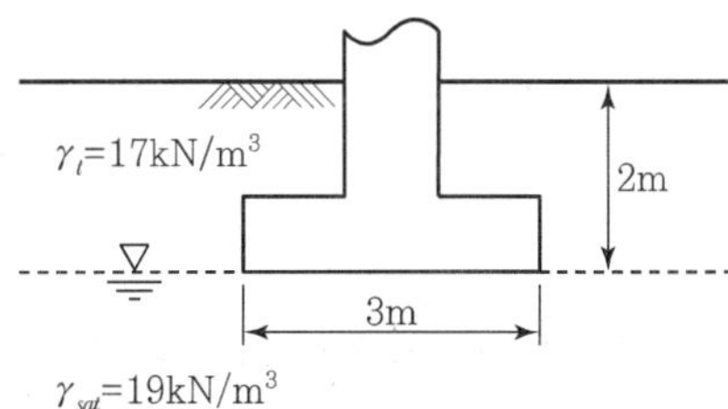

① 1,231.24kN/m²
② 1,337.31kN/m²
③ 1,480.14kN/m²
④ 1,540.42kN/m²

■ 해설

형상계수	원형기초	정사각형기초	연속기초
α	1.3	1.3	1.0
β	0.3	0.4	0.5

극한지지력

$$q_u = \alpha \cdot c \cdot N_c + \beta \cdot \gamma_1 \cdot B \cdot N_\gamma + \gamma_2 \cdot D_f \cdot N_q$$
$$= 1.3 \times 50 \times 18 + 0.4 \times (19 - 9.81) \times 3 \times 5 + 17 \times 2 \times 7.5$$
$$= 1,480.14\text{kN/m}^2$$

10. 그림에서 $a-a'$ 면 바로 아래의 유효응력은?(단, 흙의 간극비(e)는 0.4, 비중(G_s)은 2.65, 물의 단위중량은 9.81kN/m³이다.)

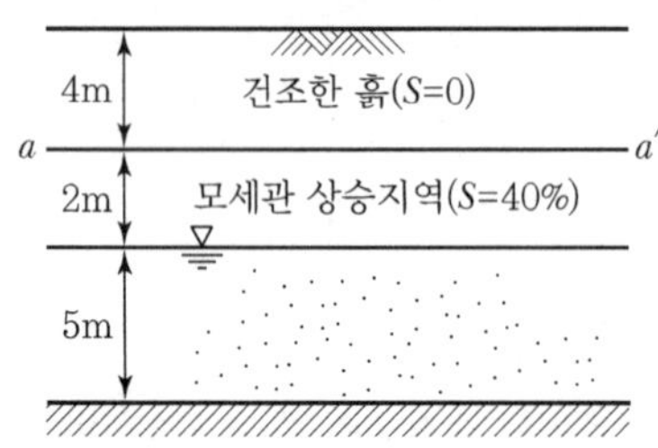

① 68.2kN/m² ② 82.1kN/m²
③ 97.4kN/m² ④ 102.1kN/m²

■ 해설 • 전응력

$$\sigma = \gamma_d \cdot h_1 = \frac{G_s}{1+e}\gamma_w \cdot h_1 = \frac{2.65}{1+0.4} \times 9.81 \times 4$$
$$= 74.28\text{kN/m}^2$$

• 간극수압(상방향 모세관 상승지역 $S_r = 40\%$)

$$u = -\gamma_w \cdot h_2 \cdot S_r = -9.81 \times 2 \times 0.4$$
$$= -7.85\text{kN/m}^2$$

• 유효응력

$$\sigma' = \sigma - u = 74.28 - (-7.85) = 82.13\text{kN/m}^2$$

11. 시료채취 시 샘플러(Sampler)의 외경이 6cm, 내경이 5.5cm일 때 면적비는?

① 8.3% ② 9.0%
③ 16% ④ 19%

■ 해설 면적비

$$A_r = \frac{D_w^2 - D_e^2}{D_e^2} \times 100(\%) = \frac{6^2 - 5.5^2}{5.5^2} \times 100 = 19\%$$

12. 다짐에 대한 설명으로 틀린 것은?

① 다짐에너지는 래머(Sampler)의 중량에 비례한다.
② 입도배합이 양호한 흙에서는 최대건조 단위중량이 높다.
③ 동일한 흙일지라도 다짐기계에 따라 다짐효과는 다르다.
④ 세립토가 많을수록 최적함수비가 감소한다.

■ 해설 다짐E↑ γ_{dmax} ↑OMC↓양입도, 조립토, 급경사
다짐E↓ γ_{dmax} ↓OMC↑빈입도, 세립토, 완경사
∴ 세립토가 많을수록 최적함수비가 증가한다.

13. 20개의 무리말뚝에 있어서 효율이 0.75이고, 단항으로 계산된 말뚝 한 개의 허용지지력이 150kN일 때 무리말뚝의 허용지지력은?

① 1,125kN ② 2,250kN
③ 3,000kN ④ 4,000kN

■ 해설 군항의 허용지지력

$$R_{ag} = R \cdot N \cdot E = 150 \times 20 \times 0.75 = 2,250\text{kN}$$

14. 연약지반 위에 성토를 실시한 다음, 말뚝을 시공하였다. 시공 후 발생될 수 있는 현상에 대한 설명으로 옳은 것은?

① 성토를 실시하였으므로 말뚝의 지지력은 점차 증가한다.
② 말뚝을 암반층 상단에 위치하도록 시공하였다면 말뚝의 지지력에는 변함이 없다.
③ 압밀이 진행됨에 따라 지반의 전단강도가 증가되므로 말뚝의 지지력은 점차 증가한다.
④ 압밀로 인해 부주면마찰력이 발생되므로 말뚝의 지지력은 감소된다.

■ 해설 부마찰력

압밀침하를 일으키는 연약 점토층을 관통하여 지지층에 도달한 지지말뚝의 경우에는 연약층의 침하에 의하여 하향의 주면마찰력이 발생하여 지지력이 감소하고 도리어 하중이 증가하는 주면마찰력으로 상대변위의 속도가 빠를수록 부마찰력은 크다.

 |해답| 10. ② 11. ④ 12. ④ 13. ② 14. ④

15. 아래와 같은 상황에서 강도정수 결정에 적합한 삼축압축시험의 종류는?

> 최근에 매립된 포화 점성토 지반 위에 구조물을 시공한 직후의 초기 안정 검토에 필요한 지반 강도정수 결정

① 비압밀 비배수시험(UU)
② 비압밀 배수시험(UD)
③ 압밀 비배수시험(CU)
④ 압밀 배수시험(CD)

해설 비압밀 비배수시험(UU－Test)
- 단기안정검토－성토 직후 파괴
- 초기 재하 시, 전단 시 간극수 배출 없음
- 기초지반을 구성하는 점토층이 시공 중 압밀이나 함수비의 변화 없는 조건

16. 베인전단시험(Vane Shear Test)에 대한 설명으로 틀린 것은?

① 베인전단시험으로부터 흙의 내부마찰각을 측정할 수 있다.
② 현장 원위치 시험의 일종으로 점토의 비배수 전단강도를 구할 수 있다.
③ 연약하거나 중간 정도의 점토성 지반에 적용된다.
④ 십자형의 베인(Vane)을 땅 속에 압입한 후, 회전모멘트를 가해서 흙이 원통형으로 전단파괴될 때 저항모멘트를 구함으로써 비배수 전단강도를 측정하게 된다.

해설 베인시험(Vane Test)
정적인 사운딩으로 깊이 10m 미만의 연약 점성토 지반에 대한 회전저항모멘트를 측정하여 비배수 전단강도(점착력)를 측정하는 시험

17. 연약지반 개량공법 중 점성토 지반에 이용되는 공법은?

① 전기충격 공법
② 폭파다짐 공법
③ 생석회말뚝 공법
④ 바이브로플로테이션 공법

해설 생석회말뚝 공법은 연약 점성토 지반 개량공법이다.

18. 어떤 모래층의 간극비(e)는 0.2, 비중(G_s)은 2.60이었다. 이 모래가 분사현상(Quick Sand)이 일어나는 한계동수경사(i_c)는?

① 0.56 ② 0.95
③ 1.33 ④ 1.80

해설 한계동수경사

$$i_c = \frac{G_s - 1}{1+e} = \frac{2.6-1}{1+0.2} = 1.33$$

19. 주동토압을 P_A, 수동토압을 P_P, 정지토압을 P_O라 할 때 토압의 크기를 비교한 것으로 옳은 것은?

① $P_A > P_P > P_O$ ② $P_P > P_O > P_A$
③ $P_P > P_A > P_O$ ④ $P_O > P_A > P_P$

해설 토압의 대소 비교
수동토압 P_P > 정지토압 P_O > 주동토압 P_A

20. 그림과 같은 지반 내에 유선망이 주어졌을 때 폭 10m에 대한 침투유량은?(단, 투수계수(K)는 2.2×10^{-2}cm/s이다.)

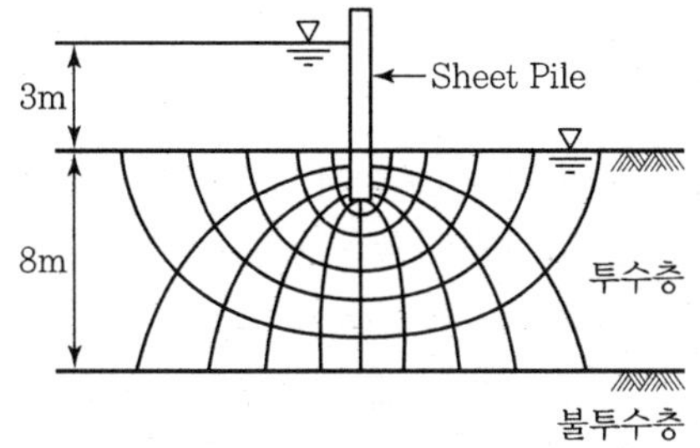

① 3.96cm³/s ② 39.6cm³/s
③ 396cm³/s ④ 3,960cm³/s

해설 침투유량(폭 $L=10$m에 대한 침투유량)

$$Q = K \cdot H \cdot \frac{N_f}{N_d} \cdot L$$

$$= 2.2 \times 10^{-2} \times 300 \times \frac{6}{10} \times 10$$

$$= 3{,}960\text{cm}^3/\text{sec}$$

Item pool (기사 2021년 5월 15일 시행)

과년도 출제문제 및 해설

01. 흙의 포화단위중량이 20kN/m³인 포화점토층을 45° 경사로 8m를 굴착하였다. 흙의 강도정수 C_u =65kN/m², ϕ=0°이다. 그림과 같은 파괴면에 대하여 사면의 안전율은?(단, $ABCD$의 면적은 70m²이고 O점에서 $ABCD$의 무게중심까지의 수직거리는 4.5m이다.)

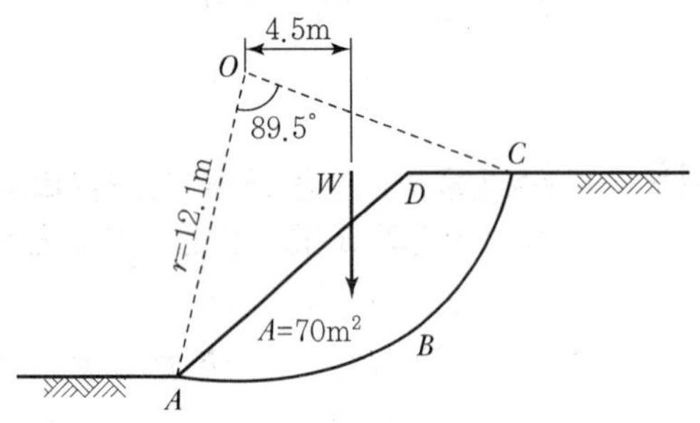

① 4.72　② 4.21
③ 2.67　④ 2.36

■ 해설 원호 활동면 안전율

$$F_s = \frac{\text{저항}M}{\text{활동}M} = \frac{C \cdot l \cdot R}{A \cdot \gamma \cdot L}$$

$$= \frac{65 \times \left(2 \times \pi \times 12.1 \times \dfrac{89.5°}{360°}\right) \times 12.1}{70 \times 20 \times 4.5} = 2.36$$

02. 통일분류법에 의한 분류기호와 흙의 성질을 표현한 것으로 틀린 것은?

① SM : 실트 섞인 모래
② GC : 점토 섞인 자갈
③ CL : 소성이 큰 무기질 점토
④ GP : 입도분포가 불량한 자갈

■ 해설 통일분류법
- 제1문자 C : 무기질 점토(Clay)
- 제2문자 L : 저소성, 액성한계 50% 이하(Low)

∴ CL : 소성이 작은 무기질 점토

03. 다음 중 연약점토지반 개량공법이 아닌 것은?

① 프리로딩(Pre-loading) 공법
② 샌드 드레인(Sand Drain) 공법
③ 페이퍼 드레인(Paper Drain) 공법
④ 바이브로 플로테이션(Vibro Flotation) 공법

■ 해설 바이브로 플로테이션 공법은 연약 사질토 지반 개량공법이다.

04. 그림과 같은 지반에 재하순간 수주(水柱)가 지표면으로부터 5m이었다. 20% 압밀이 일어난 후 지표면으로부터 수주의 높이는?(단, 물의 단위중량은 9.81kN/m³이다.)

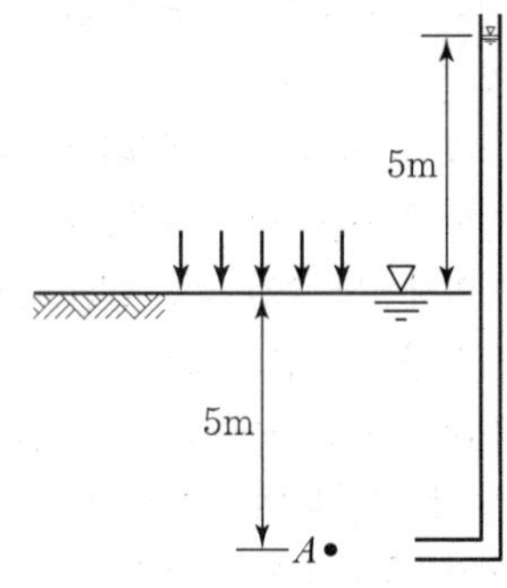

① 1m　② 2m
③ 3m　④ 4m

■ 해설 압밀도

$$U = \frac{u_1 - u_2}{u_1} \times 100(\%) \text{에서,}$$

$$U = \frac{\gamma_w \cdot h_1 - \gamma_w \cdot h_2}{\gamma_w \cdot h_1} \times 100(\%)$$

$$20 = \frac{5 - h_2}{5} \times 100(\%)$$

$\therefore\ h_2 = 4\text{m}$

|해답| 1. ④ 2. ③ 3. ④ 4. ④

05. 내부마찰각이 30°, 단위중량이 18kN/m³인 흙의 인장균열 깊이가 3m일 때 점착력은?

① 15.6kN/m² ② 16.7kN/m²
③ 17.5kN/m² ④ 18.1kN/m²

해설 점착고(인장균열깊이)

$Z_c = \frac{2 \cdot c}{\gamma}\tan\left(45° + \frac{\phi}{2}\right)$에서,

$3 = \frac{2 \times c}{18}\tan\left(45° + \frac{30°}{2}\right)$

$\therefore\ c = 15.6\text{kN/m}^2$

06. 일반적인 기초의 필요조건으로 틀린 것은?

① 침하를 허용해서는 안 된다.
② 지지력에 대해 안정해야 한다.
③ 사용성, 경제성이 좋아야 한다.
④ 동해를 받지 않는 최소한의 근입깊이를 가져야 한다.

해설 기초의 필요조건

- 최소의 근입깊이를 가져야 한다. : 동해에 대한 안정
- 지지력에 대해 안정해야 한다. : 안전율은 통상 $F_s = 3$
- 침하에 대해 안정해야 한다. : 침하량이 허용값 이내
- 시공이 가능해야 한다. : 경제성, 시공성

07. 흙 속에 있는 한 점의 최대 및 최소 주응력이 각각 200kN/m² 및 100kN/m²일 때 최대 주응력과 30°를 이루는 평면상의 전단응력을 구한 값은?

① 10.5kN/m² ② 21.5kN/m²
③ 32.3kN/m² ④ 43.3kN/m²

해설 전단응력

$\tau = \frac{\sigma_1 - \sigma_3}{2}\sin 2\theta$

$= \frac{200 - 100}{2}\sin(2 \times 30°)$

$= 43.3\text{kN/m}^2$

08. 토립자가 둥글고 입도분포가 양호한 모래지반에서 N치를 측정한 결과 N=19가 되었을 경우, Dunham의 공식에 의한 이 모래의 내부 마찰각(ϕ)은?

① 20° ② 25°
③ 30° ④ 35°

해설 Dunham 공식

토립자가 둥글고 입도분포가 양호한 경우

$\phi = \sqrt{12 \cdot N} + 20 = \sqrt{12 \times 19} + 20 = 35°$

09. 그림과 같은 지반에 대해 수직방향 등가투수계수를 구하면?

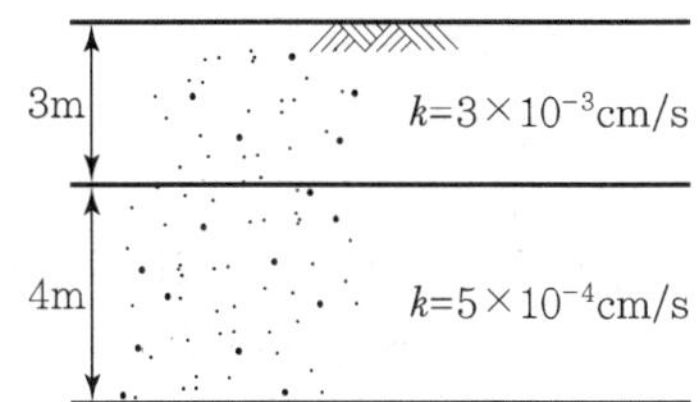

① 3.89×10^{-4}cm/s ② 7.78×10^{-4}cm/s
③ 1.57×10^{-3}cm/s ④ 3.14×10^{-3}cm/s

해설 수직방향 등가투수계수

$$K_v = \frac{H}{\frac{H_1}{K_1} + \frac{H_2}{K_2}} = \frac{700}{\frac{300}{3 \times 10^{-3}} + \frac{400}{5 \times 10^{-4}}}$$

$= 7.78 \times 10^{-4}\text{cm/sec}$

10. 다음 중 동상에 대한 대책으로 틀린 것은?

① 모관수의 상승을 차단한다.
② 지표 부근에 단열재료를 매립한다.
③ 배수구를 설치하여 지하수위를 낮춘다.
④ 동결심도 상부의 흙을 실트질 흙으로 치환한다.

해설 동상 방지대책

- 치환공법으로 동결되지 않는 흙으로 바꾸는 방법
- 지하수위 상층에 조립토층을 설치하는 방법
- 배수구 설치로 지하수위를 저하시키는 방법
- 흙 속에 단열재료를 매입하는 방법
- 화학약액으로 처리하는 방법

|해답| 5. ① 6. ① 7. ④ 8. ④ 9. ② 10. ④

11. 흙의 다짐곡선은 흙의 종류나 입도 및 다짐에너지 등의 영향으로 변한다. 흙의 다짐 특성에 대한 설명으로 틀린 것은?

① 세립토가 많을수록 최적함수비는 증가한다.
② 점토질 흙은 최대건조단위중량이 작고 사질토는 크다.
③ 일반적으로 최대건조단위중량이 큰 흙일수록 최적함수비도 커진다.
④ 점성토는 건조 측에서 물을 많이 흡수하므로 팽창이 크고 습윤 측에서는 팽창이 작다.

해설 다짐E↑ γ_{dmax} ↑OMC↓양입도, 조립토, 급경사
다짐E↓ γ_{dmax} ↓OMC↑빈입도, 세립토, 완경사
∴ 일반적으로 최대건조단위중량이 큰 흙일수록 최적함수비는 감소한다.

12. 현장에서 채취한 흙 시료에 대하여 아래 조건과 같이 압밀시험을 실시하였다. 이 시료에 320kPa의 압밀압력을 가했을 때, 0.2cm의 최종 압밀침하가 발생되었다면 압밀이 완료된 후 시료의 간극비는?(단, 물의 단위중량은 9.81kN/m³이다.)

- 시료의 단면적(A)=30cm²
- 시료의 초기 높이(H)=2.6cm
- 시료의 비중(G_s) : 2.5
- 시료의 건조중량(W_s) : 1.18N

① 0.125 ② 0.385
③ 0.500 ④ 0.625

해설 • 초기 간극비

$$V = A \cdot H = 30 \times 2.6 = 78\text{cm}^3$$

$$\gamma_d = \frac{W}{V} = \frac{1.18 \times 10^{-3}}{78 \times 10^{-6}} = 15.13\text{kN/m}^3$$

$$\gamma_d = \frac{G_s}{1+e}\gamma_w \text{에서, } 15.13 = \frac{2.5}{1+e} \times 9.81$$

$$\therefore e = 0.62$$

• 압밀침하량

$$\Delta H = \frac{e_1 - e_2}{1+e_1} \cdot H\text{에서, } 0.2 = \frac{0.62 - e_2}{1+0.62} \times 2.6$$

$$\therefore e_2 = 0.5$$

13. 노상토 지지력비(CBR) 시험에서 피스톤 2.5mm 관입될 때와 5.0mm 관입될 때를 비교한 결과, 관입량 5.0mm에서 CBR이 더 큰 경우 CBR 값을 결정하는 방법으로 옳은 것은?

① 그대로 관입량 5.00mm일 때의 CBR 값으로 한다.
② 2.5mm 값과 5.0mm 값의 평균을 CBR 값으로 한다.
③ 5.0mm 값을 무시하고 2.5mm 값을 표준으로 하여 CBR 값으로 한다.
④ 새로운 공시체로 재시험을 하며, 재시험 결과도 5.0mm 값이 크게 나오면 관입량 5.0mm일 때의 CBR 값으로 한다.

해설 노상토 지지력비의 결정
• C.B.R 2.5 > C.B.R 5.0 → C.B.R 2.5 이용
• C.B.R 2.5 < C.B.R 5.0 → 재시험

재시험 이후
• C.B.R 2.5 > C.B.R 5.0 → C.B.R 2.5 이용
• C.B.R 2.5 < C.B.R 5.0 → C.B.R 5.0 이용

14. 다음 중 사운딩 시험이 아닌 것은?

① 표준관입시험 ② 평판재하시험
③ 콘관입시험 ④ 베인시험

해설 정적 사운딩
• 휴대용 원추관입시험기
• 화란식 원추관입시험기
• 스웨덴식 관입시험기
• 이스키미터
• 베인시험기

동적 사운딩
• 표준관입시험기
• 동적 원추관입시험기

15. 단면적이 100cm², 길이가 30cm인 모래 시료에 대하여 정수두 투수시험을 실시하였다. 이때 수두차가 50cm, 5분 동안 집수된 물이 350cm³이었다면 이 시료의 투수계수는?

① 0.001cm/s ② 0.007cm/s
③ 0.01cm/s ④ 0.07cm/s

|해답| 11. ③ 12. ③ 13. ④ 14. ② 15. ②

■해설 정수위 투수시험 투수계수

$$K=\frac{Q \cdot L}{A \cdot h \cdot t}=\frac{350\times 30}{100\times 50\times (5\times 60)}=0.007\text{cm/sec}$$

16. 아래와 같은 조건에서 AASHTO분류법에 따른 군지수(GI)는?

- 흙의 액성한계 : 45%
- 흙의 소성한계 : 25%
- 200번체 통과율 : 50%

① 7　② 10　③ 13　④ 16

■해설 군지수

$$GI=0.2a+0.005ac+0.01bd$$
$$=0.2\times 15+0.005\times 15\times 5+0.01\times 35\times 10$$
$$=7$$

여기서, a : 200번체 통과율 − 35
b : 200번체 통과율 − 15
c : 액성한계 − 40
d : 소성지수 − 10

그러므로, $a=50-35=15$
$b=50-15=35$
$c=45-40=5$
$d=(45-25)-10=10$

17. 점토층 지반 위에 성토를 급속히 하려 한다. 성토 직후에 있어서 이 점토의 안정성을 검토하는데 필요한 강도정수를 구하는 합리적인 시험은?

① 비압밀 비배수시험(UU−test)
② 압밀 비배수시험(CU−test)
③ 압밀 배수시험(CD−test)
④ 투수시험

■해설 비압밀 비배수시험(UU−test)
- 단기안정검토−성토 직후 파괴
- 초기 재하 시, 전단 시 간극수 배출 없음
- 기초지반을 구성하는 점토층이 시공 중 압밀이나 함수비의 변화 없는 조건

18. 연속 기초에 대한 Terzaghi의 극한지지력 공식은 $q_u=cN_c+0.5\gamma_1 BN_\gamma+\gamma_2 D_f N_q$로 나타낼 수 있다. 아래 그림과 같은 경우 극한지지력 공식의 두 번째 항의 단위중량(γ_1)의 값은?(단, 물의 단위중량은 9.80kN/m³이다.)

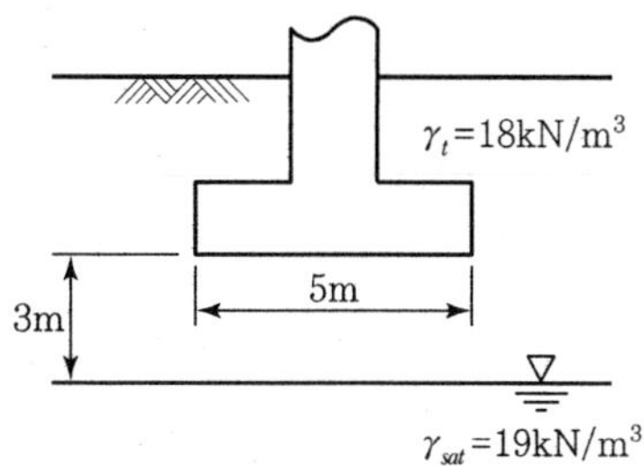

① 14.48kN/m³　② 16.00kN/m³
③ 17.45kN/m³　④ 18.20kN/m³

■해설 지하수위의 영향
(지하수위가 기초바닥면 아래에 위치한 경우)
- 기초폭 B와 지하수위까지 거리 d를 비교
- $B\le d$: 지하수위 영향 없음
- $B>d$: 지하수위 영향 고려

즉, 기초폭 $B=5\text{m} \ge$ 지하수위까지 거리 $d=3\text{m}$이므로

단위중량 $\gamma_1=\gamma_{ave}=\gamma_{sub}+\frac{d}{B}(\gamma_t-\gamma_{sub})$ 값 사용

$$\therefore\ \gamma_1=(19-9.81)+\frac{3}{5}\times(18-(19-9.81))$$
$$=14.48\text{kN/m}^3$$

19. 점토 지반에 있어서 강성기초와 접지압 분포에 대한 설명으로 옳은 것은?

① 접지압은 어느 부분이나 동일하다.
② 접지압은 토질에 관계없이 일정하다.
③ 기초의 모서리 부분에서 접지압이 최대가 된다.
④ 기초의 중앙 부분에서 접지압이 최대가 된다.

■해설 강성기초
- 모래지반 : 기초 중앙에서 최대응력이 발생한다.
- 점토지반 : 기초 모서리에서 최대응력이 발생한다.

|해답| 16. ① 17. ① 18. ① 19. ③

20. 토질시험 결과 내부마찰각이 30°, 점착력이 50 kN/m^2, 간극수압이 800kN/m^2, 파괴면에 작용하는 수직응력이 3,000kN/m^{2}일 때 이 흙의 전단응력은?

① 1,270kN/m^2 ② 1,320kN/m^2
③ 1,580kN/m^2 ④ 1,950kN/m^2

해설 전단강도

$\tau = C + \sigma' \tan\phi$에서,

$\tau = C + (\sigma - u)\tan\phi$

$= 50 + (3{,}000 - 800)\tan 30°$

$= 1{,}320\text{kN/m}^2$

Item pool (기사 2021년 8월 14일 시행)

과년도 출제문제 및 해설

01. 그림과 같은 지반에서 재하순간 수주(水柱)가 지표면(지하수위)으로부터 5m이었다. 40% 압밀이 일어난 후 A점에서의 전체 간극수압은? (단, 물의 단위중량은 9.81kN/m³이다.)

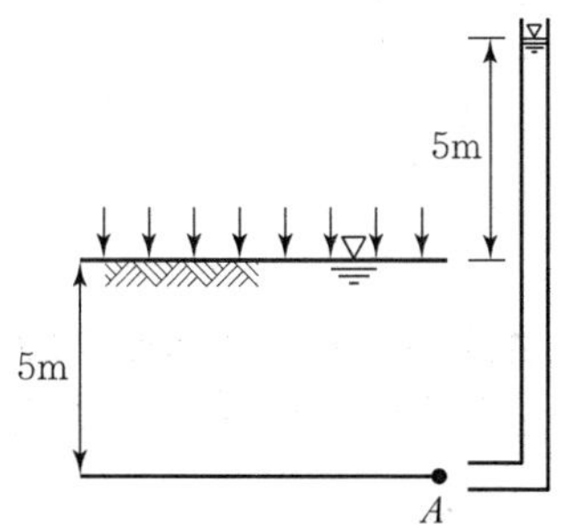

① 19.62kN/m² ② 29.43kN/m²
③ 49.05kN/m² ④ 78.48kN/m²

■ 해설 압밀도

$U=\frac{u_1-u_2}{u_1}\times 100(\%)$ 에서,

$U=\frac{\gamma_w\cdot h_1-\gamma_w\cdot h_2}{\gamma_w\cdot h_1}\times 100(\%)$

$40=\frac{5-h_2}{5}\times 100(\%)$

$\therefore\ h_2=3\text{m}$

A점의 전체 간극수압 = 정수압 + 과잉간극수압

$\therefore\ u=5\times 9.81+3\times 9.81=78.48\text{kN/m}^2$

02. 다짐곡선에 대한 설명으로 틀린 것은?

① 다짐에너지를 증가시키면 다짐곡선은 왼쪽 위로 이동하게 된다.
② 사질성분이 많은 시료일수록 다짐곡선은 오른쪽 위에 위치하게 된다.
③ 점성분이 많은 흙일수록 다짐곡선은 넓게 퍼지는 형태를 가지게 된다.
④ 점성분이 많은 흙일수록 오른쪽 아래에 위치하게 된다.

■ 해설 다짐E↑ γ_{dmax} ↑OMC↓양입도, 조립토, 급경사
다짐E↓ γ_{dmax} ↓OMC↑빈입도, 세립토, 완경사
∴ 사질성분이 많은 시료일수록 다짐곡선은 왼쪽 위에 위치하게 된다.

03. 두께 2cm의 점토시료의 압밀시험 결과 전압밀량의 90%에 도달하는 데 1시간이 걸렸다. 만일 같은 조건에서 같은 점토로 이루어진 2m의 토층 위에 구조물을 축조한 경우 최종 침하량의 90%에 도달하는 데 걸리는 시간은?

① 약 250일 ② 약 368일
③ 약 417일 ④ 약 525일

■ 해설 압밀소요시간

$t_{90}=\frac{T_v\cdot H^2}{C_v}$ 에서,

$\therefore\ t_{90}\propto H^2$ 관계

$t_1 : {H_1}^2=t_2 : {H_2}^2$

$1 : 2^2=t_2 : 200^2$

$\therefore\ t_2=10{,}000\text{시간}=417\text{일}$

04. Coulomb 토압에서 옹벽배면의 지표면 경사가 수평이고, 옹벽배면 벽체의 기울기가 연직인 벽체에서 옹벽과 뒤채움 흙 사이의 벽면마찰각(δ)을 무시할 경우, Coulomb 토압과 Rankine 토압의 크기를 비교할 때 옳은 것은?

① Rankine 토압이 Coulomb 토압보다 크다.
② Coulomb 토압이 Rankine 토압보다 크다.
③ Rankine 토압과 Coulomb 토압의 크기는 항상 같다.
④ 주동토압은 Rankine 토압이 더 크고, 수동토압은 Coulomb 토압이 더 크다.

|해답| 1. ④ 2. ② 3. ③ 4. ③

■해설 만약 벽마찰각, 지표면 경사각, 벽면 경사각을 무시하면, 다시 말해 뒤채움 흙이 수평, 벽체 뒷면이 수직, 벽마찰각을 고려하지 않으면 Coulomb의 토압과 Rankine의 토압은 같아진다.

05. 유효응력에 대한 설명으로 틀린 것은?

① 항상 전응력보다는 작은 값이다.
② 점토지반의 압밀에 관계되는 응력이다.
③ 건조한 지반에서는 전응력과 같은 값으로 본다.
④ 포화된 흙인 경우 전응력에서 간극수압을 뺀 값이다.

■해설 유효응력 $\sigma' = \sigma - u$에서, 부(−)의 간극수압이 발생하는 지반에서는 유효응력이 증가한다.

06. 포화상태에 있는 흙의 함수비가 40%이고, 비중이 2.60이다. 이 흙의 간극비는?

① 0.65　② 0.065
③ 1.04　④ 1.40

■해설 상관식 $S_r \cdot e = G_s \cdot w$에서

$1 \times e = 2.6 \times 0.4$

$\therefore\ e = 1.04$

07. 아래 그림에서 투수계수 $k = 4.8 \times 10^{-3}$cm/s일 때 Darcy 유출속도(v)와 실제 물의 속도(침투속도, v_s)는?

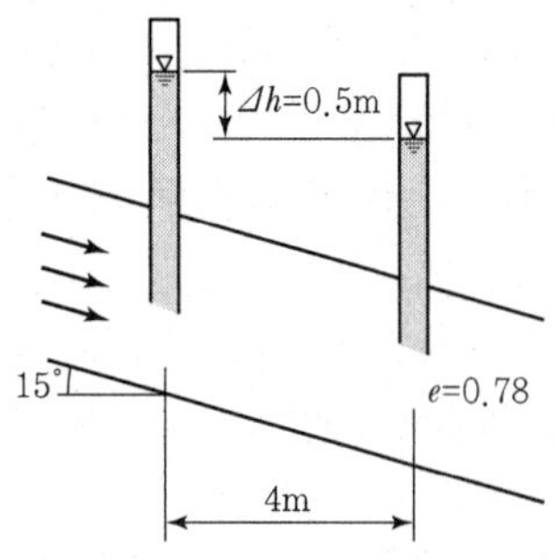

① $v = 3.4 \times 10^{-4}$cm/s, $v_s = 5.6 \times 10^{-4}$cm/s
② $v = 3.4 \times 10^{-4}$cm/s, $v_s = 9.4 \times 10^{-4}$cm/s
③ $v = 5.8 \times 10^{-4}$cm/s, $v_s = 10.8 \times 10^{-4}$cm/s
④ $v = 5.8 \times 10^{-4}$cm/s, $v_s = 13.2 \times 10^{-4}$cm/s

■해설 • 유출속도

$$V = K \cdot i = K \cdot \frac{h}{L} = 4.8 \times 10^{-3} \times \frac{0.5}{4.14}$$

$$= 5.8 \times 10^{-4}\text{cm/sec}$$

여기서, $L = \dfrac{4}{\cos 15°} = 4.14\text{m}$

• 실제 침투속도

$$V_s = \frac{V}{n} = \frac{5.8 \times 10^{-4}}{0.44} = 13.2 \times 10^{-4}\text{cm/sec}$$

여기서, $n = \dfrac{e}{1+e} = \dfrac{0.78}{1+0.78} = 0.44$

08. 포화된 점토에 대한 일축압축시험에서 파괴 시 축응력이 0.2MPa일 때, 이 점토의 점착력은?

① 0.1MPa　② 0.2MPa
③ 0.4MPa　④ 0.6MPa

■해설 일축압축강도

$q_u = 2 \cdot c \cdot \tan\left(45° + \dfrac{\phi}{2}\right)$에서,

내부마찰각 $\phi = 0°$인 점토의 경우 $q_u = 2 \cdot c$

$\therefore\ c = \dfrac{q_u}{2} = \dfrac{0.2}{2} = 0.1\text{MPa}$

09. 포화된 점토지반에 성토하중으로 어느 정도 압밀된 후 급속한 파괴가 예상될 때, 이용해야 할 강도정수를 구하는 시험은?

① CU-test　② UU-test
③ UC-test　④ CD-test

■해설 압밀 비배수시험(CU-Test)

• 압밀 후 파괴되는 경우
• 초기 재하 시 : 간극수 배출
  전단 시 : 간극수 배출 없음
• 수위 급강하 시 흙댐의 안전문제
• 압밀 진행에 따른 전단강도 증가상태를 추정
• 유효응력항으로 표시

|해답| 5. ① 6. ③ 7. ④ 8. ① 9. ①

10. 보링(Boring)에 대한 설명으로 틀린 것은?

① 보링(Boring)에는 회전식(Rotary Boring)과 충격식(Percussion Boring)이 있다.
② 충격식은 굴진속도가 빠르고 비용도 싸지만 분말상의 교란된 시료만 얻어진다.
③ 회전식은 시간과 공사비가 많이 들뿐만 아니라 확실한 코어(Core)도 얻을 수 없다.
④ 보링은 지반의 상황을 판단하기 위해 실시한다.

해설
- 회전식 보링
  굴진속도가 느림, 비용이 고가, 교란이 적음, 코어 회수 가능
- 충격식 보링
  굴진속도가 빠름, 비용이 저렴, 교란이 큼, 코어 회수 불가능

11. 수조에 상방향의 침투에 의한 수두를 측정한 결과, 그림과 같이 나타났다. 이때 수조 속에 있는 흙에 발생하는 침투력을 나타낸 식은?(단, 시료의 단면적은 A, 시료의 길이는 L, 시료의 포화단위중량은 γ_{sat}, 물의 단위중량은 γ_w이다.)

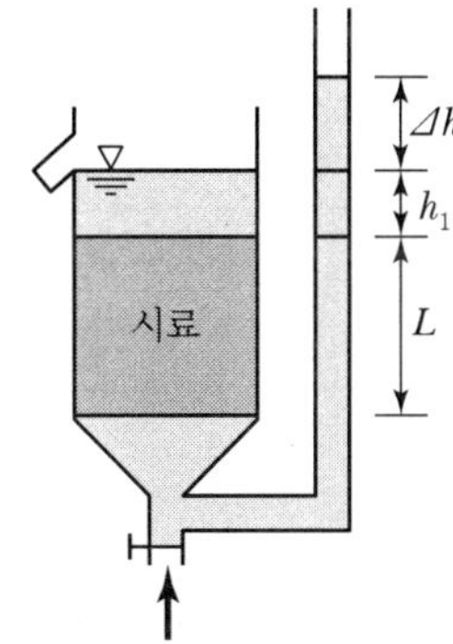

① $\Delta h \cdot \gamma_w \cdot A$　　② $\Delta h \cdot \gamma_w \cdot \dfrac{A}{L}$

③ $\Delta h \cdot \gamma_{sat} \cdot A$　　④ $\dfrac{\gamma_{sat}}{\gamma_w} \cdot A$

해설 침투수압
- 전 침투수압 $J = i \cdot \gamma_w \cdot h \cdot A$
- 단위면적당 침투수압 $J = i \cdot \gamma_w \cdot h$
- 단위체적당 침투수압 $J = i \cdot \gamma_w$

12. 4m×4m 크기인 정사각형 기초를 내부마찰각 $\phi = 20°$, 점착력 $c = 30\text{kN/m}^2$인 지반에 설치하였다. 흙의 단위중량 $\gamma = 19\text{kN/m}^3$이고 안전율(FS)을 3으로 할 때 Terzaghi 지지력 공식으로 기초의 허용하중을 구하면?(단, 기초의 근입깊이는 1m이고, 전반전단파괴가 발생한다고 가정하며, 지지력계수 $N_c = 17.69$, $N_q = 7.44$, $N_\gamma = 4.97$이다.)

① 3,780kN　　② 5,239kN
③ 6,750kN　　④ 8,140kN

해설

형상계수	원형기초	정사각형기초	연속기초
α	1.3	1.3	1.0
β	0.3	0.4	0.5

- 극한지지력
  $q_u = \alpha \cdot c \cdot N_c + \beta \cdot \gamma_1 \cdot B \cdot N_\gamma + \gamma_2 \cdot D_f \cdot N_q$
  $= 1.3 \times 30 \times 17.69 + 0.4 \times 19 \times 4 \times 4.97$
  $+ 19 \times 1 \times 7.44$
  $= 982.36\text{kN/m}^2$
- 허용지지력
  $q_a = \dfrac{q_u}{F_s} = \dfrac{982.36}{3} = 327.45\text{kN/m}^2$
- 허용하중
  $Q_a = q_a \cdot A = 327.45 \times 4 \times 4 = 5{,}239\text{kN}$

13. 말뚝에서 부주면마찰력에 대한 설명으로 틀린 것은?

① 아래쪽으로 작용하는 마찰력이다.
② 부주면마찰력이 작용하면 말뚝의 지지력은 증가한다.
③ 압밀층을 관통하여 견고한 지반에 말뚝을 박으면 일어나기 쉽다.
④ 연약지반에 말뚝을 박은 후 그 위에 성토를 하면 일어나기 쉽다.

해설 부마찰력
압밀침하를 일으키는 연약 점토층을 관통하여 지지층에 도달한 지지말뚝의 경우에는 연약층의 침하에 의하여 하향의 주면마찰력이 발생하여 지지력이 감소하고 도리어 하중이 증가하는 주면마찰력으로 상대변위의 속도가 빠를수록 부마찰력은 크다.

|해답| 10. ③ 11. ① 12. ② 13. ②

14. 지반 개량공법 중 연약한 점성토 지반에 적당하지 않은 것은?

① 치환 공법
② 침투압 공법
③ 폭파다짐 공법
④ 샌드 드레인 공법

해설 폭파다짐 공법은 연약 사질토 지반 개량공법이다.

15. 표준관입시험에 대한 설명으로 틀린 것은?

① 표준관입시험의 N값으로 모래지반의 상대밀도를 추정할 수 있다.
② 표준관입시험의 N값으로 점토지반의 연경도를 추정할 수 있다.
③ 지층의 변화를 판단할 수 있는 시료를 얻을 수 있다.
④ 모래지반에 대해서 흐트러지지 않은 시료를 얻을 수 있다.

해설 표준관입시험(S.P.T)
동적인 사운딩으로 보링 시에 교란시료를 채취하여 물성시험 시료로 사용한다.

16. 하중이 완전히 강성(剛性) 푸팅(Footing) 기초판을 통하여 지반에 전달되는 경우의 접지압(또는 지반반력) 분포로 옳은 것은?

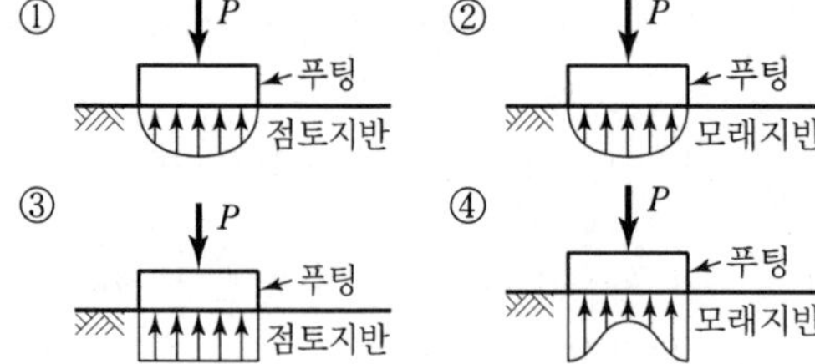

해설 강성기초
- 모래지반 : 기초 중앙에서 최대응력이 발생한다.
- 점토지반 : 기초 모서리에서 최대응력이 발생한다.

17. 자연 상태의 모래지반을 다져 e_{min}에 이르도록 했다면 이 지반의 상대밀도는?

① 0%　　② 50%
③ 75%　　④ 100%

해설 상대밀도 $D_r = \dfrac{e_{max} - e}{e_{max} - e_{min}} \times 100(\%)$에서,
자연상태 간극비 e를 다져서 e_{min}에 이르렀으므로,
$$D_r = \frac{e_{max} - e_{min}}{e_{max} - e_{min}} \times 100 = 100\%$$

18. 현장 도로 토공에서 모래치환법에 의한 흙의 밀도 시험 결과 흙을 파낸 구멍의 체적과 파낸 흙의 질량은 각각 1,800cm^3, 3,950g이었다. 이 흙의 함수비는 11.2%이고, 흙의 비중은 2.65이다. 실내시험으로부터 구한 최대건조밀도가 2.05 g/cm^{3}일 때 다짐도는?

① 92%　　② 94%
③ 96%　　④ 98%

해설
- 현장 흙의 습윤단위중량
$$\gamma_t = \frac{W}{V} = \frac{3,950}{1,800} = 2.19\text{g/cm}^3$$
- 현장 흙의 건조단위중량
$$\gamma_d = \frac{\gamma_t}{1+w} = \frac{2.19}{1+0.112} = 1.97\text{g/cm}^3$$
- 상대다짐도
$$R.C = \frac{\gamma_d}{\gamma_{dmax}} \times 100(\%) = \frac{1.97}{2.05} \times 100 = 96\%$$

19. 다음 중 사면의 안정해석방법이 아닌 것은?

① 마찰원법
② 비숍(Bishop)의 방법
③ 펠레니우스(Fellenius)의 방법
④ 테르자기(Terzaghi)의 방법

해설 사면의 안정해석 방법
- 마찰원법 : Taylor의 방법
- 분할법(절편법) : Fellenius의 방법, Bishop의 방법, Spencer의 방법

 |해답| 14. ③ 15. ④ 16. ② 17. ④ 18. ③ 19. ④

20. 그림과 같은 지반에서 $x-x'$ 단면에 작용하는 유효응력은?(단, 물의 단위중량은 9.81kN/m³ 이다.)

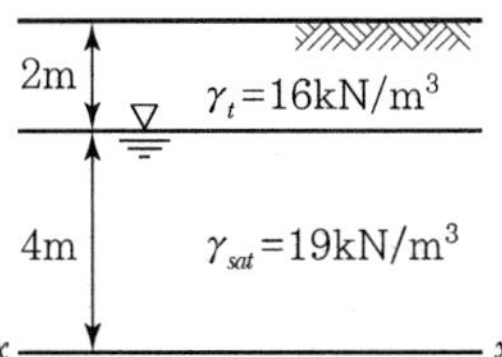

① 46.7kN/m²　　② 68.8kN/m²
③ 90.5kN/m²　　④ 108kN/m²

해설
- 전응력
  $\sigma = 16\times 2 + 19\times 4 = 108\text{kN/m}^2$
- 간극수압
  $u = 9.81\times 4 = 39.24\text{kN/m}^2$
- 유효응력
  $\sigma' = \sigma - u = 108 - 39.24 = 68.76\text{kN/m}^2$

  또는,

  유효응력 $\sigma' = \sigma - u = \gamma_t \cdot H_1 + \gamma_{sub}\cdot H_2$
  $= 16\times 2 + (19-9.81)\times 4$
  $= 68.76\text{kN/m}^2$

토목기사
산업기사 시리즈 5 **토질 및 기초**

발행일 | 2013. 1. 10 초판 발행
2014. 1. 15 개정 1판1쇄
2015. 1. 15 개정 2판1쇄
2016. 1. 15 개정 3판1쇄
2017. 1. 20 개정 4판1쇄
2018. 1. 20 개정 5판1쇄
2019. 1. 20 개정 6판1쇄
2020. 1. 20 개정 7판1쇄
2021. 1. 15 개정 8판1쇄
2022. 1. 15 개정 9판1쇄

저 자 | 박관수
발행인 | 정용수
발행처 | 예문사

주 소 | 경기도 파주시 직지길 460(출판도시) 도서출판 예문사
TEL | 031) 955-0550
FAX | 031) 955-0660
등록번호 | 11-76호

정가 : 17,000원

ISBN 978-89-274-4173-1 13530